港湾生态综合评价方法研究

——象山港为例

黄秀清　刘　莲　蔡燕红　主编

U0195569

海洋出版社

2018 年·北京

图书在版编目（CIP）数据

港湾生态综合评价方法研究：象山港为例/黄秀清，刘莲，蔡燕红主编. —北京：海洋出版社，2018.1

ISBN 978-7-5027-0035-1

Ⅰ.①港…　Ⅱ①黄…　②刘…　③蔡…　Ⅲ.①港湾–生态环境–综合评价–研究–宁波 Ⅳ.①X321.255.3

中国版本图书馆 CIP 数据核字（2018）第 019389 号

责任编辑：张　荣
责任印制：赵麟苏

海洋出版社　**出版发行**

http://www.oceanpress.com.cn

北京市海淀区大慧寺路 8 号　邮编：100081

北京朝阳印刷厂有限责任公司印刷　新华书店北京发行所经销

2018 年 2 月第 1 版　2018 年 2 月第 1 次印刷

开本：787 mm×1092 mm　1/16　印张：43

字数：920 千字　定价：228.00 元

发行部：62132549　邮购部：68038093　总编室：62114335

海洋版图书印、装错误可随时退换

《港湾生态综合评价方法研究——象山港为例》
编写委员会

主　编：黄秀清　　刘　莲　　蔡燕红

副主编：徐国锋　　姚炎明　　何东海　　何琴燕　　杨耀芳

　　　　魏永杰　　任　敏　　秦铭俐　　王晓波　　李　婷

编　委：陈丹琴　　陈　琴　　曹　维　　周红宏　　秦　平

　　　　叶　然　　周巳颖　　赵　强　　徐　清

顾　问：李晓明

前　言

　　海洋环境质量评价是海洋环境保护的一项基础性工作。随着海洋环境保护工作的不断推进，海洋环境质量评价也在不断完善，从最初的单一污染评价到目前包括自然、社会、生态、效应等环境质量综合评价，都得到了广泛的应用与研究。21 世纪以来，全球海洋环境，特别是近岸海域（包括港湾）环境不断恶化，如何有效地保护海洋环境已成为各沿海国家所共同面临的问题。想有效地解决海洋的生态与环境问题，首先需要对保护对象给出一个科学的评估，为海洋管理以及资源利用提供指导与参考。

　　对于环境质量评价，国内外都有不少的研究，虽然还没有形成统一的概念与方法，但对于我国的生态环境质量评价工作起着重大推进作用，也为海洋环境质量评价提供指导与借鉴。环境质量一般包括自然环境质量和社会环境质量，环境质量评价是指根据选定的指标体系和质量标准，运用恰当的方法评价某区域环境质量的优劣程度及其影响作用关系。起初，人们对环境质量的评价往往重在对某一环境受污染情况的分析和评价。后来，随着人们对环境、生态环境和生态系统等概念与方法研究的深化，逐步形成了以对污染源、环境现状和生态效应的调查、监测、评价和规划为主的环境质量评价体系，即从单一的污染评价发展为面向包括自然、社会、生态、效应等体现环境质量优劣程度的各种因素的综合评价。在环境质量评价方法体系中，国内外最具影响力和代表性的评价模型主要有：20 世纪 80 年代末由联合国经济合作社开发署（OCED）和环境规划署（UNEP）共同发展的压力-状态-响应模型（Pressure-State-Response，PSR）和 1996 年由联合国可持续发展委员会（DPCSD）提出的驱动力-状态-响应模型（Driving Force-State-Response，DSR），该模型将人类活动对环境的影响更全面地纳入到指标框架内，具有较强的系统性，可形成一个体系圈，适合于大多数生态问题指标体系的建立，如美国"河口营养状况评价综合法"（ASSETS，Bricker et al，2003）和欧盟 OSPAR "综合评价法"（OSPAR-COPMM，OSPAR Commission，2003）。这两种方法都是基于压力-状态-响应评价指标框架而建立的富营养化评价体系，为多参数评价体系，评价参数较多，评价结果较为客观，在美国和欧盟等得到了广泛应用。又如，随着对生态问题和生态系统的关注聚焦，人们对"生态健康""生态安全""可持续发展"等词也耳熟能详，并开展大量的探索与研究。2000年欧盟的水框架指令（Water Framework Directive，WFD），以水生态区划为概念，提出了系列较完整的海洋环境评价技术导则，实现了水质管理从水化学指标向水生态指标管理的转变。2001年联合国启动的"新千年生态系统评估"（Millennium Ecosystem Assessment，MA），标志着陆地、淡水和海洋区域性生态环境评价进入了一个全新的发展阶段。MA的核心内容主要包括对全球及重点区域生态系统的现状评估、存在问题与压力、未来变化预测以及提出对策等。2005年我国制定了近岸海洋生态健康评价指南，国内不少学者也对我国的一些典型河口、港湾、海岸带以及海岛等开展了系列评价与研究，如陈小燕（2011）基于MA基本框架的珠江口和大亚湾河口、海湾生态系统健康评价；石洪华等（2008）基于MA评估框架的典型养殖型海湾——桑沟湾的生态服务功能评价；叶属峰等（2007）通过物理化学指标、生态学指标和社会经济学指标三大类30个指标建立了长江河口生态系统健康评价指标体系；孙磊等（2008）采用压力-状态-响应框架评价与预测胶州湾海岸带生态系统健康状况；王欣平（2014）结合遥感（RS）和地理信息系统（GIS）技术开展曹妃甸海岸带生态系统健康评价及空间表征以及王小龙（2006）采用区域生态风险评价模型开展海岛生态风险评价方法及应用研究和田星星（2014）基于可持续发展、国际竞争力和国家综合实力的理论基础构建海洋强国综合实力评价指标体系和评价模型等。这些成果为后人的应用与研究提供了很有价值的素材。在评价方法方面，国内外也进行了很多的研究与探讨，运用较多的主要有：综合评价法［层次分析法（AHP法）等］、指数评价法（EQI法、NWF法等）、模糊评价法、人工神经网络评价法、物元分析评价法、灰色评价法、主分量法、密切值法、景观生态法、生态足迹法、生态承载力法、能值法等，不同的评价方法均有特定的适应性和限制性。综上所述，在环境质量评价、指标体系和评价方法等方面，诸多学者做了大量有益的研究，为环境质量评价奠定了坚实的理论基础和案例分析，但是所采用的评价方法与评价体系繁杂众多，因此，目前尚无统一的评价方法与评价体系。

象山港为我国典型的狭长型半封闭式港湾，纵深约60 km，港内三支汊港，水体自净能力较差，生态环境脆弱。港域岸线曲折，自然环境优美，海洋资源丰富，是浙江省重要的水产养殖基地，也是宁波市未来城市发展的"后花园"。区域海洋开发活动主要以海水养殖、滨海工业为主。滨海工业主要包括滨海工业园、火力发电厂、船舶修造业以及跨海桥梁、大型围填海等大型涉海工程建设，陆源排污压力和海洋生态环境问题未减，海洋生物资源衰减明显，区域发展与环境保护矛盾日益突出，这也将制约着象山港区域各方面的可持续发展。因此，如何全面客观分析与评价象山港海洋环境质量的现状和存在的问题，建立象山港港湾生态的环境质量综合评价方法和评价体系，从而为海洋生态管理提供服务具有重要意义。根据相关文献与研究成果表明，目前国内外虽已有许多较为成熟的环境质量评价框架、方法和体系，但由于不同水域、气候特征等特点存在差异，因此在评价参数的选择、生态特征与环境问题的甄别以及基础资料的获取等方面将均存在较大差异，不同的研究对象和评价要求，也有着不同的评价指标体系和评价方法。因此，本研究在借鉴国内外评价方法与模型应用时，结合了象山港海域自身的特性，不断完善和改进其方法与体系。

本文的研究内容和研究思路主要是：基于 MA 概念，首先分析了象山港区域自然环境条件、生态环境特征、排污现状及海洋开发活动，客观评估区域环境生态问题、压力及其环境质量变化趋势，建立了采用生态分区理念并基于区域环境基准值的象山港生态环境综合评价方法，为客观诊断象山港港湾生态健康状况奠定基础；其次，为满足水质污染防控，开展了海洋环境容量及污染物总量控制研究，并进行了减排示范应用，有效落实象山港海域的污染物总量控制制度，为浙江省及我国其他重要港湾的污染物重量控制实施提供借鉴与参考；第三，针对大型的海洋开发利用活动，基于力-状态-响应框架理念，针对不同的海洋开发活动进行分类研究，建立了象山港海水增养殖、陆源排污、跨海桥梁、滨海电厂、大型围填海等不同开发活动的综合评价方法体系；第四，基于遥感技术和地理信息技术，建立了一套分区、海陆联动、多要素的象山港海岸带遥感综合评价方法，并对象山港大米草等生态灾害进行遥感演绎与评价研究；最后，综合优化设计了象山港趋势性监测方案，重点包括监测站网、监测时间频次以及监测指标的优化，并对象山港水质数据的同步化问题进行探讨性研究。评价方法则主要采用了综合评价法 [层次分析法（AHP 法）] 以及专家评价法等。总之，本研究主要从污染防控、自身环境条件、生态特征及问题现状，并综合考虑物理、化学、生物生态以及区域开发活动等自然与社会因素，在借鉴国内外研究成果的基础上结合象山港区域自身特点，多层次、多角度，采用分类分区方法，建立了象山港港湾生态系统的海洋环境质量综合评价方法与评价体系，使得对象山港典型海域——港湾生态系统的环境质量评价结果更具科学意义和参考价值，可为象山港海域的海洋管理和生态建设提供服务，也可为我国其他港湾的生态环境综合评价提供借鉴。同时，在监测数据同步化、监测站网优化等方面的探索性研究，亦具有较好的创新性。

　　本专著的成果得到了国家海洋局"象山港海域海洋环境质量综合评价"〔编号：DOMEP（MEA-03-02）〕、宁波市财政专项"象山港主要陆源入海口污染物总量减排考核监测及象山港海洋环境保护规划"（编号：甬海〔2014〕46号）、2009年海洋公益性行业科研专项"滨海电厂污染损害监测评估及生态补偿技术研究"（编号：200905010）等项目的支持。全书共分为13个部分，编著者分别为：前言由黄秀清、刘莲编写；第1章概述由何东海、曹维、周红宏、蔡燕红等编写；第2章自然环境、开发活动及社会经济状况由杨耀芳、周巳颖等编写；第3章海域水动力特征由何琴燕、赵强等编写；第4章海域环境状况由秦铭俐、叶然等编写；第5章海洋生物生态状况由王晓波、魏永杰等编写；第6章海洋环境容量研究及减排技术示范由何琴燕、姚炎明、刘莲、陈丹琴、陈琴等编写；第7章港湾生态监测方法研究由徐国锋、蔡燕红、姚炎明等编写；第8章基于环境基准的港湾水质评价方法由杨耀芳、周红宏等编写；第9章生态环境状况综合评价方法由何东海、李婷、魏永杰、曹维、徐国锋、秦平等编写；第10章主要海洋开发活动及生态灾害综合评价由任敏、陈丹琴、曹维、杨耀芳、何琴燕等编写；第11章海洋生态功能区划研究由魏永杰等编写；第12章海洋生态红线划定研究由任敏、何琴燕、周巳颖等编写，第13章结论与展望由刘莲、黄秀清编写。全书由黄秀清、刘莲统稿。同时在专题研究和编著过程中，得到了国家海洋局李晓明司长的悉心指导与大力支持，在此，表示由衷地感谢！

　　由于著者水平有限，研究时间及编写时间仓促，书中难免有不足与错误之处，敬请大家批评指正。

编者

2017 年 5 月

目　次

第1章 概述

港湾海洋环境综合评价目前尚无成熟的方法。象山港基于其港湾的特殊性（半封闭港湾）以及完善的海洋环境监测工作和扎实的生态环境研究基础，探索开展海洋环境质量综合评价方法研究，为港湾海洋环境综合评价提供借鉴与参考。

1.1 项目由来

我国现行海洋环境评价主要采用单因子评价方法，且评价标准采用全国统一的标准。近年来，随着海洋环境评价要求的日益提高，采用统一的评价方法和评价标准对各区域海洋环境进行评价，越来越不能满足各界对海洋环境状况的需求，鉴于所处海域的海洋环境状况特征和受近岸海域污染影响的特殊性，采用统一的评价方法和标准进行评价，缺乏一定的针对性和敏锐性，同时，一般的评价在海域环境容量和多介质、海陆联合评价中的指导也较为有限，从而使评价结果对海洋环境保护和管理的支撑作用也大为减少，致使在环境保护和污染治理过程汇总缺乏依据和抓手，或多或少地阻碍了我国海洋环境保护管理和海洋环境污染控制的进程，所以亟需开展海洋环境综合评价方法研究，客观、科学地评价海洋环境状况，诊断海洋环境污染问题，指导海洋环境保护和管理工作，为海洋环境保护工作、海洋资源开发和可持续发展提供具有指导意义的科学依据和决策支持。

象山港为宁波市中部的半封闭港湾，岸线曲折，港湾中内湾分布丰富，自然环境优良，水产资源丰富，生态类型多样，是多种经济水产资源的集中分布区，又是浙江省乃至全国重要的海水增养殖基地和泥蚶苗种产区，有国家"大渔池"之称。

随着海洋开发力度越来越大，象山港海域环境问题也承受着越来越多的压力。半封闭港湾的天然地理特征，使其水体交换能力相对较弱，海洋环境容量与其他海域相比也受诸多限制，亟需科学评估象山港海洋环境容量来指导其入海污染物减排工作。海洋环境监测由于受诸多客观因素的限制，监测数据受到时间和空间的影响，现有的海洋生态环境评价，评价指标和标准的选择在稳定性、敏感性、季节性变化影响等方面选择上尚不够严格，且往往忽视海域水动力与生态环境质量时空变化关系，目前针对象山港监测工作由于前期设计如站位布设、监测频次等方面缺乏对生态环境评价目的针对性和指导性，再加之缺乏象山港环境基准和区域环境质量背景的综合考虑，监测和评价结果对海洋环境状况的全面、客观、科学体现也举步维艰，较难满足各界获知象山港区域环境质量变化趋势的要求。同时，象山港沿岸重要开发活动（围填海、桥梁建设、电厂建设）等日趋激烈，对象山港海岸带开发活动的评价方法、温排水叠加影响的评价方法等，都缺乏适用的评价方法，有针对性地评估海洋工程对海洋生态环境的影响。象山港作为生态类型丰富，生态环境特殊的宁波市重点港湾，其开发利用需遵循自然生态环境规律，在合理保护和开发中找到平衡，实现象山港海域资源开发利用的可持续，在这方面需要开展基于象山港生态系统的海洋生态功能区划及基于该生态功能区划的生态红线划分，以指导象山港海域的保护和开发。

鉴于象山港的生态系统的特殊性，上述象山港海域海洋环境评价的要求，亟需开展象山港环境容量研究及减排技术、趋势性监测方法和评价研究、基于环境基准的港湾环境质量评价方法、海陆联合分区进行的生态环境状况综合评价方法、重点开发活动及生态灾害综合评价方法、海洋生态功能区划和基于生态功能区的生态红线划分等方面的综合评价方法研究，以全面客观地掌握象山港海域海洋环境现状和变化趋势，为保护和管理象山港海洋环境提供重要技术依据。

本专著的成果得到了国家海洋局"象山港海域海洋环境质量综合评价" ［编号：DOMEP（MEA-03-02）］、宁波市财政专项"象山港主要陆源入海口污染物总量减排考核监测及象山港海洋环境保护规划"（编号：甬海〔2014〕46 号）、2009 年海洋公益性行业科研专项"滨海电厂污染损害监测评估及生态补偿技术研究"（编号：200905010）等项目的支持。

1.2　研究概况

象山港由于其港湾的生态环境特殊性和在宁波市海域位置的重要性，受到越来越多的专家学者的关注，特别是 21 世纪以来，海洋界学者对象山港海域开展了象山港环境容量、生态环保与修复技术、港湾电厂群温排水温升影响综合评估、生态功能区划、生态红线、污染物减排等方面研究。

2001—2006 年，黄秀清等（2006）率先开展了象山港环境容量的研究。该研究从象山港资源的持续利用角度科学地确定象山港对污染物的容许负荷量，进而运用海洋行政管理法规，实行污染物总量控制、对污染物排放数量进行控制和分配，从而既保证合理地利用和保护象山港生态环境，又指导海洋经济的持续、快速、健康发展。环境容量是一种环境资源，研究某一特定海域的环境容量，从而科学地确定输入该海域的污染物负荷量的最大允许限度，亦即从总量上控制来自各排放源的污染物负荷量，对环境的合理利用、管理和保护具有相当重要的意义。通过对海域环境容量的研究，充分利用海洋本身的自净能力，为海洋经济开发活动服务，达到保护海洋环境的目的，更有特殊的现实意义。

2006—2011 年，尤仲杰等（2011）对象山港开展了象山港生态环境保护与修复技术研究工作。该研究通过多年的努力，完成了象山港整个港区周年环境数据资料的收集和分析，主要分析包括海洋水化学、元素地球化学、海洋微生物、海洋浮游生物、鱼卵仔鱼、底栖生物、潮间带生物、渔业资源等的变化规律。并比对了电厂运行后邻近海域海洋生态环境与主港区的差异，系统地研究电厂对海洋生态环境的影响；围垦工程对象山港水动力影响研究；选择了适合象山港养殖的具有生态修复功能的大型藻类，以系统功力学为平台构建了坛紫菜生长模型。先后筛选出海带、坛紫菜等藻类用于综合与综合生态修改，构建了海水池塘养殖和网箱综合养殖修复技术体系，开辟了南沙岛生态养殖示范区一处，在象山港内开辟了具有生态修复功能藻类的养殖区，并得到了示范推广。项目取得了初步成果，为最终建立一套高效的、可操作的生态修复新模式和该海域的资源与环境保护提供了理论基础。

2009—2014 年，张惠荣等（2014）结合海洋公益性项目（200905010）开展象山港温排水温升范围及温升对海洋环境的综合影响研究。该研究，针对象山港电厂群建立前后和象山港电厂所在海域，对象山港海洋环境现状、环境变化趋势、温升范围和程度以及温升对照点确定、温升条件下生物围隔试验、电厂建立前后对象山港赤潮发生特征、生态动力学模型等方面做了深入的探讨和研究，为半封闭港湾温排水对海洋环境的影响提供较好的借鉴。

2011—2013 年，宁波海洋环境监测中心站对象山港海域开展了象山港生态功能区划研究，针对海域的生态环境特点，分析海洋生态系统类型空间分布变化规律，评价主要生态环境问题的现状与趋势、成因及历史变迁。结合象山港区域生态特征，建立了象山港海洋生态功能区划指标体系。该体系将象山港海洋生态功能类型归纳为：渔业资源繁育、生物多样性维护、泄洪防潮、岸线保持、水产品提供、水质净化、景观提供、土地储备和港航交通 9 种类型。针对各种海洋生态功能类型，综合考虑水动力条件、水环境状况、生物多样性分布特征、历史文化价值以及发挥不同生态功能的环境需求等关键因素，研究其功能重要性，并分析各海域的海洋生态各种生态功能的重要性，确定其主导生态功能，并最终将象山港生态功能区划成八大类。

2014—2016 年，宁波市海洋与渔业局开展了象山港海洋生态红线划定研究，该研究在象山港海洋生态调查和评价的基础上，分析海洋生态空间分布规律，进行海洋生态功能重要性研究，建立划定象山港海洋红线区划的指标体系及技术方法和确定象山港海洋生态红线指标，并建立象山港海洋生态红线区管控措施。目前红线划定工作已接近尾声，划成一级类两个，二级类 7 个，为象山港的开发和保护提供了重要的依据。

2011 年始，宁波市海洋环境监测中心在象山港污染源调查的基础上，以象山港主导海洋功能区为依据，通过对象山港区域自然环境、社会经济、开发利用现状等的调查，结合赤潮等生态敏感问题以及各污染源对水体污染的贡献、生态效应和沉积物环境影响程度，核算象山港环境容量，制定污染物总量控制方案，开展减排试点研究。污染物总量减排技术与考核方案。与传统的线—面相比，以点（入海口）为单元，使得减排考核对象更为明确，更具有可考核、可实施和可追溯性，有效避免了总量减排工作实施过在了解象山港区域自然环境、社会经济、开发利用现状等的基础上，通过象山港污染源调查，确定象山港主要污染物的初始源强；结合海域水质现状和污染源特征，通过建立水动力、泥沙输运、污染物扩散迁移模型，确定海域环境容量及总量控制减排目标；制定象山港入海污染物总量控制和减排考核方案，并在沿岸5个县（市、区）开展减排考核示范应用。减排考核示范工作自2013年以来，持续至今。

1.3 主要海洋生态问题及现有评价技术的不足

近年来随着海洋开发活动的迅猛发展，象山港海洋生态问题较为突出，而目前的海洋生态环境监测、评价方法和评价标准较难满足针对性评价的要求，对海洋管理的技术支撑作用也相对较弱，根据目前象山港生态环境问题和现有评价方法，具体体现在以下8个方面。

（1）象山港海域处于东海区营养盐较高的大背景下，受长江、钱塘江影响，宁波近岸海域水体营养盐浓度较高，超四类海水水质标准。象山港是一个半封闭式的狭长港湾，海水交换周期长，自净能力差，港内水体中无机氮、活性磷酸盐含量基本超过四类海水标准，呈严重富营养化状态。目前海洋生态环境采用的评价方法主要为单因子评价方法，该评价方法能总体上评价海域的环境质量，但不能较针对、敏感地体现象山港生态环境质量状况，需要探索具有针对性区域性的环境基准，以客观评价区域海洋环境污染状况。

（2）象山港港湾和近岸海域较为狭窄，且多为半封闭海域，海洋环境监测由于受诸多客观因素的限制。港湾海洋生态环境评价是一个系统工程，监测数据受到时间和空间的影响，目前评价方法忽视海域水动力与生态环境质量时空变化关系，监测方案设计缺乏对生态环境评价目的针对性和指导性。要客观掌握和评价港湾生态环境状况，监测站位设置和分布，监测频率和监测季节等均需要精心设计，目前的随到随取的监测方法较难客观反映水质环境状况。所以，亟需对港湾监测方案进行优化，包括站位优化，季节优化和频次优化。以最科学的站位布设、频次选择、季节分配来开展监测，科学合理掌握港湾海洋生态环境状况。

（3）目前有关港湾生态环境评价多聚焦于海域，且以多要素分别评价为主，结合海域水动力、生态类型、海岸带开发活动等进行港湾整体评价的方法较为鲜见。象山港海域环港区域海岸带开发活动活跃，且不同开发活动同时也导致相应区域港湾生态环境的状况不同，港湾海域生态环境的状况与周边海岸带开发活动存在很大的关联性，如城镇开发活动区、重点工业区、电厂工业区等对海洋环境造成的影响是截然不同的，目前对港湾生态环境综合评价方法一方面比较少，另一方面，往往仅针对海域环境要素来进行综合评价，割裂了海岸开发活动与海域生态环境状况，所以，对港湾综合性评价的过程中，实际上缺少了较为重要的一个要素，即海岸带开发类型和开发活动强度。所以，亟需探索一种海岸带与相应海域区域相结合的评估方法，来综合评估港湾综合生态环境状况。

（4）针对港湾环境容量和承载力制定的总量控制措施不力，减排考核措施落实不到位，以海定陆的理念还未深入，措施不能很好落实到位。随着环象山港工业废水、生活污水排放量增加、农业生产过程中化肥农药流失、海水养殖业自身污染加重及船舶排污，使象山港的海洋环境和海洋生态系统受到极大威胁，陆源污染物控制能力较弱，目前尚无科学的基于象山港容量的减排研究方法和技术，亟需通过减排研究成果和科学的减排方法和技术来指导象山港周边区域入海污染物减排工作，提高减排成效。

（5）海洋生态功能区划是基于海洋生态系统功能的自然生态区系划分。象山港是近岸和海域交互作用较为活跃的区域，其海洋生态系统也较为丰富，基于海洋生态系统的功能区划来保护来保护海洋生态环境显得尤为重要，同时，随着国家海洋生态红线制度的实施，对港湾和海域生态红线确定的方法、原则、技术都缺乏充分依据，生态功能区划的形成将为象山港生态红线的划定提供科学、有效的依据。

（6）象山港港底大型电厂的运营，温排水对港湾生态环境的影响日趋严重，也使赤潮发生季节和发生频率均较以往有较大改变，但是客观、敏感、针对性评价温排水对海洋生态环境影响评价技术还略显不足，尚未成熟的技术方法。象山港内已建国华和乌沙山两家电厂，且两家电厂位于象山港的中底部，象山港内水交换能力较差，电厂产生的温排水，在一定的条件下，可能会产生叠加效应，影响象山港底乃至整个港湾海洋生态环境。目前，针对电厂温排水对海洋环境的影响评估也主要囿于专题评价和综合评估方法的缺乏，还是采用一般海洋或海岸工程跟踪监测技术方法，虽然能从总体上掌握一些工程运营对海洋环境的影响，但影响程度、影响范围和影响对象的把握上存在较大问题，特别是多家电厂产生的温排水叠加影响评价更是一大难题。

（7）开发活动，针对不同开发类型的针对性评价方法较少，未成体系，尚不完善。随着象山港区域海洋经济发展，象山港海洋开发活动也日益增多，象山港区避风锚地建设项目、奉化市红胜海塘围垦工程和鄞州大嵩围涂工程等大型围填海工程及象山港大桥等重点开发工程的相继建设完成，象山港内海水增养殖活动也热度不减，各建设工程对海洋环境造成的影响，围填海导致象山港自然岸线和湿地面积减少，重要企业入海污染直接排放，海水养殖活动造成对海域的直接污染等方面，目前并无配套的评价或评估方法，来分别评估开发活动对海洋环境的影响，亟需针对不同海洋开发活动对海洋环境影响特点，来分类确定评价方法和评价标准，以客观评估，开发活动对海洋环境的影响情况。

（8）近年来象山港赤潮发生区域在港底的频次明显增多，而且在发生时间上，平均气温、水温较低的冬季、冬春之交发生的次数有明显增多现象。象山港部分区域（西沪港）大米草等外来物种入侵明显，滩涂湿地生态系统受损，对此，象山港生态灾害评估方法和技术手段缺乏，不能有效评估赤潮灾害和外来物种入侵等生态灾害。

1.4 资料来源

1.4.1 海域环境调查

1.4.1.1 资料收集

（1）2004—2011 年象山港赤潮监控区监测结果；

（2）2004—2011 年海水增养殖区监测结果；

（3）2000—2011 年浙北海域趋势性监测。

1.4.1.2 象山港生态环境状况综合评价方法

1）站位布设和监测内容设定依据

现状调查主要考虑象山港分区评价，在象山港海域各区域均匀设置站位，以象山港全部区域的海洋生态环境状况。

设置水动力站位，了解水动力状况，并结合水动力条件分析区域水团等状况。

设置连续站观测，了解掌握象山港水质时间序列上的变化情况，为监测结果数据同步化作验证和参考，同时，掌握不同时段水质、浮游生物状况，为监测时段和监测频率的确定提供重要依据。

站位进行网格化、呈断面布设，全面获得象山海洋环境质量状况，为站位优化提供基础资料。

沉积物、底栖生物调查站位覆盖象山港不同沉积物类型，了解掌握不同沉积物类型沉积物质量和底栖生物类群，为沉积物质量分区评价、底栖生物区系分布等重要依据，同时为监测站位优化提供筛选基础。

在不同潮间带类型和不同区域（港口、港中、港底）设置潮间带调查断面，了解掌握象山港不同潮间带生物分布情况，为潮间带生物区系分布和潮间带调查站位优化提供依据。

2）站位布设

象山港海域布设水文（流速、流向、底质粒度）站 1 个，自动潮位站 1 个（乌沙山 1 个潮位自动观测站）。

水质、沉积物、生物大面站 31 个和 1 个连续站（QS7 站）；

潮间带生物布设 8 条断面；水文气象：共设置大面站 31 个站。详见表 1.4-1 和图 1.4-1。

表 1.4-1　象山港生态环境调查站位

站位	北纬	东经	监测介质
QS1	29°40′55.82″	121°50′39.52″	水文气象、水质、沉积物、生物
QS2	29°40′00.00″	121°51′20.00″	水文气象、水质、沉积物、生物
QS3	29°38′45.36″	121°52′05.33″	水文气象、水质、沉积物、生物
QS4	29°38′34.80″	121°48′32.40″	水文气象、水质、沉积物、生物
QS5	29°37′24.60″	121°46′34.20″	水文气象、水质、沉积物、生物
QS6	29°36′21.60″	121°47′06.00″	水文气象、水质、沉积物、生物
QS7	29°36′11.99″	121°46′18.00″	水文气象、水质、沉积物、生物
QS8	29°34′48.00″	121°45′18.00″	水文气象、水质、沉积物、生物
QS9	29°33′43.99″	121°43′07.46″	水文气象、水质、沉积物、生物
QS10	29°33′10.50″	121°43′41.64″	水文气象、水质、沉积物、生物
QS11	29°32′44.00″	121°44′14.00″	水文气象、水质、沉积物、生物
QS12	29°31′48.88″	121°47′53.49″	水文气象、水质、沉积物、生物
QS13	29°30′30.99″	121°47′53.00″	水文气象、水质、沉积物、生物
QS14	29°32′18.99″	121°40′57.00″	水文气象、水质、沉积物、生物
QS15	29°31′57.00″	121°41′08.00″	水文气象、水质、沉积物、生物
QS16	29°32′03.99″	121°38′12.00″	水文气象、水质、沉积物、生物
QS17	29°31′27.00″	121°38′45.00″	水文气象、水质、沉积物、生物
QS18	29°30′47.99″	121°39′17.00″	水文气象、水质、沉积物、生物
QS19	29°31′04.00″	121°35′42.00″	水文气象、水质、沉积物、生物
QS20	29°29′48.99″	121°36′22.00″	水文气象、水质、沉积物、生物
QS21	29°30′22.70″	121°33′44.50″	水文气象、水质、沉积物、生物
QS22	29°27′33.00″	121°32′04.00″	水文气象、水质、沉积物、生物
QS23	29°26′31.17″	121°31′42.39″	水文气象、水质、沉积物、生物
QS24	29°25′30.00″	121°31′22.00″	水文气象、水质、沉积物、生物
QS25	29°29′42.00″	121°31′47.00″	水文气象、水质、沉积物、生物
QS26	29°30′24.99″	121°31′09.00″	水文气象、水质、沉积物、生物
QS27	29°30′00.00″	121°30′56.99″	水文气象、水质、沉积物、生物
QS28	29°29′24.17″	121°30′41.98″	水文气象、水质、沉积物、生物
QS29	29°29′59.63″	121°29′50.05″	水文气象、水质、沉积物、生物

站位	北纬	东经	监测介质
QS30	29°28′19.11″	121°28′17.53″	水文气象、水质、沉积物、生物
QS31	29°26′44.82″	121°27′43.73″	水文气象、水质、沉积物、生物
T1	29°33′57.00″	121°42′20.46″	潮间带生物
T2	29°33′28.54″	121°40′31.38″	潮间带生物
T3	29°32′47.34″	121°37′35.16″	潮间带生物
T4	29°31′05.00″	121°40′19.00″	潮间带生物
T5	29°30′04.00″	121°39′00.00″	潮间带生物
T6	29°30′07.44″	121°27′27.72″	潮间带生物
T7	29°26′07.00″	121°32′29.00″	潮间带生物
T8	29°38′49.26″	121°46′42.96″	潮间带生物

注：其中 QS7 为连续观测站，水质、浮游生物等指标每 3 小时观测一次，连续 27 小时观测，共 9 次。

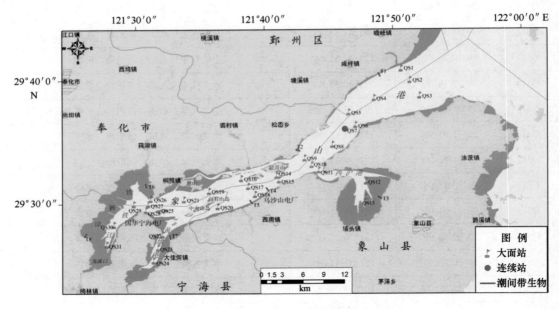

图 1.4-1　象山港综合评价专项调查站位

3）监测内容

水文气象：风向、风速、气压、气温、相对湿度、简易天气现象、水温、水色、水深、透明度和海况、流速、流向、潮位等。

海水水质：溶解氧、pH、盐度、悬浮物、亚硝酸盐-氮、硝酸盐-氮、氨氮、活性磷酸盐、活性硅酸盐、化学需氧量、总有机碳、总氮、总磷、石油类、重金属（铜、铅、锌、铬、镉、汞、砷）和叶绿素 a。

沉积物：pH、Eh、有机碳、石油类、总汞、铜、铅、镉、锌、铬、砷、滴滴涕、多氯联苯、硫化物和粒度。

生物生态：包括浮游植物、浮游动物、底栖生物和潮间带生物。

4）调查频次

2011年夏、冬季共两个航次。

1.4.1.3 海洋功能区环境现状调查

1）站位布设和监测内容设定依据

增养殖区的站位设定主要考虑覆盖整个象山港西沪港区域，其监测项目和要素的确定，主要与海水增养殖区的水质关键因子，以了解掌握海水水质对增养殖区的适宜性。

象山港大桥的站位布设一方面根据《建设项目海洋环境跟踪监测技术导则》，另一方面则根据工程环评报告的环境计划和历时监测站位布设要求来综合考虑确定，站位设置中包含了部分历史监测站位，以便于影响分析，同时监测指标的设置主要考虑大桥建设施工的影响因子和环评报告中指出的关键因子。

电厂站位设置主要考虑电厂温排水的影响预测范围，监测范围覆盖整个温升预测范围，同时在温升预测范围外设置对照点，并考虑水温变化的时段性，在水温监测过程中多条断面同时开展，以客观掌握电厂温升范围和温升程度，为温升影响评估提供依据。

电厂海洋环境监测站位设置，监测站位覆盖整个温升范围区域，同时在温升范围外设置对照点，监测站位沿水温监测断面设置，以便于掌握温升与海洋环境的变化的关系。同时在监测指标上，主要针对电厂运营期产生的影响来设置，如重金属、余氯等。

同时，为考虑电厂温排水对海洋生物的卷载和生物灭杀剂的综合作用，在电厂取排水口分别设置生物监测站位，了解掌握电厂卷载和生物灭杀剂对海洋环境的综合作用。

2）站位布设

（1）西沪港海水增养殖区

在西沪港养殖区海域布设水文气象、水质、沉积物、生物各5个站；养殖生物质量站1个（表1.4-2）。

表1.4-2 西沪港养殖区监测站位

序号	纬度（N）	经度（E）	监测介质
1	29°32.421′	121°45.340′	水文气象、水质、沉积物、生物
2	29°32.496′	121°45.450′	水文气象、水质、沉积物、生物
3	29°32.357′	121°45.693′	水文气象、水质、沉积物、生物
4	29°32.555′	121°46.132′	水文气象、水质、沉积物、生物
5	29°32.595′	121°46.449′	水文气象、水质、沉积物、生物

（2）象山港大桥

在象山港大桥附近海域布设水文气象站 15 个、水质站 15 个、沉积物站 9 个、生物站 9 个（表 1.4-3）。

表 1.4-3　象山港大桥监测站位

站号	纬度（N）	经度（E）	监测项目
X01	29°37′24.60″	121°46′34.20″	水文气象、水质、沉积物、生物
X02	29°36′51.60″	121°46′41.40″	水文气象、水质
X03	29°36′21.60″	121°47′00.60″	水文气象、水质、沉积物、生物
X04	29°37′36.00″	121°47′49.20″	水文气象、水质、沉积物、生物
X05	29°37′28.20″	121°48′28.20″	水文气象、水质
X06	29°37′01.20″	121°49′06.60″	水文气象、水质、沉积物、生物
X07	29°39′22.80″	121°47′47.40″	水文气象、水质、沉积物、生物
X08	29°38′34.80″	121°48′32.40″	水文气象、水质
X09	29°37′52.20″	121°50′06.60″	水文气象、水质
1	29°32′08.69″	121°50′10.11″	水文气象、水质、沉积物、生物
2	29°32′05.73″	121°49′34.57″	水文气象、水质
3	29°31′30.95″	121°49′21.88″	水文气象、水质、沉积物、生物
4	29°29′50.01″	121°48′41.86″	水文气象、水质
5	29°29′27.53″	121°48′49.63″	水文气象、水质、沉积物、生物
6	29°29′16.14″	121°48′18.41″	水文气象、水质、沉积物、生物

（3）象山港热电厂

① 乌沙山电厂

乌沙山电厂前沿海域共布设 1 个定点测温站和 3 条水温走航断面、11 个水质、沉积物和生物大面调查站位，2 条潮间带断面以及 2 个浮游生物对比监测站（进水口和排水口各设 1 个）（表 1.4-4 和表 1.4-5；图 1.4-2 和图 1.4-3）。

表 1.4-4　乌沙山电厂附近海域海洋环境监测站位布设

序号	站号	纬度（N）	经度（E）	监测项目
1	排水口 2	29°30′48″	121°39′17″	水质、沉积物、生物
2	排水口 4	29°31′27″	121°38′45″	水质、沉积物、生物
3	排水口 6	29°32′04″	121°38′12″	水质、沉积物、生物

序 号	站 号	纬 度（N）	经 度（E）	监 测 项 目
4	左侧1	29°31′04″	121°35′42″	水质、沉积物、生物
5	左侧4	29°29′49″	121°36′22″	水质、沉积物、生物
6	右侧1	29°31′45″	121°41′16″	水质、沉积物、生物
7	右侧3	29°32′06″	121°41′02″	水质、沉积物、生物
8	右侧5	29°32′28″	121°40′53″	水质、沉积物、生物
9	W8	29°36′12″	121°46′18″	水质、沉积物、生物
10	新增1	29°30′35″	121°34′50″	水质、沉积物、生物
11	新增3	29°30′12″	121°32′37″	水质、沉积物、生物
12	A	设在进水口，具体经纬度现场定位		浮游植物、浮游动物
13	B	设在排水口，具体经纬度现场定位		浮游植物、浮游动物
14	T1	29°31′05″	121°40′19″	潮间带生物
15	T2	29°30′04″	121°39′00″	潮间带生物

表 1.4-5　乌沙山电厂前沿水温走航断面

断面名称	站位	纬度（N）	经度（E）	备注
E-新增断面	E1	29°29′51″	121°37′59″	左侧断面
	E2	29°31′13″	121°36′06″	
	新增1	29°30′35″	121°34′50″	
	新增2	29°30′23″	121°33′44″	
	新增3	29°30′12″	121°32′37″	
F 断面	F1	29°30′32″	121°39′30″	排水口断面
	F2	29°32′04″	121°38′12″	
G 断面	G1	29°31′45″	121°41′16″	右侧断面
	G2	29°32′28″	121°40′53″	
定点	W8	29°36′12″	121°46′18″	

② 国华电厂

在国华电厂前沿海域设置水文站 4 个、水温定点测温站位 8 个、水温走航断面 4 条、水质监测站位 12 个、沉积物监测站位 6 个、生物生态调查站位 7 个，潮间带调查断面 3 条，另外，在排水口和取水口进行浮游生物监测（表 1.4-6 和表 1.4-7；图 1.4-2、图 1.4-3 和图1.4-4）。

表 1.4-6　国华电厂附近海域生态环境监测站位布设

站号	纬度（N）	经度（E）	项目
SW1	29°29′25″	121°29′13″	水文观测
DD3（SW2）	29°29′49″	121°31′42″	水文观测
SW3	29°27′29″	121°32′07″	水文观测
S1	29°28′32″	121°28′00″	水质、沉积物、生物
S2	29°29′39″	121°29′54″	水质、生物
S3	29°30′23″	121°30′29″	水质、沉积物、生物
S4	29°29′38″	121°31′01″	水质、沉积物
S5	29°29′04″	121°31′32″	水质、生物
S6	29°28′09″	121°32′43″	水质、沉积物、生物
S7	29°30′13″	121°32′08″	水质
S8	29°29′46″	121°32′31″	水质、沉积物、生物
S9	29°29′10″	121°33′00″	水质
S10（SW4）	29°30′35″	121°34′50″	水质、沉积物、生物、水文观测
S11	29°30′07″	121°34′01″	水质
S12	29°30′02″	121°29′52″	水质
取水口	29°29′25″	121°29′13″	浮游生物
排水口（海域）	29°29′33″	121°29′48″	浮游生物
CJD1	29°29′04″	121°29′53″	潮间带生物
CJD2	29°28′16″	121°31′29″	潮间带生物
CJD3	29°31′13″	121°28′23″	潮间带生物

表 1.4-7　国华电厂前沿水温调查

站号	纬度（N）	经度（E）	项目
S1	29°28′32″	121°28′00″	定点水温
取水口	29°29′25″	121°29′13″	定点水温
直排口	29°29′33.217″	121°29′47.757″	定点水温
DD3（SW2）	29°29′49″	121°31′42″	定点水温
W8	29°36′12″	121°46′18″	定点水温

站号	纬度（N）	经度（E）	项目
DD1	29°29′44″	121°29′30″	定点水温
DD2	29°30′26″	121°30′19″	定点水温
DD4	29°29′18″	121°32′40″	定点水温
A1	29°30′4.4″	121°29′10″	水温 A 测线
（取水口）	29°29′25″	121°29′13″	
A2（S1 站）	29°28′33″	121°28′04″	
排水口	29°29′33″	121°29′48″	水温 B 测线
B	29°31′7″	121°29′57″	
排水口	29°29′33″	121°29′48″	水温 C 测线
C	29°31′03″	121°32′56″	
排水口	29°29′33″	121°29′48″	水温 D 测线
D	29°29′29″	121°34′23″	

3）调查项目和分析方法

（1）西沪港海水增养殖区

水文气象：表层水温、透明度、风速、风向、气温、光照（晴天，阴天）。

海水水质：pH 值、盐度、溶解氧、叶绿素 a、化学需氧量、磷酸盐、亚硝酸盐、硝酸盐、氨氮、硅酸盐、总氮、总磷、石油类、总汞、镉、铅、铜、锌、铬、砷、粪大肠菌群数、弧菌总数。

沉积物：粒度、石油类、有机碳、硫化物、铜、铅、锌、镉、铬、汞、砷、总磷、总氮、六六六、DDT、PCBs 等。

生物生态：叶绿素 a、浮游植物、底栖生物。

养殖生物质量：石油烃、六六六、DDT、PCBs、铜、铅、锌、镉、铬、汞、砷、粪大肠菌群。

（2）象山港大桥

水文气象：水色、透明度、悬浮物。

海水水质：铜、镉、铅、石油类、化学需氧量、生化需氧量、溶解氧、硝酸盐氮、亚硝酸盐氮、氨氮、活性磷酸盐。

沉积物：铜、铅、镉、石油类。

生物生态：叶绿素 a、浮游植物、浮游动物、底栖生物。

14

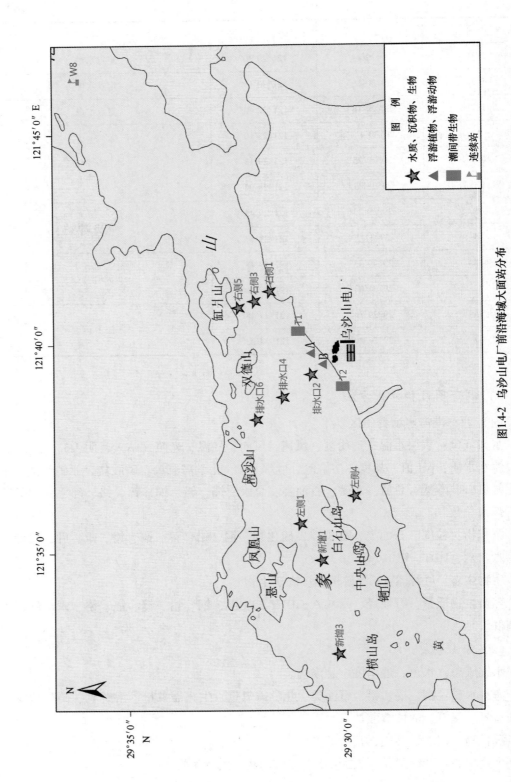

图1.4-2 乌沙山电厂前沿海域大面站分布

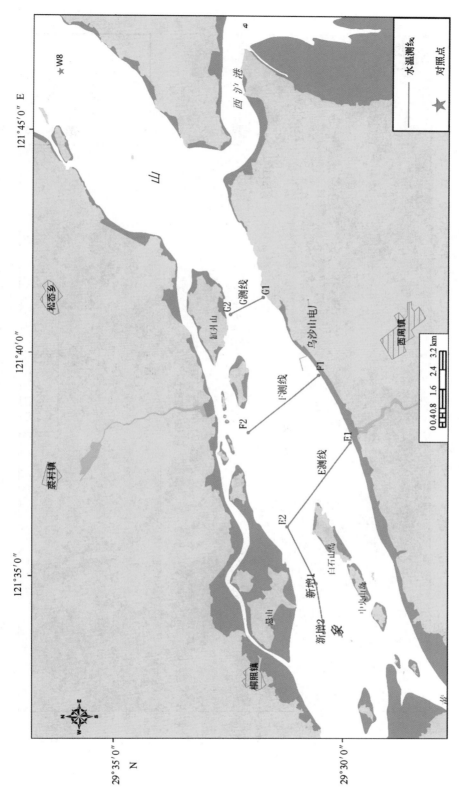

图1.4-3 乌沙山电厂前沿水温观测断面分布

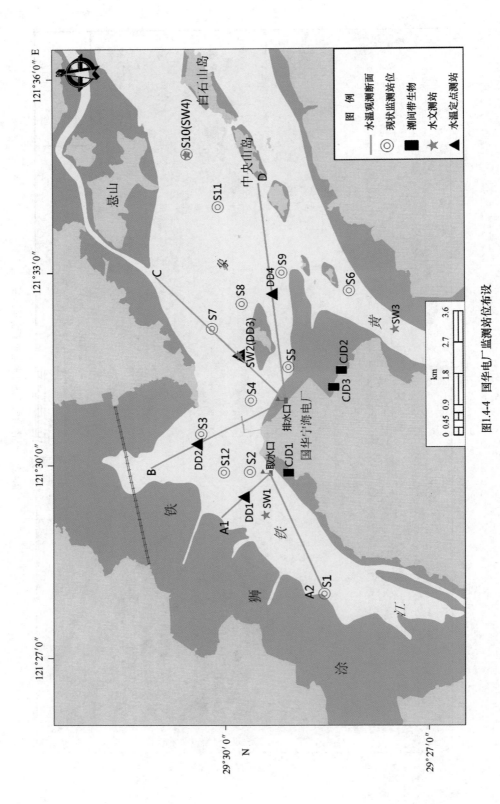

图1.4-4 国华电厂监测站位布设

（3）乌沙山电厂

水温观测：走航、定点测温。

海水水质：水温、盐度、pH 值、溶解氧、COD、氨氮、硝酸盐、亚硝酸盐、磷酸盐、总汞、砷、铜、锌、铅、镉、油类、余氯、非离子氨等。

沉积物：有机碳、总氮、总磷、硫化物、石油类、汞、砷、铜、锌、铅、镉等。

生物生态：叶绿素 a、浮游植物、浮游动物、底栖生物。

（4）国华电厂

水文：风速、风向、气温、水温、盐度、流向、流速，潮位（在附近强蛟附近设一临时潮位站）。

水温：走航、定点测温。

海水水质：水温、盐度、pH、溶解氧、COD、氨氮、硝酸盐、亚硝酸盐、磷酸盐、总汞、砷、铜、锌、铅、镉、石油类、非离子氨、挥发酚、硫化物、余氯等。

沉积物：有机碳、总氮、总磷、硫化物、石油类、汞、砷、铜、锌、铅、镉等。

生物生态：叶绿素 a、浮游植物、浮游动物、底栖生物、潮间带生物。

4）调查时间和频率

（1）西沪港海水增养殖区

2011 年夏季、冬季共进行 2 个航次。

（2）象山港大桥

水文气象、水质：2011 年 2 月、8 月和 11 月大潮、小潮各进行 1 次监测。

沉积物：8 月进行 1 次。

生物：2011 年 2 月和 8 月各进行一次监测。

（3）乌沙山电厂

2011 年春季、夏季、秋季、冬季各进行一次监测。

（4）国华电厂

2011 年 2 月和 8 月各进行一次监测。

1.4.2 污染源调查与估算

入海污染源强调查与估算研究，对于象山港海洋环境容量和污染物容许负荷量的确定是必不可少的，运用海洋管理目标对环境容量进行控制与分配，可为海域污染物总量减排应用研究提供基础数据。进入象山港的污染物主要来自于陆源污染和海水养殖污染两大部分，本研究以海区和汇水区为单元，对各单元污染源和污染物分别进行调查与研究。

象山港污染源的调查方法主要包括资料收集、现状调查两种。资料收集主要包括象山港沿岸 5 个县市区正式出版的统计年鉴以及各相关行业管理部门提供的污染源统计资料，用于污染源强估算，为海域环境容量计算提供基础数据；现状调查主要包括及象山港沿岸现场踏勘及主要入海直排口（河流、水闸、工业企业等）的污染物浓度的现状采样和入海通量的估算，主要为减排技术研究提供基础数据。

1.4.2.1 资料收集

象山港污染源主要包括工业污染、生活污染、畜禽养殖污染、农业污染、水土流失和海水养殖污染等各类污染源。资料收集主要包括 2009—2010 年正式出版的统计年鉴以及各相关行业管理部门提供的相关统计资料，并通过相关计算公式估算得出各类污染物的污染源强，即：工业排污主要通过收集当地环保部门工业排污等相关统计资料获取；生活、农业、水土流失、禽畜养殖等陆源面源主要通过象山港周边 5 个县（市、区）统计年鉴获取人口、耕地面积、禽畜养殖量等相关统计数据、采用相关公式估算其污染源强；海水养殖污染源主要通过当地海洋与渔业部门获取海水养殖量等相关统计资料，采用相关公式估算得出其污染源强。另外，径流量资料通过各县（市、区）水利部门获取。

1.4.2.2 现状调查

1）现场踏勘

象山港陆域周边跨宁波市北仑区、鄞州区、奉化市、宁海县、象山县共 5 个县（市、区），海域为半封闭式狭长型港湾，海岸线曲折，水动力条件较弱，海域生态环境脆弱。象山港沿岸现场踏勘于 2011 年 7—8 月进行。通过现场踏勘，可在了解象山港周边开发利用和污染来源的基础上，基本掌握污染物排放口的主要分布、排放方式以及排放特征等，为象山港污染物减排技术研究奠定基础。

2）采样调查

象山港沿岸陆域入海直排口（包括河流、水闸及工业企业直排口）的污染物现状调查站点共计 28 个。其中，河流 12 条（R1~R12）、水闸 13 个（S1~S13）和工业企业直排口 3 个（I1~I3）（表 1.4-8 和图 1.4-5），也为象山港污染物总量减排考核对象。

表 1.4-8 象山港陆源污染物各入海口（即减排对象）

河流	经度（E）	纬度（N）	水闸	经度（E）	纬度（N）	工业企业直排口	经度（E）	纬度（N）
R1	29°36′18.2″	121°57′31.1″	Z1	29°40′48.2″	121°47′14.6″	I1	29°36′52.7″	121°50′13.0″
R2	29°31′39.1″	121°51′28.3″	Z2	29°40′48.2″	121°49′0.70″	I2	29°28′44.6″	121°48′51.7″
R3	29°31′10.4″	121°41′45.6″	Z3	29°42′00.8″	121°49′26.1″	I3	29°28′10.8″	121°46′55.2″
R4	29°29′08.3″	121°40′06.6″	Z4	29°36′58.0″	121°51′43.3″			
R5	29°28′40.3″	121°38′48.4″	Z5	29°29′19.9″	121°37′00.7″			
R6	29°26′01.0″	121°33′09.4″	Z6	29°30′30.8″	121°27′6.3″			
R7	29°23′00.3″	121°29′21.2″	Z7	29°30′49.5″	121°27′19.0″			
R8	29°24′42.5″	121°25′49.3″	Z8	29°30′55.0″	121°27′19.0″			

河流	经度（E）	纬度（N）	水闸	经度（E）	纬度（N）	工业企业直排口	经度（E）	纬度（N）
R9	29°31′16.5″	121°27′19.0″	Z9	29°31′11.3″N	121°28′33.7″			
R10	29°33′40.4″	121°30′50.9″	Z10	29°31′19.2″	121°29′10.7″			
R11	29°34′07.3″	121°38′42.7″	Z12	29°32′59.6″	121°38′35.7″			
R12	29°36′23.4″	121°41′53.7″	Z11	29°31′41.1″	121°30′59.5″			
			Z13	29°35′19.4″	121°42′56.0″			

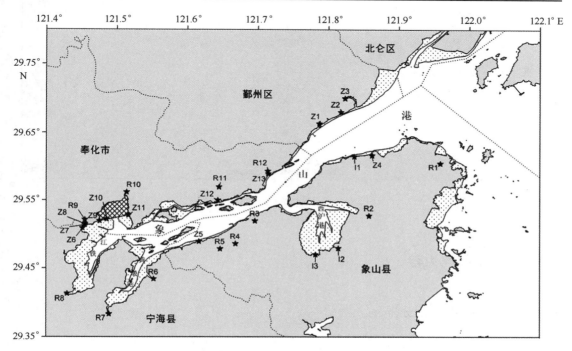

图 1.4-5　象山港沿岸陆域主要入海直排口现状调查站点

3）调查内容及方法

象山港沿岸陆源入海口即减排对象的污染物排放现场采样调查于 2013 年 11 月进行，调查指标主要包括总氮（TN）、总磷（TP）、化学需氧量（COD）、石油类、重金属及其他特征污染物等。采样及分析方法均采用现行的国家及行业标准与规范进行。

1.5　研究范围及研究内容

1.5.1　研究范围

包括象山港沿岸各县（市、区）、各个汇水区。评价范围海域描写，陆域描写。研究范围的最外边界（图1.5-1）。

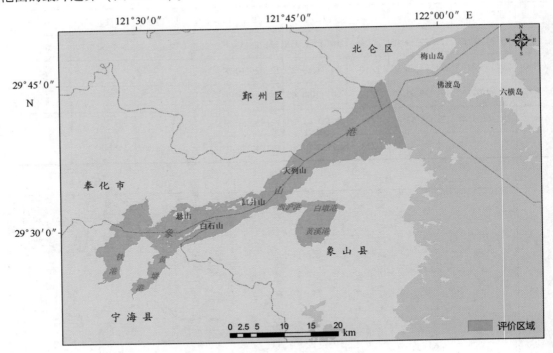

图1.5-1　象山港海域研究范围

1.5.2　主要研究内容

1.5.2.1　海域环境状况分析

通过对象山港夏季、冬季两个航次的大面监测，掌握象山港海域水质、沉积物、生物质量现状及主要污染物分布状况。在收集多年监测数据的基础上，进行长时间时空变化趋势分析，以判定象山港环境污染物的分区分布状况、浓度波动情况和污染程度。通过水质连续站监测数据分析，掌握夏季、冬两季水质各项指标的周日变化趋势，为后续监测方案优化中典型监测时段、站位和指标要素的选取奠定基础。

1.5.2.2　海洋环境容量和减排技术研究

调查范围覆盖整个象山港区域，跨越奉化、宁海、象山、鄞州、北仑5个县（市、区），内容包括环象山港海域沿岸污染源现场踏勘、污染源的统计调查以及陆源入海口（河流、水闸、工业企业直排口）污染现状采样调查，分析象山港入海污染物的污染时空分布特征及污染排放现状，核算象山港区域各类污染物的入海源强以及各入海口污染物的初始源强。

确定象山港建立水动力模型和污染物扩散模型。根据象山港区域入海污染源调查，基于海域环境净化能力和承载力的分析，以象山港污染物扩散模型为基础，计算各入海口污染物响应系数场，确定各入海口主要污染物的环境容量和减排量。以点代替行政单元，根据入海口不同的排污方式进行分类，按照不同的排污量量级进行分组，采用分类分组的配权分配技术，将总减排目标分配至各入海口，科学确定入海污染物总量减排量。

以行政单元为考核主体，以主要入海点源（河流、水闸、工业企业直排口的入海口）为考核对象，科学制定总量减排考核方案，并在象山港沿岸 5 个县（市、区）开展减排考核示范应用。

1.5.2.3 港湾生态监测方法研究

协调象山港水文、水质、沉积物、生物等监测要素，利用克立金方差法并结合象山港生态特征进行优化，主要包括象山港监测站位、监测要素、监测频率优化以及数据同步化处理，完成象山港海洋环境监测方案。

1.5.2.4 基于环境基准的港湾水质评价方法

以 1988 年以来东海区断面连续调查资料、象山港湾口门附近海域历年现状监测数据资料以及象山港内历年同步监测数据资料为背景，使用 SPSS 软件 ARIMA 模型进行统计分析，基于环境本底值确定了象山港活性磷酸盐和无机氮的基准值，从水动力、水质、生物生态 3 个方面筛选评价指标，划分了象山港环境质量评价等级，分区综合评价了象山港的综合状况，相对客观的描述了象山港海域水质环境状况，从而建立了基于环境基准的港湾水质评价方法，以期为象山港的海洋开发活动和海洋保护提供借鉴。

1.5.2.5 海岸带—港湾生态综合评价

以象山港海域水团、水动力、沉积物理化性质、生态类群分布、潮间带类型等为依据，对象山港进行了生态分区，并在分区结果的基础上进行综合分析与研究。建立象山港海域分类叠加评价、水质、沉积物变化趋势评价，并根据近 10 年的象山港水质、沉积物监测结果，确立了象山港水质、沉积物关键指标的变化趋势评价基准。以象山港水质、有机污染指数、重金属综合污染指数、营养盐指数、石油类指数、沉积物潜在风险指数，水动力交换能力、生物多样性指数、污染指数种并结合遥感海岸带生态评价结果，形成海岸带—港湾生态综合评价，并最终建立一套分区、海陆联动、多要素的综合评价方法。

1.5.2.6 主要开发活动（功能区）及生态灾害综合评价

以象山港典型功能区（海水增养殖区、入海河口区）、主要开发活动（象山港大桥、滨海电厂、围填海工程）及主要生态灾害（外来物种入侵）为评价对象，从环境适宜性、水质产品质量、污染物毒性、海洋环境影响、经济危害等多方面多角度构建相应针对性的指标体系，并建立一套综合评价模式和评判标准，以评估对各开发活动、功能区、生态灾害对海洋生态的影响程度。

1.5.2.7　海洋生态功能区划研究内容

构建海洋生态功能区划研究技术方法体系。建立了一套由 4 个一级类，9 个二级类，20 个三级类组成的三级海洋生态功能分类体系。在此基础上，结合象山港特点，将象山港划分为 9 种海洋生态功能类型 13 个海洋生态功能区，制作了象山港海洋生态功能区划图，并制定了各海洋生态功能区的控制指标。

1.5.2.8　海洋生态红线区划定研究

从生态红线的定义，即"生态环境敏感性、生态环境脆弱性和生态功能重要性"三大方面构建生态红线划定指标体系。利用层次分析、空间分析等技术手段，建立一套生态红线区划定技术方法，在此基础上结合象山港自然属性和社会属性进行生态红线区识别，确定各生态红线区，并提出分类分区管控措施。

参考文献

黄秀清，等 .2006. 宁波市象山港环境容量及污染物总量控制研究 ［M］. 北京：海洋出版社 .
尤仲杰，等 .2011. 象山港生态环境保护与修复技术研究 ［M］. 北京：海洋出版社 .
张惠荣，等 .2014. 象山港电厂温排水温升的监测及影响评估 ［M］. 北京：海洋出版社 .

第2章 自然环境、开发活动及社会经济状况

　　象山港位于宁波市东南部，南北两侧为象山半岛和穿山半岛，根据《中国海湾志》的定义，东边界从北岸郭巨乡石门坑山咀，往西南经捕蛇岛、青龙山，过汀子山东边，擂鼓山南侧，穿越瓦牌礁，至南岸象山县钱仓乡青湾山连线。地理坐标 29°24′—29°48′N、121°25′—122°03′E，是一个 NE—SW 走向的狭长型半封闭港湾，港域狭长，岸线曲折（图2.1-1）。主湾中心线长约 60 km，港湾内宽窄不等，一般在 2.7~7.7 km，口门宽约 20 km，内港宽 3~8 km。

图 2.1-1　象山港地理位置

港湾跨越奉化、宁海、象山、鄞州、北仑5个县（市、区），总面积2 696.7 km²，其中陆域面积1 775.83 km²、海域面积约920.87 km²，滩涂面积171 km²。湾内有大小岛屿100多个，其中以缸爿山岛为最大。象山港是一个完整的自然地理单元，属海洋生态系统和陆地生态系统的有机结合体。象山湾内还有西沪港、黄墩港和铁港，形成所谓的"港中有港"。象山港主槽较深，平均水深8～10 m，最深处可达47 m。象山港滩涂平坦广阔，水体交换口门良好，湾底较差。湾内风平浪静，水色清晰。象山港区域环境优美、资源丰富，集"港、渔、涂、岛、景"五大优势资源于一身，是浙江省乃至全国重要的海水养殖基地和多种经济鱼类洄游、索饵和繁育场以及菲律宾蛤仔等经济贝类苗种自然产区。

2.1 自然环境

2.1.1 地形地貌

象山港是一个循东北向的向斜断裂谷发育起来的潮汐通道港湾。后被北东向断裂和东西向断裂利用和改造成"S"形，表层沉积物以泥质沉积为主；内湾主要为分选好、中等的灰黄色粉砂质黏土，口门段为分选中等的灰黄色黏土质粉砂。水道底部则多为分选差的砂、贝壳砂、粉砂和黏土，局部有贝壳砂，厚度可达数米，主要为牡蛎壳。基岩海岸主要由酸性凝灰岩夹酸性火山岩等岩石组成（主要出现在湾内的岛屿，大陆海岸较少）。由于受风浪作用较少，所以这些基岩海岸的海蚀崖或岩滩等海蚀地貌不发育。

本次研究象山港流域陆域总面积约1 630.7 km²，山区分布范围广，面积约为1 341.2 km²，平原基本分布在沿海区域，面积约为289.5 km²，地形呈现西南高、东北低的趋势（图2.1-2）。

淤泥质海岸主要由粉砂质黏土构成。在风浪作用下，口门段北岸岸滩比较平坦。内湾段由于岛屿众多，特别是凤凰山与悬山周围，有较大淤泥滩分布，呈放射状潮沟发育，淤泥滩宽度达200～1 000 m，最宽达1 500 m。由于象山港是狭长形的港湾，其内湾段顶端掩护条件好，水域内风平浪静，因此在缸爿山以内的水域常年清澈，淤积甚微，岸滩稳定。在小湾及潮流弱的岸段有不同程度的潮滩发育。在口门段由于潮流流速小，波浪不大，岸滩也属稳定。

象山港沿港主要入海河流有37条，主要入海水闸95座，大中型水闸16座，年平均径流量12.9×10⁸ m³。其中，北仑主要水闸12条，鄞州1条，奉化6条，宁海6条，象山12条；北仑主要水闸31条，鄞州13条，奉化14条，宁海12条，象山25条。主要入海河流处可见图2.1-3～图2.1-6所示。

象山港港底部分河流大都没有建水闸，主要接纳周边的生活和农业废水以及养殖废水，有少量的工业废水，河流来水量较少，水质较差。象山县三面临海，海岸线漫长，山

图 2.1-2　象山港遥感图（2016 年）

体地形复杂，河流众多，由于围填海项目较多，河流性质复杂，墙头河、黄溪、大雷溪为源流较大流域性河流，其他为围填海排涝河。主要河流为下沈港、淡港、横塘港河、钱仓河等。其中淡港最长，该溪源出蒙顶山南麓，称于家溪，至儒雅洋汇入隔溪张溪后称缘溪，经流欧阳桥、伊家、芃家田、上张，其间纳入诸多山涧小溪，过湖滨始名淡港，汇杨吞、勤家场诸水，由淡港闸入象山港。在其上游和中游分别建有隔溪张水库和上张水库，主流长 19.0 km。

宁海主要以入海河流为主，山体地形复杂，形成了较多河流，大多数为流域性河流，凫溪、大佳何溪、颜公河、紫溪源流较大，为流域性河流，其余为平原水网水系排涝河。凫溪发源于宁海县与奉化区交界处第一尖东麓，海拔 945 m，流经清潭、大里、深田川、凤潭、杨梅岭水库等地，流经铁江入象山港，主流长 28.0 km，其主要支流为兰丁溪与上大溪。

北仑南岸包括梅山岛沿岸，入海污染源以入海河流水闸为主，且每条河流均建有水闸。北仑南部岸线地域狭窄，河流大多源流较小，又多围填海、养殖区，确定为排涝河流，西门大河（郭巨大碶）、马盘河（马盘碶）、大浦河（大浦碶）源流稍大。

奉化市直排工业排污口较少，所设的排污口主要是过村河流入海闸门和养殖场闸门，整体上该市污染源以入海河流为主，建有闸门，主要接纳周边的生活和农业废水，境内山体众多，地形复杂，形成了较多的流域性河流，其中下陈江、降渚溪、小狮子口河、峻壁溪源流较大。其余河流均为围填海排涝河。莼湖溪最长，上游为山区性小河道，待沿线支流汇入后，莼湖溪下游河道逐渐变宽，沿途流经东谢村、莼湖镇、下凉亭于红胜海塘 1 号

25

闸入象山港，主流长 19.0 km。

鄞州区岸线较短，位于象山港口北岸，工业企业直排口较少，沿岸多围填海养殖区，以河流排污为主，以生活污水、农业废水、养殖废水、山体地表面源污染为排污主体，境内有两条主要流域性河流，大嵩江、咸祥河。其余均为平原河网水系，为围填海排涝河。

图 2.1-3　宁海—颜公河

图 2.1-4　奉化—下陈江

图 2.1-5　象山—石浦横峙闸

图 2.1-6　北仑—毛礁碶

2.1.2　气候特征

象山港属于亚热带季风区，气温受冷暖气团交替控制和杭州湾海水调节，冬暖夏凉，气候温暖湿润，四季分明，光照充足，雨量充沛，无霜期长。冬季少雨干冷，春末夏初为梅雨季节，7~8 月受太平洋副热带高压控制，天气晴热少雨。由于地处沿海，受海陆风影响比较明显，夏秋季节受太平洋台风影响，伴有大风和暴雨。多年平均气温在 16.2℃，多年平均最高气温 35.3℃，多年平均最低气温-4.69℃，多年平均日照达 2 027 h，无霜期为 296 d。本区多年平均年降水量约为 1 599 mm，但降雨在年际间分配极不均匀，最丰年降雨量为 2 198 mm（2012 年），最枯年降雨量仅 903 mm（1967 年），年际差达 1 295 mm。其中，2016 年年降水量 2 039 mm。

2.1.3 海洋水文

象山港是一个循东北向的向斜断裂谷发育起来的潮汐通道港湾，与三门湾、乐清湾并为浙江省三大著名的半封闭海湾。象山港是呈东北—西南走向的狭长形海湾，纵深约60 km，口门处宽度约20 km，水深7～8 m，湾内较窄，宽度3～8 km，水深10～20 m。湾内岸线曲折，海底地形复杂，港湾内有大小岛屿共65个以及西沪港、铁港和黄墩港3个港中之港。象山湾内存在着大片的潮滩，潮滩面积（理论深度基准面以上）为171 km²约占整个海域面积的30%。象山港北、西、南三面环陆，东面朝海，口门外有六横、梅山等纵多岛屿为屏障。其东南通过牛鼻水道与大目洋相通，东北通过佛渡水道与舟山海域毗邻，象山港水域主要通过这两个水道与外海进行水交换。象山港水体透明度一般在1 m左右，最小0.1 m，最大2.8 m，其变化与季节、潮汛和风浪等有关。水温平均在16.4℃左右，最热月在8月，均温在26.5～27℃，最冷月在1月，均温在3～7.2℃；盐度平均为21.9～29.11。

2.1.3.1 潮汐特性

象山港属于强潮浅水半日潮海湾，涨潮历时大于落潮历时，落潮流速大于涨潮流速。港口附近平均落潮流速可达1 m/s，而港中、港底只有0.5～0.6 m/s。除港口海域，均属往复流，潮差大，平均达3.18 m，最大潮差5.6 m以上；潮波在象山湾内传播过程中，因受到湾内地形地貌的影响，浅海分潮振幅迅速增大，且由口门往里逐渐增加。湾内涨落潮历时明显不对称，涨潮历时均大于落潮历时，其差约10 min至3 h不等，越往湾内涨潮历时越长。由于港顶的落潮历时比港口短约2 h，所以出现低潮港顶最先到达，而港口最迟到达的现象。此外，高潮也偶有超前现象，但超前时间短。整个港域内不仅涨落潮历时不等，还存在高潮不等和低潮不等、"日不等"现象。象山港潮差较大，且越往湾顶潮差越大，湾内多年平均潮差在3 m以上，湾顶部接近4 m。

2.1.3.2 潮流特性

象山湾内流速较大，从流速分布来看，无论是涨潮流还是落潮流，都呈现出流速由港口至港底递减，南岸潮流流速要比北岸流速大，上层流速要比下层流速大的特征。受到地形及岸线的影响，象山湾内潮流除口门附近略带旋转性外，其余水域涨落潮流流向基本与岸线平行，呈明显的往复流性质。

象山港湾内大部分水域表层余流流速大于底层余流流速。余流区域性较强，在口门附近水域存在着以水平结构为主的余环流；而西沪港西侧的狭湾内段基本上是以表层向海、底层向湾顶的重力余环流为主；西沪港以东至口门处的狭湾外段的余流则是水平环流和重力环流的叠加，环流的断面结构取决于这两种余流结构的强弱对比。

2.1.4 波浪

象山港口外有六横岛屿作掩护，外海浪对港域的影响较小，主要受局地风浪的作用。

港域中部与顶部水域面积狭小，且湾内岛屿众多，地形复杂，水域掩护条件好，一般天气下港域风平浪静，即使受到气旋影响，局地风浪波高小、周期短，不会构成破坏性威胁。口门段的南北两岸会受到季风的影响，北岸受偏南风影响时，最大波高（$H_{1/10}$）约1.8 m，平均波周期$T=4.8$ S；南岸受偏北风影响时，最大波高（$H_{1/10}$）约1.7 m，平均波周期$T=4.7$ S。相对而言，象山湾内风浪影响小，是良好的避风良港。

2.1.5 生态环境质量

象山港水体中无机氮和活性磷酸盐含量基本劣于第四类海水水质标准，水体富营养化状态严重，pH、溶解氧、化学需氧量、石油类、铜、镉、铬、砷等均符合第一类海水水质标准，汞、铅、锌含量均符合第二类海水水质标准；海洋沉积物质量基本符合第一类海洋沉积物质量标准。

2.1.6 海洋自然资源

2.1.6.1 港口、岸线资源

象山港口门宽广，约20 km，出东北通过佛渡水道与舟山海域相连；湾内较窄，3~8 km。水深为中部最深，最大水深在30 m以上，口门和港底部较浅，一般在10~20 m之间，湾内潮流平稳、无淤积、航道宽阔、暗礁少、最大潮差5.4 m，万吨级轮可候潮进出。目前象山港岸段开发除部分军用及在横山、西泽、白墩、薛岙、湖头渡等址建有民用港外，港区内还有西沪港、铁港、黄墩港3个优良的港中之港，港域水面宽均为1.8 km。水深条件较好，距岸50 m处水深8 m。

2005年象山港区域岸线总长度586.492 km（不包括爵溪街道和丹城），其中陆域岸线376.595 km（不包括爵溪街道和丹城），岛屿岸线209.897 km（不包括爵溪街道和丹城）。根据2010年象山港区域陆域遥感影像，2010年象山港区域陆域岸线354.305 km（不包括爵溪街道和丹城）[①]。2014年对象山港区域卫星遥感影像资料进行修正[②]，确定象山港岸线总长为342.13 km。

按利用类型划分，象山港陆源岸线利用类型有渔业岸线、港口与工业岸线、城镇生活岸线、生态旅游岸线、未利用岸线五大类。象山港区域岸线开发利用强度已经很高。已利用岸线达85%以上，未利用岸线不足15%。在已利用岸线中，除养殖岸线之外，工业和城镇岸线已达38%以上，已超过养殖岸线；生态旅游岸线低于20%。可见，目前岸线开发强度过高，旅游、未利用等具有生态功能的岸线比重过低。

象山港重要的岸线保持区主要有三大类型：第一，大嵩江河口岸线保持区，颜公河河口岸线保持区，凫溪河河口岸线保持区，两侧为沙滩；第二，纯湖岩礁岸线区，以岩礁、砾石

---

① 岸线资料来源：象山港区域保护与利用规划。
② 岸线资料来源：2014年象山港区域卫星遥感影像。

滩为主，无人工坝体，原貌完整性保持良好；第三，西沪港口岸线保持区，位于西沪港口南北相对的两侧岸线，为岩礁岸滩，岸线保持对西沪港内的水动力条件保持十分关键。

2.1.6.2 海岛资源

象山港海域共有海岛 161 个，海岛总面积 42.7 km²，海岛岸线 167.2 km。有居民海岛 6 个，无居民海岛 155 个（500 m² 以下无居民海岛 132 个，500 m² 以上无居民海岛 23 个）。岛屿主要分布于宁海的白石山—中央山—横山一带和奉化的缸爿山—南沙岛—悬山岛一带。

2.1.6.3 滩涂资源

滩涂资源是象山港区域一项重要的自然资源，自北仑崤头角至象山钱仓 270 余千米的岸线范围内，共有海涂近 1.4×10^4 hm²（25.7 万亩）[①]，约占全市海涂总量近 10×10^4 hm²（144.1 万亩）的 17.8%，其中比较集中地分布在铁江、西沪港、黄墩湾内，滩涂宽度一般在 200~1 000 m 之间，坡度在 2‰~8‰。港域内滩涂饵料丰富，气候条件适宜，发展水产养殖非常有利。

2.1.6.4 海洋生物资源

象山港区内水质肥沃，营养盐丰富，生态类型多样，有浮游植物 159 种，浮游动物 64 种，底栖生物 205 种，潮间带生物 190 种，生物多样性丰度较大。港区浮游生物平均含量高，浮游植物细胞个数年平均为 225.8×10^4 个/m²，浮游动物年平均生物量 115 mg/m³，潮间带生物平均总生物量达 107 g/m²，为鱼虾贝藻增养殖提供了天然饵料。此外，海洋藻类资源也比较丰富，尤其是紫菜和浒苔（苔条）等。

2.1.6.5 海洋渔业资源

象山港是名副其实的具有国家级意义的"大鱼池"，也是浙江乃至全国海水增养殖的重要基地。象山港生态类型复杂，湾内既有典型的海洋性鱼类进港索饵和洄游繁殖，又有定居性鱼类和滩涂穴居性贝类的栖息、生长和繁衍。区域游泳生物有 210 余种，其中鱼类约 124 种、虾类 30 种、蟹类 49 种，主要经济鱼类有蓝点马鲛、鳓鱼、小黄鱼、海鳗、黑鲷、刀鲚、虾蛄、舌鳎、鲙、虾虎鱼等。优势经济贝类有菲律宾蛤仔、毛蚶、泥螺等，均可作为人工养殖或自然增殖种类。

由于外部东海区域整体资源量的下降，洄游性鱼类进港的种类和数量锐减，如鳓鱼、梭子蟹、鲵鱼、银鲳等过去在象山港均有一定的捕获量，现在基本没有渔获量；梭子蟹过去在象山港有春秋两汛，年捕捞量达 5×10^4 kg 以上，现年捕捞量不足 2 000 kg，即便是保护较好的马鲛鱼捕获量也大大下降。而小型、低值的龙头鱼、梅童鱼、黄鲫、小公鱼、棱

---

① 亩为非法定单位，15 亩 = 1 公顷。

鳗、叫姑鱼等已成为象山港主要的捕捞品种。主要经济贝类栖息地锐减，象山港内的两个菲律宾蛤仔天然种苗场和 1 个毛蚶天然种苗场已经遭受破坏，目前基本没有产量。

2.1.6.6　潮汐能资源

象山港港湾具有潮差大、湾口小、有效库容大、水清、港深等优越的自然条件，蕴藏着丰富的潮汐能资源。其中，黄墩港和狮子口两处均是象山港底的港中之港，口门窄，库面较大，且港内滩地遍布，滩面坡度平缓，加之潮差较大，故港内蓄潮量相当可观。且两港内潮流运动具有平均落潮流流速大于平均涨潮流流速的特点，如黄墩港口表层平均涨潮流流速为 0.33 m/s，平均落潮流流速为 0.56 m/s，致使随潮流进入的泥沙不易在港内淤积，从而使港内水深得以维持。许多地方具有建立潮汐能发电站的理想位置。根据调查资料，黄墩港可建装机容量 $5.9×10^4$ kW，年发电量 1.17 亿度的中型潮汐能电站。此外在港区内的西泽、红胜塘等地也可建立潮汐能电站。

2.1.6.7　矿产资源

象山港矿产资源总体上属于资源较少的地区，以陆地埋藏为多，主要以非金属矿产为主。主要种类包括铅锌矿、萤石矿、珍珠岩、叶腊石、沸石、黏土矿、花岗石等。已探明的主要矿藏有宁海县储家中型铅锌矿、象山县沈山岙小型铅锌矿和鄞州凤凰山中型明矾石黄铁矿床。

2.2.5.8　旅游资源

象山湾内湾段水域水色清澈，风平浪静，气候温和、四季分明、山清水秀、空气清新、环境优美。湾内岛屿众多，星罗棋布，山地低小，离大陆岸线近。绵延曲折的海岸线及先民的河姆渡文化伴生了具有"滩、岛、海、景、特"五大特色的滨海旅游资源。浓郁的海洋自然景观河丰富独特的历史人文景观有机的融合成一体，为发展滨海旅游业提供了良好的条件。强蛟岛群风景区是不可多得的海岛旅游胜地，横山岛，南溪温泉和小普陀山可开辟旅游点，其他海岛由于受交通、淡水等条件的限制，目前旅游资源开发时机尚不够成熟。

2.1.7　海洋生态灾害

2.1.7.1　水产病害

2014 年环象山港区域水产养殖品种共发生 23 类不同病害，其中有细菌性疾病 9 种，占 41.67%。甲壳类病害数量最多，且病害种类复杂。甲壳类疾病以细菌性疾病为主，其次为一些环境不适和管理问题造成的死因，比如亚硝酸盐中毒和早期死亡综合症。与 2013 年相比，疾病种类增加了 4 种，细菌和病毒性疾病则不多。2014 年年平均发病率和平均死亡率分别为 5.15% 和 0.70%，发病率最高在 8 月份，达到 21.046%，死亡率最高在 3 月份，达到 5.878%，分析原因发现该月南美白对虾发生病毒病和弧菌病，造成大量对虾死亡。水产病害共造成象山港 2014 年水产经济损失 379.18 万元。

2.1.7.2 赤潮

2010—2013 年象山港共发生赤潮 9 起，发生面积 90~390 km² 不等。主要优势种为中肋骨条藻、旋链角毛藻和缢虫，均为无毒赤潮种，未造成直接的经济损失。2014 年和 2015 年全年未监测到赤潮发生。

2.1.7.3 大米草外来物种

象山港几乎所有滩涂上均有零星分布，2002 年大米草分布面积约占象山港滩涂面积的 4.7%，且每年分布面积以一定的速度增长，2011 年测量分布面积约 1 000 hm²（1.5 万亩），2013 年已经超过 1 200 hm²（1.8 万亩）。宁海凫溪入海口至强蛟加爵科村、大佳何海塘，象山西沪港、胜利造船厂到乌沙山海塘、西泽码头到象山港大桥址附近成片的比较多，而西沪港是象山港海域大米草主要分布区，许多原有物种因此被排挤而消失，大量滩涂资源被侵占，目前已成为象山港新的海洋生态隐患（图 2.1-7）。

图 2.1-7　象山港大米草现状

2.2　社会经济及海洋开发活动

2.2.1　行政区划

象山港区域为狭长型东北—西南走向，包括了宁波市北仑区梅山乡、白峰镇、春晓镇；鄞州区瞻岐镇、咸祥镇、塘溪镇、横溪镇；奉化市松岙镇、裘村镇、莼湖镇；宁海县西店镇、深甽镇、强蛟镇、梅林街道、桃源街道、桥头胡街道、大佳何镇；象山县西周镇、墙头镇、大徐镇、黄避岙乡、贤庠镇、涂茨镇等23个乡镇。象山港区域行政区划分见图2.2-1和表2.2-1。

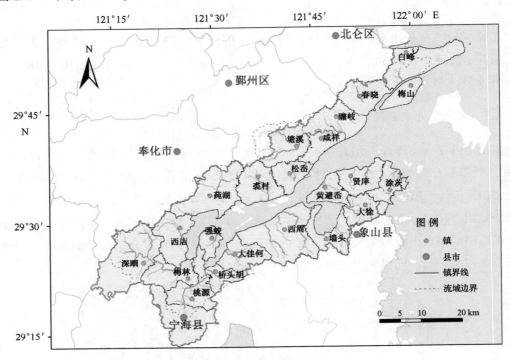

图 2.2-1　象山港区域行政区划

表 2.2-1　象山港沿岸城镇一览

县（市、区）	象山县	奉化市	宁海县	鄞州区	北仑区
乡（镇、街道）	西周镇、贤庠镇、墙头镇、涂茨镇、大徐镇、黄避岙	莼湖镇、裘村镇、松岙镇、	西店镇、深甽镇、强蛟镇、梅林街道、桃源街道、桥头胡街道、大佳何镇	瞻岐镇、咸祥镇、塘溪镇、横溪镇	白峰镇、春晓镇、梅山乡

2.2.2　社会经济状况

2015全区常住人口约90万人，工业总产值约为973亿元。象山港区域除宁海城关以及西周、松岙两个镇，人均财政收入达到2万元左右，其他乡镇人均财政收入基本在4 000~6 000元。2015年，养殖从业人员约2.5万人，创造产值约20亿元。

2.2.3 海洋开发活动

根据《浙江省海洋功能区划》象山港主要功能区为：象山港海洋特别保护区、象山港养殖区、象山港增殖区、象山港港湾风景旅游区等。象山港岸线开发利用强度较大，已使用岸线占80%以上，以港口与工业、渔业生产、城镇建设、生态旅游、特殊利用为主。其中港口与工业、城镇建设岸线达30%以上；生态旅游、特殊利用岸线约占20%；已利用海岛约占20%，以渔业养殖、航标灯塔、旅游休闲、简易码头、科学研究为主。

2.2.3.1 渔业资源繁育

主要的繁育区有：① 蓝点马鲛国家级种质资源保护区，包括了核心区和试验区，保护种类包括了蓝点马鲛、银鲳、黑鲷、锯缘青蟹、黑斑口虾蛄、菲律宾蛤、毛蚶等；② 宁海樟树自然繁育保护区，位于宁海樟树附近海域，主要种类为菲律宾蛤苗、弹涂鱼、龙头鱼；③ 宁海薛岙自然繁育保护区，位于宁海薛岙附近海域，保护种类为菲律宾蛤苗、弹涂鱼、龙头鱼；④ 双礁至至历试山菲律宾蛤苗繁育区，位于双礁至至历试山附近海域，主要保护种类为菲律宾蛤苗。

2.2.3.2 生物多样性维护区

象山港海岸湿地海洋保护区：功能区面积约 3 523 hm²，大陆岸线长约 18 km。该区域位于象山港西沪港内，目前主要为滩涂养殖，已列入省湿地保护规划。主要保护对象为海湾湿地生态系统、海洋生物资源和候鸟迁徙越冬栖息地。

其保护要求为严格保护象山港水域生态系统和湿地资源；维持、恢复、改善海洋生态环境和生物多样性，保护自然景观；海水水质质量执行不劣于第一类，海洋沉积物质量执行不劣于第一类，海洋生物质量执行不劣于第一类。

2.2.3.3 水产养殖

象山港的海水养殖历史悠久，到目前已有400多年的历史。近年来，在宁波市委、市政府一系列政策的引导和扶持下，象山港海域的浅海和滩涂养殖发展迅速，养殖面积和产量已具有相当规模，是宁波市重要的增养殖基地，湾内网箱、池塘、滩涂、浮筏养殖业发达，同时也是众多鱼类的生殖、索饵和越冬的场所。象山湾内开展海洋渔业养殖的地区有主要宁海县的西店镇、强蛟镇和大佳何，奉化市松岙镇、裘村镇和莼湖镇，象山县西周镇、墙头镇和黄避岙，鄞州区的咸祥镇，2013 年象山港海水养殖总面积15.5 万亩、产量10.3×10⁴ t。其中池塘养殖面积6.36 万亩，滩涂养殖面积6.7 万亩，浅海2.4 万亩。象山港浅海养殖以网箱养殖、紫菜和牡蛎养殖为主，池塘养殖主要南美白对虾、梭子蟹、青蟹及其他贝类。滩涂养殖及网箱养殖现场可见图 2.2-2 和图 2.2-3。

| 图 2.2-2　滩涂养殖 | 图 2.2-3　网箱养殖 |

2.2.3.4　港航交通

目前象山港形成了一定规模的码头设施，主要是企业码头和渔业码头及船厂船坞（见图 2.2-4）。其中：① 企业码头主要是国华宁海电厂、浙江大唐乌沙山电厂和两个海螺水泥企业码头（表 2.2-2）；② 修造船厂大量占用岸线资源，形成颇具规模的码头设施，包括浙江船厂、东方造船等船厂，但主要是修造船的船坞和船台设施，生产用为主；③ 建造于 20 世纪 50 年代的一批养殖渔船停泊港，多是在沿岸滩涂或是海岸搭建一些渔船靠岸平台或者道口，规模较小，主要渔港有 11 个（图 2.2-5）；④ 建有部分地方车客渡码头，如现有的横山轮渡和西泽轮渡，同时建有部分 500 吨级以下的小型民用码头和地方交通码头。象山港内有主要的渔港 11 个，6 个作业区，比较大的是梅山和贤痒作业区。主航道从港底延伸到港口，分了南北两支航道，分别向象山东部海域和梅山水道延伸。

表 2.2-2　象山港主要码头一览

码头名称	产能	位置	码头数量
梅山港区集装箱码头	/	梅山岛	/
横山轮渡码头	车、人渡	咸祥	3 个
宁海国华电厂	已运营 440×10^4 kW，规划 200×10^4 kW	宁海临港开发区	一期 3.5 万吨级煤炭码头两座（年通过能力 700×10^4 t）；二期 1 个 5 万吨级煤炭码头和 1 个 3 000 吨级综合码头
大唐乌沙山电厂	已运营 240×10^4 kW，规划 200×10^4 kW	象山西周内	一期 3 000 吨级综合码头一个（能力 38×10^4 t，用于熟料运输）和 2 个 3.5 万吨级煤炭码头（兼靠 5×10^4 t）；年设计能力 670×10^4 t；二期设计 1 个 5 万吨级煤码头
宁海强蛟海螺水泥	320×10^4 t	宁海临港开发区	2 个 5 000 吨级泊位，3 000 吨级泊位 1 个，年装卸能力达 500×10^4 t

码头名称	产能	位置	码头数量
象山海螺水泥	440×10⁴ t	象山西周工业园区	3个5 000吨级码头泊位一座
西泽轮渡码头	车、人渡	贤庠镇	3个

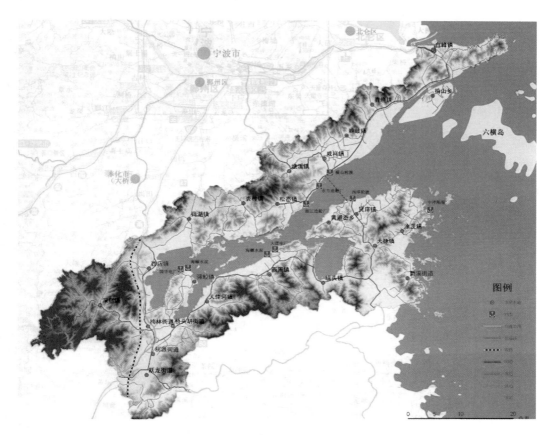

图2.2-4　象山湾内码头分布

　　象山港公路大桥及接线工程，该项目北岸起始于宁波绕城高速所在鄞州区云龙镇，向南跨象山港，终点戴港。暂接省道38线，远期接规划建设的沿海高速公路象山至台州段。象山港大桥工程全长约47 km，其中象山港大桥长约6.7 km，宽度25.5 m，为双塔双索面斜拉桥桥型，主跨688 m、为全省之最，设计基本风速46.5 m/s、为全国之最。该项目为双向四车道高速公路，路基宽度26 m，行车道宽度15 m，设计时速为100 km。项目于2008年12月30日开工，2012年12月29日通车（图2.2-6）。

2.2.3.5　临港工业

　　象山港临港工业随着象山港开发建设逐步兴起，主要有梅山七姓涂、大嵩江海塘、洋

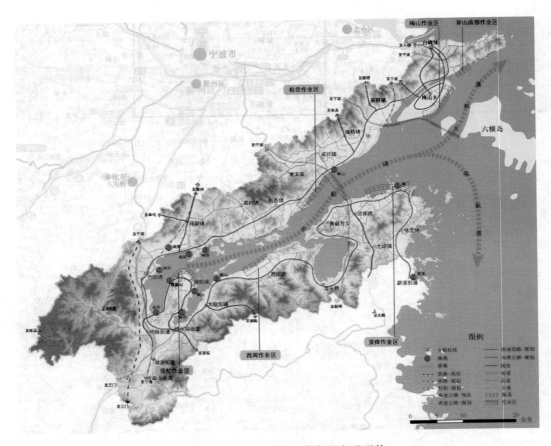

图 2.2-5　象山湾内渔港分布及交通现状

图 2.2-6　象山港大桥

沙山、红胜海塘等围涂工程以及港口码头、电厂（宁海国华电厂和大唐乌沙山电厂）以及船舶修造业（浙江船厂和宁波东方船厂等7家）（图2.2-7和表2.2-3）。

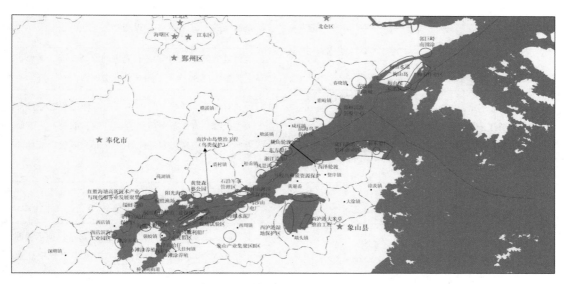

图2.2-7 环象山港区域主要临港工业和旅游开发活动景点

表2.2-3 环象山港区域主要临港工业和旅游开发活动一览

序号	项目名称	用地面积（km²）	性质	介绍
1	春晓滨海新城（北仑）	17.6	居住、工业	滨海新城规划包含了梅山保税港区、春晓镇、白峰镇的郭巨、上阳四大片区，一条西起春晓湖，东至郭巨，全长约20 km的休闲旅游带——梅山湾两岸风情带
2	郭巨峙南围涂（一期、二期）	1.67	预留	2008年4月开始建设，2011年已经完成
3	梅山保税港区（梅山岛）	26.9	物流、工业、旅游	2008年2月24日经国务院批准设立，以国际贸易为龙头、以港航运营为基础、以现代物流业为支撑、以离岸服务和休闲旅游为配套的现代服务业
4	梅山保税港区（七姓涂围涂）	9.1	物流、居住、旅游	海堤总长度10.51 km，水闸3座总净宽44 m，设计防潮标准为50年一遇，概算总投资7.2亿元，是北仑区历史上最大的围涂项目。2014年7月1日，梅山七姓涂围涂工程完成竣工验收
5	鄞州滨海投资创业中心	7.06	工业	成立于2005年8月24日，负责东部滨海规划范围内规划的修编、管理、组织实施和开发建设、招商引资、区内工商企业管理等工作

序号	项目名称	用地面积（km²）	性质	介绍
6	鄞州滨海投资创业中心二期围涂	9	工业	正全面推进，预计 2019 年投产
7	东方船厂（鄞州）	0.07	工业	万吨级以上船台 12 个，拥有先进的涂装车间、造船设备，具备年产 30 余万载重吨的建造能力
8	浙江造船厂（一期、二期）	0.2	工业	目前共有 5 条生产线，其中 3 条为海洋工程船舶产品专项生产线，有 2 条室内船台生产线，配有一座万吨级浮船坞。年造船能力各种海工船 30~36 艘，其他船舶 10 艘
9	浙江造船厂（三期）	0.2	工业	／
10	西店滨海工业园	2.0	工业	一期完成，二期在建，总面积约 5 000 亩。目前全镇拥有企业 620 余家，其中年销售 500 万元以上规模企业 83 家，产值上亿元企业 5 家。全镇已通过各类体系认证和产品认证企业 70 余家，获得自营出口权企业 40 余家，形成了模具制造、学教用品、塑料制品、金属制品、家电制品五大主导产业
11	西店望海工业园	0.6	工业	一期和二期已经完成，三期在建
12	奉化红胜海塘（围涂）	10.7	工业、居住	2008 年底围区主堤合龙，二期填方工程和吹填工程与 2012 年完成
13	国华宁海电厂（一期、二期）	0.85	工业	一期工程由 4×600 MW 燃煤发电机组组成，二期为两台 1 000 MW 超临界燃煤抽凝式汽轮发电机组组成。一期和二期分别与 2006 年和 2009 年投产
14	国华宁海电厂（三期）	／	工业	／
15	海螺水泥厂（宁海）	0.05	工业	成立于 2005 年 1 月 21 日，规划建设 4 套 $\Phi4.2×14.5$ m 磨机，年水泥产能规模 $380×10^4$ t
16	西店湾围垦	2.8	居住	
17	金海湾游艇造船厂	0.06	工业	建于 2005 年，是集设计、研发、制造、贸易和服务为一体的专业制造各种规格游艇的高新技术企业。公司总资产 3.8 亿元，占地面积 150 000 m²，建筑面积 80 000 m²，现有员工 200 多人
18	大唐乌沙山电厂（象山）	1.15	工业	电厂一期工程建设规模为 4×600 MW 超临界燃煤机组，电厂主供电输向华东电网，2006 年年底，浙江大唐乌沙山发电厂的 4 台机组已经试运行

序号	项目名称	用地面积（km²）	性质	介绍
19	海螺水泥厂（象山）	0.05	工业	规划建设 4 套 $\Phi4.2×13$ m 带辊压机的粉磨系统，同步配套建设 3 个 5 000 吨级码头泊位一座，年水泥产能 $440×10^4$ t。一期规划建设 2 套 $\Phi4.2×13$ m 带辊压机的粉磨系统，年水泥产能 $220×10^4$ t
20	象山产业集聚区 B 片区（西周）	4	工业	汽车、能源、建村等特色优势产业
21	象山物流园区	2	工业	2014 年开工建设，位于丹西街道九顷片区，主要建设九顷区块，形成信息交易、零担专线、公共仓储、公共停车、危化车停车及车辆清洗检修、加气加油等物流公共服务中心，目前已经基本建设完成
22	新乐船厂（涂茨镇）	/	工业	2006 年投建，拥有 5 万吨级、3 万吨级船坞各 1 座；万吨级船台 2 座，160 m 长 3 万吨舾装码头 2 座；700 t 门吊 1 座（在建），200 t 龙门吊 2 座，100 t 门吊 2 座，32 t 吊机 8 台
23	松岙峰景湾	0.87	旅游	该项目是以旅游度假为主体的具有国际品质的大型高山海滨旅游度假区。2011 年完工，占地面积 1 600 亩，拥有 3 km 长的绵延山体和 3 km 海岸线
24	黄贤森林公园	7.48	旅游	自然景观与人文景观有机融合的海岸沿线山水风光型景区。主要有红岩飞瀑、庙山亭、清和门、蟠龙寺等 28 个景点
25	阳光海湾（奉化）	21.7	旅游	旅游、度假、商务和居住等多功能于一体的大型项目
26	梅山水道	11.5	旅游	集旅游、商业、娱乐、休闲等多功能于一体，包括南坝船闸、欢乐海岸、游艇港区七星级大酒店和滨海休闲区 5 个项目
27	宁海湾旅游度假区	5.57	旅游	象山港尾部，主要包括强蛟海面（含 12 个岛屿），强蛟半岛海滨地区，黄墩港和大佳何海滨地区
28	游艇基地（宁海）	4.27	旅游	从 5 m 到 25 m 长的游艇停靠泊位 250 个，包括高档会所、游艇维修中心、水上运动中心以及配套的商业和酒店公寓住宅
29	北仑春晓—洋沙山旅游区	1.28	旅游	有四大特色景观：红岩赤礁、母亲岛、海上长城、银光海滩组成
30	莼湖海上餐饮	/	旅游	多家餐饮、垂钓、观光、休闲店

序号	项目名称	用地面积（km²）	性质	介绍
31	横山岛小普陀	0.175	旅游	岛上有镇福庵，原分前后二殿，基为明代所建，梁柱为清代造型，别称"小普陀"，来自奉化、宁波、宁海一带的善男信女络绎不绝。岛上茂林修竹，郁郁苍苍，清幽雅静。岛周岩石，经长年海涛拍击，成浪蚀崖穴，千姿百态，景物诱人
32	象山黄避岙北黄金海岸度假村	/	旅游	度假村依山傍海，风景秀丽，木廊浮桥蜿蜒曲折，人工沙滩风景怡人，幽雅别致的地理位置，全木结构的古朴特色，集旅游、商务、休闲、度假、观赏、品尝海鲜为一体，是一道海陆相连的美丽风景，为宁波市首家浙江省休闲渔业示范基地

此外，以象山临港工业区（象山）和宁海强蛟工业区为龙头的象山港综合开发区也已形成能源、新型建材、汽配、针纺织等临港产业群。象山港工业园区（象山）包括象山港工业园区 A 区和 B 区，A 区位于象山贤庠镇滨海，以象山港大桥的兴建为契机，建设成为宁波南部重要的物流中心和临港加工工业区。B 区位于西周镇沿海，建设以宁波华翔工业园为主体的汽车配件及整车生产基地；以巨鹰等企业为龙头的针织服装生产基地；同时通过乌沙山电厂的建设，加大电厂部分下游产业的发展。鄞州区滨海投资创业中心位于鄞州区东部瞻岐镇，东邻象山港，西依沿海中线一级公路，北与北仑区春晓镇接壤，南至大嵩江，中心近期规划面积 7 km²，远期规划面积 15 km²。通过对现有盐场地块的改造，以一二类工业为主，建设成为集工业、商业、行政办公、居住等设施于一体，工业、商住园区。象山港跨海大桥建设，进一步拉近宁波市区与象山半岛的距离，加速象山半岛的发展。

2.2.3.6　滨海旅游

象山港区域整体环境良好，常年风平浪静，有着优良的航道和宜建港岸线。部分海域水体比较清澈，含沙量低，能见度高，为浙江近陆海域中少见。湾内岛屿众多，大量岛屿少有人住，处于未开发或稍有开发的状态。岛上植被良好，环境静谧宜人。港岸海产丰富，陆上群山环抱、绿树成荫。象山港区城乡镇大多环境宜人，保留一些较完整的古寺院、古街道等人文景观，也有部分地区已建设了参差不齐、相对凌乱的一些建筑设施。可以说象山港的环境山清水秀、海岛风光、海产丰富、渔乡风情。同时该地区也是重要的海水养殖业基地。此区域港湾风情度假区以优良的自然资源，以碧海绿岛为背景、以滨海休闲度假、水上运动、游艇休闲等为特色的"长三角"重要的港湾旅游度假区和滨海生态人居社区。

滨海旅游业的核心区域包括北仑梅山岛、春晓、奉化西岙、莼湖、宁海强蛟、西店、大佳河等区域。目前已有的旅游项目有：松岙峰景湾、北仑春晓—洋沙山旅游区、横山岛小普陀、梅山水道、象山黄避岙北黄金海岸度假村（图2.2-7和表2.2-3）等。

2.3　小结

象山港位于宁波市东南部，是一个NE—SW走向的狭长型半封闭港湾。对象山港自然环境、社会经济状态和开发活动总结如下。

（1）地形地貌

象山港是一个循东北向的向斜断裂谷发育起来的潮汐通道港湾。象山港主槽较深，平均水深8~10 m，最深处可达47 m，水体交换口门良好，湾底较差。表层沉积物以泥质沉积为主；内湾主要为分选好、中等的灰黄色粉砂质黏土，口门段为分选中等的灰黄色黏土质粉砂。主要入海河流有37条，主要入海水闸95座。

（2）水文特征及生态环境特征

象山港水体透明度一般在1 m左右，水温平均在16.4℃左右，盐度平均为21.9~29.11。流速由港口至港底递减，南岸潮流流速要比北岸流速大，上层流速要比下层流速大的特征。大部分水域表层余流流速大于底层余流流速。口门段最大波高（$H_{1/10}$）约1.8 m，南岸最大波高（$H_{1/10}$）约1.7 m，象山湾内风浪影响小，是良好的避风良港。象山港水体中无机氮和活性磷酸盐含量基本劣于第四类海水水质标准，水体富营养化状态严重。

（3）海洋资源概况

象山港区域环境优美、资源丰富，集"港、渔、涂、岛、景"五大优势资源于一身，是浙江省乃至全国重要的海水养殖基地和多种经济鱼类洄游、索饵和繁育场以及菲律宾蛤仔等经济贝类苗种自然产区。象山港海域共有海岛161个，海岛总面积42.7 km²；象山港岸线总长为342.13 km；共有海涂25.7万亩；有浮游植物159种，浮游动物64种，底栖生物205种，潮间带生物190种，生物多样性丰度较大；蕴藏着丰富的潮汐能资源。矿产资源总体上属于资源较少的地区，以陆地埋藏为多，主要以非金属矿产为主。

（4）海洋生态灾害

2014年环象山港区域水产养殖品种共发生23类不同病害，2010—2013年象山港共发生赤潮9起，2014年和2015年全年未监测到赤潮发生。

（5）行政及社会经济概况

象山港港湾跨越奉化、宁海、象山、鄞州、北仑5个县（市、区），包括了23个乡镇。2015全区常住人口约90万人，养殖从业人员约2.5万人，创造产值约20亿元。

（6）象山港主要功能区

象山港海洋特别保护区、象山港养殖区、象山港增殖区、象山港港湾风景旅游区等。象山港岸线开发利用强度较大，已使用岸线占80%以上，以港口与工业、渔业生产、城镇建设、生态旅游、特殊利用为主。其中港口与工业、城镇建设岸线达 30% 以上；生态旅游、特殊利用岸线约占 20%；已利用海岛约占 20%，以渔业养殖、航标灯塔、旅游休闲、简易码头、科学研究为主。

（7）主要海洋开发活动

繁育区有 4 个，生物多样性维护区为象山港海岸湿地海洋保护区，2013 年象山港海水养殖总面积 15.5 万亩、产量 10.3×10^4 t，主要码头 7 个，渔港 11 个，主航道从港底延伸到港口，分了南北两支航道，分别向象山东部海域和梅山水道延伸。象山港临港工业随着象山港开发建设逐步兴起，主要有梅山七姓涂、大嵩江海塘、洋沙山、红胜海塘等围涂工程以及港口码头、电厂（宁海国华电厂和大唐乌沙山电厂）以及船舶修造业（浙江船厂和宁波东方船厂等）等约 20 家。主要旅游企业有松岙峰景湾、北仑春晓—洋沙山旅游区、横山岛小普陀等 12 家。

第3章 海域水动力特征

采用 2011 年调查数据，同时收集了历年资料，并结合水动力数值模型，分析象山港海域的水动力特征及水交换情况。

3.1 实测水文特征

3.1.1 潮汐

3.1.1.1 实测潮汐特征

2011 年夏季，乌沙山潮位站最大潮差 5.51 m，最小潮差 0.87 m，平均潮差 3.65 m；平均涨潮历时也大于落潮历时，平均涨潮历时为 7 h 15 min，平均落潮历时为 5 h 2 min。

2011 年冬季，乌沙山潮位站最大潮差 5.33 m，最小潮差 1.70 m，平均潮差 3.40 m；平均涨潮历时也大于落潮历时，平均涨潮历时为 7 h 16 min，平均落潮历时为 5 h 2 min。

3.1.1.2 潮汐特性

工程海区的潮汐属于不规则半日浅海潮。

3.1.1.3 历年监测结果比对

2005—2009 年夏季以及 2005—2008 年冬季两季均在强蛟煤码头设立了临时潮位站，进行半个月连续潮位观测。2011 年的潮位资料引自乌沙山自动潮位观测站。夏、冬两季的实测潮汐特征值分别见表 3.1-1 和表 3.1-2。

1）夏季

测验海域历年实测潮汐特征值比较接近。强蛟临时潮位站，夏季平均海平面介于 47~72 cm 之间，2007 年平均海平面最高，2008 年次之；平均潮差介于 362~393 cm 之间，其中 2005 年最大，2006 年次之。海区涨潮历时大于落潮历时，平均涨、落潮历时分别约为 7 h 30 min、4 h 54 min；乌沙山自动潮位观测站，平均潮差为 365 cm，涨潮历时大于落潮历时，平均涨、落潮历时分别约为 7 h 15 min、5 h 2 min（表 3.1-1）。

表 3.1-1　2005—2009 年夏季强蛟、2011 年乌沙两站实测潮汐特征值比对

测站	年份	潮位（cm）					潮差（cm）			涨、落潮历时	
		最高潮位	最低潮位	平均高潮	平均低潮	平均海面	最大潮差	最小潮差	平均潮差	平均涨潮	平均落潮
强蛟临时潮位站	2005 年	414	−224	249	−141	47	570	144	390	7 h 32 min	4 h 50 min
	2006 年	418	−194	269	−124	47	612	97	393	7 h 26 min	4 h 57 min
	2007 年	423	−187	266	−96	72	590	123	362	7 h 34 min	4 h 51 min
	2008 年	382	−201	269	−109	63	579	128	378	7 h 33 min	4 h 53 min
	2009 年	415	−190	260	−103	65	585	126	363	7 h 32 min	4 h 53 min
乌沙山站	2011 年	372	−199	253	−112	44	551	87	365	7 h 15 min	5 h 2 min

表 3.1-2　2005—2008 年冬季强蛟、2011 年乌沙两站半月实测潮汐特征值比对

测站	年份	潮位（cm）					潮差（cm）			涨、落潮历时	
		最高潮位	最低潮位	平均高潮	平均低潮	平均海面	最大潮差	最小潮差	平均潮差	平均涨潮	平均落潮
强蛟临时潮位站	2005 年	325	−207	221	135	36	522	133	356	7 h 25 min	4 h 58 min
	2006 年	360	−236	246	−142	43	585	189	388	7 h 28 min	4 h 57 min
	2007 年	347	−225	244	−133	42	536	129	377	7 h 26 min	4 h 59 min
	2008 年	345	−228	230	−135	31	592	165	365	7 h 30 min	4 h 56 min
乌沙山站	2011 年	289	−246	205	−135	14	533	170	340	7 h 16 min	5 h 2 min

2）冬季

测验海域各年实测潮汐特征值比较接近。强蛟临时潮位站，冬季平均海平面介于 31～43 cm 之间，2006 年、2007 年平均海平面较 2005 年、2008 年要高；平均潮差介于 353～388 cm 之间，其中 2006 年最大，2007 年次之；海区张潮历时大于落潮历时，平均涨、落潮历时分别约为 7 h 27 min、4 h 58 min 之间。乌沙山自动潮位观测站，平均潮差为 340 cm，涨潮历时大于落潮历时，平均涨、落潮历时分别约为 7 h 16 min、5 h 2 min（表 3.1-2）。

3）夏、冬两季比较

通过以往的潮汐调和分析，调查海区为非正规半日浅海潮港，浅海分潮所占比重很大，浅海效应明显。各年份中平均海平面、平均高潮以及平均潮差夏季均高于同年冬季，

平均低潮夏季低于同年冬季。

3.1.2 潮流

3.1.2.1 流速、流向分布特征

根据夏季和冬季大、小潮期间各条垂线表层、0.2H、0.4H、0.6H、0.8H、底层、垂向平均的实测流速、流向资料绘制了定点测站的涨、落潮流矢量图（图 3.1-1～图 3.1-4）。

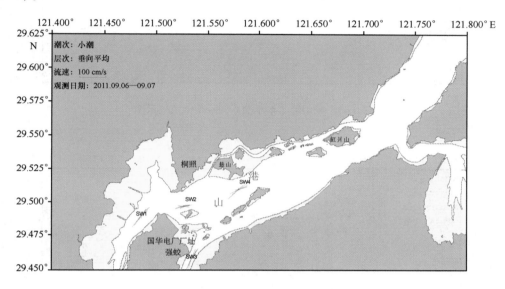

图 3.1-1　象山港夏季小潮垂向平均潮流矢量图

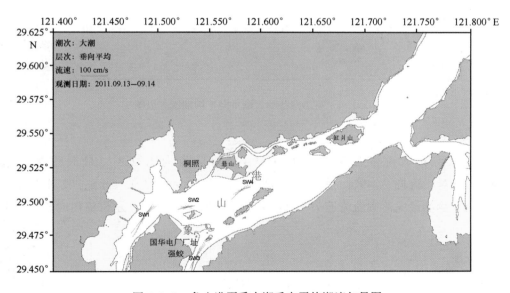

图 3.1-2　象山港夏季大潮垂向平均潮流矢量图

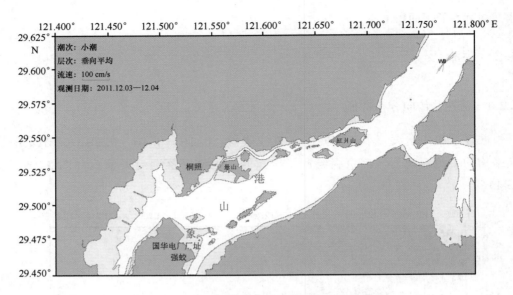

图 3.1-3　象山港冬季小潮垂向平均潮流矢量图

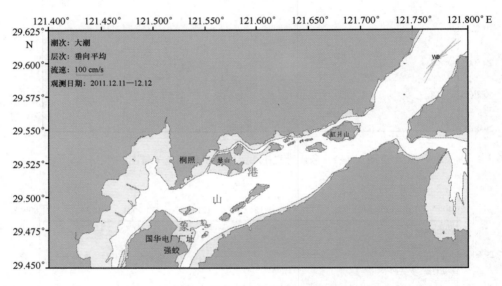

图 3.1-4　象山港冬季大潮垂向平均潮流矢量图

1）夏季

测区的实测最大涨潮流速为 101 cm/s，其对应流向为 218°；最大落潮流速为 112 cm/s，其对应流向为 49°；垂向平均的最大涨潮流流速为 92 cm/s，其对应流向为 219°；垂向平均的最大落潮流流速为 93 cm/s，其对应流向为 71°；涨潮流历时长于落潮流历时。

2）冬季

测区的实测最大涨潮流速为 94 cm/s，其对应流向为 224°；最大落潮流速为 110 cm/s，其对应流向为55°；垂向平均的最大涨潮流流速为87 cm/s，其对应流向为214°；垂向平均的最大落潮流流速为102 cm/s，其对应流向为59°；涨潮流历时长于落潮流历时。

总体来讲，测区的流速较大，落潮流流速大于涨潮流流速；涨潮流历时长于落潮流历时。

3.1.2.2 潮流性质

潮流性质应属于不规则半日浅海潮流，以往复流为主。

3.1.2.3 历年监测结果比对

1）夏季实测最大流速

历年夏季大潮期间实测最大流速见表3.1-3，历年夏季实测最大流速比较图见图3.1-5，历年夏季实测垂向平均最大流速比较图见图3.1-6。

表 3.1-3 2005—2011 年象山港夏季大潮期间实测最大流速　　　　单位：cm/s

年份	实测最大流速		垂向平均最大流速	
	涨潮流	落潮流	涨潮流	落潮流
2005	65	69	48	53
2006	80	85	54	64
2007	77	86	45	73
2008	74	81	40	46
2009	60	63	47	65
2011	101	112	92	93

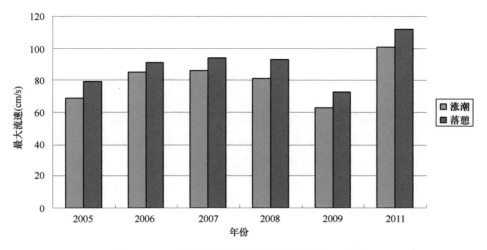

图 3.1-5 象山港历年夏季实测最大流速比较图

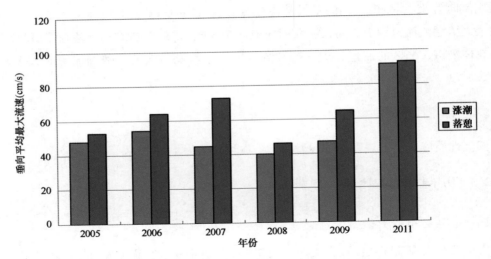

图 3.1-6　象山港历年夏季实测垂向平均最大流速比较图

2011 年夏季，测区的实测最大涨潮流速为 101 cm/s，最大落潮流速为 112 cm/s；实测最大涨、落潮流流速比 2005—2009 年都要大很多，这是由于测站位置变化引起的。

2）冬季实测最大流速

历年冬季大潮期间实测最大流速见表 3.1-4，历年冬季实测最大流速比较图见图 3.1-7，历年冬季实测垂向平均最大流速比较图见图 3.1-8。

表 3.1-4　2004—2011 年象山港冬季大潮期间实测最大流速　　　　单位：cm/s

年份	实测最大流速		垂向平均最大流速	
	涨潮流	落潮流	涨潮流	落潮流
2004	75	89	38	52
2005	89	90	43	44
2006	76	86	35	50
2007	96	94	33	45
2011	94	110	87	102

2005—2009 年，实测最大涨、落潮流流速和实测垂向平均最大流速变化不大。2011 年冬季，测区的实测最大涨潮流速为 94 cm/s，最大落潮流速为 110 cm/s；实测最大涨、落潮流流速比 2004—2007 年都要大很多，这是由于测站位置变化引起的（表 3.1-4，图 3.1-7 和图 3.1-8）。

总体来讲，2005—2009 年，实测最大涨、落潮流流速和实测垂向平均最大流速变化不大；2011 年，实测最大涨、落潮流流速比 2005—2009 年都要大很大，这是由于测站位置变化引起的。

48

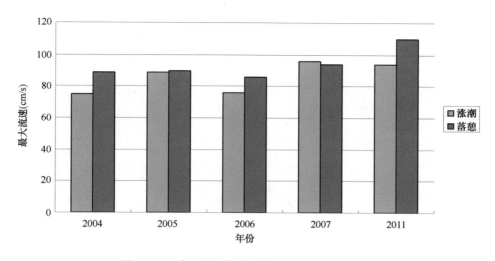

图 3.1-7　象山港历年冬季实测最大流速比较图

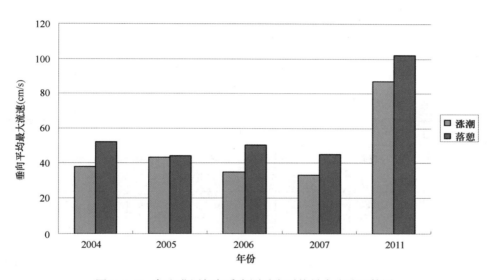

图 3.1-8　象山港历年冬季实测垂向平均最大流速比较图

3.1.3　余流

3.1.3.1　余流特征

夏季，平均余流为 5.4 cm/s；冬季，平均余流为 7.6 cm/s；各测站余流有大潮较大，小潮较小的特性；夏季，各测站各层次余流的方向与涨潮流方向基本一致；冬季，余流的方向与落潮流方向基本一致；越靠近外海，余流越大。

3.1.3.2　历年监测结果比对

历年夏季大潮期间余流统计见表 3.1-5 和表 3.1-6，历年冬季大潮期间余流统计见表

3.1-7 和表 3.1-8。

表 3.1-5　2005—2011 年象山港各站位夏季大潮期间余流（垂线平均）

年份	A		B		C		G		H		I	
	流速(cm/s)	流向(°)	流速(cm/s)	流向(°)	流速(cm/s)	流向(°)	流速(cm/s)	流向(°)	流速(cm/s)	流向(°)	流速(cm/s)	流向(°)
2005	16	80	4	135	—	—	13	301	6	41	8	203
2006	10	114	6	71	3	252	5	259	3	49	8	177
2007	6	113	1	338	7	303	8	265	5	146	6	69
2008	5	109	4	282	2	113	7	282	1	77	6	219
2009	8	100	—	—	—	—	5	271	3	90	—	—

年份	SW1		SW2		SW3		SW4	
	流速(cm/s)	流向(°)	流速(cm/s)	流向(°)	流速(cm/s)	流向(°)	流速(cm/s)	流向(°)
2011	7	218	4	290	7	199	9	224

表 3.1-6　2005—2011 年象山港各站位夏季小潮期间余流（垂线平均）

年份	A		B		C		G		H		I	
	流速(cm/s)	流向(°)	流速(cm/s)	流向(°)	流速(cm/s)	流向(°)	流速(cm/s)	流向(°)	流速(cm/s)	流向(°)	流速(cm/s)	流向(°)
2005	5	261	8	278	8	46	6	260	3	277	1	149
2006	6	125	2	317	2	8	5	218	1	22	3	159
2007	5	124	5	143	6	324	4	256	1	109	2	130
2008	3	251	3	108	2	50	5	286	1	48	4	235
2009	2	220	—	—	—	—	5	232	1	80	—	—

年份	SW1		SW2		水文		SW4	
	流速(cm/s)	流向(°)	流速(cm/s)	流向(°)	流速(cm/s)	流向(°)	流速(cm/s)	流向(°)
2011	2	186	1	214	2	132	3	186

表 3.1-7　2005—2011 年象山港各站位冬季大潮期间余流（垂线平均）

年份	A		B		C		G		H		I	
	流速（cm/s）	流向（°）	流速（cm/s）	流向（°）	流速（cm/s）	流向（°）	流速（cm/s）	流向（°）	流速（cm/s）	流向（°）	流速（cm/s）	流向（°）
2005	14	69	5	156	12	62	3	313	7	72	7	197
2006	2	65	5	179	4	38	8	294	6	116	8	223
2007	5	75	2	33	2	233	5	237	7	103	5	212
2008	8	107	1	319	8	89	5	177	2	177	11	197

年份	W8	
	流速（cm/s）	流向（°）
2011	8	75

表 3.1-8　2005—2011 年象山港各站位冬季小潮期间余流（垂线平均）

年份	A		B		C		G		H		I	
	流速（cm/s）	流向（°）	流速（cm/s）	流向（°）	流速（cm/s）	流向（°）	流速（cm/s）	流向（°）	流速（cm/s）	流向（°）	流速（cm/s）	流向（°）
2005	6	63	4	53	4	57	1	129	7	72	4	207
2006	1	94	4	160	1	95	2	272	5	118	5	216
2007	4	120	3	167	1	56	4	183	3	94	3	82
2008	1	196	5	149	2	77	6	127	1	178	5	175

年份	W8	
	流速（cm/s）	流向（°）
2011	7	67

测验海区历年夏季的余流值均不大，普遍在 10 cm/s 以下，且余流流向或随涨潮流流向，或随落潮流流向，变化较大；各年中以 2005 年的流速最大，2007 年、2008 年流速较小；2011 年余流与 2005—2009 年相比变化不大（表 3.1-5 和表 3.1-6）。

测验海区历年冬季的余流值均不大，普遍在 10 cm/s 以下，流向变化较大，各年中以 2005 年的流速最大，2007 年流速次之；2011 年余流与 2005—2009 年相比变化不大（表 3.1-7 和表 3.1-8）。

3.1.4　波浪

象山港口外有六横岛屿作掩护，外海浪对港域的影响较小，主要受局地风浪的作用。港域中部与顶部水域面积狭小，且湾内岛屿众多，地形复杂，水域掩护条件好，一般天气下港域风平浪静，即使受到气旋影响，局地风浪波高小、周期短，不会构成破坏性威胁。口门段的南北两岸会受到季风的影响，北岸受偏南风影响时，最大波高（$H_{1/10}$）约 1.8 m，平均波周期 $T=4.8$ S；南岸受偏北风影响时，最大波高（$H_{1/10}$）约 1.7 m，平均波周期 $T=$ 4.7 S。相对而言，象山港内风浪影响小，是良好的避风良港。

石浦港是一个近封闭型水域，外海浪对港内的影响很小，港内的波浪主要是由局地风产生，波高一般小于 0.8 m，仅在台风过境时，港内最大波高可达 1.5 m 左右。

3.2　水动力数值模拟

3.2.1　水动力模型建立

3.2.1.1　数值模型简介

根据海域实际情况，采用 Delft3D（2010）软件建立一个包括象山港及其附近水域的三维水动力模型。

1）模型控制方程

模型采用不可压缩流体、浅水、Boussinnesq 假定下的 Navier-Stokes 方程，方程中垂向动量方程中的垂向加速度相对水平方向上的分量是一小量，可忽略不计，因此，垂向上采用的是静水压力方程。考虑到计算区域温度变化梯度较小，可以近似认为对流场的影响可忽略。

（1）连续方程

$$\frac{\partial \zeta}{\partial t} + \frac{1}{\sqrt{G_{\xi\xi}G_{\eta\eta}}} \frac{\partial\left[(d+\zeta)u\sqrt{G_{\eta\eta}}\right]}{\partial \xi} + \frac{1}{\sqrt{G_{\xi\xi}G_{\eta\eta}}} \frac{\partial\left[(d+\zeta)v\sqrt{G_{\xi\xi}}\right]}{\partial \eta} = Q \quad (3.2-1)$$

式中，Q 表示单位面积由于排水、引水、蒸发或降雨等引起的水量变化：

$$Q = H\int_{-1}^{0}(q_{in}-q_{out})d\sigma + P - E$$

式中，q_{in} 和 q_{out} 表示单位体积内源和汇；u，v 表示 ξ，η 方向上的速度分量，ζ 表示水位，d 表示水深。

（2）水平方向动量方程

$$\frac{\partial u}{\partial t} + \frac{u}{\sqrt{G_{\xi\xi}}} \frac{\partial u}{\partial \xi} + \frac{v}{\sqrt{G_{\eta\eta}}} \frac{\partial u}{\partial \eta} + \frac{\omega}{d+\zeta} \frac{\partial u}{\partial \sigma} + \frac{uv}{\sqrt{G_{\xi\xi}}\sqrt{G_{\eta\eta}}} \frac{\partial \sqrt{G_{\xi\xi}}}{\partial \eta} - \frac{v^2}{\sqrt{G_{\xi\xi}}\sqrt{G_{\eta\eta}}} \frac{\partial \sqrt{G_{\eta\eta}}}{\partial \eta} - fv$$

$$= -\frac{1}{\rho_0 \sqrt{G_{\xi\xi}}} P_\xi + F_\xi + \frac{1}{(d+\zeta)^2} \frac{\partial}{\partial\sigma}\left(V_\nu \frac{\partial u}{\partial\sigma}\right) + M_\xi \frac{\partial v}{\partial t} + \frac{u}{\sqrt{G_{\xi\xi}}} \frac{\partial v}{\partial\xi} + \frac{v}{\sqrt{G_{\eta\eta}}} \frac{\partial v}{\partial\eta} + \frac{\omega}{d+\zeta} \frac{\partial v}{\partial\sigma}$$

$$+ \frac{uv}{\sqrt{G_{\xi\xi}}\sqrt{G_{\eta\eta}}} \frac{\partial\sqrt{G_{\xi\xi}}}{\partial\eta} - \frac{u^2}{\sqrt{G_{\xi\xi}}\sqrt{G_{\eta\eta}}} \frac{\partial\sqrt{G_{\xi\xi}}}{\partial\eta} + fu$$

$$= -\frac{1}{\rho_0 \sqrt{G_{\eta\eta}}} P_\eta + F_\eta + \frac{1}{(d+\zeta)^2} \frac{\partial}{\partial\sigma}\left(V_\nu \frac{\partial v}{\partial\sigma}\right) + M_\eta \qquad (3.2-2)$$

式中, u, v, ω 分别表示在正交曲线坐标系下 ξ, η, σ 3个方向上的速度分量, 其中 ω 是定义在运动的 σ 平面的竖向速度, 在 σ 坐标系中由以下的连续方程求得:

$$\frac{\partial\zeta}{\partial t} + \frac{1}{\sqrt{G_{\xi\xi}}\sqrt{G_{\eta\eta}}} \frac{\partial\left[(d+\zeta)u\sqrt{G_{\eta\eta}}\right]}{\partial\xi} + \frac{1}{\sqrt{G_{\xi\xi}}\sqrt{G_{\eta\eta}}} \frac{\partial\left[(d+\zeta)v\sqrt{G_{\xi\xi}}\right]}{\partial\eta} + \frac{\partial\omega}{\partial\sigma}$$

$$= H(q_{in} - q_{out}) \qquad (3.2-3)$$

ω 是同 σ 的变化相联系的, 实际在 Cartesian 坐标系下的垂向速度 w 并不包含于模型方程之中, 其与 ω 的关系式表示如下:

$$w = \omega + \frac{1}{\sqrt{G_{\xi\xi}}\sqrt{G_{\eta\eta}}}\left[u\sqrt{G_{\eta\eta}}\left(\sigma\frac{\partial H}{\partial\xi} + \frac{\partial\zeta}{\partial\xi}\right) + v\sqrt{G_{\xi\xi}}\left(\sigma\frac{\partial H}{\partial\eta} + \frac{\partial\zeta}{\partial\eta}\right)\right]$$

$$+ \left(\sigma\frac{\partial H}{\partial t} + \frac{\partial\zeta}{\partial t}\right) \qquad (3.2-4)$$

式中, F_ξ, F_η 为 ξ, η 方向的紊动动量通量; M_ξ, M_η 为 ξ, η 方向的动量源或汇, 包括建筑物引起的外力、波浪切应力, 排引水产生的外力; ρ_0 为水体密度; V_ν 为竖向涡动系数; f 是科氏力参数, 取决于地理纬度和地球自转的角速度 Ω, f 可用下式表示:

$$f = 2\Omega\sin\varphi$$

式中, φ 为北纬纬度。

P_ξ 和 P_η 为 (ξ, η, σ) 坐标系中 ξ, η 方向的静水压力梯度。

$$\frac{1}{\rho_0\sqrt{G_{\xi\xi}}} P_\xi = \frac{g}{\sqrt{G_{\xi\xi}}} \frac{\partial\zeta}{\partial\xi} + \frac{1}{\rho_0\sqrt{G_{\xi\xi}}} \frac{\partial P_{atm}}{\partial\xi}$$

$$\frac{1}{\rho_0\sqrt{G_{\eta\eta}}} P_\eta = \frac{g}{\sqrt{G_{\eta\eta}}} \frac{\partial\zeta}{\partial\eta} + \frac{1}{\rho_0\sqrt{G_{\eta\eta}}} \frac{\partial P_{atm}}{\partial\eta} \qquad (3.2-5)$$

P_{atm} 包括浮体建筑物引起的压力在内的自由面压力, 本计算中不作考虑。

正交曲线变换: $\eta = \eta(x, y)$, $\sigma = \dfrac{z-\zeta}{d+\zeta}$, 在自由水面处 $\sigma = 0$, 在水底处 $\sigma = -1$;

定义部分变量: $\sqrt{G_{\xi\xi}} = \sqrt{x_\xi^2 + y_\xi^2}$, $\sqrt{G_{\eta\eta}} = \sqrt{x_\eta^2 + y_\eta^2}$, $\sqrt{G_{\xi\xi}}$ 和 $\sqrt{G_{\eta\eta}}$ 表示从曲线坐标系到直角坐标系的转换系数。

2） 定解条件

（1） 初始条件

$$\begin{cases} \zeta(\xi, \ \eta, \ t) \mid_{t=0} = 0 \\ u(\xi, \ \eta, \ t) \mid_{t=0} = v(\xi, \ \eta, \ t) \mid_{t=0} = 0 \end{cases} \quad (3.2 - 6)$$

（2） 边界条件

① 开边界

考虑到模型的范围较大，模型允许将边界分段处理，每段给定端点上的边界过程，中间点采用线性插值的方法计算。本模型的开边界分成四段，根据相关资料分析 $K_1 + O_1 + P_1 + Q_1 + M_2 + S_2 + K_2 + N_2 + M_4 + MS_4 + M_6$ 分潮调和常数，进而以预报的潮位过程给定各开边界条件。

② 闭边界

考虑到研究区域范围较大，网格尺度亦较大，在闭边界处采用自由滑移边界条件，与闭边界垂直方向流速为零：

$$\frac{\partial \vec{v}}{\partial n} = 0 \quad (3.2 - 7)$$

③ 运动边界

$$\begin{cases} \omega \mid_{\sigma=0} = 0 \\ \omega \mid_{\sigma=-1} = 0 \end{cases} \quad (3.2 - 8)$$

④ 底边界

$$\frac{V_v}{H} \frac{\partial u}{\partial \sigma} \bigg|_{\sigma=-1} = \frac{\tau_{b\xi}}{\rho_0}$$

$$\frac{V_v}{H} \frac{\partial v}{\partial \sigma} \bigg|_{\sigma=-1} = \frac{\tau_{b\eta}}{\rho_0} \quad (3.2 - 9)$$

式中，$\tau_{b\xi}$，$\tau_{b\eta}$ 为底部切应力在 ξ，η 方向上的分量，底部应力是水流和风共同作用的结果，底部应力的计算如下：

对垂线平均情况下的由紊流引起的底部切应力：

$$\tau_b = \frac{\rho_0 g}{C_{2D}^2 \mid \underline{U} \mid^2} \quad (3.2 - 10)$$

对于三维流动：

$$\tau_b = \frac{\rho_0 g}{C_{3D}^2 \mid \underline{u_b} \mid^2} \quad (3.2 - 11)$$

式中，$\mid \underline{U} \mid$ 为垂线平均流速的大小；$\mid \underline{u_b} \mid$ 表示近底第一层上水平速度的大小，竖向速度可忽略。C_{2D} 为谢才系数，用曼宁公式计算：

$$C_{2D} = \frac{\sqrt[6]{H}}{n} \quad (3.2 - 12)$$

式中，H 为总水深，$H = d + \zeta$，n 为曼宁系数。

$$C_{3D} = C_{2D} + 2.5\sqrt{g}\ln(\frac{15\Delta z_b}{k_s}) \qquad (3.2-13)$$

式中，g 为重力加速度，Δz_b 为底层厚度，k_s 为 Nikuradse 粗糙高度。

⑤ 自由表面边界条件

计算式为：

$$|\tau_s| = \rho_a C_d(U_{10}) U_{10}^2 \qquad (3.2-14)$$

式中，ρ_a 为大气密度，U_{10} 为自由表面以上 10 m 高处的风速，C_d 为风拖曳系数。风拖曳系数的大小取决于风速、随风速的增加而响应的海面粗糙度，可用以下经验关系来确定其大小：

$$C_d(U_{10}) = \begin{cases} C_d^A & U_{10} \leqslant U_{10}^A \\ C_d^A + (C_d^A - C_d^B)\dfrac{U_{10}^A - U_{10}}{U_{10}^B - U_{10}^A} & U_{10}^B \leqslant U_{10} \leqslant U_{10}^B \\ C_d^A & U_{10}^A \leqslant U_{10} \end{cases} \qquad (3.2-15)$$

式中，C_d^A，C_d^B 为用户给定的在风速为 U_{10}^A、U_{10}^B 时的拖曳系数，U_{10}^A 和 U_{10}^B 为用户给定的风速。

3）计算方法和差分格式

模型采用的是基于有限差分的数值方法，利用正交曲线网格对空间进行离散，对原偏微分方程组的求解就转化为求解在正交曲线网格上的离散点上的变量值。模型中水位、流速、水深等变量在正交曲线网格上的分布与在一般采用有限差分的网格上的分布不同，其变量在一个网格单元上的分布如图 3.2-1 所示。

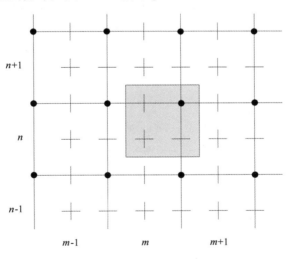

图 3.2-1　变量在网格上的分布

图中：黑色实线代表网格线；十 表示水位、浓度、盐度和温度；- 表示 X 方向的
水平流速分量；| 表示 Y 方向的水平流速分量；● 表示水深点；阴影区域代表此
区域内所有的点具有相同的坐标

模型采用 ADI 算法（Alternating Direction Implicit Method），将一个时间步长进行剖分分成两步，每一步为 1/2 个时间步长，前半个步长对 X 方向进行隐式处理，后半步则对 Y 方向进行隐式处理。ADI 算法的矢量形式如下。

前半步：
$$\frac{\overline{U}^{i+1/2} - \overline{U}^i}{\Delta t/2} + \frac{1}{2}A_x\overline{U}^{i+1/2} + \frac{1}{2}A_y\overline{U}^i = 0 \tag{3.2-16}$$

后半步：
$$\frac{\overline{U}^{i+1} - \overline{U}^{i+1/2}}{\Delta t/2} + \frac{1}{2}A_x\overline{U}^{i+1/2} + \frac{1}{2}A_y\overline{U}^{i+1} = 0 \tag{3.2-17}$$

$$A_x = \begin{bmatrix} u\frac{\partial}{\partial x} & -f & g\frac{\partial}{\partial x} \\ 0 & u\frac{\partial}{\partial x} & 0 \\ h\frac{\partial}{\partial x} & 0 & u\frac{\partial}{\partial x} \end{bmatrix} A_y = \begin{bmatrix} v\frac{\partial}{\partial y} & 0 & 0 \\ f & v\frac{\partial}{\partial y} & g\frac{\partial}{\partial y} \\ 0 & h\frac{\partial}{\partial y} & v\frac{\partial}{\partial y} \end{bmatrix} \tag{3.2-18}$$

模型稳定条件用 courant 数表示为：

$$CFL = 2\Delta t\sqrt{gh}\sqrt{\frac{1}{\Delta x^2} + \frac{1}{\Delta y^2}} < 1 \tag{3.2-19}$$

3.2.1.2 模拟流程

1）研究区域的确定

象山港地理概况和计算网格示意图见图 3.2-2。

根据研究的主要内容，本次数值模拟计算区域较大，包括象山港及其邻近水域，计算区域北边界设在镇海至马目一线；南边界设在长山咀至外海中 A 点（29°37′24″N，122°37′59″E）一线；东边有两条水边界，一条为朱家尖南岸至 A 点一线，另一条设在朱家尖北侧与舟山岛之间的水道上。

2）模型网格和模型地形概化

水动力计算采用三维水动力模型，对区域采用正交曲线网格进行离散。计算模型采用正交曲线网格进行离散，网格数为 691×312，象山港内网格在和方向上的分辨率约 60 m，湾外海域网格最大间距为 700 m 左右。垂向分为 6 层，各层厚度分别为总水深的 10%，20%，20%，20%，20%，10%。计算时间步长取 60 s。网格的具体分布见图 3.2-2。

模型地形资料大部分取自各种历史海图，通过矢量化的方法从历史海图得到计算区域水深数据的采样点，与实测水深数据结合插值获得网格点上的水深数据。插值大体上分成两种方法，在原始水深较多，密度较大的地方，采用平均的方法；而在原始数据相对网格尺度而言较少的区域则采用三角插值。

3）计算方法

如前所述，模型主要采用的是 ADI 法，它是一种隐、显交替求解的有限差分格式。其

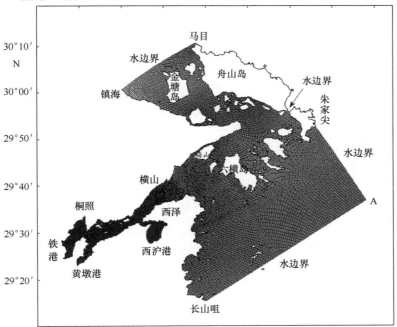

图 3.2-2　象山港地理概况和计算网格示意图

要点是把时间步长分成两段，在前半个步长时段，沿 ξ 方向联立 ζ，ζ 变量隐式求解，再对 ζ 显式求解，后半个步长，则将求解顺序对调过来，这样随着 Δt 的增加，即可把各个时间的 ζ 依次求解出来。

4）模型验证

在湾内布设潮位和潮流的验证点，根据现有的潮汐资料，选择典型大、小潮作为潮流模型的验证潮型。验证计算采用有同步实测资料（2009.6.23—2009.7.1）的乌沙山潮位站作为潮位验证点，以同期实测潮流的 C1、C2、C3、C4 站作为潮流验证点，模型验证的站位具体分布如图 3.2-3 所示。

验证结果：水动力模型对于区域潮汐和潮流过程的模拟结果较为理想，模拟的流场基本能反映计算区域水动力的情况，计算结果能够进一步作为象山港水交换以及水环境容量研究的基础。

3.2.1.3　模拟结果

1）潮流流场

象山港全域以及局域的流矢分布见图 3.2-4～图 3.2-7。

从图 3.2-4～图 3.2-7 来看，潮流流场具有如下特点：

（1）象山港潮流场受外海传入的潮波分布的影响，其强度大小与外海潮波的振幅、地

57

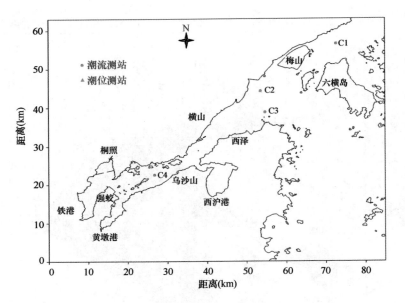

图 3.2-3　象山港水动力模型验证点

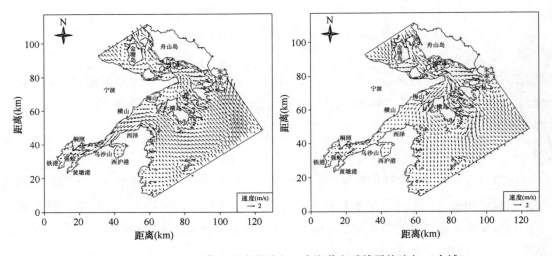

图 3.2-4　2009 年 6 月象山港大潮涨急、大潮落急垂线平均流矢（全域）

形、底质及岛屿、岸线的分布及走向有关。在象山港内潮流基本上为往复流性质，潮流流向大体呈东北—西南走向，即涨潮向西南方向，落潮向东北方向。

（2）牛鼻水道和佛渡水道的潮流。牛鼻水道较佛渡水道先涨先落。涨潮初期，来自牛鼻水道的潮流分成两股，一股进入象山港的狭湾，另一股进入佛渡水道。待佛渡水道转为涨潮后，进入水道的潮流一并进入象山港狭湾内。落潮初期，狭湾的落潮流和佛渡水道的部分涨潮流均从牛鼻水道退出。佛渡水道转为落潮时，该水道成为狭湾内落潮流的出海通道。

（3）狭湾内的潮流。外海潮流进入湾口后，主流沿深槽向湾内推进，至西沪港处分出

58

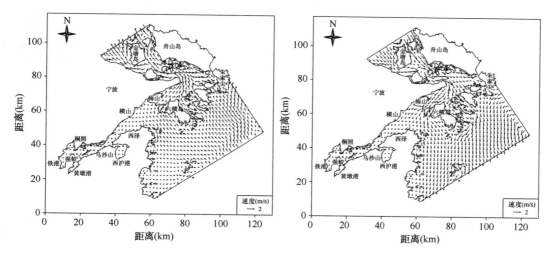

图 3.2-5   2009 年 7 月象山港小潮涨急、小潮落急垂线平均流矢（全域）

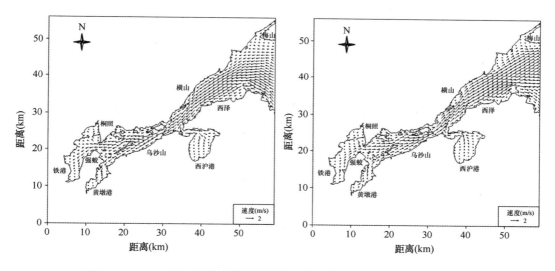

图 3.2-6   2009 年 6 月象山港大潮涨急、大潮落急垂线平均流矢（局域）

一支传入西沪港，主流仍沿深槽西进。在乌沙山附近，河段缩窄流速增大，涨潮的主流偏向乌沙山岸边。西进的涨潮流受白石山—清水门山—铜山一线岛屿阻挡分为南北两支，北支潮流朝西北方向推进，南支潮流向西推进，过岛屿后部分涨潮水体汇流。最后潮流一部分进入铁港，另一部分进入黄墩港。落潮时，铁港、黄墩港以及西沪港内的水体均汇入主槽，一并退出象山港湾口。

2）余流

正确地反映河口、海湾或近岸水域中污染物的输运规律及其浓度分布，取决于对区域流体动力学过程的正确认识，而在河口、海湾等浅海水域，最强烈、占主导地位的水体运动是伴随着天文潮的周期性潮流。当对流过空间任一选定点的流速资料进行低通滤

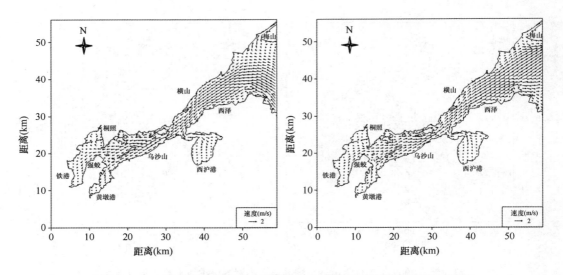

图 3.2-7　2009 年 7 月象山港小潮涨急、小潮落急垂线平均流矢（局域）

波，或简单地作一潮周期的时间平均，所得到的潮周期平均速度称为欧拉平均速度，或称之为欧拉余流。研究余流场能更好的估量区域物质的长期输运，并为水域间海水的交换提供有用的参考信息，因此有必要对象山港进行余流场分析。在象山港潮流场经验证后，进一步作欧拉余流场的计算。根据欧拉流场的概念，可获得空间固定点上的依次时间计算序列，对这一流速序列作潮周期平均后，就得到欧拉余流场。海域欧拉余流场见图 3.2-8。

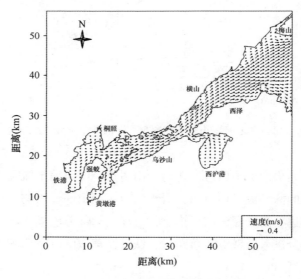

图 3.2-8　象山港欧拉余流场（局域）

由区域余流分布图 3.2-8 可知，象山港余流有如下特征：湾内最大余流速度为 40 cm/s 左右，出现在象山港牛鼻水道中。湾顶附近水域余流流速小于 10 cm/s，西泽水域余流流速为30 cm/s左右；无论大、中、小潮一般表层余流相对大些，随深度的增加余流减小。象山港狭湾内表层和底层方向不同，表层一般为东北向，指向湾外；底层余流呈现向湾内的趋势。

3.2.2 纳潮量的计算与分析

纳潮量是一个海湾可以接纳的潮水的体积，即一个潮周期（包括涨、落期）内流经湾口断面的潮流总量。对于海湾而言，纳潮量直接反应了海湾的自净能力，是湾内外水体以及物质交换的基础，对海湾内物质扩散输移过程起着决定性的作用，因而是海湾环境水力特性研究的关键性指标。

对于海湾纳潮量的计算方法大致分为3种：

（1）测地形数据和平均潮差进行计算（D. Luketina，1998；季小梅，2006）；

（2）根据湾口断面的流量，进而得到纳潮量（姬厚德，2006；熊学军，2007）；

（3）流数值模拟的结果，得到计算网格节点的潮差与其代表面积相乘，然后累加得到海域的纳潮量（叶海桃，2007；蒋增杰，2009）。

以上第1种和第3种方法的计算结果往往得到的平均条件下海湾的纳潮值，而第二种方法则是得到一个具体时间下的纳潮量值。对于海湾而言，潮汐潮流随时间而变，是一个连续的过程，因此不同潮周期下的纳潮量亦不相同。

取象山港东边界为计算断面，结合象山港水动力模型的计算结果采用上述第二种方法计算得到象山港的纳潮量变化情况。在任意一个潮周期从低潮时刻到高潮时刻累计进入到湾内的新增潮水量。则一个潮周期的纳潮量可表示为：

$$Q = \int_{T_{\text{low}}}^{T_{\text{high}}} \int_{A_1} U_1 D_1 dA_1 dt - \int_{T_{\text{low}}}^{T_{\text{high}}} \int_{A_2} U_2 D_2 dA_2 dt \qquad (3.2 - 20)$$

式中，T_{low}、T_{high}分别对应一个潮周期的低潮和高潮时刻；A_1、A_2分别为湾口断面面积及湾顶断面面积；U_1、U_2分别为垂直于湾口断面及湾顶断面的法向的垂向平均流速；$D_1 = H_1 + \eta_1$，$D_2 = H_2 + \eta_2$，其中H_1、η_1分别为湾口平均水深和瞬时水位，H_2、η_2分别为湾顶平均水深和瞬时水位。

在上述潮流模型计算的基础上，计算了象山港2009年6月23日至2009年7月1日纳潮量变化过程（见图3.2-9）。

计算表明，象山港纳潮量较大，经过一个全潮，象山港的纳潮量在$9.14 \times 10^8 \sim 20.1 \times 10^8 \text{ m}^3$之间，平均纳潮量约为$13.8 \times 10^8 \text{ m}^3$。

3.2.3 水体交换能力数值计算与分析

象山港地处浙江北部沿海，北面紧靠杭州湾，南邻三门湾，东侧为舟山群岛，是一个半封闭式的狭长型港湾（中国海湾志编纂委员会，1993）。象山港自然环境优良，港域内滩涂饵料丰富，气候条件适宜，是浙江省三大养殖基地之一。近年来，象山港区域的浅海和滩涂养殖发展迅速，但由于产业的结构和布局缺乏科学规划，再加上沿湾两岸工农业的

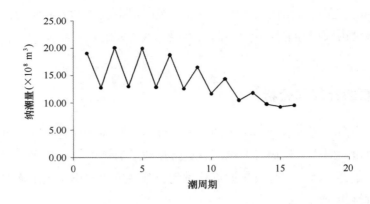

图 3.2-9　2009 年 6 月 23 日至 2009 年 7 月 1 日象山港纳潮量变化过程

发展，使得陆源污染物入海量剧增，从而导致港湾内海水受到严重污染（罗益华，2008）。由于象山港狭长的地形特点，进入港湾内的可溶性污染物难以扩散到外海而长期滞留于湾内，将使得湾内水质进一步恶化，进而导致生态环境的破坏。海湾水交换能力的强弱直接关系到海湾物理自净能力的大小和环境质量的优劣，因此研究象山港海水交换机制对保护海湾环境具有重要的指导意义。

目前，水交换研究中常用的数学模型有：箱式模型（Box Model）、拉格朗日质点跟踪模型（Lagrangian Particle Tracking Model）、对流-扩散模型（Adevection-Diffusion Model）和面向组分的年龄及驻留时间模型（CART：Constituent-oriented Age and Residence Time Theory）等。对于象山港的水体交换，国内有已不少学者曾用不同的方法做过研究，并给出了不同的研究结果。高抒和谢钦春（1991）根据狭长型海湾的特点，建立多箱物理模型研究了象山港的水交换机制。并指出象山港处于一个与湾外交换不畅的环境，湾顶水体的 80% 被湾外水替代所需要的时间长达近 1 年。陈伟和苏纪兰（1999）在 Kuo 和 Neilson 的分区段潮交换模式的基础上引进"内湾各相邻区段间水体混合交换同时发生"的假定，建立了狭窄海湾潮交换的分段模式，并应用于象山港海湾水交换的更新周期估算。研究指出，象山港水交换能力的纵向变化明显，湾口 80% 水体更新所需的时间约为 10 d，而湾顶则需 100 d 左右；在同一区段，随着水体更新度增长，完成水体交换所需潮周期数迅速增长。董礼先和苏纪兰（1999）以溶解态的保守物质作为湾内水的示踪剂建立了二维对流-扩散型的海水交换数值型，并使用参数化的方法将潮振荡和重力环流所产生的水平混合效应包纳在对流-扩散方程中，模拟了象山港的水交换。研究表明，象山港水交换状况与其控制机制的区域性变化很大，牛鼻水道至佛渡水道的潮通道，90% 水体交换的周期为 5 d 左右，而湾顶 90% 水体交换的周期约为 80 d。娄海峰、黄世昌等（2005）建立对流-扩散模型研究了象山港狭湾内外水体交换问题以及狭湾内大精娘礁两侧的水体交换情况，并与采用标识质点追踪法得出的水体交换率进行比较。指出象山港港顶水体交换缓慢，黄墩港和铁港以及白石山以西一带水体交换 50% 的时间约为 30 d，交换 90% 的时间为 80~90 d。

这些研究有助于了解象山港水体交换的基本规律，但由于研究方法的不同导致其结论差别较大。箱式模型的前提是假设湾外的水体一旦流入湾内即与整个海湾内海水充分混合，所以不能反映水交换能力的空间分布（2007）。又象山港水体受到潮汐、径流和地形的共同影响，湾内的流动具有很强的三维结构（2009），而二维对流扩散方程无法刻画出垂向上的差异。因此有必要对象山港的水交换情况进行更细致的研究。本次研究利用delft3D软件中的Flow模块，以溶解态的保守物质作示踪剂，在三维水动力模式的基础上，建立对流-扩散型的海湾水交换数值模型模拟象山港水交换过程，研究了湾内水体交换及其时空变换特征，为象山港的合理开发利用及可持续发展提供科学依据。

反映水体传输和交换的时间尺度指标有多种，且容易混淆。为了系统的研究象山港水交换情况，本文选择两种比较直观的时间尺度指标：一是Luff等（1995）提出的"半交换时间"（half-life time），即某一海域内保守物质浓度稀释为初始浓度值的一半时所需要的时间；二是Takeoka（1984）提出的"平均滞留时间"：

$$\tau_r = \int_0^\infty \frac{C(t)}{C(t_0)} \mathrm{d}t \qquad (3.2-21)$$

式中，$C(t)$ 和 $C(t_0)$ 分别表示 t 和 t_0 时刻保守物质的浓度。

本研究在此半交换时间和平均滞留时间概念的基础上，利用保守物质的输移扩散模型，计算象山港海域内每个格点保守物质的扩散输移以及稀释的快慢，从而研究象山港海域的水体交换能力。

3.2.3.1 数值模型的建立

1）模型对流扩散方程

在上述水动力模型的基础上建立区域保守物质浓度输运的水交换模型，其控制方程如下（Delft H.，2010）：

$$\frac{\partial (d+\zeta)C}{\partial t} + \frac{1}{\sqrt{G_{\xi\xi}G_{\eta\eta}}} \left\{ \frac{\partial \left[\sqrt{G_{\eta\eta}}(d+\zeta)uC\right]}{\partial \xi} + \frac{\partial \left[\sqrt{G_{\xi\xi}}(d+\zeta)vC\right]}{\partial \eta} \right\} + \frac{\partial \omega C}{\partial \sigma}$$

$$= \frac{d+\zeta}{\sqrt{G_{\xi\xi}G_{\eta\eta}}} \left\{ \frac{\partial}{\partial \xi}\left[\frac{D_H}{\sigma_{c0}}\frac{\sqrt{G_{\eta\eta}}}{\sqrt{G_{\xi\xi}}}\frac{\partial C}{\partial \xi}\right] + \frac{\partial}{\partial \eta}\left[\frac{D_H}{\sigma_{c0}}\frac{\sqrt{G_{\xi\xi}}}{\sqrt{G_{\eta\eta}}}\frac{\partial C}{\partial \eta}\right] \right\} + \frac{1}{d+\zeta}\frac{\partial}{\partial \sigma}\left(D_V\frac{\partial C}{\partial \sigma}\right)$$

$$(3.2-22)$$

式中，C 为保守物质浓度，mg/L；V_v 为竖向涡动系数，$\mathrm{m^2/s}$；D_H，D_V 分别表示水平和垂向扩散系数，$\mathrm{m^2/s}$。

2）定解条件

① 边界条件

闭边界条件：闭边界是流量为零的边界，且输移为零：$\frac{\partial C}{\partial n}=0$

开边界条件：$C(x_0, y_0, t)=0$ 流入

$$C(x_0,\ y_0,\ t)=计算值 \qquad 流出$$

水流条件自动从水流模型中得到。

② 初始条件

根据纳潮量计算时对象山港范围划定的分析，在研究象山港水体交换时，象山港的范围同样推进至附近水域。图 3.2-10 显示了模型的初始条件情况。以象山港东边界为界，湾内溶解态保守性物质初始浓度为 1 mg/L，湾外设为 0 mg/L，假设从开边界流入的保守物质浓度为 0 mg/L。

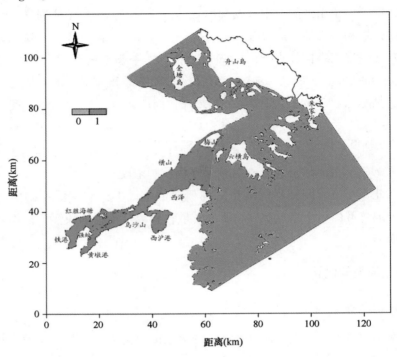

图 3.2-10　模型初始条件示意图

③ 其他条件

网格分布与水动力模型相同，时间步长为 60 s。

3.2.3.2　计算结果与分析

（1）保守物质分布

根据上述保守物质模型，采用计算时期大、中、小完整的连续潮汐过程作为计算潮型，计算得到了保守物质在计算水域中的扩散输移以及稀释过程。图 3.2-11 显示了式运行 5 d、10 d、30 d、60 d、80 d 和 90 d 的示踪剂垂向平均浓度分布情况情况。需要指出的是，每个格点上的保守物质的浓度值代表的不仅是其本身的浓度高低，同时也是此时当地水体的交换程度的重要指标。

由图 3.2-11 可见，5 d 后，湾内各区域的水交换程度差别较大。湾顶至湾口，保守物

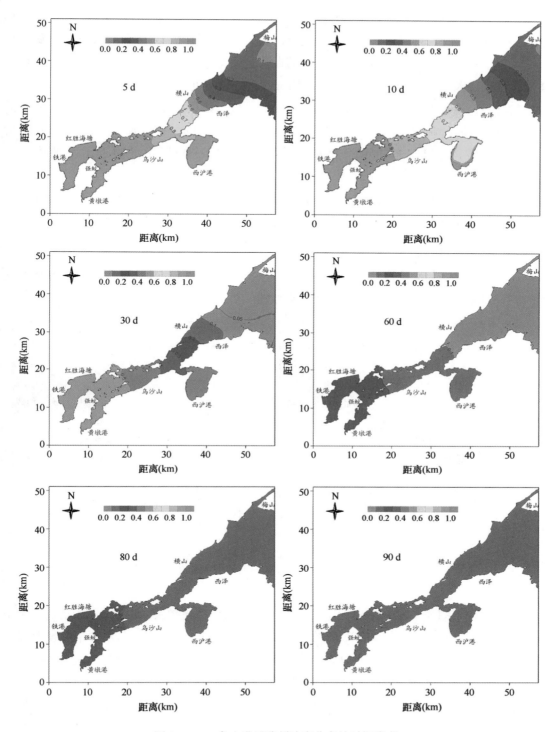

图 3.2-11　象山港示踪剂浓度分布的时间演变

质浓度大致沿岸线走向呈梯度降低，说明象山港区域水体越接近湾口交换程度越高。湾口处水体交换率超过80%，湾顶处水体交换率低于10%。

10 d 后，湾内各区域的水交换程度增大。湾口处示踪剂浓度分布情况跟 5 d 时分布相近，其原因主要是口门附近水体中示踪剂流出象山港东边界后又随着涨潮流流入，所以这部分水体中示踪剂浓度随时间的推移不停的振荡。但湾内浓度等值线向湾内推移，水域水体交换程度增大，水交换率明显较 5 d 时增加。白石山附近水域交换率约 10%。

30 d 后，湾口的浓度等值线继续向湾内推移，并且浓度梯度明显降低。从图上看，湾中水域浓度值下降明显，水体交换率都超过 40%。西泽—横山一线示踪剂浓度为 0.1 mg/L，西沪港口门东侧示踪剂浓度降为 0.3 mg/L，白石山岛附近示踪剂浓度为 0.5 mg/L，表明水交换率达到 50%。

60 d 后，湾内水体的交换率全体达到 75% 以上，80 d 后，湾内水体的交换率全体达到 85% 以上。经过 90 d 的水体交换，此时湾内水体的交换率全体达到 90% 以上。

2）水体交换时间

通过以上保守物质浓度计算的结果，进一步统计湾内水体交换率达到 50% 的水体半交换时间，以及水体平均滞留时间。计算结果如图 3.2-12 所示。

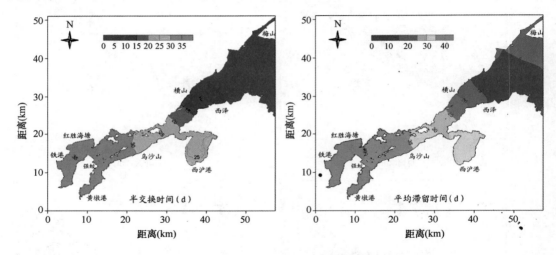

图 3.2-12　象山港水体半交换时间和平均滞留时间分布

水交换模拟结果显示，象山港水交换速度的区域性变化较大。图 3.2-12 给出了象山港内水体半交换时间和平均滞留时间的分布情况，由图 3.2-12 可知，水体半交换时间由象山港口门向湾顶逐渐增加，西沪港内水体半交换时间较西沪港口门附近水域长，平均滞留时间的空间分布态势和半交换时间基本相同。从图中可以看出，西泽附近断面以东的象山港水域，水交换速度快，其半交换时间约为 5 d，平均滞留时间为 10 d 左右。西沪港口门东侧断面水体半交换时间为 20 d，平均滞留时间为 25 d。由于西沪港内滩涂面积较广，水流速度缓慢，潮混合能力较口门外小得多，半交换时间和平均滞留时间明显比口门外长。乌沙山附近断面水体半交换时间为 30 d，平均滞留时间为 35 d。湾顶水交换速度缓慢，铁港和黄墩港内水体半交换时间在 35 d 左右，平均滞留时间约为 40 d。

3.3 小结

（1）潮汐

工程海区的潮汐属于不规则半日浅海潮，潮差较大，平均涨潮历时也大于落潮历时。历年监测结果比对表明：各年份中平均海平面、平均高潮以及平均潮差夏季均高于同年冬季，平均低潮夏季低于同年冬季；2005—2011 年，潮汐特征变化不大。

（2）潮流

夏季，测区的实测最大涨潮流速为 101 cm/s，其对应流向为 218°；最大落潮流速为 112 cm/s，其对应流向为 494；冬季，测区的实测最大涨潮流速为 94 cm/s，其对应流向为 224°；最大落潮流速为 110 cm/s，其对应流向为 555；涨潮流历时长于落潮流历时，但落潮流流速大于涨潮流流速；潮流性质应属于不规则半日浅海潮流，以往复流为主。历年监测结果比对表明：2005—2009 年，实测最大涨、落潮流流速和实测垂向平均最大流速变化不大；2011 年，实测最大涨、落潮流流速比 2005—2009 年都要大很大，这是由于测站位置变化引起的。

（3）余流

夏季，平均余流为 5.4 cm/s；冬季，平均余流为 7.6 cm/s；各测站余流有大潮较大，小潮较小的特性；夏季，各测站各层次余流的方向与涨潮流方向基本一致；冬季，余流的方向与落潮流方向基本一致；越靠近外海，余流越大。历年监测结果比对表明：2011 年余流与 2005—2009 年相比变化不大。

（4）波浪

港域中部与顶部水域一般天气下港域风平浪静，即使受到气旋影响，局地风浪波高小、周期短，不会构成破坏性威胁；口门段的南北两岸会受到季风的影响，北岸受偏南风影响时，最大波高（$H_{1/10}$）约 1.8 m，平均波周期 $T=4.8$ S；南岸受偏北风影响时，最大波高（$H_{1/10}$）约 1.7 m，平均波周期 $T=4.7$ S；外海浪对港内的影响很小，港内的波浪主要是由局地风产生。

（5）余流

湾内最大余流速度为 40 cm/s 左右，出现在象山港牛鼻水道中，湾顶附近水域余流流速小于 10 cm/s，西泽水域余流流速约为 30 cm/s 左右。无论大、中、小潮一般表层余流相对大些，随深度的增加余流减小。象山港狭湾内表层和底层方向不同，表层一般为东北向，指向湾外；底层余流呈现向湾内的趋势。

（6）纳潮量

象山港纳潮量较大，经过一个全潮，纳潮量在 $9.14 \times 10^8 \sim 20.1 \times 10^8$ m³ 之间，平均纳潮量约为 13.8×10^8 m³。

（7）水体交换能力

象山港水体半交换时间和平均滞留时间的分布在湾内各区域有所差别，从湾顶到湾口，水体交换能力大致沿岸线走向逐渐减弱。全湾的水体半交换时间最长不超过 35 d，平均滞留时间不超过 40 d。

参考文献

陈伟，苏纪兰 . 1999. 狭窄海湾潮交换的分段模式 Ⅰ . 模式的建立［J］. 海洋环境科学，18（2）：59-65.

陈伟，苏纪兰 . 1999. 狭窄海湾潮交换的分段模式 Ⅱ . 在象山港的应用［J］. 海洋环境科学，18（3）：7-10.

董礼先，苏纪兰 . 1999. 象山港水交换数值研究 Ⅰ . 对流扩散型的水交换模式［J］. 海洋与湖沼，30（4）：410-415.

董礼先，苏纪兰 . 1999. 象山港水交换数值研究 Ⅱ . 模型应用和水交换研究［J］. 海洋与湖沼，30（5）：465-469.

杜伊，周良明，郭佩芳，等 . 2007. 罗源湾水交换三维数值模拟［J］. 海洋湖沼通报，1：7-13.

高抒，谢钦春 . 1991. 狭长形海湾与外海水体交换的一个物理模型［J］. 海洋通报，10（3）：1-9.

姬厚德，等 . 2006. 筼筜湖纳潮量与海水交换时间的计算［J］. 厦门大学学报（自然科学版），（5）：660-663.

季小梅，张永战，朱大奎 . 2006. 乐清湾近期海岸演变研究［J］. 海洋通报，（1）：44-53.

蒋增杰，等 . 2009. 海南黎安港纳潮量及海水交换规律研究［J］. 海南大学学报（自然科学版），（3）：261-264.

娄海峰，黄世昌，谢亚力 . 2005. 象山港水体交换数值研究［J］. 浙江水利科技，4：8-12.

罗益华 . 2008. 象山港海域水质状况分析与污染防治对策［J］. 污染防治技术，21（3）：88-90.

熊学军，等 . 2007. 半封闭海湾纳潮量的一种直接观测方法［J］. 海洋技术，（4）：17-19.

叶海桃，王义刚，曹兵 . 2007. 三沙湾纳潮量及湾内外的水交换［J］. 河海大学学报（自然科学版），（1）：96-98.

中国海湾志编纂委员会 . 1993. 中国海湾志：第五分册［M］. 北京：海洋出版社，166.

朱军政 . 2009. 象山港三维潮流特性的数值模拟［J］. 水利发电学报，28（3）：145-151.

Delft Hydraulic. 2010. Delft3D-FLOW User Manua1. Delft：WL｜Delft Hydraulics［R］.

Delft Hydraulic. 2010. Delft3D-WAQ User Manua1. Delft：WL｜Delft Hydraulics［R］.

D. Luketina. 1998. Simple Tidal Prism Models Revisited［J］. Estuarine，Coastal and Shelf Science. 46（1）：77-84.

LUFF R，POHLMANN T. 1995. Calculation of water exchange times in the ICES-boxes with a Eulerian dispersion model using a half-life time approach［J］. Dtsch Hydrogr Z，47（4）：287-299.

TALEOKA H. 1984. Fundamental concepts of exchange and transport time scales in a coastal sea［J］. Continental Shelf Research，3：331-336.

第4章 海域环境状况

象山港为半封闭狭长型海湾，与外界水体交换时间较长，海域自净能力较弱，环境承载能力十分有限，受人为开发活动影响，湿地面积萎缩，港湾水体常年呈富营养化状态。

本章节通过分析 2011 年夏季（7 月）和冬季（12 月）两个航次的监测数据，评价象山港海域环境状况，并以 2001—2002 年象山港的大面监测数据（黄秀清等，2008）为基准，在收集多年监测数据的基础上，进行长时间变化趋势分析，以判定象山港环境污染物的分区分布状况、浓度波动和污染程度等问题，并为象山港综合评价的指标筛选和生态分区提供依据。

本章节还通过水质连续站监测数据分析，掌握夏、冬两季水质各项指标的周日变化趋势，为后续监测方案优化中典型监测时段、站位和指标要素的选取奠定基础。

4.1 调查内容

本专题调查范围为象山港海域及海岸带向陆 10 km 范围，跨越奉化、宁海、象山、鄞州、北仑 5 个县（市、区），其中海域面积 392 km²，滩涂面积 171 km²。

4.1.1 调查站位

在研究海域布设水质、沉积物大面站 31 个，水质连续站 1 个（表 4.1-1 和图 4.1-1）。

表 4.1-1 象山港生态环境调查站位

站位	纬度（N）	经度（E）
QS1	29°40′55.82″	121°50′39.52″
QS2	29°40′00.00″	121°51′20.00″
QS3	29°38′45.36″	121°52′05.33″
QS4	29°38′34.80″	121°48′32.40″
QS5	29°37′24.60″	121°46′34.20″
QS6	29°36′21.60″	121°47′06.00″
QS7	29°36′11.99″	121°46′18.00″

站位	纬度（N）	经度（E）
QS8	29°34′48.00″	121°45′18.00″
QS9	29°33′43.99″	121°43′07.46″
QS10	29°33′10.50″	121°43′41.64″
QS11	29°32′44.00″	121°44′14.00″
QS12	29°31′48.88″	121°47′53.49″
QS13	29°30′30.99″	121°47′53.00″
QS14	29°32′18.99″	121°40′57.00″
QS15	29°31′57.00″	121°41′08.00″
QS16	29°32′03.99″	121°38′12.00″
QS17	29°31′27.00″	121°38′45.00″
QS18	29°30′47.99″	121°39′17.00″
QS19	29°31′04.00″	121°35′42.00″
QS20	29°29′48.99″	121°36′22.00″
QS21	29°30′22.70″	121°33′44.50″
QS22	29°27′33.00″	121°32′04.00″
QS23	29°26′31.17″	121°31′42.39″
QS24	29°25′30.00″	121°31′22.00″
QS25	29°29′42.00″	121°31′47.00″
QS26	29°30′24.99″	121°31′09.00″
QS27	29°30′00.00″	121°30′56.99″
QS28	29°29′24.17″	121°30′41.98″
QS29	29°29′59.63″	121°29′50.05″
QS30	29°28′19.11″	121°28′17.53″
QS31	29°26′44.82″	121°27′43.73″

注：其中 QS7 为水质连续观测站，每 3 小时观测一次，连续 27 小时观测。

4.1.2　调查项目

海水水质：溶解氧、pH、盐度、悬浮物、亚硝酸盐-氮、硝酸盐-氮、氨-氮、活性磷酸盐、活性硅酸盐、化学需氧量、总有机碳、总氮、总磷、石油类、重金属（铜、铅、锌、铬、镉、汞、砷）和叶绿素 a。

沉积物：pH、Eh、有机碳、石油类、总汞、铜、铅、镉、锌、铬、砷、滴滴涕、多氯联苯、硫化物和粒度。

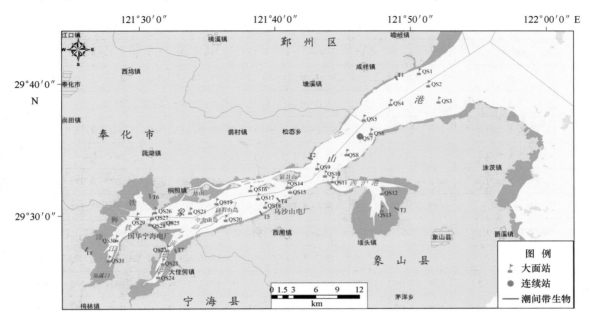

图 4.1-1　象山港调查站位图

4.1.3　调查时间和频率

2011 年夏季、冬季各进行 1 个航次。

4.2　水质状况

4.2.1　水质大面站调查结果与评价

2011 年夏季（7 月）和冬季（12 月）两个航次调查的水质环境要素为 pH 值、盐度 (S)、溶解氧（DO）、悬浮物（SS）、无机氮（DIN）、磷酸盐（PO₄）、硅酸盐（SiO₃）、化学需氧量（COD）、总有机碳（TOC）、总氮（TN）、总磷（TP）、石油类（Oil）、铜（Cu）、铅（Pb）、锌（Zn）、铬（Cr）、镉（Cd）、汞（Hg）和砷（As），具体调查结果如表 4.2-1 所示。

表 4.2-1　象山港海域冬季、夏季水质要素调查结果统计

项目	冬季				夏季			
	高平潮		低平潮		高平潮		低平潮	
	测值范围	平均值	测值范围	平均值	测值范围	平均值	测值范围	平均值
pH 值	7.95~8.10	8.05	7.94~8.10	8.03	7.91~8.10	8.01	7.93~8.10	8.00
盐度	23.88~26.84	25.29	23.53~26.21	24.97	23.10~28.53	26.25	22.71~27.50	25.74
水温	13.9~16.2	15.2	14.0~16.4	15.4	27.8~32.8	29.5	27.0~31.4	28.7
溶解氧（mg/L）	8.37~8.92	8.62	8.27~9.04	8.63	6.48~8.77	6.98	6.32~8.53	6.89
悬浮物（mg/L）	132.0~700.0	215.5	110.0~251.0	172.1	19.5~378.5	84.3	26.0~330.0	88.6
无机氮（mg/L）	0.788~1.242	0.964	0.842~1.129	0.943	0.468~0.949	0.689	0.623~0.959	0.747
总氮（mg/L）	0.874~1.874	1.234	0.904~1.759	1.207	0.871~1.972	1.165	0.763~2.341	1.131
磷酸盐（mg/L）	0.028 2~0.077 0	0.047 1	0.028 2~0.071 5	0.045 1	0.007 5~0.071 8	0.036 2	0.010 1~0.071 5	0.047 3
总磷（mg/L）	0.035 4~1.125 1	0.084 8	0.066 7~0.144 6	0.099 3	0.052 9~0.200 5	0.138 3	0.079 8~0.200 8	0.146 0
硅酸盐（mg/L）	0.961~2.080	1.377	1.082~1.668	1.368	1.119~2.110	1.446	1.021~1.708	1.415
化学需氧量（mg/L）	0.52~0.93	0.73	0.55~0.96	0.70	0.73~1.61	1.02	0.80~1.38	1.00
石油类（mg/L）	0.008~0.019	0.014	0.011~0.023	0.015	0.006~0.041	0.019	0.006~0.035	0.017
总有机碳（mg/L）	1.21~6.15	1.89	1.55~5.90	2.13	1.37~9.07	2.14	1.50~3.41	1.98
汞（μg/L）	0.008~0.040	0.017	0.009~0.027	0.018	0.008~0.030	0.017	0.009~0.032	0.019
砷（μg/L）	1.1~3.5	2.3	1.2~3.4	2.3	1.0~3.3	2.1	1.0~3.3	1.9
镉（μg/L）	0.04~0.17	0.09	0.04~0.18	0.10	0.06~0.20	0.12	0.08~0.20	0.12
铬（μg/L）	0.04~0.20	0.11	0.04~0.20	0.11	0.07~0.26	0.14	0.05~0.24	0.12
铜（μg/L）	2.0~4.6	2.8	1.9~3.5	2.6	2.2~4.7	3.2	1.9~5.0	3.2
铅（μg/L）	0.25~1.86	0.96	0.41~1.77	0.91	0.34~1.87	0.78	0.42~1.63	0.79
锌（μg/L）	17.7~28.9	23.9	18.1~29.1	23.7	19.20~27.40	23.97	19.0~27.8	23.0

象山港海域夏季和冬季的主要污染物为无机氮和磷酸盐，其中无机氮100%超出第四类海水水质标准，大部分站位的磷酸盐超出第二、第三类海水水质标准。此外，重金属中的铅和锌有部分站位超出第一类海水水质标准，但也均符合第二类海水水质标准（见表4.2-2）。

表 4.2-2　象山港海域冬季、夏季水质标准指数

项目	冬季				夏季			
	高平潮		低平潮		高平潮		低平潮	
	测值范围	平均值	测值范围	平均值	测值范围	平均值	测值范围	平均值
pH 值	0.14~0.71	0.05	0.14~0.57	0.04	0.12~0.69	0.12	0.13~0.63	0.11
溶解氧	0.14~0.43	0.25	0.15~0.43	0.27	0.06~0.83	0.29	0.02~0.76	0.27
无机氮	1.58~6.21	3.08	1.68~5.65	3.02	1.05~4.75	2.33	0.94~4.80	2.27
磷酸盐	0.63~5.13	1.80	0.63~4.77	1.78	0.17~4.77	1.40	0.22~4.79	1.81
化学需氧量	0.11~0.48	0.23	0.10~0.47	0.23	0.15~0.69	0.32	0.16~0.81	0.33
油类	0.01~0.82	0.21	0.01~0.70	0.19	0.02~0.38	0.16	0.02~0.46	0.17
汞	0.02~0.64	0.15	0.02~0.17	0.06	0.02~0.80	0.14	0.02~0.50	0.14
砷	0.02~0.17	0.06	0.02~0.17	0.06	0.02~0.18	0.07	0.02~0.17	0.07
镉	0.01~0.18	0.04	0.01~0.20	0.04	0.01~0.17	0.03	0.01~0.18	0.03
铬	0.0001~0.0048	0.0013	0.0001~0.0052	0.0011	0.0001~0.0040	0.0010	0.0001~0.0040	0.0010
铜	0.04~1.00	0.26	0.04~0.94	0.28	0.04~0.82	0.22	0.04~0.92	0.24
铅	0.01~1.66	0.27	0.01~1.87	0.24	0.01~1.79	0.31	0.01~1.86	0.31
锌	0.04~1.39	0.48	0.04~1.36	0.48	0.04~1.45	0.49	0.04~1.49	0.49

注：表中标准指数范围和平均值均为按一类到四类水质标准评价后的统计结果。

4.2.2　主要水质要素平面分布特征

4.2.2.1　营养盐

1）无机氮

冬季 3 个内港铁港、黄墩港和西沪港以及港中部缸爿山附近海域浓度较高，低值区出现于港中部的乌沙山电厂附近海域。夏季港底部和港中部浓度略高于港口部，高值区出现于港底黄墩港附近海域（见图 4.2-1）。

2）总氮

冬季呈现由港底至港口逐渐减少的趋势，高值区出现于港底。夏季高平潮港底部较大，港中部和港口部相对较小，低平潮时港底部和港中部浓度较大，港口部相对较小（见图 4.2-2）。

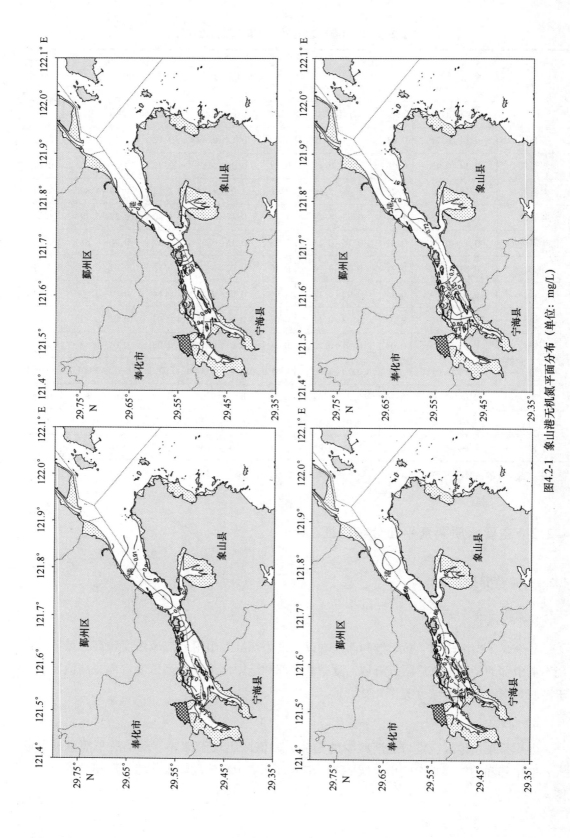

图4.2-1 象山港无机氮平面分布（单位：mg/L）

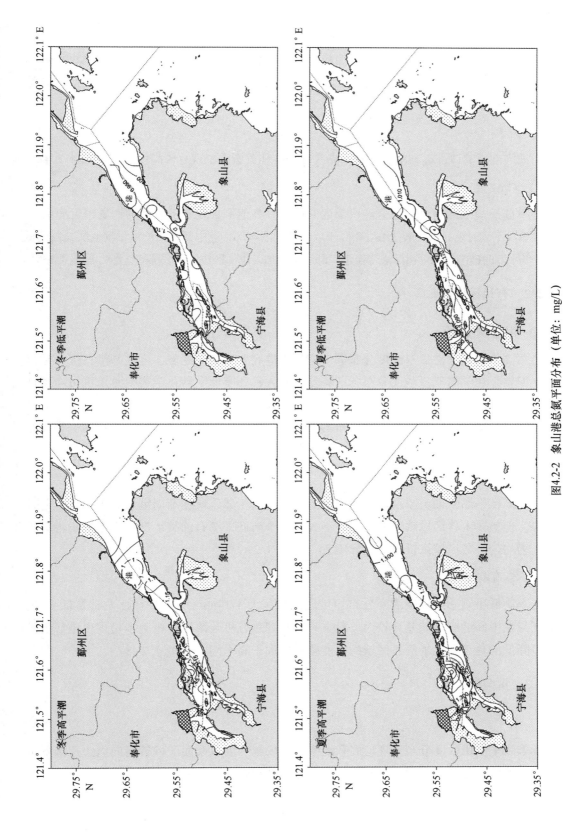

图4.2-2 象山港总氮平面分布（单位：mg/L）

75

3）磷酸盐

冬季由港底部至港口部逐渐减少的趋势，其中港底部铁港和港中部缸爿山附近海域出现磷酸盐高值区。夏季高平潮由港底至港口逐渐减少的趋势，高值区出现于港底部的铁港和黄墩港；低平潮时自港底至港口逐渐减少，高值区出现于港底部（见图4.2-3）。

4）总磷

由港底部至港口部逐渐减少，其中港底部铁港和黄墩港出现总磷高值区（见图4.2-4）。

5）硅酸盐

冬季硅酸盐浓度由港底部至港口部逐渐减少，高值区出现于港底部的铁港附近海域。

夏季高平潮时港底部硅酸盐浓度略高于港中部和港口部，港中部的西沪港呈现硅酸盐浓度低值区；低平潮时硅酸盐浓度由港底部至港口部逐渐增加，高值区位于港底部的铁港（见图4.2-5）。

4.2.2.2 有机污染物

1）化学需氧量

冬季高平潮化学需氧量浓度分布港中略高于港底和港口的趋势，港底与港口区域浓度相当，但整个化学需氧量浓度分布各区域差异不大；冬季低平潮化学需氧量浓度分布各区域差异不大，在港口区西侧浓度略低于整个区域。

夏季高低平潮化学需氧量浓度分布均呈现由港底逐渐向港口降低的趋势，但高平潮是降低幅度较大，而低平潮时降低幅度较小（见图4.2-6）。

2）石油类

冬季高低平潮石油类浓度分布均呈现港底和港中相邻区域逐渐向港底和港口区域降低的趋势，但整体上各区域浓度分布差异不大。夏季高低平潮石油类浓度在整个象山港海域分布较为均匀，各区域浓度分布差异不大（见图4.2-7）。

3）总有机碳

冬季高低平潮总有机碳浓度分布均呈现港口区大于其他区域的特征，尤其是低平潮，港口区与港中和港底区域差异较大。夏季高低平潮总有机碳浓度分布基本呈现由港底逐渐向港口降低的趋势，低平潮各区域的浓度差异要大于高平潮（见图4.2-8）。

4.2.2.3 重金属

1）铅

冬季高平潮铅浓度分布呈现港底和港中相邻区域、港口西面区域较高向周边逐渐降低的趋势，整体上各区域浓度分布差异不大。低平潮铅浓度分布呈现由港底逐渐向东升高的趋势，在港中和港口相邻区域及西沪港区域达到最大，向东又逐渐降低的趋势，各区域浓度分布差异相对高平潮时较大。

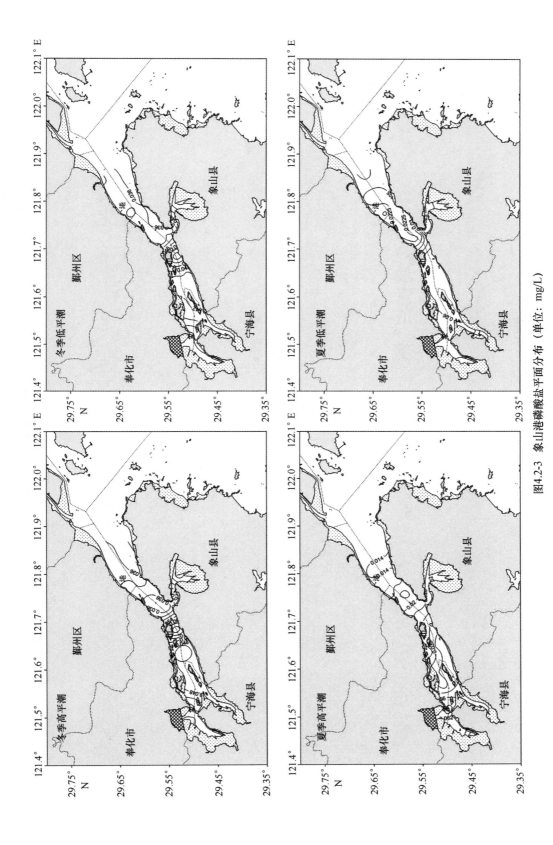

图4.2-3 象山港磷酸盐平面分布（单位：mg/L）

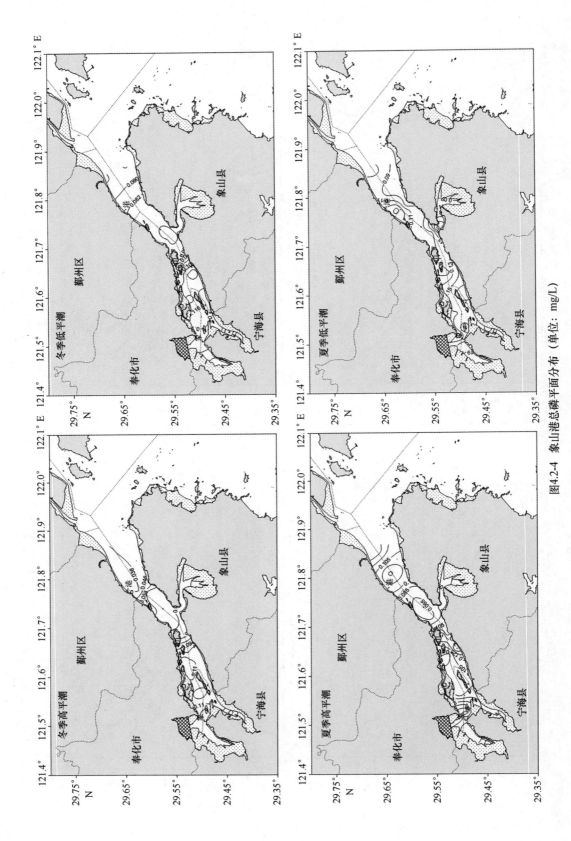

图4.2-4 象山港总磷平面分布（单位：mg/L）

78

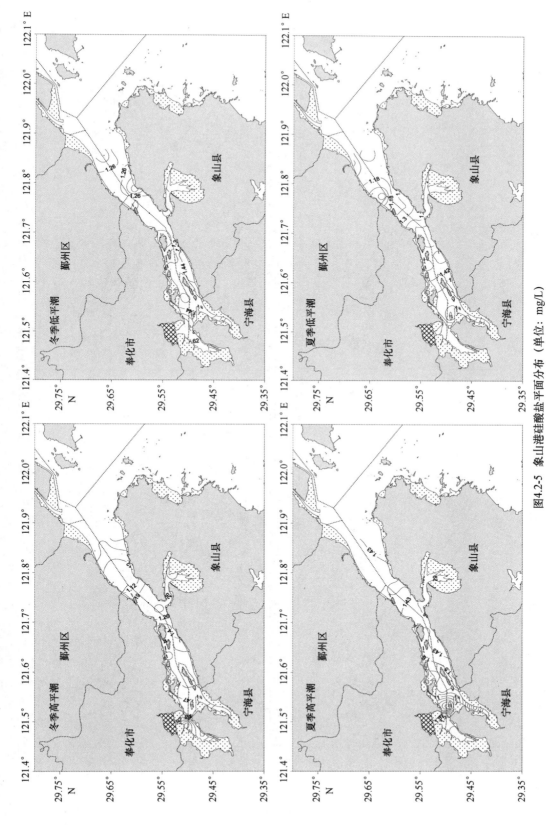

图4.2-5 象山港硅酸盐盐平面分布（单位：mg/L）

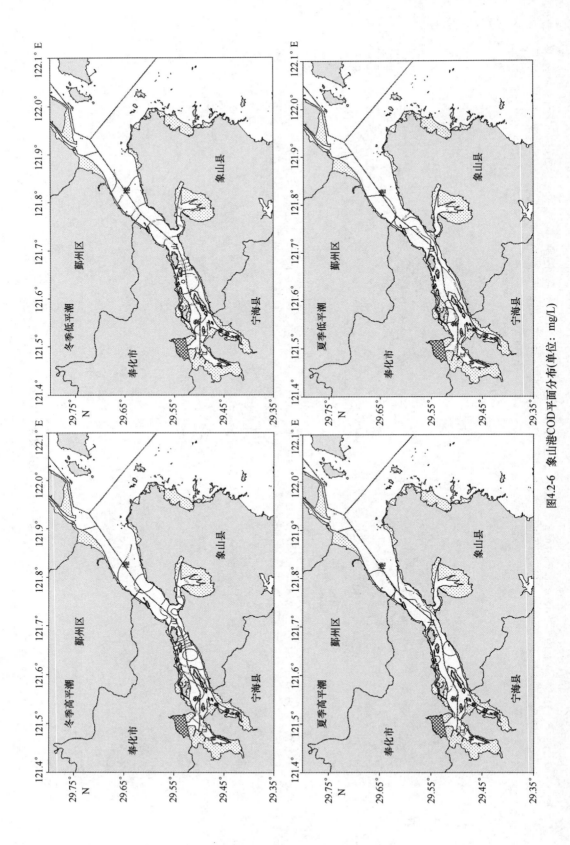

图4.2-6 象山港COD平面分布(单位：mg/L)

80

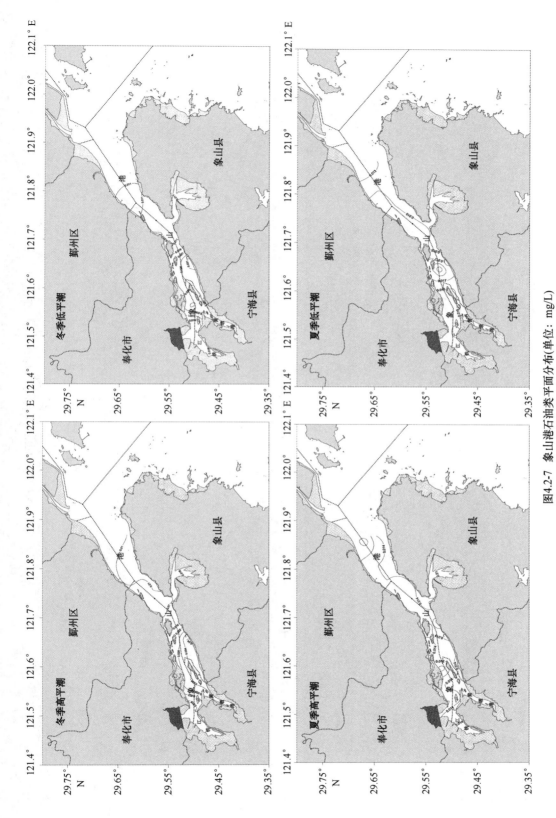

图4.2-7 象山港石油类平面分布(单位：mg/L)

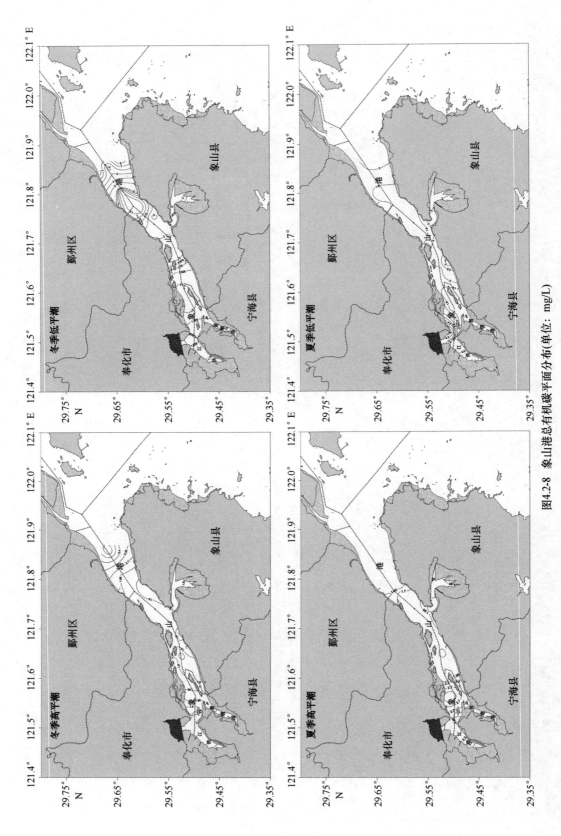

图4.2-8 象山港总有机碳平面分布(单位：mg/L)

82

夏季高平潮铅浓度分布呈现港底较高，其他区域较低的趋势，且港中和港口区域浓度分布差异不大；低平潮铅浓度分布呈现港中区域和港口西面区域较低，向周边逐渐升高的趋势（见图 4.2-9）。

2）锌

冬季、夏季、高低平潮锌浓度分布象山港各区域均差异不大，浓度分布较为均匀（见图 4.2-10）。

3）其他

象山港汞、砷、镉、铬、铜浓度较低，各区域均差异不大。

4.2.3 水质变化趋势

4.2.3.1 水质要素年变化

根据象山港 1998—2010 年夏季历史监测数据的统计，结合 2011 年度象山港海域水环境调查结果，水质要素年变化见表 4.2-3。

表 4.2-3 象山港海域水质环境要素年变化统计（1998—2011 年）

年份	pH	DO （mg/L）	COD （mg/L）	DIN （mg/L）	DIP （mg/L）	石油 （μg/L）	Hg （μg/L）	Cu （μg/L）	Pb （μg/L）	Cd （μg/L）	As （μg/L）
1998	/	7.31	0.65	0.731	0.053 5	24.9	/	/	/	0.048	/
1999	7.89	5.85	0.49	0.66	0.039 9	21.3	/	1.34	/	0.075	/
2000	8	6.83	0.66	0.65	0.0397	82.9	/	/	/	0.114	/
2001	7.96	6.22	0.49	0.69	0.044 6	48.7	/	5.05	/	0.089	/
2002	8.08	6.13	0.52	0.514	0.035 9	32.6	0.02	1.94	2.21	0.104	1.63
2003	8.03	5.91	0.73	0.523	0.038 8	12.6	0.015	2.53	1.81	0.098	1.19
2004	7.88	5.95	0.37	0.882	0.055 5	20	/	/	2.56	/	/
2005	8	6.4	1.08	0.65	0.028 8	31	/	/	/	/	/
2006	8.21	6.25	1.44	0.815	0.020 4	37.9	/	3.65	1.93	/	/
2007	8.05	7.02	0.58	0.759	0.022 9	42	0.015	/	0.63	0.158	1.3
2008	7.94	6.43	0.76	0.529	0.035	22	0.013	2.49	0.73	0.067	1.32
2009	7.88	5.86	0.84	0.595	0.048 2	33.8	0.013	4.41	0.93	0.174	1.32
2010	8.06	6.95	1.3	0.907	0.073 5	32.6	0.015	5.55	1.42	0.189	1.62
2011	8.08	6.42	1.01	0.733	0.033 1	18.5	0.018	3.2	0.79	0.12	2.00
最小值	7.88	5.85	0.37	0.514	0.020 4	12.6	0.013	1.34	0.63	0.048	1.19
最大值	8.21	7.02	1.44	0.907	0.073 5	82.9	0.077	5.55	3.63	0.189	14.81

注：1998—2001 年数据来源于《宁波市象山港海洋环境容量及总量控制研究报告》，2002—2010 年数据源于每年 8 月份海洋环境趋势性调查。

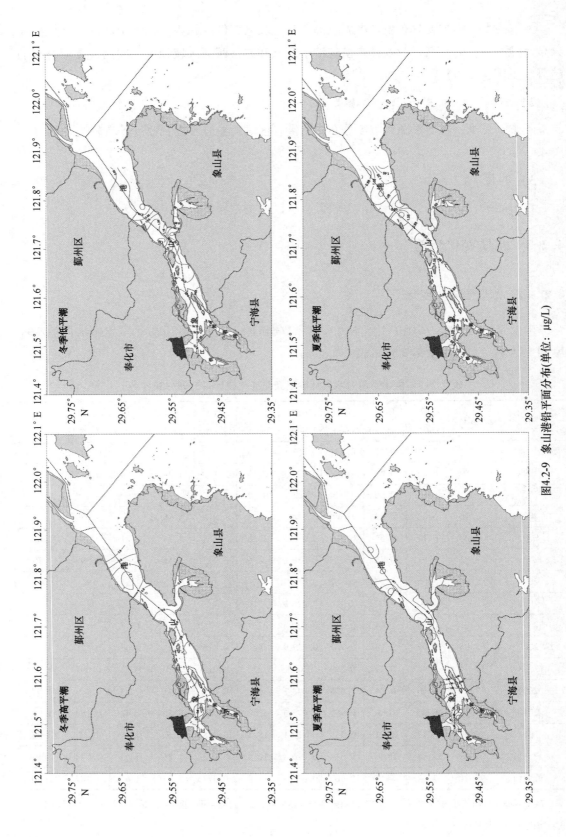

图4.2-9 象山港铅平面分布(单位：μg/L)

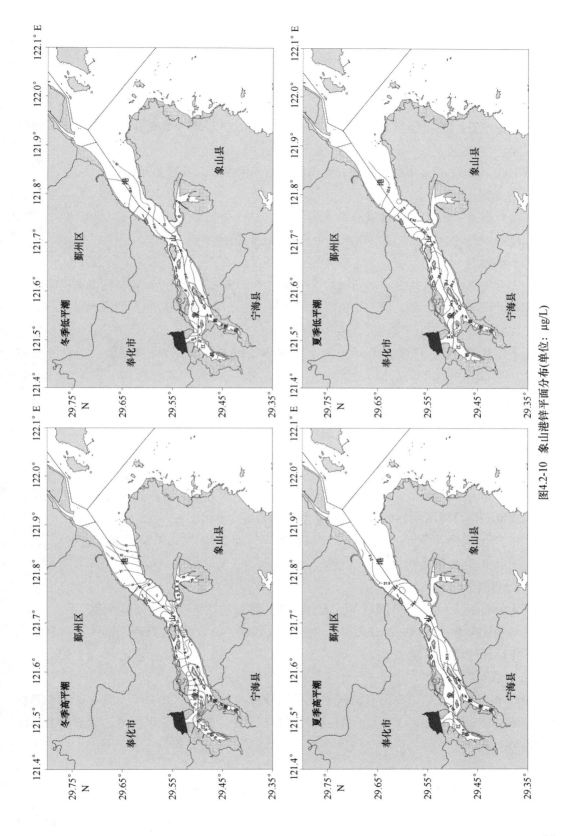

图4.2-10　象山港锌平面分布(单位：μg/L)

85

4.2.3.2 水质要素时空变化趋势分析

1）营养盐

（1）无机氮

平面分布上，2001年与2011年总体分布趋势一致，表现为港底部和港中部浓度略高于港口部。

从2001—2011年多年变化来看，无机氮年际变化较大，呈现上下波动趋势。

（2）总氮

平面分布上，2001年，总氮分布差异不大，总体上港底部略高于港口部。2011年，冬季和夏季皆呈现由港底至港口逐渐减少的趋势，高值区出现于港底。

（3）磷酸盐

平面分布上，2001年，丰水期和枯水期象山港海域磷酸盐的分布皆呈现港底部略高于港中部和港口部。2011年，磷酸盐仍由港底至港口逐渐减少的趋势，高值区出现于港底部的铁港和黄墩港。

从多年变化来看，磷酸盐由1999年至2006年之间总体呈波动下降趋势，2007年后迅速上升，至2010年达到最高值。

（4）总磷

平面分布上，2001年和2011年，总磷皆呈现由港底部至港口部逐渐减少的趋势。

2）有机污染物

（1）化学需氧量

平面分布上，2011年，夏季和冬季化学需氧量总体上各区域差异不大；2011年呈现由港底逐渐向港口降低的趋势，尤其是夏季更为明显。

多年变化来看，1998—2005年浓度较为稳定，而2006—2011年浓度波动相对较大，2006—2011年呈上升趋势。

（2）石油类

平面分布上，2001年和2011年，总体上象山港石油类浓度平面分布皆差异不大。

多年变化来看，1998—2011年除个别年份（2000年）含量较高外，整体上含量较为稳定，年际间波动相对较小

（3）总有机碳

2011年，总体上象山港总有机碳浓度平面分布差异不大；2011年，冬季高低平潮总有机碳浓度分布均呈现港口区大于其他区域的特征，夏季则基本呈现由港底逐渐向港口降低的趋势。

4.2.4 水质连续测站调查结果

为了解象山港水质要素的周日变化情况，并了解水质典型季节、时段的变化特征，为

后期监测站位优化及指标筛选提供依据，本次调查设置了1个连续站，每3个小时采样1次，共采9次。

1）pH

冬季表层变化范围为8.00~8.03，底层变化范围为7.99~8.04，底层变化幅度大于表层。夏季表层变化范围为7.98~7.99，底层变化范围为7.97~7.99，底层变化幅度亦大于表层。总体而言，周日变化幅度不大（图4.2-11和图4.2-12）。

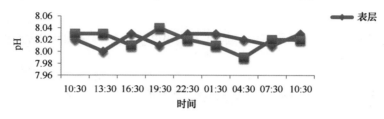

图4.2-11　象山港冬季pH周日变化

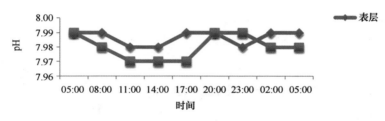

图4.2-12　象山港夏季pH周日变化

2）盐度

冬季表层变化范围为23.68~24.22，底层变化范围为23.48~24.51。夏季表层变化范围为26.33~27.49，底层变化范围为26.45~27.61。总体而言，表层、底层盐度变化趋势较为一致（图4.2-13和图4.2-14）。

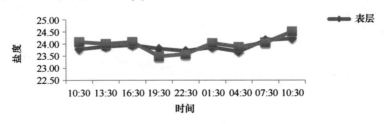

图4.2-13　象山港冬季盐度周日变化

3）溶解氧（DO）

冬季表层变化范围为8.71~9.39 mg/L，底层变化范围为8.46~9.26 mg/L。夏季表层变化范围为6.34~7.20 mg/L，底层变化范围为6.35~7.24 mg/L。总体而言，表层、底层

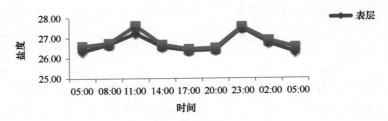

图 4.2-14　象山港夏季盐度周日变化

溶解氧变化趋势较为一致。夏季溶解氧周日变化幅度大于冬季（图 4.2-15 和图 4.2-16）。

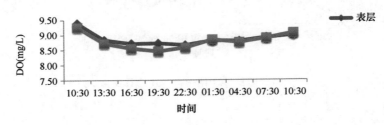

图 4.2-15　象山港冬季溶解氧周日变化

图 4.2-16　象山港夏季溶解氧周日变化

4）悬浮物（SS）

冬季表层浓度变化范围为 137.0～198.0 mg/L，底层变化范围为 172.0～254.0 mg/L。夏季表层变化范围为 19.5～60.0 mg/L，底层变化范围为 43.5～126.5 mg/L。夏季底层悬浮物周日变化幅度较大（图 4.2-17 和图 4.2-18）。

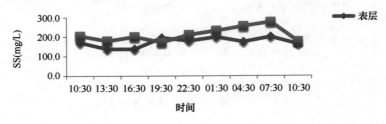

图 4.2-17　象山港冬季悬浮物周日变化

5）无机氮（DIN）

冬季表层变化范围为 0.711～0.864 mg/L，底层变化范围为 0.717～0.923 mg/L。夏季

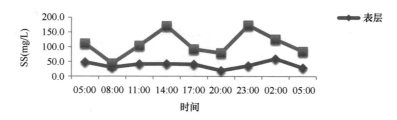

图 4.2-18　象山港夏季悬浮物周日变化

表层变化范围为 0.668~0.772 mg/L，底层变化范围为 0.652~0.824 mg/L。冬季无机氮浓度波动较大，夏季变化相对较小（图 4.2-19 和图 4.2-20）。

图 4.2-19　象山港冬季无机氮周日变化

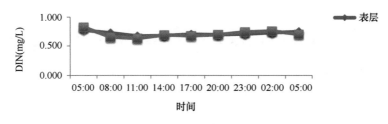

图 4.2-20　象山港夏季无机氮周日变化

6）总氮（TN）

冬季表层总氮变化范围为 0.826~0.941 mg/L，底层变化范围为 0.764~1.157 mg/L。夏季表层总氮变化范围为 0.863~1.572 mg/L，底层变化范围为 0.871~1.697 mg/L。冬季总氮浓度较夏季周日变化相对较小（图 4.2-21 和图 4.2-22）。

7）磷酸盐（PO_4）

冬季表层磷酸盐变化范围为 0.039 0~0.048 6 mg/L，底层变化范围为 0.037 2~0.049 5 mg/L。夏季表层磷酸盐变化范围为 0.008 0~0.017 1 mg/L，底层变化范围为 0.008 6~0.016 2 mg/L。冬季磷酸盐浓度周日变化相对较小（图 4.2-23 和图 4.2-24）。

8）总磷（TP）

冬季表层总磷变化范围为 0.074 9~0.114 8 mg/L，底层变化范围为 0.080 5~

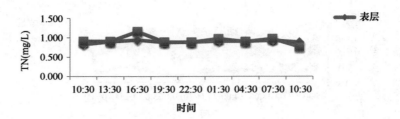

图 4.2-21　象山港冬季总氮周日变化

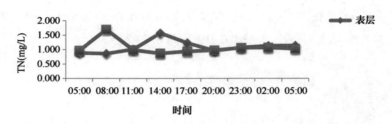

图 4.2-22　象山港夏季总氮周日变化

图 4.2-23　象山港冬季磷酸盐周日变化

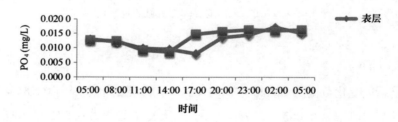

图 4.2-24　象山港夏季磷酸盐周日变化

0.104 2 mg/L。夏季表层总磷变化范围为 0.049 5 ~ 0.121 1 mg/L，底层变化范围为 0.050 9~0.197 8 mg/L。冬季总磷浓度周日变化相对较小（图 4.2-25 和图 4.2-26）。

9）硅酸盐（SiO_3）

冬季表层硅酸盐变化范围为 1.245 ~ 1.363 mg/L，底层变化范围为 1.245 ~ 1.349 mg/L。夏季表层硅酸盐变化范围为 1.361 ~ 1.476 mg/L，底层变化范围为 1.114 ~

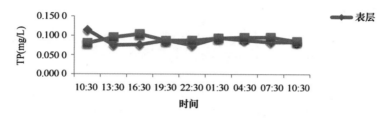

图 4.2-25　象山港冬季总磷周日变化

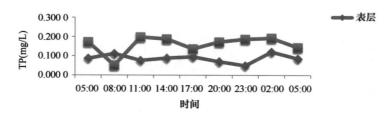

图 4.2-26　象山港夏季总磷周日变化

1.747 mg/L。总体而言，硅酸盐浓度呈波动变化趋势，尤其是冬季变化较大（图 4.2-27 和图 4.2-28）。

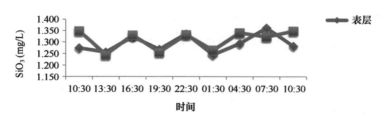

图 4.2-27　象山港冬季硅酸盐周日变化

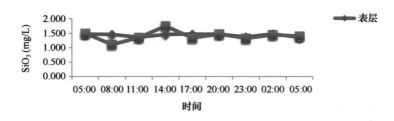

图 4.2-28　象山港夏季硅酸盐周日变化

10）化学需氧量（COD）

冬季表层化学需氧量变化范围为 0.65～0.86 mg/L，底层变化范围为 0.61～0.74 mg/L。夏季表层化学需氧量变化范围为 0.89～1.06 mg/L，底层变化范围为 0.92～1.02 mg/L。化学需氧量浓度冬季波动略大于夏季，但整体上化学需氧量周日变化不大

（图 4.2-29 和图 4.2-30）。

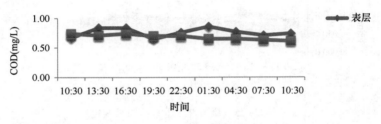

图 4.2-29　象山港冬季化学需氧量周日变化

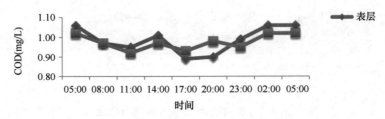

图 4.2-30　象山港夏季化学需氧量周日变化

11）石油类

冬季表层石油类变化范围为 0.008～0.014 mg/L。夏季表层石油类变化范围为 0.009～0.013 mg/L。冬季和夏季石油类浓度周日变化均不大（图 4.2-31 和图 4.2-32）。

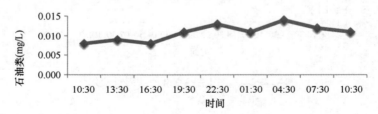

图 4.2-31　象山港冬季石油类周日变化

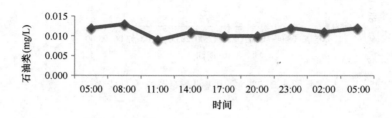

图 4.2-32　象山港夏季石油类周日变化

12）总有机碳（TOC）

冬季表层总有机碳变化范围为 1.47~2.32 mg/L，底层变化范围为 1.51~2.04 mg/L。夏季表层总有机碳变化范围为 1.15~1.57 mg/L，底层变化范围为 1.16~1.44 mg/L。总有机碳浓度冬季波动略大于夏季，夏季浓度周日波动较小（图 4.2-33 和图 4.2-34）。

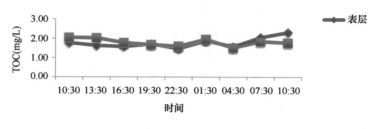

图 4.2-33　象山港冬季总有机碳周日变化

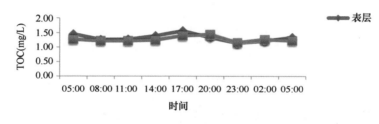

图 4.2-34　象山港夏季总有机碳周日变化

13）汞（Hg）

冬季表层汞变化范围为 0.013~0.025 μg/L，底层变化范围为 0.015~0.021 μg/L。夏季表层汞变化范围为 0.010~0.018 μg/L，底层变化范围为 0.008~0.020 μg/L。汞浓度冬季、夏季波动均较大，表底层波动基本保持一致（图 4.2-35 和图 4.2-36）。

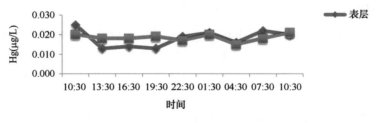

图 4.2-35　象山港冬季汞周日变化

14）砷（As）

冬季表层砷变化范围为 1.2~3.0 μg/L，底层变化范围为 1.8~2.9 μg/L。夏季表层砷变化范围为 1.1~2.5 μg/L，底层变化范围为 1.0~1.6 μg/L。砷浓度冬季波动较夏季大，表底层波动基本保持一致（图 4.2-37 和图 4.2-38）。

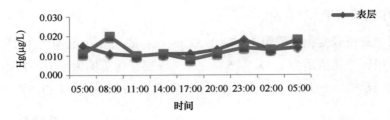

图 4.2-36　象山港夏季汞周日变化

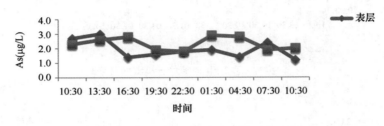

图 4.2-37　象山港冬季砷周日变化

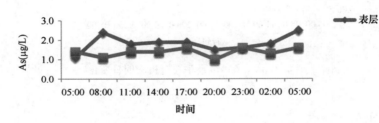

图 4.2-38　象山港夏季砷周日变化

15）镉（Cd）

冬季表层镉变化范围为 0.11~0.20 μg/L，底层变化范围为 0.10~0.14 μg/L。夏季表层镉变化范围为 0.08~0.10 μg/L，底层变化范围为 0.07~0.11 μg/L。镉浓度冬季、夏季周日波动不大（图 4.2-39 和图 4.2-40）。

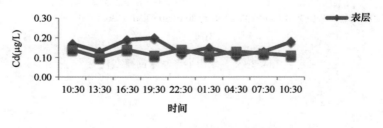

图 4.2-39　象山港冬季镉周日变化

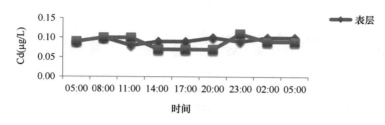

图 4.2-40　象山港夏季镉周日变化

16）铬（Cr）

冬季表层铬变化范围为 0.09~0.15 μg/L，底层变化范围为 0.08~0.15 μg/L。夏季表层铬变化范围为 0.05~0.15 μg/L，底层变化范围为 0.06~0.18 μg/L。铬浓度冬季、夏季周日波动均较大，且冬季表底层各时段波动保持一致，夏季则表层、底层波动规律较不一致（图 4.2-41 和图 4.2-42）。

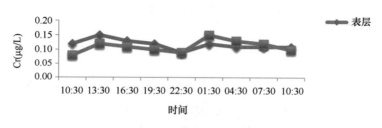

图 4.2-41　象山港冬季铬周日变化

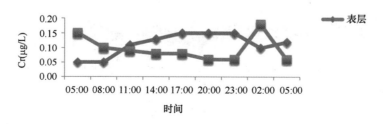

图 4.2-42　象山港夏季铬周日变化

17）铜（Cu）

冬季表层铜变化范围为 2.5~4.7 μg/L，底层变化范围为 2.5~4.0 μg/L。夏季表层铜变化范围为 2.1~4.4 μg/L，底层变化范围为 2.0~4.5 μg/L。铜浓度冬季、夏季周日波动均较大，且冬季表底层各时段波动保持一致，夏季则表层、底层波动规律较不一致（图 4.2-43 和图 4.2-44）。

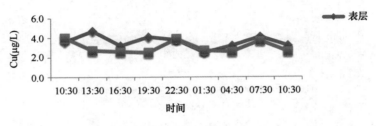

图 4.2-43　象山港冬季铜周日变化

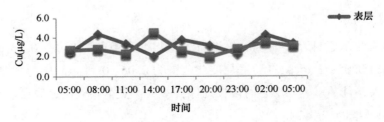

图 4.2-44　象山港夏季铜周日变化

18）铅（Pb）

冬季表层铅变化范围为 0.28~1.16 μg/L，底层变化范围为 0.46~1.74 μg/L。夏季表层铅变化范围为 0.51~1.47 μg/L，底层变化范围为 0.38~1.42 μg/L。铅浓度冬季、夏季周日波动均较大，且冬季、夏季表底层各时段波动基本保持一致（图 4.2-45 和图 4.2-46）。

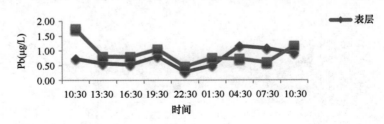

图 4.2-45　象山港冬季铅周日变化

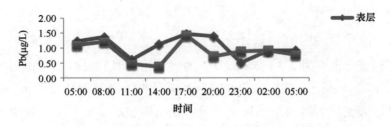

图 4.2-46　象山港夏季铅周日变化

19）锌（Zn）

冬季表层锌变化范围为 19.2~27.0 μg/L，底层变化范围为 20.6~28.2 μg/L。夏季表层锌变化范围为19.0~24.5 μg/L，底层变化范围为19.0~24.0 μg/L。锌浓度冬季、夏季周日波动均不大，冬季、夏季表层、底层各时段波动较不一致（图4.2-47和图4.2-48）。

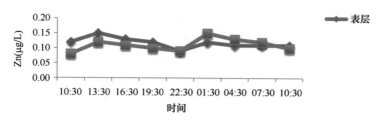

图4.2-47　象山港冬季锌周日变化

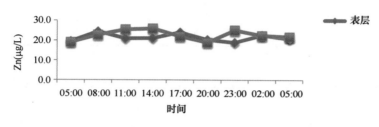

图4.2-48　象山港夏季锌周日变化

4.3　沉积物质量现状

4.3.1　沉积物要素浓度

沉积环境调查要素为 Eh、硫化物、总有机碳、石油类、滴滴涕（DDT）、多氯联苯（PCBs）、铜、铅、锌、铬、镉、汞和砷，调查结果统计如表4.3-1。

表4.3-1　沉积物质量调查结果统计

要素	夏季		冬季	
	范围	均值	范围	均值
Eh（mv）	-11~213	100	75~311	170
硫化物（×10⁻⁶）	0.5~233.9	29.4	3.7~208.0	37.3
总有机碳（×10⁻²）	0.29~0.70	0.51	0.28~0.74	0.54
石油类（×10⁻⁶）	27.8~430.8	101.9	25.0~380.0	69.1
DDT（×10⁻⁹）	1.613~6.435	4.080	0.071~1.249	0.247
PCB（×10⁻⁹）	0.997~7.294	3.557	0.436~2.550	1.019

要素	夏季		冬季	
	范围	均值	范围	均值
Cu（×10^{-6}）	19.9~53.0	38.1	14.7~45.5	30.0
Pb（×10^{-6}）	11.8~35.0	20.3	19.3~43.5	31.8
Zn（×10^{-6}）	81.2~130.2	109.4	64.1~114.7	90.7
Cd（×10^{-6}）	0.07~0.22	0.13	0.10~0.21	0.13
Cr（×10^{-6}）	25.8~69.0	52.4	32.4~55.0	43.4
Hg（×10^{-6}）	0.032~0.051	0.040	0.037~0.052	0.043
As（×10^{-6}）	3.39~5.44	4.62	3.59~5.71	4.70

夏季硫化物和铜的一类超标率分别为 3% 和 74%，均符合二类标准；其余评价因子均符合一类标准。

冬季铜 29% 超一类标准，均符合二类标准；其余评价因子均符合一类标准。

由评价结果可知，象山港海域夏季和冬季的主要污染物为重金属中的铜，且夏季的污染程度要大于冬季。沉积物质量标准指数结果统计见表 4.3-2。

表 4.3-2　象山港沉积物质量标准指数结果统计

要素	夏季		冬季	
	标准指数范围	均值	标准指数范围	均值
硫化物	0.001~1.188	0.085	0.006~0.693	0.087
总有机碳	0.07~0.35	0.19	0.07~0.37	0.19
石油类	0.02~0.86	0.13	0.02~0.96	0.09
DDT	0.02~0.32	0.11	0.01~0.06	0.01
PCB	0.002~0.365	0.07	0.001~0.128	0.019
Cu	0.10~1.51	0.57	0.07~1.30	0.44
Pb	0.05~0.58	0.20	0.08~0.73	0.30
Zn	0.14~0.87	0.42	0.11~0.76	0.34
Cd	0.01~0.44	0.14	0.02~0.42	0.14
Cr	0.10~0.86	0.41	0.12~0.69	0.33
Hg	0.03~0.26	0.11	0.04~0.26	0.12
As	0.04~0.27	0.12	0.04~0.29	0.12

4.3.2　典型沉积物要素平面分布

1）Eh

冬季港底、港中底部高，港口、港中中顶部低的特征；夏季整体呈港底、港中底部高，港口低的趋势（图4.3-1）。

2）硫化物

冬季也出现两个高值区，分别位于港区中底部和港口中部。符合一类沉积物质量标准。夏季在港底及港口底部出现两个高值区，分别位于国华电厂及西泽附近海域（图4.3-2）。

3）总有机碳

冬季和夏季整体含量分布差异不大，符合一类沉积物质量标准（图4.3-3）。

4）石油类

冬季呈现南部沿岸高、向北递低，港底高、向港口递减的现象。夏季在港底及港口底部出现两个高值区，分别位于国华电厂及西泽附近海域（图4.3-4）。

5）DDT

冬季在西沪港口门外及黄墩港出现两个小范围的高值区。夏季总体来看呈现港底大于港中、港口区的特征（图4.3-5）。

6）PCBs

冬季PCBs分布较为均一；夏季在平面分布上等值线密集，浓度梯度大，存在高值区、低值区交替出现的格局，且在国华电厂及悬山附近各有一个小范围的高值区，由近岸向海侧递减，梯度明显（图4.3-6）。

7）铅

冬季港底、港中、港口含量差异不太。夏季港底低于港中和港口区域，在铁江、中央山岛及西沪港港底附近出现低值区，而港区中部的西沪港口门有一高值区（图4.3-7）。

8）锌

冬季锌含量整体呈港底高，港口次之，港中低的特征。夏季含量分布差异不太（图4.3-8）。

9）粒度

象山港沉积物类型总体以粉砂质黏土和黏土质粉砂为主，局部区域零星分布砂和粉砂。从沉积物类型分布来看，港底、港中以及中部的西沪港主要类型为粉砂质黏土，而黏土质粉砂则主要分布在象山港港口区域，并与粉砂质黏土交替分布（图4.3-9）。

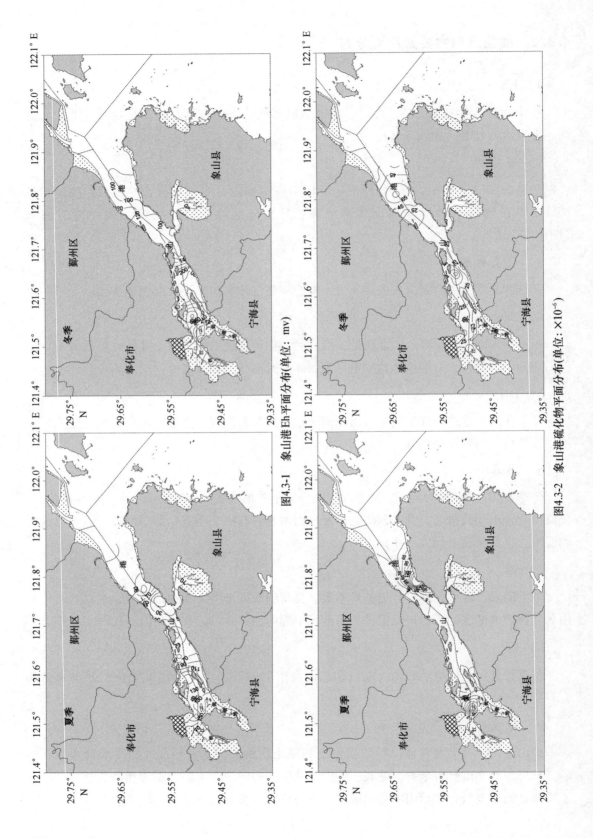

图4.3-1 象山港 Eh平面分布(单位：mv)

图4.3-2 象山港硫化物平面分布(单位：×10⁻⁶)

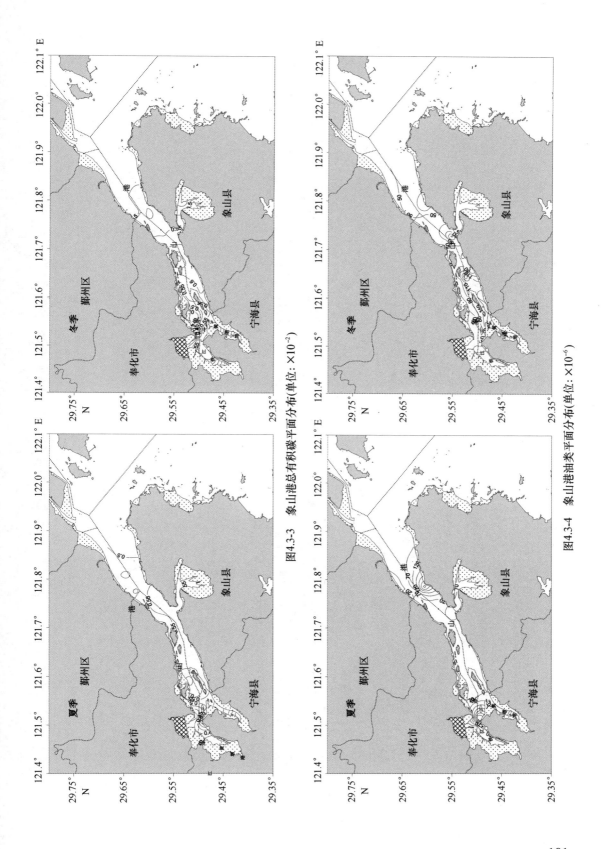

图4.3-3 象山港总有机碳平面分布(单位：×10^{-2})

图4.3-4 象山港油类平面分布(单位：×10^{-6})

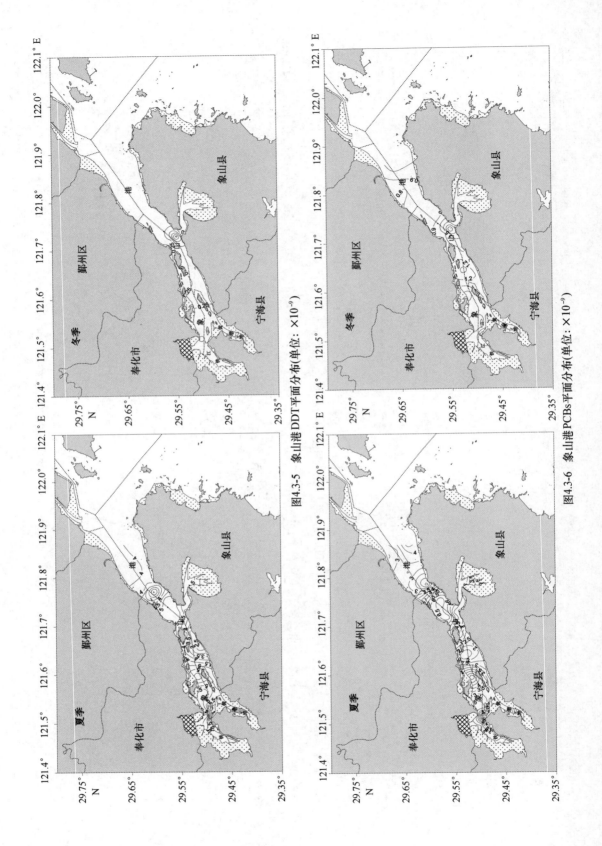

图4.3-5 象山港DDT平面分布（单位：×10⁻⁹）

图4.3-6 象山港PCBs平面分布（单位：×10⁻⁹）

102

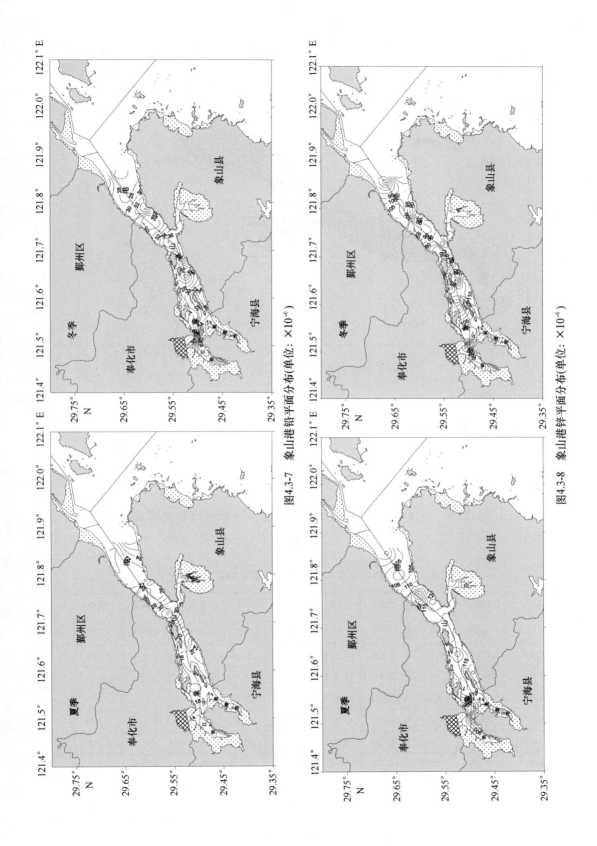

图4.3-7 象山港铅平面分布(单位: ×10⁻⁶)

图4.3-8 象山港锌平面分布(单位: ×10⁻⁶)

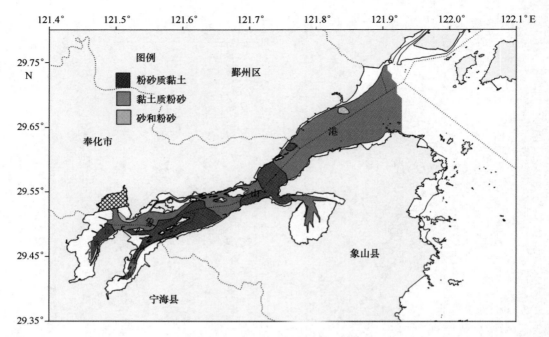

图 4.3-9　象山港海域底质类型分布

4.3.3　沉积物变化趋势

4.3.3.1　沉积物要素年变化

根据象山港 1998—2011 年监测数据的统计，象山港海域沉积物环境要素年际变化见表 4.3-3。

表 4.3-3　1998—2011 年象山港海域沉积物环境要素年际变化统计

年份	硫化物 （×10⁻⁶）	有机质 （%）	石油类 （×10⁻⁶）	总汞 （×10⁻⁶）	砷 （×10⁻⁶）	铅 （×10⁻⁶）	镉 （×10⁻⁶）	铜 （×10⁻⁶）	DDT （×10⁻⁹）	PCBs （×10⁻⁹）
1998	169.45	0.96	6.25	0.080	4.20	20.40	/	/	0.267	0.76
1999	34.40	/	5.47	0.034	6.01	24.47	/	/	/	/
2000	66.79	1.20	173.15	0.085	/	19.38	/	/	/	/
2001	27.55	0.58	34.93	/	3.40	42.23	/	/	0.450	0.42
2004	/	/	113.50	0.022	1.90	18.04	0.348	/	4.100	/
2005	2.83	0.53	68.43	0.025	2.51	47.24	0.166	47.68	0.525	/
2006	5.73	1.17	107.63	0.029	2.58	34.00	0.180	40.44	1.560	0.44
2007	20.80	0.47	17.93	0.029	2.56	25.31	0.135	27.57	0.330	2.30
2008	21.11	0.56	197.52	0.028	2.52	34.25	0.146	39.97	3.523	3.26

104

年份	硫化物 （×10⁻⁶）	有机质 （%）	石油类 （×10⁻⁶）	总汞 （×10⁻⁶）	砷 （×10⁻⁶）	铅 （×10⁻⁶）	镉 （×10⁻⁶）	铜 （×10⁻⁶）	DDT （×10⁻⁹）	PCBs （×10⁻⁹）
2009	5.63	0.37	47.80	0.029	2.73	31.76	0.121	27.74	2.140	3.49
2010	32.40	0.68	73.73	0.040	3.58	28.20	0.133	21.57	1.327	1.38
2011	33.35	0.53	85.50	0.042	4.70	26.05	0.130	34.05	2.164	2.29

注："/"表示当年未监测。

4.3.3.2 沉积物要素时空变化趋势分析

1）硫化物

平面分布上，2001年，象山港海域沉积物中硫化物浓度在港底部的铁港北部出现高值区，其余区域差别不大；2011年，沉积物中硫化物浓度也出现高值区，基本位于港区中底部和港口中部。

1998—2011年多年变化来看，硫化物含量总体呈下降趋势，但近年来相对稳定。

2）总有机碳

平面分布上，2001年，象山港海域沉积物中总有机碳总体差别不大，各别区域出现高值区；2011年，总有机碳分布差异不大，符合一类沉积物质量标准。

多年变化来看，象山港海域海洋沉积物中总有机碳含量波动中略呈下降趋势。

3）石油类

平面分布上，2001年，象山港海域沉积物中石油类平面分布比较简单，港口区和西沪港为低值区；2011年，沉积物中石油类呈现南部沿岸高、向北递低，港底高、向港口递减的现象。

多年变化来看，石油类含量年际变化幅度较大。

4）DDT

平面分布上，2001年和2011年，总的来看象山港海域沉积物中DDT皆呈现港底大于港中和港口区的特征。

多年变化来看，象山港海域沉积物中DDT含量年际变化幅度也较大。

5）PCBs

平面分布上，2001年和2011年，象山港海域沉积物中PCBs都存在高值区、低值区交替出现的格局。

多年变化来看，PCBs含量则有上升趋势。

4.4 生物质量监测

双壳类软体动物（尤其贻贝和牡蛎）对重金属有很强的积累能力，可作为海洋污染生物指示种，其体内重金属浓度与海域环境存在正相关性。牡蛎在海洋中的分布广泛，对重金属等污染积累能力强，可以作为海洋中重金属污染程度的指示生物。

本研究选用牡蛎进行挂养，对其进行定期连续监测，并对其周边海域水环境进行监测，可以了解象山港生物体质量的污染物含量的变化趋势，以及对环境富集能力的变化情况。在此基础上探讨建立生物监测的方法，包括如何科学合理的设定监测站位、优化生物监测的时间频率等。

4.4.1 监测结果

2011年6月从西沪港养殖区购买体积大小基本相同的贻贝和牡蛎，测得本底值，并分别挂养在象山港横码和里高泥两处，自2011年6月至2012年07月，对挂养的贻贝和牡蛎进行了连续5次生物质量监测。监测过程中贻贝全部死亡，故仅牡蛎取肉体进行监测。历次监测结果统计值如表4.4-1所示。

表4.4-1　象山港生物质量监测结果

时间	统计值	长×宽×高（cm）	重量（g）	总汞（mg/kg）	镉（mg/kg）	铅（mg/kg）	铜（mg/kg）	砷（mg/kg）	锌（mg/kg）	铬（mg/kg）
2011.06	最小值	3.2×2.3×1.2～3.5×2.3×1.8	5.72～5.75	0.008	0.843	—	95.09	0.7	182.7	0.59
	最大值			0.009	0.933	—	98.88	0.8	184.4	0.63
	平均值			0.009	0.888	—	96.99	0.7	183.6	0.61
2011.10	最小值	3.5×2.8×1.8～4.2×3.1×2.3	15.79～16.44	0.007	0.528	—	1.30	0.6	354.4	0.38
	最大值			0.008	0.552	—	1.50	0.7	365.4	0.40
	平均值			0.008	0.540	—	1.40	0.7	361.3	0.39
2011.12	最小值	4.3×3.1×1.8～4.4×2.6×2.0	14.85～19.27	0.008	0.734	0.06	93.60	0.6	255.8	0.28
	最大值			0.008	0.838	0.08	101.70	0.7	287.2	0.36
	平均值			0.008	0.786	0.07	97.65	0.7	271.5	0.32
2012.04	最小值	4.5×3.7×1.9～4.7×3.6×2.3	19.28～19.76	0.008	0.818	0.06	95.50	0.6	341.3	0.44
	最大值			0.009	1.108	0.07	100.90	0.7	363.3	0.48
	平均值			0.009	0.949	0.07	97.68	0.7	353.6	0.47

时间	统计值	长×宽×高（cm）	重量（g）	总汞（mg/kg）	镉（mg/kg）	铅（mg/kg）	铜（mg/kg）	砷（mg/kg）	锌（mg/kg）	铬（mg/kg）
2012.07	最小值	4.6×3.2×2.3~5.3×3.0×1.8	22.01~25.90	0.009	0.187	0.03	53.0	0.7	218.0	0.62
	最大值			0.009	0.220	0.06	65.0	0.7	211.1	0.63
	平均值			0.009	0.204	0.05	59.0	0.7	214.6	0.63
最小值		—	—	0.007	0.187	0.03	1.3	0.6	21.4	0.28
最大值		—	—	0.009	1.108	0.08	101.7	0.8	365.4	0.75

牡蛎是分布最广的种类，我国及很多国家沿海都有分布。为进一步了解象山港挂养牡蛎生物含量水平，收集了不同海域牡蛎生物体质量的重金属含量（表4.4-2），并进行比较。

表 4.4-2　不同海域牡蛎生物体质量的重金属含量比较　　　　　单位：mg/kg

海域	总汞	镉	铅	铜	砷	锌	铬
澳大利亚达尔文港	—	0.25~0.78	Nd~1.9	17.6~58.3	—	109.0~611.0	—
新西兰沿海	—	1.16	—	35.8	—	302	—
美国沿海	—	0.24~1.8	0.24~0.36	6~106	—	—	—
黄渤海沿岸	—	1.66	0.14	109.4	—	161	0.2
如东洋口港	0.026	1.31	0.94	96.25	0.94	76.99	ND
海门东灶	0.019	1.06	0.64	25.71	0.4	42.15	0.26
启东大洋港和东元	0.015~0.02	1.35~1.65	0.14~0.21	21.15~39.82	0.35~0.47	53.26~79.02	0.18~0.27
上海市崇明北八浃、长江口 N6 导堤、S5 导堤	0.023~0.038	0.05~2.58	1.23~1.72	2.82~114.54	0.76~2.27	20.87~121.79	0.24~0.25
舟山泗礁、嵊山	0.020~0.024	1.37~2.53	0.16~0.22	1~57.42	0.75~0.83	7.19~110.35	0.2~3.12
宁波墙头	0.022	2.28	2.55	79.26	0.52	86.94	2.99
台州健跳、浦坝、大陈岛	0.014~0.046	1.56~1.81	0.2~1.21	48.84~58.79	ND~3.04	79.73~98.3	0.24~0.26

海域	总汞	镉	铅	铜	砷	锌	铬
温州清江大桥、东港海区、炎亭、南麂岛	0.018~0.113	0.98~1.75	0.28~1.36	1.27~78.73	0.65~3.93	5.05~87.92	ND~2.73
湄洲湾	—	0.700	0.12	64.53	—	129.20	—
宁德漳湾、二都	0.018~0.026	0.86~1.13	0.17~0.18	38.73~51.63	0.44~1.24	76.1~80.63	ND~2.44
漳浦沙西镇、古雷港口	0.013~0.015	0.18~0.31	0.34~0.42	1.74~17.15	0.02	8.02~57.02	0.21~0.26
厦门西港		0.550~0.751	0.372~0.462	9.980~10.04		39.26~66.94	
广东沿岸	—	0.28	0.22	4.76	—		0.13
本次监测的值	0.007~0.009	0.187~1.108	0.03~0.08	1.3~101.7	0.6~0.8	21.4~365.4	0.28~0.75

1）总汞

象山港汞在 0.008~0.009 mg/kg 之间，基本低于我国沿海海域牡蛎中的总汞含量。

2）镉

象山港镉含量在 0.187~1.108 mg/kg 之间，与各沿海海域牡蛎中的镉含量相当。

3）铅

象山港铅含量在 0.03~0.08 mg/kg 之间，低于各沿海海域一些牡蛎中的铅含量。

4）铜

象山港铜含量在 1.3~101.7 mg/kg 之间，高于澳大利亚达尔文港、新西兰、厦门和广州沿海海域，基本与上海市、美国沿海海域铜的含量相当。

5）砷

象山港砷含量基本在 0.6~0.8 mg/kg 之间，低于上海、台州、温州和宁德沿海海域，高于漳浦海域，基本与江苏、宁波沿海海域砷的含量相当。

6）锌

象山港锌含量基本在 21.4~365.4 mg/kg 之间，锌含量变化幅度略大，但均值相对较高，基本在 200 mg/kg 以上；本次监测的锌含量略低于澳大利亚达尔文港，高于新西兰、美国沿海和中国其他的沿海海域。

7）铬

象山港铬含量基本在 0.28~0.75 mg/kg 之间，与其他沿海海域监测的牡蛎生物质量相比，本次监测的铬含量高于舟山、宁波、温州和宁德沿岸海域，低于国内其他海域。

汞、铅、砷和镉与国内外其他海域相比，含量略低或者基本相当；铜含量高于澳大利亚达尔文港、新西兰、厦门和广州沿海海域，基本与上海市、美国沿海含量相当；锌含量低于澳大利亚达尔文港，高于新西兰、美国沿海和中国其他的沿海海域；铬的含量高于舟山、宁波、温州和宁德沿岸海域，而低于国内其他海域。

4.4.2 重金属含量变化趋势

重金属总汞、镉、铅、铜、砷、锌和铬在牡蛎中的含量随着时间的不同而变化。锌、总汞含量随时间呈现高低变化，但总体呈现增高趋势；铬含量随时间先降低又增高，但最终与原始监测值相比变化不大；铅、铜、镉和砷含量随时间呈现高低变化趋势，但总体呈现下降趋势（图 4.4-1~图 4.4-4）。

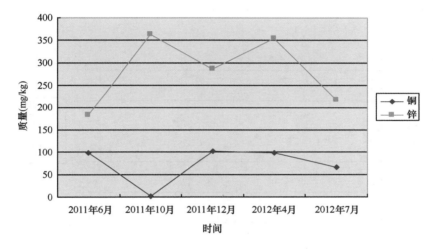

图 4.4-1 象山港横码生物质量铜和锌监测变化趋势

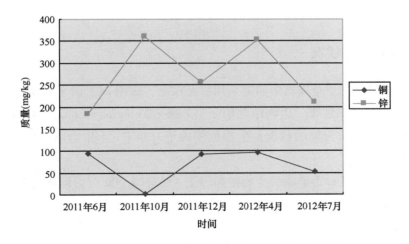

图 4.4-2 象山港里高泥生物质量铜和锌监测变化趋势

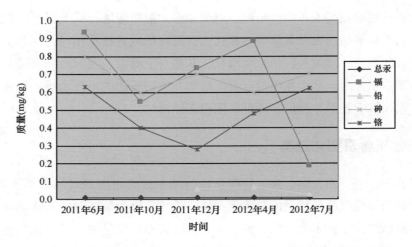

图 4.4-3　象山港横码生物质量总汞、镉、铅、砷和铬监测变化趋势

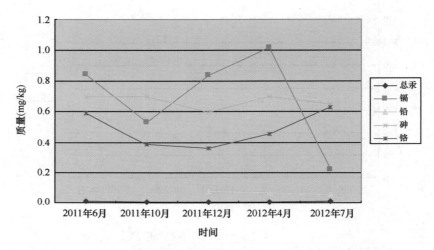

图 4.4-4　象山港里高泥生物质量总汞、镉、铅、砷和铬变化趋势

4.4.3　海水的富集状况

象山港海域牡蛎的重金属富集研究采用稳态模型，运用 BCF 因子来反应重金属在牡蛎挂养海域环境中的迁移规律。生物浓缩因子（Bioconcentration factors，BCF）表示的是生物从周围水体中富集重金属的状况。生物浓缩因子（BCF）= 生物体中重金属的浓度/海水中重金属溶解态浓度。

当水生生物体对某种污染物的生物浓缩因子 K 大于 1 000 时，即认为有潜在的严重累积问题。象山港牡蛎生物浓缩因子最高为铜达 35.31，其次是锌，为 14.09，其他 5 项均小于 10（表 4.4-3）。这说明象山港的生物体对重金属没有严重累积问题。本次监测没有发现严重的重金属累积现象。

110

横码牡蛎和里高泥牡蛎对重金属的生物浓缩因子大小排序依次为铜、锌、镉、铬、总汞、砷、铅（表4.4-3，图4.4-5～图4.4-8）。牡蛎对水体中铜和锌的富集能力最强。

表4.4-3　象山港挂养牡蛎的生物浓缩因子

监测时间（年.月）	站位	项目	总汞	镉	铅	铜	砷	锌	铬
2011.6	横码牡蛎1	生物质量（mg/kg）	0.008	0.933	—	98.88	0.8	182.7	0.63
		生物浓缩因子	0.57	10.37	—	35.31	0.36	8.27	7.00
		附近水质（mg/kg）	0.014	0.09	0.78	2.8	2.2	22.1	0.09
	里高泥牡蛎1	生物质量（mg/kg）	0.009	0.843	—	95.09	0.7	184.4	0.59
		生物浓缩因子	0.64	9.37	—	33.96	0.32	8.34	6.56
		附近水质（mg/kg）	0.014	0.09	0.78	2.8	2.2	22.1	0.09
2011.10	横码牡蛎2	生物质量（mg/kg）	0.008	0.545	—	1.4	0.6	362.7	0.4
		生物浓缩因子	0.31	4.95	—	0.74	0.55	13.79	1.90
		附近水质（mg/kg）	0.026	0.11	—	1.9	1.1	26.3	0.21
	里高泥牡蛎2	生物质量（mg/kg）	0.007	0.535	—	1.4	0.7	359.9	0.39
		生物浓缩因子	0.33	4.12	—	1.27	0.37	13.23	2.05
		附近水质（mg/kg）	0.021	0.13	—	1.1	1.9	27.2	0.19
2011.12	横码牡蛎3	生物质量（mg/kg）	0.008	0.734	0.06	101.7	0.7	287.2	0.28
		生物浓缩因子	0.47	6.12	0.08	29.06	0.41	11.72	2.33
		附近水质（mg/kg）	0.017	0.12	0.76	3.5	1.7	24.5	0.12
	里高泥牡蛎3	生物质量（mg/kg）	0.008	0.838	0.08	93.6	0.6	255.8	0.36
		生物浓缩因子	0.42	6.45	0.13	26.74	0.46	11.73	2.57
		附近水质（mg/kg）	0.019	0.13	0.62	3.5	1.3	21.8	0.14
2012.4	横码牡蛎4	生物质量（mg/kg）	0.009	0.882	0.07	98.8	0.6	355	0.48
		生物浓缩因子	0.35	4.64	0.06	21.48	0.26	14.09	2.67
		附近水质（mg/kg）	0.026	0.19	1.21	4.6	2.3	25.2	0.18
	里高泥牡蛎4	生物质量（mg/kg）	0.008	1.016	0.07	96.6	0.7	352.3	0.46
		生物浓缩因子	0.44	6.77	0.06	23.56	0.33	14.38	3.29
		附近水质（mg/kg）	0.018	0.15	1.14	4.1	2.1	24.5	0.14

监测时间 （年．月）	站位	项目	总汞	镉	铅	铜	砷	锌	铬
2012.7	横码 牡蛎5	生物质量（mg/kg）	0.009	0.187	0.03	65	0.7	218	0.62
		生物浓缩因子	0.28	3.12	0.03	18.06	0.39	10.19	2.70
		附近水质（mg/kg）	0.032	0.06	1.01	3.6	1.8	21.4	0.23
	里高泥 牡蛎5	生物质量（mg/kg）	0.009	0.22	0.06	53	0.7	211.1	0.63
		生物浓缩因子	0.32	2.44	0.06	16.56	0.32	9.42	2.25
		附近水质（mg/kg）	0.028	0.09	0.95	3.2	2.2	22.4	0.28

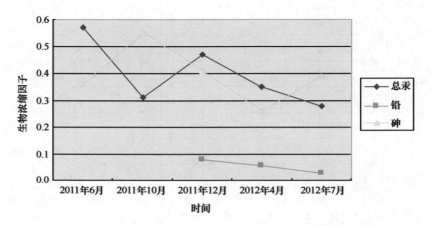

图 4.4-5　横码牡蛎随时间对水体总汞、铅和砷的富集情况

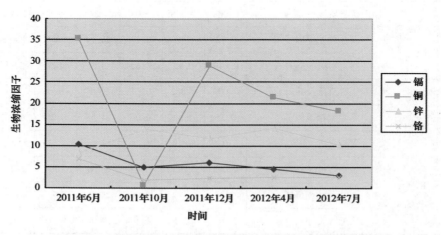

图 4.4-6　横码牡蛎随时间对水体镉、铜、锌和铬的富集情况

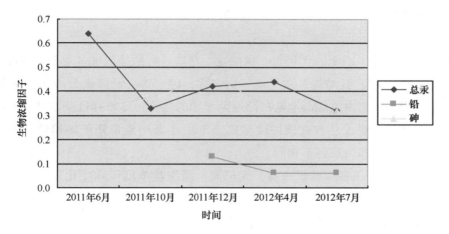

图 4.4-7 里高泥牡蛎随时间对水体总汞、铅和砷的富集情况

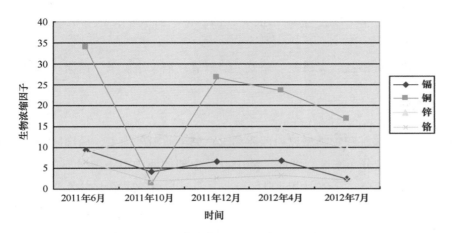

图 4.4-8 里高泥牡蛎随时间对水体镉、铜、锌和铬的富集情况

4.5 小结

4.5.1 水质

4.5.1.1 大面监测

（1）象山港海域 pH、溶解氧、化学需氧量、石油类、总汞、砷、镉、铬、铜均符合一类海水水质标准；铅、锌符合二类海水水质标准；磷酸盐、无机氮超四类海水水质标准。

（2）pH、溶解氧、悬浮物、无机氮、总氮、铅冬季高于夏季，盐度、磷酸盐、总磷、硅酸盐、化学需氧量、镉夏季大于冬季，石油类、总有机碳、总汞、砷、铬、铜、锌夏季与冬季差异不大。

（3）化学需氧量、总氮、无机氮、磷酸盐、总磷、硅酸盐浓度呈现由港底部至港口部逐渐减少的趋势；pH、石油类、汞、镉、铜、锌、砷、铬、铅浓度分布各区域均差异不大；盐度分布皆呈现出由港底部至港口部逐渐增加的趋势；冬季有机碳浓度呈现港口区大于其他区域的特征，夏季总有机碳浓度呈现由港底逐渐向港口降低的趋势；溶解氧则冬季、夏季高低平潮分布特征各不相同。

（4）2001—2011 年多年变化来看，无机氮、磷酸盐浓度年际变化较大，呈现上下波动趋势；COD 在 1998—2005 年浓度较为稳定，而 2006—2011 年浓度波动相对较大，COD 浓度 2006—2011 年呈上升趋势；石油类整体上浓度较为稳定，年际间波动相对较小。

4.5.1.2 连续测站

（1）盐度、pH、磷酸盐、总磷石油类、镉、化学需氧量、总有机碳、砷、锌浓度周日变化幅度不大。

（2）悬浮物、硅酸盐、无机氮、总氮、溶解氧、铜、铬、汞、铅周日变化幅度较大。

4.5.2 沉积物

（1）象山港海域沉积物类型以粉砂质黏土，黏土质粉砂为主，局部区域零星分布砂和粉砂。从沉积物类型分布来看，港底、港中以及中部的西沪港主要分布的为粉砂质黏土，而黏土质粉砂则主要分布在象山港港口区，分布时与粉砂质黏土交替。

（2）2011 年调查结果表明，沉积物的硫化物、总有机碳、石油类、DDT、PCBs、铅、锌、镉、砷、汞、砷均符合沉积物一类标准，Cu 部分站位略超一类沉积物。

（3）总有机碳、汞、砷、铅、锌、镉、铜在整个象山港区域含量分布差异不大，Eh 从平面分布看，整体呈港底、港中底部高，港口低的趋势，而硫化物、石油类、DDT 出现若干高值区，其他区域分布相对较小。

（4）1998—2011 年多年变化来看，硫化物含量总体呈下降趋势，但近年来相对稳定；总有机碳含量波动中略呈下降趋势；石油类、DDT 含量年际变化幅度较大。

4.5.3 生物质量

（1）象山港牡蛎生物体内重金属的汞、铅、砷和镉与国内外其他海域相比，含量偏小或者基本相当；铜含量高于澳大利亚达尔文港、新西兰、厦门和广州沿海海域，基本与上海市、美国沿海含量相当；锌含量略低于澳大利亚达尔文港，高于新西兰、美国沿海和中国其他的沿海海域；铬的含量高于舟山、宁波、温州和宁德沿岸海域，低于表国内其他海域的含量。

（2）象山港牡蛎生物体内重金属含量随培养时长增长而有增加趋势的元素有锌、总汞，而铅、铜、镉、砷随培养时长增长而有降低的趋势，铬含量变低后又增加到原来监测水平。

（3）象山港牡蛎生物体对重金属没有严重累积问题。横码牡蛎和里高泥牡蛎对重金属的生物浓缩因子大小排序依次为铜、锌、镉、铬、总汞、砷、铅。牡蛎对水体中铜和锌的富集能力最强。

（4）象山港牡蛎体内汞、铅、砷符合一类海洋生物质量标准，镉、铬符合二类海洋生物质量标准，锌符合三类海洋生物质量标准，铜超三类海洋生物质量标准。

参考文献

黄秀清，王金辉，蒋晓山，等．2008．象山港海洋环境容量及污染物总量控制研究［M］．北京：海洋出版社．

第5章 海洋生物生态状况

象山港海域受长江、钱塘江等陆地径流和江浙沿岸流的共同影响，海洋生物主要为近岸低盐生态类群。象山港海域叶绿素 a 含量平均为 2.8 μg/L，港口海域较低；象山港浮游植物以硅藻为主，平均细胞密度为 $1.4×10^5$ cells/m³，港底较高，港口、港中部次之；浮游动物主要以甲壳动物门桡足亚纲种类为主，浮游动物密度平均为 102.5 ind/m³，湿重生物量平均为 110.4 mg/m³，密度分布受潮汐影响明显；大型底栖生物主要以环节动物门多毛纲为主，憩息密度平均为 156.8 ind/m³，港底密度大于港口和港中部；潮间带大型底栖生物主要以软体动物为主，岩相潮间带密度和生物量高于泥相潮间带。

5.1 叶绿素 a

5.1.1 含量分布

平均含量为 2.8 μg/L，在 0.1~19.8 μg/L 范围内。象山港口海域平均含量底于其他海域，从垂直分布来看，象山港海域叶绿素 a 平均含量均为表层高于底层（表 5.1-1）。

表 5.1-1　象山港海域叶绿素 a 含量分布　　　　　　　单位：μg/L

层次	夏季				冬季			
	高平时		低平时		高平时		低平时	
	范围	平均值	范围	平均值	范围	平均值	范围	平均值
表层	1.4~12.5	5.2	1.8~19.8	4.4	0.1~3.9	1.4	0.7~5.4	2.3
底层	0.4~5.6	3.0	0.7~8.3	2.9	0.1~2.8	1.1	0.1~4.2	1.6
全层	0.4~12.5	4.1	0.7~19.8	3.7	0.1~3.9	1.3	0.1~5.4	2.0

夏季象山港叶绿素 a 平均含量为 3.9 μg/L，在 0.4~19.8 μg/L 范围内，象山港口附近海域叶绿素 a 平均含量最低。从垂直分布来看，整个象山港海域的叶绿表 a 平均含量表层高于底层。冬季平均含量为 1.6 μg/L，在 0.1~5.4 μg/L 范围，平均含量以港底高于港中和港口。从垂直分布来看，整个象山港海域的叶绿 a 表层高于底层。

5.1.2　周日连续变化

分别在 2011 年夏季（7 月 17 日 10：30～18 日 10：30）和 2011 年冬季（12 月 11 日 05：00～12 日 05：00）在 W8 站设置连续监测站位。

象山港海域夏季表层叶绿素 a 含量周日变化比较明显，底层变化不大；表层叶绿素 a 含量最高值和最低值均出现在凌晨 5 点，白天叶绿素 a 含量从高往低趋势，夜间从低往趋势；底层叶绿素 a 含量最高值出现在上午 8 点，最低值出现在晚上 8 点（图 5.1-1）。

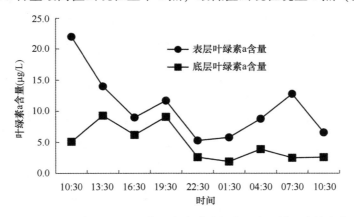

图 5.1-1　夏季（W8 站）象山港海域叶绿素 a 含量周日连续变化

冬季表底层叶绿素 a 含量变化趋势一致，表层叶绿素 a 含量最高值出现在下午 4 点半，最低值出现在上午 7 点半；底层叶绿素 a 最高值出现在下午 4 点半，最低值出现在上午 10 点半（图 5.1-2）。总体来看，象山港叶绿素 a 含量白天数值较高，夜间相对较低。

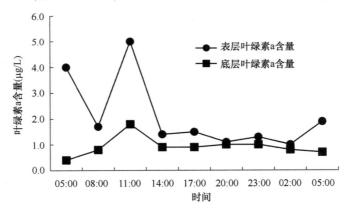

图 5.1-2　冬季象山港海域叶绿素 a 含量周日连续变化

5.1.3　历年变化趋势

2011 年夏季（7 月）象山港叶绿素 a 含量低于 2001 年 7 月含量；港口海域下降幅度

较大，港中、港口海域下降幅度略小。2011 年冬季（12 月）象山港叶绿素 a 含量与历史相比呈现小范围内波动趋势；2011 年冬季（12 月）表层叶绿素 a 含量港口、港中与历史相差不大，港底含量明显高于历史记录；2011 年冬季（12 月）底层叶绿素 a 港口、港中低于历史记录，港底略高于历史记录（表 5.1-2）。

表 5.1-2　象山港叶绿素 a 含量历年统计　　　　　　　　　　单位：μg/L

季节	时间	层次	港口	港中	港底	文献
夏季	2001.07	表层	10.95	5.65	8.79	黄秀清，2008
		底层	8.82	5.76	5.93	
	2011.08	表	3.03	4.02	6.42	本文
		底	2.16	2.39	3.87	
冬季	1982.01	表层	0.95	1.35	1.55	中国海湾志编纂委员会，1993
		10 m	1.40	1.47	2.00	
	2001.12	表层	1.20	1.97	1.16	黄秀清，2008
		底层	1.21	1.63	1.31	
	2011.12	表	0.88	1.32	2.87	本文
		底	0.58	0.92	2.15	

5.2　浮游植物

象山港海域浮游植物主要以硅藻为主，主要优势种为近岸低盐种；夏季浮游植物平均密度为 $1.69×10^5$ cells/m³，冬季浮游植物平均密度为 $4.8×10^4$ cells/m³，夏季浮游植物密度高于冬季；全年浮游植物密度港底高于港中部和港口海域。

5.2.1　种类组成

象山港海域浮游植物种类繁多，2011 年夏冬两次调查共鉴定到浮游植物 4 门 38 属 88 种（表 5.2-1）。其中夏季调查到浮游植物 61 种，以硅藻门（Bacillariophyta）为主，为 26 属 48 种；其次为甲藻门（Pyrrophyta）10 属 12 种；蓝藻门（Chrysophyta）1 属 1 种（图 5.2-1）。冬季调查到浮游植物 64 种，以硅藻门（Bacillariophyta）为主，为 25 属 58 种；其次为甲藻门（Pyrrophyta）3 属 5 种（图 5.2-2）。

表 5.2-1　2011 年象山港海域浮游植物名录

中文名称	拉丁名称	夏季（7 月）	冬季（12 月）
硅藻门	**Bacillriophyta**		
具槽直链藻	*Melosira sulcata*	+	+
狭形颗粒直链藻	*Melosira granulata* var. *angustissima*		+
太阳漂流藻	*Planktoiella sol*	+	+
苏氏圆筛藻	*Coscinodiscus thorii*		+
小型弓束圆筛藻	*Coscinodiscus curvatulus* var. *minor*		+
辐射圆筛藻	*Coscinodiscus radiatus*		
弓束圆筛藻	*Coscinodiscus curvatulus* var. *curvatulus*	+	+
虹彩圆筛藻	*Coscinodiscus oculus-iridis*	+	+
偏心圆筛藻	*Coscinodiscus excentricus*	+	
强氏圆筛藻	*Coscinodiscus janischii*	+	
琼氏圆筛藻	*Coscinodiscus jonesianus*	+	+
蛇目圆筛藻	*Coscinodiscus argus*	+	+
线形圆筛藻	*Coscinodiscus lineatus*	+	+
星脐圆筛藻	*Coscinodiscus asteromphalus*	+	
有翼圆筛藻	*Coscinodiscus bipartitus*	+	+
圆筛藻 sp.	*Conscinodiscus* sp.	+	+
整齐圆筛藻	*Coscinodiscus concinnus*	+	
中心圆筛藻	*Coscinodiscus centralis*	+	+
爱氏辐环藻	*Actinocyclus ehrenbergii*	+	+
哈氏半盘藻	*Hemidiscus hardmannianus*		+
波状辐裥藻	*Actinoptychus undulatus*	+	
中肋骨条藻	*Skeletonema costatum*	+	+
地中海指管藻	*Dactyliosolen mediterraneus*		+
小细柱藻	*Leptocylindrus minimus*		+
丹麦细柱藻	*Leptocylindrus danicus*	+	+
豪猪棘冠藻	*Corethron hystrix*	+	
笔尖形根管藻	*Rhizosolenia styliformis* var. *styliformis*		+
粗根管藻	*Rhizosolenia robusta*		+

中文名称	拉丁名称	夏季（7月）	冬季（12月）
渐尖根管藻	*Rhizosolenia acuminata*		+
距端根管藻	*Rhizosolenia calcar-avis*		+
细长翼根管藻	*Rhizosolenia alata* f. *gracillima*		+
透明辐杆藻	*Bacteriastrum hyalinum* var. *hyalinum*		+
角毛藻 sp.	*Chaetoceros* sp.	+	+
扁面角毛藻	*Chaetoceros compressus*	+	
聚生角毛藻	*Chaetoceros socialis*	+	+
卡氏角毛藻	*Chaetoceros castracanei*	+	+
罗氏角毛藻	*Chaetoceros lauderi*	+	+
洛氏角毛藻	*Chaetoceros lorenzianus* Grunow	+	+
偏面角毛藻	*Chaetoceros compressus*	+	
冕孢角毛藻	*Chaetoceros subsecundus*	+	+
柔弱角毛藻	*Chaetoceros debilis*	+	
绕孢角毛藻	*Chaetoceros cinctus*	+	+
细弱角毛藻	*Chaetoceros subtilis*	+	+
异常角毛藻	*Chaetoceros abnormis*	+	+
旋链角毛藻	*Chaetoceros curvisetus*	+	+
密联角毛藻	*Chaetoceros densus*		+
钝头盒形藻	*Biddulphia obtusa*		+
高盒形藻	*Biddulphia regia*	+	+
活动盒形藻	*Biddulphia mobiliensis*	+	+
中华盒形藻	*Biddulphia sinensis*	+	+
紧密角管藻	*Cerataulina compacta*	+	+
中沙角管藻	*Cerataulina zhongshaensis*		+
蜂窝三角藻	*Triceratium favus*	+	
布氏双尾藻	*Ditylum brightwelli*	+	+
太阳双尾藻	*Ditylum sol*		+
扭鞘藻	*Streptothece thamesis*		+
钝脆杆藻	*Fragilaria capucina*		+

中文名称	拉丁名称	夏季（7月）	冬季（12月）
波状斑条藻	*Grammatophora undulata*		+
短契形藻	*Licmophora abbreviata*	+	+
菱形海线藻	*Thalassionema nitzschioides*		+
佛氏海毛藻	*Thalassiothrix frauenfeldii*		+
波罗的海布纹藻	*Gyrosigma balticum*		+
美丽曲舟藻	*Pleurosigma formosum*	+	+
相似曲舟藻	*Pleurosigma aestuarii*	+	+
菱形藻 sp1.	*Nitzschia* sp1.	+	+
菱形藻 sp2.	*Nitzschia* sp2.	+	+
长菱形藻	*Nitzschia longissima*	+	+
尖刺菱形藻	*Nitzschia pungens*	+	+
洛氏菱形藻	*Nitzschia lorenziana*	+	+
奇异菱形藻	*Nitzschia paradoxa*	+	+
新月菱形藻	*Nitzschia closterium*	+	+
甲藻门	**Dinophyceae**		
东海原甲藻	*Prorocentrum donghaiense*	+	
具尾鳍藻	*Dinophysis caudata*	+	
鸟尾藻 sp.	*Ornithocercus* sp.	+	
夜光藻	*Noctiluca scintillans*	+	
叉状角藻	*Ceratium furca*	+	+
三角角藻	*Ceratium tripos*	+	+
梭角藻	*Ceratium fusus*	+	+
塔玛亚历山大藻	*Alexandrium tamarense*	+	
多纹膝沟藻	*Gonyaulax polygramma*	+	
具刺膝沟藻	*Gonyaulax spinifera*	+	
斯氏扁甲藻	*Pyrophacus steinii*		+
扁形原多甲藻	*Protoperidinium depressum*		+
锥状施克里普藻	*Scrippsiella trochoidea*	+	
蓝细菌门	**Cyanobacteria**		

中文名称	拉丁名称	夏季（7月）	冬季（12月）
铁氏束毛藻	*Trichodesmium thiebautii*	+	
绿藻门	**Chlorophyta**		
格孔单突盘星藻	*Pediastrum clathratum*		+

注："+"表示该种出现。

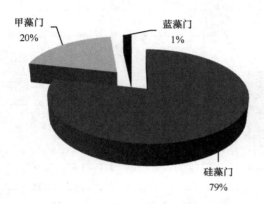

图 5.2-1　2011 年夏季（7 月）象山港浮游
植物门类百分比组成

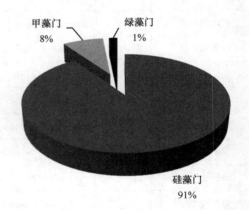

图 5.2-2　2011 年冬季（12 月）象山港浮游
植物门类百分比组成

5.2.2　数量平面分布

5.2.2.1　浮游植物网样

2011 年夏季（7 月），调查区浮游植物细胞数量（网采）在（0.5～103.8）×10^4 cells/m^3 之间，平均为 $16.9×10^4$ cells/m^3。铁港和黄墩港等港底海域浮游植物密度较高，象山港中部海域密度较低，象山港口附近海域处于中等水平（图 5.2-3 和图 5.2-4）。

2011 年冬季，调查区浮游植物细胞数量（网采）在（0.5～22.2）×10^4 cells/m^3 之间，平均值为 $4.8×10^4$ cells/m^3。黄墩港至西沪港一带海域浮游植物密度较高，象山港港口密度相对较低；全港浮游植物密度大小整体分布依次为港底、港口、港中（图 5.2-5 和图 5.2-6）。

总体来看，浮游植物网样密度夏季明显高于冬季，但全港密度分布一致，大小依次均为港底、港口、港中。

5.2.2.2　浮游植物水样

2011 年夏季，高平时象山港调查区表层浮游植物细胞数量（水样）平均值为 12.3×

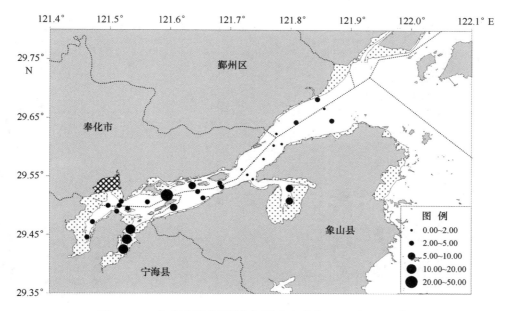

图 5.2-3　象山港夏季低平潮网样密度分布（×10⁴ cells/m³）

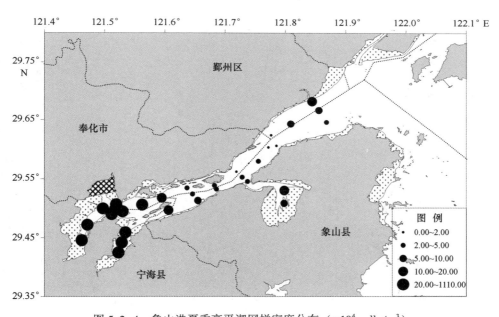

图 5.2-4　象山港夏季高平潮网样密度分布（×10⁴ cells/m³）

10^2 cells/dm³，最高值位于港中，最低值港底区域；底层浮游植物细胞数量（水样）平均值为 9.7×10^4 cells/dm³，最高值位于港底。低平时表层浮游植物细胞数量（水样）平均值为 19.9×10^2 cells/dm³，最高值位于铁港底部，最低值出现在中部；底层浮游植物细胞数量（水样）平均值为 15.2×10^2 cells/dm³，最高值位于港口，最低值出现在港中（图5.2-7）。

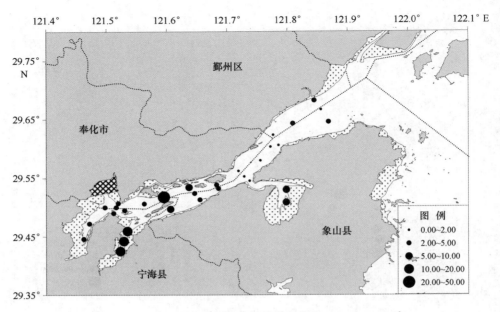

图 5.2-5　象山港冬季低平潮网样密度分布（×10^4 cells/m^3）

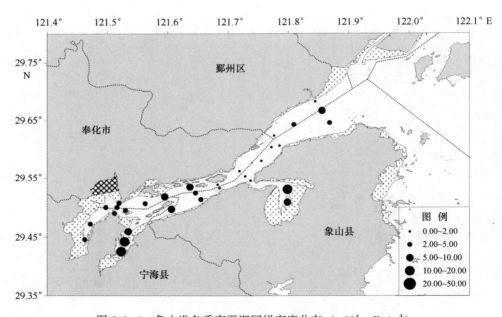

图 5.2-6　象山港冬季高平潮网样密度分布（×10^4 cells/m^3）

2011 年冬季，高平时调查区表层浮游植物细胞数量（水样）平均值为 8.7×10^2 cells/dm^3；底层浮游植物细胞数量（水样）平均值为 5.7×10^2 cells/dm^3；低平时调查区表层浮游植物细胞数量（水样）平均值为 8.8×10^2 cells/dm^3；底层浮游植物细胞数量（水样）平均值为 5.5×10^2 cells/dm^3（图 5.2-8）。

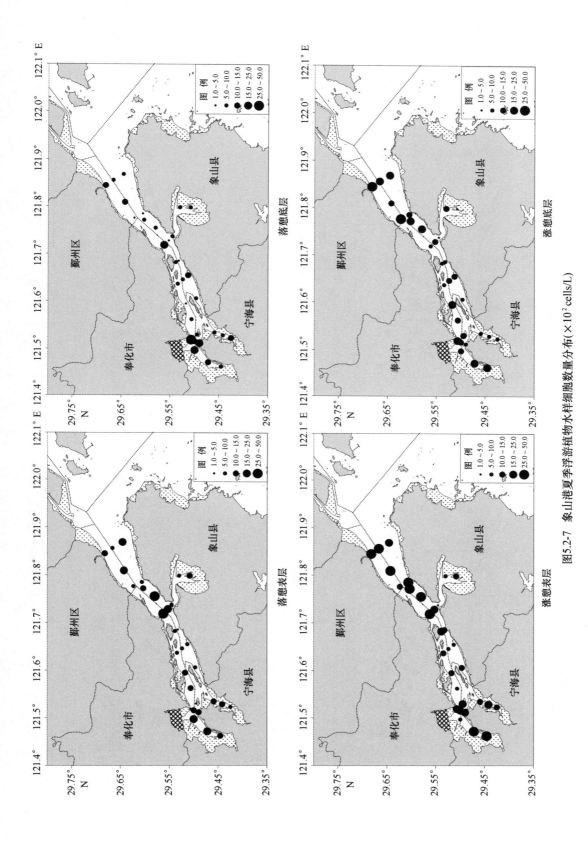

图5.2-7 象山港夏季浮游植物水样细胞数量分布（×10² cells/L）

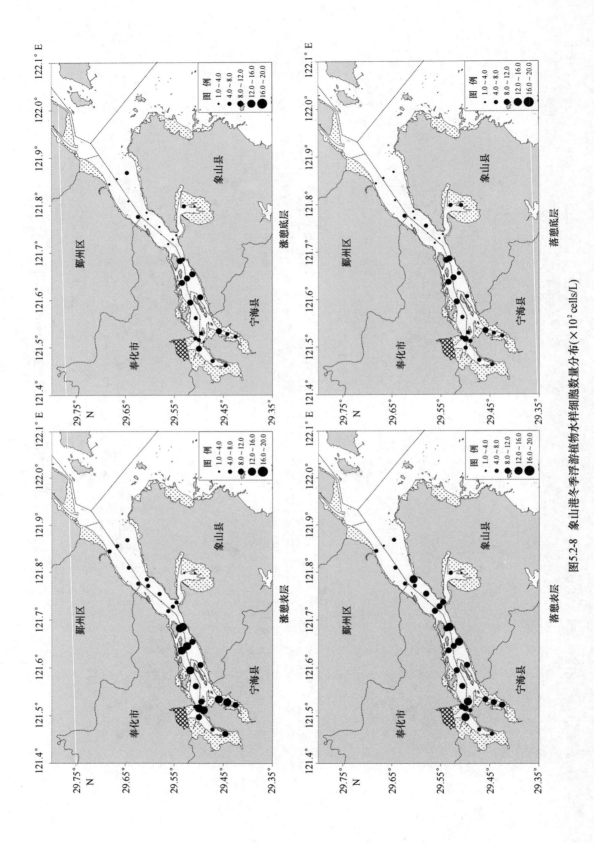

图5.2-8 象山港冬季浮游植物水样细胞数量分布（×10² cells/L）

涨憩表层　　涨憩底层

落憩表层　　落憩底层

5.2.3 优势种

2011 年夏季（7 月）浮游植物优势种主要为绕孢角毛藻（*Chaetoceros cinctus*）、冕孢角毛藻（*Chaetoceros subsecundus*）、丹麦细柱藻（*Leptocylindrus danicus*）和卡氏角毛藻（*Chaetoceros castracanei*）等近岸广布性种类（表 5.2-2）。

表 5.2-2　象山港夏季优势种优势度分析

潮汐	优势种		密度范围 （×10⁴ cells/m³）	平均值 （×10⁴ cells/m³）	优势度（Y）
高平潮	第一优势种	绕孢角毛藻	0.04~44.31	3.27	0.18
	第二优势种	冕孢角毛藻	0.15~20.68	5.16	0.15
	第三优势种	丹麦细柱藻	0.40~28.15	12.53	0.11
低平潮	第一优势种	冕孢角毛藻	0.18~16.64	6.67	0.18
	第二优势种	绕孢角毛藻	0.11~16.80	5.45	0.16
	第三优势种	卡氏角毛藻	0.04~21.71	4.38	0.13

冕孢角毛藻，北方至北极近岸种，中国渤海、黄海、东海均产。低平潮时为浮游植物第一优势种，高平潮时为浮游植物第二优势种。在象山港海域主要分布在港中部和港底海域，且港底海域较为集中（图 5.2-9a，图 5.2-10a）。

绕孢角毛藻，近岸种。低平潮时为浮游植物第二优势种，高平潮时为浮游植物第一优势种，在象山港海域主要分布在港底海区（图 5.2-9b、d）。

丹麦细柱藻，温带沿岸性种，世界广布性种，中国各海域均产。高平潮时为浮游植物第三优势种，在象山港海域集中分布在铁港和黄墩港海域，在港中部和港口海域零星分布（图 5.2-10b）。

卡氏角毛藻，温带近岸种，渤海、黄海春季常见。低平潮时为浮游植物第三优势种，其主要分布在港口和港中部海域，在港口海域分布密度较高（图 5.2-9c）。

2011 年冬季（12 月）象山港海域浮游植物优势种主要为琼氏圆筛藻（*Coscinodiscus jonesianus*）、中肋骨条藻（*Skeletonema costatum*）、虹彩圆筛藻（*Coscinodiscus oculus-iridis*）和高盒形藻（*Biddulphia regia*）等近岸低盐性种类（表 5.2-3）。

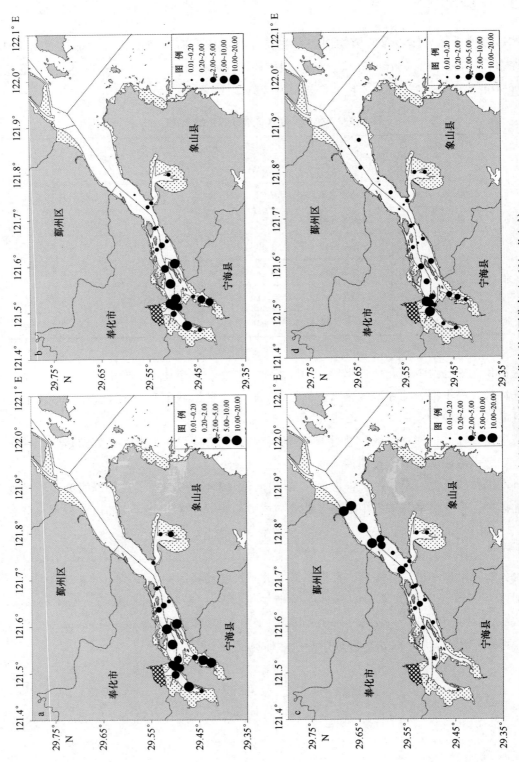

图5.2-9　象山港夏季浮游植物优势种平面分布（×10⁴ cells/m³）
（a 低平潮冕孢角毛藻；b 低平潮绕孢角毛藻；c 低平潮卡氏角毛藻；d 高平潮绕孢角毛藻）

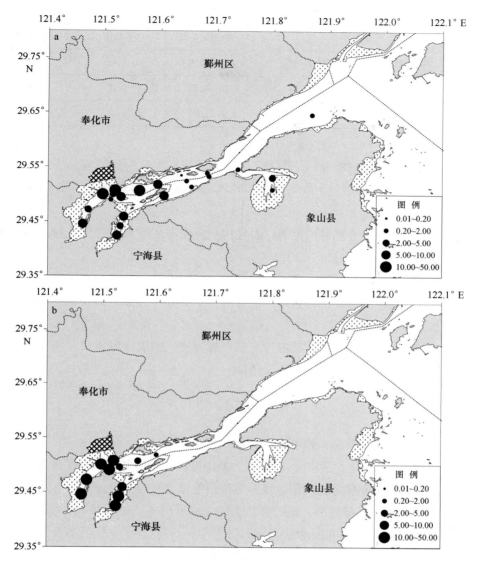

图 5.2-10　象山港夏季浮游植物优势种平面分布（×10⁴ cells/m³）

（a 高平潮 冕孢角毛藻；b 高平潮 丹麦细柱藻）

表 5.2-3　象山港冬季优势种优势度分析

潮汐	优势种		密度范围	平均值	优势度
高平时	第一优势种	琼氏圆筛藻	0.09~2.15	0.71	0.16
	第二优势种	中肋骨条藻	0.12~4.07	1.05	0.08
	第三优势种	虹彩圆筛藻	0.04~4.00	0.60	0.07

潮汐	优势种		密度范围	平均值	优势度
	第一优势种	琼氏圆筛藻	0.12~18.0	1.56	0.30
低平时	第二优势种	高盒形藻	0.03~4.25	1.25	0.25
	第三优势种	虹彩圆筛藻	0.04~2.07	0.42	0.05

琼氏圆筛藻，偏暖性大洋及沿岸种类，半咸水区域亦有，中国海域几乎全年皆有。象山港冬季为第一优势种，主要分布在港中部海域，港底和港口亦有较高密度的分布（图5.2-11a、d）。

虹彩圆筛藻，广温性外洋种，世界广布性种。象山港冬季为第三优势种，港口海域分布密度较高（图5.2-11c，图5.2-12）。

中肋骨条藻，广温广盐性种，世界广布性种，在沿岸数量最多，中国沿海常见，中国沿海常见赤潮种。高平时为浮游植物第二优势种，主要分布在港中部和港底海域，港底密度较高（图5.2-11b）。

高盒形藻，应用名高齿状藻，暖温带至热带近海种，中国海域皆产。主要分布在港中部和港底，在港底分布密度较高（图5.2-11b）。

5.2.4 生态类型

象山港浮游植物生态类型大致可分为3类。

（1）沿岸内湾广温广布性类群：该类群为象山港海域优势类群，四季出现的种类和丰度均较高。夏季主要代表种为绕孢角毛藻、冕孢角毛藻、丹麦细柱藻等。

（2）沿岸河口低盐温带类型：该类群较为稀少或不出现，或出现丰度很低。主要代表种为格孔单突盘星藻（*Pediastrum clathratum*）。

（3）外海高温暖水性类群：该类群随外海高温高盐水进入象山港，增加象山港浮游植物种类，占有一定比例。主要代表种为太阳漂流藻（*Planktoiella sol*）、叉状角藻（*Ceratium furca*）和三叉角藻（*Ceratium tripos*）等。

夏季周日平均密度为 $16.3×10^4$ cells/m³，变化范围在 $(5.4~37.4)×10^4$ cells/m³ 之间。白天光合作用强，傍晚前后浮游植物丰度最高；各时刻种类数在12~20种之间，种类数最多出现在落急（14：00）（图5.2-13）。

冬季浮游植物密度变化范围在 $(0.5~1.6)×10^4$ cells/m³ 之间，日平均密度为 $1.2×10^4$ cells/m³。最高值为下午落憩时，最低值为夜间涨憩时（图5.2-14）。各时刻种类数在12~20种之间，种类书最多出现在涨憩（10：30）和落憩（04：30）。

在夜间光合作用弱，凌晨浮游植物丰度低。因此，影响浮游植物丰度周日变化的主要因素为光周期。

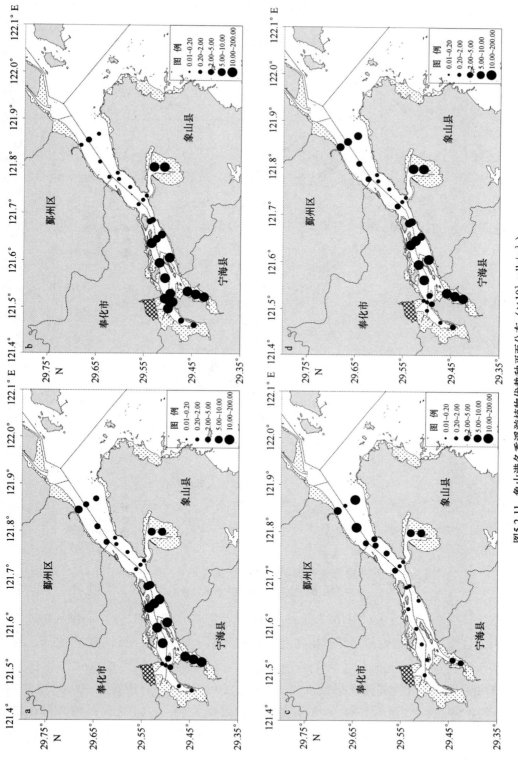

图5.2-11 象山港冬季浮游植物优势种平面分布（×10³ cells/m³）

（a 低平潮 琼氏圆筛藻 高盒形藻；b 低平潮 虹彩圆筛藻；c 低平潮 琼氏圆筛藻 d 高平潮 琼氏圆筛藻）

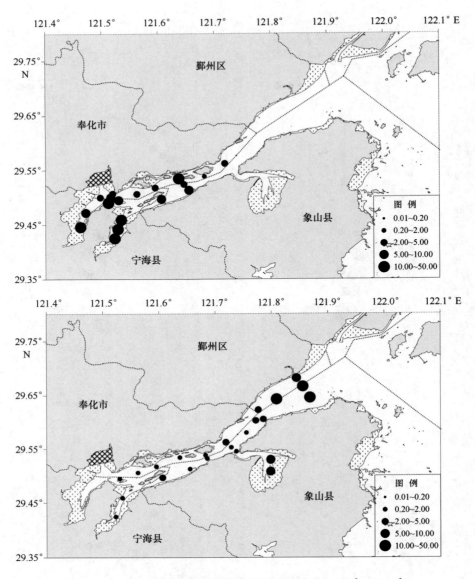

图 5.2-12　象山港冬季浮游植物优势种平面分布（×10³ cells/m³）

（a 高平潮 虹彩圆筛藻；b 高平潮 中肋骨条藻）

5.2.5　生物多样性

2011 年夏季（7 月）多样性指数 H' 在 0.95~2.99 之间；均匀度在 0.30~0.89 之间；丰度 0.33~0.99 之间（表 5.2-4）。冬季多样性指数在 1.18~3.54 之间；均匀在 0.29~0.94 之间；丰度在 0.43~1.24 之间（表 5.2-4）冬季浮游植物多样性指数 H'、均匀度指数 J 和丰度指数 d 皆高于夏季。

表 5.2-4　象山港浮游植物生态指标季节变化统计

| 季节 | 潮汐 | 多样性指数（H'） | | 均匀度（J） | | 丰度（d） | |
		范围	平均值	范围	平均值	范围	平均值
夏季	高平	0.95~2.99	2.13	0.30~0.89	0.60	0.33~0.99	0.66
	低平	1.25~2.94	2.24	0.40~0.88	0.66	0.42~0.81	0.61
冬季	高平	1.23~3.54	2.80	0.29~0.94	0.74	0.43~1.24	0.89
	低平	1.18~3.45	2.75	0.37~0.92	0.74	0.48~1.17	0.82

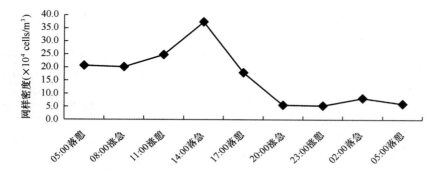

图 5.2-13　象山港夏季 WS8 连续站浮游植物网样密度周日变化情况

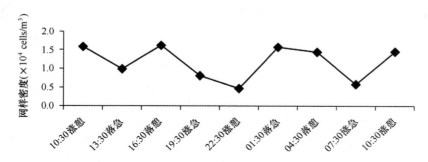

图 5.2-14　象山港冬季 WS8 连续站浮游植物网样密度周日变化情况

象山港海域多样性指数（H'）夏、冬两季分布一致。全港分布呈现出港中较高，港底一般，港口海域较低（图 5.2-15）。

象山港海域浮游植物均匀度（J）夏季不高，除养殖区和港中狭窄水道较高外，其他海域都较低（图 5.2-16）。

丰度（d）冬季明显高于夏季，但落潮和涨潮丰度变化不大。夏季分布不均匀，整体水平较低；冬季分布较均匀，其中铁港和西沪港及主港港口海域相对较低（图 5.2-17）。

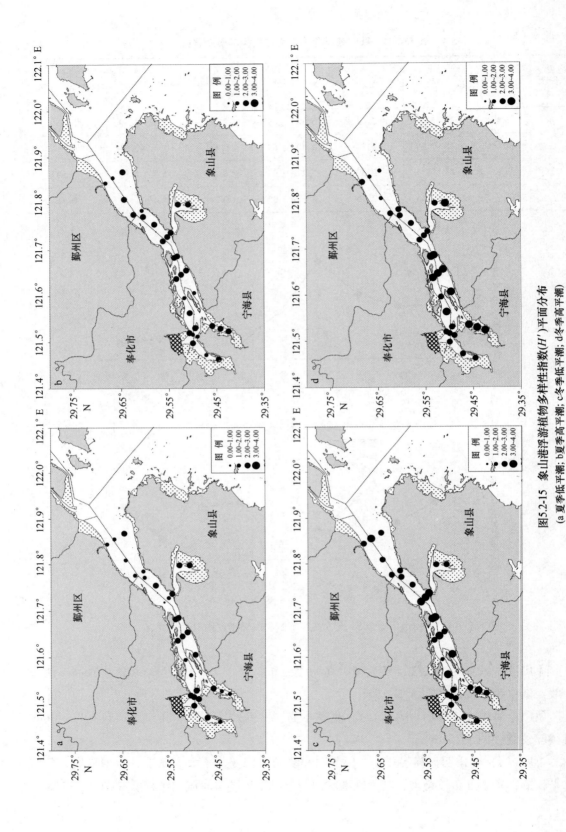

图5.2-15　象山港浮游植物多样性指数(H')平面分布
（a 夏季低平潮; b 夏季高平潮; c 冬季低平潮; d 冬季高平潮）

134

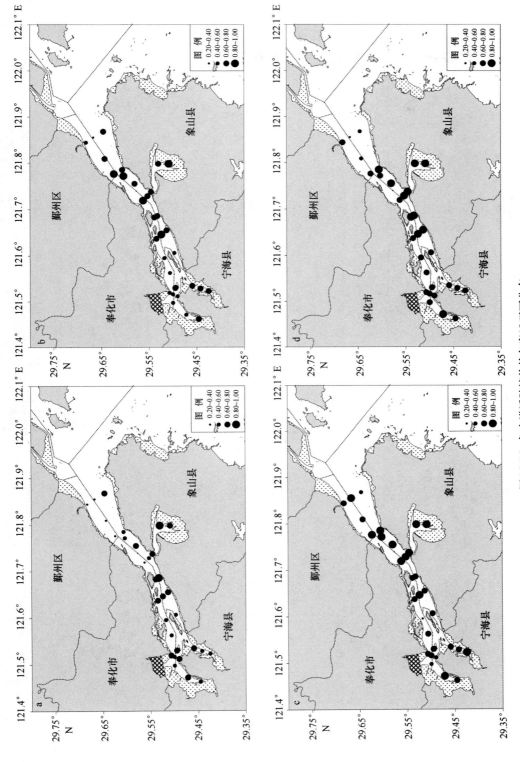

图5.2-16 象山港浮游植物均匀度(J)平面分布
(a 夏季低平潮; b 夏季高平潮; c 冬季低平潮; d 冬季高平潮)

135

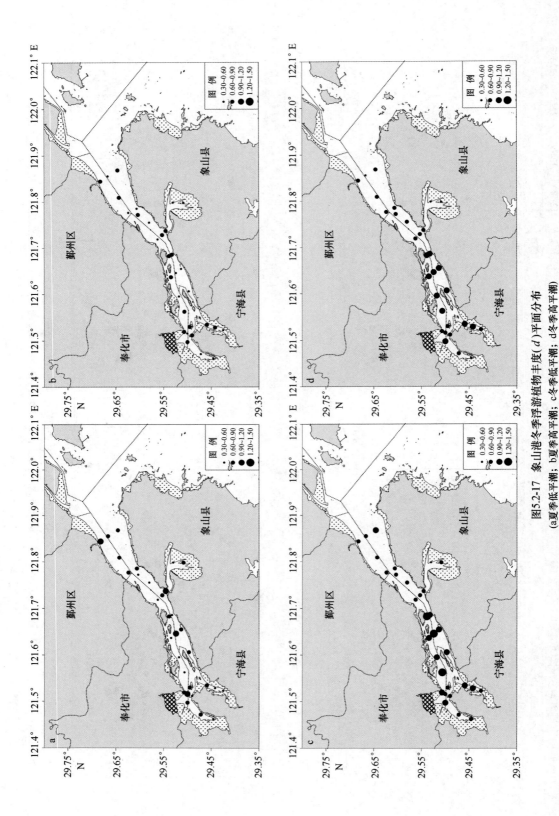

图5.2-17 象山港冬季浮游植物丰度(d)平面分布
(a夏季低平潮; b夏季高平潮; c冬季低平潮; d冬季高平潮)

5.2.6 历年变化趋势

2011 年夏季（7 月）和冬季（12 月）共鉴定到浮游植物 61 种和 58 种，少于 2001 年记录的种类数，但相差不大；明显少于 2000 年，这可能 2000 年采样海域较大的缘故。2011 年夏季（7 月）浮游植物密度在历史记录密度范围内，整体来说夏季浮游植物密度在一定范围内振荡，变化幅度不大。2011 年冬季（12 月）浮游植物密度平均为 $4.8×10^4$ cells/m^2，明显低于历史记录，且象山港冬季浮游植物密度变化幅度较大。从历史上看，夏季浮游植物密度基本呈现从港口向港底逐渐降低的分布，但从 2005 年左右开始，呈现港底最高，港中和港口次之的分布现状，浮游植物密度空间分布发生变化；冬季浮游植物密度基本呈现港底最高，港口和港底次之的状态，浮游植物密度空间分布未发生明显变化。夏季，象山港浮游植物主要优势种为角毛藻、圆筛藻、细柱藻等硅藻种类，优势种存在一定程度的演替；冬季，浮游植物最主要优势种为骨条藻，优势种的演替不明显。象山港浮游植物历年统计数据见表 5.2-5。

表 5.2-5　象山港浮游植物历年统计数据

项目	夏季	冬季	文献
种类数	113	138	宁修仁等，2002
	68	66	本文
	11（平均各站）	12（平均各站）	尤仲杰，焦海峰，2011
	61	58	本文
密度 （$×10^4$ cells/m^3）	27.14	870.79	中国海湾志编纂委员会，1993
	2.31	11.33	宁修仁等，2002
	2.31	11.33	本文
	38.2	4 340	尤仲杰，焦海峰，2011
	16.9	4.8	本文
密度分布	港口>港中>港底	港中>港底>港口	中国海湾志编纂委员会，1993
	港口>港中>港底	港底>港中>港口	宁修仁等，2002
	港口>港中>港底	港底>港中>港口	本文
	港底>港中>港口	港底>港中>港口	尤仲杰，焦海峰，2011
	港底>港口>港中	港底>港口>港中	本文

项目	夏季	冬季	文献
主要优势种	角毛藻、菱形藻、圆筛藻、根管藻	菱形藻、骨条藻、丹麦细柱藻、圆筛藻、角毛藻	中国海湾志编纂委员会，1993
	角毛藻、圆筛藻、中肋骨条藻、菱形藻	小环藻、角毛藻、细柱藻、直链藻	宁修仁等，2002
	琼氏圆筛藻、紧密角管藻	中肋骨条藻	本文
	骨条藻、圆筛藻、角毛藻、细柱藻、角管藻	中肋骨条藻	尤仲杰，焦海峰，2011
	角毛藻、细柱藻	中肋骨条藻、圆筛藻、盒形藻	本文

5.3　浮游动物

象山港浮游动物种类主要以节肢动物门桡足亚纲为主，主要优势种类皆为近岸低盐性种类。夏季鉴定到浮游动物 60 种，浮游动物平均密度为 164.6 ind/m³；冬季鉴定到浮游动物 35 种，浮游动物平均密度为 40.3 ind/m³。夏季港口海域浮游动物密度和最高，冬季则港底海域浮游动物密度最高；夏季港口海域浮游动物多样性最高，依次为港中和港底海域；冬季浮游动物多样性整个象山港分布较为均匀。

5.3.1　种类组成

象山港海域 2011 年共鉴定出浮游动物 66 种（包括 10 种幼体）（表 5.3-1）。2011 年 7 月鉴定出浮游动物 60 种（10 种幼体），其中节肢动物门 38 种，占种类数的 63.3%；浮游幼体（包括鱼卵、仔鱼）10 种，占种类数的 16.7%（图 5.3-1）。2011 年 12 月调查鉴定出浮游动物 35 种（4 种幼体）其中节肢动物门 23 种，占种类数的 65.7%；腔肠动物门 5 种，占种类数的 14.3%；占种类数的 11.4%（图 5.3-2）。

表 5.3-1　象山港海域浮游动物名录

序号	门类、种类	拉丁文	夏季（7月）	冬季（12月）
	腔肠动物门	**Coelenterata**		
	水螅水母亚纲	Hydrozoa		
1	短柄灯塔水母	*Turritopsis lata*	+	
2	小介穗水母	*Hydractinia minima*	+	
3	黑球真唇水母	*Eucheilota menoni*	+	
4	日本长管水母	*Sarsia nipponia*		+
5	双手外肋水母	*Ectopleura minerva*	+	+
6	四叶小舌水母	*Liriops tetraphylla*	+	
	管水母亚纲	Siphonophorae		
7	双生水母	*Diphyes chamissonis*	+	
8	大西洋五角水母	*Muggiaea atlantica*	+	+
	栉水母门	**Ctenophora**		
9	球形侧腕水母	*Pleurobrachia globosa*	+	+
10	瓜水母	*Beroe cucumis*		+
11	卵形瓜水母	*Beroe ovata*	+	
	环节动物门	**Annelida**		
	多毛纲	Polychaeta		
12	瘤蚕属	*Travsiopsis* sp.	+	
	节肢动物门	**Acthropoda**		
	甲壳纲	Crustacea		
	介型亚纲	Ostracoda		
13	针刺真浮萤	*Euconchoecia aculeata*	+	
	桡足亚纲	Copepoda		
14	太平洋纺锤水蚤	*Acartia pacifica*	+	+
15	克氏纺锤水蚤	*Acartia clausi*	+	
16	欧氏后哲水蚤	*Metacalanus aurivilli*	+	
17	中华哲水蚤	*Calanus sinicus*	+	+
18	微刺哲水蚤	*Canthocalanus pauper*		+
19	瘦尾胸刺水蚤	*Centropages tenuiremis* Thompson et Scott	+	

序号	门类、种类	拉丁文	夏季（7月）	冬季（12月）
20	背针胸刺水蚤	*Centropages dorsispinatus*	+	+
21	中华胸刺水蚤	*Centropages entropages*	+	
22	墨氏胸刺水蚤	*Centropages mcmurrichi（furcatus）*		+
23	亚强次真哲水蚤	*Subeucalanus subcrassus*		+
24	精致真刺水蚤	*Euchaeta concinna*	+	+
25	平滑真刺水蚤	*Euchaeta plana*	+	
26	针刺拟哲水蚤	*Paracalanus derjugini*	+	+
27	小拟（小刺）哲水蚤	*Paracalanus parvus*	+	
28	汤氏长足水蚤	*Calanopia thompsoni*	+	+
29	圆唇角水蚤	*Labidocera rotunda*	+	
30	真刺唇角水蚤	*Labidocera euchaeta*	+	+
31	孔雀唇角水蚤	*Labiadocera dubia*	+	
32	左突唇角水蚤	*Labidocera sinilobata*	+	+
33	刺尾角水蚤	*Pontella spinicauda*	+	
34	宽尾角水蚤	*Pontella latifurca*	+	
35	火腿伪镖水蚤	*Pseudodiaptomus poplesia*	+	+
36	捷氏歪水蚤	*Tortanus derjugini*	+	+
37	右突歪水蚤	Tortanus dextrilobatus	+	
38	钳形歪水蚤	*Tortanus forcipatus*	+	+
39	拟长腹剑水蚤	*Oithona simills*	+	+
40	近缘大眼剑水蚤	*Corycaeus affinis*	+	
41	小毛猛水蚤	*Microseteua norvegica*	+	
42	强额拟哲水蚤	*Parvocalanus crassirostris*	+	+
43	叶剑水蚤属	*Sapphininidae* sp.	+	
	软甲亚纲	Malacostraca		
	糠虾目	Mysidacea		
44	漂浮井伊小糠虾	*Liella pelagicus*	+	+
45	短额超刺糠虾	*Hyperacanthomysis brevirostris*	+	+
	涟虫目	Cumacea		

序号	门类、种类	拉丁文	夏季（7月）	冬季（12月）
46	细长链虫	*Iphinoe tenera*	+	+
	端足目	Amphipoda		
47	钩虾亚目	*GAMMARIDEA*	+	+
48	麦杆虾属	*Caprella* sp.	+	
	磷虾目	Euphausiacea		
49	中华假磷虾	*Pseudeuphausia sinica*	+	+
	十足目	Decapoda		
50	刷状萤虾	*Lucifer penicillifer*	+	
51	正型萤虾	*Lucifer typus*	+	
52	日本毛虾	*Acetes japanicus*	+	+
53	细鳌虾	*Leptochela gracilis*	+	+
	毛颚动物门	**Chaetongnaths**		
54	肥胖软箭虫	*Flaccisagitta enflata*	+	+
55	百陶带箭虫	*Zonosagitta bedoti*	+	+
	尾索动物门	**Urochordata**		
	有尾纲	Appendiculata		
56	住囊虫属	*Oikopleura* sp.		+
	幼虫	Larva		
57	阿利玛幼虫	*Alima larva*	+	
58	短尾类蚤状幼虫	*Brachyura zoea larva*	+	+
59	磁蟹蚤状幼虫	*Zoea larva*	+	
60	大眼幼虫	*Megalopa larva*	+	
61	带叉幼虫	*Furcilia larva*	+	+
62	海胆长腕幼虫	*Echinoplutrus larva*	+	
63	桡足类无节幼虫	*Nauplius larva*（Copepoda）	+	
64	幼螺	*Gastropod post larva*	+	
65	仔鱼	*Fish larvae*	+	+
66	鱼卵	*Fish eggs*	+	+
	种数		60	35

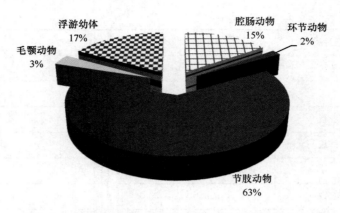

图 5.3-1 象山港夏季（7月）浮游动物门类百分比组成

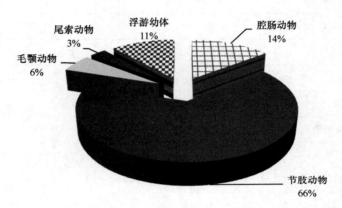

图 5.3-2 象山港冬季（12月）浮游动物门类百分比组成

5.3.2 密度及生物量分布

2011年7月象山港涨落潮浮游动物密度差别不大（表5.3-2）。涨潮时浮游动物密度整体呈现港口最高，港底较高，中间最低的分布（图5.3-3和图5.3-4）。

表 5.3-2 象山港海域浮游动物密度分布   单位：ind/m³

潮汐	夏季（7月）		冬季（12月）	
	范围	平均值	范围	平均值
低平潮	69.9~512.5	164.9	16.0~71.7	38.4
高平潮	60.2~650.0	164.4	14.3~130.0	42.2

2011年12月浮游动物密度涨落潮差别不大。涨潮时浮游动物密度水平分布整体呈现港底高于港口、港中部的趋势；落潮时浮游动物密度水平分布较均匀，无明显趋势性分布

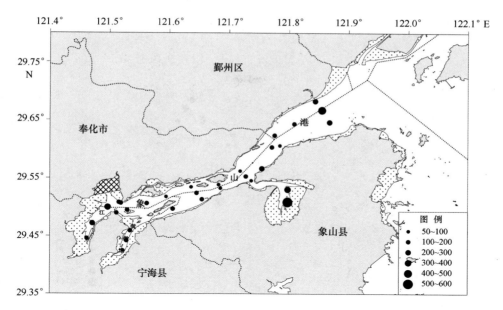

图 5.3-3　象山港夏季浮游动物密度（ind/m³）平面分布（低平潮）

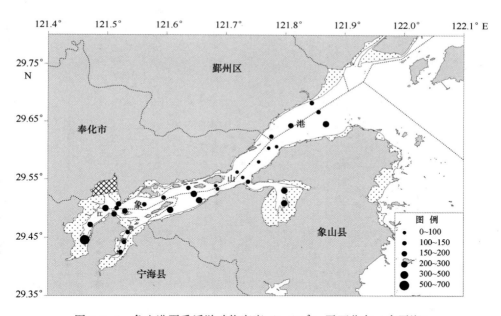

图 5.3-4　象山港夏季浮游动物密度（ind/m³）平面分布（高平潮）

（图 5.3-5 和图 5.3-6）。

2011 年 7 月涨、落潮浮游动物生物量分别为 191.6 mg/m³ 和 175.5 mg/m³（表 5.3-3）。涨潮时浮游动物生物量港口高于港中和港底；落潮时港中部最高，港口次之，港底部最低（图 5.3-7 和图 5.3-8）。

2011 年 12 月涨、落潮浮游动物生物量分别为 38.4 mg/m³ 和 36.1 mg/m³（表 5.3-3）

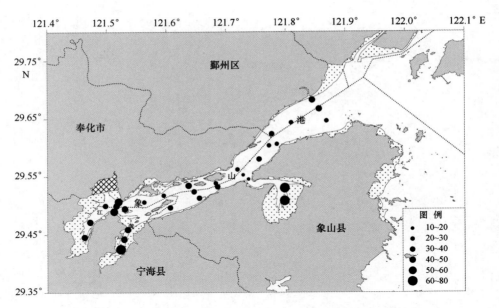

图 5.3-5　象山港冬季浮游动物密度（ind/m³）平面分布（低平潮）

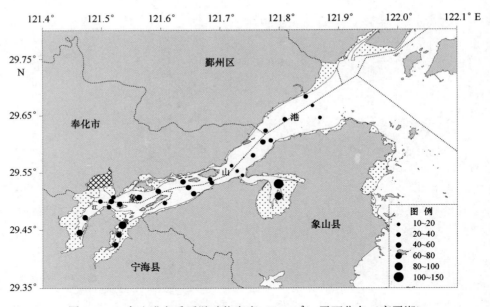

图 5.3-6　象山港冬季浮游动物密度（ind/m³）平面分布（高平潮）

涨潮时浮游动物生物量整体呈现港底高于港中及港口；落潮时港中部最高，港口与港底相差不大（图 5.3-9 和图 5.3-10）。

表 5.3-3　象山港浮游动物生物量分布　　　　　　单位：mg/m³

潮汐	夏季（7月）		冬季（12月）	
	范围	平均值	范围	平均值
低平潮	42.8~582.5	191.6	16.0~71.7	38.4
高平潮	77.8~463.5	175.5	24.0~53.3	36.1

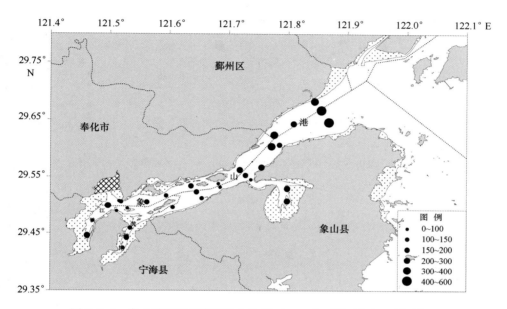

图 5.3-7　象山港夏季浮游动物生物量（mg/m³）平面分布（低平潮）

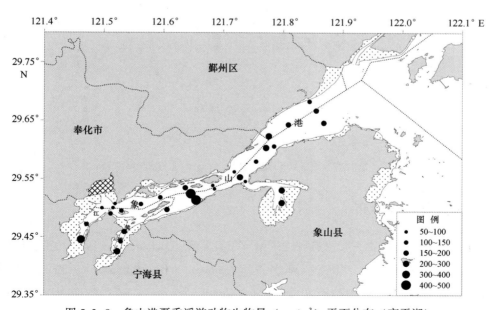

图 5.3-8　象山港夏季浮游动物生物量（mg/m³）平面分布（高平潮）

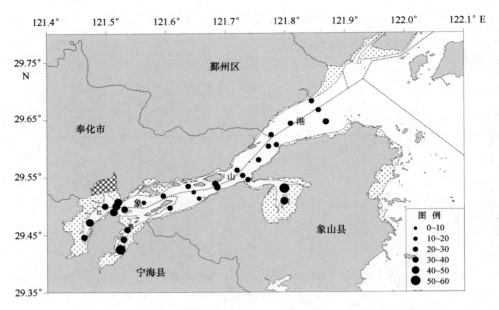

图 5.3-9 象山港冬季浮游动物生物量（mg/m³）平面分布（低平潮）

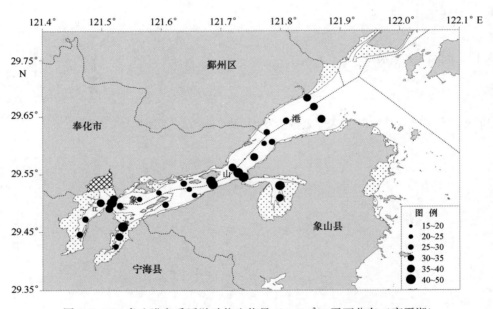

图 5.3-10 象山港冬季浮游动物生物量（mg/m³）平面分布（高平潮）

5.3.3 优势种及其分布

2011 年 7 月浮游动物主要优势种为太平洋纺锤水蚤（*Acartia pacifica*）、短尾类蚤状幼虫（*Brachyura zoea* larva）、背针胸刺水蚤（*Centropages dorsispinatus*）、汤氏长足水蚤（*Calanopia thompsoni*）、针刺拟哲水蚤（*Paracalanus derjugini*）和百陶箭虫（*Zonosagitta bedoti*）等。

146

2011 年 12 月主要优势种为背针胸刺水蚤、汤氏长足水蚤、太平洋纺锤水蚤和百陶箭虫等（表 5.3-4）。

表 5.3-4　象山港浮游动物优势种（Y≥0.02）及优势度指数

优势种	夏季（7月）		冬季（12月）	
	低平潮	高平潮	低平潮	高平潮
百陶箭虫	0.043	0.059	0.046	0.033
背针胸刺水蚤	0.060	0.025	0.234	0.265
短尾类蚤状幼虫	0.137	0.283		
太平洋纺锤水蚤	0.241	0.209	0.229	0.195
汤氏长足水蚤	0.052	0.076	0.288	0.196
针刺拟哲水蚤	0.044	0.035		0.023
中华哲水蚤	0.048			
真刺唇角水蚤		0.071	0.023	0.036
住囊虫属			0.025	

5.3.3.1　太平洋纺锤水蚤

2011 年夏季（7 月）象山港海域浮游动物主要优势种之一，属近岸低盐暖水种。2011 年夏季（7 月）低平潮时为第一优势种；高平潮时为第二优势种。其密度分布呈现港底高于港中和港口的趋势（图 5.3-11 和图 5.3-12）。

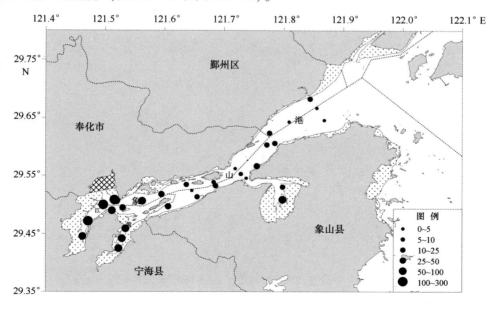

图 5.3-11　象山港夏季太平洋纺锤水蚤（ind/m³）平面分布（低平潮）

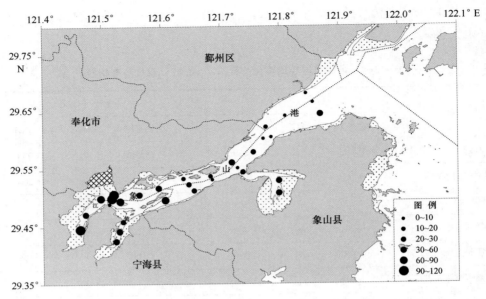

图 5.3-12　象山港夏季太平洋纺锤水蚤（ind/m³）平面分布（高平潮）

5.3.3.2　短尾类蚤状幼虫

短尾类蚤状幼虫或称水蚤幼虫，属于蟹类幼虫。2011 年夏季（7 月）象山港海域浮游动物主要优势种。低平潮时为象山港浮游动物第二优势种，高平潮时为象山港浮游动物的第一优势种。夏季（7 月）短尾类蚤状幼虫整体呈现港底部高于港中部及港口的趋势（图 5.3-13 和图 5.3-14）。冬季（12 月）其在所有测站中出现频率较低。

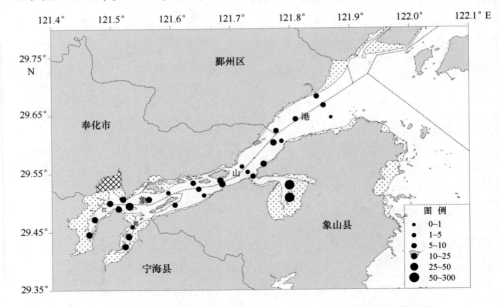

图 5.3-13　象山港夏季短尾类蚤状幼虫（ind/m³）平面分布（高平潮）

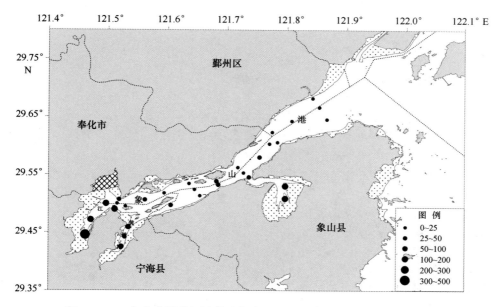

图 5.3-14　象山港夏季短尾类蚤状幼虫（ind/m³）平面分布（低平潮）

5.3.3.3　背针胸刺水蚤

背针胸刺水蚤，暖水种。2011 年冬季（12 月）象山港海域浮游动物优势种之一，其密度分布基本呈现从港口到港的逐步降低的趋势。潮汐变化对背针胸刺水蚤密度分布有一定影响（图 5.3-15 和图 5.3-16）。

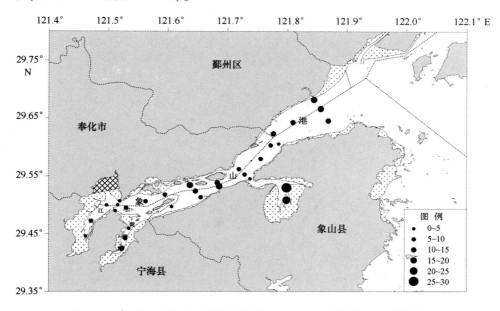

图 5.3-15　象山港冬季背针胸刺水蚤（ind/m³）平面分布（低平潮）

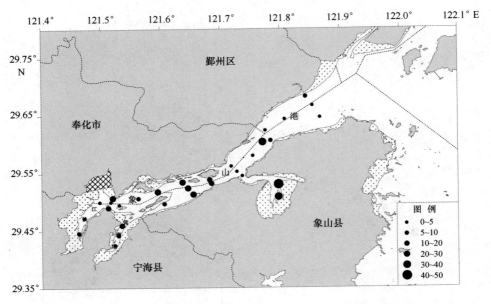

图 5.3-16 象山港冬季背针胸刺水蚤（ind/m³）平面分布（高平潮）

5.3.3.4 汤氏长足水蚤

汤氏长足水蚤，太平洋热带、温带水域都有分布。2011 年冬季（12 月）涨潮时其为浮游动物第一优势种，其密度水平分布呈现港底高于港口的趋势。2011 年冬季（12 月）高平潮时为浮游动物的第二优势种，高平潮时其密度水平分布呈现港中部高于港底部和港口的趋势（图 5.3-17，图 5.3-18）。

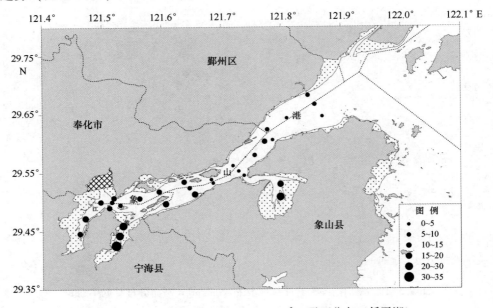

图 5.3-17 冬季汤氏长足水蚤（ind/m³）平面分布（低平潮）

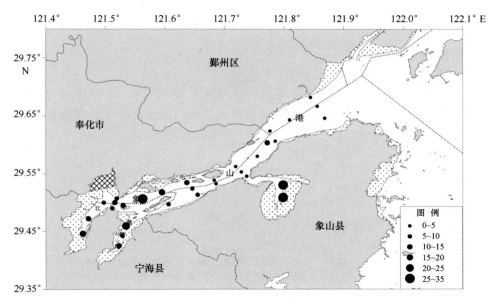

图 5.3-18　象山港冬季汤氏长足水蚤（ind/m³）平面分布（高平潮）

5.3.4　生态类型

5.3.4.1　半咸水生态类群

主要代表种为火腿伪镖水蚤（*Pseudodiaptomus poplesia*）。该群落生物量不高，不受潮汐影响，为本土栖息类群。分布在西沪港、黄墩港和铁港的底部海域。

5.3.4.2　低盐近岸生态群落

代表种为针刺拟哲水蚤、墨氏胸刺水蚤（*Centropages mcmurrichi*）、强额拟哲水蚤（*Parvocalanus crassirostris*）、背针胸刺水蚤和太平洋纺锤水蚤等。该群落是象山港种类数最多，个体数量最大的生态类群，对象山港浮游动物生态系统起主导作用。该群落主要分布在象山港中部海域。

5.3.4.3　外海暖水生态群落

代表种为精致真刺水蚤（*Euchaeta concinna*）、肥胖箭虫（*Flaccisagitta enflata*）和亚强次真哲水蚤（*Subeucalanus subcrassus*）等。该群落密度较低，但种类较多，对增加象山港浮游动物的生物物种多样性起着重要的作用。该群落由外洋水带入，主要分布在受外洋水影响的从象山港湾口到西沪港港口一带。

5.3.4.4　广布性群落

该类群四季均有出现，平面分布较均匀，种类较少。主要种为拟长腹剑水蚤（*Oithona*

simills）等。该类群在整个象山港都有分布。

5.3.5　周日连续变化

2011年夏季（7月）浮游动物密度呈现双峰变化趋势（图5.3-19），2011年冬季（12月）浮游动物密度呈现单峰变化趋势（图5.3-20）。总体来说浮游动物密度与潮流变化关系不密切。

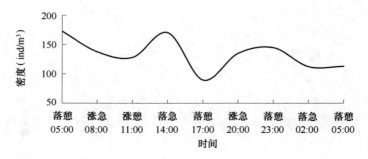

图5.3-19　象山港夏季（7月）浮游动物密度周日连续变化

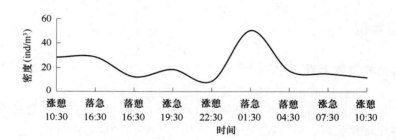

图5.3-20　象山港冬季（12月）浮游动物密度周日连续变化

2011年夏季（7月）浮游动物密度在89.5~172.7个/m³之间，以凌晨05：00时密度最高，下午17：00时密度最低。昼夜主要优势种为背针胸刺水蚤（Y为0.211）、汤氏长足水蚤（Y为0.162）等（图5.3-19）。

2011年冬季（12月）浮游动物密度在8.8~50.3个/m³之间，以凌晨01：30时密度最高，晚上22：30时密度最低。昼夜主要优势种为背针胸刺水蚤（Y为0.415）、汤氏长足水蚤（Y为0.139）等（图5.3-20）。

5.3.6　生物多样性

2011年夏季（7月）低平潮时浮游动物多样性指数H'在1.36~3.54之间，平均为2.60；高平潮时浮游动物多样性指数H'在0.81~3.44之间，平均为2.51。2011年冬季（12月）低平潮时浮游动物多样性指数H'在1.97~3.20之间，平均为2.55；高平潮时浮游动物多样性指数H'在1.75~3.60之间，平均为2.50。夏季和冬季浮游动物多样性指数

H' 相差不大。

2011 年夏季（7 月）低平潮时浮游动物均匀度指数 *J* 在 0.39~0.82 之间，平均为 0.68；高平潮时浮游动物均匀度指数 *J* 在 0.27~0.86 之间，平均为 0.69。2011 年冬季（12 月）低平潮时浮游动物均匀度指数 *J* 在 0.62~0.89 之间，平均为 0.78；高平潮时浮游动物均匀度指数 *J* 在 0.60~0.90 之间，平均为 0.77。冬季浮游动物均匀度指数 *J* 高于夏季。

2011 年夏季（7 月）低平潮时浮游动物丰度指数 *d* 在 0.79~3.08 之间，平均为 1.93；高平潮时浮游动物丰度指数 *d* 在 0.86~2.40 之间，平均为 1.64。2011 年冬季（12 月）低平潮时浮游动物丰度指数 *d* 在 0.66~3.00 之间，平均为 1.79；高平潮时浮游动物丰度指数 *d* 在 0.68~3.33 之间，平均为 1.78。

象山港浮游动物多样性指数 *H'* 整体呈现从港口到港底逐步降低的趋势（图 5.3-21），港口到西沪港口海域由于受外海海水的影响，增加了浮游动物的种类数和多样性，但其影响局限于西沪港口一线以东海域，这与"外海水最远可运移至西沪港口外，乌龟山附近"（黄秀清等，2008）这一结论相一致。而在港底区域由于水体流动较缓，浮游植物繁盛而使浮游动物密度较高但种类相对单一。

5.3.7　历年变化趋势

从浮游动物种类数上看本次调查夏、冬两季共鉴定到浮游动物 66 种；其中夏季 60 种，冬季 35 种。20 世纪 80 年代象山港深水区全年浮游动物共有 97 种，2000 年左右两次调查夏季分别为 74 种和 57 种，冬季分别为 47 种和 39 种；从种类数上看，20 世纪 80 年代调查数据由于未按照季节区分，可比性较差；但与 2000 年调查结论基本接近。

从浮游动物密度上看，夏季浮游动物平均密度为 164.7 ind/m³ 明显低于 20 世纪 80 年代全年平均值（423.5 ind/m³），接近宁修仁等的调查记录（157.3 ind/m³），但低于黄秀清等的调查记录（376.8 ind/m³），夏季浮游动物密度可能存在一定程度的年际变化；冬季浮游动物密度接近以往调查记录。

从浮游动物生物量上看，夏季浮游动物生物量平均为 183.6 mg/m³，低于 20 世纪 80 年代（>200 mg/m³）及黄秀清等（2008）（450.5 mg/m³）的记录，但与宁修仁等（2005）（155.3 mg/m³）记录相差不大。冬季浮游动物生物量高于黄秀清等（28.9 mg/m³）的记录，但低于宁修仁、刘镇盛等（2004）（55.5 mg/m³）的记录。

从浮游动物优势种类上看，夏季浮游动物优势种类与历史记录相符无明显变化。冬季从近 10 年看优势种类无明显变化；但相比 20 世纪 80 年代存在较明显的变化。20 世纪 80 年代，具有暖温带特性的中华哲水蚤是象山港主要桡足类之一，在象山港全年都有分布，4—6 月在港口大量出现，5 月达到高峰（最高值达 417.9 ind/m³），12 月至翌年 2 月在港顶部较多，从近 10 年的学者研究看中华哲水蚤只在象山港港口海域零星分布或在港口海域成为局部优势种，相比 20 世纪 80 年代中华哲水蚤在象山港分布范围、密度都有较大变

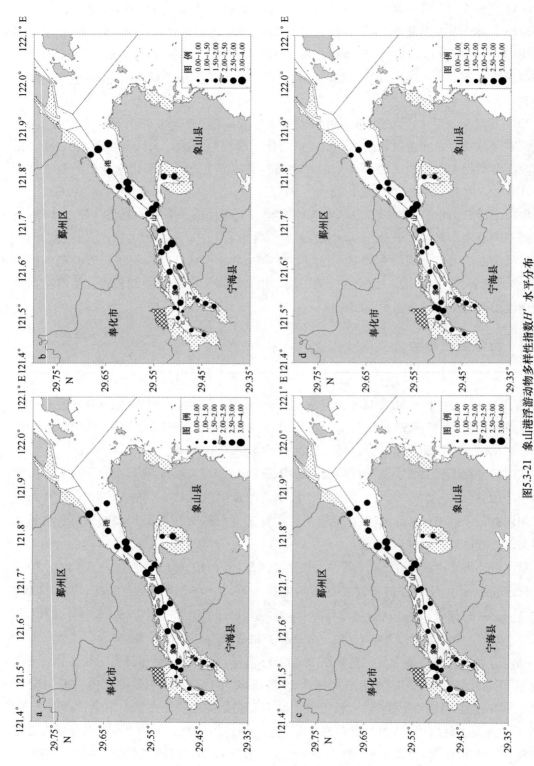

图5.3-21 象山港浮游动物多样性指数 H' 水平分布

(a 夏季低平潮, b 夏季高平潮, c 冬季低平潮, d 冬季高平潮)

化，说明从长时间序列变化上看，象山港浮游动物群落存在一定程度的演替。近年来象山港电厂温排水虽未对象山港浮游动物群落产生明显的影响，但随着电厂温排水效应的累积，象山港浮游生物群落结构的演变值得关注（表5.3-5）。

表5.3-5　象山港浮游动物历年对比

季节	夏季	冬季	文献
种类数	全年97种（深水区）		柏怀萍，1984 中国海湾志编纂委员会，1993
	74	47	宁修仁等，2002
	57	39	黄秀清等，2008
	60	35	本文
平均密度 （ind/m³）	年平均423.5		柏怀萍，1984 中国海湾志编纂委员会，1993
	157.3	55.5	宁修仁等，2002 刘镇盛等，2004
	376.8	28.9	黄秀清，2008
	164.7	40.3	本文
生物量 （mg/m³）	>200	35~75	柏怀萍，1984 中国海湾志编纂委员会，1993
	155.3	10.4	宁修仁等，2002
	450.5	28.8	黄秀清等，2008
	183.6	37.3	本文
主要优势种类	太平洋纺锤水蚤 针刺拟哲水蚤	墨氏胸刺水蚤 中华哲水蚤	柏怀萍，1984 中国海湾志编纂委员会，1993
	太平洋纺锤水蚤 背针胸刺水蚤	针刺拟哲水蚤 太平洋纺锤水蚤	宁修仁等，2002
	短尾类蚤状幼虫 太平洋纺锤水蚤	背针胸刺水蚤 捷氏歪水蚤	黄秀清等，2008
	太平洋纺锤水蚤 短尾类蚤状幼虫	汤氏长足水蚤 背针胸刺水蚤	本文

5.4　大型底栖生物

象山港大型底栖生物主要以近岸常见种为主。夏季种类数、密度和生物量多于冬季。港底大型底栖生物的密度和生物量皆高于港口和港中海域。多毛类动物和软体动物是影响种类分布的主要类群。夏季象山港大型底栖生物数量增长趋势明显。

5.4.1　种类组成

象山港夏季和冬季两个季节共鉴定到底栖生物81种，其中夏季航次67种，冬季航次30种（图5.4-1和表5.4-1）。多毛类最多34种，软体动物次之18种。种类数从高到低依次为港底、港中、港底，夏季高于冬季，一般以多毛类种类数最高。其中2011年夏季（7月）多毛类31种，软体动物14种，节肢动物10种，鱼类2种，棘皮动物6种，其他类4种；2011年冬季（12月）多毛类11种，软体动物9种，节肢动物2种，鱼类1种，棘皮动物5种，其他类2种。

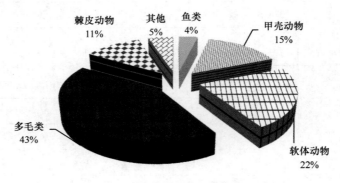

图5.4-1　象山港底栖生物种类组成

表5.4-1　象山港海域底栖生物名录

序号	中文名	拉丁文名	夏季（7月）			冬季（12月）		
			港口	港中	港底	港口	港中	港底
一	多毛类	Polychaeta						
1	双鳃内卷齿蚕	*Aglaophamus dibranchis*	+	+				
2	中华内卷齿蚕	*Aglaophamus sinensis*			+	+	+	
3	西方似蛰虫	*Amacana occidibuliformis*			+			
4	似蛰虫	*Amaeana trilobata*			+			
5	巴西沙蟹	*Arenicola brasiliensis*			+			

序号	中文名	拉丁文名	夏季（7月）			冬季（12月）		
			港口	港中	港底	港口	港中	港底
6	吻蛰虫	*Artacama proboscidea*			+			
7	多毛自裂虫	*Autolytus setoensis*						+
8	小头虫	*Capitella capitata*			+			+
9	刚鳃虫	*Chaetozone setosa*			+			
10	智利巢沙蚕	*Diopatra chilienis*		+	+			
11	持真节虫	*Euclymene annandalei*			+			
12	真节虫属一种	*Euclymene* sp.			+			
13	滑指矶沙蚕	*Eunice indica*			+			
14	长吻沙蚕	*Glycera chirori*					+	+
15	锥唇吻沙蚕	*Glycera onomichiensis*			+			+
16	日本角吻沙蚕	*Goniada japonica*		+				
17	色斑角吻沙蚕	*Goniada maculata*			+			
18	长锥虫	*Haploscoloplos clongatus*			+	+		
19	覆瓦哈鳞虫	*Harmothoë imbricata*			+	+	+	+
20	异足索沙蚕	*Lumbrineris heteropoda*	+	+				
21	多鳃齿吻沙蚕	*Nephtys polybranchia*			+			
22	背蚓虫	*Notomastus latericeus*		+		+		+
23	覆瓦背叶虫	*Notophyllum imbricatum*			+			
24	壳砂笔帽虫	*Pectinaria conchilega*			+			
25	游蚕	*Pelagobia longicirrata*			+			
26	双齿围沙蚕	*Perinereis aibuhitensis*		+				
27	多齿围沙蚕	*Perinereis nuntia*		+				
28	矛毛虫	*Phylo felix*			+			+
29	裸裂虫	*Pionosyllis compacta*					+	
30	结节刺缨虫	*Potamilla torelli*			+			
31	膜囊尖锥虫	*Scoloplos marsupialis*			+			
32	红刺尖锥虫	*Scoloplos rubra*			+			
33	不倒翁虫	*Sternaspis scutata*	+	+	+	+	+	+

序号	中文名	拉丁文名	夏季（7月）			冬季（12月）		
			港口	港中	港底	港口	港中	港底
34	梳鳃虫	*Terebellides stroemii*			+			
二	软体动物	Mollusca						
1	大沽全海笋	*Barnea davidi*		+				
2	小刀蛏	*Cultellus attenuatus*		+	+			
3	青蛤	*Cyclina sinensin*			+			+
4	日本镜蛤	*Dosinia（Phacosoma）japonica*		+				
5	凸镜蛤	*Dosirnia（Sinodia）derupta*	+					
6	彩虹明樱蛤	*Moerella iridescens*			+			
7	秀丽织纹螺	*Nassarius festivus*						+
8	半褶织纹螺	*Nassarius semiplicatus*	+	+				
9	西格织纹螺	*Nassarius siquinjorensis*			+			
10	红带织纹螺	*Nassarius succinctus*						+
11	纵肋织纹螺	*Nassarius varicifeus*	+	+	+	+	+	+
12	豆形胡桃蛤	*Nucula faba*	+	+				
13	短蛸	*Octopus ochellatus*			+			
14	婆罗囊螺	*Retusa boenensis*				+		
15	菲律宾蛤仔	*Ruditapes philippinarum*			+			+
16	毛蚶	*Scapharca subcrnsta*		+	+		+	+
17	假奈拟塔螺	*Turricula nelliae*						+
18	薄云母蛤	*Yoldia similis*	+	+	+			+
三	节肢动物	Arthropoda						
1	鲜明鼓虾	*Alpheus distinquendus*			+			
2	日本鼓虾	*Alpheus japonicus*		+				
3	日本蚂	*Charybdis japonica*						+
4	钩虾	Gammaridea	+	+				
5	绒毛近方蟹	*Hemigrapsus penicillatus*			+			
6	锯眼泥蟹	*Ilyoplax serrata*					+	
7	尖尾细鳌虾	*Leptochela aculeocaudata*			+			

序号	中文名	拉丁文名	夏季（7月）			冬季（12月）		
			港口	港中	港底	港口	港中	港底
8	细螯虾	*Leptochela gracilis*	+		+			
9	小五角蟹	*Nursia minor*		+				
10	隆线拳蟹	*Philyra carinata*			+			
11	锯缘青蟹	*Scylla serrata*			+			
12	中型三强蟹	*Tritodynamia intermedia*		+	+			
四	鱼类	Pisces						
1	日本鳗鲡（幼）	*Anguilla japonica*			+			
2	矛尾虾虎鱼	*Chaeturichthys stvqmatias*						+
3	孔虾虎鱼	*Trypauchea vagina*		+				
五	棘皮动物	Echinodermata						
1	日本倍棘蛇尾	*Amphioplus japonicus*					+	+
2	薄倍棘蛇尾	*Amphioplus praestans*	+	+				
3	滩栖阳遂足	*Amphiura vadicola*		+				
4	盾形组蛇尾	*Histampica umbonata*			+	+	+	+
5	不等盘棘蛇尾	*Ophiocentrus inaequalis*					+	
6	金氏真蛇尾	*Ophiura kinbergi*	+	+				
7	海参科一种	Holothuriidae						+
8	芋参属一种	*Molpadia sp.*			+			
9	棘刺锚参	*Protankyra bidentata*	+	+	+			+
六	其他	Others						
1	海葵目一种	*Edwardsia sp.*			+		+	
2	纽虫	*Nemertinea sp.*			+			+
3	拟无吻蜒属一种	*Para-arhynchite sp.*			+			
4	海笔	*Virgulaia sp.*	+		+			
种类数			14	25	49	8	12	24

5.4.2 密度和生物量

2011 年夏季（7 月）象山港底栖生物密度 20~3 440 个/m²，平均 247.7 个/m²。密度和生物量分布从高到低依次为基本呈港底、港中、港口，港中部底栖生物密度和生物量低于其邻近海域（图5.4-2和图5.4-3）。

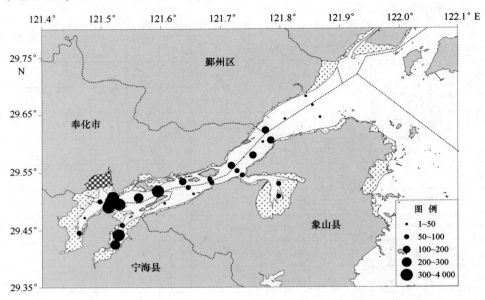

图5.4-2　象山港夏季底栖生物密度（ind/m²）分布

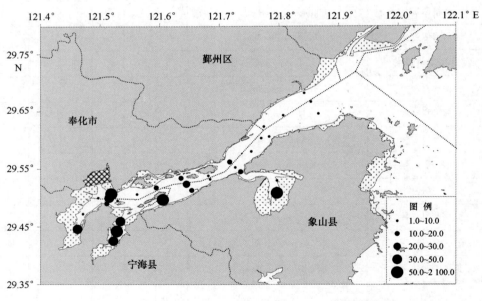

图5.4-3　象山港夏季底栖生物量（g/m²）分布

2011年冬季（12月）底栖生物密度10~425个/m²，平均66个/m²。密度分布从高到低依次为港底、港口、港中，生物量港底高于港中和港口，港中和港口接近（图5.4-4和图5.4-5）。

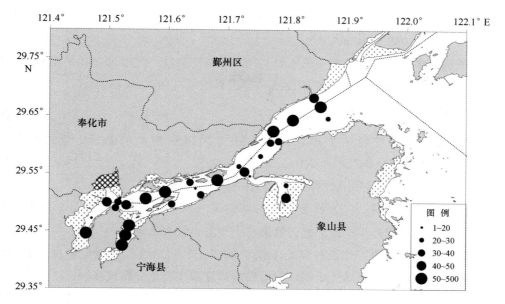

图 5.4-4　象山港冬季底栖生物密度（ind/m²）分布

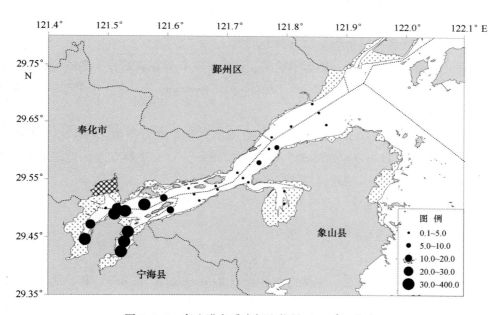

图 5.4-5　象山港冬季底栖生物量（g/m²）分布

5.4.3　优势种及生态类群

5.4.3.1　夏季

1）湾口

湾口区夏季优势种包括不倒翁虫（*Ruditapes philippinarum*）、异足索沙蚕（*Lumbrineris*

161

heteropoda）和半褶织纹螺（*Nassarius semiplicatus*），优势度分别为 0.196 cells/m³、0.106 cells/m³ 和 0.049 cells/m³。

生态类群：多毛类—织纹螺—蛇尾类。群落代表种类是不倒翁虫、异足索沙蚕、纵肋织纹螺（*Nassarius varicifeus*）、半褶织纹螺和金氏真蛇尾（*Ophiura kinbergi*）。

2）湾中

湾中区夏季优势种包括半褶织纹螺、纵肋织纹螺和不倒翁虫，优势度分别为 0.180 cells/m³、0.069 cells/m³ 和 0.046 cells/m³。

生态类群：湾中区底栖生物类群分两个小类。

蛇尾类—多毛类类群：代表种类是薄倍棘蛇尾（*Amphioplus praestans*）、金氏真蛇尾和不倒翁虫，这一类群分布在西沪港，数量和生物量占较大比重。

织纹螺—多毛类类群：代表种类是半褶织纹螺、纵肋织纹螺、不倒翁虫和异足索沙蚕，这一类群在西沪港口至乌沙山电厂前沿海域密度和生物量分布较高。

3）湾底

湾底区夏季优势种包括：菲律宾蛤仔（*Ruditapes philippinarum*）、不倒翁虫和毛蚶（*Scapharca subcrnsta*），优势度分别为 0.242 cells/m³、0.076 cells/m³ 和 0.011 cells/m³。

生态类群：湾底区底栖生物类群分两个小类。

类群一：双壳类—多毛类—盾形组蛇尾，代表种类有菲律宾蛤仔、毛蚶、锥唇吻沙蚕（*Glycera onomichiensis*）和盾形组蛇尾（*Histampica umbonata*）。这一类群主要分布于黄墩港。

类群二：多毛类—双壳类，代表种类有不倒翁虫、覆瓦哈鳞虫（*Harmothoë imbricata*）、似蛰虫（*Amaeana trilobata*）和菲律宾蛤仔。这一类群在象山港底铁港一侧密度较高，狮子口靠狮子角一侧菲律宾蛤仔密度很高。

5.4.3.2 冬季

1）湾口

冬季优势种包括不倒翁虫、中华内卷齿蚕（*Aglaophamus sinensis*）和纵肋织纹螺，优势度分别为 0.311 cells/m³、0.149 cells/m³ 和 0.074 cells/m³。

生态类群：多毛类—织纹螺—蛇尾类。群落代表种类是不倒翁虫、中华内卷齿蚕、长锥虫（*Haploscoloplos clongatus*）、纵肋织纹螺和盾形组蛇尾。

2）湾中

湾中区冬季优势种包括：不倒翁虫和日本倍棘蛇尾（*Amphioplus japonicus*），优势度分别为 0.218 cells/m³ 和 0.081 cells/m³。

生态类群：湾中区底栖生物类群分两个小类。

类群一：不倒翁虫—裸裂虫（*Terebellides stroemii*），这一类群种类在西沪港密度分布较高。

类群二：不倒翁虫—日本倍棘蛇尾-盾形组蛇尾，这一类群在西沪港外的象山港中部分布较多。

3）湾底

湾底区冬季季优势种包括：菲律宾蛤仔和毛蚶，优势度分别为 0.285 cells/m³ 和 0.024 cells/m³。

生态类群：湾底区底栖生物类群分两个小类。

类群一：双壳类—蛇尾类，代表种类有菲律宾蛤仔、毛蚶、盾形组蛇尾和不等盘棘蛇尾（*Ophiocentrus inaequalis*）。这一类群主要分布于黄墩港。

类群二：毛蚶—棘刺锚参—多毛类，代表种类有毛蚶、棘刺锚参（*Protankyra bidenta-ta*）、不倒翁虫和覆瓦哈鳞虫。这一类群在象山港底铁港一侧密度较高。

5.4.4 生物多样性

夏季和冬季，象山港港口、港中和港底各区域站位底栖生物密度（N）、种类数（S）、多样性指数（H'）、丰富度（d）和均匀度（J）等生态学指标如表 5.4-2。夏季，底栖生物密度（N）、种类数（S）和丰富度（d）从高到低依次为港底、港中、港口，多样性指数（H'）从高到低依次为港中、港底、港中，均匀度（J）港口约等于港中大于港底。冬季，底栖生物密度从高到低依次为（N）港底、港口、港中，种类数（S）、多样性指数（H'）和丰富度（d）从高到低依次为港口、港底、港中，均匀度（J）港口约等于港中大于港底（表 5.4-2）。

表 5.4-2 象山港底栖生物多样性等生态学指标统计

季节		夏季					冬季				
区域	站号	N（ind/m²）	S（种）	H'	d	J	N（ind/m²）	S（种）	H'	d	J
港口	QS1	25	3	1.37	0.43	0.86	45	4	1.97	0.55	0.99
	QS2	30	5	2.25	0.82	0.97	65	4	1.83	0.50	0.92
	QS3	20	3	1.50	0.46	0.95	20	4	2.00	0.69	1.00
	QS4	45	4	1.84	0.55	0.92	90	6	1.95	0.77	0.75
	QS5	145	7	1.77	0.84	0.63	65	5	2.13	0.66	0.92
	QS6	120	4	1.42	0.43	0.71	30	4	1.92	0.61	0.96
	QS7	20	4	2.00	0.69	1.00	30	3	1.46	0.41	0.92

季节		夏季					冬季				
区域	站号	N （ind/m²）	S （种）	H'	d	J	N （ind/m²）	S （种）	H'	d	J
港中	QS08~	125	8	2.78	0.94	0.93	20	4	2.00	0.69	1.00
	QS09	55	8	2.40	1.21	0.80	20	3	1.50	0.46	0.95
	QS10	75	5	1.91	0.64	0.82	45	2	0.76	0.18	0.76
	QS11	90	6	2.29	0.77	0.89	15	2	0.92	0.26	0.92
	QS12	75	4	1.69	0.48	0.84	20	2	1.00	0.23	1.00
	QS13	75	6	2.15	0.80	0.83	45	3	1.44	0.36	0.91
	QS14	50	5	2.12	0.71	0.91	65	3	1.46	0.33	0.92
	QS15	50	5	1.96	0.71	0.84	20	2	1.00	0.23	1.00
	QS16	135	8	2.25	0.99	0.75	35	4	1.84	0.58	0.92
	QS17	65	6	2.29	0.83	0.89	10	2	1.00	0.30	1.00
	QS18	45	4	1.75	0.55	0.88	30	1	0.00	0.00	—
港底	QS19	350	9	1.20	0.95	0.38	50	4	1.90	0.53	0.95
	QS20	39.9	6	2.12	0.94	0.82	35	5	2.13	0.78	0.92
	QS21	283.3	10	2.23	1.10	0.67	80	2	0.90	0.16	0.90
	QS22	85	6	2.18	0.78	0.84	290	2	0.29	0.12	0.29
	QS23	480	6	0.91	0.56	0.35	60	4	1.42	0.51	0.71
	QS24	225	6	1.36	0.64	0.52	425	4	0.41	0.34	0.21
	QS25	416.4	14	1.95	1.49	0.51	45	5	2.20	0.73	0.95
	QS26	3 439.9	6	0.15	0.43	0.06	15	3	1.58	0.51	1.00
	QS27	370	13	2.66	1.41	0.72	35	5	2.24	0.78	0.96
	QS28	510	11	1.71	1.11	0.50	35	5	2.24	0.78	0.96
	QS29	80	8	2.73	1.11	0.91	45	3	1.39	0.36	0.88
	QS30	35	5	2.24	0.78	0.96	10	2	1.00	0.30	1.00
	QS31	70	6	1.95	0.82	0.75	250	2	0.24	0.13	0.24

5.4.5 历年变化趋势

象山港大型底栖生物种类数 2011 年夏季和冬季分别有 67 种和 30 种。从近 10 年看，夏季栖息生物种类数增长趋势明显；冬季底栖生物种类数除 2006 年较高外，整体保持稳定，未见明显趋势性变化。象山港大型底栖生物密度 2011 年夏季和冬季分别为248 ind/m^{2}和 66 ind/m^2。与 30 年前结果相比，本次调查的栖息密度明显高于 1981 年。夏季，近 10 年间底栖生物密度呈增长趋势；冬季底栖生物密度基本保持稳定。象山港大型栖息生物生物量变化幅度较大，无明显趋势性（表 5.4-3）。

表 5.4-3 象山港大型底栖生物历年统计

项目	夏季	冬季	文献
种类数	39	37	黄秀清等，2008
	43	33	同上
	76	86	同上
	67	30	本文
密度（ind/m^2）	104	32	中国海湾志编纂委员会，1993
	65	64	宁修仁等，2002
	143	60	黄秀清等，2008
	143	44	尤仲杰等，2011
	248	66	本文
生物量（g/m^2）	24.21	2.24	中国海湾志编纂委员会，1993
	110.5	46.76	宁修仁等，2002
	21.6	10.9	黄秀清等，2008
	43.16	14.2	尤仲杰等，2011
	87.55	36.2	本文

夏季象山港大型底栖生物种类数、密度增长趋势明显。冬季象山港大型底栖生物无明显趋势性变化。且象山港大型底栖生物分布不均匀，支港海域明显高于主港海域。种类数、栖息密度和生物量夏季皆高于冬季。

5.5 潮间带生物

象山港潮间带种类多属近岸广温广盐性种类；种类组成以软体动物和节肢动物为主，且经济种类较多；潮间带优势种明显；由于生境不一，各潮间带生物量及栖息密度水平分布不均，且季节变化显著。

5.5.1 种类组成

冬季和夏季潮间带生物共110种（表5.5-1），其中夏季89种，冬季86种。这110种生物中，软体动物最多，49种，占44.5%；节肢动物次之，27种，占24.5%；鱼类8种，占7.3%；多毛类7种，占6.4%；大型海藻6种，占5.5%；其他种类13种，占11.8%（图5.5-1）。

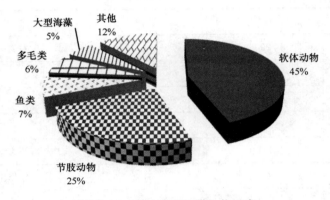

图5.5-1 象山港潮间带生物组成

5.5.1.1 岩石相

象山港岩石相潮间带共3条，分别是位于象山港港口的T1、港中的T4和港底的T8。3条潮间带夏季和冬季生物共83种，其中，软体动物38种，节肢动物21种，鱼类和多毛类各5种，大型海藻4种，其他生物10种（图5.5-2）。

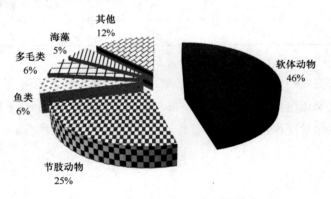

图5.5-2 象山港岩石相潮间带生物组成

166

表 5.5-1　象山港潮间带生物名录

序号	中文名	拉丁名	T2夏季	T2冬季	T3夏季	T3冬季	T5夏季	T5冬季	T6夏季	T6冬季	T7夏季	T7冬季	T1夏季	T1冬季	T4夏季	T4冬季	T8夏季	T8冬季
一	海藻	Algae																
1	中间硬毛藻	Chaetomorpha media																+
2	浒苔	Enteromorpha prolifera				+												
3	肠浒苔	Enteromorpha intestinalis								+	+							
4	小石花菜	Gelidium divaricatum													+		+	+
5	小杉藻	Gigartina intermedia															+	
6	孔石莼	Ulva pertusa																+
二	多毛类	Polychaeta																
1	双鳃内卷齿蚕	Aglaophamus dibranchis		+														
2	长吻沙蚕	Glycera chirori		+		+		+		+	+	+		+		+		
3	异足素沙蚕	Lumbrineris heteropoda		+	+						+							
4	日本刺沙蚕	Neanthes japonica										+			+			
5	双齿围沙蚕	Perinereis aibuhitensis				+							+					
6	多齿围沙蚕	Perinereis nuntia											+		+	+		+
7	不倒翁虫	Sternaspis sculsts	+		+	+	+	+					+					+
三	软体动物	Mollusca																
1	红条毛肤石鳖	Acanthchitoa ubrolineatus															+	+

序号	中文名	拉丁名	T2		T3		T5		T6		T7		T1		T4		T8	
			夏季	冬季	夏季	冬季	夏季	冬季	夏季	冬季	夏季	冬季	夏季	冬季	夏季	冬季	夏季	冬季
2	中国不等蛤	*Anomia chinensis*	+														+	+
3	董拟沼螺	*Assiminea violacea*		+	+	+	+	+	+		+	+						
4	青蚶	*Barbatia virescens*											+	+	+	+	+	+
5	泥螺	*Bullacta exarata*																
6	甲虫螺	*Cantharus cecillei*															+	+
7	嫁蝛	*Cellana toreuma*																+
8	珠带拟蟹守螺	*Cerithidea cingulata*	+		+	+	+	+		+	+	+	+	+				
9	小翼拟蟹守螺	*Cerithidea microptera*	+		+	+	+	+	+	+	+	+	+	+				
10	中华拟蟹守螺	*Cerithidea sinensis*			+	+	+		+	+								
11	锈凹螺	*Chlorostoma rusticum*									+							+
12	角杯阿地螺	*Cylichnatys angusta*									+							
13	褐蚶	*Didimacar tenebrica*									+		+		+		+	
14	中国绿螂	*Glaucomya chinensis*				+			+	+								
15	卵形月华螺	*Haloa ovalis*									+							
16	渤海鸭嘴蛤	*Laternula marilina*	+		+		+		+						+			
17	短滨螺	*Littorina brevicula*					+	+			+	+	+	+	+	+	+	+
18	黑口滨螺	*Littorina melanostoma*	+			+	+	+		+					+	+	+	+

续表

序号	中文名	拉丁名	T2 夏季	T2 冬季	T3 夏季	T3 冬季	T5 夏季	T5 冬季	T6 夏季	T6 冬季	T7 夏季	T7 冬季	T1 夏季	T1 冬季	T4 夏季	T4 冬季	T8 夏季	T8 冬季
19	粗糙滨螺	*Littorina scabra*		+				+		+	+	+	+		+			+
20	微黄镰玉螺	*Lunatia gilva*		+			+							+	+	+	+	+
21	朝鲜花冠小月螺	*Lunella coronata coreensis*															+	
22	彩虹明樱蛤	*Moerella iridescens*				+			+	+		+						
23	单齿螺	*Monodonta labio*											+	+	+	+	+	+
24	凸壳肌蛤	*Musculus senhousi*							+									
25	秀丽织纹螺	*Nassarius fediva*		+			+											
26	半褶织纹螺	*Nassarius semiplicatus*	+	+	+	+	+	+	+	+	+	+	+		+	+	+	+
27	红带织纹螺	*Nassarius succinctus*				+							+					
28	纵肋织纹螺	*Nassarius varicifeus*	+	+			+	+	+						+			
29	渔舟蜒螺	*Nerita albicilla*					+						+		+		+	
30	齿纹蜒螺	*Nerita yoldi*		+		+	+	+					+		+	+	+	+
31	粘结节滨螺	*Nodilittorina exigua*													+	+	+	+
32	史氏背尖贝	*Notoacmea schrenckii*		+			+		+				+		+	+	+	+
33	豆形胡桃蛤	*Nucula kawamurai*									+							
34	石磺	*Onchidium verruculatum*			+								+	+		+		
35	僧帽牡蛎	*Ostrea cucullata*		+			+	+										+

169

序号	中文名	拉丁名	T2		T3		T5		T6		T7		T1		T4		T8	
			夏季	冬季	夏季	冬季	夏季	冬季	夏季	冬季	夏季	冬季	夏季	冬季	夏季	冬季	夏季	冬季
36	近江牡蛎	Ostrea rivularis	+															+
37	丽核螺	Pyrene bella		+									+		+	+	+	+
38	红螺	Rapana bezoar											+		+		+	+
39	脉红螺	Rapana venosa												+		+		
40	婆罗囊螺	Retusa boenensis	+	+			+				+		+	+	+		+	+
41	条纹隔贻贝	Septifer virgatus									+				+		+	+
42	缢蛏	Sinonovacula constricta								+	+	+						
43	日本菊花螺	Siphonaria japonica												+			+	+
44	泥蚶	Tegillarer granosa	+						+	+			+				+	
45	疣荔枝螺	Thais clavigera											+	+	+		+	
46	刺荔枝螺	Thais echinata						+					+					
47	斑纹棱蛤	Trapezium liratum													+	+		
48	金星铰蛤	Trigonothacia uinxingee		+													+	
49	黑荞麦蛤	Vignadula atrata		+									+		+	+	+	
四	节肢动物	Arthropoda																
1	鲜明鼓虾	Alpheus distinquendus																
2	日本鼓虾	Alpheus japonicus									+							

序号	中文名	拉丁名	T2 夏季	T2 冬季	T3 夏季	T3 冬季	T5 夏季	T5 冬季	T6 夏季	T6 冬季	T7 夏季	T7 冬季	T1 夏季	T1 冬季	T4 夏季	T4 冬季	T8 夏季	T8 冬季
3	白脊藤壶	*Balbicostus albicostatus*					+	+							+	+	+	+
4	日本蟳	*Charybdis japonica*							+					+				
5	安氏白虾	*Exopalaemon annandalei*								+				+				
6	脊尾白虾	*Exopalaemon carinicauda*										+		+				
7	中国明对虾	*Fenneropenaeus chinensis*									+							
8	钩虾	*Gammaridea*															+	
9	伍氏厚蟹	*Helicana wuana*					+			+								
10	肉球近方蟹	*Hemigrapsus sanguineus*							+								+	+
11	中华近方蟹	*Hemigrapsus sinensis*											+		+	+		+
12	披发异毛蟹	*Heteropilumnus ciliatus*			+					+								
13	宁波泥蟹	*Ilyoplax ningpoensis*	+	+	+	+	+	+	+	+	+	+	+	+				
14	锯眼泥蟹	*Ilyoplax serrata*							+									
15	淡水泥蟹	*Ilyoplax tansuinsis*			+	+	+	+	+		+	+	+	+	+	+		
16	海蟑螂	*Ligia exotica*					+	+							+	+		
17	特异大权蟹	*Macromedaeus distinguendus*															+	+
18	日本大眼蟹	*Macrophthalmus japonicus*	+	+	+	+	+	+		+	+	+	+	+				
19	长足长方蟹	*Metaplax longipes*	+	+	+	+	+	+	+	+	+	+	+	+		+		

序号	中文名	拉丁名	T2		T3		T5		T6		T7		T1		T4		T8	
			夏季	冬季	夏季	冬季	夏季	冬季	夏季	冬季	夏季	冬季	夏季	冬季	夏季	冬季	夏季	冬季
20	粗腿厚纹蟹	*Pachygrapsus crassipes*				+		+		+			+	+	+	+	+	+
21	葛氏长臂虾	*Palaemon gravieri*				+							+					
22	豆形拳蟹	*Philyra pisum*			+													
23	红螯相手蟹	*Sesarma haematocheir*			+	+	+		+									
24	褶痕相手蟹	*Sesarma plicata*											+					
25	日本笠藤壶	*Tetraclita japonica*															+	+
26	鳞笠藤壶	*Tetraclita sqamosa*															+	+
27	弧边招潮	*Uca arcuata*	+		+		+		+	+	+		+	+	+			
五	鱼类	Pisces																
1	大弹涂鱼	*Boleophthalmus pectinirostris*							+		+							
2	矛尾虾虎鱼	*Chaeturichthys stigmatias*										+						
3	棱鮻	*Liza carinatus*						+				+		+				
4	斑头肩鳃鳚	*Omobranchus fasciolaticeps*											+	+				
5	弹涂鱼	*Periophthalmus cantonensis*			+	+	+		+	+	+	+	+	+				
6	斑尾复虾虎鱼	*Synechogobius ommaturus*									+		+					
7	舒氏海龙	*Syngnathus schlegeli*		+									+					
8	钟馗虾虎鱼	*Triaeopgon barbatus*													+			

序号	中文名	拉丁名	T2		T3		T5		T6		T7		T1		T4		T8	
			夏季	冬季	夏季	冬季	夏季	冬季	夏季	冬季	夏季	冬季	夏季	冬季	夏季	冬季	夏季	冬季
六	其他	Other																
1	金氏真蛇尾	*Ophiura kinbergi*																+
2	海地瓜	*Acaudina molpadioides*		+				+										
3	绿侧花海葵	*Anthopleura midori*													+		+	+
4	珊瑚虫纲一种	Anthozoa															+	
5	爱氏海葵	*Eduardsia* sp.														+		
6	星虫状海葵	*Eswardsia sipunculoides*										+						
7	纵条肌海葵	*Haliplanella luxiae*											+		+		+	+
8	马粪海胆	*Hemicentrotus pulcherrimus*																+
9	桂山厚丛柳珊瑚	*Hicrsonella guishanensis*									+						+	
10	纵沟纽虫	*Lineus* sp.		+				+										
11	纽虫	*Nemertinea* sp.						+										
12	可口革囊星虫	*Phascoiosoma esculenta*	+	+	+	+	+	+	+	+	+		+	+	+	+	+	+
13	涡虫纲一种	Turbellaria									+							
	种类数总计		16	27	19	22	26	24	23	23	29	20	34	38	32	21	36	38

173

5.5.1.2 泥相

象山港泥相为主的潮间带共 5 条，分别是位于港中部的 T2、T3 和 T5，以及位于港底的 T6 和 T7。5 条潮间带夏季和冬季生物种类共 70 种，其中软体动物最多，29 种，节肢动物次之，19 种（图 5.5-3）。

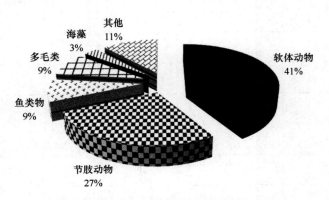

图 5.5-3　象山港泥相潮间带生物种类组成

5.5.2　栖息密度和生物量

象山港潮间带生物密度和生物量分布如表 5.5-2 所示，岩石相潮间带密度和生物量高于泥相潮间带。

表 5.5-2　象山港潮间带生物密度和生物量

断面	潮区	底质类型	夏季		冬季	
			密度（个/m²）	生物量（g/m²）	密度（个/m²）	生物量（g/m²）
T1	高	岩礁	3 624	470.80	594	70.48
	中	砾石、泥滩	1 168	2 046.08	600	872.96
	低	泥滩	448	75.52	104	18.96
T4	高	岩石	2 008	228.80	360	42.32
	中	岩礁、砾石	1 504	3 371.60	280	292.24
	低	泥滩、砾石	768	616.96	128	51.28
T8	高	岩礁	1 344	62.80	1 368	101.44
	中	岩礁	584	1 023.36	960	441.04
	低	岩礁、泥滩	*	*	400	1 394.08

断面	潮区	底质类型	夏季		冬季	
			密度（个/m²）	生物量（g/m²）	密度（个/m²）	生物量（g/m²）
T2	高	泥滩	88	49.68	88	15.92
	中	泥滩	392	208.24	168	14.64
	低	泥滩	80	62.88	80	14.40
T3	高	海草、泥滩	408	125.76	176	111.68
	中	泥滩	1 272	1 295.12	408	184.64
	低	泥滩	112	29.36	56	8.48
T5	高	石堤、砾石	80	30.24	128	38.64
	中	海草、泥滩	224	69.2	200	63.52
	低	泥滩	288	120.4	56	9.60
T6	高	沙泥滩	568	275.28	256	173.12
	中	泥滩	912	232.8	120	75.84
	低	泥滩	200	38.16	40	24.00
T7	高	石堤	296	32.64	32	34.32
	中	泥滩	376	178.16	208	34.72
	低	泥滩	224	119.12	88	18.00

注：＊为夏季 T8 低潮区因潮水关系未能成功采样。

岩石相潮间带断面中，夏季，高潮区生物密度从高到低依次为 T1、T4、T8，中潮区生物密度从高到低依次为 T4、T1、T8，生物量分布趋势和密度一致。冬季，生物密度 T8 最高，高潮区和中潮区生物量 T1 最高，低潮区生物量 T8 最大。

泥相潮间带断面中，位于西沪港的 T3 与位于象山港底的 T6 和 T7 3 条断面潮间带生物密度和生物量明显高于象山港中部的 T2 和 T5 两条潮间带。

5.5.3 生物群落结构

5.5.3.1 岩石相潮间带

象山港岩石相潮间带冬季和夏季生物带组合类型差异不大，各断面间差异较大。3 条断面高潮区均为滨螺带；T1 和 T4 中潮区为牡蛎—蜒螺带，T1 中潮区还有白脊藤壶（Balanus albicostatus）分布，T4 中潮区有较高密度的青蚶（Barbatia virescens），T8 中潮区是大型海藻场；T1 低潮区是泥滩底质，生物类型为多毛类—蟹守螺类—婆罗囊螺带，T4 低潮区为泥滩、砾石底质，群落类型为青蚶—婆罗囊螺—中华近方蟹，T8 低潮区为岩礁，群落类型为鳞笠藤壶—荔枝螺—大型海藻（表5.5-3）。

表 5.5-3　象山港岩石相潮间带生物组合类型

潮区		高潮区	中潮区	低潮区
断面代号及生物组合带	T1	岩礁、滨螺带	砾石、泥滩 牡蛎—蜓螺—藤壶	泥滩 多毛类—拟蟹守螺—婆罗囊螺
	T4		岩礁、砾石 僧帽牡蛎—蜓螺—青蚶	泥滩、砾石 青蚶—婆罗囊螺—中华近方蟹
	T8		岩礁 大型海藻—贝类—甲壳动物	岩礁 鳞笠藤壶—荔枝螺—大型海藻

5.5.3.2　泥相潮间带

象山港泥相潮间带高潮区底质类型分石堤、砾石、泥滩和海草等几种类型，石堤砾石型高潮区为滨螺带，泥滩型高潮区群落类型为董拟沼螺—拟蟹守螺—泥蟹带，泥相潮间带，T5 断面中潮区为海草场，其他均为泥滩，T5 中潮区生物群落为董拟沼螺—珠带拟蟹守螺—长足长方蟹带，T2、T3 中潮区生物群落类型为渤海鸭嘴蛤—小型螺类—泥蟹，T5 中潮区为海草场，群落类型为董拟沼螺—珠带拟蟹守螺—长足长方蟹带，T6 中潮区为董拟沼螺—彩虹明樱蛤—珠带拟蟹守螺带，T7 中潮区为肠浒苔—缢蛏—半褶织纹螺带。各断面低潮区均为泥滩，生物种类组合各异，但是，种类仍以小翼拟蟹守螺（*Cerithidea microptera*）、长足长方蟹（*Metaplax longipes*）和不倒翁虫为主。

泥相潮间带各断面高潮区群落类型因底质类型不同而各异，中潮区和低潮区常见种类有小翼拟蟹守螺、珠带拟蟹守螺（*Cerithidea cingulata*）、董拟沼螺（*Assiminea violacea*）、宁波泥蟹（*Ilyoplax ningpoensis*）、不倒翁虫和半褶织纹螺等。一些种类则因季节不同或地理位置不同而差异分布。渤海鸭嘴蛤（*Laternula marilina*）在港中部密度分布较高，浒苔（*Enteromorpha prolifera*）和肠浒苔（*Enteromrpha intestinalis*）分布在象山港底和西沪港底，不倒翁虫、长足长方蟹和半褶织纹螺则较常见于低潮区（表 5.5-4和表 5.5-5）。

5.5.4　生物多样性

T6、T7 两断面冬季物种多样性明显低于夏季，其他断面冬季和夏季多样性指数差异不大。T1、T4、T7 和 T8 四条断面，中潮区和低潮区物种多样性明显高于高潮区，其他断面高潮区与中低潮区差异不大（表5.5-6）。

表 5.5-4　象山港夏季泥相潮间带生物组合类型

潮区		高潮区	中潮区	低潮区
断面代号及生物组合带	T2	泥滩 宁波泥蟹—董拟沼螺	泥滩 渤海鸭嘴蛤—小翼拟蟹守螺—宁波泥蟹	泥滩 小翼拟蟹守螺—长足长方蟹
	T3	海草 董拟沼螺—中华拟蟹守螺	泥滩 渤海鸭嘴蛤—董拟沼螺—宁波泥蟹	泥滩 不倒翁虫—长足长方蟹
	T5	石堤、砾石 短滨螺—粗腿厚纹蟹	海草 董拟沼螺—珠带拟蟹守螺—长足长方蟹	泥滩 纵肋织纹螺—小翼拟蟹守螺—婆罗囊螺
	T6	沙、泥滩 中国绿螂—中华拟蟹守螺—小翼拟蟹守螺	泥滩 董拟沼螺—彩虹明樱蛤—珠带拟蟹守螺	泥滩 不倒翁虫—小翼拟蟹守螺—彩虹明樱蛤
	T7	石堤 短滨螺—粗糙滨螺	泥滩 肠浒苔—缢蛏—半褶织纹螺	泥滩 缢蛏—小翼拟蟹守螺—异足索沙蚕

表 5.5-5　象山港冬季泥相潮间带生物组合类型

潮区		高潮区	中潮区	低潮区
断面代号及生物组合带	T2	岩石 滨螺带	泥滩 宁波泥蟹—淡水泥蟹	泥滩 丽核螺—不倒翁虫
	T3	海草 浒苔—中华拟蟹守螺—珠带拟蟹守螺	泥滩 珠带拟蟹守螺—董拟沼螺—浒苔	泥滩 半褶织纹螺—不倒翁虫
	T5	石堤、砾石 粗糙滨螺—短滨螺—革囊星虫	海草 珠带拟蟹守螺—小翼拟蟹守螺—董拟沼螺	泥滩 小翼拟蟹守螺—纽虫
	T6	海草、泥滩 浒苔—中国绿螂	泥滩 半褶织纹螺—珠带拟蟹守螺	泥滩 小翼拟蟹守螺—半褶织纹螺
	T7	石堤 短滨螺	泥滩 宁波泥蟹—珠带拟蟹守螺	泥滩 宁波泥蟹—珠带拟蟹守螺

表 5.5-6　象山港潮间带生物多样性统计

断面	潮区	夏季				冬季			
		种数	H′	d	J′	种数	H′	d	J′
T1	高潮区	4	0.97	0.25	0.48	4	1.37	0.33	0.68
	中潮区	15	3.04	1.37	0.78	12	2.85	1.19	0.80
	低潮区	6	2.17	0.57	0.84	5	2.08	0.60	0.89
T2	高潮区	6	1.62	0.77	0.63	4	1.49	0.46	0.75
	中潮区	5	1.55	0.46	0.67	6	1.51	0.68	0.58
	低潮区	4	1.76	0.47	0.88	6	2.37	0.79	0.92
T3	高潮区	4	1.71	0.35	0.86	5	1.56	0.54	0.67
	中潮区	9	1.68	0.78	0.53	8	2.04	0.81	0.68
	低潮区	5	2.12	0.59	0.91	3	1.38	0.34	0.87
T4	高潮区	5	0.89	0.36	0.38	3	1.49	0.24	0.94
	中潮区	13	2.36	1.14	0.64	6	2.35	0.62	0.91
	低潮区	14	2.72	1.36	0.72	9	2.77	1.14	0.88
T5	高潮区	6	2.45	0.79	0.95	5	1.97	0.57	0.85
	中潮区	6	1.96	0.64	0.76	5	1.89	0.52	0.81
	低潮区	9	2.79	0.98	0.88	5	2.24	0.69	0.96
T6	高潮区	6	2.08	0.55	0.80	6	1.56	0.63	0.60
	中潮区	9	2.49	0.81	0.79	4	1.24	0.43	0.62
	低潮区	6	2.27	0.65	0.88	3	1.52	0.38	0.96
T7	高潮区	4	1.29	0.37	0.64	1	0	0	—
	中潮区	12	2.73	1.29	0.76	6	2.08	0.65	0.80
	低潮区	11	3.07	1.28	0.89	5	2.12	0.62	0.91
T8	高潮区	4	1.67	0.29	0.84	5	0.88	0.38	0.38
	中潮区	17	3.54	1.74	0.87	13	2.08	1.21	0.56
	低潮区	—	—	—	—	12	2.73	1.27	0.76

5.6　小结

（1）2011 年象山港海域叶绿素 a 含量在 0.1~19.8 μg/L 之间，平均含量为 2.8 μg/L，港底海域高于港口海域；表层叶绿素 a 含量高于底层；与 2001 年相比夏季叶绿素 a 含量呈下降趋势，港口海域下降幅度度较大；与 2001 年相比冬季港口、港中海域相差不大，港底叶绿素 a 含量明显高于 2001 年记录。

（2）象山港海域共鉴定到浮游植物 4 门 38 属 88 种。夏季浮游植物网样密度在（0.5～103.8）×10^4 cells/m^3 之间，平均值为 16.9×10^4 cells/m^3；浮游植物密度分布呈现港口、港底密度高，港中部较低的现状；与历史上浮游植物密度从港口向港底逐渐降低的趋势不一致；夏季浮游植物优势种主要为绕孢角毛藻、冕孢角毛藻、丹麦细柱藻和卡氏角毛藻等硅藻门种类，与历史相比浮游植物优势种存在一定程度的演替现象；夏季浮游植物多样性指数 H' 在 0.95～2.99 之间。冬季浮游植物网样密度在（0.5～22.2）×10^4 cells/m^3 之间，平均值为 4.8×10^4 cells/m^3；浮游植物密度呈现港底最高，港口次之，港中最低的现状；浮游植物密度空间分布与历史相比未见明显变化。冬季浮游植物优势种主要为琼氏圆筛藻、虹彩圆筛藻、中肋骨条藻和高盒形藻等硅藻门种类；冬季浮游植物多样性指数在 1.18～3.54 之间。

夏季象山港浮游植物密度、空间分布和优势种与历史记录相比皆存在一定程度的差异；冬季则未见明显变化。

（3）象山港海域 2011 年共鉴定出浮游动物 66 种（包括 10 种幼体），主要种类为节肢动物门桡足亚纲。夏季浮游动物密度平均为 164.7 ind./m^3，生物量平均为 138.6 mg/m^3；夏季象山港浮游动物密度港口最高，港底次之，港中部最低；夏季浮游动物优势种主要为太平洋纺锤水质、短尾类溞状幼虫、背针胸刺水质、汤氏长足水蚤、针刺拟哲水蚤和百陶箭虫等近岸低盐性种类；夏季浮游动物多样性指数 H' 平均值为 2.53。冬季浮游动物密度平均为 40.3 ind./m^3，生物量平均为 37.3 mg/m^3；冬季象山港浮游动物密度港底最高，港口次之，港中部最低；冬季象山港浮游动物优势种主要为背针胸刺水蚤、汤氏长足水蚤、太平洋纺锤水蚤和百陶箭虫等种类；冬季浮游动物多样性指数 H' 平均值为 2.53。

根据生态群落的分布可将象山港分为 3 个区域：一为从象山港港口到西沪港口一线的海域；二为西沪港港口以西到铁港和黄墩港港口海域；三为铁港及黄墩港港底海域。从长时间序列看，象山港浮游动物群落存在一定程度的演替。

（4）象山港海域两个航次共鉴定到底栖生物 81 种。夏季底栖生物平均栖息密度为 247.7 个/m^2，密度和生物量分布从高到低依次基本为呈港底、港中、港口；近 10 年间底栖生物密度呈增长趋势；夏季底栖生物多样性指数 H' 平均值为 1.91；夏季象山港底栖生物优势种主要为不倒翁虫、半褶织纹螺、纵肋织纹螺、菲律宾蛤仔、毛蚶和异足索沙蚕等种类。冬季底栖生物平均栖息密度为 66.0 个/m^2；密度分布从高到低依次为港底、港口、港中，生物量港底高于港中和港口，港中和港口接近；冬季底栖生物密度基本保持稳定；冬季底栖生物多样性指数 H' 平均值为 1.42；冬季象山港底栖生物主要优势种为不倒翁虫、中华内卷齿蚕、纵肋织纹螺、日本倍棘蛇尾、菲律宾蛤仔和毛蚶。

象山港支港海域底栖生物密度和生物量明显高于主港海域。夏季象山港底栖生物种类数和密度增长趋势明显。

（5）象山港海域两个航次共鉴定到潮间带生物 110 种，其中岩石相潮间带鉴定到 83

种，泥相潮间带鉴定到 70 种。岩石相潮间带密度和生物量高于泥相潮间带。夏季潮间带多样性指数 H' 平均为 2.13，冬季潮间带多样性指数 H' 平均为 1.81。栖息密度和生物量呈现较明显的季节变化。

参考文献

柏怀萍.1984.象山港浮游动物调查报告［J］.海洋渔业，6（6）：249-253.

黄秀清，王金辉，等.2008.象山港海洋环境容量及污染物总量控制研究［M］.北京：海洋出版社，180-192.

刘镇盛，王春生，杨俊毅，等.2004.象山港冬季浮游动物的分布［J］.东海海洋，22（1）：34-41.

宁修仁，胡锡钢，等.2002.象山港养殖生态和网箱养鱼的养殖容量研究与评价［M］.北京：海洋出版社，68-77.

尤仲杰，焦海峰.2011.象山港生态环境保护与修复技术研究［M］.北京：海洋出版社，138-193.

中国海湾志编纂委员会.1993.中国海湾志第五分册.北京：海洋出版社：74-83，151-159，217-226，291-303.

中国海湾志编纂委员会.1993.中国海湾志第五分册［M］.北京：海洋出版社，294-295.

第6章　象山港海洋环境容量研究及减排技术示范

在象山港海域沿岸污染源现场踏勘、污染源的统计调查的基础上，根据象山港污染物动力扩散数值模型，进行象山港容量估算，确定化学需氧量、总氮、总磷在河流、水闸及工业直排口的减排指标。通过污染物总量控制分配，对象山港沿岸各入海口的总氮、总磷进行减排处理并确定减排目标。

根据象山港陆源入海口（河流、水闸、工业企业直排口）污染现状采样调查，以点代替行政单元，根据入海口不同的排污方式进行分类，核算象山港区域各类污染物的入海源强以及各入海口污染物的初始源强。基于海域环境净化能力和承载力的分析，计算各入海口污染物响应系数场，确定各入海口主要污染物的环境容量和减排量。

以行政单元为考核主体，以主要入海点源（河流、水闸、工业企业直排口的入海口）为考核对象，科学制订总量减排考核方案，并在象山港沿岸 5 个县（市、区）开展减排考核示范应用。

6.1　污染源调查与估算

6.1.1　海区及汇水区划分

根据象山港流域的地理分布、地形地貌以及海域潮流迁移、扩散等自然属性的划分原则，结合现行的行政区划，将象山港划分为 7 个海区、21 个汇水区（图 6.1-1 和表 6.1-1）。

表 6.1-1　象山港周边海区和汇水区划分

海区	汇水区	行政区	面积（km²）	总面积（km²）
I	1	北仑区春晓镇	75.80	454.18
	2	鄞州区瞻岐镇	94.00	
	3	鄞州区咸祥镇	64.54	
	4	鄞州区塘溪镇、横溪镇东南部（7个村：吴徐、梅山、金山、梅岭、梅溪、梅福、杨山）	117.88	
	19	象山县贤庠镇、黄避岙乡北部（3个村：谢家村、周家、大斜桥）	71.40	
	20	象山涂茨镇北部（11个村：屿岙、黄沙、汤岙、新塘、钱仓、大坦、中堡、前山姚、东港、里庵、玉泉）	30.57	
II	5	奉化市松岙镇	51.10	75.42
	18	象山县黄避岙乡中部（7个村：兵营、横里、龙屿、横塘、黄避岙、大林、鲁家岙）	24.32	
III	16	象山县墙头镇、西周镇蚶岙村	92.74	149.37
	17	象山县大徐镇大部分（除杉木洋、黄盆岙、林善岙3个村外），黄避岙乡南部（6个村：高泥、驿角岙、白屿、塔头旺、鸭屿、山夹岙）	56.63	
IV	6	奉化市裘村镇	89.53	234.79
	15	象山县西周镇大部分（除蚶岙村外）	145.26	
V	7	奉化市莼湖镇东部（3个村：河泊所、鸿屿、桐照）	16.28	22.94
	21	宁海县强蛟镇胜龙村	6.66	
VI	8	奉化市莼湖镇中部（除东部3个村和西部17个村外）	93.88	451.46
	9	宁海县西店镇、奉化市莼湖镇西部（原鲒埼乡，共17个村：鲒埼、马夹岙、张夹岙、许家、缪家、洪溪漂溪、章胡、陆家山、朱家弄、宋夹岙、下陈一、下陈二、下陈三、冯家、塘头、四联）	136.89	
	10	宁海县深圳镇大部分（除西部3个村：马岙、大洋、龙宫），梅林街道大部分（除东南部7个村外）	209.26	
	11	宁海县桥头胡街道北部（2个村：涨家溪、潘家岙），强蛟镇加爵科村	11.44	
VII	12	宁海县强蛟镇（除加爵科村、胜龙村外）	15.52	205.13
	13	宁海县桃源街道大部分（除瓦窑头村外），梅林街道东南部（7个村：九顷洋、应家、九都王新庄、梅园、半洋、胜建），桥头胡街道大部分（除涨家溪、潘家岙2个村外）	113.98	
	14	宁海县大佳何镇	75.62	

182

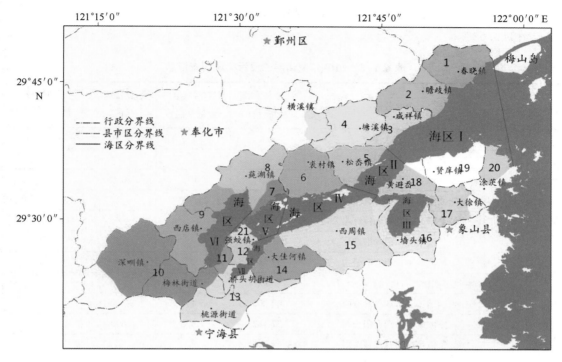

图 6.1-1　象山港海区及周边陆域汇水区的划分图

6.1.2　调查与估算结果

6.1.2.1　工业污染

1）调查结果

2010 年象山港周边工业废水排放总量约为 787.60×10⁴ t，主要污染物中，COD 约为 677.07 t，氨氮约为 53.48 t，石油类约为 7.60 t（表 6.1-2 和图 6.1-2）。各海区中以Ⅶ海区污水排放量为最高，占象山港工业污水排放总量的 35.28%，COD 排放量占总排放量的 19.25%，该区域企业较多，包括电镀、造纸、五金、电器等行业，多数集中在宁海县桃源街道，不过该区域的工业污水基本上都进入污水处理厂集中处理，污水处理率较高，因此 COD 排放量相对较低；其次是Ⅲ海区，其污水排放量占象山港工业污水排放总量的 28.70%，COD 排放量占总排放量的 30.54%，该区域 99% 的工业污水和 COD 来自象山县墙头镇的印染公司；Ⅰ海区工业污水排放量和 COD 排放量分别占各自排放总量的 17.35% 和 15.97%，排放量较大的企业主要是两岸的印染、铸造和水产公司；Ⅵ海区工业污水排放量占排放总量的 16.11%，但 COD 排放量却是 7 个海区中最高的，占了 COD 排放总量的 30.62%，其一半的工业污水和 60% 以上的 COD 来自于宁海县深甽镇和梅林街道的造纸厂，其他排放量较大的还包括金属铸造、电器、橡塑等企业；Ⅱ海区、Ⅳ海区、Ⅴ海区工业污水和 COD 排放量较小，污水排放量总和占排放总量的 2.56%，COD 排放量总和占排放总量的 3.62%。

表 6.1-2 2010 年象山港工业污染源调查汇总

海区	汇水区	企业名称	工业废水排放量（t）	化学需氧量排放量（kg）	氨氮排放量（kg）	石油类排放量（kg）
I	1	/	/	/	/	/
	2	宁波市鄞州李逸金属制品表面处理厂	/	/	/	/
		宁波市鄞州宏欣金属涂料厂	100	10	0.8	/
		宁波宝迪汽车部件有限公司	117 000	11 700	/	/
		宁波金鹏高强度紧固件有限公司	/	/	/	/
		宁波市鄞州横峰锻造厂	/	/	/	/
		宁波太平货柜有限公司	39 750	0	0	/
	3	宁波松江蓄电池有限公司	3 500	350	/	/
		宁波新紫云堂水产食品有限公司	60 000	5 440	/	/
		宁波虬龙水产有限公司	77 182	7 000	690	/
		宁波市鄞州日升铸造厂	/	/	/	/
		宁波市东方船舶修造有限公司	/	/	/	/
		宁波市鄞州新鑫钢带制品厂	10 500	0	/	/
		宁波市鄞州飞瑞针织染整有限公司	85 000	3 700	130	/
	4	宁波市鄞州创新建筑机械有限公司	/	/	/	/
		宁波伟伟带钢有限公司	29 000	2 900	/	/
	19	宁波神洲机模铸造有限公司	3 600	360	36	/
		象山县三洋实业有限公司	9 000	720	14.4	/
		象山县蓄电池厂	500	50	3	/
		宁波三友印染有限公司	857 160	72 859	8 571.6	/
		象山盛发电子装饰有限公司	8 400	840	42	/
		象山飞达酒业有限公司	3 060	608.9	66.4	/
		象山义超茶叶有限公司	10 800	1 080	108	/
		宁波俊明金属压延有限公司	51 700	517	51.7	/
	20	/	/	/	/	/
	I 区合计		1 366 252	108 134.9	9 713.9	/
II	5	/	/	/	/	/
	18	象山第三砖瓦厂	500	50	5	/
		宁波象山港水泥有限公司	3 200	320	/	/
		宁波日星铸业有限公司	3 000	300	30	/
	II 区合计		6 700	670	35	/

184

海区	汇水区	企业名称	工业废水排放量（t）	化学需氧量排放量（kg）	氨氮排放量（kg）	石油类排放量（kg）
III	16	宁波恒通印染有限公司	894 000	84 930	8 940	/
		卜赛特化工有限公司	226	22.6	3	/
		象山新光针织印染有限公司	900 000	76 500	9 000	/
		象山县墙头大发砖瓦厂	50	5	0.5	/
		象山制阀有限公司	1 600	160	16	/
		宁波富红染整有限公司	454 156	43 144.8	4 541.6	/
	17	宁波和民纸业有限公司	8 500	1 700	170	/
		象山县大徐节能砖瓦厂	100	20	2	/
		象山县锐科化纤厂	1 440	288	21.6	/
	III区合计		2 260 072	206 770.4	22 694.7	
IV	6	奉化市盛源铸造有限公司	17 500	2 300	/	/
	15	象山县西周骏马涂料厂	800	160	4	/
		宁波九洲食品有限公司	4 500	450	22	/
		象山科达化工有限公司	3 993	178	/	/
		象山宏宝冷冻食品厂	3 200	480	48	/
		象山万利建材有限公司	640	64	6.4	/
		宁波三象不锈钢管制造有限公司	830	74.1	8.3	/
		宁波振华电器有限公司	1 600	160	16	/
		宁波威霖住宅设施有限公司	22 000	1 639	/	5.9
		宁波华众塑料制品有限公司	10 000	1 800	50	/
		象山华盛塑胶制品有限公司	14 428	1 442.8	144.3	/
		宁波乐惠食品设备制造有限公司	59 000	10 620	590	/
		象山恒博机械设备有限公司	600	60	6	/
		宁波壹美家具有限公司	1 200	36.7	12	/
		宁波森林纸业有限公司	8 500	850	85	/
		宁波诗兰姆汽车零部件有限公司	6 900	690	/	/
		宁波华翔汽车饰件有限公司	31 000	2 039.8	31	/
		宁波彩家家居用品有限公司	7 200	720	108	/
		象山海螺水泥有限责任公司	1 000	100	/	/
	IV区合计		194 891	23 864.4	1 131	5.9
V	7	/	/	/	/	/
	21	宁波北新建材有限公司	/	/	/	/
	V区合计		/	/	/	/

海区	汇水区	企业名称	工业废水排放量（t）	化学需氧量排放量（kg）	氨氮排放量（kg）	石油类排放量（kg）
	8	宁波市诚利钢业有限公司	10 245	1 000	/	30
		奉化市三鑫精密铸造有限公司	2 030	300	33	180
	9	奉化市马夹岙铸造厂	4 560	720	/	100
		奉化市南海精密铸造有限公司	5 706	800	/	130
		奉化市金原金属制品厂	44 946	3 820	/	/
		宁海县有机化工厂	2 200	220	/	/
		宁波市雪银铝业有限公司	10 800	2 160	/	/
		宁波俊均出口包装有限公司	/	/	/	/
		宁波锋亚电器有限公司	21 000	2 100	/	/
		宁海县西店空调器配件厂	15 600	3 020	/	200
		宁海县日春金属化建有限公司	90 000	12 000	/	/
		宁海县南伟环保助剂有限公司	/	/	/	/
		宁海县鸿达铝氧化厂	50 000	7 500	/	/
		浙江爱妻电器有限公司	18 000	1 800	/	/
VI	10	宁波三省纸业有限公司	170 000	39 770	2 680	/
		宁波市金波金属制品有限公司	10 000	1 000	/	/
		宁海县大里造纸厂	90 000	18 230	1 530	/
		宁波金海雅宝化工有限公司	46 920	1 380	70	60
		宁海县兴达旅游用品有限公司	5 400	540	/	/
		宁海县兴涛铝业有限公司	18 000	2 000	/	/
		宁波市东龙五金有限公司	25 000	3 750	/	/
		宁海县春杰造纸厂	85 000	17 220	1 440	/
		宁海县欣兵造纸厂	85 000	17 220	1 440	/
		宁海深圳制冷配件厂	2 760	400	/	30
		宁海县梅林振兴造纸厂	95 000	19 250	1 610	/
		宁海县深圳镇岩头里造纸厂	97 500	19 750	1 650	/
		宁海县梅乐铝业有限公司	/	1 800	/	510
		宁波兴亚橡塑有限公司	70 000	7 000	0	/
		宁波永信钢管有限公司	13 500	2 550	0	170
		宁海建新橡塑有限公司	140 000	14 000	/	/
		宁波永泰金属制品有限公司	40 000	6 000	/	/
		宁海天鹏铝钢有限公司	/	/	/	/
	11	宁波强蛟海螺水泥有限公司	/	/	/	/
		宁波南天金属有限公司	/	/	/	/
	VI区合计		1 269 167	207 300	10 453	1 410

海区	汇水区	企业名称	工业废水排放量（t）	化学需氧量排放量（kg）	氨氮排放量（kg）	石油类排放量（kg）
VII	12	宁波登煌五金有限公司	3 600	360	/	/
	13	宁海县嘉成电镀厂	34 900	7 664	/	750
		宁海县西店金属装饰品厂	34 600	7 600	/	/
		宁海县光美电镀厂	12 100	2 657	/	260
		宁海县樟树电镀厂	29 000	6 370	/	630
		宁海县电镀厂	56 449	9 340	/	630
		宁波市天普汽车部件有限公司	14 220	301	/	/
		宁波好孩子儿童用品有限公司	53 000	1 124	/	10
		宁海县金塑电镀厂	17 600	3 865	/	380
		宁波如意股份有限公司	6 126	130	/	10
		宁海县城关跃龙电镀厂	8 300	1 823	/	180
		宁波派灵实业有限公司	39 000	830	/	10
		宁波宁申工贸实业有限公司	/	/	/	/
		宁海县新世纪工具厂	19 700	4 326	/	430
		康迪泰克捷豹传动系统有限公司	/	/	/	/
		宁波市煌家铝业有限公司	/	/	/	/
		宁海县城关东方电器厂	25 500	5 600	/	550
		宁波九龙五金有限公司	95 000	2 010	/	10
		宁波金时家居用品公司	53 600	1 140	320	/
		宁波盛绵针织制衣有限公司	1 158 400	24 560	6 880	/
		宁波爱文易成文具有限公司	95 000	2 010	/	10
		重庆啤酒集团宁波大梁山有限公司	388 434	14 300	200	/
		伟成金属制品有限公司	3 600	80	/	10
		宁海县宁兴纸业有限公司	400 000	8 480	2 050	/
		宁波捷光表面涂装有限公司	65 800	1 390	/	10
		宁波南方包装有限公司	/	/	/	/
		宁海县云静五金有限公司	6 200	1 362	/	130
		宁波双龙清洁用品有限公司	40 000	848	/	/
		宁海县城关北门电镀厂	28 500	6 260	/	620
		宁海县西店占家电镀厂	9 500	2 086	/	200
		宁海县西店第一电镀厂	29 100	6 390	/	630
		宁海县深甽五金电镀厂	32 300	7 093	/	700
	14	宁波佳何彩印有限公司	/	/	/	/
		宁波杰友升电气有限公司	19 350	330	/	20
		VII区合计	2 778 879	130 329	9 450	6 180

海区	汇水区	企业名称	工业废水排放量（t）	化学需氧量排放量（kg）	氨氮排放量（kg）	石油类排放量（kg）
		总计	7 875 961	677 068.7	53 477.6	7 595.9

注：资料来源于宁波市环保局统计数据；"/"表示缺该项调查资料。

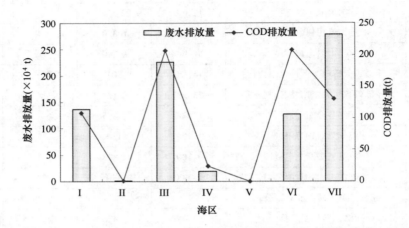

图 6.1-2　象山港各海区工业污水和 COD 排放情况

2）源强计算

（1）估算方法

根据各县市统计年鉴，2009 年象山港周边各县市污水集中处理率分别为：象山县 76%，奉化市 63.68%，宁海县 70.99%，北仑区 70%。一般情况下，工业废水经处理达标后，废水中残留的有机成分多为难降解有机物，在自然条件下较难通过生物作用等进一步净化，其去除多表现为吸附等物理作用，考虑上述因素，非直排入象山港的工业污水中的 COD_{Cr} 入海量以其排放量的 80% 计，氨氮按 60% 计算，直排入象山港的都按 100% 计算。

（2）估算结果

2009 年象山港共接纳来自工业污染源排放的 COD_{Cr} 541.91 t，总氮 32.12 t（表 6.1-3）。

磷基本不排，总磷的量很小。

表 6.1-3　象山港周边汇水区陆源工业污染物入海量估算结果　　　　单位：t/a

海区	汇水区	COD_{Cr}	TN	TP
I	1	/	/	/
	2	9.37	/	/
	3	13.19	0.49	/
	4	2.32	/	/
	19	61.63	5.34	/
	20	/	/	/
	合计	86.51	5.83	/
II	5	/	/	/
	18	0.54	0.02	/
	合计	0.54	0.02	/
III	16	163.81	13.5	/
	17	1.61	0.12	/
	合计	165.42	13.62	/
IV	6	1.84	/	/
	15	17.51	0.71	/
	合计	19.35	0.71	/
V	7	/	/	/
	21	/	/	/
	合计	/	/	/
VI	8	1.04	0.02	/
	9	27.31	/	/
	10	137.49	6.25	/
	11	/	/	/
	合计	165.84	6.27	/
VII	12	0.29	/	/
	13	103.71	5.67	/
	14	0.26	/	/
	合计	104.26	5.67	/
总计		541.91	32.12	/

6.1.2.2 生活污染

1）调查结果

2009 年象山港周边各汇水区总人口数量约为 53.17 万人（表 6.1-4），以农业人口为主，占总人口数的 92.78%。其中位于口门的 I 海区周边人口最多，为 15.24 万人，位于港底海域的 VI 海区次之，为 14.81 万人，再次为港底的 VII 海区，人口 8.57 万人，3 个海区的人口占总人数的 72.62%，位于港中的 4 个海区人口分别为：II 海区 2.12 万人、III 海区 4.16 万人、IV 海区 7.13 万人、V 海区为 1.15 万人。各海区的人口与周边汇水区的陆域面积基本呈正比（见图 6.1-3）。

表 6.1-4　2009 年象山港各汇水区人口统计　　　　　单位：人

海区	汇水区	总人口	非农业人口	农业人口
I	1	19 607	2 028	17 579
	2	26 374	1 942	24 432
	3	28 325	3 987	24 338
	4	34 583	3 543	31 040
	19	32 858	1 457	31 401
	20	10 606	439	10 168
	合计	152 353	13 396	138 958
II	5	13 076	660	12 416
	18	8 096	233	7 862
	合计	21 172	893	20 278
III	16	22 744	991	21 753
	17	18 845	648	18 197
	合计	41 589	1 639	39 950
IV	6	25 908	1 363	24 545
	15	45 366	3 787	41 579
	合计	71 274	5 150	66 124
V	7	6 739	472	6 267
	21	4 792	169	4 624
	合计	11 531	641	10 891

190

海区	汇水区	总人口	非农业人口	农业人口
VI	8	38 868	2 724	36 144
	9	58 335	6 125	52 209
	10	46 169	2 382	43 786
	11	4 739	266	4 474
	合计	148 111	11 497	136 613
VII	12	11 171	393	10 778
	13	55 750	4 145	51 605
	14	18 764	636	18 128
	合计	85 685	5 174	80 511
总计		531 715	38 390	493 325

注：资料来源于象山港 2009 年各县、市、区统计年鉴，村一级按实际行政面积比例换算。

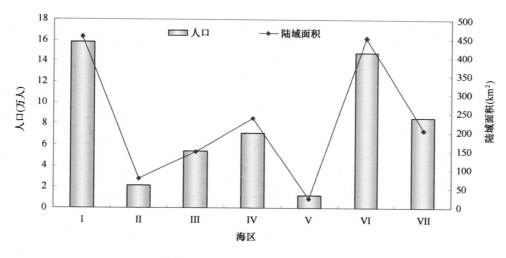

图 6.1-3 象山港各海区人口分布

2）源强估算

（1）估算方法

生活污染包括生活污水和人粪尿污染。生活污染产生的污染物排放量采用排污系数法，即由试验研究得到的人均排污系数乘以人口得到。生活排污系数主要参考水利部太湖流域管理局在"太湖流域河网水质研究"中和张大弟（1997）在上海郊区的相关研究中的结果（表 6.1-5）。

191

表 6.1-5　人粪尿和生活污水污染物排放系数　　　单位：kg/（a·人）

污染源	COD_{Cr}	TN	TP
农村生活污水	5.84	0.584	0.146
城镇生活污水	7.30	0.730	0.183
人粪尿	13.52	2.816	0.483

生活污水入海量的计算应考虑到其产生量的处理率和净化率，对目前尚无生活污水处理厂的地区，处理率主要指化粪池的处理率；净化率是指污染物在入海前发生的复杂的物理、化学和生物的自然净化作用。象山港周边陆域以农村居民为主，农业人口占总人口的90%以上，参照文献中参数的确定和研究的经验，考虑到象山港周边陆域以农村居民为主，城镇居民所占比例小，人粪尿以10%进入水环境计算（张大弟，1997）。生活污水的化粪池处理率和自然净化率分别以25%和30%计（水利部太湖流域管理局，1997）。

（2）估算结果

2009年象山港共接纳来自陆源生活污染源排放的 COD_{Cr} 2 378.54 t，总氮147.34 t，总磷22.58 t（表6.1-6）。

表 6.1-6　象山港周边汇水区陆源生活污染物入海量估算结果　　　单位：t/a

海区	汇水区	COD_{Cr}	TN	TP
I	1	88.18	5.19	1.96
	2	118.01	7.09	2.31
	3	128.20	7.05	0.20
	4	155.50	9.19	0.35
	19	146.28	9.38	1.09
	20	47.20	3.06	0.39
	合计	683.37	40.96	6.31
II	5	58.28	3.84	0.22
	18	35.94	2.37	0.32
	合计	94.22	6.21	0.54
III	16	101.24	6.98	1.73
	17	83.75	5.33	0.42
	合计	185.00	12.31	2.15

海区	汇水区	CODCr	TN	TP
IV	6	115.51	7.44	2.88
	15	203.33	12.15	0.9
	合计	318.84	19.6	3.78
V	7	30.13	1.95	0.49
	21	21.30	1.41	0.16
	合计	51.44	3.36	0.65
VI	8	173.81	11.23	2.82
	9	262.42	16.09	1.73
	10	205.80	12.62	1.40
	11	21.14	1.30	0.32
	合计	663.16	41.25	6.27
VII	12	49.65	3.29	0.38
	13	249.48	14.69	1.56
	14	83.39	5.67	0.94
	合计	382.52	23.65	2.88
总计		2 378.54	147.34	22.58

6.1.2.3 畜禽养殖污染

1）调查结果

2009 年象山港周边汇水区饲养的畜禽以家禽（鸡鸭等）数量最多，共计 454.79 万只；生猪数量次之，共计 26.59 万头；兔、羊、牛的全年饲养量依次为 2.28 万只、1.98 万只、0.61 万头（表 6.1-7）。位于象山港港底的 VI 海区禽畜养殖量最多，占总养殖量的 33.70%，位于口门的一海区养殖量次之，占总养殖量的 21.3%，V 海区最低，占总养殖量的 3.84%（图 6.1-4）。

表 6.1-7　2009 年象山港各汇水区禽畜饲养量

海区	汇水区	牛（头）	羊（只）	猪（头）	家禽（只）	兔（只）
I	1	52	713	24 704	165 619	5 377
	2	77	578	29 384	197 832	380
	3	17	619	1 861	65 502	234
	4	287	1 120	2 956	227 563	536
	19	70	1 670	12 108	213 483	2 276
	20	25	594	4 306	75 922	809
	合计	528	5 294	75 319	945 921	9 612
II	5	41	1 068	1 498	149 403	0
	18	20	485	3 518	62 022	661
	合计	61	1 553	5 016	211 425	661
III	16	112	2 650	19 218	338 854	3 612
	17	27	642	4 653	82 044	875
	合计	139	3 292	23 871	420 898	4 487
IV	6	48	1 675	35 424	504 824	800
	15	58	1 381	10 016	176 598	1 883
	合计	106	3 056	45 440	681 422	2 683
V	7	244	291	5 869	160 068	216
	21	150	174	1 822	17 643	96
	合计	394	465	7 691	177 711	312
VI	8	1 406	1 679	33 854	923 250	1 247
	9	1 962	2 085	18 691	393 005	1 559
	10	417	440	17 425	220 848	2 074
	11	41	77	4 095	14 725	14
	合计	3 826	4 281	74 065	1 551 828	4 894
VII	12	350	405	4 247	41 125	225
	13	212	260	19 839	83 265	0
	14	508	1 192	10 450	434 335	0
	合计	1 070	1 857	34 536	558 725	225
总计		6 124	19 798	265 938	4 547 930	22 874

注：资料来源于 2009 年象山港各县、市、区统计年鉴，村一级按实际行政面积比例换算。其中象山县和北仑区仅有总量统计资料，象山县 6 个汇水区按各乡镇牧业产值比例换算，北仑区春晓镇数据按实际行政面积比例换算。

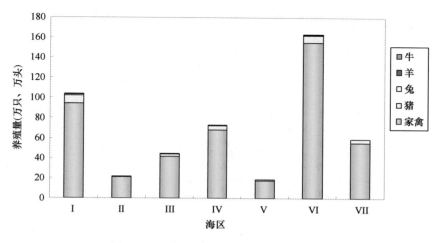

图 6.1-4　象山港各海区畜禽养殖量分布

2）源强估算

（1）估算方法

畜禽养殖污染也是采用排污系数法。畜禽的污染物排放系数（张大弟，1997；黄秀珠，1998；谢蓉，1999；汪耀斌，1998；日本机械工业联合会、日本产业机械工业会，1987）见表6.1-8。和生活污染一样，计算畜禽污染物的入海量，要再考虑各污染物的流失率和降解率，参考文献分析结果，分别取30%和50%（张大弟，1997；黄秀珠，1998；谢蓉，1999；汪耀斌，1998；日本机械工业联合会、日本产业机械工业会，1987）。

表 6.1-8　各畜禽污染物排放系数　　　　　　　　单位：kg/（a·头）

畜禽	COD$_{Cr}$	TN	TP
牛	76.91	29.08	7.23
羊	4.4	4.23	1.43
猪	3.78	0.94	0.16
家禽	0.233	0.138	0.026
兔	—	1.07	—

（2）估算结果

2009年象山港共接纳来自畜禽养殖排放的 COD$_{Cr}$ 393.45 t，总氮 174.59 t，总磷 35.01 t（表6.1-9）。

195

表 6.1-9　象山港周边汇水区陆源畜禽养殖污染物入海量估算结果　　　单位：t/a

海区	汇水区	COD$_{Cr}$	TN	TP
I	1	20.87	8.45	1.45
	2	24.84	9	1.68
	3	3.95	2.12	0.45
	4	13.68	7.18	1.51
	19	16.24	7.86	1.56
	20	5.78	2.79	0.55
	合计	85.35	37.41	7.2
II	5	7.25	4.16	0.89
	18	4.71	2.28	0.45
	合计	11.96	6.44	1.34
III	16	25.78	12.47	2.47
	17	6.24	3.02	0.6
	合计	32.02	15.49	3.07
IV	6	39.39	16.85	3.23
	15	13.43	6.5	1.29
	合计	52.82	23.34	4.52
V	7	11.93	5.42	1.09
	21	3.5	1.4	0.31
	合计	15.42	6.83	1.4
VI	8	68.79	31.28	6.3
	9	48.34	20.9	4.56
	10	22.7	9.46	1.83
	11	3.36	1.11	0.22
	合计	143.2	62.76	12.9
VII	12	8.15	3.27	0.73
	13	16.78	5.61	1.09
	14	27.75	13.44	2.75
	合计	52.68	22.32	4.57
总计		393.45	174.59	35.01

6.1.2.4 农业化肥污染

1）调查结果

农用化肥流失使得大量氮、磷进入水体，成为水体氮、磷的重要污染源。农业化肥的施用量和施用面积正相关，水田、旱地和园地的面积之和近似等于化肥施用面积。2009年象山港各汇水区共有水田17.49万亩、旱地14.12万亩、园地17.55万亩（表6.1-10）。湾口（Ⅰ海区）、中湾（Ⅱ海区、Ⅲ海区、Ⅳ海区、Ⅴ海区）和湾底（Ⅵ海区、Ⅶ海区）水田、旱地、园地面积之和分别为16.46万亩、16.06万亩和16.64万亩，各约占总面积的1/3（图6.1-5）。

表6.1-10　2009年象山港各汇水区水田、旱地和园地面积

海区	汇水区	水田（亩）	旱地（亩）	园地（亩）
Ⅰ	1	792	10 045	7 208
	2	10 562	22 289	8 403
	3	3 739	18 987	2 825
	4	12 080	13 174	10 229
	19	15 723	2 447	14 314
	20	3 500	2 120	6 128
	合计	46 396	69 062	49 107
Ⅱ	5	9 231	847	5 185
	18	5 510	706	4 875
	合计	14 741	1 553	10 060
Ⅲ	16	719	2 396	18 591
	17	8 864	3 223	11 353
	合计	9 583	5 619	29 944
Ⅳ	6	16 161	3 059	7 809
	15	16 546	3 704	29 121
	合计	32 707	6 763	36 930
Ⅴ	7	3 514	575	1 649
	21	1 768	2 656	2 506
	合计	5 282	3 231	4 155

海区	汇水区	水田（亩）	旱地（亩）	园地（亩）
	8	20 270	3 317	9 512
	9	12 982	7 639	13 350
Ⅵ	10	9 543	9 141	3 435
	11	1 308	1 815	1 023
	合计	44 103	21 912	27 320
	12	4 121	6 191	5 841
Ⅶ	13	11 946	17 380	5 521
	14	6 011	9 440	6 587
	合计	22 078	33 011	17 949
总计		174 890	141 151	175 465

注：资料来源于 2009 年象山港各县（市、区）统计年鉴，村一级按实际行政面积比例换算。其中象山县的园地面积和北仑的水田、旱地、园地面积仅有总量统计资料，因此缺少的数据均按实际行政面积比例换算。

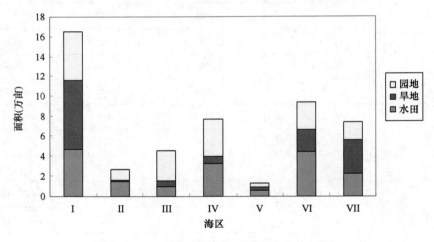

图 6.1-5　象山港各海区水田、旱地和园地分布

2）源强估算

（1）估算方法

化学肥料施入土壤后，通过淋溶、挥发、地表径流等方式损失，进入到土壤、水体或大气中，只有小部分被作物吸收。据《浙江省化肥、农药污染状况及防治对策研究》，2000 年浙江省施用化肥水田面积占水田总面积的 98.7%，施用化肥旱地面积占旱地总面积的 94.4%，施用化肥园地面积占园地总面积的 88.4%，单位面积氮肥、磷肥施用情况见表 6.1-11。氮肥、磷肥流失率分别取 20% 和 5%（黄秀珠，1998；司友斌，2000；杨斌，

1999）。计算时认为流失即进入水体。

表 6.1-11　化肥施用量　　　　　　　　　　　　　单位：kg/亩

化肥	水田	旱田	园地
氮肥施用量（折纯）	20.91	17.16	15.45
磷肥施用量（折纯）	5.88	6.15	4.48

（2）估算结果

2009 年象山港共接纳来自陆源农业化肥流失产生的总氮 1 758.01 t，总磷 134.13 t（表 6.1-12）。

表 6.1-12　象山港周边汇水区陆源农业化肥污染物入海量估算结果　　　　单位：t/a

海区	汇水区	COD_{Cr}	TN	TP
I	1	/	60.06	4.94
	2	/	146.63	11.84
	3	/	89.53	7.57
	4	/	127.34	9.89
	19	/	118.38	8.58
	20	/	40.85	3.05
	合计	/	582.79	45.88
II	5	/	57.53	4.14
	18	/	40.53	2.93
	合计	/	98.06	7.06
III	16	/	68.68	5.11
	17	/	83.21	6.14
	合计	/	151.89	11.25
IV	6	/	102.21	7.44
	15	/	171.89	12.53
	合计	/	274.1	19.97
V	7	/	21.76	1.58
	21	/	24.25	1.9
	合计	/	46.02	3.48

海区	汇水区	COD$_{Cr}$	TN	TP
VI	8	/	125.55	9.11
	9	/	121.76	9.16
	10	/	81.89	6.39
	11	/	14.86	1.17
	合计	/	344.06	25.82
VII	12	/	56.53	4.42
	13	/	126.67	10.09
	14	/	77.89	6.15
	合计	/	261.09	20.66
总计		/	1 758.01	134.13

6.1.2.5 水土流失污染

1）调查结果

水土流失产生的面源污染主要体现在两个方面：一方面为自然条件下降雨的冲刷及形成径流后产生农田、林地等的土壤流失；另一方面主要是对土地的不合理利用，尤其是施肥、农业耕作以及大量的开发建设项目对水保设施的破坏而加剧的土壤侵蚀产生的水土流失。象山港周边地区森林覆盖率较高，而坡耕地土层薄，坡度大，岩层破碎，植被覆盖率低，且降雨集中，因而是产生水土流失的主要策源地。象山港耕地总面积约为 491 506 亩（表6.1-10），按照海区划分统计耕地面积，Ⅰ海区周边总计为 164 565 亩、Ⅱ海区周边总计为 26 354 亩、Ⅲ海区周边总计为 45 146 亩、Ⅳ海区周边总计为 76 400 亩、Ⅴ海区周边总计为 12 668 亩、Ⅵ海区周边总计为 93 335 亩、Ⅶ海区周边总计为 73 038 亩。

2）源强估算

（1）估算方法

泥沙既是污染物又是其他污染物的载体，泥沙量与污染物的发生量有一定相关性，通过计算流失的土壤量、原土壤表层养分含量和流失土壤的养分富集比，就可得到氮、磷和 COD 等污染物的发生量。如果再考虑输送因子，就可获得最终进入受纳水体的面源负荷量（章北平，1996）。

① 土壤流失量

美国农业部的通用土壤流失方程（USLE）是估算高地侵蚀造成的土壤流失最常用的估算式，其表达式各有不同，本研究采用《全国主要湖泊、水库富营养化调查研究》（中

200

国环境科学出版社，1987）上所给出的形式。计算公式为：

$$X = 1.29EK(LS)CP \qquad (6.1-1)$$

式中，X 为土壤流失量，t/hm²；E 为降雨/径流侵蚀指数，10^2（m·t·cm）／（hm²·h）；K 为土壤侵蚀性参数，t/hm²；LS 为地形参数；C 为植被覆盖参数；P 为管理参数。

A. 参数 E 的确定

参数 E 反映了一个地区降雨可能造成的侵蚀量。每月平均侵蚀参数 E_i 为：

$$E_i = 1.735 \times 10^{(1.5 \times \lg \frac{P_i^2}{P} - 0.818)} \qquad (6.1-2)$$

式中，P_i 为月降雨量，mm；P 为年降雨量，mm。

全年的 E 值为：

$$E = \sum_{i=1}^{12} E_i \qquad (6.1-3)$$

以 2009 年象山县、宁海县和鄞州区的气象调查表中的月降雨量平均值（表 6.1-13）代表整个研究区的降雨状况。根据公式（6.1-2），计算得到降雨侵蚀参数 E_i 的具体结果（表 6.1-14）。

表 6.1-13　2009 年象山县、宁海县和鄞州区月降雨量　　　　　　单位：mm

区县	1 月	2 月	3 月	4 月	5 月	6 月	7 月	8 月	9 月	10 月	11 月	12 月
象山县	26.3	74.2	114.2	123.3	86.7	147.6	180.1	261.1	235.5	131.1	198.1	44.7
宁海县	33.3	87.2	141.9	138.4	97.2	88.7	158.1	495.1	127.7	85.8	138.7	39.6
鄞州区	36.9	127.0	116.5	103.5	63.3	133.5	163.9	301.8	117.1	69.6	173.4	55.5
平均值	32.2	96.1	124.2	121.7	82.4	123.3	167.4	352.7	160.1	95.5	170.1	46.6

表 6.1-14　象山港周边陆域降雨侵蚀参数

月份	1	2	3	4	5	6	7	8	9	10	11	12	总计
Ei	0.14	3.76	8.11	7.63	2.37	7.93	19.84	185.62	17.37	3.69	20.82	0.43	277.70

B. 参数 K 的确定

参数 K 反映了土壤的颗粒组成以及有机质含量对降雨侵蚀量的影响。根据象山港周边部分陆域土壤资料（表 6.1-15），参考《湖泊富营养化调查规范》附录中的土壤分类图及土壤侵蚀参数 K 表，综合确定 K 为 0.32，作为每个汇水区计算的通用值。

表 6.1-15　象山港陆域土壤资料表（部分）

土壤情况		汇水区 21	汇水区 20	汇水区 19	汇水区 17	汇水区 16	平均值
有机质（%）		2.94	3.97	3.37	4.40	3.51	3.57
颗粒分级	<0.002	23.06	23.96	21.58	27.4	29.71	25.14
	0.002~~0.05	73.23	66.67	44.81	53.17	67.64	61.10
	0.05~2	3.72	9.37	33.61	27.4	2.65	15.35
	>2	0.005	3.15	30.75	8.86	0.15	8.58
土壤类型		粉砂壤土	粉砂壤土	壤土	粉砂壤土	粉砂质黏壤土	粉砂壤土

C. 地形参数 LS 的确定

小范围内坡长 L 和坡度 S 组成的复合参数 LS，代表地形条件变化产生侵蚀的主要水力因素。采用以下公式，粗略估计象山港各汇水区的代表值。

$$LS = (L/22.1)^{0.6} \cdot (S/9)^{1.4} \qquad (6.1-4)$$

其中，L 取 100 m，S 取 8°。得到 LS 为 2.098。

D. 植被覆盖因子 C 的确定

植被覆盖因子反映了植被对地表的保护作用，确定时应综合考虑研究区几种不同作物生长期和自然植被的类型、覆盖率情况，其取值介于 0 和 1 之间。采用文献（史培军，1999）中的经验公式

$$C = 0.992e^{-0.0344V} \qquad (6.1-5)$$

式中，V 为植被盖度（%），象山港周边陆域森林覆盖率取 46.47%。计算得 C 等于 0.20。

E. 管理参数 P 的确定

管理参数 P 是反映水土保持措施对土地侵蚀量的影响。流域内的一些水土保持措施应考虑进去。不同种类作物的搭配种植，作物种植方式的不同也都反映在 P 值的差异上。综合率定 P 值为 0.35 作为整个研究区计算的通用值。

根据上述参数的率定结果，按公式（6.1-1）计算，得

$$X = 1.29EK(LS)CP = 1.29 \times 277.70 \times 0.32 \times 2.098 \times 0.20 \times 0.35 = 16.84(t/ha)$$

即象山港周边汇水区的平均土壤年侵蚀量为 16.84 t/hm²，总体上属轻度侵蚀。

② 泥沙入海量

泥沙实际流失量与侵蚀量的比值称为泥沙流失率，或输沙比。通常认为，输沙比与地面土壤性质、源距出口的距离以及流域面积等有关（中国环境科学出版社，1987），但其准确计算目前尚处于初始摸索阶段。我国学者马联春等人认为长江中上游地区输沙比为0.25，史德明等人对三峡库区 4 871 km² 的典型地区研究得出其平均输沙率为 0.28（施为光，2000）。象山港周边地区森林覆盖率不低，但大部分地形条件利于输沙，流域面积小，径流流程短，因此，综合确定该地区的输沙率为 0.30。

③ 污染物负荷计算

为简化计算，用入海百分率计算溶解态污染物负荷。入海百分率是综合考虑污染物从土壤中溶出、随径流迁移转化吸附沉降，包括物理、化学和生物过程在内的污染物的最终入海量占其产生量之百分数。根据上述因素，确定氮的入海百分比为40%。由于磷元素地球化学性质的较不活泼性，较难从土壤中溶出且较易被吸附，取磷的入海百分比为20%。

汇水区各污染物入海量的计算公式如下：

$$L = X \cdot \rho \cdot \eta \cdot A \qquad (6.1-6)$$

式中，L 为汇水区各污染物入海量，t/a；X 为单位面积侵蚀量，$t/(hm^2 \cdot a)$；ρ 为土壤中各污染物百分含量（%），根据调查结果，象山港地区土壤平均含氮率为0.18%，平均含磷率为0.043%；η 为各污染物入海百分率，%；A 为各汇水区面积，hm^2。

通常水土流失引起的非点源污染研究只考虑氮磷营养盐，但在本项目研究中，COD 将作为总量控制的重要污染物指标，因此有必要估算水土流失对 COD 的负荷贡献。

根据化学反应式：

$$C_nH_{2n} + \frac{3n+1}{2}O_2 = nCO_2 + (n+1)H_2O \qquad (6.1-7)$$

可知，碳和氧的原子比约为1:3，重量比为1:4。即可通过土壤中碳含量推算其化学需氧量 COD。

土壤碳含量可用土壤有机质含量计算，碳是有机质最主要的成分（文启孝，1984；王绍强，1999）。根据文献（潘根兴，1999）中土壤碳储量的计算方法，有公式：

$$碳含量 = 有机质含量 \times Bemmelen 换算系数 \qquad (6.1-8)$$
$$= 3.06625\% \times 0.58\ g(以碳计)/g(有机质)$$
$$= 1.77845\%$$

此为有机碳中碳的百分比，而无机碳以碳酸钙为主，难以从土壤中溶出，因此在计算时忽略不计。因此，水土流失引起的 COD 污染负荷计算公式为：

$$L = 4 \cdot X \cdot \rho \cdot \eta \cdot A \qquad (6.1-9)$$

式中，4 为碳和 COD 的转换系数；ρ 为土壤中的碳含量（%）；其他各字母意义同公式（6.1-6）。

（2）估算结果

2009 年象山港共接纳来自陆源水土流失携带的 COD_{Cr} 2 863.04 t，总氮 579.55 t，总磷 103.84 t（表6.1-16）。

表 6.1-16　象山港周边汇水区陆源水土流失污染物入海量估算结果　　　单位：t/a

海区	汇水区	COD$_{Cr}$	TN	TP
I	1	136.21	27.57	4.94
	2	168.91	34.19	6.13
	3	115.97	23.48	4.21
	4	211.82	42.88	7.68
	19	128.3	25.97	4.65
	20	54.93	11.12	1.99
	合计	816.14	165.21	29.6
II	5	91.82	18.59	3.33
	18	43.7	8.85	1.58
	合计	135.53	27.43	4.92
III	16	166.65	33.73	6.04
	17	101.76	20.6	3.69
	合计	268.41	54.33	9.73
IV	6	160.88	32.57	5.83
	15	261.03	52.84	9.47
	合计	421.91	85.4	15.3
V	7	29.25	5.92	1.06
	21	11.97	2.42	0.43
	合计	41.21	8.34	1.49
VI	8	168.69	34.15	6.12
	9	245.98	49.79	8.92
	10	376.02	76.12	13.64
	11	20.55	4.16	0.75
	合计	811.24	164.21	29.42
VII	12	27.89	5.65	1.01
	13	204.82	41.46	7.43
	14	135.89	27.51	4.93
	合计	368.6	74.61	13.37
总计		2 863.04	579.55	103.84

6.1.2.6 海水养殖

1）调查结果

象山港海水养殖有浅海养殖、围塘养殖和滩涂养殖等形式，主要养殖种类为鱼类、虾类、蟹类和贝类。2010 年象山港鱼类养殖面积 2.19 万亩，虾类养殖面积 3.08 万亩，蟹类养殖面积 2.66 万亩，贝类养殖面积 7.31 万亩（表 6.1-17，图 6.1-6）。各品种养殖分布情况如下：

（1）鱼类养殖面积以 I 海区为最大，占鱼类总养殖面积的 37.21%，VI 海区次之，占 21.19%，VII 海区最小，仅占 3.07%；

（2）虾类养殖面积以 VII 海区为最大，占虾类总养殖面积的 31.14%，I 海区次之，占 25.60%，V 海区最小，仅占 0.62%；

（3）蟹类养殖面积以 I 海区为最大，占蟹类总养殖面积的 29.97%，VI 海区次之，占 18.61%，V 海区最小，仅占 4.90%；

（4）贝类养殖面积以 VI 海区为最大，占贝类总养殖面积的 50.84%，VII 海区次之，占 16.71%，V 海区最小，仅占 3.54%。

表 6.1-17　2010 年象山港周边海水养殖统计

海区	汇水区	鱼类		虾类		蟹类		贝类	
		面积（亩）	产量（t）	面积（亩）	产量（t）	面积（亩）	产量（t）	面积（亩）	产量（t）
I	1	/	/	/	/	/	/	/	/
	2	/	/	671	130	350	14	1 643	795
	3	305	100	6 000	3 650	3 310	200	1 600	2 200
	4	/	/	/	/	/	/	/	/
	19	5 866	714	1 000	40	3 062	311	3 080	336
	20	2 000	834	207	30	1 253	242	1 500	357
	合计	8 171	1 648	7 877	3 850	7 975	767	7 823	3 687
II	5	420	160	360	45	1 666	75	1 090	163
	18	1 800	851	500	43	1 900	97	2 375	1 088
	合计	2 220	1 011	860	88	3 566	172	3 465	1 251
III	16	/	/	/	/	/	/	/	/
	17	1 800	851	500	43	1 900	97	2 375	1 088
	合计	1 800	851	500	43	1 900	97	2 375	1 088
IV	6	2 669	508	1 050	184	714	12	4 470	783
	15	300	50	3 950	450	3 820	710	3 000	4 900
	合计	2 969	558	5 000	634	4 534	722	7 470	5 683

海区	汇水区	鱼类		虾类		蟹类		贝类	
		面积（亩）	产量（t）	面积（亩）	产量（t）	面积（亩）	产量（t）	面积（亩）	产量（t）
V	7	1 250	660	178	10	1 275	58	1 400	245
	21	225	147	14	4	30	3	1 185	464
	合计	1 475	807	192	14	1 305	61	2 585	709
VI	8	2 500	1 320	355	20	2 550	117	2 800	490
	9	1 928	1 047	5 394	460	2 087	135	27 812	15 338
	10	/	/	56	12	/	/	500	260
	11	225	147	953	119	315	20	6 046	2 636
	合计	4 653	2 514	6 758	611	4 952	272	37 158	18 724
VII	12	674	440	42	12	90	8	3 556	1 391
	13	/	/	939	115	285	18	4 861	2 173
	14	/	/	8 600	1 070	2 000	125	3 798	4 682
	合计	674	440	9 581	1 197	2 375	150	12 214	8 246
总计		21 962	7 827	30 767	6 435	26 607	2 240	73 090	39 387

注：资料来源于象山港周边各县（市、区）海洋与渔业局提供的统计数据；"/"表示无相关统计资料。由于黄避岙乡、莼湖镇、强蛟镇、桥头胡街道分别跨两个或3个汇水区，因此根据实际养殖情况将其在各汇水区内分配。

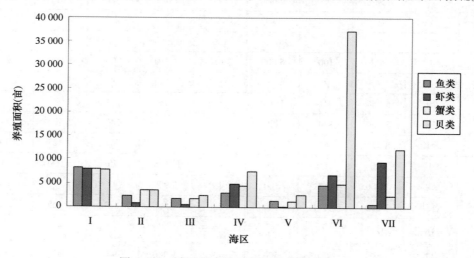

图 6.1-6　象山港各海区海水养殖面积分布

2）源强估算

（1）估算方法

象山港海水养殖业发达，养殖残饵、养殖生物排泄物、生物体残骸等的排放、沉积可

206

加重水体营养度，恶化底质，导致海域环境质量下降。根据海水养殖污染对海域环境的影响分析，确定其主要污染因子为总氮、总磷和有机质（以COD_{Cr}表示）。

A. 鱼类养殖污染

网箱养鱼是完全依靠人工投饵的精养方式，其养殖密度高，投饵量大，养殖过程中的残饵及鱼类代谢过程中的可溶性废物流失到海水中，影响海水质量。网箱养鱼对水体的影响主要是残饵和有机代谢物。对网箱养殖大马哈鱼的研究结果表明（Gowen R. J.，1987），投入的饲料约有80%的氮被鱼类直接摄食，摄食的部分中仅有约25%的氮用于鱼类生长，还有65%用于液态排泄、10%作为粪便排出体外。国家海洋局第二海洋研究所张健等（2003）在象山港以港内主要养殖品种鲈鱼进行的研究表明，鲈鱼对饵料的摄食率为62.6%~82.2%，年平均为71.81%（低于Gowen等人的结果）；平均排粪率（以POC记）为6.52%（此数据除以71.81%得9.08%，与Gowen等人的结果接近）；但未做鱼类对饵料的真正利用率和鱼类的液态排泄率。宁波水产所林桂芳（2002）也曾经做过大黄鱼对饵料的摄食率（膨化饲料92.89%，鱼浆饲料31.41%），但也未做鱼类对饵料的真正利用率。综上所述，鱼类对饵料中碳、氮和磷的真正利用率取24%，未利用的碳、氮、磷最终有51%溶解在水中，25%以颗粒态沉于底部。

根据鱼类网箱养殖过程中饵料转移情况，分析养殖过程中残饵及有机废物的产出量。计算公式如下：

投饵量 $\qquad\qquad\qquad TF = M \times 2.5$

总投入饵料中氮、磷、碳的量 $\qquad T = TF \times K$

进入水体的氮、磷、碳的量 $\qquad UM = T \times 51\%$

式中，TF表示总的投饵量，按每吨鱼类2.5 t投饵量计算，M为鱼类产量，K表示氮、磷、碳在饵料中的百分率。

根据象山港5种常用饵料的实测结果，饵料中的含量分别为：碳33.2%~64.7%，平均44.4%；磷：0.7%~1.4%，平均1.04%。根据厦门大学环科中心实验数据：海马牌对虾配合饵料的含量为：氮6.83%，磷1.09%；因此确定氮、磷、碳在饵料中的百分率取值为：$K_N = 7\%$，$Kp = 1.04\%$，$Kc = 44.4\%$。

由公式：$C_nH_{2n+2} + (n + \frac{n+1}{2})O_2 \rightarrow nCO_2 + (n+1)H_2O$，1个碳原子（原子量12）相当于3个氧原子（原子量48），所以由碳的量×48/12 = COD_{Cr}的量。

则各污染物的计算公式为（TF为投饵量）：

$$COD_{Cr} = TF \times 44.4\% \times 51\% \times 48/12$$

$$TN = TF \times 7\% \times 51\%$$

$$TP = TF \times 1.04\% \times 51\%$$

鱼类养殖周期为1—12月。养殖的日平均产量中，冬季（12月、1月、2月，即90 d）为春夏秋季（3—11月，即275 d）的20%；考虑污染源强与产量大致成正比，因此假设鱼类年污染源强为A，春夏秋季日平均污染源强为X。则鱼类各污染因子日平均污染源强

207

可根据公式：$275X+90×（20\%·X）=A$。即春夏秋季日平均污染源强＝年污染源强/293 进行计算，冬季日平均污染源强量＝$20\%X$。

B. 虾蟹类养殖污染

目前对虾养殖多采用半精养或精养的围塘养殖方式，主要依靠人工投饵，饵料多为人工配合饵料或鲜活饵料等高蛋白物质。与鱼类养殖相似，其投喂的饵料也只有部分被对虾摄食。虾池残饵和排泄物所溶出的营养盐和有机质是影响养殖水环境营养水平以及造成虾池自身污染的重要因子。根据文献，在对虾养殖中，人工投放的饵料中仅19%转化为虾体内的氮，其余大部分约62%~68%积累于虾池底部淤泥中，此外尚有8%~12%以悬浮颗粒氮、溶解有机氮、溶解无机氮等形式存在于水中（杨逸萍，1999）。

因此，虾类投喂饵料中的碳、氮、磷，取65%积累于虾池底部淤泥中，10%溶解在水中，25%被虾类所利用，其中19%转化为虾体，6%作为排泄物排出，因此溶解在水体中的氮的百分含量为16%（残饵与排泄物溶出之和）。蟹类由于缺乏相关数据，各数据取值情况同虾类。氮、磷、碳在饵料中的百分率同鱼类，即 $K_N＝7\%$，$K_P＝1.04\%$，$K_C＝44.4\%$。按每吨虾、蟹类 2 t 投饵量计算。虾蟹类养殖各污染物的计算公式为：

$$COD_{Cr}＝TF×44.4\%×16\%×48/12$$

$$TN＝TF×7\%×16\%$$

$$TP＝TF×1.04\%×16\%$$

虾、蟹类养殖周期为3—11月（春夏秋季），则虾、蟹类各污染因子日污染源强＝年污染源强/275。

C. 贝类养殖污染

贝类以滤食水体中浮游植物、有机颗粒等为生，其养殖不需要人工投饵。研究表明，贻贝养殖会滤掉海区35%~40%的浮游生物和有机碎屑，这在一定程度上减少了水体的营养负荷，阻断局部氮循环、刺激初级生产、延缓水体的富营养化。但贝类养殖有内源代谢问题，在养殖过程中会排出的大量粪便和假粪，即富含有机物的颗粒。因此，贝类的代谢物会增加水体中氮、磷和碳的含量。根据文献（Cho C Y，1985），养殖贝类排泄物参考值为氮0.0017（吨/吨贝），磷0.000 26（吨/吨贝）。根据 Redfield 比值，C∶N∶P＝106∶16∶1，即质量比为 C∶N∶P＝（106×12）∶（16×14）∶（1×31）＝41∶7∶1，由此估算贝类排泄物中碳含量为0.010 7 吨/吨贝。

则贝类养殖中各污染物计算公式如下：

$$COD_{Cr}＝贝类养殖量×0.010 7×48/12$$

$$TN＝贝类养殖量×0.001 7$$

$$TP＝贝类养殖量×0.000 26$$

贝类养殖周期同鱼类，也是1—12月，日污染源强估算方法同鱼类，即春夏秋季日平均污染源强＝年污染源强/293 进行计算，冬季日污染源强＝$20\%X$。

（2）估算结果

根据象山港海水养殖调查结果，运用上述各公式进行估算，象山港海水养殖污染源强

208

的估算结果见表 6.1-18 和表 6.1-19。2010 年象山港共接纳来自海水养殖产生的 COD_{Cr} 20794.71 t，总氮 820.13 t，总磷 122.14 t。海水养殖日污染源强春夏秋季为 COD_{Cr} 72.07 t/d，总氮 2.842 t/d，总磷 0.423 t/d，冬季 COD_{Cr} 10.83 t/d，总氮 0.427 t/d，总磷 0.064 t/d，春夏秋季日源强约为冬季的 6.6 倍。

表 6.1-18　象山港海水养殖年污染源强估算 　　　　　　单位：t/a

海区	汇水区	COD_{Cr}	TN	TP
I	1	0	0	0
	2	115.87	4.57	0.69
	3	2 463.34	97.12	14.45
	4	0	0	0
	19	1 507.29	59.42	8.83
	20	1 680.67	66.25	9.85
	合计	5 767.11	227.36	33.80
II	5	365.01	14.39	2.14
	18	1 667.74	65.74	9.77
	合计	2 032.75	80.14	11.91
III	16	0	0	0
	17	1 667.74	65.74	9.77
	合计	1 667.74	65.74	9.77
IV	6	1 065.15	41.99	6.24
	15	959.55	37.88	5.66
	合计	2 024.70	79.87	11.91
V	7	1 244.73	49.06	7.28
	21	290.12	11.45	1.70
	合计	1 534.88	60.51	8.99
VI	8	2 490.04	98.15	14.59
	9	2 891.28	114.15	17.08
	10	17.95	0.71	0.11
	11	458.11	18.10	2.72
	合计	5 857.37	231.11	34.48

海区	汇水区	COD$_{Cr}$	TN	TP
Ⅶ	12	867.97	34.23	5.10
	13	168.59	6.67	1.00
	14	879.53	34.73	5.20
	合计	1 915.53	75.61	11.29
总计		20 794.71	820.13	122.14

表 6.1-19　象山港海水养殖日污染源强估算　　　　　　　单位：t/d

海区	汇水区	春、夏、秋季			冬季		
		COD$_{Cr}$	TN	TP	COD$_{Cr}$	TN	TP
Ⅰ	1	0.00	0.000	0.000	0.00	0.000	0.000
	2	0.42	0.017	0.003	0.02	0.001	0.000
	3	8.89	0.350	0.052	0.19	0.008	0.001
	4	0.00	0.000	0.000	0.00	0.000	0.000
	19	5.18	0.204	0.030	0.89	0.035	0.005
	20	5.77	0.227	0.033	1.04	0.041	0.006
	合计	20.28	0.799	0.119	2.15	0.084	0.013
Ⅱ	5	1.25	0.050	0.008	0.20	0.008	0.001
	18	5.71	0.225	0.034	1.08	0.042	0.006
	合计	6.97	0.274	0.041	1.29	0.050	0.007
Ⅲ	16	0.00	0.000	0.000	0.00	0.000	0.000
	17	5.71	0.225	0.034	1.08	0.042	0.006
	合计	5.71	0.225	0.034	1.08	0.042	0.006
Ⅳ	6	3.65	0.145	0.021	0.65	0.026	0.004
	15	3.43	0.135	0.020	0.21	0.008	0.001
	合计	7.08	0.280	0.042	0.86	0.034	0.005
Ⅴ	7	4.26	0.168	0.025	0.82	0.032	0.005
	21	1.00	0.039	0.005	0.20	0.008	0.001
	合计	5.25	0.207	0.031	1.02	0.040	0.006

海区	汇水区	春、夏、秋季			冬季		
		COD_{Cr}	TN	TP	COD_{Cr}	TN	TP
VI	8	8.51	0.337	0.049	1.65	0.065	0.010
	9	9.94	0.392	0.060	1.74	0.069	0.011
	10	0.06	0.003	0.000	0.01	0.000	0.000
	11	1.59	0.063	0.008	0.26	0.010	0.001
	合计	20.10	0.794	0.118	3.66	0.145	0.021
VII	12	2.96	0.117	0.017	0.59	0.023	0.003
	13	0.60	0.023	0.003	0.06	0.003	0.000
	14	3.15	0.124	0.019	0.14	0.005	0.001
	合计	6.70	0.265	0.039	0.79	0.031	0.004
总计		72.07	2.842	0.423	10.83	0.427	0.064

6.1.2.7 污染源强构成分析

象山港周边陆源污染源主要包括工业污染、生活污染、畜禽养殖污染、农业污染、水土流失污染，海域污染源主要来自海水养殖。象山港各污染物的入海量中（表 6.1-20），COD_{Cr}、总氮、总磷分别为 26 971.66 t/a、3 511.72 t/a、417.69 t/a，其中 COD_{Cr} 主要来源于海水养殖，总氮、总磷主要来源于陆源污染。在 7 个海区中，以 VI 海区所接纳的污染物为最多，I 海区次之，两者共占象山港接纳的总污染物的一半以上。海区 V 所接纳的各种陆源污染物最少，占象山港总陆源污染物的 2%~3%。

表 6.1-20 象山港各海区污染物入海量估算结果　　　　　　　　单位：t/a

海区	COD_{Cr}		TN		TP	
	陆源污染	海水养殖污染	陆源污染	海水养殖污染	陆源污染	海水养殖污染
I	1 671.37	5 767.11	832.19	227.36	88.99	33.8
II	242.24	2 032.75	138.17	80.14	13.86	11.91
III	650.84	1 667.74	247.64	65.74	26.21	9.77
IV	812.91	2 024.7	403.16	79.87	43.57	11.91
V	108.08	1 534.88	64.55	60.51	7.03	8.99
VI	1783.44	5 857.37	618.55	231.11	74.42	34.48
VII	908.07	1 915.53	387.34	75.61	41.47	11.29
合计	6 176.95	20 794.71	2 691.59	820.13	295.55	122.14

进入象山港的陆源污染物（表6.1-21），COD_{Cr}主要来自水土流失和生活污染，两者源强之和占总量的84.86%；总氮主要来自农业化肥和水土流失，两者源强之和占总量的86.85%；总磷也主要来自农业化肥和水土流失，两者源强之和占总量的80.51%；来自工业污染源的污染物源强所占比例较小，其中COD_{Cr}约占总量的8.77%，总氮约占总量的1.19%。

表 6.1-21　象山港陆源污染物来源

陆源污染类型	COD_{Cr}		总氮		总磷	
	源强（t/a）	比例（%）	源强（t/a）	比例（%）	源强（t/a）	比例（%）
工业	541.91	8.77	32.12	1.19	/	/
生活	2 378.54	38.51	147.34	5.47	22.58	7.64
禽畜	393.45	6.37	174.59	6.49	35.01	11.84
农业化肥	/	/	1 758.01	65.31	134.13	45.38
水土流失	2 863.04	46.35	579.55	21.53	103.84	35.13
总计	6 176.95	100	2 691.59	100	295.55	100

进入象山港的海水养殖污染物（表6.1-22），以鱼类养殖的污染源强最大，3种污染因子（COD_{Cr}、总氮、总磷）源强各约占总量的68%，虾类污染源强约占17%，贝类污染源强约占8%，蟹类污染源强约占6%。

表 6.1-22　象山港海水养殖污染物来源表

养殖品种	COD_{Cr}		TN		TP	
	源强（t/a）	比例（%）	源强（t/a）	比例（%）	源强（t/a）	比例（%）
鱼类	14 182.39	68.18	558.99	68.14	83.05	67.98
虾类	3 658.28	17.59	144.19	17.58	21.42	17.53
蟹类	1 273.61	6.12	50.20	6.12	7.46	6.10
贝类	1 685.81	8.10	66.96	8.16	10.24	8.38
总计	20 800.08	100	887.30	100	122.17	100

由于海水养殖污染估算中，划分为春、夏、秋季（3—11月）和冬季（12月、1月、2月）计算其日入海量。为便于环境容量计算，相应地对陆源污染物排放量也按此分别计算日入海量。在陆源污染物的来源中，水土流失因受降水影响大而季节变化明显，据表6.1-23，象山港周边春夏秋季和冬季降水量分别占全年降水量的88.9%和11.1%，因此可近似认为，水土流失源的污染物排放在春、夏、秋季和冬季各占88.9%和11.1%。按此比

例计算陆源污染物日入海量结果见表6.1-23。象山港陆源污染物日入海量春夏秋季为 COD_{Cr} 18.33 t/d，总氮7.66 t/d，总磷0.86 t/d，冬季 COD_{Cr} 12.61 t/d，总氮6.50 t/d，总磷0.65 t/d。

表6.1-23　象山港陆源污染物日入海量　　　　　　　　　　　　　单位：t/d

海区	汇水区	春、夏、秋季			冬季		
		COD_{Cr}	TN	TP	COD_{Cr}	TN	TP
I	1	0.74	0.29	0.04	0.47	0.24	0.03
	2	0.96	0.56	0.06	0.63	0.49	0.05
	3	0.77	0.35	0.04	0.54	0.30	0.03
	4	1.15	0.53	0.06	0.73	0.45	0.04
	19	1.03	0.47	0.05	0.77	0.42	0.04
	20	0.32	0.16	0.02	0.21	0.14	0.01
	合计	4.98	2.36	0.26	3.35	2.03	0.2
II	5	0.48	0.24	0.03	0.29	0.20	0.02
	18	0.25	0.15	0.02	0.17	0.13	0.01
	合计	0.73	0.39	0.04	0.46	0.34	0.03
III	16	1.34	0.39	0.05	1	0.32	0.03
	17	0.58	0.32	0.03	0.38	0.28	0.02
	合计	1.92	0.71	0.08	1.38	0.60	0.06
IV	6	0.95	0.45	0.06	0.63	0.39	0.04
	15	1.49	0.69	0.07	0.96	0.59	0.05
	合计	2.44	1.15	0.13	1.59	0.98	0.1
V	7	0.21	0.10	0.01	0.15	0.09	0.01
	21	0.11	0.08	0.01	0.08	0.08	0.01
	合计	0.32	0.18	0.02	0.23	0.16	0.02
VI	8	1.21	0.57	0.07	0.88	0.50	0.06
	9	1.72	0.6	0.07	1.23	0.50	0.05
	10	2.22	0.55	0.07	1.47	0.40	0.04
	11	0.13	0.06	0.01	0.09	0.05	0.01
	合计	5.29	1.78	0.22	3.66	1.45	0.16

海区	汇水区	春、夏、秋季			冬季		
		COD$_{Cr}$	TN	TP	COD$_{Cr}$	TN	TP
Ⅶ	12	0.25	0.19	0.02	0.19	0.18	0.02
	13	1.68	0.55	0.06	1.27	0.47	0.04
	14	0.74	0.35	0.04	0.47	0.30	0.03
	合计	2.67	1.10	0.12	1.93	0.95	0.09
总计		18.33	7.66	0.86	12.61	6.50	0.65

6.2　海域环境容量估算

6.2.1　技术路线及环境容量计算因子的选择

6.2.1.1　技术路线

环境容量和削减量计算采用的技术路线如下：

（1）根据象山港海域水体主要污染物特性及主要污染源特点，确定环境容量和削减量计算污染物。

（2）根据象山港海域环境功能区划，确定水质控制目标；结合象山港海域水体污染现状与象山港水体交换特点，确定环境容量计算因子的控制指标。

（3）根据象山港周边地区汇水单元的划分、污染源计算点的分布及污染源调查结果，利用已建立的污染物浓度场模型，计算象山港海域各单元污染源排放的响应系数场，分析象山港污染源强变化与海域浓度场变化之间的响应规律。

（4）针对不同环境容量计算因子在海湾中现状浓度有超标和未超标的特点，将计算因子分为环境容量增量因子和环境容量减排因子。未超过海水水质标准的规定、尚有一定排放空间的计算因子称为环境容量增量因子；已经超过海水水质标准的规定、无排放空间只能考虑削减的计算因子称为环境容量减排因子。

（5）采用线性规划方法，以剩余总排放量最大为目标，根据海域污染源及水质现状的特点，计算象山港环境容量增量因子的剩余环境容量及其在各单元的分布。

（6）对环境容量减排因子进行污染物削减量计算：首先进行污染物削减量预计算，分析象山港各区污染源强变化对海域浓度场分布的影响；然后以满足象山港环境容量计算分区分期控制指标要求为依据，确定各海区分期污染物削减量。

（7）受控于长江口、杭州湾，象山港海域自身减排无法达到水质管理目标。为了局部港湾的操作性和可行性，以现状为基础，以水质改善的比例作为减排目标。

6.2.1.2 环境容量计算因子的选择

环境容量计算因子的选择主要考虑该因子能反应象山港水质现状、污染程度以及环境容量管理和污染控制的可操作性等。象山港主要污染物为磷酸盐、无机氮等营养盐类物质，而化学需氧量（COD_{Mn}）为水体污染程度的综合指标。因此，本项目环境容量计算中，选取化学需氧量（COD_{Mn}）作为环境容量计算因子，无机氮和活性磷酸盐作为削减量计算因子。

1）化学需氧量（COD_{Mn}）

化学需氧量是表征水体有机污染的一个综合因子，也是描述污染源的重要指标之一，在水环境评价、管理和规划中被普遍采用，本项目亦选择化学需氧量作为象山港水环境容量的计算因子。

化学需氧量含量间接地与营养盐总含量相关，由于化学需氧量的这种隐含的作用，许多研究将化学需氧量也作为海域富营养化的重要指标之一。而且化学需氧量受生物活动的影响相对来说比营养盐小，它的生化降解作用也比较容易确定。因此，选择化学需氧量作为环境容量的主要因子对评价海域污染、建立有效的海域环境质量模型来说都是较适宜的。

2）无机氮

无机氮是浮游植物生长和繁殖不可缺少的营养元素，也是反映水体富营养化的重要指标之一，《海水水质标准》（GB 3097—1997）即以无机氮对水体中的氮含量进行规定；同时，本项目对象山港周边地区无机氮的污染源进行了详尽的调查及科学的预测，用无机氮进行容量预测分析较为可靠。因此选择无机氮作为环境容量计算因子是适宜的。

根据前文环境质量现状调查分析结果，象山港水体中营养盐类含量高，目前主要的环境问题为水体富营养化。象山港内无机氮浓度为 0.7~0.9 mg/L。《海水水质标准》中规定，三类水质无机氮浓度不得超过 0.4 mg/L，四类水质无机氮浓度不得超过 0.5 mg/L，由此可知，象山港内无机氮浓度已严重超出水质标准。

营养盐类超标带来象山港各种生态与环境问题，因此，即使无机氮超标，没有环境容量，但作为一个重要的限制因子，应将其作为环境容量减排因子，即从削减无机氮排放量角度出发，进行削减控制。

3）活性磷酸盐

与无机氮一样，活性磷酸盐是浮游植物生长和繁殖不可缺少的营养元素，也是反映水体富营养化的重要指标之一，《海水水质标准》（GB 3097—1997）即以活性磷酸盐对水体中的磷含量进行规定；同时，本项目对象山港周边地区活性磷酸盐的污染源进行了详尽的调查及科学的预测，用活性磷酸盐进行容量预测分析较为可靠。因此选择活性磷酸盐作为环境容量计算因子是适宜的。

象山港内活性磷酸盐浓度为 0.03~0.07 mg/L。《海水水质标准》中规定，一类水质活性磷酸盐浓度不得超过 0.015 mg/L，二类和三类水质活性磷酸盐浓度不得超过0.03 mg/L，四类水质活性磷酸盐浓度不得超过 0.045 mg/L，由此可知，象山港内活性磷酸盐浓度超出水质标准。营养盐类超标带来象山港各种生态与环境问题，因此，活性磷酸盐超标，没有环境容量，但作为一个重要的限制因子，应将其作为环境容量减排因子，即从削减活性磷酸盐排放量角度出发，进行削减控制。

4）其他因子

在象山港其他主要污染因子中，油类污染来源主要是船舶的压舱水、洗舱水或者事故漏油，具有不确定性，在容量管理上难以控制，不具可操作性，因此油类不作为环境容量计算因子；重金属为严禁排海的污染物，无环境容量之说，因此不适宜作为环境容量计算因子。

综上所述，本项目选取化学需氧量（COD_{Mn}）作为环境容量增量因子，用于进行环境容量分配，选用无机氮和活性磷酸盐作为环境容量减排因子（即削减量计算因子），用于进行源强的削减控制。

6.2.2 海域污染物动力扩散数值研究

海域污染物扩散数值模型建立在三维水动力模型的基础之上（见 3.2.1 章节）。

6.2.2.1 污染物扩散数值模型

1）基本方程

污染物对流扩散方程（Delft Hydraulic，2010）：

$$\frac{\partial (d+\zeta)C}{\partial t} + \frac{1}{\sqrt{G_{\xi\xi}G_{\eta\eta}}}\left\{ \frac{\partial\left[\sqrt{G_{\eta\eta}}(d+\zeta)uC\right]}{\partial\xi} + \frac{\partial\left[\sqrt{G_{\xi\xi}}(d+\zeta)vC\right]}{\partial\eta} \right\} + \frac{\partial\omega C}{\partial\sigma}$$

$$= \frac{d+\zeta}{\sqrt{G_{\xi\xi}G_{\eta\eta}}}\left\{ \frac{\partial}{\partial\xi}\left[\frac{D_H}{\sigma_{c0}}\frac{\sqrt{G_{\eta\eta}}}{\sqrt{G_{\xi\xi}}}\frac{\partial C}{\partial\xi}\right] + \frac{\partial}{\partial\eta}\left[\frac{D_H}{\sigma_{c0}}\frac{\sqrt{G_{\xi\xi}}}{\sqrt{G_{\eta\eta}}}\frac{\partial C}{\partial\eta}\right] \right\} + \frac{1}{d+\zeta}\frac{\partial}{\partial\sigma}\left(D_V\frac{\partial C}{\partial\sigma}\right) - \lambda_d(d+\zeta)C + S$$

$$(6.2-1)$$

式中，ζ 表示水位，m；d 表示水深，m；$\sqrt{G_{\xi\xi}}=\sqrt{x_\xi^2+y_\xi^2}$ 和 $\sqrt{G_{\eta\eta}}=\sqrt{x_\eta^2+y_\eta^2}$ 表示直角坐标系（x，y）与正交曲线坐标系（ξ，η）的转换系数；u，v，ω 分别表示 ξ，η，σ 三个方向上的速度分量，m/s；D_H，D_V 分别表示水平和垂向扩散系数，m^2/s；C 为污染物浓度，mg/L。λ_d 为一阶降解系数；S 为源汇项。

2）定解条件

上述解的定解条件为

初始条件： $\qquad\qquad C(x，y，0)=C_0$；

陆边界条件：
$$\frac{\partial C}{\partial n} = 0 ;$$

水边界条件：
$$C(x_0, y_0, t) = C_b \qquad 流入；$$
$$C(x_0, y_0, t) = 计算值 \qquad 流出。$$

其中，陆边界条件表示沿法线方向的浓度梯度为零。

3）初始条件

初始条件对计算结果的影响一般在开始阶段，在计算稳定后，初始条件对计算结果的影响可忽略。本次研究水质模型采用冷启动方式，即 COD_{Mn}、无机氮、活性磷酸盐初始浓度均取 0 mg/L。

4）边界条件

水质模型水边界条件的确定是在水边界附近海域水质现状的基础上，由模型率定。

根据 2008 年 4 月、2008 年 8 月和 2009 年 8 月杭州湾水质调查资料中的 S22、S28、S32 和 S33 站的水质现状（表 6.2-1）。模型北边界附近 COD_{Mn} 浓度范围为 0.43~2.19 mg/L，平均浓度为 1.28 mg/L；活性磷酸盐浓度范围为 0.017 1~0.060 3 mg/L，平均浓度为 0.036 3 mg/L；无机氮浓度范围为 0.966~2.040 mg/L，平均浓度为 1.480 mg/L。

表 6.2-1　杭州湾水质监测结果　　　　　　　　　　　　单位：mg/L

站位	测量时间	测量层次	COD_{Mn}	活性磷酸盐	无机氮
S22 （30°08′45″N，121°36′00″E）	2008-4	表层	0.97	0.017 1	1.633
		底层	–	0.022 0	1.444
	2008-8	表层	1.77	0.055 7	1.136
		底层	–	0.046 7	1.138
	2009-8	表层	1.1	0.048 7	1.981
S28 （29°58′48″N，122°46′10″E）	2008-4	表层	1.06	0.019 4	1.713
		底层	–	0.023 7	1.696
	2008-8	表层	1.45	0.042 7	1.006
		底层	–	0.037 7	1.616
	2009-8	表层	1.85	0.058 0	1.062
		底层	1.78	0.060 3	0.966

站位	测量时间	测量层次	COD_{Mn}	活性磷酸盐	无机氮
S32 (30°17′26″N，121°53′50″E)	2008-4	表层	0.84	0.017 1	1.476
		底层	0.81	0.017 4	1.454
	2008-8	表层	2.09	0.056 7	1.973
		底层	2.19	0.046 7	1.997
	2009-8	表层	0.60	0.048 4	2.04
		底层	0.43	0.046 9	1.266
S33 (30°08′34″N，121°53′50″E)	2008-4	表层	1.02	0.017 4	1.605
		底层	0.96	0.021 7	1.656
	2008-8	表层	1.57	0.024 1	1.185
		底层	1.52	0.023 2	1.114
	2009-8	表层	1.03	0.046 6	1.399
模型北边界			1.28	0.045	1.48

根据大榭—象山海域 2008 年 8 月及 2009 年 8 月水质调查资料中 2、3、5、15、16、17 站的实测数据（表 6.2-2），模型东南水边界附近 COD_{Mn} 浓度范围为 0.24~1.05 mg/L，平均浓度为 0.56 mg/L；活性磷酸盐浓度范围为 0.003 1~0.036 4 mg/L，平均浓度为 0.018 3 mg/L；无机氮浓度范围为 0.027~0.463 mg/L，平均浓度为 0.276 mg/L。

通过数模率定，水质模型北边界取 COD_{Mn} 浓度为 1.28 mg/L，活性磷酸盐为 0.045 mg/L，无机氮为 1.48 mg/L。东边界和南边界取 COD_{Mn} 浓度为 0.60 mg/L，活性磷酸盐为 0.02 mg/L，无机氮为 0.35 mg/L。

表 6.2-2　大榭-象山海域水质监测结果　　　　　　　　　单位：mg/L

站位	测量时间	测量层次	COD_{Mn}	活性磷酸盐	无机氮
2	2008-8	表层	0.51	0.028 9	0.407
	2009-8	表层	0.84	0.034 4	0.370
		底层	0.83	0.036 4	0.268
3	2008-8	表层	0.30	0.004 7	0.126
		底层	0.24	0.004 4	0.200
	2009-8	表层	0.47	0.003 4	0.027
		中层	0.45	0.003 1	0.055
		底层	0.42	0.023 3	0.158

站位	测量时间	测量层次	COD_{Mn}	活性磷酸盐	无机氮
5	2008-8	表层	1.05	0.007 1	0.176
		底层	0.27	0.011 0	0.174
	2009-8	表层	0.94	0.029 1	0.463
		底层	0.72	0.034 4	0.398
15	2008-8	表层	0.48	0.011 3	0.101
		底层	0.28	0.009 5	0.313
	2009-8	表层	0.53	0.021 0	0.391
		底层	0.73	0.028 6	0.407
16	2008-8	表层	0.68	0.008 9	0.324
		底层	0.65	0.012 5	0.453
	2009-8	表层	0.93	0.005 2	0.254
		底层	0.32	0.029 7	0.379
17	2008-8	表层	0.40	0.018 2	0.366
	2009-8	表层	0.42	0.027 1	0.264
		底层	0.41	0.027 7	0.246
模型东南水边界			0.60	0.02	0.35

5）计算参数（降解系数）

国内外研究认为河口海湾地区 COD 的降解系数要小于河流湖泊，一般小于 0.1/d。如王泽良（2004）在渤海湾的研究中发现 COD 降解系数在 0.023 ~ 0.076/d 之间，刘浩（2006）在辽东湾取 COD 降解系数 0.03/d，林卫青等（2008）在长江口及毗邻海域水质和生态动力学模型中，取 COD 降解系数 0.05/d，象山港环境容量计算时 COD 降解系数取为 0.032/d（黄秀清，2008），乐清湾环境容量计算 COD_{Mn} 降解系数取 0.025/d（李佳，2009）。杭州湾环境容量计算时 COD_{Mn} 降解系数取 0.04 ~ 0.05/d（黄秀清，2011）。综合考虑降解系数试验结果及国内各学者研究成果，本课题通过模型率定，象山港海域 COD_{Mn} 降解系数在 0.02 ~ 0.03/d 之间取值。

水体中营养盐的输入主要通过水平输运、垂直混合和大气沉降 3 种途径，其在水体中的分布与变化不仅与其来源、水动力条件、沉积、矿化等过程有关，还与海水中的细菌、浮游动植物等有着密切的关系。其主要物质过程有浮游植物的吸收，在各级浮游动物及鱼类等食物链中传递，生物溶出、死亡、代谢排出等重新回到水体中，不同形态之间的化学转化，水体中磷营养盐的沉降，沉积物受扰动引起的再悬浮及沉积物向水体的扩散和释放等等。

因此，营养盐在海水中的物质过程十分复杂，用降解系数反映上述所有过程实属不易。在莱州湾环境容量研究（国家海洋局第一海洋研究所报告）、宁波——舟山海域环境容量研究（中国海洋大学研究报告）时，将污染物均作为保守物质处理。富国等人在研究伶仃洋时在实验室测得的数据为 0.1/d。刘浩（2006）在研究辽东湾时分别取总磷的降解系数为 0.1/d 和 0.01/d 进行模拟后，认为降解系数取为 0.01/d 更接近实测值。Wei H 等（2006）1998—1999 年调查渤海生态系统时发现，将渤海中的无机氮视为保守物质和考虑无机氮的生物过程所得到的年平均浓度之间的误差不超过 20%（Wei H，2004）。乐清湾环境容量计算时活性磷酸盐降解系数取 0.007 5/d，无机氮降解系数取 0.005/d（李佳，2009）。杭州湾环境容量计算时活性磷酸盐降解系数取 0.01~0.02/d，无机氮降解系数取 0.008~0.009/d（黄秀清，2011）。综合考虑降解系数试验结果及国内各学者研究成果，本次研究通过数模率定，象山港海域活性磷酸盐的降解系数在 0.006~0.008/d 之间取值，无机氮的降解系数在 0.008~0.01/d 之间，与上述成果中采用的降解系数接近。

6.2.2.2 污染源概化

1）污染物源强调查与分布

本次研究按象山港周边汇水区分布设置相应的计算源点，由于汇水区 4 不靠海，因此将汇水区 3 和汇水区 4 东部概化为 S3 污染源，将汇水区 4 西部和汇水区 5 概化为 S4 污染源（图 6.2-1）。

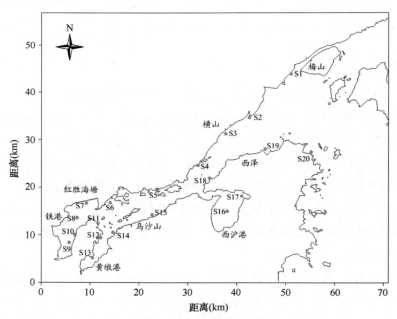

图 6.2-1 象山港水质模拟污染源位置分布示意

依据污染源调查结果，象山港污染源主要分为两部分：一是陆域污染源，包括各工业企业、居民生活、农业生产、畜禽养殖和水土流失来源；二是海水养殖源，象山港海水养殖有浅海养殖、围塘养殖和滩涂养殖等形式，主要养殖种类为鱼类、虾类、蟹类和贝类。

（1）COD_{Cr}源强

根据污染源调查结果，在象山港沿岸各镇中，COD_{Cr}入海量最大的为第 3 汇水区和第 9 汇水区，均大于 10 t/d，其次为第 8 汇水区，约 9.7 t/d；COD_{Cr}入海量最小的为第 1 汇水区，小于1 t/d，其次为第 2 汇水区和第 21 汇水区，均小于 2 t/d。各汇水区 COD_{Cr}源强组成有所不同，但基本以海水养殖、生活污染和水土流失为主，工业污染和畜禽养殖所占比例较小。

化学需氧量是表征水体有机污染的一个综合污染物，也是描述污染源的重要指标之一，在水环境评价、管理和规划中被普遍采用，本次研究选择化学需氧量 COD_{Cr} 作为象山港水环境容量的计算污染物。

象山港各汇水区污染源源点的源强按照污染物调查结果确定，COD_{Cr}污染源源强按沿岸各源点分配结果见表6.2-3。

表 6.2-3　象山港 COD_{Cr} 水质模型各污染源的源强　　　　单位：t/d

排放源点	所属汇水区	所属海区	陆源污染	海水养殖污染	计算源强
S1	1	I	0.74	0	0.74
S2	2	I	0.96	0.42	1.38
S3	3 和 4 东部	I	1.35	8.89	10.24
S4	4 西部和 5	II	1.05	1.25	2.30
S5	6	IV	0.95	2.65	3.60
S6	7	V	0.21	4.26	4.47
S7	8	VI	1.21	8.51	9.72
S8	9	VI	1.72	9.94	11.66
S9	10	VI	2.22	0.06	2.28
S10	11	VI	0.13	1.59	1.72
S11	21	V	0.11	0.10	0.21
S12	12	VII	0.25	2.96	3.21
S13	13	VII	1.68	0.60	2.28
S14	14	VII	0.74	3.15	3.89
S15	15	IV	1.49	3.43	4.92
S16	16	III	1.34	0	1.34
S17	17	III	0.58	5.71	6.29
S18	18	II	0.25	5.71	5.96
S19	19	I	1.03	5.18	6.21
S20	20	I	0.32	5.77	6.09

（2）总氮源强

根据污染源调查结果，氮类营养盐是象山港污染排放中的主要污染物。在象山港沿岸各汇水区中，总氮入海量最大的为第 9 汇水区，约 1 t/d，其次为第 3 汇水区，约 0.97 t/d；总氮入海量最小的为第 21 汇水区，其次为第 11 汇水区，约 0.1 t/d。各汇水区总氮源强组成有所不同，但基本以农业面源污染所占比例最大。

根据环境质量现状结果，象山港水体中总氮含量较高。本次研究选择总氮作为削减量计算污染物，从削减总氮排放量角度出发，分析源强削减对象山港水环境的影响，进行削减控制。象山港总氮污染源源强按各计算源点分配结果见表 6.2-4。

表 6.2-4　象山港总氮水质模型各污染源的源强　　　　　　　　单位：t/d

排放源点	所属汇水区	所属海区	陆源污染	海水养殖污染	计算源强
S1	1	Ⅰ	0.29	0	0.29
S2	2	Ⅰ	0.56	0.017	0.577
S3	3 和 4 东部	Ⅰ	0.62	0.350	0.970
S4	4 西部和 5	Ⅱ	0.50	0.050	0.55
S5	6	Ⅳ	0.45	0.145	0.595
S6	7	Ⅴ	0.1	0.168	0.268
S7	8	Ⅵ	0.57	0.337	0.907
S8	9	Ⅵ	0.60	0.392	0.992
S9	10	Ⅵ	0.55	0.003	0.553
S10	11	Ⅵ	0.06	0.063	0.123
S11	21	Ⅴ	0.08	0.039	0.119
S12	12	Ⅶ	0.19	0.117	0.307
S13	13	Ⅶ	0.55	0.023	0.573
S14	14	Ⅶ	0.35	0.124	0.474
S15	15	Ⅳ	0.69	0.135	0.825
S16	16	Ⅲ	0.39	0	0.39
S17	17	Ⅲ	0.32	0.225	0.545
S18	18	Ⅱ	0.15	0.225	0.375
S19	19	Ⅰ	0.47	0.204	0.674
S20	20	Ⅰ	0.16	0.227	0.387

（3）总磷源强

根据污染源调查结果，磷类营养盐是象山港污染排放中的主要污染物。在象山港沿岸各汇水区中，总磷入海量最大的为第 9 汇水区，约 0.13 t/d，其次为第 8 汇水区，约 0.12 t/d；总磷入海量最小的为第 21 汇水区，约 0.015 t/d，其次为第 11 汇水区，约 0.018 t/d。各汇水区总磷源强组成有所不同，但基本以农业面源污染和海水养殖污染所占比例最大。

根据环境质量现状结果，象山港水体中总磷含量较高。本次研究选择总磷作为削减量计算污染物，从削减总磷排放量角度出发，分析源强削减对象山港水环境的影响，进行削减控制。象山港总磷污染源源强按各计算源点分配结果见表 6.2-5。

表 6.2-5 象山港总磷水质模型各污染源的源强 单位：t/d

排放源点	所属汇水区	所属海区	陆源污染	海水养殖污染	计算源强
S1	1	I	0.04	0	0.04
S2	2	I	0.06	0.003	0.063
S3	3 和 4 东部	I	0.07	0.052	0.122
S4	4 西部和 5	II	0.06	0.008	0.068
S5	6	IV	0.06	0.021	0.081
S6	7	V	0.01	0.025	0.035
S7	8	VI	0.07	0.052	0.122
S8	9	VI	0.07	0.060	0.130
S9	10	VI	0.07	0	0.070
S10	11	VI	0.01	0.008	0.018
S11	21	V	0.01	0.005	0.015
S12	12	VII	0.02	0.017	0.037
S13	13	VII	0.06	0.003	0.063
S14	14	VII	0.04	0.019	0.059
S15	15	IV	0.07	0.020	0.090
S16	16	III	0.05	0	0.05
S17	17	III	0.03	0.034	0.064
S18	18	II	0.02	0.034	0.054
S19	19	I	0.05	0.030	0.080
S20	20	I	0.02	0.033	0.053

2）主要污染物换算关系

本课题选择化学需氧量 COD_{Mn}、无机氮和活性磷酸盐用于进行环境容量或削减量的计算。

象山港 COD_{Cr} 和 COD_{Mn}、总氮和无机氮、总磷和活性磷酸盐之间的换算系数，拟根据象山港水体中各污染物的现状浓度分布进行对比分析来确定。

（1）COD_{Cr} 和 COD_{Mn}

COD_{Cr} 和 COD_{Mn} 是由不同测定方法求得的化学需氧量数值，在陆上以及污染源排放时化学需氧量以由重铬酸钾法测定的 COD_{Cr} 表达；在海水中化学需氧量以由碱性高锰酸钾法测定的 COD_{Mn} 表达。王秀芹等对 30 个养殖水样同时按两种方法进行测定比较，化学需氧量（重铬酸盐法）测定数值为高锰酸盐指数法测定数值的 3 倍左右（王秀芹，2011）。考虑到象山港的实际情况，本次研究在涉及二者之间换算时采用的换算系数取 2.5。

（2）总氮和无机氮

对于象山港总氮和无机氮之间的换算系数，本课题拟根据象山港 2011 年夏季和冬季实测数据，统计得到总氮和无机氮在水体中的浓度的比值（表 6.2-6）。综合统计，本课题计算中，无机氮与总氮的源强及水体中浓度值的比值取 0.699 5，即总氮的源强及水体中浓度值是无机氮的 1.43 倍，在涉及二者之间换算时采用此换算系数。

表 6.2-6　象山港 2011 年夏季和冬季无机氮、总氮调查统计结果　　　　单位：mg/L

调查项目	层次	2011 年夏季	2011 年冬季
无机氮	表层	0.714	0.938
	底层	0.716	0.924
总氮	表层	1.103	1.192
	底层	1.182	1.154
无机氮/总氮	表层	0.647	0.787
	底层	0.614	0.801
	垂向平均	0.606	0.793
总平均		0.699 5	

（3）总磷和活性磷酸盐

对于象山港总磷和活性磷酸盐之间的换算系数，本课题拟根据象山港 2011 年夏季和冬季实测数据，统计得到总磷和活性磷酸盐在水体中的浓度的比值（表 6.2-7）。综合统计，本课题计算中，活性磷酸盐与总磷的源强及水体中浓度值的比值取 0.386，即总磷的源强及水体中浓度值是活性磷酸盐的 2.59 倍，在涉及二者之间换算时采用此换算系数。

表 6.2-7　象山港 2011 年夏季和冬季活性磷酸盐、总磷调查统计结果　　　单位：mg/L

调查项目	层次	2011 年夏季	2011 年冬季
活性磷酸盐	表层	0.039 1	0.047 4
	底层	0.035 7	0.043 7
总磷	表层	0.117 5	0.093 0
	底层	0.166 1	0.090 3
活性磷酸盐/总磷	表层	0.332 8	0.509 7
	底层	0.214 9	0.483 9
	垂向平均	0.274	0.497
总平均		0.386	

3）主要计算污染物源强

（1）COD$_{Mn}$源强

根据 COD$_{Cr}$ 和 COD$_{Mn}$ 之间的换算系数，最终可得到象山港周边各污染源 COD$_{Mn}$ 排放源强，如表 6.2-8 所示。

表 6.2-8　象山港 COD$_{Mn}$ 水质模型各污染源源强　　　单位：t/d

污染源	COD$_{Mn}$	污染源	COD$_{Mn}$
S1	0.30	S11	0.08
S2	0.55	S12	1.28
S3	4.10	S13	0.91
S4	0.92	S14	1.56
S5	1.44	S15	1.97
S6	1.79	S16	0.54
S7	3.89	S17	2.52
S8	4.66	S18	2.38
S9	0.91	S19	2.48
S10	0.69	S20	2.44

（2）无机氮源强

根据无机氮和总氮之间的换算系数，最终可得到象山港周边各污染源无机氮排放源强，如表 6.2-9 所示。

225

表 6.2-9　象山港无机氮水质模型各污染源源强　　　　　单位：t/d

污染源	无机氮	污染源	无机氮
S1	0.203	S11	0.083
S2	0.404	S12	0.215
S3	0.679	S13	0.401
S4	0.385	S14	0.332
S5	0.416	S15	0.577
S6	0.187	S16	0.273
S7	0.634	S17	0.381
S8	0.694	S18	0.262
S9	0.387	S19	0.471
S10	0.086	S20	0.271

（3）活性磷酸盐源强

根据活性磷酸盐和总磷之间的换算系数，最终可得到象山港周边各污染源活性磷酸盐排放源强，如表 6.2-10 所示。

表 6.2-10　象山港活性磷酸盐水质模型各污染源源强　　　　　单位：t/d

污染源	活性磷酸盐	污染源	活性磷酸盐
S1	0.015	S11	0.006
S2	0.024	S12	0.014
S3	0.047	S13	0.024
S4	0.026	S14	0.023
S5	0.031	S15	0.035
S6	0.014	S16	0.019
S7	0.047	S17	0.025
S8	0.050	S18	0.021
S9	0.027	S19	0.031
S10	0.007	S20	0.020

6.2.2.3　计算结果分析与评价

1）化学需氧量（COD_{Mn}）

象山港 COD_{Mn} 的浓度分布总体呈现自湾口到湾内浓度增大的趋势。外湾浓度较低，大部分区域浓度小于 1 mg/L；西沪港、黄墩港、铁港海域内浓度较高，且越靠近湾顶浓度越

226

大。西沪港内浓度为1~1.2 mg/L，黄墩港内大部分区域浓度为1.2~1.3 mg/L，铁港内浓度基本大于1.3 mg/L（图6.2-2）。象山港COD_{Mn}浓度最高的区域，位于铁港海域，最大浓度在1.4 mg/L以上；总体分布与实测COD_{Mn}浓度等值线分布基本一致，仅局部区域略有偏差（图6.2-3）。水质调查站的实测值与模型计算结果之间相对误差基本上均小于20%，水质模型在总体上较成功地模拟了象山港COD_{Mn}的浓度分布。

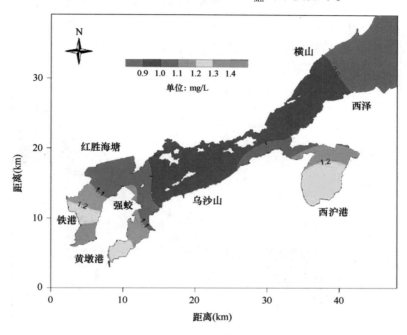

图6.2-2　2011年7月象山港COD_{Mn}实测浓度

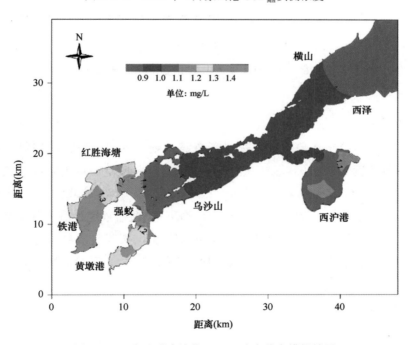

图6.2-3　象山港高潮期COD_{Mn}浓度分布模拟结果

2）无机氮

无机氮浓度分布总体呈现自湾口到湾内浓度增大的趋势。外湾浓度较低，大部分区域浓度小于 0.6 mg/L。西沪港、黄墩港及铁港海域的浓度较高，大部分区域浓度大于 0.74 mg/L，最大浓度达 0.8 mg/L，分析该处出现高浓度的原因除了陆源排放外，还可能是由于涨落潮时滩涂底泥翻搅释放所致（图 6.2-4）；总体分布与实测无机氮浓度等值线分布基本一致，仅局部区域略有偏差（图 6.2-5）。水质调查站的实测值与模型计算结果之间相对误差基本上均小于 20%，水质模型在总体上较成功地模拟了象山港无机氮的浓度分布。

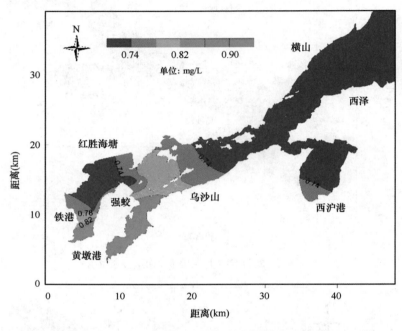

图 6.2-4   2011 年 7 月象山港无机氮实测浓度

3）活性磷酸盐

活性磷酸盐浓度分布在象山港总体呈现自湾口到湾内浓度增大的趋势。外湾浓度较低，大部分区域浓度小于 0.03 mg/L，西沪港、铁港、黄墩港海域内浓度均较其周围海域高，西沪港海域浓度基本大于 0.05 mg/L，铁港、黄墩港海域浓度大于 0.06 mg/L（图 6.2-6）。象山港活性磷酸盐总体分布与实测活性磷酸盐浓度等值线分布基本一致，仅局部区域略有偏差（图 6.2-7）。水质调查站的实测值与模型计算结果之间相对误差小于 20% 的比例达 90%，水质模型在总体上较成功地模拟了象山港活性磷酸盐的浓度分布。

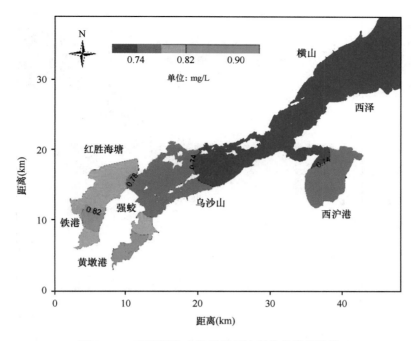

图 6.2-5 高潮期象山港无机氮浓度分布模拟结果

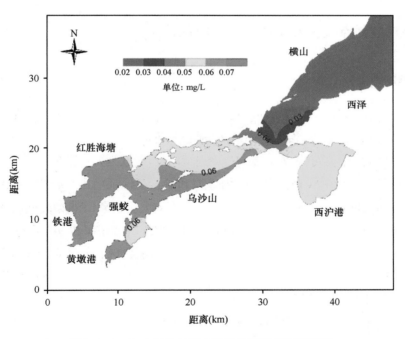

图 6.2-6 2011 年 7 月象山港活性磷酸盐实测浓度

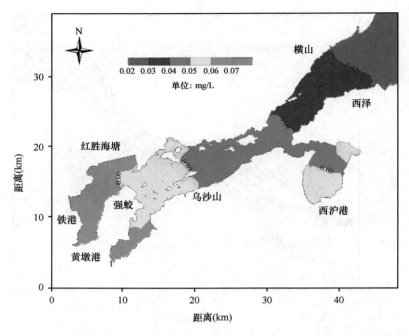

图 6.2-7 高潮期象山港活性磷酸盐浓度分布模拟结果

6.2.3 海域控制点设置及水质控制目标的确定

6.2.3.1 控制点设置

根据象山港海洋功能区划和海域环境功能区划,结合象山港海域实际规划情况,划定象山港各区水质标准,确定控制点及各点水质控制目标。

根据《浙江省海洋功能区划》和《宁波市海洋功能区划》,在象山港口部,自穿山南至象山港大桥和象山涂茨钱仓,重点区划港口和航道,保证梅山岛开发,兼顾渔港建设,保障渔业资源洄流繁育。在象山港中底部,自象山港大桥至象山港底,重点区划海洋渔业和海洋旅游,兼顾重要渔业品种保护和现有港口,保障军事用海和电厂用海。

港口航运区:象山乌沙山港口区和象山港外干门港口区,航道区有象山近海航道区、象山港口北部进港航道区和象山港内航道区,重点锚地区有奉化狮子口电厂锚地区。港口航运水域执行不低于四类的海水水质标准。

渔业资源利用和养护区:鄞州大嵩渔港和渔业设施基地建设区、奉化桐照渔港和渔业设施基地建设区、宁海峡山渔港和渔业设施基地建设区、象山岳井洋渔港和渔业设施基地建设区等渔港和渔业设施基地建设区。重点围塘养殖区有鄞州瞻岐北仑洋沙山围塘养殖区、宁海大佳何围塘养殖区、象山西周围塘养殖区等。重点滩涂养殖区有宁奉滩涂养殖区、宁海铁港底部滩涂养殖区、宁海黄墩港滩涂养殖区、象山西沪港滩涂养殖区等。重点浅海养殖区有鄞州北仑浅海养殖区、鄞州横码浅海养殖区、象山黄避岙浅海养殖区、奉化裘村浅海养殖区、宁奉铁港浅海养殖区等。重点增殖区有象山港口中部增殖区、象山西泽增殖区、奉化增殖区等、象山西沪港口西部增殖区。重要渔业品种保护区两个，包括宁海樟树重要渔业品种保护区、宁海薛岙重要渔业品种保护区等。渔港和渔业设施基地建设区执行不低于四类海水水质标准。增殖区和捕捞区、重要渔业品种保护区执行一类的海水水质标准，养殖区执行不低于二类的海水水质标准。

旅游区：象山港内重点风景旅游区有北仑峙头风景旅游区、宁海强蛟群岛风景旅游区、宁海满山岛风景旅游区等。度假旅游区包括北仑上阳度假旅游区、奉化松岙度假旅游区、奉化凤凰山悬山度假旅游区、宁海大佳何度假旅游区、宁海强蛟度假旅游区。度假旅游区执行不低于二类的海水水质标准，海滨风景旅游区执行不低于三类的海水水质标准。

海洋能利用区：潮汐能区有宁海象山港潮汐能区，执行不低于三类的海水水质标准。

工程用海区：海底管线区包括北仑六横海底管线区、北仑上阳梅山海底管线区、北仑春晓海底管线区、鄞州咸祥象山贤庠海底管线区等。重点围海造地区有北仑七姓涂围海造地区。重点跨海桥梁区有北仑梅山工程跨海桥梁区、象山港跨海桥梁区等。工程用海区执行不低于四类海水水质标准。

海洋保护区：海洋和海岸自然生态保护区有象山西沪港湿地和沼泽地生态系统自然保护区。海洋保护区执行一类海水水质标准。

特殊利用区：科学研究试验区主要包括象山港咸祥科学研究实验区、宁海强蛟电厂西科学研究试验区、象山乌沙山港口西科学研究试验区。特殊用海区有象山乌沙山北部特殊用海区、象山西沪港特殊用海区、奉化石沿港特殊用海区等。科学研究实验区执行一类海水水质标准，其他特殊用海区执行不低于四类海水水质标准。

根据象山港海域功能区及水质执行标准，象山港内共设置 27 个水质控制点，其中 15 个一类水质控制点，12 个二类水质控制点，具体位置分布见图 6.2-8 所示。

6.2.3.2 控制目标

本次象山港水环境容量计算控制项目主要涉及化学需氧量、活性磷酸盐和无机氮 3 项。根据《海水水质标准》（GB3097—1997），上述 3 个控制项在各类水质标准下的控制目标如表 6.2-11 所示。

表 6.2-11 各类水质标准

单位：mg/L

控制项目	一类	二类	三类	四类
化学需氧量（COD）≤	2	3	4	5
无机氮（以 N 计）≤	0.20	0.30	0.40	0.50
活性磷酸盐（以 P 计）≤	0.015	0.030	0.030	0.045

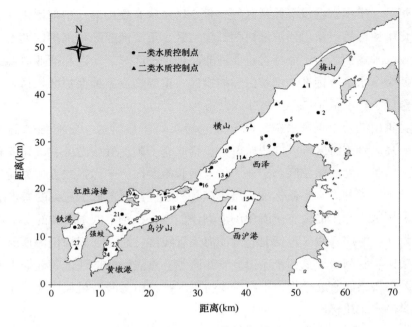

图 6.2-8　象山港水质控制点分布示意

6.2.4　COD_{Mn}环境容量估算

影响象山港环境容量的因素多且复杂，要准确确定环境容量，必须对各种影响因素进行综合分析，进而确定计算方案，从理论上说，这样的计算方案可有多个。为减少计算量，并且能够综合反映环境容量各影响因素，本课题分两步进行象山港环境容量计算：第一步先确定象山港沿岸各汇水区源强变化与海域浓度场变化响应规律，即计算象山港沿岸汇水区 COD_{Mn}单位源强排放时的海域浓度分布，也就是各汇水区的污染源对象山港海域的响应系数场；第二步根据海域污染源及水质现状的特点，结合象山港内各水质控制点的 COD_{Mn}控制目标，按照最大剩余容量原则，利用线性规划方法进行计算各个污染源的环境容量。

1）响应系数场的确定

根据最优化法原理，首先要先计算各污染源的响应系数场，即各污染源单位源强排放时，所形成的浓度场。计算某个污染源的响应系数场时，该污染源源强为 1 g/s，其余各污染源源强取 0。象山港周边各污染源 COD_{Mn}单位源强排放时，在象山港海域形成的 COD_{Mn}浓度场即响应系数场（图 6.2-9 和图 6.2-10）。

2）COD_{Mn}最大环境容量估算

根据线性规划原理，求取各个污染源的 COD_{Mn}允许排放量。取象山港 COD_{Mn}浓度分布计算结果作背景浓度。在浓度值的选取上现在也有多种方式，一般以平均值和最大值较多。考虑到象山港属于强潮浅水半日潮海湾，潮流强，潮差大，不同时刻浓度存在差异，若是取最大值为背景浓度，最后会导致资源浪费，所以本文采取大小潮平均浓度作为背景浓度进行容量估算。控制点标准浓度按表 6.2-11 取值。各个控制点参数取值见表6.2-12。

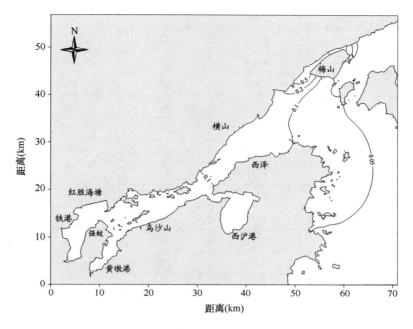

图 6.2-9　象山港污染源 S1 响应系数场（×10⁻³ mg/L）

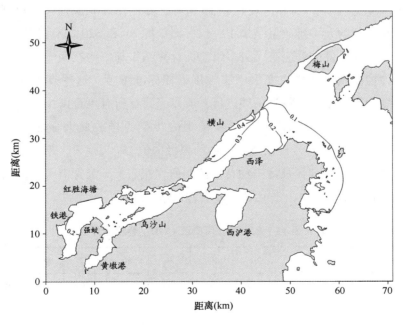

图 6.2-10　象山港污染源 S2 响应系数场（×10⁻³ mg/L）

表 6.2-12　象山港 COD_{Mn} 容量线性规划估算参数取值　　　　单位：mg/L

控制点	背景浓度 C_{0i}	控制目标 C_{zi}	控制点	背景浓度 C_{0i}	控制目标 C_{zi}
1	0.841	3.000	15	1.057	3.000
2	0.840	2.000	16	0.941	2.000
3	0.861	2.000	17	0.977	2.000
4	0.846	3.000	18	0.965	3.000
5	0.853	2.000	19	1.021	3.000
6	0.871	2.000	20	1.006	2.000
7	0.890	3.000	21	1.088	2.000
8	0.882	2.000	22	1.093	3.000
9	0.888	3.000	23	1.181	3.000
10	0.906	2.000	24	1.211	2.000
11	0.900	3.000	25	1.215	3.000
12	0.925	2.000	26	1.286	2.000
13	0.920	3.000	27	1.349	3.000
14	1.037	2.000			

使用线性规划方法，按照最大剩余容量原则进行估算，计算得到的允许排放量为 37.52 t/d（表 6.2-13）。当按计算结果进行分配源强时，按上面计算得到的响应系数计算得到的控制点浓度见表 6.2-14。由表 6.2-13 可知，在使用现状源强计算得到的浓度分布为背景浓度估算得到的允许排放量结果中，仅有污染源 S1 和 S20 仍有排放空间。理论上，符合各个控制点约束条件的解应有无穷多组，而计算结果却集中在两个污染源，分析其原因，是因为少许控制点的背景浓度值已非常接近控标准浓度，这些点主要位于象山港湾内，而线性规划计算严格按照数学条件进行，所以当要在所有可行解中选择使容量总量达到最大的一组时，对象山港湾内水质影响最小的污染源排放最大显然是合理的，由表 6.2-14可以看出，3 号和 26 号控制点已达到约束极限值。

与《象山港海洋环境容量及污染物总量控制研究报告》（黄秀清等，2008）的 COD_{Mn} 计算结果（30 t/d）相比，象山港 COD_{Mn} 环境容量略有增加。

表 6.2-13　象山港各污染源 COD_{Mn} 容量估算值　　　　单位：t/d

污染源	S1	S2	S3	S4	S5	S6	S7	S8	S9	S10
规划求解可排量	25.41	0.00	0.00	0.00	0.00	0.00	0.00	0.00	0.00	0.00
污染源	S11	S12	S13	S14	S15	S16	S17	S18	S19	S20
规划求解可排量	0.00	0.00	0.00	0.00	0.00	0.00	0.00	0.00	0.00	12.11
总量	37.52									

表 6.2-14　象山港规划求解最优解各控制点浓度　　　　　　单位：mg/L

控制点	规划求解	浓度资源利用率（%）	控制点	规划求解	浓度资源利用率（%）
1	2.455	81.85	15	1.907	63.56
2	1.657	82.85	16	1.807	90.34
3	2.000	100.00	17	1.779	88.94
4	1.951	65.03	18	1.787	59.56
5	1.751	87.57	19	1.783	59.43
6	1.788	89.39	20	1.780	88.99
7	1.881	62.70	21	1.830	91.50
8	1.840	92.01	22	1.835	61.17
9	1.846	92.29	23	1.915	63.83
10	1.852	92.60	24	1.937	96.84
11	1.858	61.93	25	1.937	64.57
12	1.831	91.53	26	2.000	100.00
13	1.834	61.12	27	2.063	68.77
14	1.887	94.34			

3）COD_{Cr} 最大环境容量估算

在现状象山港 COD_{Cr} 污染物源强 16.92 t/d 的基础上，要保持达到象山港海域海洋功能区划所规定的海水水质标准，同时又满足各区（县、市）的可操作分配，最大只能再增加 93.80 t/d 的 COD_{Cr} 污染物源强。

与 2002 年《象山港海洋环境容量及污染物总量控制研究报告》（房建孟等，2004）的 COD_{Cr} 计算结果（75 t/d）相比，象山港 COD_{Mn} 环境容量略有增加。

10 年来，由于陆源污染有所增加，海水养殖污染有所减少，因此通过源强比较，COD_{Cr} 还有一定的环境容量。建议 COD_{Cr} 排放量维持现状，以调整产业结构、优化源强的空间布局为主。

6.2.5　无机氮削减量估算

采用分期控制法进行污染物削减量计算，首先进行预计算，分析象山港各汇水单元污染源强变化对海域浓度场分布的影响，为确定正式计算方案提供依据并初步确定达到控制目标需要的最小削减量；然后根据分期控制目标确定削减方案并进行计算，并以满足象山港环境容量计算分期控制指标要求为依据，确定各汇水单元分期无机氮削减量。

1) 响应系数场

计算出象山港沿岸各汇水单元的污染源无机氮单位源强排放时，在象山港海域形成的无机氮浓度场即响应系数场。

2) 削减预计算

象山港内无机氮浓度为 0.7~0.9 mg/L。《海水水质标准》中规定，三类水质无机氮浓度不得超过 0.4 mg/L，四类水质无机氮浓度不得超过 0.5 mg/L，由此可知，象山港内无机氮浓度已严重超出水质标准。

象山港无机氮污染十分严重，要使水质得到改善，必须大幅削减污染物排放源强。因此对无机氮应分析不同减排方案情况对海域水质的改善程度，设计 4 种削减方案对象山港无机氮浓度场进行研究，分别计算象山港沿岸各源强削减 10%、20%、50% 和 100% 时无机氮在象山港内的浓度场，并对各方案计算结果对照水质标准分析污染程度。各方案计算结果列于图 6.2-11~图 6.2-15 及表 6.2-15。

由上述计算可知，根据本课题设定的控制点水质标准，各个方案计算结果全海区均严重超标。考虑到象山港氮类营养盐的来源不仅是沿岸各陆源排放及湾内养殖污染，杭州湾、舟山、宁波等地的入海污染物也对象山港无机氮浓度有所贡献，象山港本底浓度不是削减沿岸的排放源强就能达到规定的水质标准的。

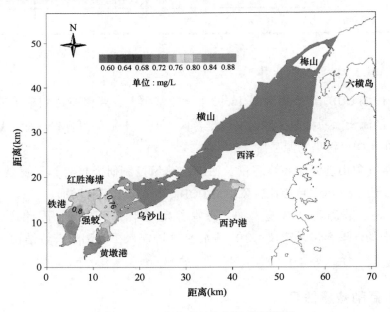

图 6.2-11 象山港无机氮浓度现状图

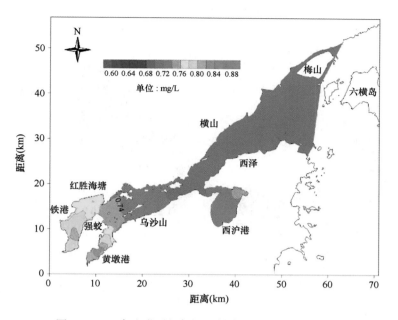

图 6.2-12 象山港无机氮源强削减 10%模拟计算结果

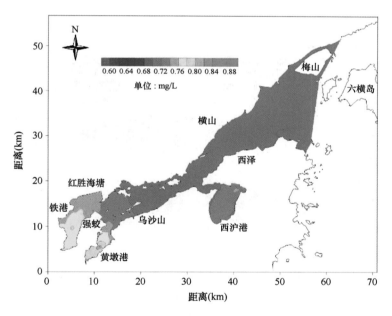

图 6.2-13 象山港无机氮源强削减 20%模拟计算结果

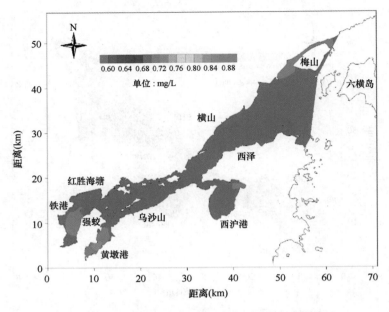

图 6.2-14　象山港无机氮源强削减 50%模拟计算结果

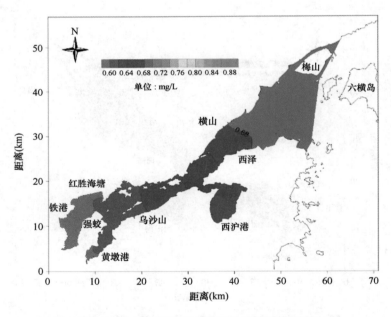

图 6.2-15　象山港无机氮源强削减 100%模拟计算结果

表 6.2-15　象山港沿岸无机氮各污染源强削减方案浓度包络面积

方案	小于 0.8 mg/L		小于 0.72 mg/L		小于 0.7 mg/L	
	面积 （km²）	百分比 （%）	面积 （km²）	百分比 （%）	面积 （km²）	百分比 （%）
现状	476.75	91.79	292.29	56.28	0	0
削减 10%	505.74	97.38	318.84	61.39	0	0
削减 20%	518.60	99.85	372.63	71.75	0	0
削减 50%	519.37	100	515.62	99.28	467.51	90
削减 100%	519.37	100	519.37	100	519.37	100

注：总面积：519.37 km²。

3）分期控制目标设立

根据上述 4 种削减方案的计算结果，本次研究以海域内无机氮浓度小于 0.72 mg/L 的面积占象山港总面积的百分比为指标，设立近期、中期、远期三期控制目标。

近期目标：无机氮浓度小于 0.72 mg/L 的面积占象山港总面积的 60%；

中期目标：无机氮浓度小于 0.72 mg/L 的面积占象山港总面积的 70%；

远期目标：无机氮浓度小于 0.72 mg/L 的面积占象山港总面积的 90%。

4）削减量计算

近期：当象山港源强削减 10% 时象山港内无机氮浓度小于 0.72 mg/L 的面积占象山港总面积的 61.39%，所以要达到近期目标，象山港无机氮削减量约为源强的 10%。

中期：当象山港源强削减 20% 时象山港内无机氮浓度小于 0.72 mg/L 的面积占象山港总面积的 71.75%，所以象山港无机氮削减量约为源强的 20% 时，可达到中期控制目标。

远期：通过模型试算，当象山港无机氮削减 37% 时，象山港内无机氮浓度小于 0.72 mg/L 的面积为 464.29 km²，占象山港总面积的 89.39%，所以要达到远期目标，象山港无机氮削减量约为源强的 37%。

因此，根据象山港近、中、远三期控制目标，无机氮削减量估算结果分别为，各汇水区无机氮削减量见表 6.2-16，削减方案实施后象山港无机氮浓度分布见图 6.2-16～图 6.2-18。

表 6.2-16　象山港无机氮分期控制污染源强削减估算量　　　　　　单位：t/d

污染源	近期（削减 10%）	中期（削减 20%）	远期（削减 37%）
S1	0.020	0.041	0.075
S2	0.040	0.081	0.149
S3	0.068	0.136	0.251
S4	0.039	0.077	0.142
S5	0.042	0.083	0.154

污染源	近期（削减10%）	中期（削减20%）	远期（削减37%）
S6	0.019	0.037	0.069
S7	0.063	0.127	0.235
S8	0.069	0.139	0.257
S9	0.039	0.077	0.143
S10	0.009	0.017	0.032
S11	0.008	0.017	0.031
S12	0.022	0.043	0.080
S13	0.040	0.080	0.148
S14	0.033	0.066	0.123
S15	0.058	0.115	0.213
S16	0.027	0.055	0.101
S17	0.038	0.076	0.141
S18	0.026	0.052	0.097
S19	0.047	0.094	0.174
S20	0.027	0.054	0.100
总量	0.734	1.468	2.716

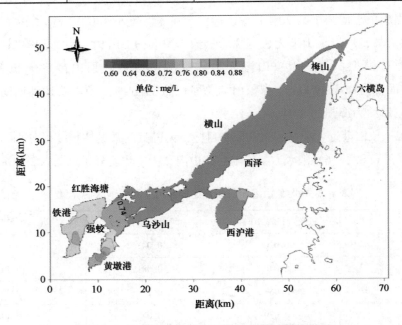

图 6.2-16　象山港无机氮近期源强削减模拟结果

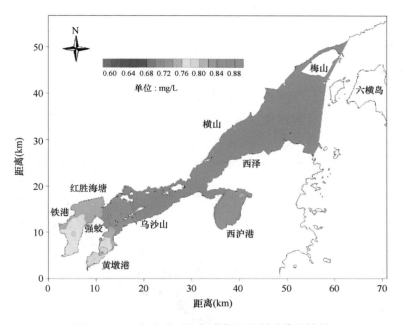

图 6.2-17　象山港无机氮中期源强削减模拟结果

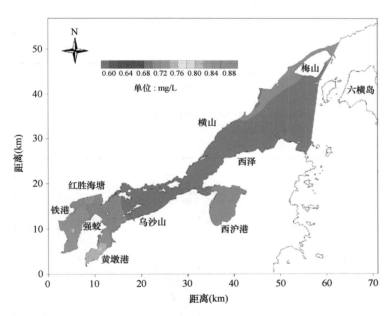

图 6.2-18　象山港无机氮远期源强削减模拟结果

6.2.6　活性磷酸盐削减量估算

1) 响应系数场计算

计算象山港沿岸各汇水单元的污染源活性磷酸盐单位源强排放时, 在象山港海域形成的活性磷酸盐浓度场即响应系数场。

2) 削减预计算

设计 4 种削减方案对象山港活性磷酸盐浓度场进行研究，分别计算象山港沿岸各污染源源强削减 10%、20%、50% 和 100% 时活性磷酸盐在象山港内的浓度场，并对各方案计算结果对照水质标准分析污染程度。各方案计算结果列于图 6.2-19～图 6.2-23 及表 6.2-17。

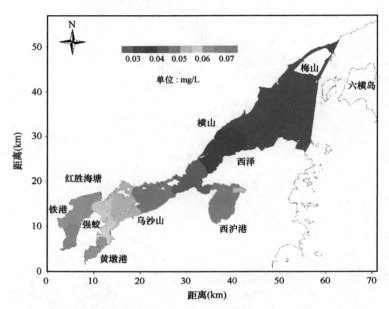

图 6.2-19 象山港活性磷酸盐浓度现状图

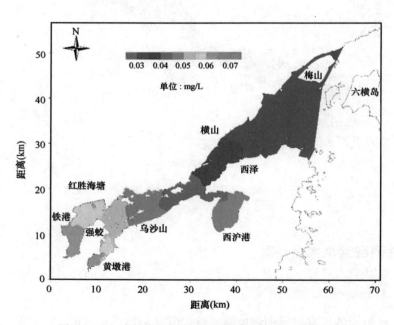

图 6.2-20 象山港活性磷酸盐源强削减 10% 计算结果

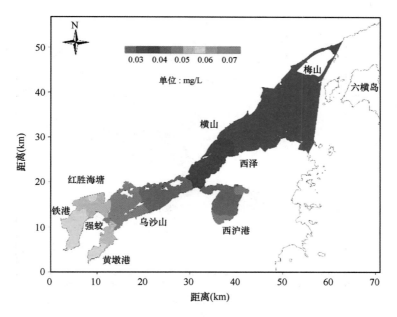

图 6.2-21　象山港活性磷酸盐源强削减 20% 计算结果

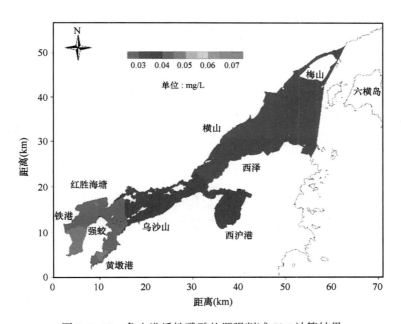

图 6.2-22　象山港活性磷酸盐源强削减 50% 计算结果

由上述计算可知，根据本课题设定的控制点水质标准，活性磷酸盐源强削减 100% 时，有部分控制点计算浓度达到水质标准要求，但大部分控制点仍超标，其主要原因是杭州湾、舟山、宁波等地的入海污染物也对象山港活性磷酸盐浓度有所贡献，象山港本底浓度不是削减沿岸的排放源强就能达到规定的水质标准的。

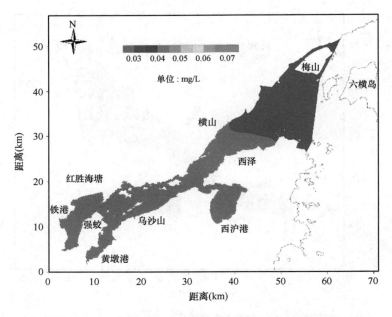

图 6.2-23　象山港活性磷酸盐源强削减 100%计算结果

表 6.2-17　象山港沿岸活性磷酸盐污染源强削减方案浓度包络面积

方案	小于 0.045 mg/L		小于 0.03 mg/L		小于 0.015 mg/L	
	面积（km²）	百分比（%）	面积（km²）	百分比（%）	面积（km²）	百分比（%）
现状	317.35	61.10	0	0	0	0
削减 10%	333.98	64.30	0	0	0	0
削减 20%	384.99	74.13	0	0	0	0
削减 50%	498.34	95.95	0	0	0	0
削减 100%	519.37	100	306.21	58.96	0	0

注：总面积 519.37 km²。

3）分期控制目标设立

根据上述四种削减方案的技术结果，本次研究以海域内活性磷酸盐浓度小于 0.045 mg/L 的面积占象山港总面积的百分比为指标，设立近期、中期和远期三期控制目标。

近期目标：活性磷酸盐浓度小于 0.045 mg/L 的面积占象山港总面积的 65%；

中期目标：活性磷酸盐浓度小于 0.045 mg/L 的面积占象山港总面积的 75%；

远期目标：活性磷酸盐浓度小于 0.045 mg/L 的面积占象山港总面积的 100%。

4）削减量计算

近期：当象山港源强削减 10%时，象山港内活性磷酸盐浓度小于 0.045 mg/L 的面积为 333.98 km²，占象山港总面积的 64.30%，所以要达到近期目标，象山港活性磷酸盐削减量约为源强的 10%。

中期：当象山港源强削减 20% 时，象山港内活性磷酸盐浓度小于 0.045 mg/L 的面积为 393.99 km²，占象山港总面积的 75.86%，所以要达到中期目标，象山港活性磷酸盐削减量约为源强的 20%。

远期：通过模型试算，当象山港源强削减 55% 时象山港内性磷酸盐浓度小于 0.045 mg/L 的面积为 519.27 km²，占象山港总面积的 99.99%，所以象山港活性磷酸盐削减量约为源强的 55% 时，可达到远期控制目标。

因此，根据象山港近、中、远三期控制目标，活性磷酸盐削减量估算结果分别为 0.051 t/d、0.101 t/d 和 0.278 t/d，各汇水区削减量见表 6.2-18，削减方案实施后象山港活性磷酸盐浓度分布见图 6.2-24~图 6.2-26。

表 6.2-18　象山港活性磷酸盐分期控制污染源削减估算量　　　　单位：t/d

污染源	近期（削减 10%）	中期（削减 20%）	远期（削减 55%）
S1	0.002	0.003	0.008
S2	0.002	0.005	0.013
S3	0.005	0.009	0.026
S4	0.003	0.005	0.014
S5	0.003	0.006	0.017
S6	0.001	0.003	0.008
S7	0.005	0.009	0.026
S8	0.005	0.010	0.028
S9	0.003	0.005	0.015
S10	0.001	0.001	0.004
S11	0.001	0.001	0.003
S12	0.001	0.003	0.008
S13	0.002	0.005	0.013
S14	0.002	0.005	0.013
S15	0.004	0.007	0.019
S16	0.002	0.004	0.010
S17	0.003	0.005	0.014
S18	0.002	0.004	0.012
S19	0.003	0.006	0.017
S20	0.002	0.004	0.011
总量	0.051	0.101	0.278

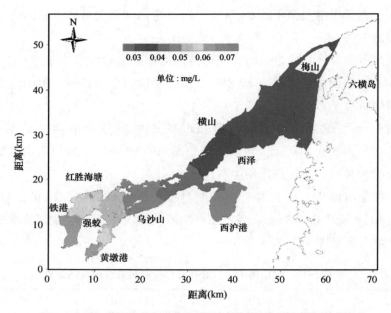

图 6.2-24　象山港活性磷酸盐近期源强削减模拟计算结果

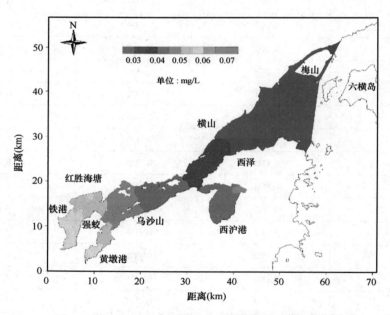

图 6.2-25　象山港活性磷酸盐中期源强削减模拟结果

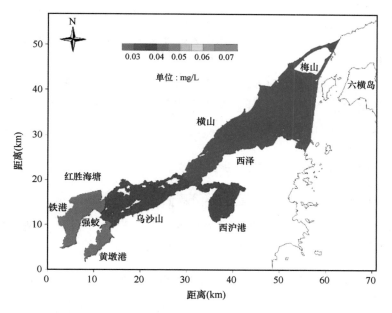

图 6.2-26　象山港活性磷酸盐远期源强削减模拟结果

6.3　海域污染物总量控制容量分配

6.3.1　总氮、总磷优化分配技术路线

根据象山港沿岸各汇水区划分，从环境、资源、经济、社会和污染物排放浓度响应程度等指标考虑设计分配方案，计算出各方案象山港各汇水区的总氮、总磷分配权重。参照层次分析法，通过数学模型计算各方案的环境容量及分配结果，综合评定个方案优劣，最终确定最优方案。

1）容量分配方法

容量分配方法采用层次分析法（The Analytic Hierarchy Process，简称 AHP），首先，在确定准则层对目标层的权重时采用专家赋权法和相互重要性比较判断矩阵法这两种方法。

2）方案的设计

方案 1：以环境容量分配理论为基础（Delft Hydraulic，2010），从现有的总污染物（TN、TP）排放量、自然资源、经济发展和社会发展等 4 个方面分层次通过专家咨询确定各层次各要素的权重系数；通过层次分析计算各汇水区在这 4 个方面的组合权重。

方案 2：在方案 1 的基础上，重点考虑到各汇水区的污染物（TN、TP）排放浓度响应程度要素并作为第一层次的自然净化要素，而现有的总污染物（TN、TP）排放量、自然资源、经济发展和社会发展等 4 个方面作为第一层次的社会要素，并均分第一层次权重；第一层次的社会要素仍通过专家咨询确定各层次各要素的权重系数；通过层次分析计算各汇水区的组合权重。

方案 3：平均考虑现有的总污染物（TN、TP）排放量、污染物（TN、TP）排放浓度响应程度、自然资源、经济发展和社会发展等 5 个方面分层次权重系数；通过层次分析计算各汇水区在这 5 个方面的组合权重。

6.3.2 TN、TP 容量削减基础信息资料

以 2009 年为基准年，统计象山港各汇水区现有的总污染物（TN、TP）排放量、自然资源、经济发展和社会发展资料。象山港沿海各汇水区工业、生活、农业、海水养殖排污以及现有的总污染物（TN、TP）排放量统计结果见表 6.3-1。

表 6.3-1 象山港沿海各汇水区现有的总污染物（TN、TP）排放量统计表

序号	汇水区	工业污染排放量（t/a）		生活污染排放量（t/a）		农业污染排放量（t/a）		海水养殖污染排放量（t/a）		总污染排放量（t/a）	
		TN	TP	TN	TP	TN	TP	TN	TP	TN	TP
1	汇水区 1	/	/	5.19	1.96	96.08	11.33	0.00	0.00	101.27	13.29
2	汇水区 2	/	/	7.09	2.31	189.82	19.65	0.01	0.00	196.92	21.96
3	汇水区 3	0.49	/	7.05	0.20	115.13	12.23	0.26	0.04	122.93	12.47
4	汇水区 4	/	/	9.19	0.35	177.40	19.08	0.00	0.00	186.59	19.43
5	汇水区 5	/	/	3.84	0.22	80.28	8.36	0.04	0.01	84.16	8.59
6	汇水区 6	/	/	7.44	2.88	151.63	16.50	0.12	0.02	159.19	19.40
7	汇水区 7	/	/	1.95	0.49	33.10	3.73	0.13	0.02	35.18	4.24
8	汇水区 8	0.02	/	11.23	2.82	190.98	21.53	0.27	0.04	202.50	24.39
9	汇水区 9	/	/	16.09	1.73	192.45	22.64	0.31	0.05	208.85	24.42
10	汇水区 10	6.25	/	12.62	1.40	167.47	21.86	0.00	0.00	186.34	23.26
11	汇水区 11	/	/	1.30	0.32	20.13	2.14	0.05	0.01	21.48	2.47
12	汇水区 12	/	/	3.29	0.38	65.45	6.16	0.09	0.01	68.83	6.55
13	汇水区 13	5.67	/	14.69	1.56	173.74	18.61	0.02	0.00	194.12	20.17
14	汇水区 14	/	/	5.67	0.94	118.84	13.83	0.09	0.01	124.60	14.78
15	汇水区 15	0.71	/	12.15	0.90	231.23	23.29	0.10	0.02	244.19	24.21
16	汇水区 16	13.50	/	6.98	1.73	114.88	13.62	0.00	0.00	135.36	15.35
17	汇水区 17	0.12	/	5.33	0.42	106.83	10.43	0.18	0.03	112.46	10.88
18	汇水区 18	0.02	/	2.37	0.32	51.66	4.96	0.18	0.03	54.23	5.31

序号	汇水区	工业污染排放量（t/a）		生活污染排放量（t/a）		农业污染排放量（t/a）		海水养殖污染排放量（t/a）		总污染排放量（t/a）	
		TN	TP	TN	TP	TN	TP	TN	TP	TN	TP
19	汇水区19	5.34	/	9.38	1.09	152.21	14.79	0.16	0.02	167.09	15.90
20	汇水区20	/	/	3.06	0.39	54.76	5.59	0.18	0.03	58.00	6.01
21	汇水区21	/	/	1.41	0.16	28.07	2.64	0.03	0.00	29.51	2.80

象山港沿海各汇水区排污效率、劳动生产率及污染物排放浓度响应程度统计结果表6.3-2。其中汇水区4的响应系数取S3（汇水区3和汇水区4东部）和S4（汇水区4西部和汇水区5）的响应系数的平均值。

自然资源中面积和岸线长度，经济发展中的工业和农业，以及社会发展中的人口和劳动生产率数据与COD_{Cr}容量分配中数据一致。

表6.3-2 象山港各汇水区排污效率（TN、TP）及污染物（TN、TP）排放浓度响应程度统计表

序号	汇水区	排污效益（万元/t）		劳动生产率[万元/（人·年）]		污染物排放浓度响应程度	
		TN	TP	TN	TP	TN	TP
1	汇水区1	524.62	3 997.59	2.71	2.71	2.662	2.697
2	汇水区2	262.71	2 355.69	1.96	1.96	5.899	5.978
3	汇水区3	820.09	8 093.32	3.55	3.55	5.602	5.660
4	汇水区4	636.09	6 108.51	3.43	3.43	10.232	10.337
5	汇水区5	6 548.94	64 207.11	42.13	42.13	4.436	4.481
6	汇水区6	476.48	3 910.89	2.93	2.93	18.957	18.959
7	汇水区7	1 323.19	10 993.12	6.88	6.88	27.410	27.536
8	汇水区8	1 323.13	10 988.77	6.88	6.88	30.350	30.469
9	汇水区9	5 129.88	43 917.73	18.34	18.34	33.182	33.335
10	汇水区10	3 323.14	26 635.13	13.41	13.41	39.919	39.930
11	汇水区11	1 769.64	15 416.05	8.00	8.00	36.907	37.027
12	汇水区12	1 857.52	19 494.00	11.43	11.43	28.546	28.678
13	汇水区13	3 799.58	36 582.27	13.23	13.23	34.284	34.202
14	汇水区14	1 188.76	10 020.31	7.89	7.89	38.011	37.982
15	汇水区15	3 777.22	38 129.96	20.32	20.32	34.954	34.846

序号	汇水区	排污效益（万元/t）		劳动生产率〔万元/（人·年）〕		污染物排放浓度响应程度	
		TN	TP	TN	TP	TN	TP
16	汇水区 16	1 417.69	12 493.36	8.44	8.44	19.432	19.441
17	汇水区 17	1 250.93	12 945.13	7.45	7.45	21.722	21.942
18	汇水区 18	583.24	5 970.47	3.89	3.89	23.848	23.857
19	汇水区 19	535.70	5 631.26	2.72	2.72	13.810	13.866
20	汇水区 20	1 107.87	10 693.98	6.04	6.04	4.501	4.585
21	汇水区 21	1 857.52	19 494.00	11.43	11.43	0.544	0.613

6.3.3 分配权重计算

6.3.3.1 方案一组合权重计算

1）专家咨询法—专家咨询法

引用《乐清湾海洋环境容量及污染物总量控制研究》关于 TN 和 TP 减排削减量权重的分配，容量分配要素权重系数见表 6.3-3。由于象山港各汇水区 TP 的工业污染排放量均为 0，将生活、农业和海水养殖污染物排放量的权重系数分别调整为 0.35、0.32、0.33。

表 6.3-3　象山港各汇水区 TN 和 TP 减排削减量分配要素权重表（方案一）

第一层要素	权重均值（%）	TN		TP	
		第二层要素	权重均值（%）	第二层要素	权重均值（%）
总污染排放量（η_p）	43	工业排放量	25	工业排放量	0
		生活排放量	26	生活排放量	35
		农业排放量	24	农业排放量	32
		海水养殖排放量	25	海水养殖排放量	33
自然资源（η_r）	22	面积	45	面积	45
		岸线长度	55	岸线长度	55
经济发展（GDP 产值）（η_e）	19	工业产值	55	工业产值	55
		农业产值	45	农业产值	45

第一层要素	权重均值（%）	TN		TP	
		第二层要素	权重均值（%）	第二层要素	权重均值（%）
社会发展（η_s）	16	人口	26	人口	26
		1/排污效率	38	1/排污效率	38
		1/劳动生产率	36	1/劳动生产率	36

2）相互重要性比较矩阵法—专家咨询法

TN 和 TP 削减量分配的第一层要素的相互重要性比较判断矩阵如下。

$$
\begin{array}{c} & \begin{array}{cccc} N1 & N2 & N3 & N4 \end{array} \\ \begin{array}{c} N1 \\ N2 \\ N3 \\ N4 \end{array} & \left[\begin{array}{cccc} 1 & 2 & 4 & 3 \\ \frac{1}{2} & 1 & 2 & 3 \\ \frac{1}{4} & \frac{1}{2} & 1 & 2 \\ \frac{1}{3} & \frac{1}{3} & \frac{1}{2} & 1 \end{array}\right] \end{array}
$$

同样用 MATLAB 解出 TN 和 TP 削减量分配的第一层要素相互重要性比较判断矩阵的特征向量为 ［0.819 9；0.476 4；0.260 4；0.181 6］，第一层要素权重系数分别为 0.471 6，0.274 1，0.149 8，0.104 5，CI=0.032 3，CR=0.035 9<0.1。

方案一组合权重计算结果见表 6.3-4。

表 6.3-4　方案一象山港 TN、TP 削减量分配权重

汇水区	专家咨询法		相互重要性比较矩阵法	
	TN 削减量分配权重	TP 削减量分配权重	TN 削减量分配权重	TP 削减量分配权重
汇水区 1	0.037 5	0.050 8	0.036 3	0.050 5
汇水区 2	0.057 2	0.072 1	0.053 8	0.070 1
汇水区 3	0.044 3	0.041 4	0.043 8	0.040 8
汇水区 4	0.045 4	0.045 2	0.044 4	0.044 3
汇水区 5	0.033 4	0.033 8	0.033 3	0.033 8
汇水区 6	0.046 2	0.064 7	0.045 2	0.065 2
汇水区 7	0.019 4	0.022 4	0.019 3	0.022 6

汇水区	专家咨询法		相互重要性比较矩阵法	
	TN 削减量 分配权重	TP 削减量 分配权重	TN 削减量 分配权重	TP 削减量 分配权重
汇水区 8	0.057 7	0.074 3	0.056 3	0.074 4
汇水区 9	0.088 6	0.094 4	0.087 2	0.093 6
汇水区 10	0.084 5	0.069 8	0.087 7	0.071 6
汇水区 11	0.012 0	0.013 7	0.011 6	0.013 5
汇水区 12	0.019 9	0.021 1	0.019 7	0.021 1
汇水区 13	0.081 8	0.066 5	0.082 8	0.066 0
汇水区 14	0.036 5	0.042 6	0.036 9	0.043 5
汇水区 15	0.081 9	0.081 0	0.081 8	0.081 0
汇水区 16	0.094 0	0.059 0	0.100 3	0.061 8
汇水区 17	0.033 7	0.033 8	0.034 1	0.034 4
汇水区 18	0.023 6	0.024 3	0.021 7	0.022 7
汇水区 19	0.067 6	0.052 2	0.068 9	0.052 3
汇水区 20	0.022 8	0.024 2	0.022 5	0.024 1
汇水区 21	0.012 2	0.012 6	0.012 1	0.012 6

6.3.3.2　方案二组合权重计算

1）专家咨询—专家咨询—专家咨询法

在方案一的基础上，重点考虑到各汇水区的污染物排放浓度响应程度要素，给予其第一要素 25% 的权重，现有的总污染物排放量、自然资源、经济发展和社会发展等 4 个方面分层次仍以方案一为基础同比例缩减，方案二各层次容量分配要素权重系数见表 6.3-5。

表 6.3.5　象山港各汇水区 TN 和 TP 减排削减量分配要素权重表（方案二）

第一层要素	权重均值 （%）	第二层要素	权重均值 （%）	TN		TP	
				第三层要素	权重均值 （%）	第三层要素	权重均值 （%）
污染响应 系数	25	污染物排放浓度 响应程度（η_x）	100				

第一层要素	权重均值（%）	第二层要素	权重均值（%）	TN		TP	
				第三层要素	权重均值（%）	第三层要素	权重均值（%）
社会要素系数	75	总污染排放量（η_p）	43	工业排放量	25	工业排放量	0
				生活排放量	26	生活排放量	35
				农业排放量	24	农业排放量	32
				海水养殖排放量	25	海水养殖排放量	33
		自然资源（η_r）	22	面积	45	面积	45
				岸线长度	55	岸线长度	55
		经济发展（GDP产值）（η_e）	19	工业产值	55	工业产值	55
				农业产值	45	农业产值	45
		社会发展（η_s）	16	人口	26	人口	26
				1/排污效率	38	1/排污效率	38
				1/劳动生产率	36	1/劳动生产率	36

2）相互重要性比较

同方案一。

方案二组合权重计算结果见表 6.3-6。

表 6.3-6 方案二象山港 TN、TP 削减量分配权重

汇水区	专家咨询法		相互重要性比较矩阵法	
	TN 削减量分配权重	TP 削减量分配权重	TN 削减量分配权重	TP 削减量分配权重
汇水区 1	0.029 6	0.039 6	0.028 7	0.039 4
汇水区 2	0.046 2	0.057 4	0.043 7	0.055 9
汇水区 3	0.037 8	0.035 6	0.037 4	0.035 1
汇水区 4	0.039 8	0.039 6	0.039 0	0.038 9
汇水区 5	0.031 9	0.032 3	0.031 9	0.032 2
汇水区 6	0.045 3	0.059 1	0.044 6	0.059 5
汇水区 7	0.029 9	0.032 2	0.029 9	0.032 4
汇水区 8	0.060 3	0.072 8	0.059 2	0.072 8

汇水区	专家咨询法		相互重要性比较矩阵法	
	TN 削减量 分配权重	TP 削减量 分配权重	TN 削减量 分配权重	TP 削减量 分配权重
汇水区 9	0.085 0	0.089 5	0.084 1	0.088 9
汇水区 10	0.085 8	0.074 7	0.088 2	0.076 0
汇水区 11	0.029 7	0.031 0	0.029 4	0.030 9
汇水区 12	0.034 2	0.034 9	0.034 1	0.035 0
汇水区 13	0.082 7	0.071 1	0.083 4	0.070 8
汇水区 14	0.047 0	0.051 5	0.047 3	0.052 2
汇水区 15	0.072 3	0.071 1	0.072 3	0.071 6
汇水区 16	0.082 7	0.056 5	0.087 4	0.058 6
汇水区 17	0.038 6	0.038 7	0.039 0	0.039 2
汇水区 18	0.025 4	0.026 0	0.024 0	0.024 8
汇水区 19	0.053 2	0.041 7	0.054 2	0.041 8
汇水区 20	0.017 4	0.018 5	0.017 2	0.018 4
汇水区 21	0.025 2	0.025 5	0.025 1	0.025 5

6.3.3.3　方案三组合权重计算

1）专家咨询法

在方案一的基础上，把污染物排放浓度响应程度作为自然净化系数，与现有的总污染物（COD_{Cr}）排放量、自然资源和经济发展和社会发展等 4 个方面作为同一层次要素平均分配权重，方案三各层次容量分配要素权重系数见表 6.3-7。

表 6.3-7　象山港沿海各汇水区 TN 和 TP 减排削减量分配要素权重表

第一层要素	权重均值（%）	第二层要素	权重均值（%）
污染响应系数（η_x）	20	污染物排放浓度响应程度	100
总污染排放量（η_p）	20	工业排放量	25
		生活排放量	25
		农业排放量	25
		海水养殖排放量	25

第一层要素	权重均值（%）	第二层要素	权重均值（%）
自然资源（η_r）	20	面积	50
		岸线长度	50
经济发展（GDP 产值）（η_e）	20	工业产值	50
		农业产值	50
社会发展（η_s）	20	人口	100/3
		1/排污效率	100/3
		1/劳动生产率	100/3

方案三组合权重计算结果见表 6.3-8。

表 6.3-8　方案三象山港 TN、TP 削减量分配权重

汇水区	专家咨询法	
	TN 削减量 分配权重	TP 削减量 分配权重
汇水区 1	0.033 6	0.040 2
汇水区 2	0.052 4	0.059 3
汇水区 3	0.041 3	0.039 9
汇水区 4	0.041 3	0.041 2
汇水区 5	0.033 3	0.033 5
汇水区 6	0.047 3	0.056 0
汇水区 7	0.029 6	0.031 2
汇水区 8	0.062 6	0.070 3
汇水区 9	0.090 1	0.092 9
汇水区 10	0.078 1	0.071 4
汇水区 11	0.026 9	0.028 1
汇水区 12	0.032 0	0.032 3
汇水区 13	0.077 1	0.069 9
汇水区 14	0.045 7	0.048 6
汇水区 15	0.075 7	0.075 3
汇水区 16	0.071 6	0.055 3

汇水区	专家咨询法	
	TN 削减量分配权重	TP 削减量分配权重
汇水区 17	0.038 3	0.038 2
汇水区 18	0.027 8	0.027 8
汇水区 19	0.051 9	0.044 4
汇水区 20	0.020 0	0.020 6
汇水区 21	0.023 5	0.023 6

6.3.3.4 三种分配方案的平均分配权重

根据上述结果得出象山港沿岸汇水区 TN、TP 削减量平均分配权重，如表 6.3-9 所示。

表 6.3-9 三种分配方案（象山港 TN、TP 削减量平均分配权重）

汇水区	TN			TP		
	方案一	方案二	方案三	方案一	方案二	方案三
汇水区 1	0.036 9	0.029 2	0.033 6	0.050 6	0.039 5	0.040 2
汇水区 2	0.055 5	0.044 9	0.052 4	0.071 1	0.056 7	0.059 3
汇水区 3	0.044 1	0.037 6	0.041 3	0.041 1	0.045 4	0.044 9
汇水区 4	0.044 9	0.039 4	0.041 3	0.044 7	0.039 3	0.041 2
汇水区 5	0.033 4	0.031 9	0.033 3	0.033 8	0.032 3	0.033 5
汇水区 6	0.045 7	0.044 9	0.047 3	0.064 9	0.059 3	0.056 0
汇水区 7	0.019 3	0.029 9	0.029 6	0.022 5	0.032 3	0.031 2
汇水区 8	0.057 0	0.059 8	0.062 6	0.074 3	0.072 8	0.065 3
汇水区 9	0.087 9	0.084 6	0.090 1	0.094 0	0.089 2	0.092 9
汇水区 10	0.086 1	0.087 0	0.078 1	0.070 7	0.075 4	0.071 4
汇水区 11	0.011 8	0.029 6	0.026 9	0.013 6	0.020 9	0.018 1
汇水区 12	0.019 8	0.034 1	0.032 0	0.021 1	0.035 0	0.032 3
汇水区 13	0.082 3	0.083 0	0.077 1	0.066 3	0.071 0	0.069 9
汇水区 14	0.036 7	0.047 1	0.045 7	0.043 1	0.051 8	0.048 6
汇水区 15	0.081 8	0.072 3	0.075 7	0.081 0	0.071 6	0.075 3
汇水区 16	0.097 1	0.085 0	0.071 6	0.060 4	0.057 6	0.055 3

汇水区	TN			TP		
	方案一	方案二	方案三	方案一	方案二	方案三
汇水区 17	0.033 9	0.038 8	0.038 3	0.034 1	0.038 9	0.038 2
汇水区 18	0.022 6	0.024 7	0.027 8	0.023 5	0.025 4	0.037 8
汇水区 19	0.068 3	0.053 7	0.051 9	0.052 3	0.041 8	0.044 4
汇水区 20	0.022 7	0.017 3	0.020 0	0.024 2	0.018 5	0.030 6
汇水区 21	0.012 2	0.025 2	0.023 5	0.012 6	0.015 5	0.013 6

6.3.4 削减量分配结果

6.3.4.1 无机氮

根据设定的三期控制目标，按削减量最小的原则，得到了象山港沿岸各汇水区源强平均削减 10%、20% 及 37% 时，分宜分别完成近期、中期及远期控制指标的结果。所以现按各汇水区组合权重分配削减量，计算 3 个方案的削减量分配结果，即无机氮总量削减 10%、20% 和 37% 时的容量分配结果。

1）近期无机氮总量削减 10%

近期需削减 10% 的源强，才能基本完成水质改善目标，即需削减 0.734 t/d。容量分配后的浓度等值线总体分布 3 个方案之间相差不大，由于取大小潮计算浓度平均值进行作图处理，所以等值线弯曲方向及变化趋势 3 个方案保持一致，总体呈现由湾口向湾内增大的趋势（图 6.3-1~图 6.3-3）。

表 6.3-10 中给出的是各方案模拟计算结果中小于 0.72 mg/L 的海域面积及占象山港海域总面积的比例，由 3 个方案计算结果比较可知，在同样的削减量下，方案二的小于 0.72 mg/L 的海域面积为 321.54 km²，占总面积的 61.91%，在 3 个方案中水质改善结果最佳，因此，方案二为满足近期控制指标的最优削减方案。

表 6.3-10　象山港无机氮各方案小于 0.72 mg/L 海域面积

方案	小于 0.72 mg/L 的海域	
	面积（km²）	百分比（%）
方案一	319.52	61.52
方案二	321.54	61.91
方案三	320.79	61.77

注：总面积 519.37 km²。

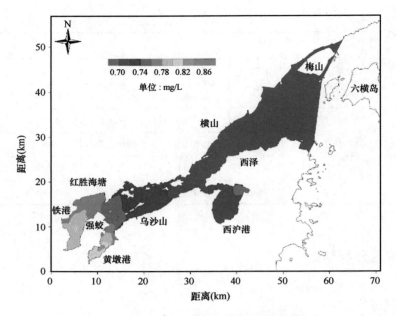

图 6.3-1　方案一象山港无机氮浓度等值线

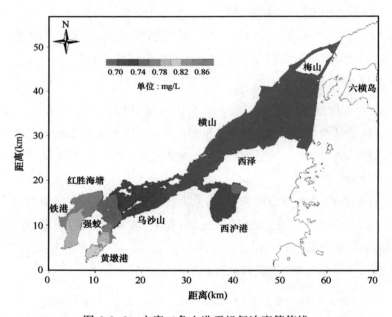

图 6.3-2　方案二象山港无机氮浓度等值线

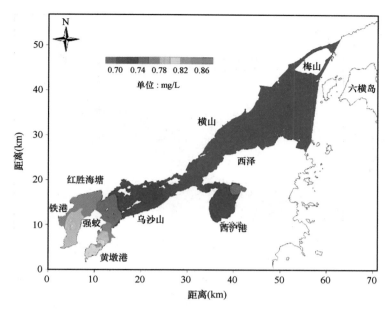

图6.3-3 方案三象山港无机氮浓度等值线

2）中期无机氮总量削减20%

中期需削减20%的源强，才能达到控制目标，即需削减1.468 t/d。容量分配后的浓度等值线总体分布3个方案之间相差不大，由于取大小潮计算浓度平均值进行作图处理，所以等值线弯曲方向及变化趋势3个方案保持一致，总体呈现由湾口向湾内弯曲并增大的趋势（图6.3-4~图6.3-6）。

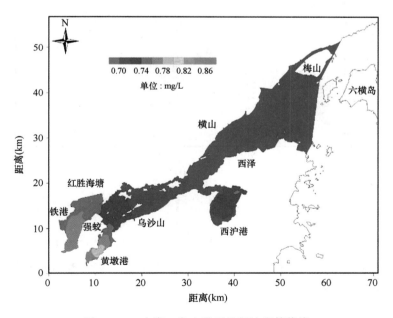

图6.3-4 方案一象山港无机氮浓度等值线

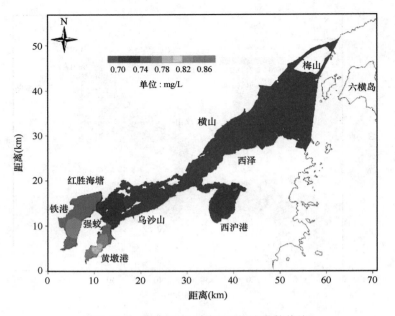

图 6.3-5　方案二象山港无机氮浓度等值线

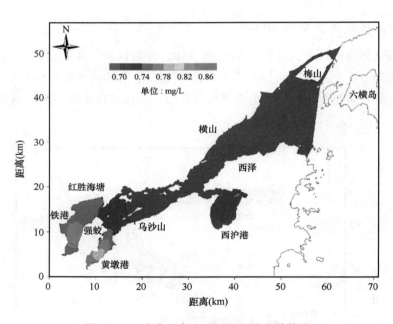

图 6.3-6　方案三象山港无机氮浓度等值线

由 3 个方案计算结果比较可知，在同样的削减量下，方案二的小于 0.72 mg/L 的海域面积为 386.66 km²，占总面积的 74.44%，在 3 个方案中水质改善结果最佳，因此，方案二为满足中期控制指标的最优削减方案（表 6.3-11）。

表 6.3-11　象山港无机氮各方案小于 0.72 mg/L 海域面积

方案	小于 0.72 mg/L 的海域	
	面积（km²）	百分比（%）
方案一	381.11	73.38
方案二	386.66	74.44
方案三	383.94	73.92

注：总面积 519.37 km²。

3）远期无机氮总量削减 37%

远期需削减 37% 的源强，才能达到控制目标，即需削减 2.716 t/d。容量分配后的浓度等值线总体分布 3 个方案之间相差不大，由于取大小潮计算浓度平均值进行作图处理，所以等值线弯曲方向及变化趋势 3 个方案保持一致，总体呈现由湾口向湾内弯曲并增大的趋势（图 6.3-7~图 6.3-9）。

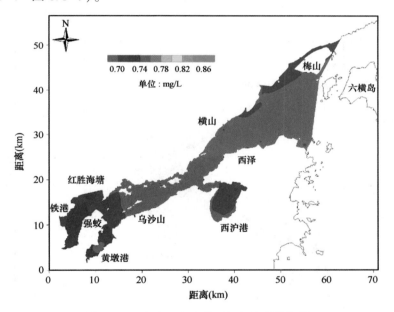

图 6.3-7　方案一象山港无机氮浓度等值线

由 3 个方案计算结果比较可知，在同样的削减量下，方案二的小于 0.72 mg/L 的海域面积为 499.04 km²，占总面积的 96.09%，在 3 个方案中水质改善结果最佳，因此方案二为满足远期控制指标的最优削减方案（表 6.3-12）。

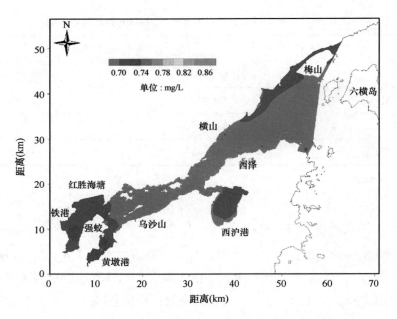

图 6.3-8　方案二象山港无机氮浓度等值线

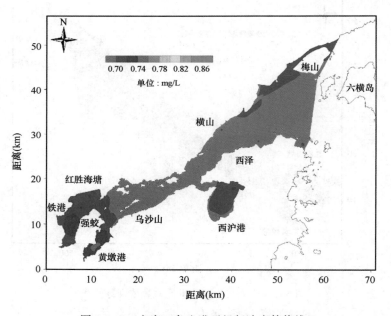

图 6.3-9　方案三象山港无机氮浓度等值线

表 6.3-12　象山港无机氮各方案小于 0.72 mg/L 海域面积

方案	小于 0.72 mg/L 的海域	
	面积（km²）	百分比（%）
方案一	471.19	90.72
方案二	499.04	96.09
方案三	492.27	94.78

注：总面积 519.37 km²。

6.3.4.2　活性磷酸盐

近期需削减 10% 的源强，才能达到控制目标，即需削减 0.051 t/d；中期需削减 20% 的源强，才能达到控制目标，即需削减 0.101 t/d；远期需削减 55% 的源强，才能达到控制目标，即需削减 0.278 t/d。所以现按各汇水区组合权重分配削减量，计算 3 个方案的削减量分配结果，即磷酸盐总量削减 0%、20%、55% 时的容量分配结果。

1）近期磷酸盐总量削减 10%

近期需削减 10% 的源强，才能达到控制目标，即需削减 0.051 t/d。容量分配后的浓度等值线总体分布 3 个方案之间相差不大，由于取大小潮计算浓度平均值进行作图处理，所以等值线弯曲方向及变化趋势 3 个方案保持一致，总体呈现由湾口向湾内弯曲并增大的趋势（图 6.3-10~图 6.3-12）。

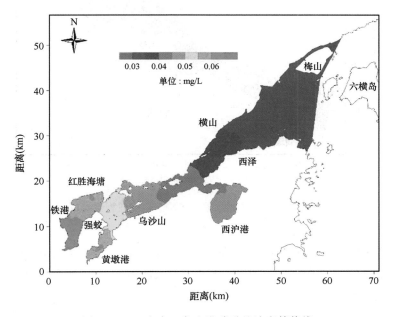

图 6.3-10　方案一象山港磷酸盐浓度等值线

263

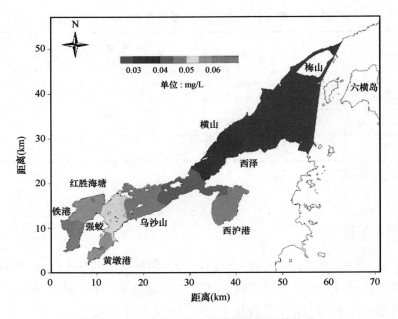

图 6.3-11　方案二象山港磷酸盐浓度等值线

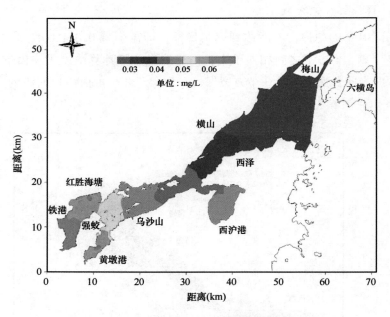

图 6.3-12　方案三象山港磷酸盐浓度等值线

由 3 个方案计算结果比较可知，在同样的削减量下，方案二的达标海域面积为 334.98 km²，占总面积的 64.50%，在 3 个方案中水质改善结果最佳，因此，方案二为满足近期控制指标的最优削减方案（表 6.3-13）。

表 6.3-13　象山港磷酸盐各方案达标海域面积

方案	小于 0.045 mg/L 的海域	
	面积（km²）	百分比（%）
方案一	334.29	64.36
方案二	334.98	64.50
方案三	334.47	64.40

注：总面积 519.37 km²。

2）中期磷酸盐总量削减 20%

中期需削减 20% 的源强，才能达到控制目标，即需削减 0.106 t/d。容量分配后的浓度等值线总体分布 3 个方案之间相差不大，由于取大小潮计算浓度平均值进行作图处理，所以等值线弯曲方向及变化趋势 3 个方案保持一致，总体呈现由湾口向湾内弯曲并增大的趋势（图 6.3-13～图 6.3-15）。

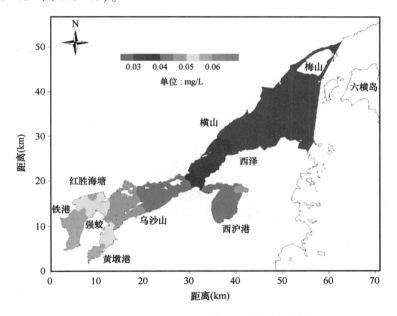

图 6.3-13　方案一象山港磷酸盐浓度等值线

由 3 个方案计算结果比较可知，在同样的削减量下，方案二的达标海域面积为396.23 km²，占总面积的 76.29%，在 3 个方案中水质改善结果最佳，因此，方案二为满足近期控制指标的最优削减方案（表 6.3-14）。

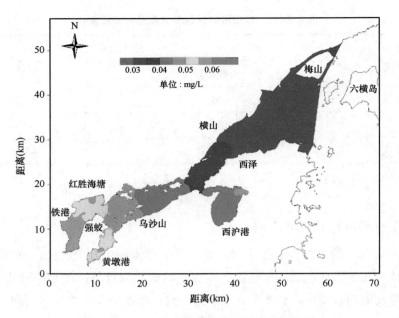

图 6.3-14　方案二象山港磷酸盐浓度等值线

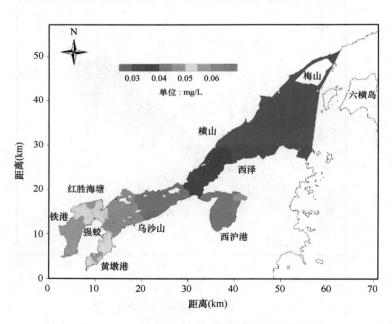

图 6.3-15　方案三象山港磷酸盐浓度等值线

表 6.3-14　象山港磷酸盐各方案达标海域面积

方案	小于 0.045 mg/L 的海域	
	面积（km²）	百分比（%）
方案一	393.92	75.85
方案二	396.23	76.29
方案三	394.41	75.94

注：总面积 519.37 km²。

3）远期磷酸盐总量削减 55%

远期需削减 55% 的源强，才能达到控制目标，即需削减 0.278 t/d。容量分配后的浓度等值线总体分布 3 个方案之间相差不大，由于取大小潮计算浓度平均值进行作图处理，所以等值线弯曲方向及变化趋势 3 个方案保持一致，总体呈现由湾口向湾内弯曲并增大的趋势（图 6.3-16~图 6.3-18）。

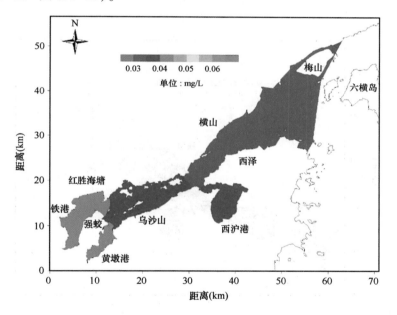

图 6.3-16　方案一象山港磷酸盐浓度等值线

由 3 个方案计算结果比较可知，在同样的削减量下，方案二的达标海域面积为 519.36 km²，占总面积的 100%，在 3 个方案中水质改善结果最佳，因此，方案二为满足近期控制指标的最优削减方案（表 6.3-15）。

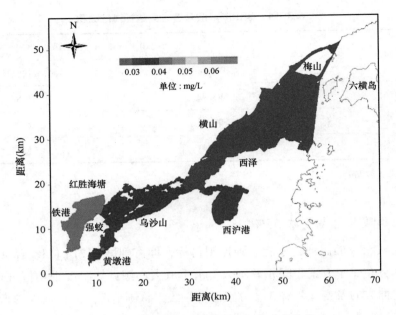

图 6.3-17　方案二象山港磷酸盐浓度等值线

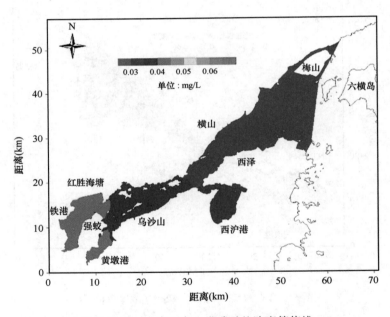

图 6.3-18　方案三象山港磷酸盐浓度等值线

表 6.3-15　象山港磷酸盐各方案达标海域面积

方案	小于 0.045 mg/L 的海域	
	面积（km²）	百分比（%）
方案一	519.31	99.99
方案二	519.36	100
方案三	519.07	99.94

注：总面积 519.37 km²。

6.3.5　近期优化分配方案的确定

6.3.5.1　近期无机氮总量削减 10%

从上面的等值线分布图 6.3-1~图 6.3-3 上看，3 个方案之间相差不大，等值线弯曲方向及变化趋势均保持一致。但由表 6.3-10 可以看到，3 个方案的计算结果中，方案二象山港内海域无机氮浓度小于 0.72 mg/L 的海域面积为全象山港海域的 61.91%，略显优势。所以确定方案二为最优分配方案，此时的无机氮源强削减量列于表 6.3-16 中。

表 6.3-16　无机氮最佳方案象山港各汇水区削减源强　　　　　　单位：t/d

汇水区	源强削减量	汇水区	源强削减量
汇水区 1	0.021	汇水区 12	0.025
汇水区 2	0.033	汇水区 13	0.061
汇水区 3	0.028	汇水区 14	0.035
汇水区 4	0.029	汇水区 15	0.053
汇水区 5	0.023	汇水区 16	0.062
汇水区 6	0.033	汇水区 17	0.028
汇水区 7	0.022	汇水区 18	0.018
汇水区 8	0.044	汇水区 19	0.039
汇水区 9	0.062	汇水区 20	0.013
汇水区 10	0.064	汇水区 21	0.018
汇水区 11	0.022		

经计算，近期削减优化分配方案象山港沿岸各县（市、区）无机氮削减源强见表6.3-17。

表 6.3-17　近期削减优化分配方案象山港沿岸各县（市、区）无机氮削减源强　　单位：t/d

县（市、区）	无机氮
北仑区	0.021
鄞州区	0.089
奉化市	0.122
宁海县	0.287
象山县	0.214

6.3.5.2　近期磷酸盐总量削减 10%

从上面的等值线分布图 6.3-10~图 6.3-12 来看，3 个方案之间相差不大，等值线弯曲方向及变化趋势均保持一致。但由表 6.3-13 可以看到，3 个方案的计算结果中，方案二象山港内海域磷酸盐浓度符合四类海水水质标准的海域面积为全象山港海域的 64.50%，略显优势。所以确定方案二为最优分配方案，此时的磷酸盐源强消减量列于表 6.3-18 中。

表 6.3-18　磷酸盐最佳方案象山港各汇水区削减源强　　单位：t/d

汇水区	源强消减量	汇水区	源强消减量
汇水区 1	0.002	汇水区 12	0.002
汇水区 2	0.003	汇水区 13	0.004
汇水区 3	0.002	汇水区 14	0.003
汇水区 4	0.002	汇水区 15	0.004
汇水区 5	0.002	汇水区 16	0.003
汇水区 6	0.003	汇水区 17	0.002
汇水区 7	0.002	汇水区 18	0.001
汇水区 8	0.004	汇水区 19	0.002
汇水区 9	0.005	汇水区 20	0.001
汇水区 10	0.004	汇水区 21	0.001
汇水区 11	0.001	—	—

经计算，近期削减优化分配方案象山港沿岸各县（市、区）磷酸盐削减源强见表 6.3-19。

表 6.3-19　近期削减优化分配方案象山港沿岸各县（市、区）磷酸盐削减源强　单位：t/d

县（市、区）	磷酸盐
北仑区	0.002
鄞州区	0.007
奉化市	0.010
宁海县	0.019
象山县	0.013

6.3.6　沿岸各县（市、区）近期总量控制方案

象山港沿岸各县（市、区）汇水区近期总氮、总磷总量控制方案见（表6.3-20和图6.3-19）。

近期，在现状象山港总氮源强 7.374 t/d 的基础上，要达到象山港海域海洋功能区划所规定的海水水质标准，同时又满足各县（市、区）的可操作分配，近期需要削减 1.502 t/d 的总氮源强。其中北仑区、鄞州区、奉化市、宁海县和象山县需要削减的总氮源强分别为 0.043、0.182、0.250、0.586 和 0.440 t/d（表6.3-20和图6.3-19）。

表 6.3-20　象山港各县（市、区）近期总量控制方案　单位：×10^{-2} t/d

县（市、区）	总氮	总磷
北仑区	4.3	0.5
鄞州区	18.2	1.8
奉化市	25.0	2.6
宁海县	58.6	4.9
象山县	44.0	3.4

近期，在现状象山港总磷源强 0.810 t/d 的基础上，要达到象山港海域海洋功能区划所规定的海水水质标准，同时又满足各县（市、区）的可操作分配，近期需要削减 0.132 t/d 的总磷源强。其中北仑区、鄞州区、奉化市、宁海县和象山县需要削减的总磷源强分别为 0.005、0.018、0.026、0.049 和 0.034 t/d（表6.3-20和图6.3-19）。

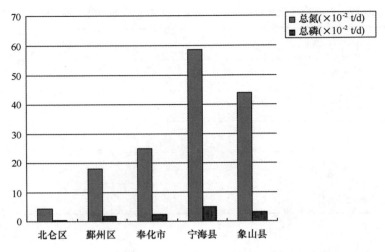

图 6.3-19　象山港各县（市、区）近期总氮、总磷总量控制方案

6.4　减排技术研究

针对不同污染物的排污情况及象山港海域水质现状，按照项目设定方案，确定 COD、TN、TP 为河流、水闸及工业直排口的减排指标。根据象山港环境容量的计算结果，COD 仍有容量存在，TN、TP 已严重超标，需要减排以改善象山港海域水质。因此，在对各河流、水闸及工业直排口进行排污总量控制时，要求 COD 以维持现状为目的，不得继续增加排污量。本节主要对象山港沿岸各入海口的 TN、TP 进行减排处理并确定减排目标。

在减排技术上，采用入海口控制区域的方法。根据象山港区域主要污染物排污总量控制要求，对象山港区域 5 个县（市、区）的减排指标进行逐个核定和分配，即在 2013 年各入海口的现状调查的基础上，确定的初始源强，核算各入海口的减排量，对 2014 年开展减排考核示范应用。本节内容主要包括：

（1）初始源强的确定

开展象山港沿岸各陆源入海口（河流、水闸、工业企业直排口）的污染现状采样调查，分析象山港入海污染物的污染时空分布特征及污染排放现状，核算象山港区域各类污染物的入海源强以及各入海口污染物的初始源强。因此，本文在入海污染物初始源强的确定中，在传统仅以线–面和污染物产生原因的基础上，提出了以污染物入海方式、采用以点（入海口）为单元确定入海污染物源强，改变了仅以线—面为基础的传统核算方法，丰富了入海污染负荷和初始源强确定的内涵，提高海域污染物总量控制的针对性和可操作性。

（2）总量控制及减排目标的确定

确定象山港建立水动力模型和污染物扩散模型，模型网格平均密度约 150 m，最小达

60 m。根据象山港区域入海污染源调查，基于海域环境净化能力和承载力的分析，以象山港污染物扩散模型为基础，计算各入海口污染物响应系数场，确定各入海口主要污染物的环境容量和减排量。以点代替行政单元，根据入海口不同的排污方式进行分类，按照不同的排污量量级进行分组，采用分类分组的配权分配技术，将总减排目标分配至各入海口，科学确定入海污染物总量减排量。

（3）减排考核示范应用

从环境承载力和社会经济现状发展需求，以行政单元为考核主体，以主要入海点源（河流、水闸、工业企业直排口的入海口）为减排考核对象，科学制定总量减排考核方案，并在象山港沿岸 5 个县（市、区）开展减排考核示范应用。建立以"行政单元——海洋点源化"为技术理论依据的象山港入海污染物总量减排考核技术，解决了考核对象难以着陆的问题，使得海域污染物总量控制和减排考核的实施得以有效落实。

6.4.1 初始源强确定

象山港污染物总量减排对象选取了 28 个入海口，即 12 条河流、13 个水闸和 3 个工业企业直排口。通过对陆源污染物入海口的污染排放现状调查，包括水质排污状况和排污通量估算，确定减排对象的初始源强，为象山港污染物总量减排考核提供基础数据。

6.4.1.1 象山港减排对象的确定

象山港陆域污染物主要通过河流、水闸及工业企业直排等方式排放入海。象山港沿岸陆域入海口的污染物现状调查可为象山港污染物总量减排考核提供基础数据。现状调查站点的选取依据流域面积或径流量、上游污染来源明显或水质污染严重作为象山港陆源污染物入海的代表性采样点，也作为象山港污染物总量减排考核对象的选取原则。

通过现场踏勘调查，象山港沿岸陆域开发利用主要有农田、林业种植畜牧业和池塘养殖，周边的工业企业主要有印染、五金、医药、食品、火力发电厂、码头以及船舶修造等，以及围填海和跨海桥梁工程，沿岸陆源污染物主要通过河流、水闸等地表径流以及工业企业直排入海等方式进入海洋。象山港周边陆域河流众多，但多以水闸方式排放入海。较大入海河流有 12 条，其中凫溪（R8）、颜公河（R7）流域面积相对较大，分别为 184 km² 和 86 km²，且上游均有市政污水排入，而下陈江（R9）上游则主要有五金、医药等污染企业污水排入该水域；水闸主要以大嵩江闸（Z3）、红胜海塘闸（Z9-Z11）、狮子口闸（Z13）等规模最大，功能主要包括灌溉、泄洪排涝以及渔业养殖等，而崔家闸（Z6）、牌头村闸（Z5）上游及周边有畜禽养殖场，水域水体污染较严重；工业企业直排口主要为印染业，污染来源明确。因此，根据上述选取原则，确定象山港污染物总量减排考核对象为 12 条河流（R1～R12）、13 个水闸（S1～S13）和 3 个工业企业直排口（I1～I3）。

6.4.1.2 象山港排污状况

2013 年 11 月，象山港沿岸主要河流、水闸及工业企业等入海直排口水质中各污染物浓度监测结果见表6.4-1~表6.4-3。

表 6.4-1　象山港河流水体中主要污染物浓度监测结果

采样点	pH	悬浮物 （mg/L）	总氮 （mg/L）	总磷 （mg/L）	COD_{Cr} （mg/L）	COD_{Mn} （mg/L）
R1	7.67	57.5	6.848	0.640 1	40.00	13.46
R2	7.91	46.0	2.549	0.158 5	20.80	2.46
R3	8.50	68.5	2.569	0.341 9	37.10	17.42
R4	8.38	23.5	1.322	0.111 3	9.59	1.82
R5	8.00	33.0	1.187	0.129 8	25.80	2.06
R6	7.33	57.5	1.715	0.177 0	－	1.58
R7	7.82	52.0	9.559	0.976 7	59.20	12.28
R8	7.97	64.0	2.035	0.219 0	45.40	2.18
R9	7.46	57.0	0.477	0.168 6	13.30	12.67
R10	7.77	59.0	4.148	0.257 8	8.34	3.96
R11	4.42	68.5	2.596	0.464 1	－	3.37
R12	7.55	37.0	3.884	0.636 7	29.20	5.54

备注："－"表示数据异常。

表 6.4-2　象山港水闸水体中主要污染物浓度监测结果

采样点	pH	悬浮物 mg/L	总氮 （mg/L）	总磷 （mg/L）	COD_{Cr} （mg/L）	COD_{Mn} （mg/L）	氨-氮 （mg/L）	硫化物 （μg/L）	石油类 （mg/L）	挥发酚 （μg/L）	苯胺 （mg/L）
Z1	7.94	23.0	2.194	0.333 5	18.70	14.26	0.120	1.70	0.017	ND	ND
Z2	8.09	165.5	0.580	0.089 4	－	1.11	0.261	0.80	0.004	ND	0.22
Z3	7.98	37.7	1.709	0.152 9	30.53	3.19	0.061	2.43	0.007	ND	ND
Z4	7.83	53.5	1.927	0.153 4	37.90	3.56	0.049	2.30	0.054	ND	ND
Z5	7.13	86.0	6.370	1.667 5	91.90	15.84	0.280	6.30	0.020	ND	0.04
Z6	7.19	181.0	4.395	1.566 6	－	4.67	0.471	3.90	0.020	ND	0.10
Z7	7.17	61.5	9.523	1.061 6	54.20	18.22	0.400	5.70	0.004	ND	0.04
Z8	7.62	33.0	1.287	0.267 9	－	1.94	1.100	ND	0.010	ND	ND
Z9	9.24	58.5	0.627	0.175 3	137.00	11.09	0.085	2.30	0.004	ND	0.15
Z10	9.25	106.5	0.988	0.198 8	221.00	0.95	0.046	2.20	0.009	ND	ND
Z11	9.20	113.5	3.168	0.316 7	25.40	1.39	0.292	2.60	0.007	ND	ND
Z12	8.20	135.0	2.804	0.525 6	－	0.44	0.045	2.40	0.006	ND	ND
Z13	7.93	90.0	1.125	0.163 5	－	1.23	0.063	2.60	0.007	ND	ND

采样点	铜 （μg/L）	锌 （μg/L）	铬 （μg/L）	汞 （μg/L）	镉 （μg/L）	铅 （μg/L）	砷 （μg/L）			
Z1	2.88	10.38	0.51	0.02	0.08	1.03	1.20			
Z2	4.87	124.62	3.78	0.02	0.13	0.26	1.00			
Z3	6.65	30.72	5.14	0.02	0.08	0.42	0.60			
Z4	6.37	ND	0.33	0.02	ND	0.26	0.80			
Z5	2.78	62.01	0.15	0.01	ND	0.21	1.10			
Z6	3.02	46.62	0.42	0.03	ND	12.45	1.20			
Z7	3.26	10.72	0.30	0.01	0.02	0.59	1.30			
Z8	2.21	76.79	0.85	0.02	0.06	0.24	1.30			
Z9	6.28	ND	0.52	0.02	0.05	1.02	1.10			
Z10	2.21	28.73	0.15	0.02	0.22	0.36	1.10			
Z11	1.47	ND	0.22	0.01	0.05	0.62	1.20			
Z12	2.07	27.55	0.28	0.02	0.93	0.22	1.10			
Z13	4.80	81.25	2.27	0.02	1.88	5.66	1.00			

备注："-"表示异常数据。

表 6.4-3 象山港工业企业直排口水体中主要污染物浓度监测结果

采样点	悬浮物 （mg/L）	总磷 （mg/L）	总氮 （mg/L）	COD_{Cr} （mg/L）	COD_{Mn} （mg/L）	氨-氮 （mg/L）	石油类 （mg/L）	挥发酚 （μg/L）	硫化物 （μg/L）
I1	90.5	0.488 4	10.198	82.90	3.56	0.239	0.104	ND	0.9
I2	96.5	0.134 9	6.510	107.00	23.76	0.080	0.283	ND	2.9
I3	89.5	0.633 4	10.873	230.00	40.39	0.040	0.025	ND	17.1

采样点	苯胺 （mg/L）	铜 （μg/L）	锌 （μg/L）	铬 （μg/L）	汞 （μg/L）	镉 （μg/L）	铅 （μg/L）	砷 （μg/L）	
I1	0.652	4.38	31.95	1.75	0.015	ND	0.19	0.6	
I2	2.590	4.37	16.58	0.16	ND	ND	0.11	0.6	
I3	0.808	8.69	20.49	1.05	ND	ND	0.42	0.6	

备注：ND 表示未检出（低于检出下限）。

1）河流

象山港沿岸入海河流（R1~R12）中，除 R11 水体中的 pH 值偏低为 4.42 外，其他河流水体中的 pH 值在 7.33~8.50 之间，各条河流之间 pH 值差异不大，均符合Ⅰ类（《地表水环境质量标准》，GB3838—2002，下同）（标准限值为 6~9）。悬浮物含量范围为 23.5~68.5 mg/L。

COD_{Cr} 浓度在 8.34~59.20 mg/L 之间，各河流之间浓度差异较大，处于Ⅰ类~劣Ⅴ类不等。其中，R7、R8 水体中的 COD_{Cr} 浓度最高，为劣Ⅴ类（标准限值为 40 mg/L）；R4、R10 水体中的 COD_{Cr} 浓度较低，符合Ⅰ类（标准限值为 15 mg/L）。

COD_{Mn} 浓度在 1.82~17.42 mg/L 之间，各河流之间浓度差异较大，处于Ⅰ类~劣Ⅴ类不等。其中，R3 水体中的 COD_{Cr} 浓度最高，为劣Ⅴ类（标准限值为 15 mg/L），其次为 R1、R7、R9，劣Ⅳ类（标准限值为 10 mg/L）；R4、R6 水体中的 COD_{Mn} 浓度较低，符合Ⅰ类（标准限值为 2 mg/L）。

总磷浓度在 0.111 3~0.976 7 mg/L 之间，各河流之间浓度差异较大，处于Ⅲ类~劣Ⅴ类之间。其中，R7、R1、R12 水体中的总磷浓度相对较高，均为劣Ⅴ类标准限值为 0.4 mg/L），且分别为Ⅴ类水质标准的 2.44 倍、1.71 倍、1.59 倍；R4、R5、R5 等水体中的总磷浓度较低，符合Ⅲ类（标准限值为 0.2 mg/L）。

总氮浓度范围在 0.477~9.559 mg/L 之间，各河流之间浓度差异较大，处于Ⅱ类~劣Ⅴ类之间。其中，除 R9 水体中的总磷符合Ⅱ类（标准限值为 0.5 mg/L）、R4、R5、R5 符合Ⅳ类（标准限值为 1.5 mg/L）外，其他均为劣Ⅴ类（标准限值为 0.4mg/L），且 R7、R1 水体中的总磷浓度最高，分别为Ⅴ类水质标准的 4.78 倍、3.42 倍。

2）水闸

象山港沿岸入海水闸（Z1~Z13）中，水体中的 pH 值范围为 7.13~9.25，除 Z9、Z10、Z11 水体中的 pH 值略超Ⅰ类（《地表水环境质量标准》，GB3838—2002，下同），其他均符合Ⅰ类（《地表水环境质量标准》（GB3838—2002），下同）。各水闸水体中的悬浮物含量差异较大，其含量值在 23.0~181.0 mg/L 之间，其中 Z6、Z2 相对最高，分别为 181.0 mg/L、165.5 mg/L，Z1、Z8 相对较低，分别为 23.0 mg/L、33.0 mg/L。

COD_{Cr} 浓度在 25.40~221.0 mg/L 之间，各水闸之间含量差异明显，处于Ⅲ类~劣Ⅴ类之间，其中 Z9、Z10、Z5 水体中的 COD_{Cr} 浓度最高，为劣Ⅴ类，分别为水质标准的 5.53 倍、3.43 倍、2.30 倍（标准限值为 40 mg/L）。

COD_{Mn} 浓度在 0.44~18.22 mg/L 之间，各水闸之间浓度差异较大，处于Ⅰ类~劣Ⅴ类不等。其中，约 50% 的水闸水体中的 COD_{Mn} 浓度含量符合Ⅰ类（标准限值为 2 mg/L），Z7、Z5 水体中的 COD_{Mn} 浓度最高，为劣Ⅴ类（标准限值为 15 mg/L），其次为 Z9、Z1 劣Ⅳ类（标准限值为 10 mg/L）。

总磷浓度在 0.089 4~1.667 5 mg/L 之间，处于Ⅱ类~劣Ⅴ类之间。部分水闸之间浓度差异较大，Z1 最低，为Ⅱ类；Z5、Z6、Z7 最高，分别为劣Ⅴ类（标准限值为 40 mg/L）水质标准的 4.17 倍、3.92 倍、2.65 倍。

总氮浓度范围在 0.580~9.523 mg/L 之间，处于Ⅲ类~劣Ⅴ类之间。各水闸之间含量差异明显，除 Z2、Z9、Z10 符合Ⅲ类水质标准外，其他均为劣Ⅴ类（标准限值为 1.0 mg/L），其中 Z7、Z5 含量最高，分别为Ⅴ类水质标准的 4.76 倍、3.19 倍。

各水闸水体中的硫化物、挥发酚、苯胺含量均符合Ⅰ类水质标准，石油类除 Z4 为Ⅳ类外（标准限值为 0.05 mg/L），其他均符合Ⅰ类水质标准。重金属（锌、铜、铬、汞、镉、铅、砷）中，除个别水闸水体中的锌、铅、镉含量高于Ⅰ类水质标准外，即锌含量 Z2 符合Ⅲ类、Z13、Z7 和 Z5 符合Ⅱ类、铅含量 Z6 符合Ⅲ类、镉含量 Z13 符合Ⅱ类，其他均符合Ⅰ类水质标准。

  3）工业企业直排口

象山港沿岸工业企业直排口（I1~I3）废水中，具有不同超标排放现象，主要超标因子有 COD、悬浮物、苯胺、铬、总磷等。其中，COD_{Cr} 浓度范围在 82.90~230.00 mg/L 之间，超出《纺织染整工业水污染物排放标准》（排放限值 80 mg/L）；悬浮物浓度范围在 89.5~96.5 mg/L 之间，超出《纺织染整工业水污染物排放标准》（排放限值 50 mg/L；氨氮浓度范围在 0.040~0.239 mg/L 之间，符合《纺织染整工业水污染物排放标准》（氨氮直接排放限值 15 mg/L）；总磷浓度范围在 0.134 9~0.633 4 mg/L 之间，I3 超出《纺织染整工业水污染物排放标准》（排放限值 0.5 mg/L），I1 和 I2 均符合排放标准；总氮浓度范围在 6.510~10.873 mg/L 之间，符合《纺织染整工业水污染物排放标准》（排放限值 25 mg/L）；苯胺浓度范围在 0.652~2.590 mg/L 之间，超出《纺织染整工业水污染物排放标准》（排放限值为不得检出）；硫化物浓度范围在 0.9~17.1 μg/L 之间，符合《纺织染整工业水污染物排放标准》（排放限值 0.5 mg/L）；铬浓度范围在 0.16~1.75 μg/L 之间，超出《纺织染整工业水污染物排放标准》（排放限值为不得检出）。

因此，象山港沿岸周边陆源污染物无论是通过河流、水闸等地表径流方式或是通过工业企业的直排方式，各入海排放口水质中总氮、总磷和 COD 浓度较高，超《地表水环境质量标准》（GB3838—2002）Ⅳ类、Ⅴ类或超标排放等现象较为普遍，工业企业部分特征污染物如硫化物、苯胺、铬等亦超出相关排放标准。

6.4.1.3　排污通量计算

  1）计算方法

污染物的入海通量计算参照《江河入海污染物总量监测与评估技术规程（试行）》（国家海洋局，2017），计算公式如下：

$$T_i = C_i \times Q$$

式中，i 为污染因子；C_i 为某种污染物平均浓度；Q 为年径流量（或年排水量）。

  2）计算结果

（1）河流

象山港周边 12 条河流的 COD_{cr}、总氮、总磷的入海通量见表 6.4-4。

表 6.4-4　象山港主要河流污染物入海通量

河流采样点	径流量 （×10⁴ m³/a）	COD$_{Cr}$ （t/a）	TP （t/a）	TN （t/a）	小计 （t/a）
R1	2 144.4	857.76	13.73	146.85	1 018.34
R2	870.4	181.04	1.38	22.19	204.61
R3	5 676.5	2 105.98	19.41	145.83	2 271.22
R4	1 703.0	163.32	1.90	22.51	187.73
R5	2 428.3	626.50	3.15	28.82	658.47
R6	331.1	–	0.59	5.68	6.27
R7	5 913.0	3 500.50	57.75	565.22	4 123.47
R8	2 365.2	1 073.80	5.18	48.13	1 127.11
R9	346.0	46.02	0.58	1.65	48.25
R10	3 784.3	315.61	9.76	156.97	482.34
R11	1 737.6	–	8.08	45.11	53.19
R12	151.4	44.21	0.96	5.88	51.05
合计	27 451.2	8 914.74	122.47	1 194.84	10 232.05

COD$_{Cr}$入海通量为 8 914.74 t/a。其中 R7 贡献最大，为 3 500.50 t/a，R3、R8 次之，即 3 条河流的 COD$_{Cr}$入海通量约占总量的 75%。

总磷入海通量为 122.47 t/a。其中 R7 贡献最大，为 57.75 t/a，R3、R1 次之，即 3 条河流的总磷入海通量约占总量的 74%。

总氮入海通量为 1 194.84 t/a。其中 R7 贡献最大，为 565.22 t/a，R10、R1、R3 次之，即 4 条河流的总氮入海通量约占总量的 85%。

因此，12 条河流中，COD$_{Cr}$、总磷、总氮的污染入海通量贡献率最大的主要为 R7、R3、R1。

（2）水闸

象山港周边 13 个水闸的各污染物入海通量见表 6.4-5。

表 6.4-5　象山港周边主要水闸污染物入海通量

水闸采 样点	径流量 （×10⁴ m³/a）	COD$_{Cr}$ （t/a）	总磷 （t/a）	总氮 （t/a）	苯胺 （t/a）	石油类 （kg/a）	硫化物 （kg/a）	重金属 （kg/a）	小计 （t/a）
Z1	22.9	4.28	0.08	0.50	0.00	3.89	0.39	1.14	5.54
Z2	152.9	–	0.14	0.89	0.34	6.12	1.22	7.47	2.26

水闸采样点	径流量 (×10⁴ m³/a)	COD_{Cr} (t/a)	总磷 (t/a)	总氮 (t/a)	苯胺 (t/a)	石油类 (kg/a)	硫化物 (kg/a)	重金属 (kg/a)	小计 (t/a)
Z3	69.1	21.10	0.11	1.18	0.00	4.84	1.68	11.13	22.39
Z4	8.9	3.36	0.01	0.17	0.00	4.81	0.20	0.58	3.67
Z5	6.0	5.47	0.10	0.38	0.00	1.20	0.38	3.56	6.84
Z6	6.0	–	0.09	0.26	0.01	1.20	0.23	0.56	1.19
Z7	18.7	10.16	0.20	1.78	0.01	0.75	1.07	1.72	13.93
Z8	19.8	–	0.05	0.26	0.00	1.98	0.00	0.44	0.79
Z9	15.7	21.44	0.03	0.10	0.02	0.63	0.36	1.06	21.57
Z10	29.2	64.40	0.06	0.29	0.00	2.63	0.64	19.30	64.75
Z11	71.5	18.17	0.23	2.27	0.00	5.01	1.86	1.07	20.67
Z12	46.4	–	0.24	1.30	0.00	2.78	1.11	0.98	1.54
Z13	52.7	–	0.09	0.59	0.00	3.69	1.37	2.82	0.68
合计	519.7	148.38	1.42	9.97	0.38	39.51	10.52	51.83	159.77

COD_{Cr} 入海通量为 148.38 t/a。其中 Z10 贡献最大，Z9、Z3 次之，3 个水闸的 COD_{Cr} 入海通量约占总量的 72%。

总磷入海通量为 1.42 t/a。其中 Z12 贡献最大，为 0.24 t/a，Z11、Z7 次之，即 3 个水闸的总磷入海通量约占总量的 47%。

总氮入海通量为 9.97 t/a。其 Z11 贡献最大，为 2.27 t/a，Z7、Z12 次之，即 3 个水闸的总氮入海通量约占总量的 54%。

苯胺、石油类、硫化物及重金属等入海通量较小，分别为 0.38 t/a、0.04 t/a、0.01 t/a、0.05 t/a。

因此，13 个水闸中，COD_{Cr}、总磷、总氮的污染入海通量贡献率最大的主要为 Z10、Z3、Z9、Z11 等。

（3）工业企业直排口

象山港周边 3 个工业直排口的污染物入海通量见表 6.4-6。

表 6.4-6　象山港周边主要直排口污染物入海通量

工业企业直排口	废水排放量 (×10⁴ m³/a)	COD_{Cr} (t/a)	总磷 (t/a)	总氮 (t/a)	苯胺 (t/a)	石油类 (t/a)	硫化物 (kg/a)	重金属 (kg/a)	小计 (t/a)
I1	94.5	78.36	0.46	9.64	0.62	0.10	0.85	4.14	88.46

工业企业 直排口	废水排放量 （×10⁴ m³/a）	COD$_{Cr}$ （t/a）	总磷 （t/a）	总氮 （t/a）	苯胺 （t/a）	石油类 （t/a）	硫化物 （kg/a）	重金属 （kg/a）	小计 （t/a）
I2	87.4	93.50	0.12	5.69	2.26	0.25	2.53	3.82	99.31
I3	38.0	87.48	0.24	4.14	0.31	0.01	6.50	3.31	91.86
合计	219.9	259.33	0.82	19.46	3.19	0.36	9.89	11.27	279.63

COD$_{Cr}$入海通量为 259.33 t/a。总磷入海通量为 0.82 t/a，其中 I1 贡献最大，为 0.46 t/a，约占总量的 56%。总氮入海通量为 19.46 t/a，其中 I1 贡献最大，为 9.64 t/a，约占总量的 50%。苯胺入海通量为 3.19 t/a，其中 I2 贡献最大，为 2.26 t/a。石油类、硫化物及重金属等入海通量较小，分别为 0.36 t/a、0.01 t/a、0.01 t/a。

因此，根据象山港周边 12 条河流、13 个水闸和 3 个工业企业直排口等 28 个代表性站点的陆源污染物入海通量估算，COD$_{Cr}$入海通量为 9 322.46 t/a，总磷入海通量为 124.72 t/a，总氮入海通量为 1 224.28 t/a。来自工业企业直排的污染物入海总量较小，约 97% 的陆源污染物则是通过河流、水闸等地表径流方式进入象山港。重金属、石油类、硫化物、苯胺等其他污染物质的入海通量相对较小，而工业废水是苯胺、石油类、硫化物等有毒有害物质排放入海的主要贡献者。

6.4.2　响应系数场计算

为了将总氮、总磷减排量分配至各个入海口，首先对每个入海口的总氮、总磷排污进行响应系数场计算，计算方法与估算主要污染物环境容量时的计算方法一样。为了排除其他源强对各入海口污染物源强形成的浓度场的影响，计算时边界条件，初始条件都取 0。计算某个入海口的响应系数场时，该入海口污染物排放取单位源强为 1 g/s，其余各入海口污染物源强取 0，计算污染物扩散情况。

对河流和企业直排口的排污做连续排放处理，当入海口的污染源总氮、总磷单位源强排放时，获得象山港海域形成的总氮、总磷浓度场即响应系数场（表 6.4-7~表 6.4-10）。

表 6.4-7　象山港各河流排污对各控制点的总氮浓度响应系数　　单位：×10⁻³ mg/L

控制点	R1	R2	R3	R4	R5	R6	R7	R8	R9	R10	R11	R12
1	0.009	0.014	0.013	0.014	0.014	0.018	0.017	0.018	0.018	0.019	0.014	0.013
2	0.016	0.05	0.048	0.048	0.049	0.06	0.061	0.062	0.059	0.061	0.048	0.047
3	0.039	0.137	0.133	0.133	0.134	0.161	0.165	0.169	0.16	0.164	0.133	0.127
4	0.01	0.023	0.022	0.022	0.022	0.029	0.028	0.029	0.029	0.03	0.022	0.022
5	0.015	0.126	0.122	0.123	0.123	0.148	0.151	0.155	0.147	0.15	0.123	0.117

控制点	R1	R2	R3	R4	R5	R6	R7	R8	R9	R10	R11	R12
6	0.032	0.234	0.226	0.227	0.228	0.273	0.28	0.286	0.27	0.276	0.227	0.214
7	0.017	0.228	0.219	0.221	0.223	0.266	0.272	0.278	0.263	0.268	0.221	0.211
8	0.021	0.342	0.328	0.331	0.334	0.398	0.407	0.417	0.393	0.4	0.331	0.306
9	0.024	0.333	0.32	0.322	0.324	0.386	0.397	0.406	0.382	0.39	0.322	0.298
10	0.022	0.546	0.524	0.531	0.537	0.645	0.654	0.669	0.632	0.643	0.532	0.486
11	0.024	0.54	0.513	0.519	0.523	0.624	0.637	0.652	0.614	0.626	0.518	0.462
12	0.024	0.823	0.793	0.811	0.827	1.007	1.009	1.029	0.981	0.996	0.817	0.72
13	0.025	0.79	0.724	0.735	0.744	0.893	0.903	0.923	0.873	0.887	0.73	0.62
14	0.024	2.741	1.025	1.044	1.06	1.245	1.285	1.316	1.228	1.244	1.029	0.829
15	0.024	10.105	1.021	1.042	1.058	1.244	1.282	1.312	1.226	1.242	1.026	0.826
16	0.024	0.978	0.959	0.991	1.028	1.291	1.279	1.294	1.25	1.27	0.999	0.788
17	0.024	1.143	1.19	1.248	1.328	1.873	1.823	1.846	1.837	1.871	1.736	0.877
18	0.024	1.121	1.24	1.39	1.354	1.777	1.751	1.713	1.693	1.723	1.176	0.851
19	0.022	1.158	1.283	1.372	1.494	2.479	2.392	2.559	2.631	2.707	1.408	0.888
20	0.023	1.157	1.292	1.426	1.68	2.527	2.56	2.207	2.232	2.276	1.316	0.882
21	0.022	1.15	1.297	1.398	1.539	2.872	2.888	3.472	3.395	3.491	1.394	0.882
22	0.022	1.154	1.316	1.438	1.621	4.131	5.046	2.659	2.697	2.744	1.389	0.886
23	0.022	1.148	1.328	1.454	1.645	15.948	8.783	2.787	2.799	2.823	1.416	0.883
24	0.022	1.146	1.329	1.456	1.649	5.59	11.606	2.8	2.79	2.807	1.418	0.881
25	0.022	1.141	1.313	1.428	1.592	3.173	3.16	5.272	5.685	4.942	1.418	0.877
26	0.021	1.132	1.311	1.429	1.601	3.176	3.128	8.616	5.569	5.086	1.418	0.869
27	0.021	1.125	1.304	1.424	1.6	3.118	3.076	29.974	5.866	5.063	1.413	0.862

表 6.4-8　象山港各河流排污对各控制点的总磷浓度响应系数　　单位：×10^{-3} mg/L

控制点	R1	R2	R3	R4	R5	R6	R7	R8	R9	R10	R11	R12
1	0.009	0.012	0.012	0.012	0.012	0.016	0.014	0.014	0.015	0.016	0.012	0.012
2	0.015	0.044	0.043	0.043	0.043	0.051	0.051	0.051	0.05	0.052	0.043	0.042
3	0.039	0.122	0.118	0.118	0.118	0.137	0.139	0.141	0.135	0.138	0.118	0.116
4	0.01	0.02	0.019	0.019	0.019	0.025	0.024	0.024	0.024	0.025	0.02	0.019

控制点	R1	R2	R3	R4	R5	R6	R7	R8	R9	R10	R11	R12
5	0.014	0.112	0.108	0.109	0.109	0.126	0.128	0.13	0.124	0.127	0.109	0.106
6	0.031	0.209	0.201	0.202	0.202	0.231	0.236	0.24	0.228	0.233	0.202	0.195
7	0.016	0.203	0.196	0.197	0.197	0.227	0.23	0.234	0.222	0.227	0.197	0.193
8	0.02	0.306	0.294	0.295	0.296	0.339	0.344	0.35	0.332	0.338	0.296	0.279
9	0.023	0.297	0.286	0.287	0.287	0.328	0.335	0.341	0.323	0.329	0.287	0.272
10	0.02	0.49	0.471	0.475	0.478	0.552	0.555	0.564	0.537	0.546	0.477	0.445
11	0.022	0.484	0.461	0.464	0.465	0.533	0.54	0.549	0.521	0.53	0.463	0.421
12	0.022	0.739	0.714	0.728	0.738	0.866	0.86	0.871	0.837	0.849	0.735	0.66
13	0.023	0.712	0.652	0.659	0.663	0.765	0.767	0.779	0.743	0.754	0.654	0.564
14	0.021	2.608	0.918	0.933	0.942	1.06	1.089	1.108	1.039	1.051	0.918	0.748
15	0.021	9.959	0.916	0.931	0.941	1.06	1.086	1.105	1.038	1.05	0.916	0.745
16	0.022	0.878	0.864	0.892	0.922	1.118	1.096	1.1	1.074	1.09	0.9	0.717
17	0.021	1.018	1.069	1.119	1.19	1.642	1.578	1.585	1.599	1.628	1.608	0.787
18	0.021	1.002	1.125	1.268	1.223	1.559	1.518	1.467	1.47	1.494	1.055	0.766
19	0.019	1.016	1.142	1.221	1.331	2.195	2.089	2.232	2.333	2.402	1.259	0.785
20	0.02	1.021	1.158	1.283	1.526	2.258	2.269	1.907	1.959	1.997	1.175	0.784
21	0.019	1.002	1.148	1.239	1.367	2.563	2.554	3.099	3.06	3.149	1.236	0.774
22	0.019	1.006	1.166	1.279	1.448	3.805	4.661	2.311	2.38	2.42	1.231	0.778
23	0.018	0.993	1.17	1.286	1.461	15.556	8.291	2.415	2.46	2.479	1.249	0.77
24	0.018	0.99	1.169	1.286	1.464	5.204	11.066	2.423	2.448	2.46	1.25	0.767
25	0.018	0.983	1.151	1.255	1.403	2.828	2.788	4.816	5.288	4.539	1.247	0.761
26	0.018	0.968	1.142	1.249	1.404	2.814	2.739	8.061	5.134	4.652	1.239	0.749
27	0.018	0.958	1.131	1.239	1.398	2.747	2.677	29.237	5.405	4.613	1.229	0.74

表 6.4-9　象山港各企业直排口排污对各控制点的总氮浓度响应系数　单位：$\times 10^{-3}$ mg/L

控制点	I1	I2	I3	控制点	I1	I2	I3
1	0.013	0.016	0.015	4	0.019	0.024	0.022
2	0.046	0.05	0.044	5	0.086	0.127	0.108
3	0.112	0.134	0.116	6	0.2	0.231	0.196

控制点	I1	I2	I3	控制点	I1	I2	I3
7	0.128	0.232	0.194	18	0.335	1.225	1.112
8	0.193	0.351	0.295	19	0.331	1.174	1.018
9	0.258	0.334	0.281	20	0.333	1.201	1.058
10	0.247	0.58	0.494	21	0.327	1.168	1.042
11	0.32	0.565	0.483	22	0.327	1.158	1.032
12	0.309	0.9	0.79	23	0.324	1.144	1.044
13	0.331	0.881	0.823	24	0.323	1.144	1.049
14	0.347	4.645	8.514	25	0.322	1.152	1.053
15	0.347	4.045	6.016	26	0.319	1.156	1.071
16	0.328	1.082	0.975	27	0.317	1.163	1.081
17	0.336	1.227	1.076	–	–	–	–

表 6.4-10　象山港各企业直排口排污对各控制点的总磷浓度响应系数

单位：$\times 10^{-3}$ mg/L

控制点	I1	I2	I3	控制点	I1	I2	I3
1	0.012	0.014	0.012	15	0.313	3.847	5.746
2	0.035	0.043	0.038	16	0.295	0.962	0.857
3	0.1	0.116	0.098	17	0.3	1.08	0.932
4	0.017	0.021	0.019	18	0.3	1.083	0.973
5	0.068	0.111	0.092	19	0.29	1.011	0.86
6	0.176	0.201	0.166	20	0.293	1.044	0.905
7	0.107	0.203	0.166	21	0.284	0.999	0.877
8	0.169	0.308	0.254	22	0.285	0.989	0.867
9	0.227	0.292	0.24	23	0.278	0.969	0.872
10	0.216	0.512	0.429	24	0.277	0.968	0.876
11	0.318	0.498	0.418	25	0.276	0.973	0.878
12	0.279	0.799	0.692	26	0.271	0.972	0.889
13	0.31	0.787	0.73	27	0.269	0.975	0.896
14	0.313	4.439	8.185	–	–	–	–

对水闸的排污作间歇排放处理，根据实际了解到的各水闸年排放情况，在模型中按 120 d/a，5 h/d 计。当入海口的污染源总氮、总磷单位源强排放时，获得象山港海域形成的总氮、总磷浓度场即响应系数场（表 6.4-11 和表 6.4-12）。

表 6.4-11　象山港各水闸排污对各控制点的总氮浓度响应系数　　单位：×10⁻³ mg/L

控制点	Z1	Z2	Z3	Z4	Z5	Z6	Z7	Z8	Z9	Z10	Z11	Z12	Z13
1	0.039	0.047	0.054	0.035	0.04	0.037	0.048	0.046	0.045	0.044	0.045	0.039	0.037
2	0.136	0.143	0.138	0.098	0.141	0.131	0.169	0.16	0.157	0.155	0.156	0.138	0.131
3	0.318	0.304	0.293	0.298	0.386	0.356	0.454	0.436	0.428	0.424	0.426	0.379	0.356
4	0.091	0.183	0.295	0.049	0.065	0.061	0.078	0.075	0.073	0.072	0.074	0.064	0.061
5	0.347	0.336	0.323	0.18	0.357	0.33	0.42	0.402	0.395	0.391	0.394	0.348	0.33
6	0.501	0.459	0.441	0.562	0.659	0.6	0.77	0.742	0.73	0.722	0.725	0.645	0.6
7	0.921	0.744	0.691	0.278	0.644	0.602	0.752	0.724	0.713	0.706	0.709	0.628	0.602
8	0.654	0.576	0.551	0.436	0.965	0.866	1.123	1.085	1.069	1.059	1.063	0.94	0.866
9	0.653	0.581	0.555	0.665	0.936	0.838	1.091	1.052	1.036	1.026	1.03	0.914	0.838
10	0.953	0.796	0.766	0.544	1.559	1.403	1.81	1.756	1.732	1.713	1.724	1.513	1.403
11	0.89	0.757	0.715	0.723	1.514	1.3	1.757	1.703	1.679	1.661	1.669	1.471	1.3
12	1.112	0.9	0.84	0.692	2.412	2.169	2.802	2.733	2.694	2.662	2.686	2.334	2.169
13	1.051	0.866	0.808	0.744	2.158	1.747	2.495	2.429	2.396	2.37	2.386	2.077	1.747
14	1.194	0.952	0.87	0.764	3.055	2.347	3.514	3.415	3.372	3.337	3.34	2.933	2.347
15	1.193	0.953	0.87	0.765	3.051	2.339	3.509	3.411	3.368	3.333	3.337	2.926	2.339
16	1.137	0.916	0.847	0.728	3.035	2.191	3.564	3.48	3.425	3.378	3.423	2.881	2.191
17	1.164	0.929	0.852	0.738	4.049	2.449	5.181	5.06	4.951	4.866	4.97	4.397	2.449
18	1.158	0.926	0.851	0.738	4.122	2.379	4.793	4.68	4.586	4.51	4.595	3.42	2.379
19	1.142	0.907	0.833	0.715	4.715	2.473	7.294	7.039	6.814	6.663	6.839	4.131	2.473
20	1.149	0.914	0.839	0.723	5.656	2.458	6.265	6.108	5.956	5.84	5.967	3.852	2.458
21	1.125	0.894	0.822	0.704	4.939	2.444	9.33	8.793	8.439	8.229	8.234	4.077	2.444
22	1.125	0.893	0.821	0.702	5.36	2.455	7.529	7.372	7.185	7.042	7.156	4.068	2.455
23	1.107	0.878	0.81	0.69	5.53	2.434	7.879	7.778	7.633	7.501	7.572	4.14	2.434
24	1.103	0.876	0.808	0.687	5.558	2.426	7.87	7.794	7.671	7.549	7.601	4.143	2.426
25	1.101	0.875	0.807	0.687	5.17	2.413	15.65	16.1	16.124	14.458	10.23	4.145	2.413
26	1.089	0.865	0.799	0.68	5.217	2.381	14.613	13.295	12.116	11.527	10.632	4.13	2.381
27	1.082	0.861	0.796	0.677	5.215	2.358	15.313	13.925	12.579	11.917	10.901	4.101	2.358

表 6.4-12 象山港各水闸排污对各控制点的总磷浓度响应系数 单位：×10⁻³ mg/L

控制点	Z1	Z2	Z3	Z4	Z5	Z6	Z7	Z8	Z9	Z10	Z11	Z12	Z13
1	0.037	0.045	0.051	0.033	0.034	0.041	0.041	0.039	0.037	0.037	0.038	0.034	0.033
2	0.128	0.137	0.131	0.093	0.123	0.145	0.145	0.135	0.132	0.131	0.133	0.121	0.119
3	0.299	0.288	0.278	0.285	0.338	0.396	0.395	0.369	0.363	0.36	0.362	0.335	0.324
4	0.087	0.179	0.292	0.046	0.056	0.067	0.067	0.063	0.061	0.061	0.062	0.056	0.055
5	0.331	0.322	0.309	0.17	0.313	0.363	0.362	0.341	0.336	0.334	0.336	0.309	0.302
6	0.47	0.434	0.417	0.542	0.578	0.672	0.67	0.629	0.621	0.616	0.618	0.572	0.546
7	0.892	0.72	0.668	0.26	0.566	0.654	0.652	0.616	0.609	0.604	0.607	0.559	0.552
8	0.613	0.542	0.519	0.409	0.85	0.979	0.976	0.924	0.914	0.907	0.911	0.837	0.792
9	0.612	0.546	0.523	0.638	0.823	0.952	0.949	0.894	0.883	0.877	0.88	0.813	0.765
10	0.891	0.745	0.719	0.505	1.378	1.579	1.574	1.501	1.486	1.473	1.483	1.353	1.289
11	0.828	0.705	0.667	0.683	1.336	1.534	1.529	1.452	1.437	1.425	1.432	1.312	1.186
12	1.024	0.828	0.773	0.636	2.142	2.454	2.446	2.348	2.323	2.3	2.324	2.096	2.002
13	0.968	0.798	0.745	0.692	1.911	2.183	2.176	2.08	2.059	2.041	2.056	1.858	1.592
14	1.077	0.858	0.782	0.69	2.696	3.071	3.061	2.91	2.884	2.861	2.864	2.614	2.12
15	1.077	0.859	0.783	0.692	2.693	3.066	3.056	2.908	2.882	2.859	2.862	2.608	2.114
16	1.034	0.833	0.77	0.663	2.709	3.135	3.126	3.009	2.97	2.935	2.979	2.595	1.992
17	1.038	0.827	0.758	0.659	3.623	4.628	4.616	4.427	4.343	4.274	4.375	4.027	2.199
18	1.037	0.829	0.76	0.662	3.719	4.261	4.25	4.085	4.013	3.953	4.036	3.07	2.141
19	1.001	0.793	0.727	0.626	4.209	6.705	6.688	6.254	6.062	5.933	6.108	3.699	2.188
20	1.013	0.805	0.738	0.638	5.178	5.643	5.629	5.384	5.26	5.164	5.289	3.444	2.187
21	0.978	0.775	0.712	0.611	4.401	8.794	8.768	7.926	7.612	7.428	7.434	3.62	2.146
22	0.978	0.774	0.711	0.61	4.819	6.827	6.811	6.533	6.381	6.26	6.373	3.611	2.157
23	0.953	0.755	0.695	0.593	4.953	7.039	7.023	6.879	6.769	6.661	6.733	3.657	2.121
24	0.949	0.751	0.692	0.59	4.974	7.001	6.984	6.886	6.797	6.699	6.751	3.655	2.111
25	0.944	0.748	0.689	0.589	4.579	15.019	15.261	15.089	15.168	13.538	9.317	3.649	2.093
26	0.927	0.735	0.679	0.579	4.598	14.736	14.629	12.202	11.089	10.538	9.654	3.613	2.049
27	0.917	0.728	0.673	0.574	4.579	15.469	15.354	12.772	11.499	10.879	9.88	3.57	2.019

6.4.3 入海口减排权重分配

根据各入海口排污方式的不同,对三类直排口进行分类处理,同时在对减排量进行分配时,也分别进行。

根据象山港沿海各入海口污染源的响应系数场计算结果,对象山港各入海口污染源的增加对象山港海域 27 个控制点响应系数相加,即为各个入海口的污染物排放浓度响应程度(表 6.4-13~表 6.4-15)。

表 6.4-13 象山港各河流污染物排放浓度响应程度统计表

入海口	污染物排放浓度响应程度		入海口	污染物排放浓度响应程度	
	TN	TP		TN	TP
R1	0.595	0.537	R7	55.04	49.724
R2	30.585	28.152	R8	72.92	67.154
R3	21.193	18.844	R9	45.719	40.778
R4	22.577	20.088	R10	44.199	39.188
R5	24.331	21.647	R11	22.594	20.125
R6	55.352	50.605	R12	15.724	13.995

表 6.4-14 象山港各企业直排口污染物排放浓度响应程度统计表

入海口	污染物排放浓度响应程度	
	TN	TP
I1	6.878	6.078
I2	27.109	24.216
I3	31.002	27.967

表 6.4-15 象山港各水闸污染物排放浓度响应程度统计表

入海口	污染物排放浓度响应程度		入海口	污染物排放浓度响应程度	
	TN	TP		TN	TP
Z1	23.535	21.103	Z8	121.593	108.655
Z2	19.331	17.359	Z9	117.366	104.99
Z3	18.095	16.261	Z10	113.155	101.148
Z4	15.302	13.768	Z11	107.884	95.897

入海口	污染物排放浓度响应程度		入海口	污染物排放浓度响应程度	
	TN	TP		TN	TP
Z5	76.508	68.178	Z12	64.834	57.687
Z6	43.987	117.413	Z13	43.987	39.194
Z7	126.073	117.238	–	–	–

1）河流

按河流排污量调查结果（表6.4-16），对河流进行分组分配。这样做主要是为了避免不同量级排污量的入海口在同时参与分配时，出现某个入海口分配所得减排量超过其原始排污量的结果。

表6.4-16　象山港各河流入海口排污量统计　　　　　　　　　　　　单位：t/a

入海口	TN	TP	入海口	TN	TP
R1	146.85	13.73	R7	565.22	57.75
R2	22.19	1.38	R8	48.13	5.18
R3	145.83	19.41	R9	1.65	0.58
R4	22.51	1.90	R10	156.97	9.76
R5	28.82	3.15	R11	45.11	8.08
R6	5.68	0.59	R12	5.88	0.96

根据河流排污中总氮、总磷的排污量大小，按数量级将河流分成3组。其中R1、R3、R7和R10的总氮排污量均超过100 t/a，总磷排污量也基本都超过10 t/a，R10的TP排污量为9.76 t/a，非常接近10 t/a，考虑到后续分配工作的一致性，将上述河流归为一组，记为A组；R2、R4、R5、R8和R11的总氮排污量在10~100 t/a之间，总磷排污量在1~10 t/a之间，可归为一组，记为B组；R6、R9和R12的总氮排污量均小于10 t/a，总磷排污量均小于1 t/a，可归为一组，记为C组。分组后，按照入海口的排污响应程度计算各河流在组内的总氮、总磷减排分配权重（表6.4-17）。

表6.4-17　象山港分组河流污染物减排权重分配

A组	污染物减排权重		B组	污染物减排权重		C组	污染物减排权重	
	TN	TP		TN	TP		TN	TP
R1	0.004 9	0.005 0	R2	0.176 8	0.179 1	R6	0.473 9	0.480 2
R3	0.175 1	0.174 0	R4	0.130 5	0.127 8	R9	0.391 4	0.387 0

A组	污染物减排权重		B组	污染物减排权重		C组	污染物减排权重	
	TN	TP		TN	TP		TN	TP
R7	0.454 8	0.459 2	R5	0.140 6	0.137 7	R12	0.134 6	0.132 8
R10	0.365 2	0.361 9	R8	0.421 5	0.427 3	–	–	–
–	–	–	R11	0.130 6	0.128 0	–	–	–
合计	1.000 0	1.000 0	合计	1.000 0	1.000 0	合计	1.000 0	1.000 0

2）工业直排口

象山港沿岸工业直排口较少，总氮、总磷排污量在量级上没有很大的差别。但考虑其与河流及水闸的不同，将工业直排口单独归为一组进行分配。按照入海口的排污响应程度计算各工业直排口在组内的总氮、总磷减排分配权重（表6.4-18）。

表6.4-18　象山港各工业直排口污染物减排权重分配

入海口	污染物减排权重	
	TN	TP
I1	0.105 8	0.104 3
I2	0.417 1	0.415 6
I3	0.477 0	0.480 0

3）水闸

与河流类似，按水闸排污量调查结果（表6.4-19），对水闸进行分组分配。根据河流排污中总氮、总磷的排污量大小，将水闸分成2组，其中Z2、Z3、Z7、Z11和Z12的总磷排污量均超过0.1 t/a，总氮排污量也都较大，超过0.8 t/a，可归为一组，记为A组，其余水闸总磷排污量均小于0.1 t/a，总氮排污量也都小于0.8 t/a为一组，可归为一组，记为B组。按照入海口的排污响应程度计算各水闸在组内的总氮、总磷减排分配权重（表6.4-20）。

表6.4-19　象山港各水闸入海口排污量统计　　　　　　　　　　单位：t/a

入海口	TN	TP	入海口	TN	TP
Z1	0.502	0.076	Z4	0.171	0.014
Z2	0.887	0.137	Z5	0.379	0.099
Z3	1.181	0.106	Z6	0.262	0.093

入海口	TN	TP	入海口	TN	TP
Z7	1.785	0.198	Z11	2.266	0.227
Z8	0.255	0.053	Z12	1.301	0.244
Z9	0.098	0.027	Z13	0.593	0.086
Z10	0.288	0.058	–	–	–

表 6.4-20   象山港分组水闸污染物减排权重分配

A组	污染物减排权重		B组	污染物减排权重	
	TN	TP		TN	TP
Z2	0.057 5	0.060 7	Z1	0.042 4	0.036 4
Z3	0.053 8	0.056 9	Z4	0.027 5	0.023 8
Z7	0.375 0	0.410 0	Z5	0.137 7	0.117 7
Z11	0.320 9	0.335 4	Z6	0.079 2	0.202 7
Z12	0.192 8	0.137 1	Z8	0.218 9	0.187 6
–	–	–	Z9	0.211 3	0.181 3
–	–	–	Z10	0.203 7	0.174 6
–	–	–	Z13	0.079 2	0.075 9
合计	1.000 0	1.000 0	合计	1.000 0	1.000 0

6.4.4 入海口减排量分配

根据项目总量控制目标，象山港海域总氮、总磷总量各需削减 10%。按照减排分配权重计算时的分组，对各入海口的总氮、总磷减排量在各组内按权重比例进行分配，并使分配结果能满足各组减排总量为组内各入海口排污量总和的 10%（表 6.4-21~表 6.4-23）。

表 6.4-21   象山港分组河流污染物减排量分配   单位：t/a

A组	污染物减排量		B组	污染物减排量		C组	污染物减排量	
	TN	TP		TN	TP		TN	TP
R1	0.50	0.05	R2	2.95	0.35	R6	0.63	0.10
R3	17.77	1.75	R4	2.18	0.25	R9	0.52	0.08
R7	46.15	4.62	R5	2.35	0.27	R12	0.18	0.03

A组	污染物减排量		B组	污染物减排量		C组	污染物减排量	
	TN	TP		TN	TP		TN	TP
R10	37.06	3.64	R8	7.03	0.84			0.21
			R11	2.18	0.25			
合计	101.49	10.06	合计	16.68	1.97	合计	1.32	0.21

表 6.4-22　象山港各工业直排口污染物减排量分配　　　　单位：t/a

入海口	污染物减排量	
	TN	TP
I1	0.21	0.01
I2	0.81	0.03
I3	0.93	0.04
合计	1.95	0.08

表 6.4-23　象山港分组水闸污染物减排量分配　　　　单位：t/a

A组	污染物减排量		B组	污染物减排量	
	TN	TP		TN	TP
Z2	0.043	0.006	Z1	0.011	0.002
Z3	0.040	0.005	Z4	0.007	0.001
Z7	0.278	0.037	Z5	0.035	0.006
Z11	0.238	0.031	Z6	0.020	0.010
Z12	0.143	0.012	Z8	0.056	0.010
–	–	–	Z9	0.054	0.009
–	–	–	Z10	0.052	0.009
–	–	–	Z13	0.020	0.004
合计	0.742	0.091	合计	0.255	0.051

　　根据减排量分配结果，统计得到各入海口污染物排放量的减排比例（表6.4-24），并进一步推算得到各入海口实施减排后允许排放的污染物通量，以及在相应水量下允许检出的污染物浓度阈值（表6.4-25～表6.4-27）。

表 6.4-24　象山港各入海口污染物减排比例

入海口名称	污染物减排比例（%）		入海口名称	污染物减排比例（%）	
	TN	TP		TN	TP
钱仓河	0.34	0.36	富红染整	22.45	16.34
雅林溪	13.29	25.56	横山水闸1	2.15	2.42
淡港河	12.19	9.02	下新闸	4.81	4.05
西周港	9.67	13.27	大嵩江水闸	3.38	4.91
下沈港	8.14	8.60	贤庠河老鼠山水闸	4.11	8.87
大佳何溪	11.02	17.48	牌头村水闸	9.26	6.01
颜公河	8.17	8.00	崔家水闸	7.70	11.02
凫溪	14.60	16.24	莼湖下陈江水库闸	15.58	18.79
下陈溪	31.33	14.15	费家闸	21.87	17.89
莼湖溪	23.61	37.33	红胜海塘2号闸T	54.94	33.51
裘村溪	4.83	3.12	红胜海塘3号闸T	18.02	15.29
松岙溪	3.02	2.94	红胜海塘1号闸T	10.51	13.50
三友印染	2.14	1.85	横江闸T	11.00	5.12
新光针织	14.27	28.91	狮子口闸T	3.40	4.47

表 6.4-25　象山港河流减排后污染物允许排放通量及检出浓度

入海口名称	水量（m³/a）	减排量（t/a）		减排后允许排污通量（t/a）	
		TN	TP	TN	TP
钱仓河	21 444 480	0.50	0.05	146.35	13.68
雅林溪	8 703 936	2.95	0.35	19.24	1.03
淡港河	56 764 800	17.77	1.75	128.06	17.66
西周港	17 029 440	2.18	0.25	20.34	1.64
下沈港	24 282 720	2.35	0.27	26.48	2.88
大佳何溪	3 311 280	0.63	0.10	5.05	0.48
颜公河	59 130 000	46.15	4.62	519.07	53.13
凫溪	23 652 000	7.03	0.84	41.10	4.34
下陈溪	3 460 288	0.52	0.08	1.13	0.50
莼湖溪	37 843 200	37.06	3.64	119.91	6.11
裘村溪	17 376 336	2.18	0.25	42.93	7.82
松岙溪	1 513 728	0.18	0.03	5.70	0.94

表 6.4-26　象山港工业直排口减排后污染物允许排放通量及检出浓度

入海口名称	水量（m³/a）	减排量（t/a）		减排后允许排污通量（t/a）	
		TN	TP	TN	TP
三友印染	945 198	0.21	0.01	9.43	0.45
新光针织	873 845	0.81	0.03	4.88	0.08
富红染整	380 329	0.93	0.04	3.21	0.20

表 6.4-27　象山港水闸减排后污染物允许排放通量及检出浓度

入海口名称	过闸水量（m³/s）		减排量（t/a）		减排后允许排污通量（t/a）	
	设计值	实测值	TN	TP	TN	TP
横山水闸 1	—	105.9	0.011	0.002	0.49	0.07
下新闸	—	707.7	0.043	0.006	0.84	0.13
大嵩江水闸	640		0.040	0.005	1.14	0.10
贤庠河老鼠山水闸	—	41.0	0.007	0.001	0.16	0.01
牌头村水闸	—	27.6	0.035	0.006	0.34	0.09
崔家水闸	—	27.6	0.020	0.010	0.24	0.08
莼湖下陈江水库闸	—	86.8	0.278	0.037	1.51	0.16
费家闸	—	91.9	0.056	0.010	0.20	0.04
红胜海塘 2 号闸 T	144.9	—	0.054	0.009	0.04	0.02
红胜海塘 3 号闸 T	269.8	—	0.052	0.009	0.24	0.05
红胜海塘 1 号闸 T	662.3	—	0.238	0.031	2.03	0.20
横江闸 T	429.5	—	0.143	0.012	1.16	0.23
狮子口闸 T	488		0.020	0.004	0.57	0.08

注：放水时间一年按 120 d，一天按 5 h 算，其中设计过闸水量按 50%计。

　　从河流总氮减排的分配结果来看，减排比例最小的是钱仓河，位于象山港南岸港口处，仅需减排 0.34%，减排量为 0.5 t/a，减排比例最大的下陈溪，位于港底，减排比例为 31.33%，减排量为 0.52 t/a。结合所有河流的地理位置分布，基本上是靠近港外的河流减排比例小，靠近港底的河流减排比例大。然而，各河流的减排量无法直接相比，因各河流的原始排污量数值相差较大，如最大的颜公河总氮排污达到 565.22 t/a，减排量也最大为 46.15 t/a，但减排比例仅为 8.17%，而最小的下陈溪总氮排污仅为 1.65 t/a，减排量也仅为 0.52 t/a，减排比例却达到 31.33%。河流总磷的减排结果与总氮类似，减排比例最小的是钱仓河，需减排 0.36%，0.05 t/a，减排比例最大的是莼湖溪，位于港底，需减排 37.33%，3.64 t/a。在减排量上，排污量最大达 57.75 t/a 的颜公河需减排 4.65 t/a，减排比例为 8.00%，而排污量最小仅 0.58 t/a 的下陈溪减排 0.08 t/a，减排比例为 14.15%。

工业直排口较少，排污量在数量级上没有太大的差别，同组分配结果基本规律与河流相同。3 个工业直排口中，三友印染在南岸靠近港口处，新光纺织和富红印染在西沪港内。响应程度最小的三友印染减排比例最小，总氮仅需减排 2.14%，总磷仅需减排 1.85%，而新光纺织和富红印染响应程度相当，减排比例均较大。

水闸入海口的分配结果也具有同样的规律特征。总氮减排比例最小的是横山水闸，位于象山港北岸港口处，仅需减排 2.15%，减排量为 0.011 t/a，减排比例最大的是红胜海塘 2 号闸，位于港底，减排比例为 54.94%，减排量为 0.054 t/a。在减排量上，排污量最大达 2.266 t/a 的红胜海塘 1 号闸需减排 0.238 t/a，减排比例为 10.51%，排污量最小仅 0.098 t/a 的红胜海塘 2 号闸减排量为 0.054 t/a，减排比例 54.94%。水闸总磷的减排结果与总氮有类似结果，减排比例最小的是横山水闸，需减排 2.42%，0.002 t/a，减排比例最大的是红胜海塘 2 号闸，需减排 33.51%，0.009 t/a。在减排量上，排污量最大达 0.244 t/a 的横江闸需减排 0.012 t/a，减排比例为 5.12%，而排污量最小仅 0.014 t/a 的老鼠山水闸减排 0.005 t/a，减排比例为 4.91%。

6.4.5 减排量分配结果小结

对河流和水闸的减排量进行分组分配，是为了满足减排的公平性和可操作性。因为入海口的污染物响应程度和实际排污量没有相关性，影响污染物响应程度的主要是入海口所在地理位置及其附近海域的水动力条件强弱等因素。因此，为了避免出现最后分配减排量超过其本身排污量的不合理现象，首先对入海口根据排污量的数量级进行了分组。经过计算，得到的分配结果从减排率和响应程度来看，基本上是污染物响应程度较高的入海口，需要减排的污染物比例相应也较高。

总的来说，污染物响应程度较高，则意味着该入海口的排污对象山港的水质的污染较为严重，为改善海域水质，需要减排的量则更多。依据这个原则，通过计算每个入海口的响应系数从而得到减排量分配权重，对象山港周边总氮、总磷进行减排分配，使得每个入海口都得到了一定的减排任务，总氮减排率从 0.34% 到 54.94% 不等，总磷减排率从 0.36% 到 37.33% 不等，减排总量为所有入海口排污总量的 10%。

6.5 减排考核示范应用

减排考核入海口：调查象山港主要入海河流和水闸所代表的区域范围及入海污染物的

主要污染类型，核定主要河流、水闸以及排污口。

减排指标：化学需氧量、总氮、总磷。

减排目标：化学需氧量保持不变，总氮、总磷近期（5年内）总量削减10%。

6.5.1 污染物排放通量

6.5.1.1 各入海口的排污通量

根据2014年11月象山港周边各入海口即河流12条（R1~R12）、水闸13个（S1~S13）和工业企业直排口3个（I1~I3）的污染物入海浓度的监测结果，可计算得到的各入海口的化学需氧量、总氮、总磷排污通量（表6.5-1~表6.5-3，图6.5-1~图6.5-9）。

表6.5-1 2014年象山港周边主要河流污染物入海通量

序号	河流名称	流量 （m³/a）	COD （t/a）	TN （t/a）	TP （t/a）
1	R3	56 764 800	1 237.47	91.220	8.360
2	R4	17 029 440	204.35	13.380	1.830
3	R5	24 282 720	1 307.62	37.750	7.510
4	R1	21 444 480	933.91	53.880	8.170
5	R2	8 703 936	239.36	16.630	1.440
6	R8	23 652 000	1 066.71	36.070	1.680
7	R7	59 130 000	3 411.80	135.080	35.020
8	R6	3 311 280	/	5.410	0.500
9	R12	1 513 728	12.56	3.520	0.370
10	R10	37 843 200	556.30	113.340	6.040
11	R11	17 376 336	/	46.550	4.800
12	R9	3 460 288	57.27	9.390	1.640
合计			9 027.35	562.220	77.360

1）河流

根据2014年11月象山港周边海域12条河流污染物入海浓度的监测结果，可计算得到主要河流污染物入海通量（表6.5-1，图6.5-1~图6.5-3）。

化学需氧量入海通量为9 027.35 t/a。其中R7最大，为3 411.80 t/a。总氮入海通量为562.220 t/a。其中R7最大，为135.180 t/a。总磷入海通量为77.360 t/a。其中R7贡献最大，为 35.020 t/a。

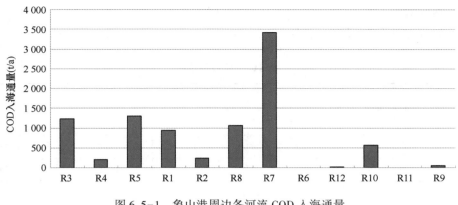

图 6.5-1　象山港周边各河流 COD 入海通量

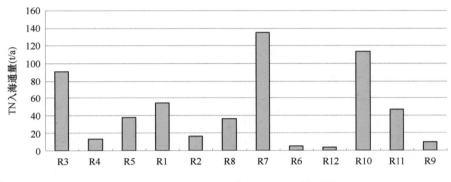

图 6.5-2　象山港周边各河流 TN 入海通量

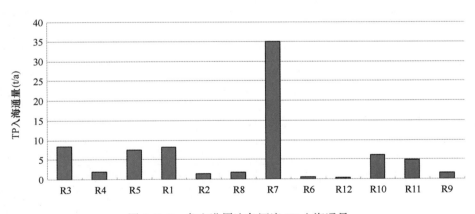

图 6.5-3　象山港周边各河流 TP 入海通量

2）水闸

根据 2014 年 11 月象山港周边海域 26 个水闸污染物入海浓度的监测结果，可计算得到象山港主要水闸污染物入海通量见（表 6.5-2，图 6.5-4～图 6.5-6）。

化学需氧量入海通量为 286.801 t/a。其中 Z11 贡献最大，为 37.06 t/a。

总氮入海通量为 258.435 t/a。其中 Z24 贡献最大，为 103.870 t/a。

总磷入海通量为 7.232 t/a。其中 Z16 贡献最大，为 1.182 t/a。

表 6.5-2　2014 年象山港周边各水闸污染物入海通量

序号	水闸名称	流量 （m³/s）	COD （t/a）	TN （t/a）	TP （t/a）
1	Z3	320.0	25.15	0.659	0.186
2	Z1	105.9	4.99	0.300	0.075
3	Z11	331.2	37.06	1.762	0.133
4	Z10	134.9	23.17	0.368	0.022
5	Z12	214.8	/	1.650	0.263
6	Z13	244.0	/	0.796	0.187
7	Z5	27.6	2.58	0.154	0.055
8	Z4	41.0	3.48	0.085	0.031
9	Z7	86.8	16.55	2.033	0.052
10	Z8	91.9	/	0.248	0.044
11	Z6	27.6	5.25	0.497	0.030
12	Z2	707.7	/	1.159	0.138
13	Z9	72.5	7.75	0.574	0.024
14	Z14	76.8	10.39	32.078	0.399
15	Z15	48.5	11.14	22.814	0.476
16	Z16	47.7	31.94	33.437	1.182
17	Z17	57.4	/	28.567	0.488
18	Z18	22.7	/	12.165	0.491
19	Z19	22.7	6.09	3.814	0.571
20	Z20	41.2	30.06	8.812	0.173
21	Z21	27.2	17.31	5.883	0.342
22	Z22	27.2	17.21	6.432	0.376
23	Z23	37.4	7.66	8.744	0.286
24	Z24	234.5	7.96	103.870	0.415
25	Z25	17.4	7.36	6.562	0.658
26	Z26	40.0	13.74	7.074	0.141
合计			286.80	290.538	7.238

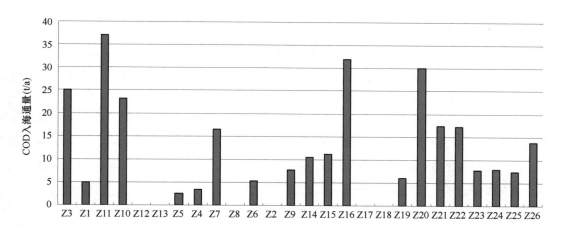

图 6.5-4　象山港周边各水闸 COD 入海通量

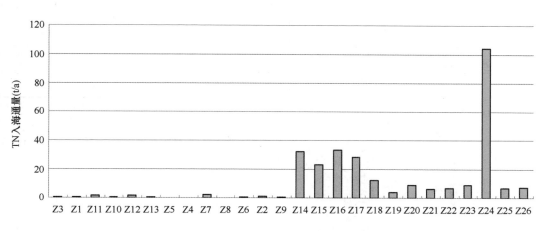

图 6.5-5　象山港周边各水闸 TN 入海通量

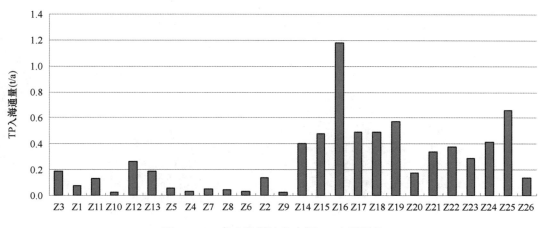

图 6.5-6　象山港周边各水闸 TP 入海通量

3) 印染工业直排口

根据 2014 年 11 月象山港周边海域两个印染工业直排口污染物入海浓度的监测结果采用 2014 年的污水排放量值，可计算得到主要污染物入海通量（表 6.5-3，图 6.5-7～图 6.5-9）。其中，I3 工业直排口因搬迁关停，故未采样。

化学需氧量入海通量为 80.38 t/a。其中 I1 贡献较大，占工业直排口化学需氧量入海通量的 81.7%；I2 占 18.3%。总氮入海通量为 5.840 t/a。其中 I1 贡献稍大，占工业直排口总氮入海通量的 58.0%；I2 占 42.0%。总磷入海通量为 0.350 t/a。其中 I1 贡献较大，占工业直排口总磷入海通量的 89.7%；I2 占 10.3%。

表 6.5-3　2014 年象山港周边工业直排口污染物入海通量

序号	直排口名称	流量 （m³/a）	COD （t/a）	TN （t/a）	TP （t/a）
1	I1	730 000	65.70	3.390	0.350
2	I2	730 000	14.68	2.450	0.040
合计			80.38	5.840	0.390

备注：I3 工业直排口因搬迁关停，未采样。

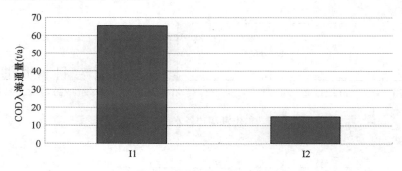

图 6.5-7　象山港周边各直排口 COD 入海通量

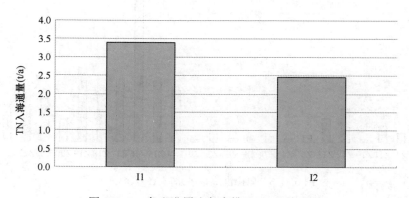

图 6.5-8　象山港周边各直排口 TN 入海通量

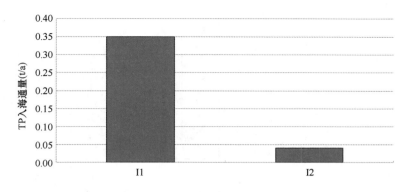

图 6.5-9　象山港周边各直排口 TP 入海通量

6.5.1.2　各县（市、区）的污染物排放通量

根据 2014 年 11 月象山港周边海域 12 条河流、26 个水闸和和两个工业直排口的主要污染物入海通量监测，象山港区域各县（市、区）2014 年污染物排放通量见表 6.5-4。

表 6.5-4　2014 年象山港区域各县（市、区）污染物排放通量　　　　单位：t/a

序号	县（市、区）	COD	TN	TP
1	北仑	160.84	280.25	6.00
2	鄞州	30.14	2.118	0.399
3	奉化	694.10	177.950	13.479
4	宁海	4 500.30	179.339	37.327
5	象山	4 009.14	218.939	27.786
合计		9 394.52	858.596	84.991

实测化学需氧量入海通量为 9 394.52 t/a，其中宁海县、象山县的贡献较大，分别占 47.9% 和 42.7%，北仑区、鄞州区、奉化市化学需氧量入海通量较小。

实测总氮入海通量为 858.596 t/a。其中北仑区、象山县贡献较大，分别占 32.6% 和 25.5%；宁海县、奉化市总氮入海通量次之，鄞州区总氮入海通量较小。

实测总磷入海通量为 84.991 t/a。其中宁海县、象山县的贡献较大，分别占 43.9% 和 32.7%，北仑区、鄞州区、奉化市总磷入海通量较小。

6.5.3　总量减排结果

与 2013 年相比，象山港区域 2014 年总量减排目标完成情况见表 6.5-5，象山港周边入海口的超额减排量情况一览表见表 6.5-6。

表 6.5-5 2014 年象山港区域总量减排目标完成情况一览

单位：t/a

县市区	COD					TN					TP				
	2013 年排污通量	目标减排量	2014 年目标排污通量	2014 年排污通量	超额减排量	2013 年排污通量	目标减排量	2014 年目标排污通量	2014 年排污通量	超额减排量	2013 年排污通量	目标减排量	2014 年目标排污通量	2014 年排污通量	超额减排量
北仑	261.00	0	261.00	160.84	100.16	118.800	15.695	103.105	280.250	-177.150	15.120	1.852	13.268	6.000	7.268
鄞州	25.38	0	25.38	30.14	-4.76	2.564	0.094	2.470	2.118	0.350	0.313	0.013	0.300	0.399	-0.099
奉化	509.81	0	509.81	694.10	-184.29	214.157	40.447	173.710	177.950	-4.240	20.015	4.065	15.950	13.479	2.471
宁海	4 584.46	0	4 584.46	4 500.30	84.16	621.334	54.164	567.170	179.339	387.830	63.847	5.617	58.230	37.327	20.903
象山	4 202.77	0	4 202.77	4 009.14	193.63	386.232	27.742	358.490	218.939	139.550	40.477	2.757	37.720	27.786	9.934
合计	9 583.42	0	9 583.42	9 394.52	188.90	1 343.087	138.142	1 204.945	858.596	346.349	139.772	14.304	125.470	84.991	40.478

注：（1）北仑区 2013 年未开展主要入海口污染物总量的实际监测工作，其 2013 年的考核减排量为统计（估算量（下同）；（2）北仑区的 TN2014 年实际排污量（实测值）与 2014 年目标排污量（估算值）相差甚远，建议不作为考核依据，可采用其他 4 个县（市、区）的平均值。

表 6.5-6　2014 年象山港周边各入海口的超额减排量情况一览　　　单位：t/a

县（市、区）	类型	名称	COD	TN	TP
北仑	水闸	整个区域	—	—	—
鄞州	水闸	下新闸	/	-0.319	-0.008
		横山水闸 1	-0.71	/	-0.005
		大嵩江水闸	-4.05	/	-0.086
象山	河流	淡港河	/	/	/
		西周港	-41.05	/	-0.190
		下沈港	-681.12	-11.270	-4.630
		钱仓河	-76.11	/	/
		雅林溪	-58.36	/	-0.410
	水闸	牌头村水闸	/	/	/
		贤庠河老鼠山水闸	-0.12	/	-0.021
	直排口	宁波三友印染有限公司	/	/	/
		象山新光针织印染有限公司	/	/	/
宁海	河流	凫溪	/	/	/
		颜公河	/	/	/
		大佳何溪	/	-0.360	-0.020
	水闸	崔家水闸	/	-0.257	
奉化	河流	松岙溪	/	/	/
		莼湖溪	-240.70	/	/
		裘村溪	/	-3.620	/
		下陈江	-11.27	-8.260	-1.140
	水闸	红胜海塘 1 号闸 T	-18.89		
		红胜海塘 2 号闸	/	-0.534	-0.004
		红胜海塘 3 号闸	/	-0.128	
		横江闸 T	/	-0.490	-0.033
		狮子口闸 T	/	-0.226	-0.107
		费家闸	/	-0.048	-0.004
		飞跃闸	-12.69	-0.523	/

注：① 超额减排量＝2014 年目标排污通量-2014 年实际排污通量；② "/"代表总量减排达标，负值代表总量减排未达标；③ 因北仑区 2013 年未开展实际入海口的监测，故北仑区不计算超额减排量，用"—"表示。

301

从各入海口的超额减排量来看，化学需氧量超额减排的为淡港河、牌头村水闸、宁波三友印染有限公司、象山新光针织印染有限公司、颜公河、凫溪、红胜海塘2号闸、红胜海塘3号闸等入海口，总氮超额减排的为淡港河、钱仓河、牌头村水闸、贤庠河老鼠山水闸、宁波三友印染有限公司、象山新光针织印染有限公司、颜公河、凫溪、松岙溪、莼湖溪、红胜海塘1号闸T等入海口，总磷超额减排的为淡港河、钱仓河、牌头村水闸、宁波三友印染有限公司、象山新光针织印染有限公司、颜公河、飞跃闸、凫溪、松岙溪、莼湖溪、裘村溪、红胜海塘3号闸等入海口（表6.5-6）。

从各县（市、区）完成情况来看，北仑区总氮未完成减排目标，鄞州区化学需氧量和总磷未完成减排目标，奉化市化学需氧量和总氮未完成减排目标，其他各个县（市）区的各个减排指标均超额减排（表6.5-6）。

从区域总体情况来看，实测2014年化学需氧量排污通量9 394.52 t/a，超额减排量188.90 t/a；实测总氮2014年排污通量858.596 t/a，超额减排量346.349 t/a；实测总磷2014年排污通量84.991 t/a，超额减排量40.478 t/a（表6.5-6）。

（1）北仑区

北仑区2014年化学需氧量超额减排量为100.16 t/a，总氮未完成减排目标量为177.15 t/a，总磷超额减排量为7.268 t/a（表6.5-6）。

（2）鄞州区

鄞州区2014年化学需氧量未完成减排目标量为4.76 t/a，总氮超额减排量为0.35 t/a，总磷超额减排量为0.099 t/a（表6.5-6）。

（3）奉化市

奉化市2014年化学需氧量未完成减排目标量为184.29 t/a，总氮未完成减排目标量为4.24 t/a，总磷超额减排量为2.471 t/a（表6.5-6）。

（4）宁海县

宁海县2014年化学需氧量超额减排量为84.16 t/a，总氮未完成减排目标量为387.83 t/a，总磷超额减排量为20.903 t/a（表6.5-6）。

（5）象山县

象山县2014年化学需氧量超额减排量为193.63 t/a，总氮超额减排量为139.55 t/a，总磷超额减排量为9.934 t/a（表6.5-6）。

6.6 小结

（1）象山港污染源调查与估算

象山港周边陆源污染源主要包括工业污染、生活污染、畜禽养殖污染、农业污染、水土流失污染，海域污染源主要来自海水养殖。根据统计估算，象山港各污染物的入海量中，COD_{Cr}、总氮、总磷分别为26 971.66 t/a、3 511.72 t/a、417.69 t/a，其中COD_{Cr}主要来源于海水养殖（约占总量的77.10%），总氮、总磷主要来源于陆源污染，分别占入海总量的76.65%、70.76%。陆源污染源强中，COD_{Cr}主要来自水土流失和生活污水，两者约占总量的84.86%；总氮、总氮则主要来自农业化肥和水土流失，两者分别约占总量的86.85%、80.51%。海水养殖污染源强中，以鱼类养殖的污染源强最大，3种污染因子（COD_{Cr}、总氮、总磷）源强各约占总量的68%。

象山港陆源污染物中，约97%通过河流、水闸等地表径流方式进入象山港，而工业企业直排的污染物入海总量较小，而工业废水是苯胺、石油类、硫化物等有毒有害物质排放入海的主要贡献者。各类污染物，无论是通过河流、水闸等地表径流方式或是通过工业企业的直排方式，象山港沿港的28个代表性入海排放口的水质均存在不同的超标排放现象，包括高浓度的氮、磷和COD，以及毒害作用大的苯胺、重金属等，这都将给象山港海域生态环境带来影响与压力。

在空间分布上（7个海区），以六海区所接纳的污染物为最多，一海区次之，两者共占象山港接纳的总污染物的50%以上。五海区所接纳的各种陆源污染物最少，占象山港总陆源污染物的2%~3%。

（2）象山港污染物动力扩散数值研究

水质模型计算结果表明，象山港COD_{Mn}浓度分布总体呈现自湾口到湾内浓度增大的趋势。外湾浓度较低，大部分区域浓度小于1 mg/L；西沪港、黄墩港、铁港海域内浓度较高，且越靠近湾顶浓度越大。西沪港内浓度为1~1.2 mg/L，黄墩港内大部分区域浓度为1.2~1.3 mg/L，铁港内浓度基本大于1.3 mg/L。象山港COD_{Mn}浓度最高的区域，位于铁港海域，最大浓度在1.4 mg/L以上；总体分布与实测COD_{Mn}浓度等值线分布基本一致，仅局部区域略有偏差。水质调查站的实测值与模型计算结果之间相对误差基本上均小于20%，水质模型在总体上较成功地模拟了象山港COD_{Mn}的浓度分布。

水质模型计算结果表明，无机氮浓度分布总体呈现自湾口到湾内浓度增大的趋势。外湾浓度较低，大部分区域浓度小于0.6 mg/L。西沪港、黄墩港及铁港海域的浓度较高，大部分区域浓度大于0.74 mg/L，最大浓度达0.8 mg/L，分析该处出现高浓度的原因除陆源排放外，还可能是涨落潮时滩涂底泥翻搅释放所致；总体分布与实测无机氮浓度等值线分布基本一致，仅局部区域略有偏差。水质调查站的实测值与模型计算结果之间相对误差基本上均小于20%，水质模型在总体上较成功地模拟了象山港无机氮的浓度分布。

水质模型计算结果表明，活性磷酸盐浓度分布在象山港总体呈现自湾口到湾内浓度增大的趋势。外湾浓度较低，大部分区域浓度小于0.03 mg/L，西沪港、铁港、黄墩港海域内浓度均较其周围海域高，西沪港海域浓度基本大于0.05 mg/L，铁港、黄墩港海域浓度大于0.06 mg/L。象山港活性磷酸盐总体分布与实测活性磷酸盐浓度等值线分布基本一致，仅局部区域略有偏差。水质调查站的实测值与模型计算结果之间相对误差小于20%的比例达90%，水质模型在总体上较成功地模拟了象山港活性磷酸盐的浓度分布。

（3）象山港环境容量估算

经过化学需氧量（COD_{Mn}）水质模型计算响应系数，再根据环境、资源、经济、社会和污染物排放浓度响应程度等指标计算出各方案象山港周边各汇水区的分配权重并进行线性规划求解，得到在满足控制目标条件下，象山港 COD_{Mn} 环境容量为 34.33 t/d，即 COD_{Cr} 环境容量为 85.83 t/d。10 年来，由于陆源污染有所增加，海水养殖污染有所减少，因此通过源强比较，COD_{Cr} 还有一定的环境容量。建议 COD_{Cr} 排放量维持现状，以调整产业结构、优化源强的空间布局为主。

象山港氮、磷受外海总体水平的控制，由于象山港外海氮、磷本底值较高，仅靠象山港局部减少氮、磷的排放，对本地区氮、磷超标现象的改善作用不大。象山港内无机氮浓度要达到近、中、远期控制目标，总量须相应削减 10%、20% 和 37%，估算结果分别为 0.734 t/d、1.468 t/d 和 2.716 t/d，即近、中、远三期总氮削减量估算结果分别为 1.050 t/d、2.099 t/d 和 3.884 t/d。象山港活性磷酸盐浓度要达到近、中、远期目标，总量须相应削减 10%、20% 和 55%，估算结果分别为 0.051 t/d、0.101 t/d 和 0.278 t/d，即近、中、远三期总磷削减量估算结果分别为 0.132 t/d、0.262 t/d 和 0.720 t/d。

（4）污染物总量控制

总氮、总磷优化分配的技术路线：进行象山港沿岸各汇水区划分，从环境、资源、经济、社会和污染物排放浓度响应程度等指标考虑设计分配方案，计算出各方案象山港各汇水区的总氮、总磷分配权重，通过数学模型计算各方案的环境容量及分配结果，综合评定各方案优劣，最终确定最优方案。

最优方案：无机氮削减量为 10%、20% 和 37% 时其分配结果为方案二最优，活性磷酸盐削减量为 10%、20% 和 55% 时其分配结果为方案二最优。

总氮：在现状象山港总氮源强 7.374 t/d 的基础上，要达到象山港海域海洋功能区划所规定的海水水质标准，同时又满足各县（市、区）的可操作分配，近期需要削减 1.502 t/d 的总氮源强；其中北仑区、鄞州区、奉化市、宁海县和象山县需要削减的总氮源强分别为 0.043 t/a、0.182 t/a、0.250 t/a、0.586 t/a 和 0.440 t/d。

总磷：在现状象山港总磷源强 0.810 t/d 的基础上，要达到象山港海域海洋功能区划所规定的海水水质标准，同时又满足各县（市、区）的可操作分配，近期需要削减 0.132 t/d 的总磷源强；其中北仑区、鄞州区、奉化市、宁海县和象山县需要削减的总磷源强分别为 0.005 t/a、0.018 t/a、0.026 t/a、0.049 t/a 和 0.034 t/d。

（5）象山港减排技术研究

为了避免出现最后分配减排量超过其本身排污量的不合理现象，首先对入海口根据排污量的数量级进行了分组。经过计算，得到的分配结果从减排率和响应程度来看，基本上是污染物响应程度较高的入海口，需要减排的污染物比例相应也较高。

总的来说，污染物响应程度较高，则意味着该入海口的排污对象山港的水质的污染较为严重，为改善海域水质，需要减排的量则更多。依据这个原则，通过计算每个入海口的响应系数从而得到减排量分配权重，对象山港周边总氮、总磷进行减排分配，使得每个入海口都得到了一定的减排任务，总氮减排率从 0.34% 到 54.94% 不等，总磷减排率从 0.36% 到 37.33% 不等，减排总量为所有入海口排污总量的 10%。

304

（6）减排考核示范应用

从各入海口的减排量来看，2014年化学需氧量总量减排未达标的数量分别为鄞州区2个，象山县5个，奉化市2个，总氮减排未达标的数量分别为鄞州区1个，象山县1个，宁海县2个，奉化市8个，总磷减排未达标的数量分别为鄞州区3个，象山县4个，宁海县1个，奉化市5个。

从各县（市、区）完成情况来看，2014年北仑区总氮未完成减排目标，鄞州区化学需氧量和总磷未完成减排目标，奉化市化学需氧量和总氮未完成减排目标，其他各个县（市）区的各个减排指标均超额减排。

从区域总体情况看，象山港沿岸5个县（市、区）2014年实测化学需氧量排污通量9 394.52 t/a（2013年排放量9 583.42 t/a），达到减排目标；实测总氮排污通量858.596 t/a（2013年排放量1 343.087 t/a），达到减排目标；实测总磷排污通量84.991 t/a（2013年排放量139.772 t/a），达到减排目标。

参考文献

《全国主要湖泊、水库富营养化调查研究》课题组. 1987. 湖泊富营养化调查规范. 中国环境科学出版社.

黄秀清，等. 2011. 杭州湾入海污染物总量控制和减排技术研究报告 [R]. 上海：国家海洋局东海环境监测中心.

黄秀清，王金辉，蒋晓山，等. 2008. 象山港海洋环境容量及污染物总量控制研究 [M]. 北京：海洋出版社，1-2.

黄秀珠，叶长兴. 1998. 持续畜牧业的发展与环境保护 [J]. 福建畜牧畜医，(5)：27-29.

李佳，姚炎明，等. 2009. 乐清湾海洋环境容量及污染物总量控制研究报告 [R]. 杭州：浙江大学港口海岸与近海工程研究所.

林桂芳. 2002. 岱衢族大黄鱼人工育苗在舟山首获成功 [J]. 科学育鱼，2：15.

林卫青，等. 2008. 长江口及毗邻海域水质和生态动力学模型与应用研究 [J]. 水动力学研究与进展，23 (5)：522-531.

刘浩，尹宝树. 2006. 辽东湾氮、磷和COD环境容量的数值计算 [J]. 海洋通报，25 (2)：46-54.

潘根兴. 1999. 中国土壤有机碳和无机碳库量研究 [J]. 科技通报，15 (5)：330-332.

日本机械工业联合会，日本产业机械工业会. 1987. 水域的富营养化及其防治对策 [M]. 北京：中国环境科学出版社.

施为光. 2000. 四川省清平水库流域非点源污染负荷计算 [J]. 重庆环境科学，22 (2)：33-36.

史培军，刘宝元，张科利，等. 1999. 土壤侵蚀过程与模型研究 [J]. 资源科学，21 (5)：9-18.

水利部太湖流域管理局. 1997. 太湖流域河网水质研究. 12.

司友斌，等. 2000. 农田氮、磷的流失与水体富营养化 [J]. 土壤，4.

汪耀斌. 1998. 黄浦江上游沪、苏、浙边界地区污染源与水质调查分析 [J]. 水资源保护，4：37-40.

王绍强，周成虎. 1999. 中国陆地土壤有机碳库的估算 [J]. 地理研究，(18) 4：349-356.

王秀芹，张玲，王娟娟，等. 2011. 高锰酸盐指数与化学需氧量（重铬酸盐法）国标测定方法的比较 [J]. 现代渔业信息，26 (7)：19-20.

王泽良，等. 2004. 渤海湾中化学需氧量（COD）扩散、降解过程研究 [J]. 海洋通报，23（1）：27-31.

文启孝，等. 1984. 土壤有机质研究法 [M]. 农业出版社，8.

谢蓉. 1999. 上海市畜牧业污染控制与黄埔江上游水源保护 [J]. 农村生态环境，15（1）：41-44.

杨斌，程巨元. 1999. 农业非点源氮磷污染对水环境的影响研究 [J]. 江苏环境科技，12（3）：19-21.

杨逸萍，王增焕，孙建，等. 1999. 精养虾池主要水化学因子变化规律和氮的收支 [J]. 海洋科学，（1）. 15-17.

张大弟. 1997. 上海市郊区非点源污染综合调查评价 [J]. 上海农业学报，13（1）：31-36.

张健，邬翱宇，施青松. 2003. 象山港海水养殖及其对环境的影响 [J]. 东海海洋，21（4）：54-59.

章北平. 1996. 东湖面源污染负荷的数学模型 [J]. 武汉城市建设学院学报，13（1）：1-8.

Cho C Y , Kaushy S J. 1985. Effects of protein in take on metabolicable and net energy values of fish diets [M].
    In Cowey C B, Markie A M , Bell J B , eds feeding and Nutrition. 6（5）：259-329.

Delft Hydraulic. 2010. Delft3D-WAQ User Manual. Delft：WL｜ Delft Hydraulics [R].

Gowen. R J., Bradbury N B. 1987. The ecological impact of salmon farming in coastal waters：are view [J].
    Oceanogr, Mar. Biol. Ann . Rev., 25：563-575.

Wei H., Sun J., Molla, et al. 2004. Plankton dynamics in the Bohai Sea-observations and modeling [J]. Jour-
    nal of Marine System. 44：233-251.

第7章 港湾生态监测方法研究

生态环境监测包括趋势监测和监督性监测。趋势性监测主要针对大面站位设置、指标、季节等，属于避开热点的监测；监督性监测主要是针对开发活动，对已经产生的问题、污染热点进行监督性监测，跟踪监测和监督其产生的影响。本章主要是对趋势性监测进行研究。本章监测方法研究主要包括：象山港监测站位、监测要素、监测频率优化以及数据同步化处理。综合考虑历史监测站位，协调水质、沉积物、生物监测要素，筛选主要环境因子，利用克立金方差法并结合象山港生态特征对原方案进行优化，完成象山港海洋环境监测方案。一方面现有站位没有很好针对港湾特性，分析其区域特征、环境内在的代表性和科学性；另一方面，港湾环境变化大，站位的数量和分布都需要综合考虑，需对站位进行优化。

7.1 监测站位优化

本站位优化中水质要素主要采用在克里金方差分析方法的前提下再进行优化，其他要素根据主要环境因子等进行优化。

7.1.1 优化前站位

在象山港海域海洋环境质量综合评价方法课题［DOMEP（MEA）-03-02］中，象山港布设了31个调查站进行监测（港口7个监测站位、港中11个监测站位、港底13个监测站位，以下简称课题站），同时象山港现有13个赤潮监测站位、6个趋势性监测站位，共50个监测站位作为优化前站位。象山港现有监测站位地理坐标，如表7.1-1所示。象山港现有监测站位图如图7.1-1，蓝色代表赤潮监测、黄色代表趋势性监测、红色代表调查站监测。

表 7.1-1 象山港现有监测站位地理坐标

代码	类型	监测站位	纬度（N）	经度（E）	监测指标
1	课题站	QS1	29°33′43.20″	121°43′08.40″	水质、沉积物、生物
2	课题站	QS2	29°33′10.80″	121°43′40.80″	水质、沉积物、生物
3	课题站	QS3	29°32′45.60″	121°44′13.20″	水质、沉积物、生物

代码	类型	监测站位	纬度（N）	经度（E）	监测指标
4	课题站	QS4	29°31′48.00″	121°47′52.80″	水质、沉积物、生物
5	课题站	QS5	29°30′32.40″	121°47′52.80″	水质、沉积物、生物
6	课题站	QS6	29°32′20.40″	121°40′58.80″	水质、沉积物、生物
7	课题站	QS7	29°31′58.80″	121°41′09.60″	水质、沉积物、生物
8	课题站	QS8	29°32′02.40″	121°38′13.20″	水质、沉积物、生物
9	课题站	QS9	29°31′26.40″	121°38′45.60″	水质、沉积物、生物
10	课题站	QS10	29°30′46.80″	121°39′18.00″	水质、沉积物、生物
11	课题站	QS11	29°31′04.80″	121°35′42.00″	水质、沉积物、生物
12	课题站	QS12	29°29′49.20″	121°36′21.60″	水质、沉积物、生物
13	课题站	QS13	29°30′21.60″	121°33′43.20″	水质、沉积物、生物
14	课题站	QS14	29°27′32.40″	121°32′02.40″	水质、沉积物、生物
15	课题站	QS15	29°26′31.20″	121°31′40.80″	水质、沉积物、生物
16	课题站	QS16	29°25′30.00″	121°31′22.80″	水质、沉积物、生物
17	课题站	QS17	29°29′42.00″	121°31′48.00″	水质、沉积物、生物
18	课题站	QS18	29°30′25.20″	121°31′08.40″	水质、沉积物、生物
19	课题站	QS19	29°30′00.00″	121°30′57.60″	水质、沉积物、生物
20	课题站	QS20	29°29′24.00″	121°30′43.20″	水质、沉积物、生物
21	课题站	QS21	29°30′00.00″	121°29′49.20″	水质、沉积物、生物
22	课题站	QS22	29°28′19.20″	121°28′19.20″	水质、沉积物、生物
23	课题站	QS23	29°26′45.60″	121°27′43.20″	水质、沉积物、生物
24	课题站	QS24	29°46′51.60″	122°01′30.00″	水质、沉积物、生物
25	课题站	QS25	29°43′01.20″	121°57′21.60″	水质、沉积物、生物
26	课题站	QS26	29°40′01.20″	122°00′00.00″	水质、沉积物、生物
27	课题站	QS27	29°28′37.20″	121°34′01.20″	水质、沉积物、生物
28	课题站	QS28	29°40′01.20″	121°51′21.60″	水质、沉积物、生物
29	课题站	QS29	29°33′10.80″	121°43′58.80″	水质、沉积物、生物
30	课题站	QS30	29°44′06.00″	121°55′37.20″	水质、沉积物、生物
31	课题站	QS31	29°39′25.20″	121°53′31.20″	水质、沉积物、生物
32	趋势性监测站	D33ZQ033	29°39′14.40″	121°47′52.80″	水质

代码	类型	监测站位	纬度（N）	经度（E）	监测指标
33	趋势性监测站	D33NB005	29°34′44.40″	121°43′08.40″	水质
34	趋势性监测站	D33ZQ035	29°33′32.40″	121°44′06.00″	水质、沉积物
35	趋势性监测站	D33ZQ039	29°31′40.80″	121°47′20.40″	水质、沉积物
36	趋势性监测站	D33ZQ037	29°32′02.40″	121°41′06.00″	水质
37	趋势性监测站	D33ZQ038	29°31′01.20″	121°35′52.80″	水质、沉积物
38	赤潮监测站	XS01	29°30′21.60″	121°30′43.20″	水质、沉积物、生物
39	赤潮监测站	XS02	29°27′28.80″	121°32′06.00″	水质、沉积物、生物
40	赤潮监测站	XS03	29°32′38.40″	121°45′43.20″	水质、沉积物、生物
41	赤潮监测站	XS04	29°26′45.60″	121°31′37.20″	水质、沉积物、生物
42	赤潮监测站	XS05	29°30′57.60″	121°33′39.60″	水质、沉积物、生物
43	赤潮监测站	XS06	29°33′43.20″	121°43′08.40″	水质、沉积物、生物
44	赤潮监测站	XS07	29°33′10.80″	121°43′40.80″	水质、沉积物、生物
45	赤潮监测站	XS08	29°32′45.60″	121°44′13.20″	水质、沉积物、生物
46	赤潮监测站	XS09	29°31′48.00″	121°47′52.80″	水质、沉积物、生物
47	赤潮监测站	XS10	29°30′32.40″	121°47′52.80″	水质、沉积物、生物
48	赤潮监测站	XS11	29°32′20.40″	121°40′58.80″	水质、沉积物、生物
49	赤潮监测站	XS12	29°31′58.80″	121°41′09.60″	水质、沉积物、生物
50	赤潮监测站	XS13	29°32′02.40″	121°38′13.20″	水质、沉积物、生物

7.1.2 站位优化方法

根据克立金方法并结合象山港生态分区特征，水质监测以克立金方法为主，结合水质污染生态分区特征进行优化；水动力、沉积物、生物生态按照生态分区进行优化。

7.1.2.1 克立金方法（Kriging）

1）方法介绍

克立金方法是 G. Matheron 教授以南非矿山地质工程师 D. G. Krige 的名字命名的一种方法，称为克立金方法（Kriging）。从数学上讲，克立金法是一种对空间分布数据求最优、线性、无偏内插估计量（Best Linear Unbiased Estimation）的方法。从海洋环境研究角度讲，它根据已知监测站点上环境要素变量，如某种污染物浓度的实测数据，对环境要素变量进行结构性（变差函数模型的确定）分析之后，为了对待估点作出一种线性、无偏、

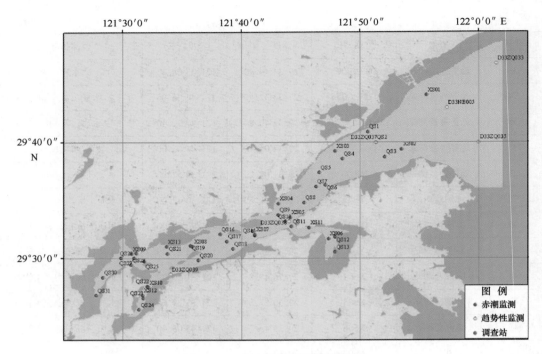

图 7.1-1　象山港监测站位现状图

最小方差的估计，而对周围已知站位点的测量值赋予一定权系数，进行加权平均来估计待估点环境要素变量的方法。

　　假定海洋环境系统内空间点 $\boldsymbol{x}_i(i=1,2,\cdots,N)$ 处的区域化变量 $z(\boldsymbol{x}_i)$ 为已知，待估点 $\boldsymbol{x}_0$ 处的区域化变量用 $z(\boldsymbol{x}_0)$ 表示，则 $\boldsymbol{x}_0$ 处的区域化变量的估计量 $\hat{z}(\boldsymbol{x}_0)$ 可表示为：

$$\hat{z}(\boldsymbol{x}_0)=\sum_{i=1}^{N}\lambda_i z(\boldsymbol{x}_i) \qquad (7.1-1)$$

式中，$\lambda_i(i=1,2,\cdots,N)$ 为克立金权系数；N 为已知监测点总数。λ_i 的确定应满足无偏性和最优性条件，才能保证估计量 $\hat{z}(\boldsymbol{x}_0)$ 的线性、无偏、最优估计。

　　克立金方法在许多领域，主要用于空间分析，用已知空间变量来估计未知空间变量，达到线性、无偏、最优估计，该方法是一种比较好的空间差值方法。

　　当区域化变量 $z(\boldsymbol{x})$ 具有平稳性时，可应用普通克立金方法，对研究区内任一点 $\boldsymbol{x}_0$ 处的区域化变量 $z(\boldsymbol{x}_0)$ 进行最优、无偏、线性估计。

　　（1）简单克立金方法

　　若区域化变量 $z(\boldsymbol{x})$ 为二阶平稳随机函数，且区域化变量 $z(\boldsymbol{x})$ 的数学期望已知为常数时，确定克立金权系数 $\lambda_i(i=1,2,\cdots,N)$ 的方法，称为简单克立金方法。

　　令：

$$y(\boldsymbol{x})=z(\boldsymbol{x})-m \qquad (7.1-2)$$

　　则：

$$E[y(\boldsymbol{x})]=E[z(\boldsymbol{x})-m]=E[z(\boldsymbol{x})]-m=0,\ \forall\boldsymbol{x} \qquad (7.1-3)$$

其协方差函数为：

$$\mathrm{E}[y(\boldsymbol{x}_i)y(\boldsymbol{x}_j)] = C(\boldsymbol{x}_i, \boldsymbol{x}_j) \tag{7.1-4}$$

任取一点 $\boldsymbol{x}_0$，其 $\boldsymbol{x}_0$ 处 $y(\boldsymbol{x}_0)$ 的估值 $\hat{y}(\boldsymbol{x}_0)$ 可表述为：

$$\hat{y}(\boldsymbol{x}_0) = \sum_{i=1}^{N} \lambda_i y(\boldsymbol{x}_i) \tag{7.1-5}$$

式中，$y(\boldsymbol{x}_i) = z(\boldsymbol{x}_i) - m$，$i = 1, 2, \cdots, N$。因而，把估计 $z(\boldsymbol{x}_0)$ 的问题化为估计 $y(\boldsymbol{x}_0)$ 的问题。

由于

$$\mathrm{E}[\hat{y}(\boldsymbol{x}_0)] = \mathrm{E}\Big[\sum_{i=1}^{N} \lambda_i y(\boldsymbol{x}_i)\Big] = \sum_{i=1}^{N} \lambda_i \mathrm{E}[\hat{y}(\boldsymbol{x}_i)] = 0 \tag{7.1-6}$$

所以，$\hat{y}(\boldsymbol{x}_0)$ 是 $y(\boldsymbol{x}_0)$ 的无偏估计量。

为了求出既无偏又最优的诸权系数 $\lambda_i(i = 1, 2, \cdots, N)$，首先要写出估计方差表达式（最优性条件 $\sigma_{ok}^2 = \min$）

$$\sigma_{ok}^2 = \mathrm{E}[y(\boldsymbol{x}_0) - \hat{y}(\boldsymbol{x}_0)]^2 = \mathrm{E}\Big[y(\boldsymbol{x}_0) - \sum_{i=1}^{N} \lambda_i y(\boldsymbol{x}_i)\Big]^2$$

$$= C(\boldsymbol{x}_0, \boldsymbol{x}_0) - 2\sum_{i=1}^{N} \lambda_i C(\boldsymbol{x}_i, \boldsymbol{x}_0) + \sum_{i=1}^{N}\sum_{j=1}^{N} \lambda_i \lambda_j C(\boldsymbol{x}_i, \boldsymbol{x}_j) \tag{7.1-7}$$

为使 $\sigma_{ok}^2 = \min$，将式（7.1-7）对诸 $\lambda_i(i = 1, 2, \cdots, N)$ 求导，并令其为零，则有：

$$\frac{\partial \sigma_{ok}^2}{\partial \lambda_i} = -2C(\boldsymbol{x}_i, \boldsymbol{x}_0) + \sum_{j=1}^{N} \lambda_j C(\boldsymbol{x}_i, \boldsymbol{x}_j)$$

$$i = 1, 2, \cdots, N \tag{7.1-8}$$

即，得出简单克立金方程组：

$$\sum_{j=1}^{N} \lambda_j C(\boldsymbol{x}_i, \boldsymbol{x}_j) = C(\boldsymbol{x}_i, \boldsymbol{x}_0)$$

$$i = 1, 2, \cdots, N \tag{7.1-9}$$

写成矩阵形式为：

$$\boldsymbol{C}_1 \boldsymbol{\lambda} = \boldsymbol{C}_0 \tag{7.1-10}$$

式中，$\boldsymbol{\lambda}$ 为 $N \times 1$ 阶系数矩阵，即：

$$\boldsymbol{\lambda} = (\lambda_1, \lambda_2, \cdots, \lambda_N)^T, \tag{7.1-11}$$

$\boldsymbol{C}_0$ 为已知点对待估点的 $N \times 1$ 维协方差阵，即：

$$\boldsymbol{C}_0 = [C(\boldsymbol{x}_1, \boldsymbol{x}_0), C(\boldsymbol{x}_2, \boldsymbol{x}_0), \cdots, C(\boldsymbol{x}_N, \boldsymbol{x}_0)]^T \tag{7.1-12}$$

$\boldsymbol{C}_1$ 为简单克立金的 $N \times N$ 阶协方差矩阵，即：

$$\boldsymbol{C}_1 = \begin{bmatrix} C(\boldsymbol{x}_1, \boldsymbol{x}_1) & C(\boldsymbol{x}_1, \boldsymbol{x}_2) & \cdots & C(\boldsymbol{x}_1, \boldsymbol{x}_N) \\ C(\boldsymbol{x}_2, \boldsymbol{x}_1) & C(\boldsymbol{x}_2, \boldsymbol{x}_2) & \cdots & C(\boldsymbol{x}_2, \boldsymbol{x}_N) \\ \cdots & \cdots & \cdots & \cdots \\ C(\boldsymbol{x}_N, \boldsymbol{x}_1) & C(\boldsymbol{x}_N, \boldsymbol{x}_2) & \cdots & C(\boldsymbol{x}_N, \boldsymbol{x}_N) \end{bmatrix} \tag{7.1-13}$$

式中，C_1 它是对称阵，因为 $C(\boldsymbol{x}_i, \boldsymbol{x}_j) = C(\boldsymbol{x}_j, \boldsymbol{x}_i)$。

为了求简单克立金估计误差的方差，对式（7.1-9）两边同乘以 $\lambda_i(i = 1, 2, \cdots, N)$，并对 i 从 $1 \sim N$ 求和，得出：

$$\sum_{i=1}^{N} \sum_{j=1}^{N} \lambda_i \lambda_j C(\boldsymbol{x}_i, \boldsymbol{x}_j) = \sum_{i=1}^{N} \lambda_i C(\boldsymbol{x}_i, \boldsymbol{x}_0) \qquad (7.1-14)$$

将其代入式（7.1-7）中，得出简单克立金估计误差的方差为：

$$\sigma_{ok}^2 = C(\boldsymbol{x}_0, \boldsymbol{x}_0) - \sum_{i=1}^{N} \lambda_i C(\boldsymbol{x}_i, \boldsymbol{x}_0) \qquad (7.1-15)$$

如果海洋环境要素为二阶平稳随机函数，且海洋环境要素的数学期望已知为常数时，用式（7.1-15）进行海洋监测站位的优化设计。

（2）普通克立金方法

当区域化变量 $z(\boldsymbol{x})$ 满足二阶平稳或本征假设时，且 $\mathrm{E}[z(\boldsymbol{x})] = m$ 为未知常数时，确定克立金权系数的方法称为普通克立金方法。

先介绍本征假设。本征假设比二阶平稳假设较弱，满足二阶平稳假设必满足本征假设，反过来则不然。

本征假设：当区域化变量 $z(\boldsymbol{x})$ 的增量 $z(\boldsymbol{x}) - z(\boldsymbol{x} + \boldsymbol{h})$ 满足下列二条件时，称为本征假设。即：

①在整个研究区内

$$\mathrm{E}[z(\boldsymbol{x}) - z(\boldsymbol{x} + \boldsymbol{h})] = 0, \quad \forall \boldsymbol{x}, \ \forall \boldsymbol{h} \qquad (7.1-16)$$

②在整个研究区内，增量的方差存在且平稳，即：

$$\mathrm{Var}[z(\boldsymbol{x}) - z(\boldsymbol{x} + \boldsymbol{h})] = \mathrm{E}[z(\boldsymbol{x}) - z(\boldsymbol{x} + \boldsymbol{h})]^2 - \{\mathrm{E}[z(\boldsymbol{x}) - z(\boldsymbol{x} + \boldsymbol{h})]\}^2$$

$$= \mathrm{E}[z(\boldsymbol{x}) - z(\boldsymbol{x} + \boldsymbol{h})]^2 = 2\gamma(\boldsymbol{x}, \boldsymbol{h}), \quad \forall \boldsymbol{x}, \ \forall \boldsymbol{h} \qquad (7.1-17)$$

当 $z(\boldsymbol{x})$ 满足二阶平稳，且 $\mathrm{E}[z(\boldsymbol{x})] = m$ 为未知常数时，确定 $\boldsymbol{x}_0$ 处 $z(\boldsymbol{x}_0)$ 的估计量为 $\hat{z}(\boldsymbol{x}_0) = \sum_{i=1}^{N} \lambda_i z(x_i)$，要求出 $\lambda_i(i = 1, 2, \cdots, N)$ 使得 $\hat{z}(\boldsymbol{x}_0)$ 是 $z(\boldsymbol{x}_0)$ 的线性、无偏、最小方差估计。

A. 无偏性条件

由于：

$$\mathrm{E}[z(\boldsymbol{x}_0) - \hat{z}(\boldsymbol{x}_0)] = \mathrm{E}[z(\boldsymbol{x}_0)] - \mathrm{E}\Big[\sum_{i=1}^{N} \lambda_i z(x_i)\Big]$$

$$= m - \sum_{i=1}^{N} \lambda_i \mathrm{E}[z(x_i)] = m - \Big(\sum_{i=1}^{N} \lambda_i\Big) m$$

$$= m\Big(1 - \sum_{i=1}^{N} \lambda_i\Big) \qquad (7.1-18)$$

要使上式右端为零，必须要求：

$$\sum_{i=1}^{N} \lambda_i = 1 \qquad (7.1-19)$$

才使得：

$$\mathrm{E}[z(\boldsymbol{x}_0)] = \mathrm{E}[\hat{z}(\boldsymbol{x}_0)] \qquad (7.1-20)$$

所以说，式（7.1-19）是 $\hat{z}(x_0)$ 为 $z(x_0)$ 的无偏性条件。

B. 最优性条件（既估计方差最小条件）

$$\sigma_{\text{ok}}^2 = \text{E}\big[\,z(x_0) - \hat{z}(x_0)\,\big]^2 = \text{E}\Big[\,z(x_0) - \sum_{i=1}^{N} \lambda_i z(x_i)\,\Big]^2$$

$$= C(x_0,\ x_0) - 2\sum_{i=1}^{N} \lambda_i C(x_i,\ x_0) + \sum_{i=1}^{N}\sum_{j=1}^{N} \lambda_i \lambda_j C(x_i,\ x_j)$$

$$= C(0) - 2\sum_{i=1}^{N} \lambda_i C(x_i,\ x_0) + \sum_{i=1}^{N}\sum_{j=1}^{N} \lambda_i \lambda_j C(x_i,\ x_j) \qquad (7.1-21)$$

求 σ_{ok}^2 最小问题是一个条件极值问题，令：

$$F = \sigma_{\text{ok}}^2 - 2\mu\Big(\sum_{i=1}^{N} \lambda_i - 1\Big) \qquad (7.1-22)$$

式中，F 是 N 个权系数 λ_i 和 μ 的 $N+1$ 元函数，-2μ 是拉格朗日乘子。要求 $\lambda_i(i=1,$ $2,\ \cdots,\ N)$ 和 μ 值，令：

$$\frac{\partial F}{\partial \lambda_i} = 0,\ i = 1,\ 2,\ \cdots,\ N$$

$$\frac{\partial F}{\partial \mu} = 0 \qquad (7.1-23)$$

则：

$$\begin{cases} \dfrac{\partial F}{\partial \lambda_i} = 2\sum_{j=1}^{N} \lambda_j C(x_i,\ x_j) - 2C(x_i,\ x_0) - 2\mu \\ i = 1,\ 2,\ \cdots,\ N \\ \dfrac{\partial F}{\partial \mu} = -2\Big(\sum_{i=1}^{N} \lambda_i - 1\Big) \end{cases} \qquad (7.1-24)$$

于是，有：

$$\begin{cases} \sum_{j=1}^{N} \lambda_j C(x_i,\ x_j) - \mu = C(x_i,\ x_0) \\ i = 1,\ 2,\ \cdots,\ N \\ \sum_{i=1}^{N} \lambda_i = 1 \end{cases} \qquad (7.1-25)$$

这就是二阶平稳假设下的普通克立金方程组，写成矩阵公式为：

$$C_2 \lambda_\mu = C_0 \qquad (7.1-26)$$

式中：

$$\lambda_\mu = (\lambda_1,\ \lambda_2,\ \cdots,\ \lambda_N,\ -\mu)^T \qquad (7.1-27)$$

$$C_0 = [\,C(x_1,\ x_0),\ C(x_2,\ x_0),\ \cdots,\ C(x_N,\ x_0),\ 1\,]^T \qquad (7.1-28)$$

$$C_2 = \begin{bmatrix} C(x_1,\ x_1) & \cdots & C(x_1,\ x_N) & 1 \\ \cdots & \cdots & \cdots & \cdots \\ C(x_N,\ x_1) & \cdots & C(x_N,\ x_N) & 1 \\ 1 & \cdots & 1 & 0 \end{bmatrix} \qquad (7.1-29)$$

这里，$\boldsymbol{C}_2$ 称为普通克立金矩阵，为对称矩阵。

为了求出普通克立金估计方差公式，变换式（7.1-25）第一方程式为：

$$\sum_{j=1}^{N} \lambda_j C(\boldsymbol{x}_i, \boldsymbol{x}_j) = C(\boldsymbol{x}_i, \boldsymbol{x}_0) - \mu$$
$$i = 1, 2, \cdots, N \qquad (7.1-30)$$

为了求普通克立金估计误差的方差，对式（7.1-30）两边同乘以 $\lambda_i(i = 1, 2, \cdots, N)$，并对 i 从 $1 \sim N$ 求和，得出：

$$\sum_{i=1}^{N} \sum_{j=1}^{N} \lambda_i \lambda_j C(\boldsymbol{x}_i, \boldsymbol{x}_j) = \sum_{i=1}^{N} \lambda_i C(\boldsymbol{x}_i, \boldsymbol{x}_0) - \mu \qquad (7.1-31)$$

将其代入式（7.1-21）中，得出简单克立金估计误差的方差为：

$$\sigma_{ok}^2 = C(0) - \sum_{i=1}^{N} \lambda_i C(\boldsymbol{x}_i, \boldsymbol{x}_0) - \mu \qquad (7.1-32)$$

若 $z(\boldsymbol{x})$ 满足本征假设，则变差函数存在，据变差函数与协方差关系 $C(\boldsymbol{h}) = C(0) + \gamma(\boldsymbol{h})$，将此关系式分别代入式（7.1-25）和式（7.1-32）中，可得本征假设条件下的普通克立金方程组为：

$$\begin{cases} \sum_{j=1}^{N} \lambda_j \gamma(\boldsymbol{x}_i, \boldsymbol{x}_j) + \mu = \gamma(\boldsymbol{x}_i, \boldsymbol{x}_0), \ i = 1, 2, \cdots, N \\ \sum_{j=1}^{N} \lambda_j = 1 \end{cases} \qquad (7.1-33)$$

及估计误差的方差公式：

$$\sigma_{ok}^2 = \sum_{i=1}^{N} \lambda_i \gamma(\boldsymbol{x}_i, \boldsymbol{x}_0) - \gamma(\boldsymbol{x}_0, \boldsymbol{x}_0) + \mu \qquad (7.1-34)$$

若令 $\gamma_{ij} = \gamma(\boldsymbol{x}_i, \boldsymbol{x}_j)$，且 $\gamma(\boldsymbol{x}_i, \boldsymbol{x}_i) = \gamma_{ii} = 0$，将式（7.1-33）写成矩阵形式为：

$$\gamma \boldsymbol{\lambda}_\mu = \boldsymbol{\gamma}_0 \qquad (7.1-35)$$

式中，

$$\boldsymbol{\lambda}_\mu = (\lambda_1, \lambda_2, \cdots, \lambda_N, \mu)^T \qquad (7.1-36)$$

$$\boldsymbol{\gamma}_0 = [\gamma_{10}, \gamma_{20}, \cdots, \gamma_{N0}, 1]^T \qquad (7.1-37)$$

$$\boldsymbol{\gamma} = \begin{bmatrix} \gamma_{11} & \cdots & \gamma_{1N} & 1 \\ \cdots & \cdots & \cdots & \cdots \\ \gamma_{N1} & \cdots & \gamma_{NN} & 1 \\ 1 & \cdots & 1 & 0 \end{bmatrix} \qquad (7.1-38)$$

式（7.1-34）进一步改写成：

$$\sigma_{ok}^2 = \sum_{i=1}^{N} \lambda_i \gamma_{i0} + \mu \qquad (7.1-39)$$

如果海洋环境要素为二阶平稳随机函数，且海洋环境要素的数学期望为未知常数时，用式（7.1-39）进行海洋监测站位的优化设计，本次应用该方法进行海洋环境监测站位的优化分析。

2) 站位优化方法的理论依据

① 海洋环境监测网优化设计可定义"为确定海洋环境中化学组分的浓度和生物特性等,对海洋监测站位的密度、位置及监测频率进行有效地选择"。有效选择就是以最少的经费、人力和时间投入,获取足够量的海洋环境信息量。

② 海洋环境监测网质量评价的定量指标可定义为:用监测网的已有测量值,估计海洋环境要素值,其估计精度作为监测网质量评价的指标,即估计误差的标准差,如图7.1-2所示。

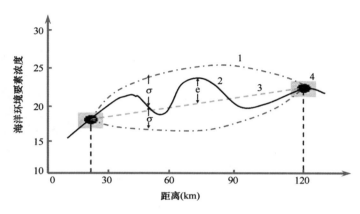

图 7.1-2 海洋环境监测要素网

③ 运用 Kriging 方法进行海洋环境监测站位的优化分析:

$$\hat{Z}(x_0) = \sum_{i=1}^{N} \lambda_i Z(x_i)$$

$$\begin{cases} \sum_{i=1}^{N} \lambda_i \gamma(x_i, x_j) + \mu = \gamma(x_i, x_0), \ i = 1, 2, \cdots, N \\ \sum_{j=1}^{N} \lambda_j = 1 \end{cases}$$

$$\sigma^2 = \sum_{i=1}^{N} \lambda_i \gamma(x_i, x_0) - \gamma(x_0, x_0) + \mu$$

从 Kriging 方差计算公式中可以看出,变差函数是距离的函数,通过监测站位的调整,可以计算估计误差的标准差,而估计误差的标准差的大小又反映监测网的质量优劣。因此,用 Kriging 方差方法进行监测站位优化理论依据充分。

3) 优化原则

站位优化设计的原则是按照海洋监测网质量评价准则、站位优化目标以及经费和人力投入进行,在站位优化调整过程需要考虑如下情况:

(1) 污染物扩散浓度梯度大的区域,监测站位密度加大,否则,减少站位密度;

(2) 考虑到海洋水动力条件,在流速梯度大的区域,监测站位密度加大,否则,减少站位密度;

（3）污染源分布的地区，需要加密站位；

（4）对于有长序列的站位，尽可能保留；

（5）对海洋近岸地区，站位密度加大，远海区域减少站位密度；

（6）监测站位优化是一个过程，与经费投入和环境信息提取精度有关，因此，在站位优化时，还要考虑目前的海洋环境研究状况和经费投入。

4）站位优化结果

对 7.1.1 章节中象山港现有 50 个站位采用上述方法进行站位优化。根据上述介绍误差计算方法，得出象山港现有监测站位估计误差标准差图（图 7.1-3）。

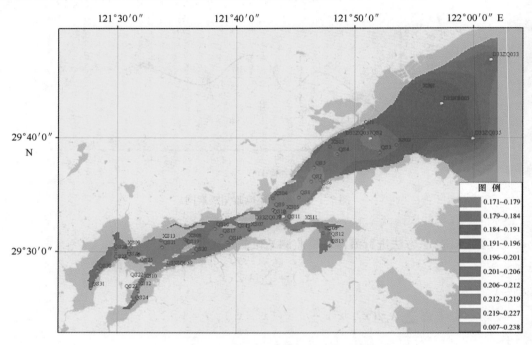

图 7.1-3　象山港现有监测站位估计误差标准差图

根据计算结果，象山港现有监测站位平均标准差为 0.190，中部和东南部估计误差的标准差较小；而在象山港东部区域，估计误差的标准差大。同时，在观测孔较密的区域，估计误差标准差小，否则，估计误差的标准差大。从整体看，中部以及东南部的估计误差标准差较小。

根据象山港各监测要素值归一化（无量纲化）结果，对象山港研究区域现有监测污染情况进行分析（图 7.1-4）。考虑到不同时期数据的差异性，采用 31 个调查站数据进行污染程度分析。可以得出，研究区域中西部区域污染程度较严重，中东部区域次严重，东部区域较轻。

结合象山港现有监测站位估计误差标准差图和象山港现有监测污染程度图，对象山港进行监测站位优化。优化后象山港有 38 个监测站点（图 7.1-5），删减了 12 个近岸监测

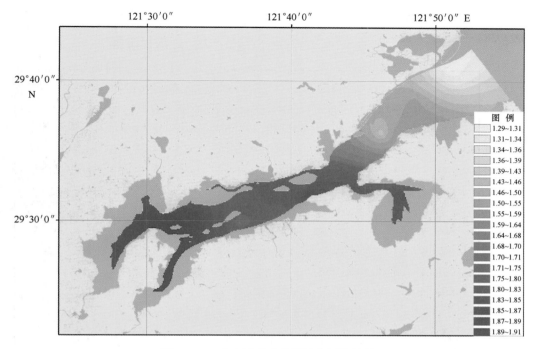

图 7.1-4　象山港现有监测站位评价结果

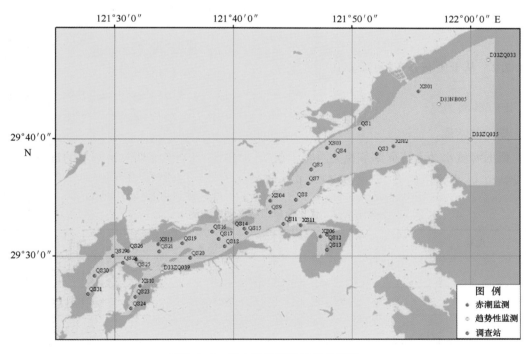

图 7.1-5　象山港监测站位优化结果

站点，平均标准差为 0.168（图 7.1-6），增加了 11.6%，删减的监测站位包括 5 个赤潮监测站位（XS05、XS07、XS08、XS09、XS12）、2个趋势行监测站位（D33ZQ037、D33ZQ038）和5个大面调查站（QS2、QS6、QS10、QS22、QS27）。

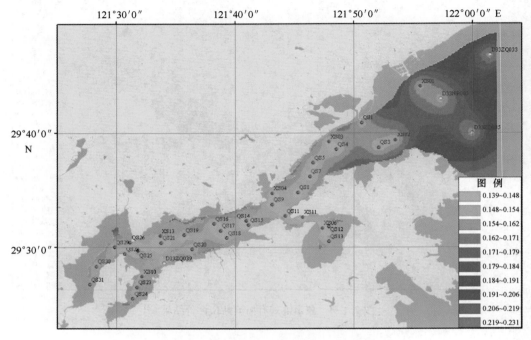

图7.1-6 象山港优化监测站位估计误差标准差

7.1.2.2 基于生态分布特点的站位优化

1）水动力

优化前站位：

根据海域水动力特征章节相关内容，在进行象山港水交换周期及纳潮量的计算时，共布设站位11个站位见表7.1-2及图7.1-7所示。

表7.1-2 优化前象山港水动力监测站位表

序号	站位	纬度（N）	经度（E）
1	A	29°29′38.40″	121°29′52.80″
2	B	29°29′38.40″	121°31′01.20″
3	C	29°28′08.40″	121°32′42.00″
4	G	29°29′02.40″	121°31′33.60″
5	H	29°30′14.40″	121°32′09.60″
6	I	29°29′02.40″	121°28′26.40″

序号	站位	纬度（N）	经度（E）
7	SW1	29°29′24.00″	121°29′13.20″
8	SW2	29°29′49.20″	121°30′43.20″
9	SW3	29°27′28.80″	121°31′08.40″
10	SW4	29°30′36.00″	121°32′49.20″
11	W8	29°36′10.80″	121°33′18.00″

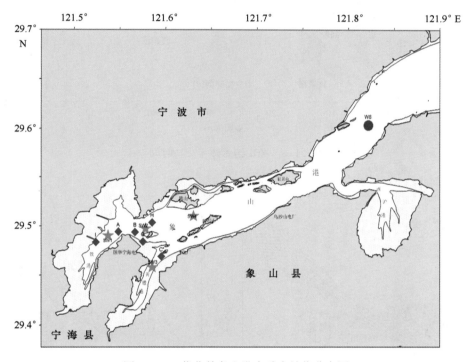

图 7.1-7　优化前象山港水动力站位分布图

（1）优化方法

① 考虑象山港水交换特征，港内水体半交换时间由口门向湾顶逐渐增加，半交换时间 5~40 d，据象山港内各区域水交换时间，将港区分成四个区域（水交换能力强区、较强区、中区、弱区，图 7.1-8），站位的设置覆盖四个区域，使每个区域至少包含一个水文泥沙测站，以能客观反映港区水动力特征为目标。

② 考虑象山港潮流。象山港狭长的地理形态，涨、落潮流基本沿岸线走向（图 7.1-9），测站的设置大体反映出象山港内的整体的形态和空间变化。

（2）优化结果

在对整个象山港的水动力特征进行分析时，引用的站位主要是按国华电厂及乌沙山电

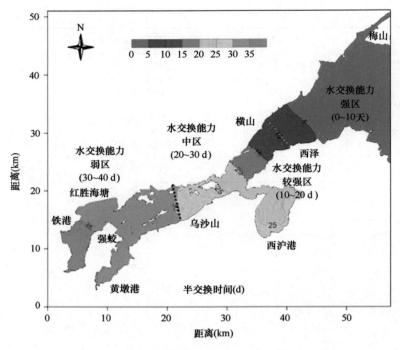

图 7.1-8　象山港水体半交换时间

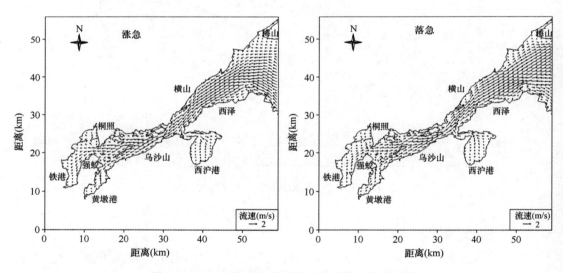

图 7.1-9　2009 年 6 月象山港大潮垂线平均流矢图

厂厂址前沿水动力站位布置，对整个狭长型的象山港来说，其代表性不够明显，港口及港底需进行适当的增减。故根据上述布站方法，在水交换 4 个分区及西沪港、铁港、黄墩港 3 个内港口门附近各设置 1 个站位，共 7 个站，站位位置见图 7.1-10。

　　7 个站位与水质、沉积物监测站位重合，分别是 QS3、QS8、QS11、QS15、QS21、QS23 和 QS30。其中 QS3 位于象山港口门附近，属于 A 区，水交换能力强，可用于估计进

320

出象山港潮流的整体通量。QS11、QS23 和 QS30 分别位于西沪港、黄墩港和铁港的口门附近，分属 C 区、D 区、E 区，水交换能力依次减弱，便于估算进出各港的潮流通量。此外在象山港中部的主要潮流通道设置 QS8、QS15 和 QS21 3 个测站，其中 QS8 位于 B 区，涨潮流经 A 区进入 B 区，水道略有缩窄，潮流有所增强；QS15 位于 C 区，经过 B 区的涨潮流至西沪港处分出一支传入西沪港，主流向湾内推进，在 QS15 测站处水道明显缩窄，潮流显著增强；QS21 位于 D 区，进入 D 区的涨潮流受岛屿阻挡分为南北两支，通过对位于北支的 QS21 测站的潮流观测，结合数模得到的流场分布，即可大致推算出南北两支各自的潮流通量。根据此 7 个测站的监测数据，可以掌握湾内潮流的整体特征，估算潮流、泥沙通量。

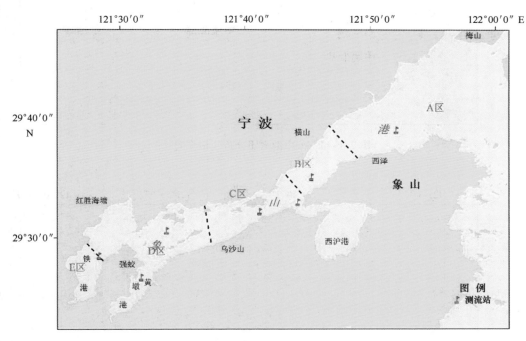

图 7.1-10　象山港水文泥沙调查站位布设

2）水质

（1）优化方法

① 在用普通 Kriging 方差分析法对研究区优化后 38 个测站基础上进行。

② 根据多年调查结果分析象山港内水污染分布特点，丰水期、枯水期均能较好的代表各类污染物分布，因此站位设置时统筹考虑能监测各类污染物重点分布区域。

③ 水质站位设置充分考虑象山港水动力、水团分布区域。

（2）优化结果

根据上述布站方法，结合丰水期、枯水期水团的分布特征（图 7.1-11 和图 7.1-12）及各类污染物分布情况（图 7.1-13 和图 7.1-14），综合叠加 Kriging 优化站位，最终确定 38 个站，站位设置和 Kriging 优化站位一致，未进行移动与增减（图 7.1-15）。

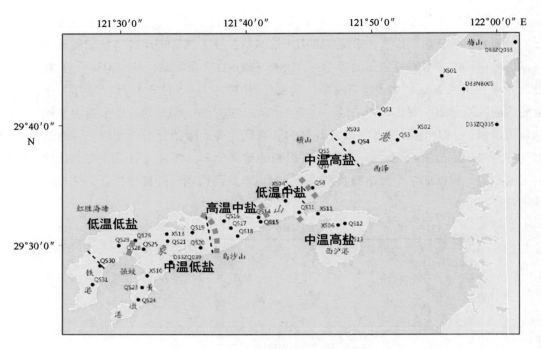

图 7.1-11　象山港水团分布（枯水期）

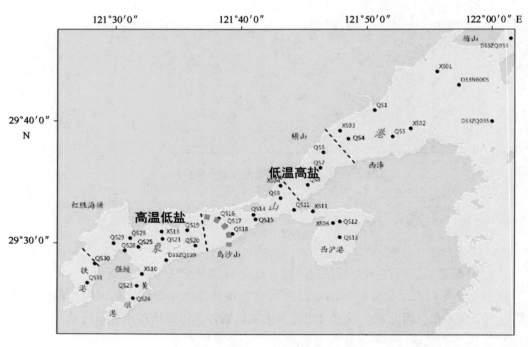

图 7.1-12　象山港水团分布（丰水期）

3）沉积物

沉积物站位优化与沉积物类型、污染，综合考虑以下几个方面：

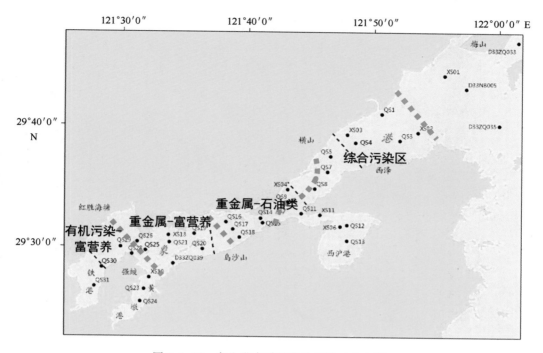

图 7.1-13　象山港水质污染分布图（丰水期）

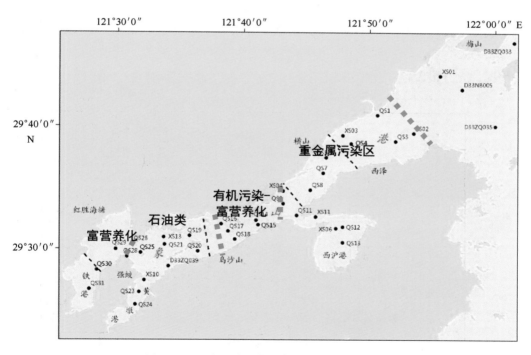

图 7.1-14　象山港水质污染分布图（枯水期）

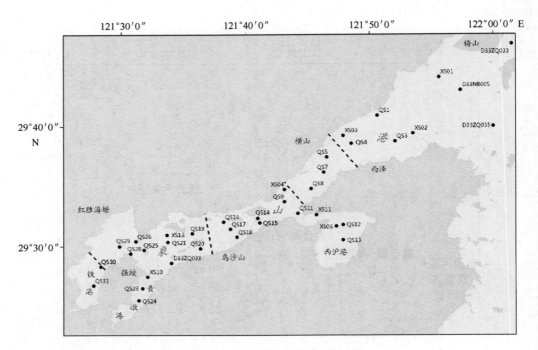

图 7.1-15　象山港水质监测站位布设

（1）优化方法

① 沉积物站位应充分考虑布点覆盖所有沉积物类型（图 7.1-16，图 7.1-17），且各沉积物类型上设点密度基本保持一致，根据此方法，在狮子口北面的贝壳-砂沉积物类型中，保留 QS26 号站位，在象山港港口处底质类型为黏土质粉砂，而根据水质优化后站位分布情况，充分覆盖各沉积物类型。

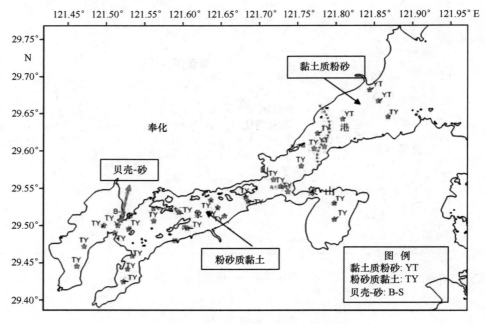

图 7.1-16　象山港沉积物类型分布

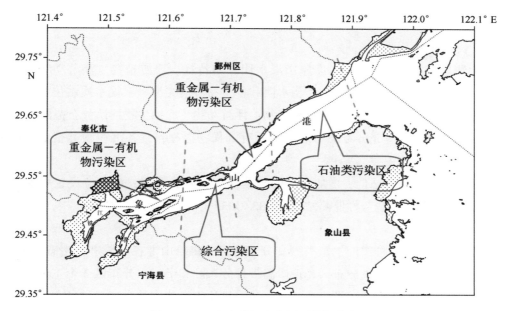

图 7.1-17　象山港沉积物因子特征分布

② 对于有长序列的站位，尽可能保留，在站位设置中保留了具有多年沉积物监测数据的趋势性监测站位（D33ZQ035）。

（2）优化结果

通过以上方法，结合象山港各区域沉积物污染特征，最后优化后共得到 19 个沉积物监测站位（图 7.1-18）。

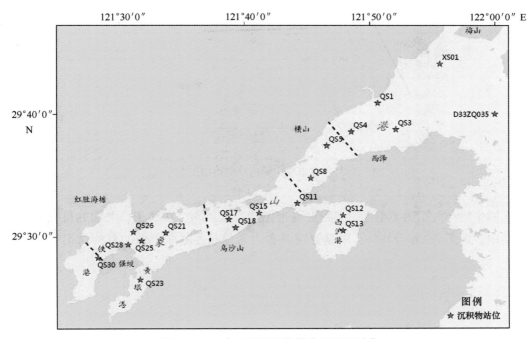

图 7.1-18　象山港沉积物优化后监测站位

4）生物生态

（1）优化方法

① 生物生态站位还需充分考虑象山港水团分布特征，浮游植物、浮游动物、底栖生物的群落分布特征，使站位覆盖各类型水团和各生物群落类型。根据水质站位优化站位分布图来看，站位已覆盖所有水团和浮游植物、浮游动物、底栖生物群落分布范围。

② 底栖生物站位应充分考虑布点覆盖所有沉积物类型，且各沉积物类型上设点密度基本保持一致。

③ 对于有长序列的站位，增加资料的延续性，尽可能保留，在站位设置中保留了具有多年生物监测数据的趋势性监测站位（D33ZQ035）。

（2）优化结果

根据浮游植物优势种类的生态类型和分布特点，将象山港各区域进行生态类型划分。夏季将象山港划分为沿岸种分布区、近岸温带种分布区和半咸水分布区 3 个主分区，在狮子口海域有少量热带种出现（图 7.1-19）。冬季将象山港分为外洋广温种分布区、近岸暖海种分布区、光温广布种分布区和半咸水分布区 4 个区域（图 7.1-20）。

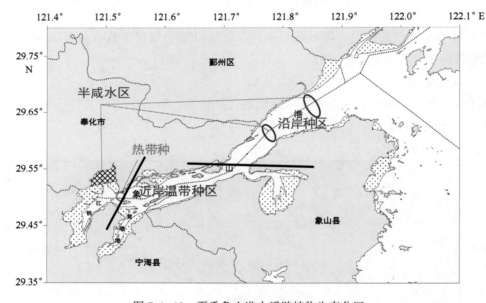

图 7.1-19　夏季象山港内浮游植物生态分区

底栖生物与沉积物类型上设点密度基本保持一致原则，在狮子口北面的贝壳-砂沉积物类型中，保留 QS26 号站位，以充分覆盖和均匀分布各底质类型的目的（图 7.1-21 和图 7.1-22）。

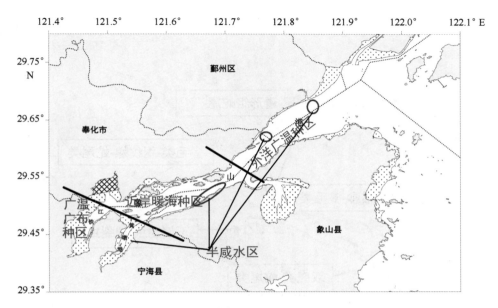

图 7.1-20　冬季象山港内浮游植物生态分区

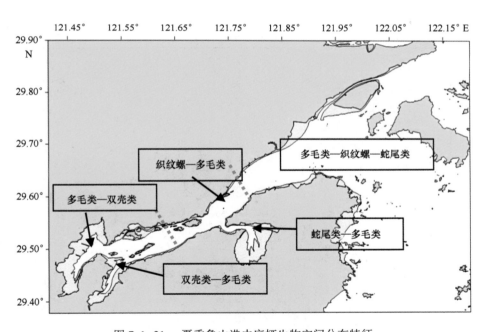

图 7.1-21　夏季象山港内底栖生物空间分布特征

通过以上方法，结合生态分区，最后优化后共得到 23 个生物生态监测站位（图 7.1-23）。

5）潮间带生物

（1）优化方法

① 潮间带断面设置根据潮间带岸滩类型，从历史一致性、潮间带系统的自然完整性演替情况，相对长时间较为稳定的区域，受干扰程度及生态类群的代表性等方面考虑。从

327

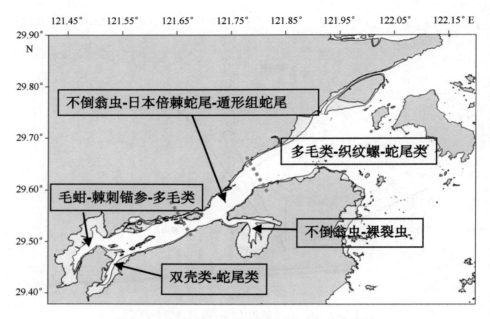

图 7.1-22　冬季象山港内底栖生物空间分布特征

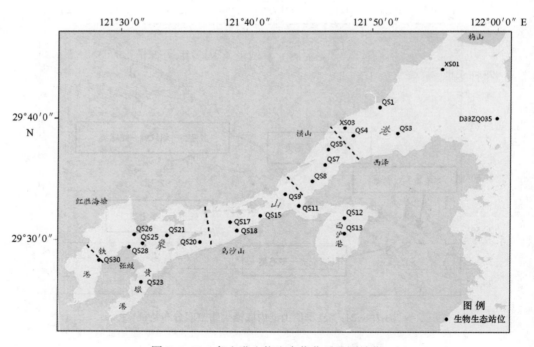

图 7.1-23　象山港生物生态优化后监测站位

现场踏勘及调查结果看，T1、T4、T8 为岩相潮间带、T2、T3、T5、T6、T7 为泥相潮间带，8 条潮间带断面中已基本包含了象山港潮间带的各岸滩类型（表 7.1-3 和图 7.1-24）。

表 7.1-3　2011 年调查的象山港潮间带断面底质类型

断面	潮区	底质类型	断面	潮区	底质类型
T1	高	岩礁	T5	高	石堤、砾石
	中	砾石、泥滩		中	海草、泥滩
	低	泥滩		低	泥滩
T2	高	泥滩	T6	高	沙泥滩
	中	泥滩		中	泥滩
	低	泥滩		低	泥滩
T3	高	海草、泥滩	T7	高	石堤
	中	泥滩		中	泥滩
	低	泥滩		低	泥滩
T4	高	岩石	T8	高	岩礁
	中	岩礁、砾石		中	岩礁
	低	泥滩、砾石		低	岩礁、泥滩

② 从空间分布上，调查区域覆盖整个象山港。从多年调查情况看，目前设置的 14 条潮间带断面基本覆盖了象山港港口、港中、港底，南北岸均有分布。

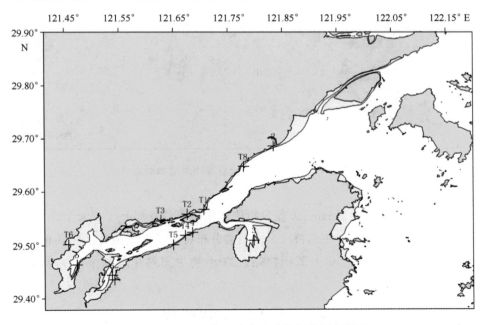

图 7.1-24　2001 年至今象山港潮间带调查断面

③ 覆盖象山港潮间带生物的群落分布特征。潮间带调查断面应覆盖各生物群落类型。

329

根据2011年调查的潮间带生物类群分布看，各潮间带种群分布除T1和T4断面、T5和T7断面、T2和T3断面较为较近外，其他断群落分布特征差异较大，所以在T1、T4两条断面中选择T4断面，T2、T3两条断面中选择T3断面，T5、T7两条断面中选择T7断面，其他断面鉴于群落分布的不同均予以保留。

从历史调查结果看，由于2号断面所在位置目前已围垦，4~5号断面与2011年我们调查的位置较为接近，因此不再考虑设置断面；1号、3号断面分别位于佛度岛和西沪港，从空间分布上看可以填补2011年断面设置的不足。而从这两条断面的潮间带生物类群看，3号断面群落分布特征比较有代表性，予以保留。

（2）优化结果

因此，遵循上述方法进行优化后，潮间带断面为3、T3、T4、T6、T7、T8共6条潮间带断面（图7.1-25）。

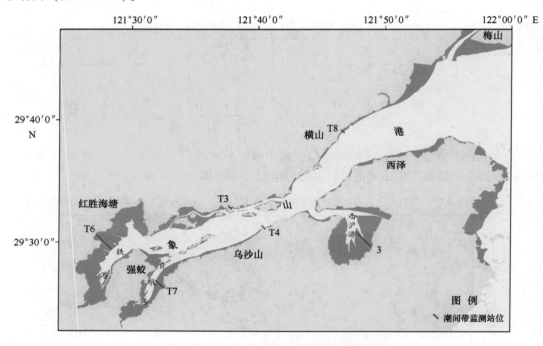

图7.1-25　象山港优化后潮间带监测断面

综上所述，在应用普通Kriging方差分析法优化站位的基础上（并未全部），结合象山港内水动力特征、水团分布、生态特征、水污染分布特点，在象山港区域共布设7个水文泥沙调查站、38个水质站、19个沉积物站、23生物生态站、潮间带（见表7.1-4，图7.1-26）。

表7.1-4　象山港监测站位设置

分区	水文泥沙站	水质站	沉积物站	生物生态站
A区	1	9	5	6

分区	水文泥沙站	水质站	沉积物站	生物生态站
B区	1	3	2	3
C区	2	12	6	7
D区	2	12	5	6
E区	1	2	1	1
合计	7	38	19	23

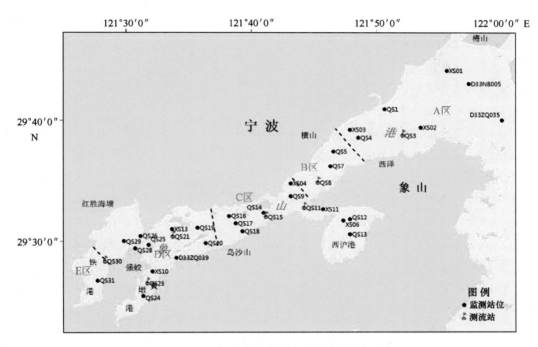

图7.1-26　象山港海洋环境质量监测站位分布

7.2 监测指标优化

根据综合评价指标体系，监测要素包括海洋水文（水动力、水团）、水环境（水质、沉积物、指示生物）、生物生态（浮游植物、浮游动物、底栖生物、潮间带生物）和海岸带（开发利用状况）等。

7.2.1 海洋水文

水文指标包括潮汐、波浪、悬沙、潮流等，而对水动力的影响主要是考虑象山港地理边界条件的变化，主要体现为水交换周期，水交换周期主要考虑岸线的变化、径流的影响等，目的是了解岸线等的变化对水动力的影响。本文水文指标主要选取水动力和水团两大指标。

7.2.1.1 水动力

海洋水动力研究的对象有：海流、潮汐、海浪等。水动力条件对海湾特别是对象山港这样的半封闭港湾生态环境非常关键。随着象山港海域一些工程的实施如围填海（如红胜海塘围垦工程）和跨海大桥（象山港跨海大桥）建设，将可能从整体上改变整个港湾的水动力特征。水动力决定着港湾的纳潮量，水交换周期、以及港湾的污染物容量，水文特征的改变将会引起港湾的污染物自净能力、生物生态群落、冲淤环境、海底底质类型等的变化，这些环境要素的改变，也对整个港湾生态环境质量产生相应的变化。水交换周期为水动力基本和最重要的表征，通过水交换周期能最直观地掌握水动力环境状况。同时，象山港各区的水交换周期差异甚大，水动力易受周边开发活动影响，且环象山港海域开发活动日益增多，所以水动力的变化也是整个象山港环境变化的一个重要指标。

象山港是一个狭长形的半封闭港湾，各个区域的水交换能力不同，也使其各个区域的水交换周期即水体半交换时间各不相同。港内水体交换率达到50%的时间，称为水体半交换时间，以及水体平均滞留时间。

水体半交换时间由象山港口门向湾顶逐渐增加，西沪港内水体半交换时间较西沪港口门附近水域长，平均滞留时间的空间分布态势和半交换时间基本相同。从图 7.2-1 中可以看出，西泽附近断面以东的象山港水域，水交换速度快，其半交换时间约为 5 d，平均滞留时间为 10 d 左右。西沪港口门东侧断面水体半交换时间为 20 d，平均滞留时间为 25 d。由于西沪港内滩涂面积较广，水流速度缓慢，潮混合能力较口门外小得多，半交换时间和平均滞留时间明显比口门外长。乌沙山附近断面水体半交换时间为 30 d，平均滞留时间为 35 d。湾顶水交换速度缓慢，铁港和黄墩港内水体半交换时间在 35 d 左右，平均滞留时间约为 40 d。

鉴于上述对象山港水体半交换时间的研究，表明象山港各区域水交换能力很不一致，同时象山港是一个半封闭的港湾，水交换能力的不同直接决定港湾内水环境的自净能力，同时也关系到水质的污染物环境容量，所以在此将水交换周期作为衡量水动力的一个重要指标。

同时，与2002年水动力监测结果相比，随着近几年象山港开发建设，水交换周期略有增长。

7.2.1.2 水团

水团是在一定时期中形成于同一源地的、一定体积的水体。其作为海洋水文基本的物

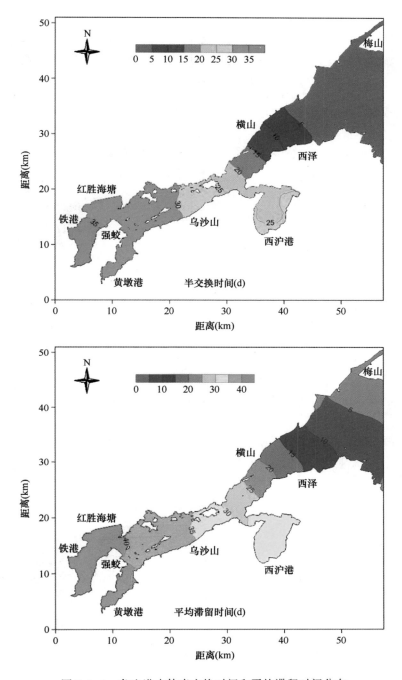

图 7.2-1　象山港水体半交换时间和平均滞留时间分布

理要素。而水温、盐度作为水团特性的关键指标，在水团划定中是必不可少的，所以考虑将盐度和温度纳入水团的评价指标体系之中。

根据最近的象山港盐度和水温分布情况，可以将象山港分成若干水团，其水温、盐度分布情况见图 7.2-2 及图 7.2-3。

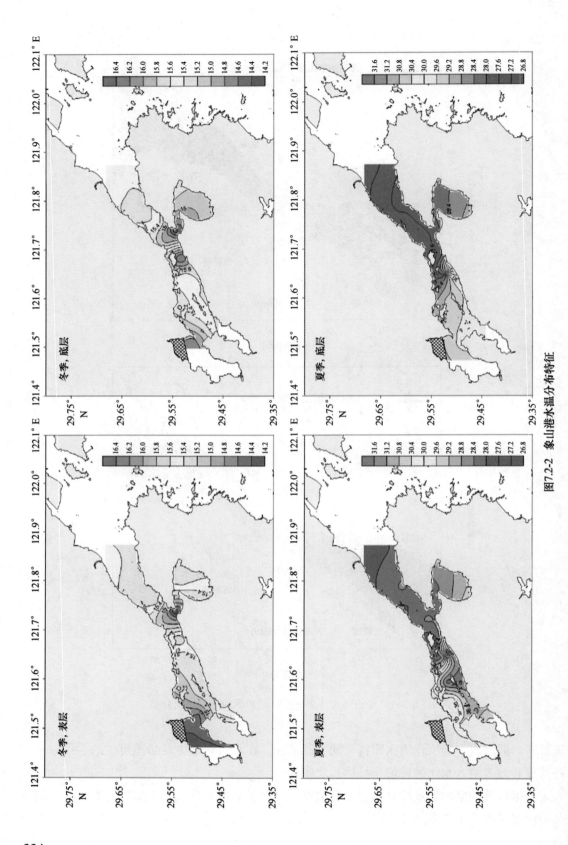

图7.2-2 象山港水温分布特征

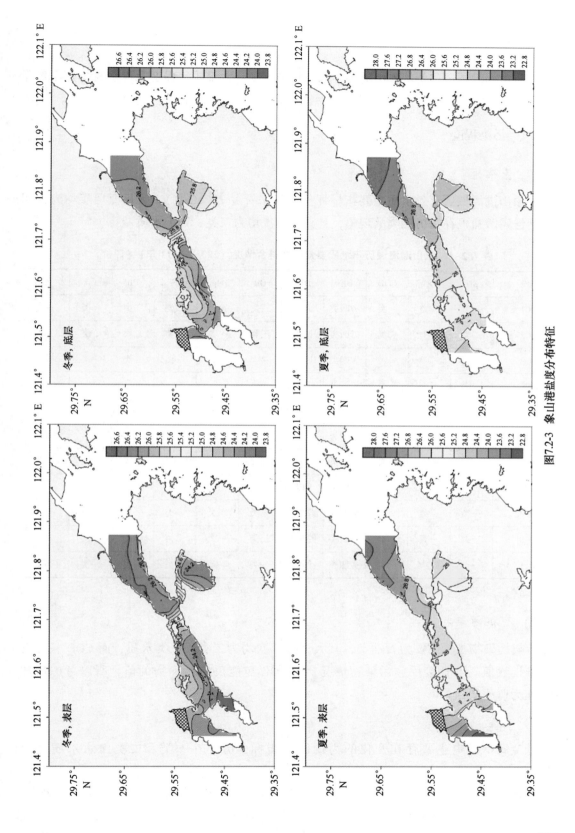

图7.2-3 象山港盐度分布特征

335

7.2.2 水环境

水质指标的筛选主要从象山港多年水质污染程度、含量波动程度及毒性 3 个方面来筛选指标。

7.2.2.1 污染程度

1）营养盐

从象山港海域历年各水质主要指标评价结果来看（表 7.2-1），无机氮历年均为劣四类、活性磷酸盐也存在劣四类的现象，且其他年次均为三类、四类水质。

表 7.2-1　象山港海域历年水质要素标准符合情况（2001—2011 年）（评价）

年份	pH	DO	COD	DIN	DIP	Oil	Hg	Cu	Pb	Cd	As
2001	一类	一类	一类	劣四类	四类	三类	一类	二类	二类	一类	一类
2002	一类	一类	一类	劣四类	四类	三类	一类	一类	二类	一类	一类
2003	一类	二类	一类	劣四类	四类	一类	一类	一类	二类	一类	一类
2004	一类	二类	一类	劣四类	劣四类	一类	/	/	二类	/	/
2005	一类	一类	一类	劣四类	三类	三类	/	/	一类	/	/
2006	一类	一类	一类	劣四类	三类	三类	一类	二类	/	一类	一类
2007	一类	一类	一类	劣四类	三类	三类	一类	一类	一类	一类	一类
2008	一类	一类	一类	劣四类	四类	三类	一类	一类	一类	一类	一类
2009	一类	二类	一类	劣四类	劣四类	三类	一类	一类	一类	一类	一类
2010	一类	一类	一类	劣四类	劣四类	三类	一类	二类	二类	一类	一类
2011	一类	一类	一类	劣四类	四类	一类	一类	一类	一类	一类	一类

2）有机污染物

有机污染物指标主要为石油类，其大多数年次均为二类、三类水质；而 COD 只是有机污染指数值，不直接反应污染物情况，而 TOC 更能反应污染物的值，所以考虑增加 TOC 作为监测指标。

3）重金属

重金属指标中主要存在变化的为铜和铅指标，历年在一类和二类海水水质之间徘徊。

综合以上 3 个方面，从水体污染程度考虑，应将无机氮、磷酸盐、石油类、TOC、铜、铅。几个指标纳入象山港水质污染评价指标体系中。

336

7.2.2.2　含量波动程度

通过对象山港 2001—2010 年夏季监测数据进行数理统计，结合 2011 年度象山港海域水环境调查结果，水质要素年变化情况见表 7.2-2 和图 7.2-4。

表 7.2-2　象山港海域水质环境要素年变化统计（2001—2011 年）

年份	pH	DO（mg/L）	COD（mg/L）	DIN（mg/L）	DIP（mg/L）	Oil（mg/L）	Hg（μg/L）	Cu（μg/L）	Pb（μg/L）	Cd（μg/L）	As（μg/L）
2001	7.96	6.22	0.49	0.690	0.044 6	48.7	0.047	5.05	2.88	0.089	1.68
2002	8.08	6.13	0.52	0.514	0.035 9	32.6	0.020	1.94	2.21	0.104	1.63
2003	8.03	5.91	0.73	0.523	0.038 8	12.6	0.015	2.53	1.81	0.098	1.19
2004	7.88	5.95	0.37	0.882	0.055 5	20.0	/	/	2.56	/	/
2005	8.00	6.40	1.08	0.650	0.028 8	31.0	/	/	/	/	/
2006	8.21	6.25	1.44	0.815	0.020 4	37.9	/	3.65	1.93	/	/
2007	8.05	7.02	0.58	0.759	0.022 9	42.0	0.015	/	0.63	0.158	1.30
2008	7.94	6.43	0.76	0.529	0.035 0	22.0	0.013	2.49	0.73	0.067	1.32
2009	7.88	5.86	0.84	0.595	0.048 2	33.8	0.013	4.41	0.93	0.174	1.32
2010	8.06	6.95	1.30	0.907	0.073 5	32.6	0.015	5.55	1.42	0.189	1.62
2011	8.08	6.42	1.01	0.733	0.033 1	18.5	0.018	3.20	0.79	0.120	2.00
最小值	7.88	5.86	0.37	0.514	0.020 4	12.6	0.013	1.94	0.63	0.067	1.19
最大值	8.21	7.02	1.44	0.907	0.073 5	48.7	0.047	5.55	2.88	0.189	2.00

注：（1）2001 年数据来源于《宁波市象山港海洋环境容量及总量控制研究报告》，2002—2010 年数据源于每年 8 月份海洋环境趋势性调查。

（2）象山港海域悬浮物数据受潮次、潮时的影响较大，2002—2010 年数据源于每年 8 月份海洋环境趋势性调查，而趋势性监测在调查过程中，历年采样具有较大随机性，不能保证采样时段的一致性，所以，历年悬浮物浓度数据的可比性较差，在此不做趋势性分析。总磷、总氮、硅酸盐由于历年监测查数据较少，不能形成一个长时间连续序列，在此也不做趋势性变化分析。

（3）"/"表示当年未监测。

由表 7.2-2 和图 7.2-4 可知：

象山港海域 pH 总体年际变化不大，历年监测结果差异不大。评价结果看，历年结果均符合海水水质一类标准。

溶解氧浓度年际变化不大，在一定变化范围内有波动，最大值出现于 2007 年；从评价结果看 8 年次符合一类标准，其他 3 年次符合二类标准，总体来讲浓度波动不大，略呈上升趋势，水质类型不稳定。考虑作为水质评价指标。

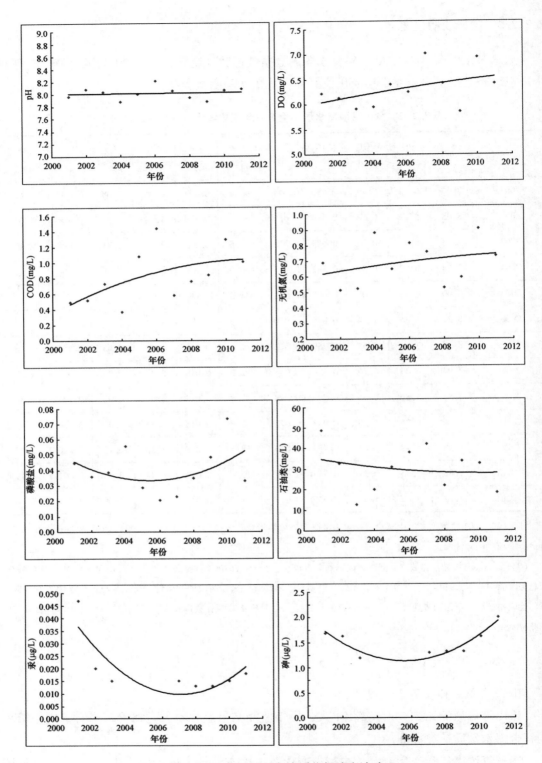

图 7.2-4　象山港历年水质指标浓度波动

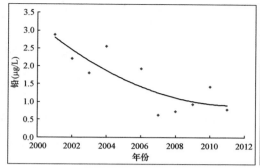
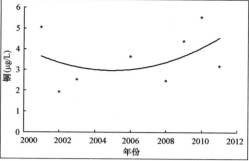
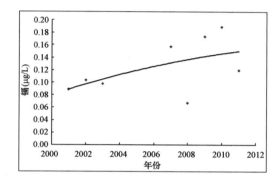

图 7.2-4　象山港历年水质指标浓度波动（续）

无机氮浓度整体上在高浓度范围波动，波动幅度不大。评价结果看均为劣四类水质。

磷酸盐浓度在 2001—2006 年之间总体呈波动下降趋势，2007 年后迅速上升，至 2010 年达到最高值，浓度年际间波动较大；从评价结果看 3 年次为劣四类、5 年次为四类、3 年次为三类，水质类型不稳定。考虑作为水质评价指标。

石油类浓度年际波动较大，2001—2002 年，2005—2010 年含量较高，整体上呈略下降趋势，其他年份含量较低。从评价结果看 3 年次为一类，8 年次为三类，水质类型不稳定。考虑作为水质评价指标。

COD 浓度范围在 0.37~1.44 mg/L 之间，2001—2005 年浓度较为稳定，而 2006—2011 年浓度波动相对较大，COD 浓度近年来（2006—2011 年）呈上升趋势。从评价结果看均符合一类水质。由于年度浓度波动较大且呈上升趋势，考虑作为水质评价指标。

汞浓度整体上讲均在低浓度内的波动，总体上讲年际变化不大。除 2001 年较高外，其他年份浓度较低，而 2005—2011 年浓度趋于稳定，整体上汞浓度呈现下降且稳定的趋势。从评价结果看均符合一类水质。

砷浓度为 1.19~2.00 mg/L，浓度历年变化不大，整体上浓度呈现稳定的趋势。从评价结果看均符合一类。

镉浓度为 0.067~0.189 mg/L，浓度均在低浓度下的波动，且整体上略呈现上升趋势。从评价结果看均符合一类水质。但由于其波动较大，考虑作为水质评价指标。

铜浓度年际变化为 1.94~5.55 mg/L，年际浓度波动较大，浓度上升和下降趋势不明显。从评价结果看，2 年次符合二类水质，5 年次符合一类水质，水质类型不稳定，同时年际波动较大，考虑作为水质评价指标。

铅浓度年际变化为 0.63～2.88 mg/L，2001—2011 年间浓度波动较大，整体上呈现下降的趋势。从评价结果看，6 年次符合二类水质，3 年次符合一类水质，水质类型不稳定。考虑作为水质评价指标。

由上述分析，可筛选出水质评价指标为 DO、活性磷酸盐、石油类、COD、镉、铜、铅。

7.2.2.3 毒性

海洋中不同金属元素在生物界所表现的特征差别很大，重金属的特殊威胁在于它不能被生物所分解。相反地，生物体可以富集重金属，并把它转化为毒性更大的金属有机化合物，再经由食物链传递，对人体构成危害。

重金属污染已经成为威胁人类发展的重大环境问题。尽管目前还没有严格的金属毒性顺序，但汞被认为是最毒的金属，其次是镉、铅和其他金属，即 $Hg>Cd>Pb>$ 其他金属元素（宋树林，1991）。

Hg 在人体内的含量为 13 mg，一个人每天的正常摄入量为 20 μg，致死量为 150～300 mg。汞的半衰期为 70 d 左右，能使人体发身进行性贫血、胃功能紊乱，蓄积到一定量时，性情反常，严重时发生表现神经症状的"水俣病"。

镉是毒性很强的微量元素，世界卫生组织将镉定为人体不应摄入的元素，每人每周的最大允许量仅为 0.3～0.4 mg。FAO/WHO（1989）规定重金属元素镉的 PTWI 量为 7 μg/kg。镉会对人和动物产生急性毒性反应，高浓度的镉而导致"骨痛病"，其症状为骨骼碎裂并引起剧烈疼痛。它被人体吸收后，容易在软组织中积累，50%～70% 的镉储存在肾脏和肝脏中，镉的分解释放速度很慢，它在人体中的生物半衰期估计在 14～38 年之间，而温度在重金属富集程度大小上也起了很关键的作用（CHOI H G etc.，1992）。

铅是一种强烈亲神经物质，其神经毒性明显早于其他器官系统。铅进入人体后的半衰期为 4 年左右，在肾脏中沉积下来的为 10 年左右。铅主要损害造血器官、肾脏和神经系统，特别是危害儿童的智力和发育。FAO/WHO（1993）规定人体每周临时忍受的摄入的铅含量（PTWI）为 25 μg/kg。

砷是毒性很强的污染物质，主要来自于化工厂、农药厂排放的污水。砷在食物中常以毒性很低的有机砷形式存在，但当食物受到环境污染而含有三价砷时，对人体就会有严重危害。它的毒害作用是累积性的，会在人体的肝、肺、肾等部位积累，引起人体慢性中毒，导致神经系统、血液系统、消化系统等损伤，诱发皮肤癌、肺癌等疾病，潜伏期可长达几年至几十年（马藏允，1997）。

锌和铜是经济贝类体内含量最高的两大金属元素，在生命活动过程中起转运物质和交换能量的"生命齿轮"作用，它们是人体必需的微量元素。但是，人体内过量摄入锌会导致缺铜性和缺铁性贫血，还可引发高血糖、高胆固醇血症等疾病。铜过剩可使血红蛋白变性，损伤细胞膜，抑制一些酶的活性，从而影响机体的正常代谢，并且还会导致心血管系统疾病。

铬是一种毒性较高的重金属，自然环境中通常以六价（Ⅵ）和三价（Ⅲ）两种价形态存在。六价铬主要与氧结合成铬酸盐或重铬酸盐，高价态的铬元素不仅具有高迁移力和毒性，而且其毒性可通过食物链传递。三价铬易形成氧化物或氢氧化物沉淀，其毒性相对较弱；通常认为六价铬的毒性比三价铬的毒性高100倍。

上述描述均表明，重金属对生物及人体均存在巨大的威胁，鉴于重金属的毒性效应，所以应将重金属指标纳入水质监测和评价指标中。

同时，考虑到持久性有机污染物的毒性大，不容易降解等特征，可考虑增加有机氯和多氯联苯等指标。

根据上述各方面的筛选依据，得到水质监测和评价指标筛选结果如下：

铜、铅、镉、汞、砷、铬、锌、有机氯（六六六、DDT）、多氯联苯（PCB）。

综上所述，建议拟开展水质监测项目为：溶解氧、营养盐（无机氮、活性磷酸盐）、有机污染指标（COD、石油类、TOC、六六六、DDT、PCB）、重金属（Cu、Pb、Zn、Cr、Cd、Hg、As）共3大类16项指标。

对比原来的监测指标，减少pH指标监测，增加TOC、六六六、DDT、PCB、Zn、Cr指标监测，其他指标维持不变。

7.2.3　沉积环境

沉积环境监测要素主要根据沉积物类型、含量波动程度、污染程度及毒性进行指标优化。

7.2.3.1　沉积物类型

沉积物类型监测指标主要为粒径，粒径与污染物浓度关系明显，粒径太小时，吸附的污染物含量低。中间粒径的沉积物更容易吸附污染物，所以沉积物类型选取粒度进行分析。

根据2011年和2001年象山港区域底质调查结果，象山港沉积物类型主要有3种：黏土质粉砂、粉砂质黏土、贝壳-砂（见图7.2-5）。象山港海域沉积物类型以粉砂质黏土，黏土质粉砂为主，局部区域零星分布砂和粉砂。从沉积物类型分布来看，港底、港中以及中部的西沪港主要为粉砂质黏土，而黏土质粉砂则主要分布在象山港港口区域，分布时与粉砂质黏土交替。

沉积物类型作为表征沉积环境的重要指标，沉积物类型改变会影响底栖生态环境和水环境，进而影响整个海域生态系统。而沉积物类型的确定主要通过分布区域的沉积物粒度粒径的大小来确定，根据沉积物中粒度指标可以将沉积物类型分成若干类，本海域以粉砂质黏土和黏土质粉砂为主，均属于小粒径沉积物。沉积物粒度能较直观地反映沉积环境，同时粒径大小也是确定沉积物类型的重要依据，所以在评价和监测海域沉积物物类型时应将沉积物粒

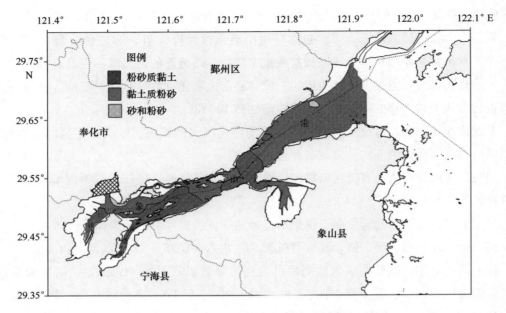

图 7.2-5　象山港沉积物类型分布

度作为一项重要指标，所以考虑应将粒度指标纳入沉积物类型的监测和评价指标。

7.2.3.2　含量波动程度

根据象山港 2001—2010 年夏季历史监测数据进行数理统计，结合 2011 年度象山港海域沉积物环境调查结果，象山港海域沉积物环境要素年际变化见表 7.2-3 和图 7.2-6。

表 7.2-3　象山港海域沉积物环境要素年际变化统计（2001—2011 年）

年份	硫化物 （$\times 10^{-6}$）	有机质 （%）	油类 （$\times 10^{-6}$）	总汞 （$\times 10^{-6}$）	砷 （$\times 10^{-6}$）	铅 （$\times 10^{-6}$）	镉 （$\times 10^{-6}$）	铜 （$\times 10^{-6}$）	DDT （$\times 10^{-9}$）	PCB （$\times 10^{-9}$）
2001	27.55	0.58	34.93	/	3.40	42.23	/	/	0.450	0.42
2004	/	/	113.50	0.022	1.90	18.04	0.348	/	4.100	/
2005	2.83	0.53	68.43	0.025	2.51	47.24	0.166	47.68	0.525	/
2006	5.73	1.17	107.63	0.029	2.58	34.00	0.18	40.44	1.560	0.44
2007	20.80	0.47	17.93	0.029	2.56	25.31	0.135	27.57	0.330	2.30
2008	21.11	0.56	197.52	0.028	2.52	34.25	0.146	39.97	3.523	3.26
2009	5.63	0.37	47.80	0.029	2.73	31.76	0.121	27.74	2.140	3.49
2010	32.40	0.68	73.73	0.040	3.58	28.20	0.133	21.57	1.327	1.38
2011	33.35	0.53	85.50	0.042	4.70	26.05	0.13	34.05	2.164	2.29
最小值	2.83	0.37	17.93	0.022	1.90	18.04	0.121	21.57	0.330	0.42
最大值	33.35	1.17	197.52	0.042	4.70	47.24	0.348	47.68	4.100	3.49

注："/" 表示当年未监测。

342

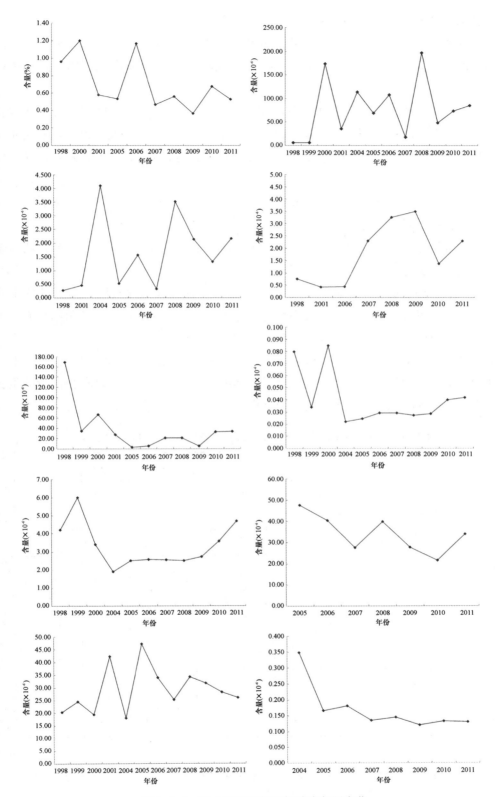

图 7.2-6　象山港沉积物指标浓度年际变化

343

由表 7.2-3 和图 7.2-6 可知：

象山港海域海洋沉积物中总有机碳含量波动中略呈下降趋势，且总体上来看波动不大，历年次均在低含量水平波动；评价结果看，历年次均符合海洋沉积物质量一类标准（表 7.2-4）。

象山港海域海洋沉积物中石油类总体来说波动较大，2004 年、2008 年等年次含量较高，其他年份含量较低；评价结果看，历年次均符合海洋沉积物一类标准。虽然历年次沉积物质量类型稳定，但是由于石油类含量波动较大，考虑作为沉积物质量监测和评价指标。

PCB、DDT 含量年际变化幅度不大，均是在痕量水平上的波动；评价结果看历年次均符合海洋沉积物质量一类标准。

硫化物含量总体上较低（$<100 \times 10^{-6}$），略呈上升趋势；评价结果看，历年次均符合海洋沉积物质量一类标准。

重金属汞、砷、镉、铅年际变化不大，均在低于各自沉积物质量一类标准的水平波动，且波动幅度不大，整体上讲，沉积物物种上述重金属的含量稳定。评价结果看，上述重金属均符合海洋沉积物一类标准，所属沉积物类型稳定。

重金属铜从浓度变化上来看，波动不大，均在一类标准浓度水平（35×10^{-6}）上下波动。评价结果看，两年次符合二类沉积物质量标准，6 年次符合一类沉积物质量标准，所属沉积物类型较为不稳定。考虑将铜作为沉积物质量监测和评价指标。

表 7.2-4　象山港海域历年沉积物要素标准符合情况（2001—2011 年）

年份	硫化物	有机质	石油类	总汞	砷	铅	镉	铜	DDT	PCB
2001	一类	一类	一类	/	一类	一类	/	/	一类	一类
2004	/	/	一类	一类	一类	一类	一类	/	一类	/
2005	一类	一类	一类	一类	一类	一类	一类	二类	一类	/
2006	一类	一类	一类	一类	一类	一类	一类	二类	一类	一类
2007	一类	一类	一类	一类	一类	一类	一类	一类	一类	一类
2008	一类	一类	一类	一类	一类	一类	一类	一类	一类	一类
2009	一类	一类	一类	一类	一类	一类	一类	一类	一类	一类
2010	一类	一类	一类	一类	一类	一类	一类	一类	一类	一类
2011	一类	一类	一类	一类	一类	一类	一类	一类	一类	一类

根据上述分析，可筛选出沉积物评价指标为铜、石油类。

7.2.3.3 污染程度

1) 有机污染物

有机污染物指标主要为有机质、石油类，DDT、PCB，其历年监测均符合一类海洋沉积物质量标准。

2) 重金属

重金属指标中主要存在变化的为铜，历年监测在一类和二类海水水质之间徘徊。

综合以上两个方面，从沉积物污染程度考虑，应将铜指标纳入象山港沉积物污染评价指标体系中。

7.2.3.4 毒性

重金属污染状态：重金属毒性较大、在生物体内具有富集性，所以应将重金属指标纳入沉积物监测与评价指标。

有机污染物：持久性有机污染物如六六六、DDT、PCBs，是一类具有毒性、持久性、易于在生物体内富集和长距离迁移和沉积，是对源头附近或远处的环境和人体产生损害的有机化合物（李政禹，1999；李国刚，2004）。DDT、六六六由于其毒性大，难分解，分布广，危害重，在大量使用的同时也给环境造成难以修复的危害，加之由于其脂溶性大的特点，通过食物链的富积对人类自身的影响正在逐渐的显现出来并加大（杨科璧，2006）。PCBs难以降解，易在生物体内富集，并且通过食物链传播、放大。高级营养生物食用含有PCBs的有机物食物，便会受到危害。PCBs一般更多的表现为对生物的亚急性和慢性毒害作用，尤其是对生物体诸如免疫功能、激素代谢、生殖遗传等各个方面代谢的影响以及形态结构变化。DDT、六六六、PCBs等有机污染物，毒性大，且不易降解，易在生物体和人生内累积，给生物、人体和环境造成极大的危害，所以，这些指标纳入沉积物监测与评价重要指标。

根据上述各方面的筛选依据，从毒性方面考虑，筛选结果如下：

铜、铅、锌、铬、镉、汞、砷、DDT、PCBs，建议增加六六六监测指标。

综上结果，建议在象山港拟开展沉积物监测项目为：有机污染指标（石油类、六六六、DDT、PCB）、重金属（Cu、Pb、Zn、Cr、Cd、Hg、As）共两大类11项指标。

对比原来的监测指标，减少硫化物、有机质指标监测，增加六六六、Zn、Cr指标监测，其他指标维持不变。

7.2.4 指示生物

指示生物是指对某一环境特征具有某种指示特性的生物反应环境的变化。底栖生物作为海洋生态系统中的重要组成部分，在海洋食物网和沉积物—水层界面的生物地球化学循环过程中起着重要的作用。作为环境指示生物，与其他生物类群相比，底栖动物具有更多的优点，如：不易移动或移动范围有限；具有较长的生命周期；占据了几乎所有的消费者营养级水平，能完成一个完整的生物积累过程；以及易于分类和统计等特点，因此其群落结构特征常被用于监测人类活动或自然因素引起的长周期海洋生态系统变化。目前大型底栖生物作为监测和评价海洋生态环境质量的指示生物已受到越来越多学者的认可（毕洪生，2001）。

随着象山港的开发，大量生活污水和工业废水排入港湾内，或者经过径流流入，造成了象山港水体环境的污染加剧，水环境质量降低，直接影响港内的海产养殖，从而间接影响象山港周边地区的人类的健康。因此，对象山港生态环境的监测尤为重要。

指示生物监测是指在一定范围内，能通过特性、数量、种类或群落等变化，指示环境或某一环境因子特征的生物。20世纪初，国外已经开始利用水生生物监测水体的污染，我国从20世纪80年代开始开展指示生物环境污染监测。藻类、大型水生植物、浮游动物、双壳贝类、螺类和两栖类都可用作指示生物渔（杨健，2015）。

齐雨藻等（1998）用硅藻群集指数（diatom assemblage index，DAI）和河流污染指数（river pollution index，RPI）评价了珠江广州河段的水质状况。水体环境变化，引起藻类正常的生长代谢，导致机体死亡（李仲涛，2015）。Harguinteguy，Fawzy研究发现，维管植物能够有效地用来监测水体的重金属污染。陆超华等利用近江牡蛎对海洋重金属镉的污染进行研究，发现近江牡蛎对海水中镉的累积是净累积型，其体内的镉含量与海水的镉浓度及暴露时间呈显著的线性正相关，其对镉的累积随海水盐度的升高而呈明显的下降趋势，盐度的升高有碍于其体内残留镉的排出（陆超华、谢文造、周国君，1998）。王文琪等开展了双壳类生物进行监测，比较贻贝、蛤仔和牡蛎三种底栖生物，发现蛤仔是胶州湾最典型的指示生物（王文琪，1998）。Kennedy和Jacoby等研究了23个门类的小型底栖生物，指出它们比其他海洋底栖类群有更高的多样性，可以反映不同类型的人类干扰；将小型底栖生物作为在污染源未明的情况下的指示生物。张志南等专题探讨了小型底栖生物与有机质污染的关系，结果指出海洋线虫与多毛类小头虫的数量消长完全一致，他们保持着共栖或互利的共生关系（张志南，1993）。

于力通过对浑江水质断面监测结果和指示生物名录用指示物种和类群对浑江水质断面进行评价，根据底栖生物的种类分布评价浑江水质环境。周晏敏、袁欣等人，通过对多种水生生物的进行刷选，选择多种优势种作为指示生物，对水体进行评价（周晏敏、袁欣，2015）。

底栖生物中的多毛类对环境有着较为明显的响应。如长江口大型底栖动物群落的演变研究表明，底栖群落结构物种组成方面，变化较为明显的为多毛类，从早期的环境稳定期（1990年以前）占群落比例范围15.6%~34%，到目前2009年以后的受干扰期和缓慢恢复期的占群落比例的70%（刘录三，2012）。

贾海波等（2012）通过舟山海域大型底栖生物群落结构研究，发现个体较小、生长周期较短的多毛类正逐步取代个体较大、生长周期较长的棘皮动物，并由此推断底栖群落受到中度程度的污染或扰动。蔡立哲等（1998）在深圳河口潮间带泥滩的4个季度调查发现，多毛类的数量与有机质含量呈正相关。刘卫霞等发现，底栖多毛类的丰度与沉积物中值粒径和粉砂含量呈显著正相关，与砂含量呈显著负相关，证明其数量与沉积物类型有紧密关系。张敬怀等（2009）研究发现，珠江口东南部海域沉积物环境中硫化物含量与大型底栖生物种类数和密度呈负相关。

由上述研究可知，多毛类对底栖环境类型、环境扰动、个别指标浓度变化具有具有较好的响应和指示作用。当他的种类数和密度变化时可以从一定程度上指示环境的变化。所以多毛类不失为一种较好的底栖环境乃至整个生态环境的指示生物。

通过对象山港海域牡蛎的重金属富集研究采用稳态模型，运用BCF因子来反应重金属在牡蛎挂养海域环境中的迁移规律。生物浓缩因子（Bioconcentration factors，BCF）表示的是生物从周围水体中富集重金属的状况。生物浓缩因子（BCF）＝生物体中重金属的浓度/海水中重金属溶解态浓度。

当水生生物体对某种污染物的生物累积因子 K 大于1 000时，即认为有潜在的严重累积问题。由表7.2-5可知，生物浓缩因子最高为铜达35.31，其次为锌有14.09，其他5项均小于10。这说明象山港的生物体对重金属没有严重累积问题。

由表7.2-5和图7.2-7~图7.2-10可知，横码牡蛎和里高泥牡蛎对重金属的生物浓缩因子排序从高到低依次为铜、锌、镉、铬、总汞、砷、铅。牡蛎对水体中铜和锌的富集能力最强。

表7.2-5　象山港挂养牡蛎的生物浓缩因子

监测时间	站位	项目	总汞	镉	铅	铜	砷	锌	铬
2011年6月	横码牡蛎1	生物质量（mg/kg）	0.008	0.933	—	98.88	0.8	182.7	0.63
		生物浓缩因子	0.57	10.37	—	35.31	0.36	8.27	7
		附近水质（mg/kg）	0.014	0.09	0.78	2.8	2.2	22.1	0.09
	里高泥牡蛎1	生物质量（mg/kg）	0.009	0.843	—	95.09	0.7	184.4	0.59
		生物浓缩因子	0.64	9.37	—	33.96	0.32	8.34	6.56
		附近水质（mg/kg）	0.014	0.09	0.78	2.8	2.2	22.1	0.09
2011年10月	横码牡蛎2	生物质量（mg/kg）	0.008	0.545	—	1.4	0.6	362.7	0.4
		生物浓缩因子	0.31	4.95	—	0.74	0.55	13.79	1.9
		附近水质（mg/kg）	0.026	0.11	—	1.9	1.1	26.3	0.21
	里高泥牡蛎2	生物质量（mg/kg）	0.007	0.535	—	1.4	0.7	359.9	0.39
		生物浓缩因子	0.33	4.12	—	1.27	0.37	13.23	2.05
		附近水质（mg/kg）	0.021	0.13	—	1.1	1.9	27.2	0.19

监测时间	站位	项目	总汞	镉	铅	铜	砷	锌	铬
2011 年 12 月	横码牡蛎 3	生物质量（mg/kg）	0.008	0.734	0.06	101.7	0.7	287.2	0.28
		生物浓缩因子	0.47	6.12	0.08	29.06	0.41	11.72	2.33
		附近水质（mg/kg）	0.017	0.12	0.76	3.5	1.7	24.5	0.12
	里高泥牡蛎 3	生物质量（mg/kg）	0.008	0.838	0.08	93.6	0.6	255.8	0.36
		生物浓缩因子	0.42	6.45	0.13	26.74	0.46	11.73	2.57
		附近水质（mg/kg）	0.019	0.13	0.62	3.5	1.3	21.8	0.14
2012 年 4 月	横码牡蛎 4	生物质量（mg/kg）	0.009	0.882	0.07	98.8	0.6	355	0.48
		生物浓缩因子	0.35	4.64	0.06	21.48	0.26	14.09	2.67
		附近水质（mg/kg）	0.026	0.19	1.21	4.6	2.3	25.2	0.18
	里高泥牡蛎 4	生物质量（mg/kg）	0.008	1.016	0.07	96.6	0.7	352.3	0.46
		生物浓缩因子	0.44	6.77	0.06	23.56	0.33	14.38	3.29
		附近水质（mg/kg）	0.018	0.15	1.14	4.1	2.1	24.5	0.14
2012 年 7 月	横码牡蛎 5	生物质量（mg/kg）	0.009	0.187	0.03	65	0.7	218	0.62
		生物浓缩因子	0.28	3.12	0.03	18.06	0.39	10.19	2.7
		附近水质（mg/kg）	0.032	0.06	1.01	3.6	1.8	21.4	0.23
	里高泥牡蛎 5	生物质量（mg/kg）	0.009	0.22	0.06	53	0.7	211.1	0.63
		生物浓缩因子	0.32	2.44	0.06	16.56	0.32	9.42	2.25
		附近水质（mg/kg）	0.028	0.09	0.95	3.2	2.2	22.4	0.28

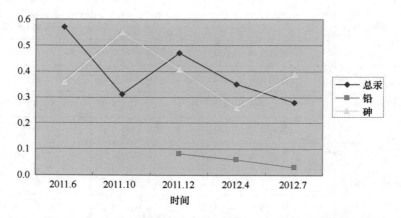

图 7.2-7　横码牡蛎随时间对水体总汞、铅、砷的富集情况

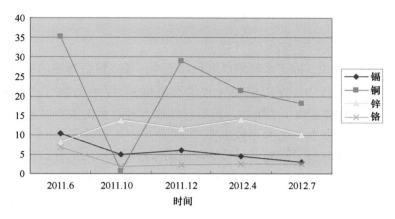

图 7.2-8　横码牡蛎随时间对水体镉、铜、锌和铬的富集情况

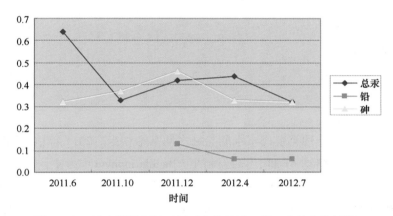

图 7.2-9　里高泥牡蛎随时间对水体总汞、铅、砷的富集情况

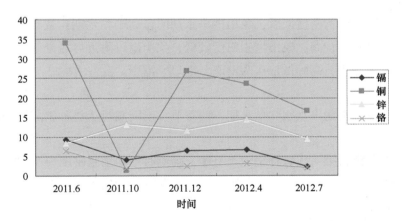

图 7.2-10　里高泥牡蛎随时间对水体镉、铜、锌和铬的富集情况

7.2.5 生物生态

对于完整的海域来说，除了水环境、沉积环境外，还应包括海域的生态环境，其主要包含叶绿素 a、初级生产力、浮游植物（种类和密度）、浮游动物（种类和密度、生物量）、底栖生物、潮间带生物、微生物、鱼卵、仔稚鱼等。本文主要开展对象山港浮游生物、底栖生物、潮间带生物的监测指标优化。

水体中的浮游生物主要包括浮游植物和浮游动物两大类，它们是海洋生态系统中一类重要生物类群。在海洋生物食物链中，浮游动物通过捕食作用控制浮游植物的数量，同时又是鱼类等高层营养者的饵料，因此，浮游生物在养殖、生态系统结构及功能、生物生产力研究中占有重要地位，其种类组成、数量的时空变化对海洋生态系统产生直接的影响。同时，海洋生态系统中的非生物因子及生物因子的变化也对浮游生物的种类组成、数量及其分布产生影响。

7.2.5.1 浮游生物

1）浮游植物

（1）种类组成

象山港海域浮游植物种类组成丰水期与枯水期基本相当。2011 年枯水期和丰水期调查中，枯水期调查到浮游植物 61 种，以硅藻门（Bacillariophyta）为主，为 26 属 48 种，其次为甲藻门（Pyrrophyta）10 属 12 种；再次为蓝藻门（Chrysophyta）1 属 1 种。枯水期调查到浮游植物 64 种，同样以硅藻门（Bacillariophyta）为主，为 25 属 57 种；其次为甲藻门（Pyrrophyta）3 属 5 种，蓝藻门 1 属 1 种，绿藻门 1 属 1 种。

（2）生物密度

从浮游植物网样生物密度来看，象山港丰水期明显高于枯水期；从空间分布看，铁港和黄墩港浮游植物密度较高，象山港中密度较低，象山港口附近海域处于中等水平，全港浮游植物密度整体分布从高到低依次为港底、港口、港中。

（3）优势种

象山港海域浮游生物丰水期和枯水期不同季节、不同潮时优势种组成结构具有不同的特点。

丰水期：浮游植物第一优势种绕饱角毛藻，落潮时平均细胞密度为 3.27×10^4 cells/m³，最高值达 44.31×10^4 cells/m³，优势度为 0.18；涨潮时平均细胞密度为 5.4×10^4 cells/m³，最高值达 16.80×10^4 cells/m³，优势度为 0.16；第二优势种冕饱角毛藻，落潮时平均细胞密度为 5.16×10^4 cells/m³，最高值达 20.68×10^4 cells/m³，优势度为 0.15；涨潮时平均细胞密度为 6.67×10^4 cells/m³，最高值达 16.64×10^4 cells/m³，优势度为 0.18（见表 7.2-6）。

表 7.2-6 象山港丰水期优势种优势性分析

潮汐	优势种		密度范围 （×10⁴ cells/m³）	平均值 （×10⁴ cells/m³）	优势度（Y）
落潮时	第一优势种	绕孢角毛藻	0.04~44.31	3.27	0.18
	第二优势种	冕孢角毛藻	0.15~20.68	5.16	0.15
	第三优势种	丹麦细柱藻	0.40~28.15	12.53	0.11
涨潮时	第一优势种	冕孢角毛藻	0.18~16.64	6.67	0.18
	第二优势种	绕孢角毛藻	0.11~16.80	5.45	0.16
	第三优势种	卡氏角毛藻	0.04~21.71	4.38	0.13

枯水期：象山港海域冬季落潮时浮游植物第一优势种琼氏圆筛藻，平均细胞密度为 $0.71×10^4$ cells/m³，最高值达 $2.15×10^4$ cells/m³，优势度为 0.16；第二优势种中肋骨条藻，平均细胞密度为 $1.05×10^4$ cells/m³，最高值达 $4.07×10^4$ cells/m³，优势度为 0.08；涨潮时第一优势种为琼氏圆筛藻，平均细胞密度为 $1.56×10^4$ cells/m³，最高值达 $18.00×10^4$ cells/m³，优势度为 0.30；第二优势种为高盒形藻，平均细胞密度为 $1.25×10^4$ cells/m³，最高值达 $4.25×10^4$ cells/m³，优势度为 0.25（表 7.2-7）。

表 7.2-7 象山港枯水期优势种优势性分析

潮汐	优势种		密度范围 （×10⁴ cells/m³）	平均值 （×10⁴ cells/m³）	优势度（Y）
落潮时	第一优势种	琼氏圆筛藻	0.09~2.15	0.71	0.16
	第二优势种	中肋骨条藻	0.12~4.07	1.05	0.08
	第三优势种	虹彩圆筛藻	0.04~4.00	0.60	0.07
涨潮时	第一优势种	琼氏圆筛藻	0.12~18.0	1.56	0.30
	第二优势种	高盒形藻	0.03~4.25	1.25	0.25
	第三优势种	虹彩圆筛藻	0.04~2.07	0.42	0.05

2）浮游动物

（1）种类组成

象山港海域浮游植物种类数丰水期大大多于枯水期。2011 年丰水期鉴定出浮游动物 60 种（包括 10 种浮游幼体）其中节肢动物门 38 种，占种类数的 63.3%；浮游幼体（包括鱼卵、仔鱼）10 种，占种类数的 16.7%；腔肠动物门 9 种，占种类数的 15.0%；毛颚动物门 2 种，占种类数的 3.3%；环节动物门 1 种，占种类数的 1.7%。枯水期鉴定出浮游动物 35 种（包括 4 种浮游幼体）其中节肢动物门 23 种，占种类数的 65.7%；腔肠动物门 5 种，占种类数的 14.3%；浮游幼体（包括鱼卵、仔鱼）4 种，占种类数的 11.4%；毛颚动物门 2 种，占种类数的 5.7%；尾索动物门 1 种，占种类数的 2.9%。

（2）生物密度

从浮游动物生物密度来看，象山港丰水期明显高于枯水期。

从空间分布看，丰水期整体呈现港口最高，港底较高，中间最低的分布，枯水期则呈现浮游动物密度水平分布整体呈现港底高于港口、港中部的趋势。

（3）优势种

丰水期象山港海域浮游动物主要优势种为太平洋纺锤水蚤（*Acartia pacifica*）、短尾类蚤状幼虫（*Brachyura zoea larva*）、背针胸刺水蚤（*Centropages dorsispinatus*）、汤氏长足水蚤（*Calanopia thompsoni*）、针刺拟哲水蚤（*Paracalanus derjugini*）和百陶箭虫（*Zonosagitta bedoti*）等。枯水期象山港海域浮游动物主要优势种为背针胸刺水蚤、汤氏长足水蚤、太平洋纺锤水蚤和百陶箭虫等。丰水期和枯水期两季象山港海域浮游动物第一、第二优势种存在一定的演变。

（4）生态群落类型

象山港海域浮游动物种类组成和生态类型丰富，群落结构呈现多种结构复合的特征，其单一性群落特征不明显，其种类主要种类分为本土栖息种类和来自象山港口外的浙江近岸水体。根据优势种和水团指示种的分布，大致可分为以下四大群落。

半咸水生态群落：主要代表种为火腿伪镖水蚤（*Pseudodiaptomus poplesia*）等低盐性种类。该群落生物量不高，几乎不受潮汐影响，为象山港本土栖息类群。该类群主要受陆地径流的影响，海水盐度稍低，但象山港海域无大河流注入，只有在湾底有河注入，且湾底海水交换较慢，水体相对稳定。该群落基本分布在西沪港、黄墩港和铁港这 3 个港中港的底部海域。

低盐近岸生态群落：主要代表种为针刺拟哲水蚤、墨氏胸刺水蚤（*Centropages mcmurrichi*）、强额拟哲水蚤（*Parvocalanus crassirostris*）、背针胸刺水蚤和太平洋纺锤水蚤等。该群落是象山港浮游动物的主要生态类群，是种类数最多，个体数量最大的生态类群，对象山港浮游动物生态系统起主导作用。该群落主要分布在象山港中部海域。该群落分布受象山港潮汐的影响不是很大。

外海暖水生态群落：主要代表种为精致真刺水蚤（*Euchaeta concinna*）、肥胖箭虫（*Flaccisagitta enflata*）和亚强次真哲水蚤（*Subeucalanus subcrassus*）等。该群落密度较低，但种类较多，对增加象山港浮游动物的生物物种多样性起着重要的作用。该群落由外洋水带入，主要分布在受外洋水影响的从象山港湾口到西沪港港口一带。

广布性群落：该类群四季均有出现，平面分布较均匀，种类较少。主要种为拟长腹剑水蚤（*Oithona simills*）等。该类群在整个象山港都有分布。

调查海区浮游动物虽 4 种类群共存，但以近岸低盐群落居主导地位。外海暖水生态类群也有一定的优势，受港口外海水的影响而在局部形成优势。

3) 监测要素筛选

根据上述对象山港水环境中生态群落（主要为浮游植物和浮游动物）的分析，象山港海域浮游植物种类组成冬季夏季差异不大。生物密度呈现较强的季节性和区域差异性。而优势种组成不同季节和不同潮时具有不同的特点。优势种类型的组成是浮游植物群落特征的一个重要指标，同时也是区别象山港浮游植物与其他海域浮游植物群落的一个重要指标。而象山港种类组成季节性差异不明显，生物密度虽然存在季节性差异，但不具有区域性特征，而目前看来浮游植物优势种的构成既反映了象山港海域浮游植物群落分布的季节性，又具有一定的地域特性，能较为综合地反映浮游植物群落特征，所以应将浮游植物优势种作为监测和评价水环境中浮游植物的一个重要指标。

象山港浮游动物生态群落类型根据优势种构成的不同可以分为半咸水生态群落、低盐近岸生态群落、外海暖水生态群落、广布性群落等。也就是说优势种构成的不同显现了象山港不同的浮游动物生态群落类型。同时，如浮游植物一样，而浮游动物的其他指标如浮游动物种类组成反映季节差异不明显，生物密度虽然存在季节性差异，但不具有区域性特征，优势种构成能较为综合地反映浮游动物群落特征，所以应将浮游动物优势种作为监测和评价水环境中浮游动物的一个重要指标。

优势种构成的变化将体现浮游生物群落的改变和演替状况，筛选结果为浮游生物优势种。

7.2.5.2 底栖生物

据最近的象山港丰水期和枯水期底栖生物监测结果表明，丰水期监测到68种，枯水期监测到30种。丰水期种类数要大大高于枯水期。从空间分布看，底栖生物种类数从多到少依次为港底、港中、港底。多毛类种类数最高。

根据不同水期和不同的区域，象山港底栖生物类群，呈现一定的特征，现将象山港海域港底、港中、港口区域和不同时期（丰水期、枯水期）的底栖生物优势种及生态类群大致可以归为以下几种。

1) 丰水期

港口区夏季优势种包括不倒翁虫、异足索沙蚕和半褶织纹螺，优势度分别为0.196、0.106和0.049；生态类群为多毛类—织纹螺—蛇尾类；群落代表种类是不倒翁虫、异足索沙蚕、纵肋织纹螺、半褶织纹螺和金氏真蛇尾。

港中区夏季优势种包括半褶织纹螺、纵肋织纹螺和不倒翁虫，优势度分别为0.180、0.069和0.046；生态类群为两个小类（类群一：蛇尾类—多毛类，代表种类是薄倍棘蛇尾、金氏真蛇尾和不倒翁虫，这一类群分布在西沪港数量和生物量占较大比重；类群二：织纹螺—多毛类，群落代表种类是半褶织纹螺、纵肋织纹螺、不倒翁虫和异足索沙蚕，这一类群在西沪港口至乌沙山电厂前沿海域密度和生物量分布较高）。

港底区夏季优势种包括：菲律宾蛤仔、不倒翁虫和毛蚶，优势度分别为0.242、0.076

和 0.011；生态类群为两个小类（类群一：双壳类—多毛类—盾形组蛇尾，代表种类有菲律宾蛤仔、毛蚶、锥唇吻沙蚕和盾形组蛇尾，这一类群主要分布于黄墩港；类群二：多毛类—双壳类，代表种类有不倒翁虫、覆瓦哈鳞虫、*Amaeana trilobata* 和菲律宾蛤仔，这一类群在象山港底铁港一侧密度较高，狮子口靠狮子角一侧菲律宾蛤仔密度很高）。

2）枯水期

港口区冬季优势种包括不倒翁虫、中华内卷齿蚕和纵肋织纹螺，优势度分别为 0.311、0.149 和 0.074；生态类群为多毛类—织纹螺—蛇尾类。群落代表种类是不倒翁虫、中华内卷齿蚕、长锥虫、纵肋织纹螺和盾形组蛇尾。

港中区冬季优势种包括：不倒翁虫和日本倍棘蛇尾，优势度分别为 0.218 和 0.081；生态类群为两个小类（类群一：不倒翁虫—裸裂虫，这一类群种类在西沪港密度分布较高；类群二：不倒翁虫—日本倍棘蛇尾—盾形组蛇尾，这一类群在西沪港外的象山港中部分布较多）。

港底区冬季季优势种包括：菲律宾蛤仔和毛蚶，优势度分别为 0.285 和 0.024。

生态类群为两个小类（类群一：双壳类—蛇尾类，代表种类有菲律宾蛤仔、毛蚶、盾形组蛇尾和不等盘棘蛇尾，这一类群主要分布于黄墩港；类群二：毛蚶—棘刺锚参—多毛类，代表种类有毛蚶、棘刺锚参、不倒翁虫和覆瓦哈鳞虫，这一类群在象山港底铁港一侧密度较高）。

3）监测要素筛选

底栖生物类群分布的不同与沉积环境的沉积物类型、沉积物质量等一系列沉积环境指标密切相关，同时不同的底栖生物类群分布特征也可以较大程度上反映沉积物环境状况。而底栖生物的种类数、优势度、种类构成和生物密度等直接决定着底栖生物类群的种类。底栖生物的各项指标直接决定了底栖生物类群。上述象山港各底栖生物类群的分布中，主要通过底栖生物的各项指标如优势种、种类数、栖息密度等来确定的，不同的底栖生物指标，将形成不同的底栖生物类群。所以，从这个意义上讲，沉积环境的底栖生物类群需要通过底栖生物指标来进行反映。所以在评价和监测海域沉积环境中的底栖生物类群时需要将底栖生物作为一项最重要的指标，所以考虑将底栖生物指标作为监测与评价底栖生物类群的重要指标。

筛选结果为底栖生物（包括种类数、种类构成、优势种、栖息密度等）。

7.2.5.3　潮间带生物

潮间带生物监测从另一方面体现环境变化情况，本文主要针对象山港岸滩类型、潮间带生物类群、海岸带开发利用状况等方面进行。

1）岸滩类型

（1）象山港潮间带岸滩类型分布

根据 2011 年 5 月环象山港区域现场踏勘的结果，象山港海域潮间带岸滩类型分布多样化明显，大致可以分为淤泥、沙滩、砾石滩、岩礁、人工岸段（图7.2-11）。象山港港底南岸、港中南岸、西沪港港底以潮间带岸滩类型以淤泥、泥滩为主，滩涂上生长有大米草、浒苔、杂草，港底北岸及港口北岸至港底北岸潮间带岸滩类型多以沙滩、砾石滩为主，偶分布有岩礁型潮间带岸滩类型，在象山港港口北岸靠近横山码头附近区域则分布以岩礁型潮间带为主的岸滩类型，人工岸段主要分布在象山港沿岸开发活动较多的地方，如港底的红胜海塘，环强蛟半岛区域（国华电厂、海螺水泥厂），港中南岸的乌沙山电厂等。

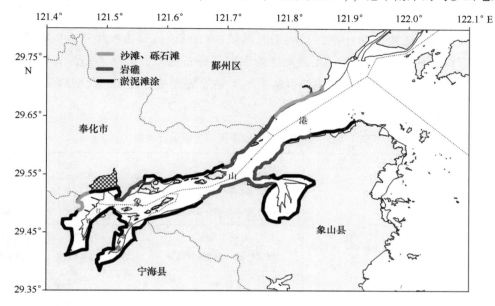

图7.2-11　象山港潮间带岸滩类型分布状况

（2）指标筛选

潮间带岸滩类型的确定主要通过所在潮间带底质类型来决定，不同的底质类型可以将岸滩类型分成不同种类。如底质为淤泥，则潮间带岸滩类型即为泥滩，底质为砾石则潮间带岸滩类型为砾石滩等。所以以潮间带的底质类型来对岸滩类型进行分类是十分有效和目前惯用的方法。潮间带底质类型的改变，将直接导致其岸滩类型的改变，进而改变其潮间带的一系列特性。所以，潮间带底质类型作为一项重要指标，通过对它的监测，对评价潮间带岸滩类型的稳定性、演变趋势等有重要意义，从而进一步说明整个潮间带环境的变化趋势。

筛选结果为底质类型。

2）潮间带生物类群

（1）象山港潮间带生物类群分布

据最近的象山港丰水期和枯水期底栖生物监测结果表明，丰水期监测到89种，枯水期监测到86种。丰水期种类数与枯水期种类数相当。从种类构成上讲软体动物最多，占44.5%；节肢动物次之，占24.5%；鱼类8种，多毛类占6.4%；大型海藻占5.5%；其他

355

种类 13 种，占 11.8%。

根据不同水期和不同的潮间带岸滩类型，象山港潮间带生物类群，呈现一定的特征，现根据象山港海域各岸滩类型、季节（丰水期、枯水期），将象山港海域的潮间带生物类群大致归为以下几种。

① 岩石相潮间带

岩石相潮间带冬季和夏季生物带组合类型差异不大，各断面间差异较大。3 条断面高潮区均为滨螺带；T1 和 T4 中潮区为牡蛎—蜒螺带，T1 中潮区还有白脊藤壶分布，T4 中潮区有较高密度的青蚶，T8 中潮区是大型海藻场；T1 低潮区是泥滩底质，生物类型为多毛类—蟹守螺类—婆罗囊螺带，T4 低潮区为泥滩、砾石底质，群落类型为青蚶—婆罗囊螺—中华近方蟹，T8 低潮区为岩礁，群落类型为鳞笠藤壶—荔枝螺—大型海藻（表 7.2-8）。

表 7.2-8　象山港岩石相潮间带生物组合类型

潮区		高潮区	中潮区	低潮区
断面代号及生物组合带	T1	岩礁、滨螺带	砾石、泥滩 牡蛎—蜒螺—藤壶	泥滩 多毛类—拟蟹守螺—婆罗囊螺
	T4		岩礁、砾石 僧帽牡蛎—蜒螺—青蚶	泥滩、砾石 青蚶—婆罗囊螺—中华近方蟹
	T8		岩礁 大型海藻—贝类—甲壳动物	岩礁 鳞笠藤壶—荔枝螺—大型海藻

② 泥相潮间带

泥相潮间带高潮区底质类型分石堤、砾石、泥滩和海草等几种类型，石堤砾石型高潮区为滨螺带，泥滩型高潮区群落类型为堇拟沼螺—拟蟹守螺—泥蟹带，泥相潮间带，T5 断面中潮区为海草场，其他均为泥滩，T5 中潮区生物群落为堇拟沼螺—珠带拟蟹守螺—长足长方蟹带，T2、T3 中潮区生物群落类型为渤海鸭嘴蛤—小型螺类—泥蟹，T5 中潮区为海草场，群落类型为堇拟沼螺—珠带拟蟹守螺—长足长方蟹带，T6 中潮区为堇拟沼螺—彩虹明樱蛤—珠带拟蟹守螺带，T7 中潮区为肠浒苔—缢蛏—半褶织纹螺带。各断面低潮区均为泥滩，生物种类组合各异，但是，种类仍以小翼拟蟹守螺、长足长方蟹和不倒翁虫为主。

泥相潮间带各断面高潮区群落类型因底质类型不同而各异，中潮区和低潮区常见种类有小翼拟蟹守螺、珠带拟蟹守螺、堇拟沼螺、宁波泥蟹、不倒翁虫和半褶织纹螺等。一些种类则因季节不同或地理位置不同而差异分布。渤海鸭嘴蛤在港中部密度分布较高，浒苔和肠浒苔分布在象山港底和西沪港底，不倒翁虫、长足长方蟹和半褶织纹螺则较常见于低潮区。

夏季、冬季象山港泥相潮间带生物组合类型见表 7.2-9 和表 7.2-10。象山港潮间带调查断面分布见图 7.2-12。

表 7.2-9　夏季象山港泥相潮间带生物组合类型

潮区		高潮区	中潮区	低潮区
断面代号及生物组合带	T2	泥滩 宁波泥蟹—堇拟沼螺	泥滩 渤海鸭嘴蛤—小翼拟蟹守螺—宁波泥蟹	泥滩 小翼拟蟹守螺—长足长方蟹
	T3	海草 堇拟沼螺—中华拟蟹守螺	泥滩 渤海鸭嘴蛤—堇拟沼螺—宁波泥蟹	泥滩 不倒翁虫—长足长方蟹
	T5	石堤、砾石 短滨螺—粗腿厚纹蟹	海草 堇拟沼螺—珠带拟蟹守螺—长足长方蟹	泥滩 纵肋织纹螺—小翼拟蟹守螺—婆罗囊螺
	T6	沙、泥滩 中国绿螂—中华拟蟹守螺—小翼拟蟹守螺	泥滩 堇拟沼螺—彩虹明樱蛤—珠带拟蟹守螺	泥滩 不倒翁虫—小翼拟蟹守螺—彩虹明樱蛤
	T7	石堤 短滨螺—粗糙滨螺	泥滩 肠浒苔—缢蛏—半褶织纹螺	泥滩 缢蛏—小翼拟蟹守螺—异足索沙蚕

表 7.2-10　冬季象山港泥相潮间带生物组合类型

潮区		高潮区	中潮区	低潮区
断面代号及生物组合带	T2	岩石 滨螺带	泥滩 宁波泥蟹—淡水泥蟹	泥滩 丽核螺—不倒翁虫
	T3	海草 浒苔—中华拟蟹守螺—珠带拟蟹守螺	泥滩 珠带拟蟹守螺—堇拟沼螺—浒苔	泥滩 半褶织纹螺—不倒翁虫
	T5	石堤、砾石 粗糙滨螺—短滨螺—革囊星虫	海草 珠带拟蟹守螺—小翼拟蟹守螺—堇拟沼螺	泥滩 小翼拟蟹守螺—纽虫
	T6	海草、泥滩 浒苔—中国绿螂	泥滩 半褶织纹螺—珠带拟蟹守螺	泥滩 小翼拟蟹守螺—半褶织纹螺
	T7	石堤 短滨螺	泥滩 宁波泥蟹—珠带拟蟹守螺	泥滩 宁波泥蟹—珠带拟蟹守螺

③ 指标筛选

潮间带生物类群分布的不同与潮间带的岸滩类型、潮间带开发利用状况等一系列潮间

357

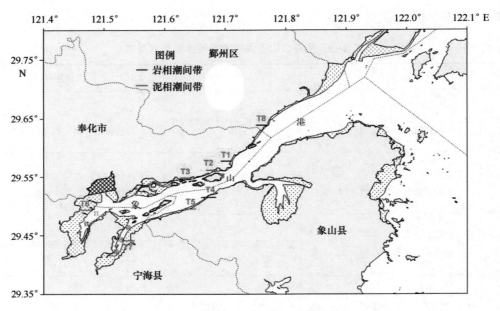

图 7.2-12　象山港潮间带调查断面分布

带环境指标密切相关，同时不同的潮间带生物类群分布特征也可以较大程度上反映潮间带环境。而潮间带生物的种类数、种类构成和栖息密度等直接决定着潮间带生物类群的类型。上述象山港各潮间带的分布中，主要通过潮间带生物的各项指标如优势种、种类数、栖息密度等来确定的，不同的潮间带生物指标，将形成不同的潮间带生物类群。所以，潮间带环境中的潮间带生物类群需要通过潮间带生物指标来进行反映。在评价和监测潮间带环境中的潮间带生物类群时需要依赖潮间带生物指标，所以考虑将潮间带生物指标作为监测与评价潮间带生物类群的重要指标。

筛选结果为潮间带生物（包括种类数、种类构成、优势种、栖息密度等）。

3）海岸带生态指标

海岸带有着丰富的资源，能够为人类社会的可持续发展提供强大的物质基础，而它对外界的影响又是相当敏感的，因此海岸带自身的可持续发展理应受到人们的关注。其生态指标包括土地利用类型、污染物入海量、海岸带开发利用状况等，本文在此将海岸带开发利用状况纳入潮间带的评价指标。开发强度的强弱、潮间带本身决定着潮间带的自身发展和对潮间带环境的影响。科学、合理、客观地评价开发活动给海岸带带来的影响，可以为海岸带生态环境保护、海洋经济发展和行政管理等提供科学的依据。

评价因子的确定是进行海岸带开发利用状况评价的前提。它涉及多领域、多学科，因而种类繁多。其完善与否直接影响到评价结果的好坏，因子选取要达两个目的，一是能够完整准确地反映海岸带地区开发状况；二是概念明确，调查度量方便易得，因子数目尽可能少，使调查度量经济可行。根据象山港潮间带的实际开发利用现状，筛选潮间带开发活动中的公共设施、农业用海（渔业养殖）、工业仓储、滩涂湿地、港口码头、居住区等开发类型，来评价开发利用区域潮间带的开发利用现状，并增加总氮、总磷作为入海污染物指标来体现区域的开发利用现状。

7.2.6 监测指标体系

根据资料的重要性和可获取性等方面综合考虑，对象山港水文、水环境、沉积物环境、指示生物、浮游生物、底栖生物和潮间带生物环境监测和评价指标的筛选，将象山港海域趋势性指标体系建立4个一级类，11个二级类，39个三级类（表7.2-11）。

表7.2-11 象山港海域环境趋势性监测和评价指标体系

一级类	二级类	三级类
海洋水文	水动力	水交换周期
	水团	温度、盐度
水环境	水质污染	溶解氧、无机氮、活性磷酸盐、COD、石油类、TOC、六六六、DDT、PCB、Cu、Pb、Zn、Cd、Hg、As、Cr
	生态健康/多样性	浮游植物、浮游动物（种类、数量、优势种）
沉积环境	沉积物类型	粒度
	沉积物质量	石油类、六六六、DDT、PCB、Cu、Pb、Zn、Cd、Hg、As、Cr
	指示生物	贝类
	底栖生物类群	底栖生物（种类数、种类构成、优势种、栖息密度）
潮间带环境	岸滩类型	底质类型
	潮间带生物类群	潮间带生物（种类数、种类构成、优势种、栖息密度）
	海岸带生态系统	岸线（公共设施、农业、工业仓储、滩涂湿地、港口码头、居住区） 入海污染物（总氮、总磷）

7.3 监测时间和频率优化

7.3.1 海洋水文

主要考虑径流量的变化及开发利用情况。根据象山港区域保护和利用规划，目前象山港岸线开发利用强度已经很高。已利用岸线达85%以上，未利用岸线不足15%。岸线的开发利用直接造成海洋水动力的变化，因此根据岸线的开发利用情况，进行水文动力调查，一般按丰（8月）、枯（12月至翌年2月）进行。同时考虑径流量对象山港温度及盐度的影响，主要体现在丰水期及枯水期径流的变化对温、盐的影响。因此，温盐的监测也主要考虑在丰水期（8月）及枯水期（12月至翌年2月）进行。同时，从潮周期的特殊性考虑，选大潮时段监测，并进行一个完整的潮周期。

7.3.2 水环境

主要考虑入海通量和外源性污染。入海通量和外源性污染在丰水期最严重，枯水期最低，因此考虑不同水期进行。水期的具体时间根据降水量以及高密度监测获得的盐度、污染物等水质资料确定。

从降雨量初步判断（表7.3-1和图7.3-1），象山港的丰水期是8月，枯水期为12月至翌年1月。

表 7.3-1 2009 年象山县、宁海县和鄞州区月降雨量
　　　　单位：mm

区县	1月	2月	3月	4月	5月	6月	7月	8月	9月	10月	11月	12月
象山县	26.3	74.2	114.2	123.3	86.7	147.6	180.1	261.1	235.5	131.1	198.1	44.7
宁海县	33.3	87.2	141.9	138.4	97.2	88.7	158.1	495.1	127.7	85.8	138.7	39.6
鄞州区	36.9	127	116.5	103.5	63.3	133.5	163.9	301.8	117.1	69.6	173.4	55.5
平均值	32.2	96.1	124.2	121.7	82.4	123.3	167.4	352.7	160.1	95.5	170.1	46.6

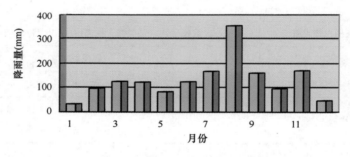

图 7.3-1 象山港各月平均降雨量图

根据宁波市海洋环境监测中心于2011年6月至2012年4月对咸祥附近海域进行了为期一年水质监测，频率为两个月1次（表7.3-2~表7.3-7和图7.3-2）。

表 7.3-2 象山港水质统计结果表（2011 年 6 月）

潮时	统计	pH	盐度	溶解氧 （mg/L）	化学需氧量 （mg/L）	磷酸盐 （mg/L）	无机氮 （mg/L）
涨潮	最大值	8.02	21.5	8.12	0.91	0.039 7	1.162
	最小值	8.04	21.52	8.16	0.95	0.041 8	1.172
	平均值	8.03	21.51	8.14	0.93	0.040 8	1.167

潮时	统计	pH	盐度	溶解氧 （mg/L）	化学需氧量 （mg/L）	磷酸盐 （mg/L）	无机氮 （mg/L）
落潮	最大值	8.01	21.4	7.86	0.87	0.038 4	1.218
	最小值	8.02	21.48	8.13	0.99	0.040	1.223
	平均值	8.02	21.44	8.00	0.93	0.039 2	1.221

表 7.3-3　象山港水质统计结果表（2011 年 8 月）

潮时	统计	pH	盐度	溶解氧 （mg/L）	化学需氧量 （mg/L）	磷酸盐 （mg/L）	无机氮 （mg/L）
涨潮	最大值	7.98	25.66	5.53	1.09	0.027 4	0.689
	最小值	8.02	25.98	5.71	1.24	0.032 9	0.795
	平均值	8.01	25.83	5.62	1.16	0.03	0.753
·落潮	最大值	7.98	25.74	5.41	1.05	0.032 6	0.730
	最小值	8.01	26.15	5.61	1.27	0.037	0.809
	平均值	8.00	25.95	5.51	1.13	0.035 4	0.781

表 7.3-4　象山港水质统计结果表（2011 年 10 月）

潮时	统计	pH	盐度	溶解氧 （mg/L）	化学需氧量 （mg/L）	磷酸盐 （mg/L）	无机氮 （mg/L）
涨潮	最大值	8.00	23.96	7.71	1.18	0.039 3	0.887
	最小值	8.02	24.9	8.13	1.30	0.056 6	1.038
	平均值	8.01	24.41	7.97	1.25	0.046 5	0.970
落潮	最大值	8.00	24.03	7.72	1.19	0.033 5	0.856
	最小值	8.02	24.89	8.07	1.24	0.047 4	0.996
	平均值	8.01	24.59	7.90	1.22	0.039 3	0.936

表 7.3-5 象山港水质统计结果表 (2011 年 12 月)

潮时	统计	pH	盐度	溶解氧 (mg/L)	化学需氧量 (mg/L)	磷酸盐 (mg/L)	无机氮 (mg/L)
涨潮	最大值	8.04	25.01	9.88	0.57	0.036 8	0.873
	最小值	8.07	25.06	10.25	0.74	0.041 8	1.015
	平均值	8.06	25.04	10.05	0.63	0.039 2	0.933
落潮	最大值	8.06	25.00	9.43	0.68	0.037 4	0.740
	最小值	8.08	25.24	9.89	0.86	0.041 2	0.922
	平均值	8.07	25.12	9.75	0.76	0.039 5	0.815

表 7.3-6 象山港水质统计结果表 (2012 年 2 月)

潮时	统计	pH	盐度	溶解氧 (mg/L)	化学需氧量 (mg/L)	磷酸盐 (mg/L)	无机氮 (mg/L)
涨潮	最大值	8.15	25.33	10.47	0.72	0.051 6	0.591
	最小值	8.16	25.5	10.53	0.79	0.062 1	0.617
	平均值	8.15	25.43	10.49	0.76	0.056 4	0.603
落潮	最大值	8.14	25.27	10.5	0.67	0.047 9	0.544
	最小值	8.16	25.91	10.51	0.74	0.053 4	0.574
	平均值	8.15	25.65	10.51	0.71	0.050 7	0.561

表 7.3-7 象山港水质统计结果表 (2012 年 4 月)

潮时	统计	pH	盐度	溶解氧 (mg/L)	化学需氧量 (mg/L)	磷酸盐 (mg/L)	无机氮 (mg/L)
涨潮	最大值	8.08	25.83	8.62	0.92	0.028 6	0.583
	最小值	8.1	26.14	8.73	1.13	0.038 8	0.709
	平均值	8.09	25.99	8.66	1.02	0.035 3	0.642
落潮	最大值	8.09	25.68	8.64	0.99	0.031 1	0.578
	最小值	8.11	26.19	8.7	1.09	0.044 7	0.729
	平均值	8.1	25.96	8.67	1.04	0.037 9	0.631

根据一年 6 次的监测数据,并对水质的 6 项指标进行对比,结果表明:象山港盐度变化不明显;pH 值、DO、磷酸盐在 2 月浓度最高,8 月最低;无机氮 2 月浓度最低,6 月浓

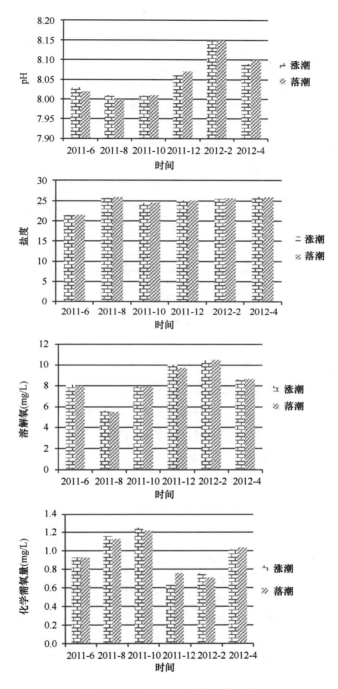

图 7.3-2 象山港水质指标月变化

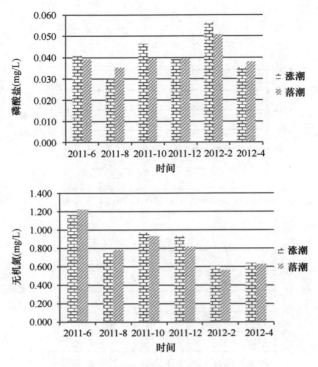

图 7.3-2　象山港水质指标月变化（续）

度最高；COD 在 12 月至翌年 2 月浓度最低，8—10 月浓度最高；因此，从各项指标月变化情况看，认为丰水期调查时间安排在 8—10 月，枯水期安排在 2 月。

通过对象山港丰水期、枯水期水质涨落潮监测，除枯水期大潮落潮化学需氧量外，营养盐及化学需氧量含量表现为港口低于港底，营养盐受平丰枯影响不大，化学需氧量指标受平丰枯有所影响（图 7.3-3~图 7.3-8）。

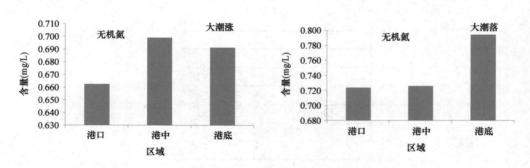

图 7.3-3　象山港不同区域丰水期涨落潮无机氮含量比较情况

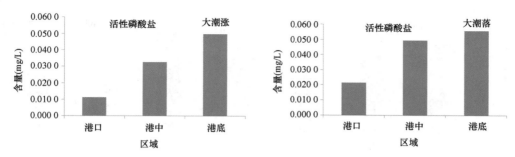

图 7.3-4　象山港不同区域丰水期涨落潮活性磷酸盐含量比较情况

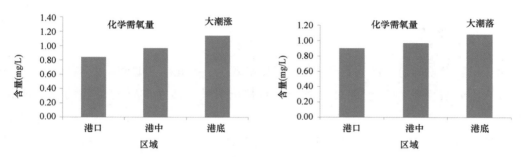

图 7.3-5　象山港不同区域丰水期涨落潮化学需氧量含量比较情况

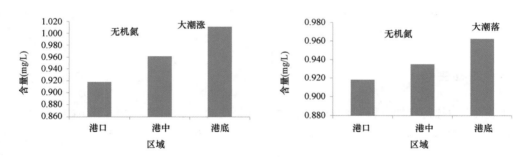

图 7.3-6　象山港不同区域枯水期涨落潮无机氮含量比较情况

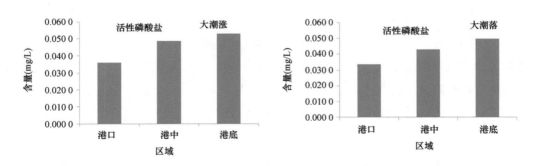

图 7.3-7　象山港不同区域枯水期涨落潮活性磷酸盐含量比较情况

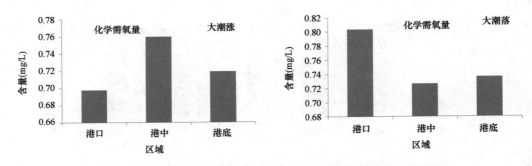

图 7.3-8　象山港不同区域枯水期涨落潮化学需氧量含量比较情况

7.3.3　沉积环境

由于沉积环境的稳定性，受季节或水期影响较小，因此监测时间不受季节、水期的影响。而人类开发活动频繁程度对底质产生直接的影响，故主要从污染物的变化情况来考虑。

从象山港沉积物各项监测指标的多年变化趋势看（图 7.3-9），硫化物、石油类、铅、DDT、PCB 5 项指标浓度有上升趋势，有机质、汞、砷、镉、铜 5 项指标浓度有下降趋势。因此，浓度增加的 5 项指标（硫化物、石油类、铅、DDT、PCB）建议每年监测 1 次，浓度下降的 5 项指标（有机质、汞、砷、镉、铜）建议每两年监测 1 次。另外，沉积物类型的年度变化不明显，建议每两年监测 1 次。

7.3.4　生物生态

生物生态的监测时间需根据我们高密度监测获得的浮游生物、潮间带生物资料，根据生物的生长规律，分析象山港的季节代表性，以月度变化来研究代表性季节。

7.3.4.1　浮游生物

1）根据生物种类数分析

根据每两个月 1 次对象山港两个定期监测站位的浮游生物监测结果，从浮游植物和浮游动物的种类数月度变化看，2 月种类数最少、10 月浮游植物的种类数最大、8 月浮游动物的种类数相对较高（图 7.3-10）。

2）根据生物密度分析

（1）浮游植物

水样浮游植物密度最高值出现在 8 月，网采浮游植物密度最高值和硅藻密度最高值在 10 月，二者差异的主要原因是，10 月第一优势种中肋骨条藻密度较高，而且该种类常常聚集成长链状，较容易被采样网采集（图 7.3-11）。水样浮游植物密度最低值出现在 6

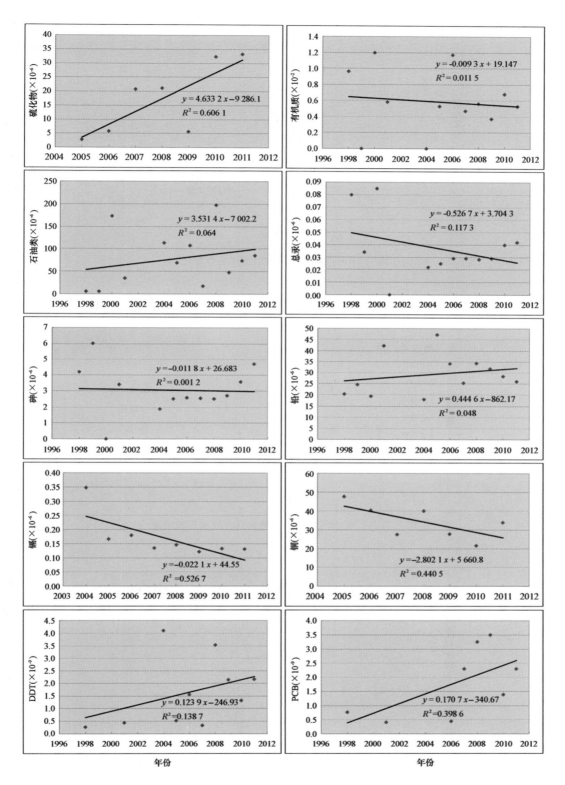

图 7.3-9　历年来象山港沉积物浓度变化趋势

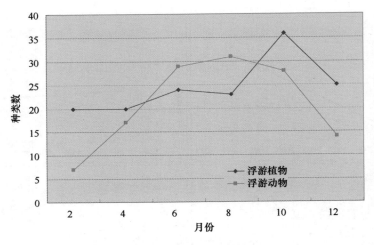

图 7.3-10　象山港浮游生物种类数变化

月，而网采样品浮游植物密度最低值和硅藻类最低值出现在 2 月（图 7.3-12）。

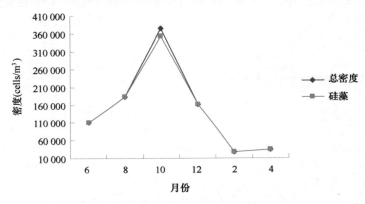

图 7.3-11　象山港网采浮游植物总密度和硅藻密度

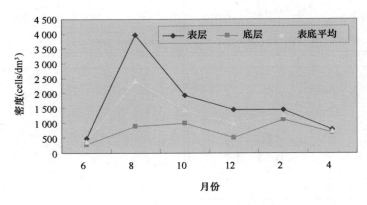

图 7.3-12　象山港水样浮游植物密度

综合上述浮游植物群落结构特征，8 月和 2 月无论从浮游植物密度分布角度，还是组成方面均具有典型代表性，分布代表了高温和低温季节象山港浮游植物特征，在进行趋势性监测时，可分别代表夏季（丰水季）和冬季（枯水季）。

（2）浮游动物

浮游动物密度和生物量最高值均出现于8月，密度最低值出现在12月，生物量最小值出现在2月。

浮游动物密度和生物量8月至12月间均呈下降趋势，密度的下降速度高于生物量下降速度，12月至翌年2月，浮游动物密度升高，生物量仍继续下降，2月至8月间密度和生物量均升高（图7.3-13和图7.3-14）。

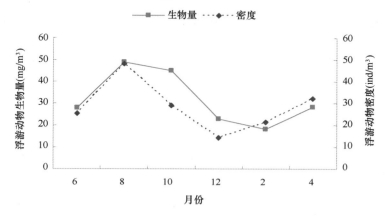

图7.3-13　象山港浮游动物密度和生物量周年变化

因此，浮游动物监测时间分别定于8月和2月，代表夏季（丰水季）和冬季（枯水季）。

（3）涨落潮浮游生物调查频率优化

根据连续观测站昼夜调查分析结果，浮游植物和浮游动物分布与潮水涨落间关系明显，浮游生物昼夜分布呈现单峰或多峰的分布特点，因此，浮游生物分涨落潮进行调查采样是必要的（图7.3-14和图7.3-15）。

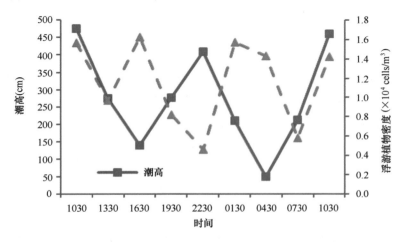

图7.3-14　象山港浮游植物网样密度及潮汐周日变化情况

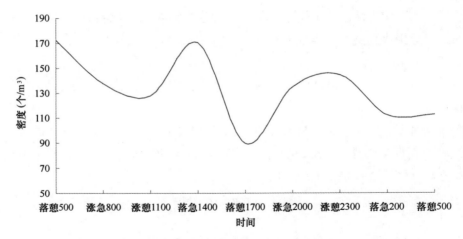

图 7.3-15　象山港浮游动物密度周日连续变化（2011 年 7 月 18 日）

（4）大小潮浮游生物调查频率优化

根据大小潮调查分析结果，浮游植物和浮游动物分布与大小潮间关系明显，浮游生物分布呈现大潮低于小潮的分布特点，因此，浮游生物分大小潮进行调查采样是必要的（图 7.3-16）。

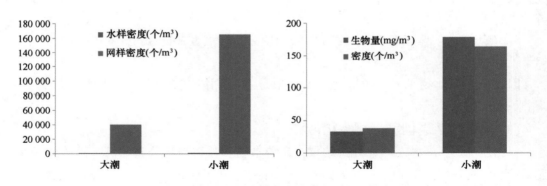

图 7.3-16　象山港浮游生物密度大小潮统计

7.3.4.2　鱼类浮游生物

根据在象山港港口大岛礁及附近海域进行的每两个月 1 次的浮游生物调查资料，对浮游动物数据中的鱼类浮游生物数据进行分析结果显示，4 月份象山港鱼卵和仔稚鱼密度最高，6—8 月有一定密度的分布，10 月至翌年 2 月的调查样品中未发现鱼卵和仔稚鱼（图 7.3-17）。因此，鱼类浮游生物的调查时间根据密度最大的时刻进行调查，即安排在 4 月。

7.3.4.3　底栖生物

由于底栖生物的生存受底栖环境的影响，夏季和冬季，象山港港口、港中和港底各区

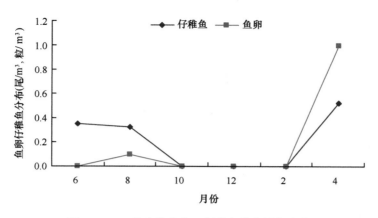

图 7.3-17　象山港鱼卵、仔稚鱼分布周年变化

域站位底栖生物密度（N）、种类数（S）、多样性指数（H'）、丰富度（d）和均匀度（J）等生态学指标如表 7.3-8。夏季，底栖生物密度（N）、种类数（S）和丰富度（d）港底>港中>港口，多样性指数（H'）港中>港底>港中，均匀度（J）港口≈港中>港底。冬季，底栖生物密度（N）港底>港口>港中，种类数（S）、多样性指数（H'）和丰富度（d）港口>港底>港中，均匀度（J）港口≈港中>港底。因此，象山港底栖生物的监测时间与频率同沉积物。

表 7.3-8　象山港底栖生物多样性等生态学指标统计

季节		夏季					冬季				
区域	站号	N（ind/m²）	S（种）	H'	d	J	N（ind/m²）	S（种）	H'	d	J
港口	QS1	25	3	1.37	0.43	0.86	45	4	1.97	0.55	0.99
	QS2	30	5	2.25	0.82	0.97	65	4	1.83	0.50	0.92
	QS3	20	3	1.50	0.46	0.95	20	4	2.00	0.69	1.00
	QS4	45	4	1.84	0.55	0.92	90	6	1.95	0.77	0.75
	QS5	145	7	1.77	0.84	0.63	65	5	2.13	0.66	0.92
	QS6	120	4	1.42	0.43	0.71	30	4	1.92	0.61	0.96
	QS7	20	4	2.00	0.69	1.00	30	3	1.46	0.41	0.92

季节		夏季					冬季				
区域	站号	N（ind/m²）	S（种）	H'	d	J	N（ind/m²）	S（种）	H'	d	J
港中	QS08	175	8	2.78	0.94	0.93	20	4	2.00	0.69	1.00
	QS09	55	8	2.40	1.21	0.80	20	3	1.50	0.46	0.95
	QS10	75	5	1.91	0.64	0.82	45	2	0.76	0.18	0.76
	QS11	90	6	2.29	0.77	0.89	15	2	0.92	0.26	0.92
	QS12	75	4	1.69	0.48	0.84	20	2	1.00	0.23	1.00
	QS13	75	6	2.15	0.80	0.83	45	3	1.44	0.36	0.91
	QS14	50	5	2.12	0.71	0.91	65	3	1.46	0.33	0.92
	QS15	50	5	1.96	0.71	0.84	20	2	1.00	0.23	1.00
	QS16	135	8	2.25	0.99	0.75	35	4	1.84	0.58	0.92
	QS17	65	6	2.29	0.83	0.89	10	2	1.00	0.30	1.00
	QS18	45	4	1.75	0.55	0.88	30	1	0.00	0.00	—
港底	QS19	350	9	1.20	0.95	0.38	50	4	1.90	0.53	0.95
	QS20	39.9	6	2.12	0.94	0.82	35	5	2.13	0.78	0.92
	QS21	283.3	10	2.23	1.10	0.67	80	2	0.90	0.16	0.90
	QS22	85	6	2.18	0.78	0.84	290	2	0.29	0.12	0.29
	QS23	480	6	0.91	0.56	0.35	60	4	1.42	0.51	0.71
	QS24	225	6	1.36	0.64	0.52	425	4	0.41	0.34	0.21
	QS25	416.4	14	1.95	1.49	0.51	45	5	2.20	0.73	0.95
	QS26	3 439.9	6	0.15	0.43	0.06	15	3	1.58	0.51	1.00
	QS27	370	13	2.66	1.41	0.72	35	5	2.24	0.78	0.96
	QS28	510	11	1.71	1.11	0.50	35	5	2.24	0.78	0.96
	QS29	80	8	2.73	1.11	0.91	45	3	1.39	0.36	0.88
	QS30	35	5	2.24	0.78	0.96	10	2	1.00	0.30	1.00
	QS31	70	6	1.95	0.82	0.75	250	2	0.24	0.13	0.24

7.3.4.4　潮间带生物

根据潮间带生物种具有季节代表性的关键类群出现来确定潮间带生物调查时间。

根据宁波海洋监测中心站在象山港港口大岛礁及附近海域进行的每两个月 1 次的潮间

带生物调查资料,大岛礁潮间带为岩石相潮间带,最显著的季节性差异是,中潮区和低潮区在冬季开始进入大型海藻场生态群落类型,冬季和次年春季大型海藻为中低潮区大型动物提供食物来源和良好的隐蔽栖息场所,生物多样性也较高。进入夏季,随着气温和水温升高,大型海藻逐渐消亡,生物多样性也逐渐降低,夏季和秋季生态类型基本相似,直到冬季海藻孢子再次萌发生长。

因此,我们选取具有季节性且在冬季和春季生物量和覆盖率较大的孔石莼作为季节优化指标,判断象山港潮间带季节分界点。

孔石莼,北方海区岩相潮间带常见种类,象山港海域仅见于冬季和春季,在水温高于25℃时消失。

根据孔石莼在大岛礁潮间带中潮区的生物量周年变化(图7.3-18),从4—6月孔石莼生物量急剧降低,12月至翌年2月,孔石莼生物量大幅升高。据此可认为,4—6月,从春季进入夏季,12月开始进入冬季。结合本地气候特点,每年5月进入夏季,因此,可以将5月作为春季和夏季的分界线。秋季和冬季分界线在10—12月间,结合本地气候特点,11月为秋季进入冬季的季节交替期。

结合大岛礁潮间带生态群落结构季节分布特点,冬季和春季生态群落结构特点相似,夏季和秋季生态群落特点类似,因此,可在冬春两个季节调查一次,夏秋两个季节调查一次,每年两次的调查基本能够反映潮间带的生态现状。因此,调查时间定在4月能够较好地反映春季生态特征;秋季调查时间可定于秋季的10月。

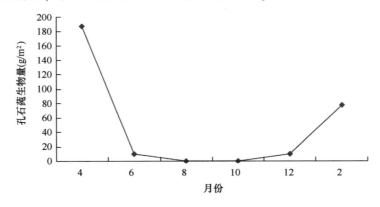

图7.3-18 象山港大岛礁潮间带中潮区孔石莼生物量周年变化

7.3.5 海岸带

海岸带的监测时间可根据水质监测时间定,监测频次为一年1次,主要通过卫星遥感影像资料的解译确定海岸带开发利用的现状,监测指标为海岸带地区的土地利用变化,如公共设施、农业用海(渔业养殖)、工业仓储、滩涂湿地、港口码头、居住区等开发类型。

7.3.6 监测时间和频率

根据以上几方面综合考虑，对象山港水文、水环境、沉积环境、生物生态、海岸带监测时间和频率进行优化，将象山港海域趋势性监测时间和频率优化如表 7.3-9 所示。

表 7.3-9 象山港海洋环境质量趋势性监测时间与频率

类别	指标	调查时间
海洋水文	水交换周期 温度、盐度	丰水期进行 1 次；枯水期进行 1 次； 丰水期进行 1 次；枯水期进行 1 次
水环境	溶解氧、无机氮、活性磷酸盐、石油类、COD、铜、铅、锌、铬、镉、汞、砷、六 六 六、DDT、PCB	丰水期：8 月，进行 1 次；枯水期：12 月至翌年 2 月，进行 1 次
	浮游植物、浮游动物、鱼卵仔鱼	浮游植物、浮游动物：2 月、8 月各进行 1 次；并根据大小潮、涨落潮分别进行调查取样。鱼卵仔鱼：4 月进行 1 次
沉积环境	石油类、铅、锌、六六六、DDT、PCBs	每年 1 次（8 月）
	粒度、汞、砷、镉、铬、铜	每两年 1 次（8 月）
	底栖生物	同沉积物监测时间（每年 1 次，8 月）
潮间带环境	潮间带生物	春季：4 月；秋季：10 月
	公共设施、农业、工业仓储、滩涂湿地、港口码头、居住区	一年 1 次

7.4 同步化处理

象山港水域宽广，水质监测站点位置分散，由于资源有限，对所有测站点完成水体采样所需花费的时间较长。所以各个测点监测所得的数据在在时间分布上差异较大，无法在水质调查时做到完全同步采样。海洋作为一种流体其物质浓度会因对流、扩散、衰减等作用而不断变化。因此，非同步采样数据不能准确反映出海洋水质环境的真实状态，尤其当水质状态的空间差异较大时误差将会更大。所以我们有必要对其进行同步化处理。

下面我们在建立潮流数值模拟的基础上，采用拉格朗日质点漂移的计算方法计算分析港湾水质点运移规律和特点，根据每个测点的位置和时间对一个航次的监测结果进行同步化处理。根据同步化要求，采样时水质在高平潮前后一小时左右完成采样，在此范围内，浓度的变化基本认为没有迁移转化，能比较准确地反映象山港海域的总体水质环境质量。

374

7.4.1 计算方法

在流体力学中，从拉格朗日观点出发研究流体质点在物理空间内的运动轨迹，可在很大程度上反映流体的真实流动状况。本次研究采用拉格朗日质点追踪方法求解各采样水质点在某一特定时刻的位置，从而得到同一时刻象山港内水质的实际分布情况。拉格朗日粒子运动轨迹基于下列微分方程：

$$\frac{\mathrm{d}\boldsymbol{r}_i}{\mathrm{d}t} = v_a(\boldsymbol{r}_i,\ t) + v_d(\boldsymbol{r}_i,\ t) \tag{7.4-1}$$

式中，$\boldsymbol{r}_i$ 为粒子坐标；$v_a(\boldsymbol{r}_i,\ t)$ 为坐标 $\boldsymbol{r}_i$ 处 t 时刻的平流速度；$v_d(\boldsymbol{r}_i,\ t)$ 为坐标 $\boldsymbol{r}_i$ 为坐标处 t 时刻的随机速度。

微分方程（7.4-1）的求解可以用龙格-库塔方法求解，也可以采用欧拉方法进行求解。欧拉法是数值求解微分方程最简单、最普遍的方法，但欧拉法只有一阶精度，产生的误差较大，其截断误差为 O（h2）。龙格库塔方法实质上是间接地使用泰勒级数的一种级数，即设法在（$\boldsymbol{r}_i$，$\boldsymbol{r}_{i+1}$）内多预测几个点的斜率值作为平均斜率，以构造出具有高精度的算法。本次研究采用四阶龙格—库塔法来求解拉格朗日质点运动方程。使用这种方法每一步需要计算四次函数值，其截断误差为 O（h5）。用龙格-库塔方法求解方程，计算过程可表示为：

$$a_i = \Delta t\left[v_a(\boldsymbol{r}_i^n,\ t^n) + v_d(x_i^n,\ t^n)\right] \tag{7.4-2}$$

$$b_i = \Delta t\left[v_a\left(\boldsymbol{r}_i^n + \frac{1}{2}a_i,\ t^{n+1/2}\right) + v_d\left(x_i^n + \frac{1}{2}a_i,\ t^{n+1/2}\right)\right] \tag{7.4-3}$$

$$c_i = \Delta t\left[v_a\left(\boldsymbol{r}_i^n + \frac{1}{2}b_i,\ t^{n+1/2}\right) + v_d\left(x_i^n + \frac{1}{2}b_i,\ t^{n+1/2}\right)\right] \tag{7.4-4}$$

$$d_i = \Delta t\left[v_a\left(\boldsymbol{r}_i^n + \frac{1}{2}c_i,\ t^{n+1}\right) + v_d\left(x_i^n + \frac{1}{2}c_i,\ t^{n+1}\right)\right] \tag{7.4-5}$$

$$\boldsymbol{r}_i^{n+1} = \boldsymbol{r}_i^n + \frac{1}{6}(a_i + 2b_i + 2c_i + d_i) \tag{7.4-6}$$

上述龙格—库塔方法需要求解中间时刻的速度值，而中间时刻速度用插值法求得，四阶插值速度为：

$$v_i^{n+1/2} = \frac{5}{16}v_i^{n+1} + \frac{15}{16}v_i^n - \frac{5}{16}v_i^{n-1} + \frac{1}{16}v_i^{n-2} \tag{7.4-7}$$

公式中用到了 $n+1$，n，$n-1$，$n-2$ 时刻的流速值。

同步化计算时，假定水质点在流动过程中质点内物质不发生变化，所以计算时假定随机速度 v_d 为 0。

7.4.2 数值试验

不考虑粒子的扩散速度，假设公式（7.4-1）的流场为：

$$\begin{cases} u = (x + t)/10 \\ v = (\ln t - y)/t \end{cases} \qquad (7.4-8)$$

在已确定的流场中粒子轨迹的精确解为：

$$\begin{cases} x(t) = e^{at}(x_0\cos bt - y_0\sin bt) \\ y(t) = e^{at}(x_0\sin bt - y_0\cos bt) \end{cases} \qquad (7.4-9)$$

式中，x_0 和 y_0 为粒子的初始坐标；$x(t)$ 和 $y(t)$ 为 t 时刻粒子的坐标。取 $a=0.001$，$b=0.000\,5$ 所确定流场进行数值实验。假设 $t=0$ 时刻，1 号粒子的坐标为（1 200，100）；$t=3\,000$ 时，2 号粒子的坐标为（$-7\,176$，40 780）。则 1 号粒子的轨迹方程分别为：

$$\begin{cases} x(t) = e^{0.001t}(1\,200\cos 0.000\,5t - 100\sin 0.000\,5t) \\ y(t) = e^{0.001t}(1\,200\sin 0.000\,5t - 100\cos 0.000\,5t) \end{cases} \qquad (7.4-10)$$

2 号粒子的轨迹方程为：

$$\begin{cases} x(t) = e^{0.001t}(2\,000\cos 0.000\,5t - 500\sin 0.000\,5t) \\ y(t) = e^{0.001t}(2\,000\sin 0.000\,5t - 500\cos 0.000\,5t) \end{cases} \qquad (7.4-11)$$

现在我们求解 $t=1\,500$ 时，两个粒子的坐标。取 $\Delta t=150$，进行数值求解，各时刻粒子坐标见表 7.4-1 和表 7.4-2。

表 7.4-1　1 号粒子不同时刻坐标值

时刻 （s）	数值解		精确解	
	x 坐标值	y 坐标值	x 坐标值	y 坐标值
0	1 200.000	100.000	1 200.000	100.000
150	1 381.577	220.323	1 381.576	220.324
300	1 581.472	375.533	1 581.470	375.535
450	1 799.552	572.756	1 799.548	572.759
600	2 035.044	820.237	2 035.037	820.241
750	2 286.333	1 127.462	2 286.322	1 127.467
900	2 550.723	1 505.280	2 550.707	1 505.286
1 050	2 824.146	1 966.023	2 824.124	1 966.030
1 200	3 100.816	2 523.630	3 100.785	2 523.636
1 350	3 372.814	3 193.741	3 372.773	3 193.746
1 500	3 629.606	3 993.789	3 629.553	3 993.792

表 7.4-2　2号粒子不同时刻坐标值

时刻 （s）	数值解		精确解	
	x 坐标值	y 坐标值	x 坐标值	y 坐标值
3 000	−7 176.000	40 780.000	−7 176.026	40 780.847
2 850	−3 529.097	35 463.763	−3 529.037	35 464.527
2 700	−741.858	30 665.707	−741.731	30 666.388
2 550	1 340.959	26 367.841	1 341.136	26 368.440
2 400	2 851.438	22 544.711	2 851.650	22 545.232
2 250	3 901.303	19 165.953	3 901.539	19 166.400
2 100	4 584.487	16 198.298	4 584.736	16 198.678
1 950	4 979.466	13 607.137	4 979.721	13 607.455
1 800	5 151.363	11 357.703	5 151.616	11 357.965
1 650	5 153.830	9 415.956	5 154.077	9 416.168
1 500	5 030.720	7 749.219	5 030.958	7 749.388

　　从上述两个表格可以看出用龙格-库塔法求解质点运动轨迹误差较小，可用于监测数据同步化处理。在用 Delft-3D 软件模拟得到与实际接近的流场的基础上，采用上述粒子追踪的方法，我们可以得到测站采样水质点在任一时刻的位置，从而做到所有测站数据的同步化（见图 7.4-1）。

7.4.3　监测数据同步化

　　在建立潮流数值模拟的基础上，采用拉格朗日质点追踪的方法对 2011 年 7 月 18 日象山港内的监测结果进行同步化处理。根据各测点的采样时间，将监测数据分为上午采样和下午采样两部分（见表 7.4-3）。上午采样的时间主要集中在 09：00—11：30，下午采样的时间主要集中在 14：00—16：30。本次同步化处理将上午段的采样数据分别同步到 09：00、10：30 和 11：30，下午段的采样数据分别同步到 14：00、15：00 和 16：30。根据各监测点时间和坐标，用同步化处理技术处理后得到各站采样水体在 2011 年 7 月 18 日 09：00、10：30、11：30、14：00、15：00、16：30 时的实际位置。

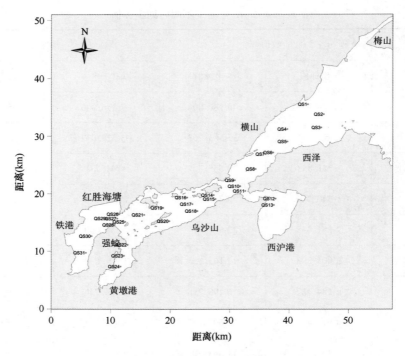

图 7.4-1 象山港同步化前测站位置

表 7.4-3 象山港同步化前各测站坐标及采样时间

测站	同步化前坐标		采样时间	
	纬度（N）	经度（E）	上午	下午
QS1	29°40′55.81″	121°50′40″	09：00	16：20
QS2	29°40′0″	121°52′20 ″	09：15	16：05
QS3	29°38′45.35″	121°52′5.34″	09：40	15：50
QS4	29°38′34.80″	121°48′32.40″	10：02	15：25
QS5	29°37′24.60″	121°48′34.20″	10：15	15：05
QS6	29°36′21.60″	121°47′6″	10：30	14：50
QS7	29°36′12″	121°46′18″	10：40	14：40
QS8	29°34′48″	121°45′18″	11：00	14：23
QS9	29°33′44″	121°43′7.46″	11：23	14：10
QS10	29°33′10.51″	121°43′41.63″	11：30	14：00
QS11	29°32′44″	121°44′14″	09：01	15：26
QS12	29°32′2″	121°47′24″	09：25	15：53
QS13	29°31′26″	121°47′14″	09：33	16：07

测站	同步化前坐标		采样时间	
	纬度（N）	经度（E）	上午	下午
QS14	29°32′19″	121°40′57″	10：37	14：00
QS15	29°31′57″	121°41′8″	10：55	13：40
QS16	29°32′4″	121°38′12″	11：51	12：40
QS17	29°31′27″	121°38′45″	11：40	12：49
QS18	29°30′48″	121°39′17″	11：27	13：00
QS19	29°31′4″	121°35′42″	09：49	15：40
QS20	29°29′49″	121°36′22″	10：20	15：15
QS21	29°30′23″	121°33′45″	08：55	16：16
QS22	29°27′33″	121°32′4″	11：05	14：35
QS23	29°26′31″	121°31′45″	11：25	14：25
QS24	29°25′30″	121°31′22″	11：38	14：10
QS25	29°29′42″	121°31′47″	10：30	13：51
QS26	29°30′25″	121°31′9″	09：38	14：37
QS27	29°30′0″	121°30′57″	09：47	14：29
QS28	29°29′24″	121°30′42″	09：10	15：05
QS29	29°30′0″	121°29′49.20″	09：17	14：57
QS30	29°28′19″	121°28′18″	08：15	15：50
QS31	29°26′45″	121°27′47″	08：00	16：11

7.4.3.1 象山港上午同步化结果

观察同步化结果，与同步化前的监测站位置进行对比，上午各监测站坐标同步化到
9：00时（图7.4-2），除港底铁港海区QS30、QS31两个测站向港底方向移动，其余测站
均向象山港口门方向移动，其中黄墩港和西沪港内测站向港中海域移动。监测站的移动路
径随着采样时间与同步化标准时间的时差增大而增加（表7.4-4），如QS1和QS11采样时
间分别为9：00和9：01，尽管QS11实际有产生约70 m左右的移动路径，由于海域尺度
较大，小距离的移动对监测结果的分布不会产生明显影响，因此可以认为没有发生位移，
QS16采样时间为11：51，时差最大，移动路径最长，达到9 500 m，其余测站位移在
300~9 000 m范围内变化。从表中数据还可以得到，当监测站采样时间与同步化标准时间
的时差一致时，监测站所在位置对其同步化后的移动路径也会产生一定的影响，以QS6、

QS14 和 QS25 为例，采样时间分别是 10：30、10：37 和 10：30，同步化后的移动路径分别是 4 700 m、5 500 m 和 2 900 m，基本上表现为港中最大、口门次之，港底最小的特征，采样时间约为 11：00 的 QS8、QS15 和 QS22 三站有同样的结果，表明因受不同海区的潮流状态的影响，监测站位同步化后的结果会有所不同。

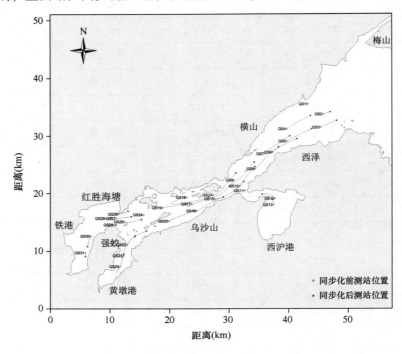

图 7.4-2　象山港同步化到 09：00 时测站位置

表 7.4-4　象山港同步化到 9：00 时测站移动路径 　　　　单位：m

监测站位	时差	移动路径	监测站位	时差	移动路径
QS1	00：00	0	QS11	00：01	70
QS2	00：15	1 200	QS12	00：25	2 400
QS3	00：40	3 000	QS13	00：33	1 000
QS4	01：02	4 600	QS14	01：37	5 500
QS5	01：15	4 700	QS15	01：55	6 200
QS6	01：30	4 700	QS16	02：51	9 500
QS7	01：40	5 200	QS17	02：40	9 000
QS8	02：00	5 900	QS18	02：27	5 100
QS9	02：23	6 900	QS19	00：49	4 100
QS10	02：30	7 000	QS20	01：20	4 500

监测站位	时差	移动路径	监测站位	时差	移动路径
QS21	00：05	400	QS27	00：47	2 500
QS22	02：05	4 800	QS28	00：10	350
QS23	02：25	5 000	QS29	00：17	900
QS24	02：38	4 700	QS30	00：45	1 900
QS25	01：30	2 900	QS31	01：00	700
QS26	00：38	1 700			

　　同步化到10：30时（图7.4-3），港底铁港、黄墩港和西沪港海区测站均向各港内移动，港中海域测站位置移动大部分都不甚明显，少有部分测站有较小距离的移动，口门测站（QS1、QS2、QS3）出现向港内移动的结果。由于上午采样时间主要集中在9：00~11：30，采样时间与同步化标准时间的时差均较小，约2/3的测站时差小于1 h，除港底QS30、QS31两站外，其余测站时差均小于1.5 h。监测站的移动路径随着采样时间与同步化标准时间的时差增大而增加（表7.4-5），由于时差较小，移动路径与同步化到9：00时相比，明显有所减小，约2/3的测站移动路径都在2 000 m以内，最大移动路径仅为4 570 m。

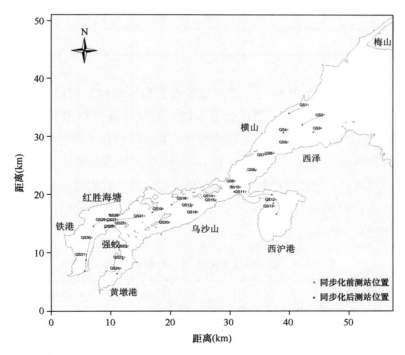

图7.4-3　象山港同步化到10：30时测站位置

表 7.4-5　同步化到 10：30 时测站移动路径　　　　　　　　　　单位：m

监测站位	时差	移动路径	监测站位	时差	移动路径
QS1	01：30	3 560	QS17	01：10	1 450
QS2	01：15	4 050	QS18	00：57	10
QS3	00：50	1 550	QS19	00：41	1 950
QS4	00：28	850	QS20	00：10	100
QS5	00：15	220	QS21	01：35	4 570
QS6	00：00	0	QS22	00：35	440
QS7	00：10	50	QS23	00：55	680
QS8	00：30	280	QS24	01：08	1 270
QS9	00：53	1 160	QS25	00：00	0
QS10	01：00	1 400	QS26	00：52	1 600
QS11	01：29	4 900	QS27	00：43	1 700
QS12	01：05	2 750	QS28	01：20	1 800
QS13	00：57	750	QS29	01：13	2 530
QS14	00：07	30	QS30	02：15	3 990
QS15	00：25	250	QS31	02：30	2 980
QS16	01：21	2 960			

同步化到 11：30 时（图 7.4-4），黄墩港及红胜海塘海域监测站位置移动路径较小，基本维持在原有区域，稍有位移，湾顶铁港、湾中海域测站位移稍大，移动方向不甚一致，湾口测站（QS1、QS2、QS3）仍向湾内移动。监测站的移动路径随着采样时间与同步化标准时间的时差增大而增加（表 7.4-6），由于同步化标准时间选定了监测采样时间范围的结束时刻，造成时差的监测站数量增加，相应移动路径较大的监测站也会增加，同时移动路径将增大。移动路径与前两次同步化比较，比 9：00 时较小，比 10：30 时较大，移动距离最大达到 6 750 m。

表 7.4-6　象山港同步化到 11：30 时测站移动路径　　　　　　　　　单位：m

监测站位	时差	移动路径	监测站位	时差	移动路径
QS1	02：30	5 360	QS4	01：28	1 920
QS2	02：15	5 100	QS5	01：15	1 730
QS3	01：50	3 160	QS6	01：00	1 720

监测站位	时差	移动路径	监测站位	时差	移动路径
QS7	00：50	1 370	QS20	01：10	1 600
QS8	00：30	1 080	QS21	02：35	5 700
QS9	00：07	320	QS22	00：25	700
QS10	00：00	0	QS23	00：05	100
QS11	02：29	5 700	QS24	00：08	160
QS12	02：05	3 630	QS25	01：00	1 170
QS13	01：57	2 300	QS26	01：52	2 990
QS14	00：53	2 300	QS27	01：43	2 570
QS15	00：35	1 500	QS28	02：20	3 000
QS16	00：21	1 200	QS29	02：13	3 620
QS17	00：10	380	QS30	03：15	5 830
QS18	00：03	2 060	QS31	03：30	6 750
QS19	01：41	2 900			

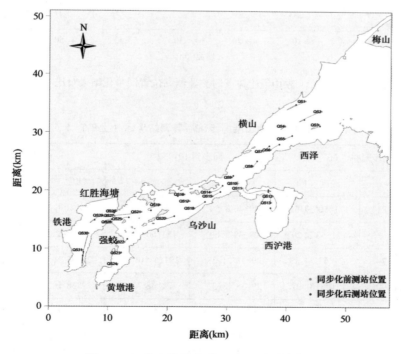

图 7.4-4　象山港同步到 11：30 时测站位置

对比上午各个时刻的同步化结果（图7.4-5，表7.4-7），监测站所在位置随着时间的推移，逐步往港内方向进行移动，以10：30为一个折点转向往港外移动。根据7月18日当天的象山港流场计算结果知道，上午涨潮时刻约为10：00—11：00之间，因此监测站位置的移动与象山港上午的涨潮过程是一致的。结合3个时刻的同步化结果，可知监测站移动路径主要表现为港中最大，口门次之，港底最小的分布特征，促成这个现象的原因是象山港内各海区潮流流速在港中较大，口门和港底较小，口门处又因位于开阔海域而稍大于港底。

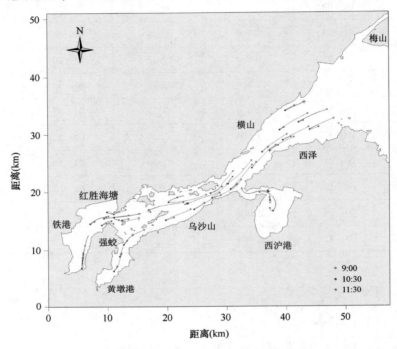

图7.4-5　象山港上午各时刻监测站位置同步化结果对比

表7.4-7　象山港同步化后各测站坐标（上午）

测站	同步到09：00		同步到10：30		同步到11：30	
	纬度（N）	经度（E）	纬度（N）	经度（E）	纬度（N）	经度（E）
QS1	29°40′55.81″	121°50′39.59″	29°40′6.50″	121°48′41.10″	29°40′6.50″	121°48′41.10″
QS2	29°40′12.65″	121°53′3.20″	29°39′2.60″	121°50′4.61″	29°39′2.60″	121°50′4.61″
QS3	29°39′24.79″	121°53′54.19″	29°38′21.38″	121°51′14.77″	29°38′21.38″	121°51′14.77″
QS4	29°39′50.90″	121°51′0.97″	29°38′18.33″	121°48′7.07″	29°38′18.33″	121°48′7.07″
QS5	29°38′36.33″	121°51′7.73″	29°37′21.02″	121°48′27.27″	29°37′21.02″	121°48′27.27″
QS6	29°37′38.95″	121°49′36.36″	29°36′21.60″	121°47′6.00″	29°36′21.60″	121°47′6.00″
QS7	29°37′54.13″	121°48′52.14″	29°36′13.11″	121°46′18.87″	29°36′13.11″	121°46′18.87″
QS8	29°36′52.36″	121°47′43.75″	29°34′43.40″	121°45′16.03″	29°34′43.40″	121°45′16.03″

测站	同步到 09：00		同步到 10：30		同步到 11：30	
	纬度（N）	经度（E）	纬度（N）	经度（E）	纬度（N）	经度（E）
QS9	29°35′25.40″	121°45′12.75″	29°33′12.88″	121°42′46.50″	29°33′12.88″	121°42′46.50″
QS10	29°35′0.27″	121°45′16.71″	29°32′42.73″	121°43′2.83″	29°32′42.73″	121°43′2.83″
QS11	29°32′46.17″	121°44′13.52″	29°32′29.27″	121°46′58.52″	29°32′29.27″	121°46′58.52″
QS12	29°32′24.81″	121°46′4.01″	29°30′41.57″	121°47′28.72″	29°30′41.57″	121°47′28.72″
QS13	29°31′57.00″	121°47′6.72″	29°31′41.71″	121°47′8.41″	29°31′41.71″	121°47′8.41″
QS14	29°34′23.77″	121°43′16.92″	29°32′19.08″	121°40′58.00″	29°32′19.08″	121°40′58.00″
QS15	29°33′35.56″	121°44′9.06″	29°31′52.88″	121°41′7.42″	29°31′52.88″	121°41′7.42″
QS16	29°32′9.60″	121°40′30.91″	29°31′27.02″	121°36′34.94″	29°31′27.02″	121°36′34.94″
QS17	29°33′10.09″	121°42′38.97″	29°31′19.47″	121°38′36.35″	29°31′19.47″	121°38′36.35″
QS18	29°32′6.83″	121°42′1.47″	29°30′47.91″	121°39′16.68″	29°30′47.91″	121°39′16.68″
QS19	29°31′26.99″	121°38′9.83″	29°30′42.95″	121°34′33.72″	29°30′42.95″	121°34′33.72″
QS20	29°30′48.27″	121°38′55.24″	29°29′47.03″	121°36′19.15″	29°29′47.03″	121°36′19.15″
QS21	29°30′20.49″	121°33′32.07″	29°29′59.67″	121°30′57.79″	29°29′59.67″	121°30′57.79″
QS22	29°28′52.59″	121°34′4.68″	29°27′28.13″	121°31′58.71″	29°27′28.13″	121°31′58.71″
QS23	29°28′20.81″	121°32′53.16″	29°26′20.92″	121°31′35.17″	29°26′20.92″	121°31′35.17″
QS24	29°26′39.83″	121°31′45.40″	29°24′58.16″	121°30′58.70″	29°24′58.16″	121°30′58.70″
QS25	29°29′57.43″	121°33′32.15″	29°29′42.00″	121°31′46.99″	29°29′42.00″	121°31′46.99″
QS26	29°30′42.36″	121°32′8.38″	29°30′27.69″	121°30′12.48″	29°30′16.17″	121°30′55.35″
QS27	29°30′11.56″	121°32′29.60″	29°29′52.23″	121°29′54.34″	29°29′52.23″	121°29′54.34″
QS28	29°29′23.65″	121°30′53.93″	29°29′14.94″	121°29′40.12″	29°29′39.18″	121°30′41.18″
QS29	29°30′4.40″	121°30′22.15″	29°29′21.29″	121°28′27.87″	29°29′21.29″	121°28′27.87″
QS30	29°27′20.07″	121°27′57.18″	29°26′13.33″	121°27′44.37″	29°26′13.33″	121°27′44.37″
QS31	29°26′23.95″	121°27′45.76″	29°25′12.80″	121°27′37.46″	29°25′12.80″	121°27′37.46″

7.4.3.2　象山港下午同步化结果

象山港下午各监测站同步化到 14：00 时（图 7.4-6），港底的测站位置主要发生向港内方向的位移，港中乌沙山海域处测站发生向外海方向的位移，口门、西沪港海域测站则发生向港内的位移。监测站的移动路径随着采样时间与同步化标准时间的时差变化而变化

（表 7.4-8），在同一海区，监测站的移动路径基本随着时差的增大而增大，如象山港口门附近海区 QS1~QS10，除 QS1 之外，其余均随时差增大而移动较长路径，其他海区监测站移动情况亦基本符合这个规律，QS2 的移动路径最大，达到 4 540 m。从表中数据还可以得到，当监测站采样时间与同步化标准时间的时差一致时，监测站所在位置对其同步化后的移动路径也会产生一定的影响，以 QS2、QS13 和 QS31 为例，采样时间分别是 16：05、16：07 和 16：11，同步化后的移动路径分别是 4 540 m、1 520 m 和 2 300 m，基本上表现为口门最大、港底次之、港中最小的特征，采样时间约为 15：30 的 QS4、QS11 和 QS19 三站有同样的结果，表明因受不同海区的潮流状态的影响，监测站位同步化后的结果会有所不同。

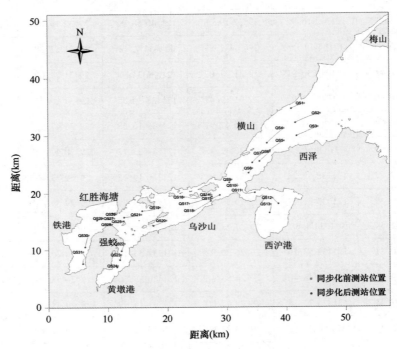

图 7.4-6　象山港同步到 14：00 时测站位置

表 7.4-8　象山港同步化到 14：00 时测站移动路径　　　　单位：m

监测站位	时差	移动路径	监测站位	时差	移动路径
QS1	02：20	2 630	QS7	00：40	2 300
QS2	02：05	4 540	QS8	00：23	1 030
QS3	01：50	3 930	QS9	00：10	650
QS4	01：25	3 840	QS10	00：00	0
QS5	01：05	2 930	QS11	01：26	2 410
QS6	00：50	2 400	QS12	01：53	1 410

监测站位	时差	移动路径	监测站位	时差	移动路径
QS13	02：07	1 520	QS23	00：25	900
QS14	00：00	0	QS24	00：10	270
QS15	00：20	1 370	QS25	00：09	240
QS16	01：20	3 650	QS26	00：37	770
QS17	01：11	3 970	QS27	00：29	950
QS18	01：00	3 220	QS28	01：05	280
QS19	01：40	3 100	QS29	00：57	1 200
QS20	01：15	2 400	QS30	01：50	2 200
QS21	02：16	2 950	QS31	02：11	2 300
QS22	00：35	1 400			

同步化到 15：00 时（图 7.4-7），港底和口门，以及西沪港内海域中的测站移动位移均较小，港中海域尤其是乌沙山附近测站（QS16、QS17、QS18）移动位移较大。监测站的移动路径随着采样时间与同步化标准时间的时差增大而增加（表 7.4-9）。由于下午采样时间主要集中在 14：00—16：30，采样时间与同步化标准时间的时差均较小，约 2/3 的

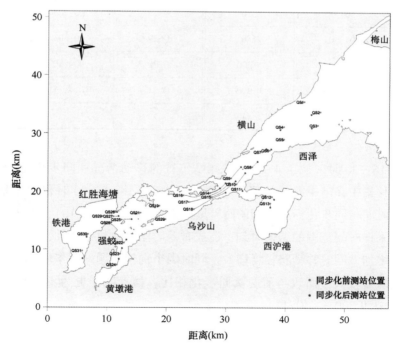

图 7.4-7　象山港同步到 15：00 时测站位置

测站时差小于 1 h，除港中 QS16、QS17、QS18 三站因采样时间在 13：00 之前而时差超过 2 h 外，其余测站时差均小于 1.5 h。由于时差较小，移动路径与同步化到 14：00 时相比，明显有所减小，除 QS16、QS17、QS18 之外，超过 2/3 的测站移动路径都在 2 000 m 以内，口门和港底海区测站大部分移动路径均在 1 000 m 以内。

表 7.4-9　象山港同步化到 15：00 时测站移动路径　　　　单位：m

监测站位	时差	移动路径	监测站位	时差	移动路径
QS1	01：20	740	QS17	02：11	7 660
QS2	01：05	1 600	QS18	02：00	6 060
QS3	00：50	1 150	QS19	00：40	810
QS4	00：25	800	QS20	00：15	300
QS5	00：05	160	QS21	01：16	870
QS6	00：10	340	QS22	00：25	690
QS7	00：20	900	QS23	00：35	1 010
QS8	00：37	1 300	QS24	00：50	1 060
QS9	00：50	2 600	QS25	01：09	1 690
QS10	01：00	2 450	QS26	00：23	260
QS11	00：26	310	QS27	00：31	840
QS12	00：53	550	QS28	00：05	30
QS13	01：07	680	QS29	00：03	40
QS14	01：00	3 200	QS30	00：50	560
QS15	01：20	4 900	QS31	01：11	1 530
QS16	02：20	6 440			

同步化到 16：30 时（图 7.4-8），各测站位置的移动情况和同步化到 15：00 时有点相似，主要位移集中在港中海域的部分测站，移动幅度比 15：00 时稍大。监测站的移动路径随着采样时间与同步化标准时间的时差增大而增加（表 7.4-10），由于同步化标准时间选定了监测采样时间范围的结束时刻，造成时差的监测站数量增加，相应移动路径较大的监测站也会增加，同时移动路径将增大。同时因个别较监测站下午较早开始采样，距同步化标准时间时差较大，而致与前两次同步化相比，移动路径更为不均匀，最小仅 10 m（QS21），最大达 9 800 m（QS17）。

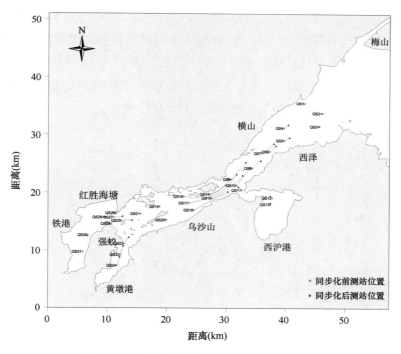

图 7.4-8　象山港同步到 16：30 时测站位置

表 7.4-10　象山港同步化到 16：30 时测站移动路径　　　　　单位：m

监测站位	时差	移动路径	监测站位	时差	移动路径
QS1	00：10	70	QS17	03：41	9 800
QS2	00：25	250	QS18	03：30	6 920
QS3	00：40	230	QS19	00：50	170
QS4	01：05	900	QS20	01：15	470
QS5	01：25	1 040	QS21	00：14	10
QS6	01：40	1 440	QS22	01：55	1 580
QS7	01：50	2 550	QS23	02：05	2 050
QS8	02：07	2 240	QS24	02：20	2 050
QS9	02：20	3 830	QS25	02：39	2 280
QS10	02：30	3 800	QS26	01：53	740
QS11	01：04	820	QS27	02：01	1 530
QS12	00：37	440	QS28	01：25	790
QS13	00：23	200	QS29	01：33	530
QS14	02：30	4 560	QS30	00：40	150
QS15	02：50	6 530	QS31	00：19	20
QS16	03：50	7 660			

对比象山港下午各个时刻的同步化结果（图7.4-9，表7.4-11），监测站位置主要随时间的推移向港外方向移动，至16：30有小部分测站发生转向想港内方向移动。根据7月18日当天的象山港流场计算结果知道，下午落憩时刻约在16：00，因此监测站位置的移动与下午的落潮过程是一致的。结合3个时刻的同步化结果，同时刻采样监测站移动路径主要表现为口门最大，港底次之，港中最小的分布特征。

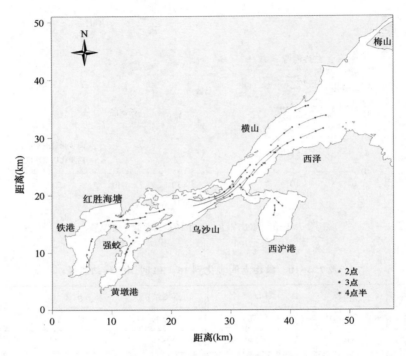

图7.4-9　象山港下午各时刻监测站位置同步化结果对比

结合象山港的涨落潮过程分析同步化结果，上午和下午的监测过程分别在涨潮期和落潮期间进行，随着监测时间跨度的增加，监测站在潮流的作用下移动路径逐渐增大，同步化后的监测站移动距离就越大。上午在涨潮流的作用下监测站位置将向湾内移动，同步化到较早时间时监测站均发生向港外的移动，同步化到较晚时间时，由于不同海监船监测采样速度不甚一致，监测站发生移动的方向也不太一致，向港内和港外的移动均有发生，移动路径相对较小；下午在落潮流的作用下监测站位置将向港外移动，与上午类似，同步化到较早时间时，较早监测的站位移动路径较小，较晚监测的移动路径较大，移动方向因海监船走向而异，大部分位移均向港内，部分监测站发生向港外的位移。对象山港不同海区而言，湾中海域较为狭窄，潮流速度较大，监测站发生的位移也相应较大。

综合监测站位的同步化结果，理论上在潮流流速最小时进行监测，监测站位置的同步化结果位移应最小，得到的监测数据应最能反映海域水质实际情况。监测布点应考虑海区流速情况，流速较小且较为稳定的海域，监测布点可按区域平均分布，流速较大且流况较为复杂的海域，监测布点应根据流路情况进行设计，尽量避免同步化后监测站位在同一区域扎堆出现的结果。

表 7.4-11　象山港同步化后各测站坐标（下午）

测站	同步到 14：00		同步到 15：00		同步到 16：30	
	纬度（N）	经度（E）	纬度（N）	经度（E）	纬度（N）	经度（E）
QS1	29°40′26.55″	121°49′16.96″	29°40′51.81″	121°50′20.87″	29°40′54.67″	121°50′37.19″
QS2	29°39′6.81″	121°49′43.17″	29°39′45.66″	121°51′23.10″	29°40′0.30″	121°52′29.49″
QS3	29°37′53.41″	121°49′51.80″	29°38′30.30″	121°51′26.40″	29°38′47.73″	121°52′13.21″
QS4	29°37′10.72″	121°46′47.11″	29°38′18.34″	121°48′9.53″	29°38′52.63″	121°48′58.79″
QS5	29°36′29.11″	121°47′6.07″	29°37′21.96″	121°48′28.87″	29°37′40.16″	121°49′7.97″
QS6	29°35′28.22″	121°46′0.93″	29°36′29.01″	121°47′15.16″	29°36′53.34″	121°47′43.57″
QS7	29°35′20.13″	121°45′16.56″	29°36′30.29″	121°46′44.26″	29°37′5.24″	121°47′30.40″
QS8	29°34′22.21″	121°44′53.67″	29°35′18.77″	121°45′50.74″	29°35′28.72″	121°46′9.85″
QS9	29°33′27.45″	121°42′52.72″	29°34′48.65″	121°44′7.98″	29°35′18.69″	121°44′37.54″
QS10	29°33′10.51″	121°43′41.63″	29°34′14.98″	121°44′34.90″	29°34′50.84″	121°45′3.29″
QS11	29°32′31.72″	121°45′33.26″	29°32′35.20″	121°44′19.29″	29°33′0.32″	121°43′52.36″
QS12	29°31′29.76″	121°48′1.01″	29°31′48.57″	121°47′37.20″	29°32′11.99″	121°47′12.38″
QS13	29°30′37.69″	121°47′6.40″	29°31′4.15″	121°47′14.01″	29°31′32.45″	121°47′12.57″
QS14	29°32′19.00″	121°40′57.00″	29°33′16.85″	121°42′32.27″	29°33′47.17″	121°42′47.26″
QS15	29°32′16.52″	121°41′53.80″	29°33′28.42″	121°43′35.64″	29°34′5.81″	121°44′18.21″
QS16	29°32′13.99″	121°40′22.78″	29°32′47.72″	121°41′57.56″	29°33′11.01″	121°42′33.87″
QS17	29°32′8.42″	121°41′4.30″	29°33′17.15″	121°42′54.59″	29°34′11.65″	121°43′41.43″
QS18	29°31′43.08″	121°40′58.52″	29°32′23.74″	121°42′33.05″	29°32′32.56″	121°42′45.70″
QS19	29°30′43.12″	121°33′50.30″	29°30′55.58″	121°35′13.41″	29°31′5.38″	121°35′42.34″
QS20	29°29′17.34″	121°35′1.54″	29°29′44.65″	121°36′11.84″	29°29′51.18″	121°36′23.15″
QS21	29°30′5.28″	121°31′58.17″	29°30′16.81″	121°33′14.19″	29°30′23.11″	121°33′44.61″
QS22	29°26′52.14″	121°31′44.14″	29°27′51.19″	121°32′18.87″	29°28′8.97″	121°32′32.53″

测站	同步到 14：00		同步到 15：00		同步到 16：30	
	纬度（N）	经度（E）	纬度（N）	经度（E）	纬度（N）	经度（E）
QS23	29°26'2.28"	121°31'34.65"	29°27'2.55"	121°31'52.46"	29°27'19.74"	121°31'59.10"
QS24	29°25'22.22"	121°31'17.21"	29°26'2.63"	121°31'33.83"	29°26'17.53"	121°31'37.41"
QS25	29°29'43.62"	121°31'55.65"	29°29'46.50"	121°32'49.18"	29°29'44.58"	121°32'49.57"
QS26	29°30'21.81"	121°31'1.28"	29°30'25.19"	121°31'18.10"	29°30'21.70"	121°31'9.52"
QS27	29°29'56.63"	121°30'21.83"	29°30'2.62"	121°31'27.93"	29°30'6.50"	121°31'48.20"
QS28	29°29'23.60"	121°30'42.73"	29°29'27.17"	121°30'42.85"	29°29'32.08"	121°30'14.43"
QS29	29°29'46.63"	121°29'8.24"	29°30'0.31"	121°29'50.75"	29°30'2.13"	121°30'0.84"
QS30	29°27'11.88"	121°27'56.12"	29°28'3.02"	121°28'9.81"	29°28'14.91"	121°28'15.22"
QS31	29°25'38.88"	121°27'43.25"	29°26'2.90"	121°27'46.33"	29°26'45.23"	121°27'44.70"

7.4.3.3 监测同步化时间控制

由物质在水体中的输移扩散规律可知，水体中的物质浓度会在对流和扩散的作用下增大或减小。在对监测站数据进行同步化时，采用拉格朗日法对流体进行描述，不考虑粒子的扩散速度，因此同步化后的浓度值与实际情况存在一定误差。结合对流扩散方程，在对监测站进行位置同步化的同时，计算监测站所在位置水团的浓度变化情况，根据对监测站位的浓度精度的要求，即可得到监测过程中应控制的时间范围。以上午同步化到 11：30 的 COD 数据为例，表 7.4-12 给出了象山港监测站同步化前后所在位置的 COD 浓度。

表 7.4-12　象山港同步化后监测站浓度变化

监测站位	同步化前浓度（mg/L）	同步化后浓度（mg/L）	浓度差百分比（%）	时差	监测站位	同步化前浓度（mg/L）	同步化后浓度（mg/L）	浓度差百分比（%）	时差
QS1	0.866	0.862	0.54	02：30	QS8	0.856	0.851	0.63	00：30
QS2	0.856	0.842	1.62	02：15	QS9	0.873	0.871	0.19	00：07
QS3	0.846	0.848	0.19	01：50	QS10	0.881	0.881	0.00	00：00
QS4	0.836	0.836	0.01	01：28	QS11	0.909	1.048	15.27	02：29
QS5	0.834	0.835	0.05	01：15	QS12	1.064	1.090	2.38	02：05
QS6	0.839	0.835	0.53	01：00	QS13	1.072	1.049	2.09	01：57
QS7	0.844	0.839	0.59	00：50	QS14	0.899	0.882	1.88	00：53

监测站位	同步化前浓度（mg/L）	同步化后浓度（mg/L）	浓度差百分比（%）	时差	监测站位	同步化前浓度（mg/L）	同步化后浓度（mg/L）	浓度差百分比（%）	时差
QS15	0.900	0.889	1.12	00：35	QS24	1.321	1.310	0.84	00：08
QS16	0.925	0.917	0.88	00：21	QS25	1.154	1.117	3.24	01：00
QS17	0.923	0.919	0.40	00：10	QS26	1.190	1.207	1.43	01：52
QS18	0.917	0.907	1.07	00：03	QS27	1.204	1.249	3.76	01：43
QS19	0.981	1.020	3.98	01：41	QS28	1.196	1.211	1.28	02：20
QS20	0.963	0.945	1.80	01：10	QS29	1.257	1.324	5.37	02：13
QS21	1.053	1.171	11.24	02：35	QS30	1.347	1.424	5.70	03：15
QS22	1.223	1.187	2.94	00：25	QS31	1.388	1.383	0.36	03：30
QS23	1.261	1.261	0.01	00：05					

计算结果显示，随着监测站位置的移动，监测站浓度的变化与监测时差的大小没有十分明显的相关性。在象山港内的31个监测站中，浓度变化最大的是QS11站，浓度差达到15.27%，距同步化标准时间为2：29，其次是QS21站，浓度差有11.24%，距同步化标准时间为2：35，除此之外其余监测站的浓度差均小于10%，而距同步化标准时间的时差从0：00到3：30不等。总体来说，在时差为2~3h时，浓度误差基本可以控制在10%以内，能比较准确地反映象山港海域的总体水质环境质量。考虑到建立水质模型时的精度要求，监测数据同步化后的误差应尽可能小，以免因产生二次误差而使模型结果无法准确反映水质环境质量，因此建议监测过程应在尽可能小的时间跨度中完成，尽量控制在3h以内，潮流流速越大时，时间应越短。

7.4.3.4 同步化后浓度分布

对比同步化前后的浓度分布（图7.4-10~图7.4-21），同步化后各时间点COD、无机氮、活性磷酸盐的浓度总体分布与同步化前基本一致，仅在小部分区域有所差别。同步化后结果以COD在09：00的分布图为例，同步化后除在西沪港内出现小面积高浓度区域、黄墩港内浓度偏高，其余部分浓度分布与同步化前相符。选取各污染物特征浓度值的包络线面积来表征同步化前和同步化后的浓度分布变化（表7.4-13）。全港海域COD均满足一类海水水质标准，取1 mg/L为浓度特征值，由面积值可知，同步化前和同步化后的变化较小，上午同步化到11：30时变化最小，下午同步化到15：00时变化最小；无机氮由于全港海域均为劣四类海水水质状态，取0.8 mg/L为特征浓度值，上午为同步化到11：30时变化最小，下午同步化到16：30时变化最小；活性磷酸盐则以四类海水水质标准为特征值，上午同步化到10：30时变化最小，下午同步化到14：00时变化最小。

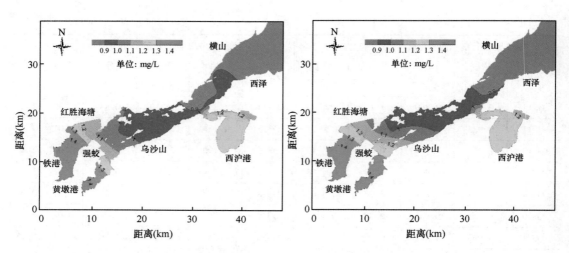

图 7.4-10　象山港同步化前上午 COD 浓度、同步到 9：00 时 COD 浓度分布图

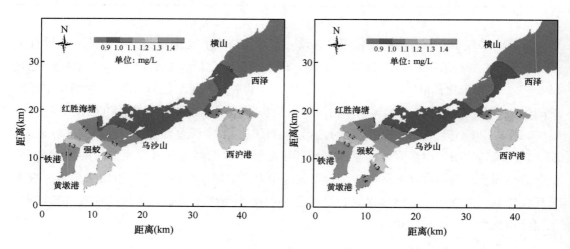

图 7.4-11　象山港同步到 10：30 时、11：30 时 COD 浓度分布图

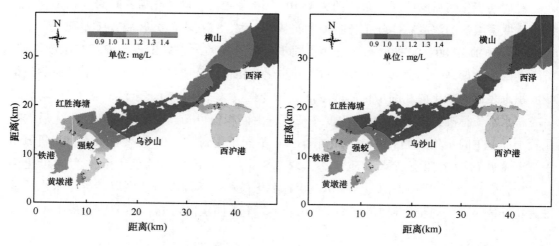

　　图 7.4-12　象山港同步化前下午 COD 浓度、同步到 14：00 时 COD 浓度分布图

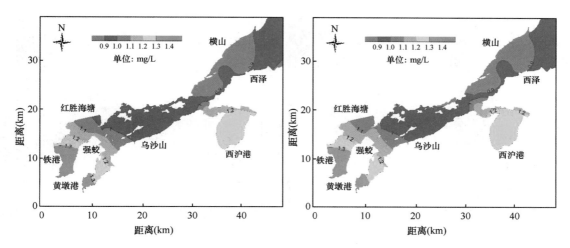

图 7.4-13 象山港同步到 15：00 时、同步到 16：30 时 COD 浓度分布图

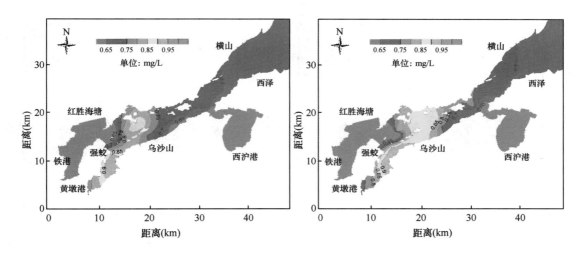

图 7.4-14 象山港同步化前上午无机氮浓度、同步到 9：00 时无机氮浓度分布图

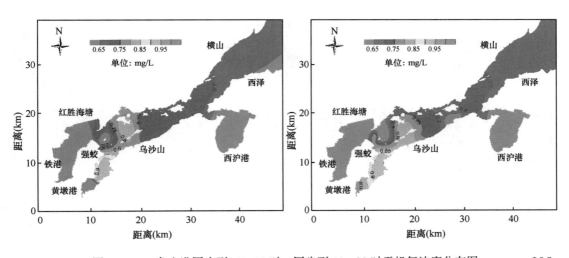

图 7.4-15 象山港同步到 10：30 时、同步到 11：30 时无机氮浓度分布图

395

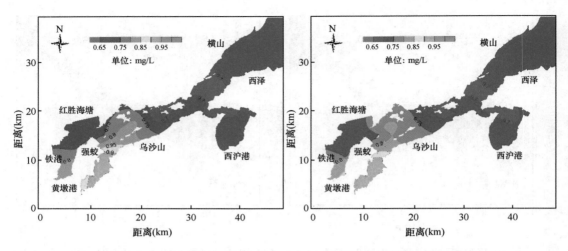

图 7.4-16 象山港同步化前下午无机氮浓度、同步到 14：00 时无机氮浓度分布图

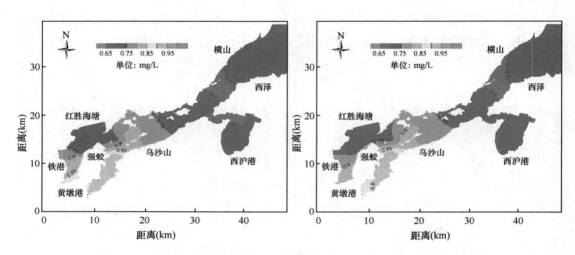

图 7.4-17 象山港同步到 15：00 时、同步到 16：30 时无机氮浓度分布图

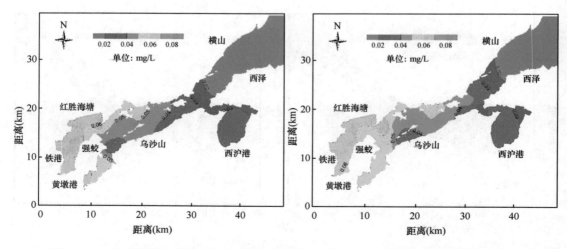

图 7.4-18 象山港同步化前上午活性磷酸盐浓度、同步到 9：00 时活性磷酸盐浓度分布图

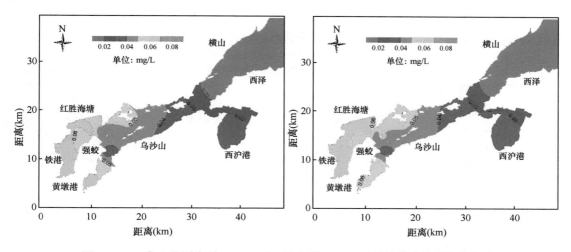

图 7.4-19　象山港同步到 10：30 时、同步到 11：30 时活性磷酸盐浓度分布图

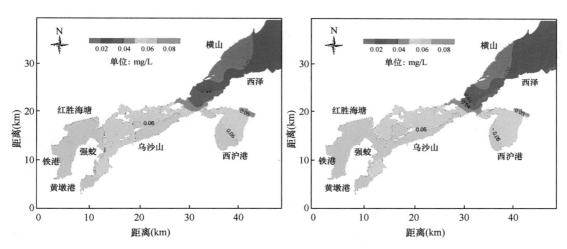

图 7.4-20　象山港同步化前下午活性磷酸盐浓度、同步到 14：00 时活性磷酸盐浓度分布图

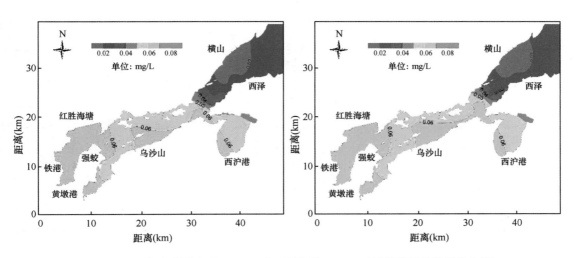

图 7.4-21　象山港同步到 15：00 时、同步到 16：30 时活性磷酸盐浓度分布图

由于同步化处理克服了各测点监测数据在时间分布上差异较大的缺点，且同步化前后浓度分布图基本一致，所以可以利用同步化后的结果进行后续计算（表7.4-13）。

表 7.4-13　象山港同步化前后污染物特征浓度包络面积　　　　单位：km²

同步化标准时间		COD （<1 mg/L）	无机氮 （<0.8 mg/L）	活性磷酸盐 （<0.045 mg/L）
同步化前（上午）		202.38	312.78	244.86
同步化后	09：00	188.44	291.04	224.78
	10：30	213.44	331.68	239.18
	11：30	206.14	322.05	230.79
同步化前（下午）		213.20	305.42	138.35
同化步化	14：00	221.78	315.64	140.44
	15：00	215.20	302.35	128.23
	16：30	208.66	305.58	121.74

7.5　小结

7.5.1　监测站位优化

在应用普通 Kriging 方差分析法优化站位的基础上，结合象山港内水动力特征、水团分布、生态特征、水污染分布特点，在象山港区域共布设 7 个水文泥沙调查站、38 个水质站、19 个沉积物站、23 生物生态站（表7.5-1）。

表 7.5-1　象山港监测站位设置

分区	水文泥沙站	水质站	沉积物站	生物生态站
A 区	1	9	5	6
B 区	1	3	2	3
C 区	2	12	6	7
D 区	2	12	5	6
E 区	1	2	1	1
合计	7	38	19	23

7.5.2 监测指标优化

通过对象山港水文、水环境、沉积物环境、指示生物、浮游生物、底栖生物和潮间带生物环境监测和评价指标等方面综合考虑，结合可操作性和必要性，最终确定水质、沉积物、生物的监测指标优化见表7.5-2。

表 7.5-2 象山港水文、水质、沉积物、生物趋势性监测指标

一级类	二级类	三级类
海洋水文	水动力	水交换周期
	水团	温度、盐度
水环境	水质污染	溶解氧、无机氮、活性磷酸盐、COD、石油类、TOC、六六六、DDT、PCB、Cu、Pb、Zn、Cd、Hg、As、Cr
	浮游生物	浮游植物、浮游动物（优势种、数量）
沉积环境	沉积物类型	粒度
	沉积物质量	石油类、六六六、DDT、PCB、Cu、Pb、Zn、Cd、Hg、As、Cr
	指示生物	多毛类
	底栖生物类群	底栖生物（种类数、种类构成、优势种、栖息密度）
潮间带环境	岸滩类型	底质类型
	潮间带生物类群	潮间带生物（种类数、种类构成、优势种、栖息密度）
	海岸带开发利用状况	公共设施、农业、工业仓储、滩涂湿地、港口码头、居住区、入海污染物（总氮、总磷）

7.5.3 监测频率优化

根据径流量的变化及开发利用情况、象山港降水量，指标含量变化情况，生物种类数、生物量、生物密度，海岸带开发利用情况等方面考虑，最终确定监测的频率和时间。

表 7.5-3 象山港海洋环境质量趋势性监测时间与频率

类别	指标	调查时间
海洋水文	水交换周期 温度、盐度	丰水期进行1次；枯水期进行1次； 丰水期进行1次；枯水期进行1次

类别	指标	调查时间
水环境	溶解氧、无机氮、活性磷酸盐、石油类、COD、铜、铅、锌、铬、镉、汞、砷、六六六、DDT、PCB	丰水期：8月，进行1次；枯水期：12月至翌年2月，进行1次
	浮游植物、浮游动物、鱼卵仔鱼	浮游植物、浮游动物：2月、8月各进行1次；并根据大小潮、涨落潮分别进行调查取样。鱼卵仔鱼：4月进行1次
沉积环境	石油类、铅、锌、六六六、DDT、PCBs	每年1次（8月）
	粒度、汞、砷、镉、铬、铜	每两年1次（8月）
	底栖生物	同沉积物监测时间（每年1次，8月）
潮间带环境	潮间带生物	春季：4月；秋季：10月
	公共设施、农业、工业仓储、滩涂湿地、港口码头、居住区	一年1次

7.5.4 数据同步化处理

建立潮流数值模拟的基础上，采用拉格朗日质点漂移的计算方法计算分析港湾水质点运移规律和特点，根据每个测点的位置和时间对一个航次的监测结果进行同步化处理。

总体来说，在时差为2~3 h时，浓度误差基本可以控制在10%以内，能比较准确地反映象山港海域的总体水质环境质量。因此建议监测过程应在尽可能小的时间跨度中完成，尽量控制在3 h以内，潮流流速越大时，时间应越短。

参考文献

毕洪生，孙松，孙道元.2001.胶州湾大型底栖生物群落的变化［J］.海洋与湖沼，32（2）：132-138.

蔡立哲，林鹏，佘书生，等.1998.深圳河口泥滩多毛类动物的生态研究［J］.海洋环境科学，17（1）：41-47.

贾海波，胡颢琰，唐静亮，等.2012.2009年春季舟山海域大型底栖生物群落结构的生态特征［J］.海洋学研究，30（1）：27-33.

李国刚，李红莉.2004.持久性有机污染物在中国的环境监测现状［J］.中国环境监测，20（4）：53-60.

李政禹.1999.国际上持久性有机污染物的控制动向及其对策［J］.现代化工，19（7）：5-8.

李仲涛，曾悦.2015.水环境重金属的指示生物应用研究［J］.环境科学管理，40（11）：74-76.

刘录三，郑丙辉，李宝泉，等.2012.长江口大型底栖动物群落的演变过程及原因探讨［J］.海洋学报，34（3）：134-145.

陆超华，谢文造，周国君 . 1998. 近江牡蛎作为海洋重金属镉污染指示生物的研究 ［J］. 中国水产科学，5（2）：79-83.

马藏允，刘海，姚波，等 . 1997. 几种大型底栖生物对 Cd，Zn，Cu 的积累实验研究 ［J］. 中国海洋科学，17（2）：151-155.

齐雨藻，黄伟建，骆育敏，等 . 1998. 用硅藻群集指数（DAIpo）和河流污染指数（RPId）评价珠江广州河段的水质状况 ［J］. 热带亚热带植物学报，6（4）：329-335.

宋树林，赵德兴 . 1991. 薛家岛湾生物体中有害物质的含量和评价 ［J］. 环境科学通报，3：149-152.

王文琪，章佩群 . 1999. 双壳类指示生物反映下的胶州湾生态环境的研究 ［J］. 海洋与湖沼，30（5）：491-499.

杨健 . 2015. 渔业生态环境指示生物诊断和预警技术研究进展 ［J］. 中国渔业质量与标准，5（2）：1-7.

杨科璧，王建中，张平，等 . 2006. 六六六在自然界中的环境行为及其危害消除研究现状 ［J］. 河南农业科学，10：67-70.

张敬怀，周俊杰，白洁，等 . 2009. 珠江口东南部海域大型底栖生物群落特征研究 ［J］. 海洋通报，28（6）：26-33.

张志南，党宏月，于子山 . 1993. 青岛湾有机质污染带小型底栖生物群落的研究 ［J］. 青岛海洋大学学报，23（1）：83-91.

周晏敏，袁欣，李彬旭，等 . 2015. 水环境指示生物筛选及水质评价方法研究 ［J］. 中国环境监测，1（6）：28-33.

CHOI H G, PARK J S, LEE P Y. 1992. Study on the heavy metal concentration in mussels and oysters from the Korean coastal waters ［J］. Bull Korean Fis Soc, 25（6）：485-494.

Kennedy A D, Jacoby C A. 1999. Biological indicators of marine environmental health：meiofauna－a neglected benthic component? Environmental Monitoring and Assessment, 54：47-68.

第 8 章 基于环境基准的港湾水质评价方法

目前，港湾水质现状评价一般采用通用的单因子标准指数法进行评价。在河口和港湾等区域，由于环境的特殊地理位置，相对而言其环境背景值本身就比较偏高，用适用于整个海洋环境的海水水质标准来评价象山港这样特殊的港湾，将无法客观反映象山港的海洋环境现状及其变化。根据目前我国的海洋水质现状评价方法，象山港无机氮为劣四类海水水质、活性磷酸盐基本为劣四类和四类海水水质，不能满足大多数海洋功能区水质保护要求。这样的结果将大大降低象山港水域功能，不能发挥水环境的综合作用。但实际上，象山港海洋总体功能尚能较好发挥，评价结果与实际存在明显的差异。那么如何客观评价和反映我国海域的水质现状？本部分以象山港为例，收集了从 1988 年以来东海区 E3 断面连续调查资料、象山港湾口门附近海域历年现状监测数据资料以及象山港内历年同步监测数据资料，利用各种软件和模型进行统计分析，基于环境本底值确定了象山港活性磷酸盐和无机氮的基准值，建立了象山港环境质量评价等级，并进行综合评价，相对客观的描述了象山港海域水质环境状况，以期为象山港的海洋开发活动和海洋保护提供借鉴。

8.1 研究现状

8.1.1 水质基准的概念及国外研究进展

水质评价指按照评价目标，选择相应的水质参数、水质标准和评价方法，对水体的质量利用价值及水的处理要求作出评定。水质参数、水质标准和评价方法的选择均是评价的核心问题。尤其是水质标准的确定。同时，水质标准的确定依赖于环境基准的研究。

环境质量基准（environmental quality crite-ria），是指环境中有害物质和因素对特定对象（人或其他生物等）不产生不良或有害影响的最大剂量或浓度，与此相对应的是环境质量标准这一概念（王菊英等，2013）。一般可分为水生态基准和人体健康基准。它是对海洋环境现状的表征，可为了解海洋环境污染程度、预测海洋环境变化趋势及将来环境扰动不管是自然的还是人为的提供对比标准或尺度。它基本剔除了人类活动对海洋环境的短期影响，消除了不同年际间海水中化学元素的异常波动，可充分表征表层海水中化学元素在长期人类活动、自然条件下的变化趋势，对海洋环境具有更为可靠的指示意义（张志锋等，2012）。

　　水质基准概念早在 1898 年就已被提出，主要在美国、欧盟、荷兰和加拿大等国家研究的比较多，近年来我国学者对水质基准也有零星的研究。水质基准和水质标准在美国是两个不同概念，水质基准是美国环保局推荐的污染物浓度的科学参考值（可以是定性描述），水质标准则是由各州和部落制定的法规，包括指定水体的用途、确定相应用途采用的基准值、防止水体用途降级及综合水质管理措施等；海水质量基准是制定海水质量标准的科学依据，二者在海洋环境管理中发挥着至关重要的作用，建立海水水质基准是对海水水质进行科学评价和有效保护的前提。美国在 1976 年就发布了第一部国家水质基准，1998 年制定了区域氨氮基准，此后 8 年间先后编制完成湖泊/水库、河口海岸、河流和湿地的氨氮基准技术指南；荷兰和加拿大等国环境管理部门根据水环境污染状况，从保护水生生态系统健康的角度出发，结合试验室毒理试验和现场环境资料，先后提出了多种水质基准定值方法（何丽，2013）。美国、加拿大、澳大利亚等发达国家开展了大量的研究，建立了相应的水质基准方法学体系（王莹等，2015）。但由于各自在基准定值方法和毒性试验数据要求等方面的不同，以及区域代表性物种和生态系统结构特征上的差异，造成各基准间存在一定差异，因此迄今还没有建立可用于不同地区和不同环境条件的水质基准构建方法体系。

　　美国 EPA 采用模型外推法来确定基准值，且只选择栖息在北美地区的海水水生生物的急性毒性数据、慢性毒性数据以及水生生物的毒性富集数据用于计算。由美国环保局（S. EPA）负责建立和修订的海水水质基准为数字型双值基准，该双值基准体系由最大浓度基准（Criterion Maximum Concentration，CMC）和持续浓度基准（Criterion Continuous Concentration，CCC）组成。美国针对港湾海洋环境评价方面进行了较深入的研究，在 2000 年左右发布了不同水域营养物基准技术指南，且美国国家环境保护局（USEPA）在 2012 年的环境公报中提出了在不同的海域采用不同的评价标准（EPA-842-R-10-003，2012），针对不同用途的海域也设置不同的水质评价标准。欧盟基准体系与 U. S. EPA 的类似，定义了最大允许基准（Maximum Acceptable Concentration，MAC_QS）和年平均基准（Annual Average Concentration，AA_QS），为了保护海水中不同生境（水体、沉积物）中生物不直接受污染物的不利影响、避免因饮水和摄食水生生物及生物而富集污染物所引起的间接效应，欧盟规定以海水水质基准、沉积物基准、生物富集二次毒性基准和水产品安全食用基准中的最小值作为水框架指令下的综合海水水质基准。荷兰环境保护部门认为在海水与淡水水生生物毒性数据没有显著差异的情况下，海水水质基准等同于淡水水质基准，其基准值分为无效应浓度基准（Negligible Concentration，Ⅳc）、最大允许浓度基准（Maximum Permissible Concentration，MPC）和生态高危浓度基准（Serious Risk Concentration for the Ecosystem，SRC_{eco}）；同时以 3 个基准值为建议值相对应的环境质量标准分别为：目标值（Target Value，TV）、最大允许值（MPC）和干预值（Intervention Value，IV）。根据毒性数据量的获取情况，水质基准的定值方法采用模型外推法或评价因子法（穆景利等，2013）。澳大利亚和新西兰采用了指导性触发值（triggervalues，TVs）对水生生物进行保护，按照毒理学数据的数量和质量以及保护水平可分为高可靠触发值（HRTVs，highrehability TVs）、中度可靠触发值（MRTVs，moderatereliability TVs）和低可靠触发值（LRTVs，lowreliability TVs），推导一般采用SSD法，数据不充足时也用评价因子法。由于HRTvs推导所需的数据数量和质量要求最高，不需要作过多的外推，避免了外推过程的很多不确定度，准确度最高，最能反应环境的实际需求（解瑞丽等，2012）。

我国水质标准的制定工作始于海水水质标准，在分析研究1979年以前国外水质基准、标准的基础上，结合我国当时国情制定了《海水水质标准》（GB 3097—1982）。该标准自1982年颁布实施后，于1997年进行了第二次修订，即现行的《海水水质标准》（GB 3097—1997）。该标准制定时主要参照国外基准与标准制定，缺乏我国本土研究的科学依据（穆景利等，2013），科学性欠缺，因而可能存在"欠保护"和"过保护"的现象。水质基准/标准研究，尤其是海水水质基准/标准研究在我国极为薄弱，我国并没有在真正意义上建立起相应的水环境质量基准/标准体系。由于我国缺乏相应的水生态基准资料，目前我国的水环境质量基准的相关研究刚刚起步（王菊英等，2015）。随着社会经济的发展，近岸海域生态环境污染形势严峻，而海水水质标准也多年未进行修编，非常有必要进行基准值的研究。

美国在海洋环境评价方面进行了较深入研究，采用综合指数和等权评价等方法，并且在不同海域采用不同的评价标准（EPA-842-R-10-003，2012）。在切萨比克湾，港湾评价从栖息地、鱼类和贝类、水质进行分类评价，对于水质标准亦是在港湾的不同区域设置不同的评价标准，2000年前后美国还发布了水库、河流、河口及近岸水域、湿地营养物基准技术指南，推动各州制定区域性营养物基准（GIBSON G等，2000；EPA-822-B-01-003，2001）。我国港湾水质评价为单因子标准指数法评价法，即将每个站位的每项指标的监测结果与海水水质标准（GB 3097—1997）进行比较，结果超过1则认定为超标。而在编制《宁波市海洋环境公报》时，水质综合质量以最差的那个指标确定，按照此方法计算结果显示，象山港为劣四类海水水质，不能满足大部分功能区水质保护要求，主导功能海水增养殖更是无法发挥，同时有人认为象山港水质基本上属于中度污染，且整个港湾水质处于严重富营养化状态（郑云龙等，2000；刘俊峰等，2012）。但事实上，象山港从陆源污染相对较小的20世纪八九十年代至今，仍为浙江省生态环境相对较好的港湾，目前象山港海洋功能总体发挥较好，评价结果与实际有明显差异。因此，在河口、港湾等区域，由于环境背景值较高，用污染最严重的指标代表区域整体的环境现状，无法客观反映象山港海洋环境现状及变化。

我国海域面积辽阔，如果在纬度跨度很大的北海、东海和南海近远海均采用《海水水质标准》（GB 3097—1997）一个标准来评价，没有考虑到每个海域的实际背景值情况，尤其营养盐背景值比较高的港湾，这是很不科学的，因此，我们尝试对象山港区域进行背景值研究制定相应的标准，对其进行科学客观的评价。

8.1.2　水质基准确定方法研究进展

水质基准根据其表达方式不同可分为数值型、描述型和使用型（王莹等，2015）。目前，确定环境质量基准值的推导方法主要有评价因子法，毒性百分数排序法，物种敏感度分布曲线法（SSD），生态风险模型法（AQUATOX），以及局部最小二乘回归分析、相对累积频率分析、态性检验、稳健统计等统计方法（穆景利等，2013；张志锋等，2012）。

水质基准的研究，虽然国外在生物毒性数据方面还有欠缺，但是，因起步早有一定的积累。在我国，近几年，国家海洋局也以课题及项目的形式推进水质基准的研究，一些学者也根据国外的毒性数据或者已经有的部分毒性数据对我国海域的某些指标进行基准研究。比如，郑磊等（2016）采用物种敏感度排序（SSR）技术，结合美国海水氨氮水质基准数学模型，搜集利用我国 15 种海水水生生物的非离子氨毒性数据，根据非离子氨氮和总氨氮转换公式，得出水体在不同 pH、温度和盐度条件下的我国海水总氨氮水质基准；何丽等（2013）选择我国海水的代表物种，对氨氮海水水质基准进行了研究，应用美国物种敏感度分布法（US-SSD）进行推算，参考荷兰物种敏感度分布法（RIVM-SSD）对推算结果进行了校验，并基于以上基准研究的结果；王莹等（2015）通过收集、筛选我国本土物种的硝基苯水生生物毒性数据，并针对我国海区生物特点补充部分毒理学实验，应用物种敏感度分布（SSD）方法推导出硝基苯的保护水生生物的我国海水水质基准值；王长友等（2009）采用现场培养实验的方法，研究了铜、铅、锌和镉重金属对东海原甲藻（Prorocentrum donghaiense Lu）的生态毒性效应，探讨四类重金属的海水生态基准。各种基准推导方法对推导基准的毒性数据有详细的要求，一般都不仅要求有急性毒性数据，还要有足够数量的慢性毒性数据（解瑞丽等，2012）。各类基准推导方法各有利弊，我国针对水质基准的系统研究才刚刚开始，需要加强研究，尤其对生物急性和慢性数据。目前在缺少毒性数据状态下，考虑到对海域环境水质现状积累了几十年的数据，我们可以通过统计的方法来确定基准值。张宇峰等（2003）从数理统计的角度探讨了环境基线值的表达方式，以 2000 年东海、黄海的实测数据为例，采用经典统计方法和稳健估计方法表示了基线值；于涛（2003）采用统计学方法对南海表层海水中重金属进行了态性检验，并按分布类型确定了南海铜、铅、锌、镉的背景值；李劳珏等（2008）运用相对累积频率分析法计算了南黄海西部表层海水中的铜、铅、锌、镉、铬、砷、汞的污染基线值；张志峰等（2012）选用态性检验统计对中国近海表层海水基线水平进行评价。本文尝试采用美国 USEPA 的河口和沿海海洋水域营养标准技术指导手册（EPA-822-B-01-003，2001）的频数方法确定。

8.1.3　评价方法研究进展

早期的水质评价方法主要有生物学评定分类法和专家评价法。生物学评定分类方法是

20 世纪初（1902—1909 年）柯克维支和莫松（Kolkuitz & Morson）等提出来的，主要是对河流受污染的结果进行分析，以提供水质污染所引起的后果。专家评价法则是由环境领域或是相关领域专家，运用专业知识和经验对水质进行评价的一种方法。专家评价法的最大特点是对于某些难以定量化的因素给予考虑和做出评价，在缺乏足够数据资料的情况下，可以做出定性和定量的估计。而水质模型评价研究起源于 20 世纪 60 年代 Jacobs 和 Horton 等提出水体质量评价的水质指数（WQI）概念和公式（JACOBS H L，1956；李如忠，2005），之后国内外对水质综合评价方法的研究就相当活跃。我国最早 1974 年提出用数学模型综合评价水污染，最初的水质评价主要依赖于色度、嗅觉、浊度等感官指标来评价，随着科技的进步与环境问题的显现，逐渐认识到水体本身是多元复杂的体系，影响评价结果的因素众多，从而提出一系列综合评价方法。到现在为止，提出的综合评价水质的方法就有几十种。但由于影响水质因素较多，评价因子与标准级别之间的关系是非线性的，而且评价标准与各级别之间的关系也是模糊的、灰色的，因而迄今为止还没有一种统一的、确定的、规范的水质综合评价模型（李柞泳等，2004；孙少华，2005）。水质综合评价就是根据各水质指标值，对某水体的水质等级进行综合评判，为水体的科学管理和污染防治提供决策依据，在地区可持续发展中具有重要意义（金菊良等，2000）。目前层次分析法、模糊数学方法、灰色系统理论、主成分分析、灰色关联分析、物元人工神经网络等综合评价等方法比较多见。目前，综合评价方法根据评价的目的和对象不同，分类也繁多，且目前综合评价方法则大都停留在部分部门研究和参考层面，实际应用的并不多。美国 USEPA 发布的《全国近岸状况报告》提出的近岸海洋环境状况的综合评价方法，采用多要素等权平均计算综合指数，本章节综合评价方法参照此进行，并根据象山港的实际情况评价。

目前，在我国水质综合评价指标选取方面，多数选择一些主要污染物进行评价或者在进行营养化评价时加入叶绿素 a（姚建玉等，2009；高生泉等，2011；张丽旭等，2008），并没有考虑到生物、水文等因素；在生物评价方面，对浮游动物、浮游植物、底栖生物、潮间带生物的评价主要集中在群落结构分析、种类组成、生物多样性以及生物与环境因子的相关分析方面（王晓波等，2009；朱艺峰等，2012；安传光等，2008；韩洁等，2004；刘录三等，2008；于海燕等，2006；李荣冠等，2006；杨万喜等，1996），没有与水质量和水文环境评价相结合。

因此，为了科学反映象山港海洋环境状况，综合评价象山港水质，既在现状基础上综合水质、水文动力和生物等总体因素。本部分在系统研究的基础上建立于环境基准的港湾水质评价方法。对象山港附近水域及象山港的无机氮、PO_4-P 基准年和基准值进行研究，在此基础上结合生态分区作为评价单元，探讨建立基于环境基准的港湾水质评价方法，综合水动力、水质、生物 3 个方面因素，建立指标体系对象山港进行评价，相对客观科学地描述象山港水质质量状况，以期为港湾建立海洋环境评价方法提供借鉴。

8.2 材料与方法

8.2.1 数据来源

本文使用的监测数据来自宁波海洋环境监测中心站1988—2014年的监测结果，其中：

（1）1988—2010年为象山港及口门附近海域历年现状监测，指标为pH、DO、COD、PO_4-P、无机氮、石油类、Cu、Pb、Hg、As和Cd，用于评价指标的筛选确定；

（2）1988—2014年E2断面（图8.2-1）为东海区连续断面调查资料，指标无机氮、PO_4-P，用于计算变异系数，确定基准年；象山港1998—2014年历年现状监测数据结合收集到的文献资料（刘俊峰等，2012；胡文翔等，1995）用于水质指标基准值的计算及评价等级的确定；

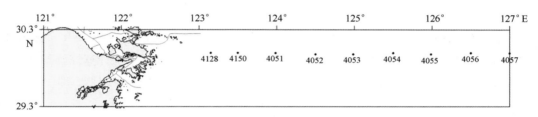

图8.2-1 东海区E2断面监测站位

（3）2011年7月（涨落潮）、2014年8月"象山港海域海洋环境质量综合评价方法（DOMAP-03-02）"专题在象山港海域设置31个水质、生物大面站（见图8.2-2），指标无机氮、PO_4-P、浮游植物、浮游动物等监测数据用于港湾海洋环境状况的评价及验证。

各种样品的采集、分析方法均按照《海洋监测规范》（GB 17378—2007）进行。

8.2.2 数据处理方法

水质指标的确定基于监测数据与现有海水水质标准比较，使用SPSS软件ARIMA模型预测主要指标的变化趋势。

为了定量反映水质要素长时间动态波动程度的大小差异，作者选择变异系数来表示它们的变化程度大小。

水质基准则通过计算变异系数（C_V）分析主要水质指标的多年变化情况，将变异系数明显增大的前一年确定为水质基准年；同时绘制平面分布图，统计基准年之前象山港口门无机氮、PO_4-P多年数据平均值，并使用SPSS软件进行频数分析，结合该区域早期浓度水平确定象山港推荐基准浓度。

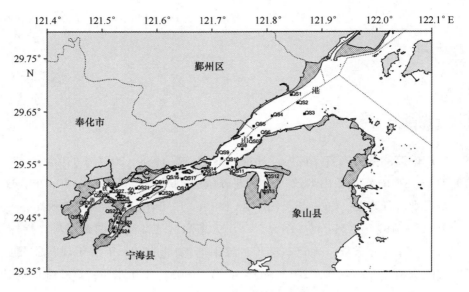

图 8.2-2　2011 年、2014 年象山港海洋生态环境监测站位

综合评价采用美国 USEPA 发布的《全国近岸状况报告》（EPA-842-R-10-003，2012）提出的近岸海洋环境状况的综合评价方法，采用多要素等权平均计算综合指数。考虑到本文评价区域主要针对象山港水体环境，因此对评价指标适当进行调整。即：

$$E_i = \frac{V_i + W_i + B_i}{3}$$

式中，E_i，V_i，W_i 和 B_i 分别为第 i 区综合指数、水动力指数、水质环境指数和生物指数。

根据评价公式计算获得的综合指数 E_i 在 1~3 之间。数值越大代表环境状况越好，一般认为 $E_i < 1.5$ 对应环境差；$1.5 \leqslant E_i < 2.0$ 对应环境一般；$2.0 \leqslant E_i < 2.5$ 对应环境较好；$E_i \geqslant 2.5$ 则对应环境状况好。

8.3　水质基准的确定

8.3.1　基准年

基准年由多年历史资料的统计分析确定，用于衡量环境响应的变化结果，不同区域的环境基准值不同。由于象山港受人类活动影响，数据稳定性较差，而且该区域在 20 世纪 80 年代监测站位较少，因此选择东海区 E2 断面 1988—2014 年长期监测数据计算变异系数，确定象山港附近海域 PO_4-P 和无机氮的基准年。通过变异系数计算，象山港附近海域 PO_4-P 和无机氮变化趋势拐点年分别出现在 1994 年和 1993 年（图 8.3-1），因此，象山港 PO_4-P 和无机氮的基准年分别确定为 1993 年和 1992 年。

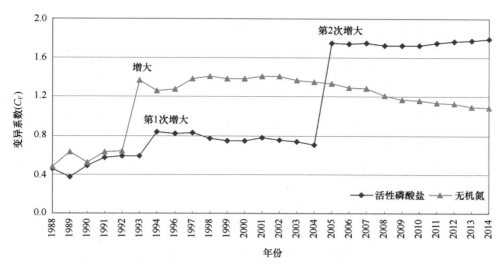

图 8.3-1　1988—2014 年象山港 PO_4-P、无机氮变异系数（ C_V ）的变化情况

8.3.2　基准值

根据 PO_4-P 和无机氮拐点年之前东海区 E2 断面、象山港口门站位的 PO_4-P 和无机氮监测数据，绘制平面分布图（见图 8.3-2）。拐点年之前象山港口门区域 PO_4-P 和无机氮的平均浓度分别为 0.022 7 mg/L 和 0.50 mg/L，作为参照浓度（表 8.3-1）。

表 8.3-1　象山港口门 PO_4-P 和无机氮浓度　　　　　　　　　单位：mg/L

年份	PO_4-P	无机氮
1988	0.012	0.38
1989	0.022	0.70
1990	0.030	0.23
1991	0.024	0.50
1992	0.020	0.70
1993	0.028	/
平均值	0.0227	0.50

结合频数分析法，根据 1984—2014 年监测数据频数分布，绘制频数分布曲线图（见图 8.3-3），参照美国国家环境保护局 USEPA 河口和沿海海洋水域营养标准技术指导手册（EPA-822-B-01-003，2001）推荐的方法取第 25 百分点作为参照状态，得到无机氮推荐基准值为 0.50 mg/L，PO_4-P 推荐基准值 0.022 9 mg/L。

结合多年监测数据统计分析，推荐 0.023 mg/L 和 0.50 mg/L 分别作为象山港海域 PO_4-P 和无机氮的基准值。

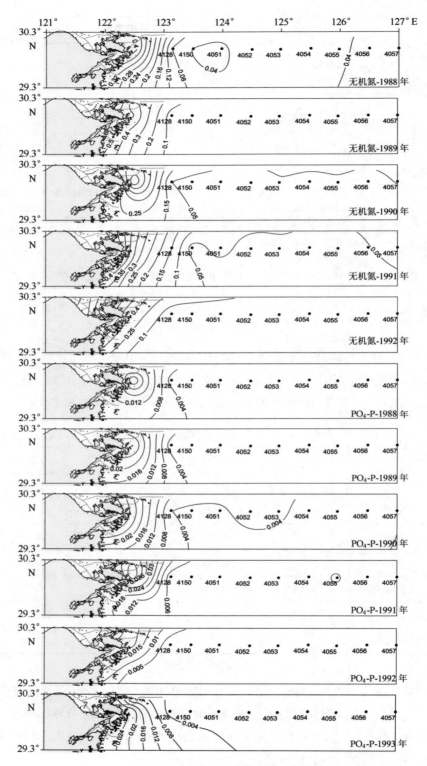

图 8.3-2　象山港口门 PO₄-P 和无机氮的平面分布

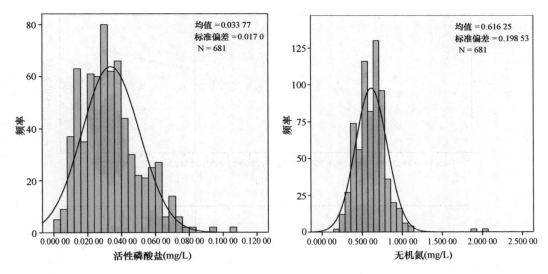

图 8.3-3 1984—2014 年象山港营养物频数分布曲线

8.4 评价标准研究

8.4.1 评价指标的确定

象山港海洋环境状况评价主要从水动力指标、水质指标、生物生态指标 3 个方面筛选评价指标。

1）水质指标

根据污染物超标程度及长期变化情况确定评价指标。首先分析水质中的超标因子，根据 1988—2010 年象山港及附近海域水质监测结果，象山港主要污染因子为无机氮、PO_4-P、石油类及重金属铅，无机氮和 PO_4-P 超四类海水水质标准，超标率分别为 76%、20%；石油类、铅略超二类海水水质标准，超标率分别为 7%、1.25%。其次，使用 ARIMA 模型对 4 项超标因子进行拟合和预测（见图 8.4-1），结果表明无机氮、PO_4-P 的浓度呈升高趋势，石油类和铅基本持平。据此，水质评价因子确定为无机氮和 PO_4-P。

2）水动力指标

象山港作为一个狭长形的半封闭港湾，各个区域的水交换能力不同（水体半交换时间为 5~40 d 不等）。而水交换能力的不同直接决定着港湾内水环境的自净能力，不同的污染物质在港湾不同区域，由于水动力条件不同，污染物对区域产生不同的影响。因此，水交换周期作为衡量水动力的代表性指标。

3）生物生态指标

生物生态方面，外来物质的输入将导致水体中生物种类的直接变化，由于本文已经考

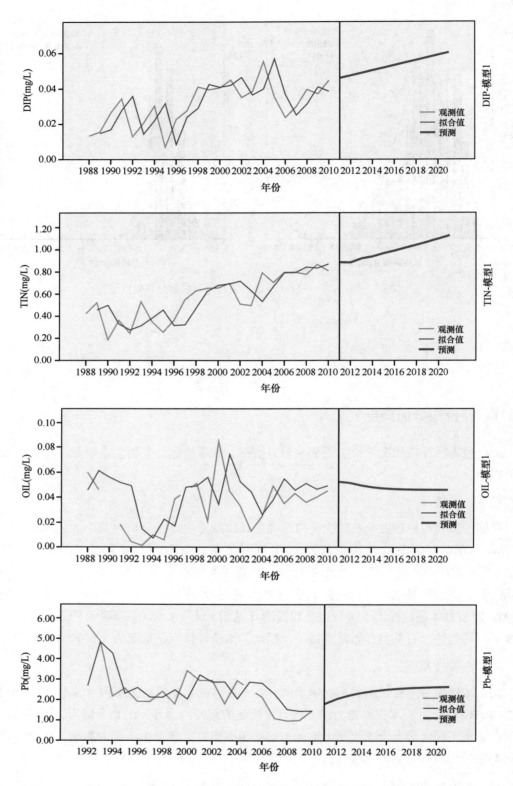

图 8.4-1　象山港水体中主要水质因子多年变化情况及趋势预测

虑水体部分环境状况，结合象山港具体情况，生物生态因子的筛选结果为与水环境变化关系较密切的浮游植物和浮游动物。

综合以上分析，象山港海洋生态环境综合评价指标体系见表 8.4-1。

表 8.4-1　象山港海洋生态环境评价指标体系

一级类	二级类	三级类
物理特征	水动力	水体半交换时间（流速、流向）
水环境特征	营养盐	无机氮
		PO_4-P
生物生态特征	浮游植物	优势种变化、生物多样性
	浮游动物	优势种变化、生物多样性

8.4.2　评价等级的确定

根据基准值计算结果，象山港海域 PO_4-P 和无机氮基准值分别为 0.023 mg/L、0.50 mg/L，在此基础上适当提高 PO_4-P 和无机氮的浓度水平作为这两项指标的评价等级。根据 2011 年同步监测数据分析，绘制象山港营养物频数分布曲线（图 8.4-2），分别选择百分位数 25%、75% 对应的浓度作为分级依据，获得无机氮、PO_4-P 的评价等级。此外，水动力根据象山港水体半交换时间进行分级；生物则根据浮游生物的生物多样性指数进行判定（见表 8.4-2）。

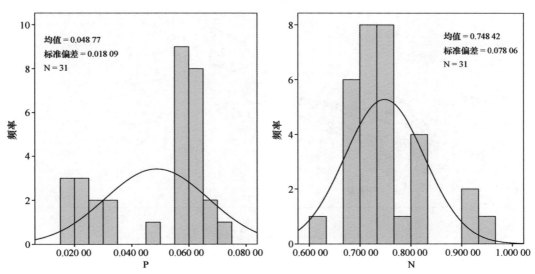

图 8.4-2　2011 年象山港营养物频数分布曲线

表 8.4-2　象山港海洋生态环境评价等级

指标类别	评价指标	评价等级（赋值）		
		好（3）	一般和较好（2）	差（1）
水动力	水体半交换时间（d）	≤15	15~30	>30
水质	无机氮（mg/L）	≤0.70	0.70~0.80	>0.80
	PO_4-P（mg/L）	≤0.03	0.03~0.06	>0.06
浮游生物	生物多样性	>3	1.0~3.0	≤1

8.5　评价结果

8.5.1　评价单元的划分

由于象山港水域面积宽广，受陆地径流等影响也比较大，水质、生物生态和水动力差异比较大，因此，需要对象山港进行分区评价。评价区域为象山港水域，不包括潮间带及底质部分。根据象山港生物生态、水质、水动力、水团等指标的空间分布特征，将港湾分成 9 个区域，作为生态环境评价单元（图 8.5-1）（黄秀清等，2015）。

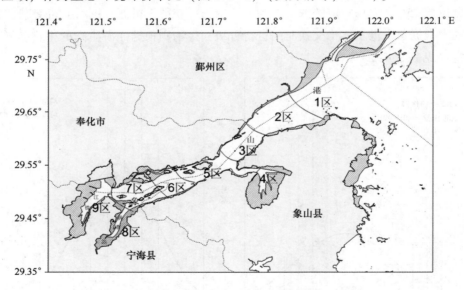

图 8.5-1　象山港海洋生态环境综合分区

8.5.2　评价结果

根据上述方法，象山港 2011 年涨落潮、2014 年各区水质状况、水动力状况、浮游生物状况及综合评价结果见表 8.5-1~表 8.5-4 和图 8.5-2~图 8.5-3。

表8.5-1 象山港各区水质状况

区域			1区	2区	3区	4区	5区	6区	7区	8区	9区
2011年(落潮)	无机氮	浓度(mg/L)	0.70	0.74	0.68	0.71	0.70	0.71	0.81	0.94	0.75
		赋值(N_i)	3	2	3	2	3	2	1	1	2
	PO_4-P	浓度(mg/L)	0.024 4	0.022 3	0.026 2	0.056 9	0.051 3	0.059 6	0.053 3	0.059 3	0.065 0
		赋值(P_i)	3	3	3	2	2	2	2	2	1
	水质指数(W_i)		3	2.5	3	2	2.5	2	1.5	1.5	1.5
	评价结果		好	好	好	较好	好	较好	一般	一般	一般
2011年(涨潮)	无机氮	浓度(mg/L)	0.61	0.67	0.70	0.60	0.67	0.73	0.76	0.93	0.55
		赋值(N_i)	3	3	3	3	3	2	2	1	3
	PO_4-P	浓度(mg/L)	0.009 8	0.011 3	0.018 2	0.034 4	0.031 6	0.042 3	0.042 9	0.058 2	0.058 2
		赋值(P_i)	3	3	3	2	2	2	2	2	2
	水质指数(W_i)		3	3	3	2.5	2.5	2	2	1.5	2.5
	评价结果		好	好	好	好	好	较好	较好	一般	好
2014年	无机氮	浓度(mg/L)	0.64	0.82	0.92	0.96	0.92	0.76	0.87	0.86	0.91
		赋值(N_i)	3	1	1	1	1	2	1	1	1
	PO_4-P	浓度(mg/L)	0.030 7	0.034 3	0.045 2	0.054 4	0.052 3	0.052 4	0.061 7	0.071 3	0.068 7
		赋值(P_i)	2	2	2	2	2	2	1	1	1
	水质指数(W_i)		2.5	1.5	1.5	1.5	1.5	2	1	1	1
	评价结果		好	一般	一般	一般	一般	一般	差	差	差

说明:$W_i = \dfrac{N_i + P_i}{2}$；一般认为$W_i < 1.5$，环境差；$1.5 \leqslant W_i < 2.0$，环境一般；$2.0 \leqslant W_i < 2.5$，环境较好；$W_i \geqslant 2.5$，环境好。

表 8.5-2 象山港水动力状况

区域		1 区	2 区	3 区	4 区	5 区	6 区	7 区	8 区	9 区
水动力	半交换时间 (d)	<5	5~15	15~20	20~25	25~30	30~35	30~40		
	赋值 (V_i)	3	3	2	2	2	1	1	1	1
	评价结果	好	好	一般	一般	一般	差	差	差	差

说明: 一般认为 V_i = 1, 动力条件差; V_i = 2, 动力条件一般; V_i = 3, 动力条件好。

表 8.5-3　象山港各区生物状况

区域		1区	2区	3区	4区	5区	6区	7区	8区	9区
2011年（落潮）	浮游植物 多样性指数（H_i）	1.57	1.65	1.71	2.84	2.63	2.45	1.82	2.00	2.22
	赋值	2	2	2	2	2	2	2	2	2
	浮游动物 多样性指数（Z_i）	2.82	3.02	2.82	2.57	2.72	2.93	2.70	2.14	1.70
	赋值	2	3	2	2	2	2	2	2	2
	生物指数（B_i）	2	2.5	2	2	2	2	2	2	2
	评价结果	一般	较好	一般	一般	一般	一般	一般	一般	一般
2011年（涨潮）	浮游植物 多样性指数（H_i）	1.50	2.04	2.70	2.52	2.46	2.31	2.06	2.34	2.07
	赋值	2	2	2	2	2	2	2	2	2
	浮游动物 多样性指数（Z_i）	3.54	2.71	3.24	2.52	2.95	2.89	2.62	2.01	2.04
	赋值	3	2	3	2	2	2	2	2	2
	生物指数（B_i）	2.5	2	2.5	2	2	2	2	2	2
	评价结果	较好	一般	较好	一般	一般	一般	一般	一般	一般
2014年	浮游植物 多样性指数（H_i）	2.40	2.80	2.57	2.12	2.50	2.69	2.39	2.60	2.51
	赋值	2	2	2	2	2	2	2	2	2
	浮游动物 多样性指数（Z_i）	2.84	2.91	3.12	2.85	2.72	2.86	2.88	2.91	2.59
	赋值	2	2	3	2	2	2	2	2	2
	生物指数（B_i）	2	2	2.5	2	2	2	2	2	2
	评价结果	一般	一般	较好	一般	一般	一般	一般	一般	一般

说明：$B_i = \dfrac{H_i + Z_i}{2}$；一般认为$B_i \leqslant 1$，生物多样性差；$1<B_i<2$，生物多样性一般；$2<B_i<3$，生物多样性较好；$3\leqslant B_i$，生物多样性好。

表 8.5-4　象山港生态环境总体评价结果

区域		1区	2区	3区	4区	5区	6区	7区	8区	9区
	水动力指数（V_i）	3	3	2	2	2	1	1	1	1
2011年（落潮）	水质环境指数（W_i）	3	2.5	3	2	2.5	2	1.5	1.5	1.5
	生物指数（B_i）	2	2.5	2	2	2	2	2	2	2
	生态环境综合指数（E_i）	2.67	2.67	2.33	2.00	2.17	1.67	1.50	1.50	1.50
	综合评价结果	好	好	较好	较好	较好	一般	一般	一般	一般
2011年（涨潮）	水质环境指数（W_i）	2.5	2	3	2.5	2.5	2	2	1.5	2.5
	生物指数（B_i）	2	2	2.5	2	2	2	2	2	2
	生态环境综合指数（E_i）	2.83	2.67	2.50	2.17	2.17	1.67	1.67	1.50	1.83
	综合评价结果	好	好	好	较好	较好	一般	一般	一般	一般
2014年	水质环境指数（W_i）	2.5	1.5	1.5	1.5	1.5	2	1	1	1
	生物指数（B_i）	2	2	2.5	2	2	2	2	2	2
	生态环境综合指数（E_i）	2.50	2.17	2.00	1.83	1.83	1.67	1.33	1.33	1.33
	综合评价结果	好	较好	较好	一般	一般	一般	差	差	差

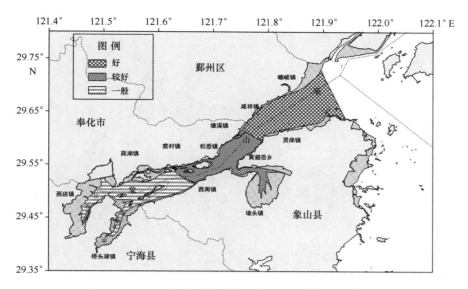

图 8.5-2　2011 年象山港总体海洋生态环境状况（落潮）

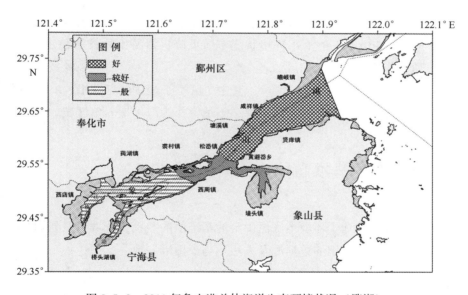

图 8.5-3　2011 年象山港总体海洋生态环境状况（涨潮）

象山港海洋环境状况综合评价结果可分为 3~4 类。2011 年可分为好、较好、一般 3 个区域，2014 年，分为好、较好、一般、差 4 个区域（见表 8.5-2~表 8.5-4 和图 8.5-4）。

1 区：该区域水动力条件好，水环境状况较好，浮游生物多样性一般，生态结构较为稳定，可兼顾渔区发展。

2~3 区：综合评价结果为好和较好，该区水动力条件较好，浮游生物多样性较高，丰度较大，同时该区域还是象山港蓝点马鲛鱼产卵的主要区域。

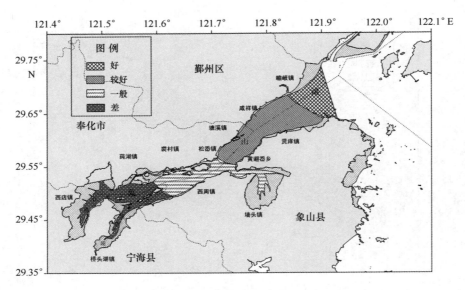

图 8.5-4 2014 年象山港总体海洋生态环境状况

4~6 区：综合评价结果为较好和一般，该区水交换能力一般；2014 年与 2011 年相比，4 区西沪港及 5 区乌沙山电厂前沿水环境状况有所下降；浮游生物较为稳定。6 区整体环境基本稳定，适宜作为海水增养殖区域。

7~9 区：生态环境"一般"→"差"，其中 7 区位于国华电厂前沿、8~9 区位于象山港港底，水动力条件较差，水环境有所下降，不适宜作为海水增养殖区域。

8.6 与其他港湾基准值比较

为了研究不同港湾的基于环境本底值确定的基准值的差别，选取背景资料较为丰富的乐清湾进行对比分析。所采用的数据源及方法均与象山港一致。

8.6.1 数据来源

本文所使用的东海 E3 断面监测数据来自国家海洋局东海分局宁波海洋环境监测中心站，乐清湾内及口门附近海域现状监测数据来自国家海洋局东海分局温州海洋环境监测中心站的监测结果，其中：

（1）1988—2015 年东海区 E3 连续断面（图 8.6-1）调查资料：采用历年秋季海洋环境监测数据，指标为活性磷酸盐和无机氮，用于计算活性磷酸盐和无机氮的变异系数（C_V），以及断面各站位活性磷酸盐和无机氮的浓度变化分析；

（2）1988—2015 年乐清湾口门附近海域监测资料：采用历年秋季乐清湾口门各站位（图 8.6-2）监测数据，指标均为活性磷酸盐和无机氮，用于氮、磷基准值的计算和

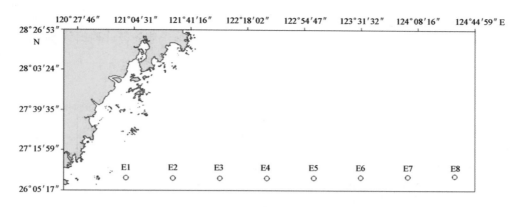

图 8.6-1 东海区 E3 断面监测站位（1988—2015 年秋季）

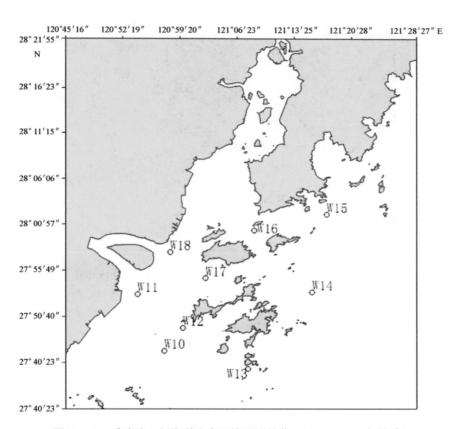

图 8.6-2 乐清湾口门海洋生态环境监测站位（1988—2015 年秋季）

修正；

（3）1993—2015 年乐清湾内监测资料：采用秋季乐清湾内各站位（图 8.6-3）同步监测数据，指标为活性磷酸盐和无机氮，用于氮、磷基准值的计算和修正；

（4）乐清湾 2012 年活性磷酸盐和无机氮的监测数据（图 8.6-3），用于氮、磷评价等级的确定；

（5）乐清湾2015年活性磷酸盐和无机氮的监测数据（图8.6-3），用于乐清湾氮、磷海洋环境质量现状的分区评价，以及2012年和2015年秋季乐清湾氮、磷海洋水质环境现状分区评价的对比验证分析。

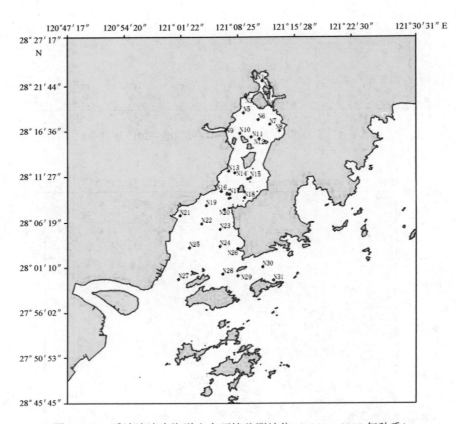

图8.6-3　乐清湾湾内海洋生态环境监测站位（1993—2015年秋季）

8.6.2　数据处理方法

为定量反映水质要素氮、磷长时间动态波动程度的大小差异，选择使用变异系数（C_V）来表示它们变化程度的大小。

变异系数的计算公式为：

$$C_V = (SD)/(Mean) \times 100\%$$

式中，C_V为变异系数（Coefficient of Variation）；SD为标准偏差；$Mean$为平均值。

氮、磷的水质基准值则是通过计算变异系数（C_V）来分析其多年变化情况，并结合乐清湾口门附近海域无机氮、活性磷酸盐多年监测数据，使用SPSS软件对乐清湾历年监测数据进行频数分析，以该区域多年的浓度水平作为修正依据，从而确定出乐清湾的氮、磷基准浓度值。

基于乐清湾内2012年的同步监测数据分析，绘制频数分布曲线，并参照美国国家环

422

境保护局 USEPA 的推荐方法作为分级依据，从而确定出乐清湾氮、磷的评价等级。

8.6.3　基准值的确定

基准值是通过对大量历史数据资料的统计分析得出的，用于判定环境响应变化的结果，不同区域的环境响应状况不同，所以不同区域的环境基准值就不同。由于受社会经济发展的影响，乐清湾海域受各种人类活动的干扰，数据稳定性较差，并且在 20 世纪 80 年代该区域的海洋监测站位极少，主要集中在东海海区的断面监测站位，因此，选择离乐清湾口门最近的东海区 E_3 断面 1988—2015 年的长期监测数据进行变异系数（C_V）计算，再通过近年乐清湾附近海域及乐清湾内活性磷酸盐和无机氮的现状监测结果进行其基准值的校验和修正。

活性磷酸盐和无机氮 E_3 断面历年监测数据变异系数（C_V）计算结果如图 8.6-4 和图 8.6-5 所示。

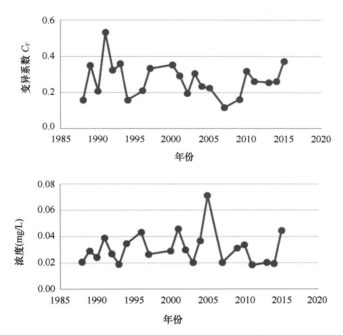

图 8.6-4　E_3 断面 1988—2015 年活性磷酸盐变异系数（C_V）和
浓度的变化情况

活性磷酸盐和无机氮历年浓度的波动幅度较小，均在一定的范围内变化（图 8.6-4 和图 8.6-5），所以本文以东海区 E_3 断面历年活性磷酸盐和无机氮的年均监测浓度（见图 8.6-6）来确定乐清湾活性磷酸盐和无机氮的相对本底浓度情况。

结合频数分析法，根据 1993—2015 年乐清湾内同期监测数据，绘制乐清湾营养物质频数分布曲线图（图 8.6-7），对乐清湾活性磷酸盐和无机氮的相对本底浓度值进行修正，并确定此值为基准值。

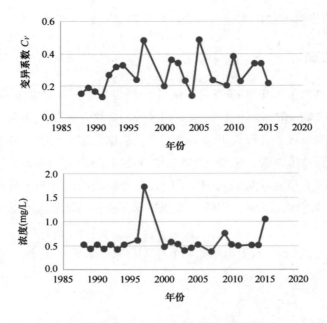

图 8.6-5　E_3 断面 1988—2015 年无机氮变异系数（C_V）和
浓度的变化情况

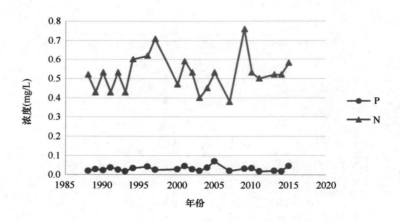

图 8.6-6　乐清湾口门活性磷酸盐和无机氮浓度
（1988—2015 年秋季）

　　结合图 8.6-6 和图 8.6-7 分析并且参照美国国家环境保护局 USEPA 的推荐方法可知：取频数分布图的正态分布曲线的 25% 点位作为参照状态（No. 822-B-01-003，2001），经修正后乐清湾活性磷酸盐和无机氮的相对本底浓度值分别为 0.03 mg/L 和 0.35 mg/L，因此推荐 0.03 mg/L 和 0.35 mg/L 分别作为乐清湾海域活性磷酸盐和无机氮的基准值。

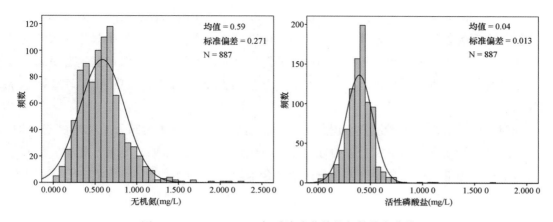

图 8.6-7　1993—2015 年乐清湾营养物频数分布曲线

8.6.4　与乐清湾基准值的比较

本部分收集了从 1988 年以来东海区 E3、E3 断面连续调查资料、象山港湾口门和乐清湾口门附近海域历年现状监测数据资料以及象山港和乐清湾内历年同步监测数据资料，利用各种软件和模型进行统计分析，基于环境本底值确定了象山港和乐清湾的活性磷酸盐和无机氮的基准值，得到象山港海域活性磷酸盐和无机氮的基准值分别为 0.023 mg/L 和 0.50 mg/L，乐清湾海域活性磷酸盐和无机氮的基准值分别为 0.03 mg/L 和 0.35 mg/L。可见不同海域，相同方法得到的基准值相差较大。象山港无机氮基准值浓度大于乐清湾，而活性磷酸盐乐清湾略低于象山港。因此，考虑近海港湾受环境影响比较大，每个海湾的水质、水动力和生态环境状况各异，在做评价标准前，都应该根据实际环境生态现状不同区域的环境基准，以进行更加客观科学的评价。

8.7　与现行的水质评价结果比较

目前，象山港海洋环境质量公报依据《海水水质标准》（GB 3097—2007）进行评价。2011 年的象山港海洋环境质量公报显示：象山港海域主要受到无机氮、活性磷酸盐的污染，分别有 87% 和 70% 的站位劣于第四类海水水质标准；石油类、锌在局部海域超第二类海水水质标准；pH、溶解氧、化学需氧量、砷、汞、铜、铅、镉、铬等其余指标总体良好，均符合第二类海水水质标准；2014 年的象山港海洋环境质量公报显示：7.7% 测站的无机氮含量和 59.7% 测站的活性磷酸盐含量劣于第四类海水水质标准；5.9% 测站的 pH 和 34.0% 测站的石油类含量符合第三类海水水质标准；1.8% 测站溶解氧含量、3.6% 测站化学需氧量含量和 5.9% 测站粪大肠菌群含量符合第二类海水水质标准；汞、铅、锌含量均符合第二类海水水质标准；其余测站指标含量均符合第一类海水水质标准。

按照象山港海洋环境质量公报的 2011 年和 2014 年象山港综合水质基本为劣四类，无法进行年度间的趋势评价；公报直接给出了象山港整体结果，无法直观了解分区域的现状及变化趋势。而本章节介绍的基于环境基准的港湾水质评价方法，可以根据生态生态环境综合指数分区、定量地对象山港环境质量现状进行趋势性分析，空间和时间趋势非常明显。

同时象山港海洋环境质量公报现状评价无机氮和活性磷酸盐大部分站位均劣于四类，不符合海洋功能要求，但事实上象山港功能维持比较好，评价结果与实事不相符。而基于环境基准的象山港水质综合评价方法分区域结合水动力和生物状况对象山港进行了客观综合的评价，同时给出每个区域的功能定位建议，真正从生态环境现状角度让象山港海域的功能区得以科学合理的发挥。

8.8 小结

本章节介绍了一种基于环境基准的港湾水质评价方法，基于环境本底值确定了环境基准值，建立了象山港环境质量评价等级，并进行综合评价，相对客观的描述了象山港海域水质环境状况，以期为象山港的海洋开发活动和海洋保护提供借鉴。

（1）根据港湾海洋环境监测站位布设方法研究结果，综合象山港生物生态、水质主要污染物、水动力、水团等指标的空间分布特征，将港湾分成了 9 个区域，作为生态环境评价单位。

（2）根据象山港生物生态、水质、水动力、水团提出了三类三级评价指标体系，其中水质指标的确定综合考虑了水体中主要超标物质、长时间序列的波动及变化趋势。

（3）根据东海 E2 断面、象山港及口门监测数据统计分析确定了象山港的象山港 PO_4-P 和无机氮的基准年分别确定为 1993 年和 1992 年。结合频数分析法，根据 1984—2014 年监测数据频数分布，绘制频数分布曲线图，参照美国国家环境保护局 USEPA 推荐的方法取第 25 百分点作为参照状态，得到无机氮推荐基准值为 0.50 mg/L，PO_4-P 推荐基准值 0.022 9 mg/L。最后结合多年监测数据统计分析，推荐 0.023 mg/L 和 0.50 mg/L 分别作为象山港海域 PO_4-P 和无机氮的基准值。

（4）评价分级根据生态环境现状及分区衔接确定为 3 个等级，其中水质指标选择 2011 年 25%、75% 所对应的营养盐浓度值为分级依据。

（5）象山港海洋环境状况综合评价结果为 3~4 类。2011 年 1~2 区综合环境好，3~5 区综合环境较好，6~9 区综合环境一般；2014 年 1 区综合环境好，2~3 区综合环境较好，4~6 区综合环境一般，7~9 区综合差。与 2011 年相比，2014 年象山港 2 区、4 区、5 区、7 区、8 区、9 区的综合环境有所下降。

（6）与现行的单因子评价相比，基于环境基准的象山港水质综合评价方法分区域对象山港进行了客观综合的评价，真正从生态现状角度让海域的功能区得以科学合理的发挥，同时可以更好的进行空间和时间趋势趋势分析，可以为海洋生态环境主管部门和技术研究单位管理和研究海洋生态环境提供科学的技术支撑。

（7）象山港与乐清湾采用相同方法获得的无机氮和活性磷酸盐的环境基准值均不相同。因此，考虑近海港湾受环境影响比较大，每个海湾的水质、水动力和生态环境状况各异，在做评价标准前，都应该根据实际环境生态现状不同区域的环境基准，以进行更加客观科学的评价。

参考文献

安传光，赵云龙，林凌，等.2008.崇明岛潮间带夏季大型底栖动物多样性［J］.生态学报，28（2）：577-586.

高生泉，陈建芳，金海燕，等.2011.杭州湾及邻近水域营养盐的时空分布与富营养化特征［J］.海洋学研究，29（3）：36-38.

韩洁，张志南，于子山.2004.渤海中、南部大型底栖动物的群落结构［J］.生态学报，24（3）：531-537.

何丽，闫振广，姚庆祯，等.2013.氨氮海水质量基准及大辽河口氨氮暴露风险初步分析［J］.农业环境科学学报，32（9）：1855-1861.

胡文翔，陈铁熔，忻颖，等.1995.象山港环境监测总结评价［J］.海洋环境科学，14（4）：57-63.

黄秀清，陈琴，姚炎明，等.2015.港湾海洋环境监测站位布设方法研究——以象山港为例［J］.海洋学报，37（1）：158-170.

解瑞丽，周启星.2012.国外水质基准方法体系研究与展望［J］.世界水核研究与成展，34（6）：939-943.

金菊良，杨晓华，金保明，等.2000.水环境质量综合评价的新模型［J］.中国环境监测，16（4）：42-471.

李劳钰.2008.南黄海西部表层海水中溶解态重金属的分布［D］.青岛：国家海洋局第一海洋研究所.

李荣冠，王建军，郑成兴，等.2006.泉州湾大型底栖生物群落生态［J］.生态学报，26（11）：3563-3571.

李如忠.2005.水质评价理论模式研究进展及趋势分析［J］.合肥工业大学学报（自然科学版），28（4）：369 -372.

李柞泳，丁晶，彭荔红.2004.环境质量评价原理与方法.北京：化学工业出版社.17-161.

刘俊峰，潘建明，薛斌，等.2012.象山港水体富营养化的评价与分析［J］.环境研究与监测，25（3）：15-18.

刘录三，孟伟，田自强，等.2008.长江口及毗邻海域大型底栖动物的空间分布与历史演变［J］.生态学报，28（7）：3027-3034.

穆景利，王莹，张志锋，等.2013.我国近海镉的水质基准及生态风险研究［J］.海洋学报，35（3）：137-146.

孙少华.2005.水环境评价及系统仿真研究［D］.河海大学硕士研究生学位论文.

王长友，王修林，孙百晔，等.2009.东海主要重金属生态基准浓度初步研究［J］.海洋环境科学，28

（5）：544-547.

王菊英，穆景利，马德毅．2013. 浅析我国现行海水水质标准存在的问题 ［J］．海洋开发与管理，
　　（7）：28.

王菊英，穆景利，王莹．2015.《海水水质标准（GB 3097—1997）》定值的合理性浅析-以铅和甲基对硫
　　磷为例［J］．生态毒理学报，10（1）：152（2）：154.

王晓波，邱武生，秦铭俐，等．2009. 象山港浮游动物生态群落分布的研究［J］．海洋环境科学，28
　　（1）：62-64.

王莹，穆景利，王菊英．2015. 我国硝基苯的海水水质基准及生态风险评估研究［J］．生态毒理学报，
　　10（1）：160（2）：161.

杨万喜．1996. 嵊泗列岛潮间带群落生态学研究 I. 岩相潮间带底栖生物群落组成及季节变化［J］．应用
　　生态学报，7（7）：305-309.

姚建玉，钟正燕，陈金发．2009. 灰色聚类关联评估在水环境质量评价中的应用［J］．环境科学与管理，
　　34（2）：172-174.

于海燕，李新正，李宝泉，等．2006. 胶州湾大型底栖动物生物多样性现状［J］．生态学报，26（2）：
　　416-422.

于涛．2003. 南海海水中溶解态铜、铅、锌、镉环境背景值的初步研究［J］．台湾海峡，22（3）：
　　329-333.

张丽旭，蒋晓山，蔡燕红．2008. 象山港海水中营养盐分布与富营养化特征分析［J］．海洋环境科学，
　　2008，27（5）：487-491.

张宇峰，张雪英，徐炎华，等．2003. 海洋环境基线值表达方式的探讨［J］．南京工业大学学报，2003，
　　25（2）：82-85.

张志锋，王燕，韩庚辰．2012. 中国近海海水主要参数基线值及其污染状况探究［J］．海洋环境科学，
　　31［2］：211-215.

郑磊，张娟，闫振广，等．2016. 我国氨氮海水质量基准的探讨［J］．海洋学报，38（4）：109
　　（2）：115.

郑云龙，朱红文，罗益华．2000. 象山港海域水质状况评价［J］．海洋环境科学，19（1）：56-59.

朱艺峰，王银，林霞，等．2012. 象山港两种网目网采浮游动物群落比较［J］．应用生态学报，23（8）：
　　2277-2286.

GIBSON G，CARLSON R，SIMPSON J. 2000. Nutrient criteria technical guidance manual：lakes and reservoirs
　　（EPA-822-B-00-001）［R］．Washington DC：United States Environment Protection Agency，23-24，
　　88-91.

JACOBS H L. 1956. Water Quality Criteria［J］．Journal of Water Pollution Control Federation，37（5）：
　　292-300.

National Coastal Condition Report IV（EPA-842-R-10-003）．September 2012.

Office of Water，Office of Science and Technology. 2001. Nutrient Criteria Technical Guidance Manual Estuarine
　　and Coastal Marine Waters（No. 822-B-01-003）［R］．Washington DC：U. S. Environmental Protection A-
　　gency，10.

第9章 生态环境状况综合评价方法

9.1 生态环境分区

象山港是半封闭港湾，整个港湾狭长，港口处海洋生态环境受外海影响大，港中、港底处水动力较弱，受外海生态环境的影响较小。同时，象山港汊港，存在许多内湾，有港中的西沪港，港底的铁港和黄墩港。由于水体和沿岸环境相对固定，形成相对稳定的水域生态，象山港海洋生态环境的评价，从科学、客观、全面的角度来讲，从象山港区域本身的不同的地形地貌，水动力特征、水环境质量状况、生物生态类型等不同区域均有特点，所以本章拟从地形地貌、水文特征、环境质量状况、生物生态4个方面来进行分区。拟结合港湾不同区域进行海洋生态环境分区评价。

9.1.1 分区指标设置

象山港区域鉴于其为半封闭港湾，港湾形态狭长、岸线曲折、底质和岸线类型多样，所以拟确定地形地貌为一级指标进行分区。同时，由于象山港为半封闭港湾，其水体交换能力在港湾各个区域差异较大，且在不同区域形成了较为固定的水体，故确定水文特征作为另一一级指标进行分区。象山港内港较多，生态环境受沿岸陆源约束较大，故港湾各区域海洋环境状况显现出一定的特征，故另设环境质量状况作为分区的一级指标。由于港湾各区域水体与外海作用各不相同，使区域盐度、水温等方面指标各不相同，且水温的季节分布也较为明显，这也直接导致浮游植物和底栖生物群落分布象山港各个区域均有所不同，所以以生物生态作为一级指标进行分区也具有较大的意义。

本章确定4个一级指标，9个二级指标对象山港海域进行分区，并进行分区评价。各分区指标见表9.1-1。

表 9.1-1　象山港分区指标一览表

一级指标	二级指标
地形地貌	港湾形态
	底质类型
	岸线类型

一级指标	二级指标
水文特征	水体半交换
	水团特征
环境质量状况	水质
	沉积物
生物生态	浮游植物
	底栖生物

9.1.2　分区结果

9.1.2.1　地形地貌

1）自然形态

象山港海域自然形态为半封闭港湾，象山港由于其狭长性特点，习惯上将其分为港口、港中、港底3个区域。同时，象山港还存在许多内湾（也称港中港），主要有3个汊港。港中部分布有西沪港，港底部分布有黄墩港和铁港（图9.1-1）。根据自然形态分布特征，可以将港湾分成6个区域，即铁港、黄墩港、港底、港中、西沪港和港口区域。

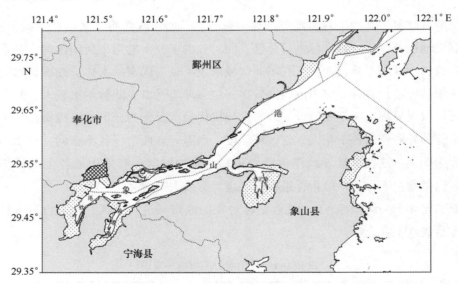

图 9.1-1　象山港海域自然形态分布分区

2）底质类型

象山港沉积物类型主要有3种：黏土质粉砂、粉砂质黏土、贝壳-砂。象山港海域沉积物类型以粉砂质黏土、黏土质粉砂为主，局部区域零星分布砂和粉砂。从沉积物类型分布来看，港底、港中以及中部的西沪港主要分布粉砂质黏土，而黏土质粉砂则主要分布在象山港港口区域，分布时与粉砂质黏土交替（图9.1-2）。从底质类型分布情况看，由港底至港口可分为3个区，即黏土区、黏土粉砂区、粉砂区。黏土区底质类型基本以粉砂质黏土为主，而黏土粉砂区底质类型分布黏土质粉砂和粉砂质黏土基本相当，处于港口区域的粉砂区域，沉积物类型以黏土质粉砂为主，伴有一部分区域的砂。

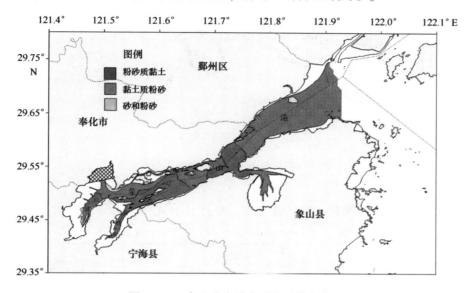

图9.1-2 象山港海域底质类型分布分区

3）岸线

象山港海域岸线类型分布多样化明显，根据踏勘的情况大致可以分为淤泥、沙滩、砾石滩、岩礁、人工岸段（岸线类型以其前沿岸滩类型确定）。象山港港底南岸、港中南岸、西沪港港底潮间带岸滩类型以淤泥、泥滩为主，滩涂上生长有大米草、浒苔、杂草；港底北岸及港口北岸至港底北岸潮间带岸滩类型多以沙滩、砾石滩为主，偶分布有岩礁型潮间带岸滩类型；在象山港港口北岸靠近横山码头附近区域则分布以岩礁型潮间带为主的岸滩类型；人工岸段主要分布在象山港沿岸开发活动较多的地方，如港底的红胜海塘，环强蛟半岛区域（国华电厂、海螺水泥厂），港中南岸的乌沙山电厂等。根据象山港岸线分布现状，大致可以将象山港按照岸线类型分为4个区，港底的泥滩区、港底至港中的泥滩砂质岩礁区、港中的岩礁区和港口的港中的泥滩砂质岩礁区（见图9.1-3）。泥滩区岸线基本上是以淤泥滩涂为主，泥滩砂质岩礁区则分布有砂质岸线、岩礁岸线和淤泥滩涂等岸线，岩礁区岸线则主要分布为岩礁型岸线。

4）海岸带状况

根据象山港流域的地理分布、沿岸地形地貌状况，结合对现行的沿象山港的行政区

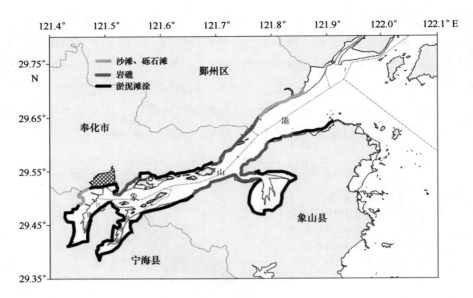

图 9.1-3　象山港岸线类型分布分区

划，将象山港划分为 7 个海区、21 个汇水区，见图 9.1-4。

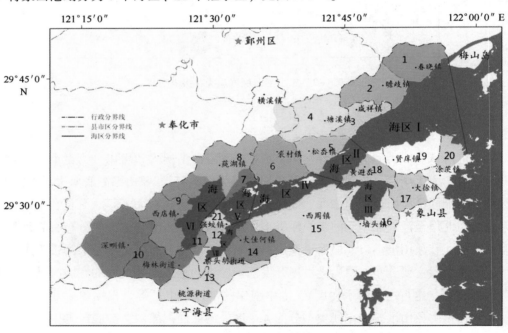

图 9.1-4　象山港周海域汇水区分布及分区

（1）海岸带土地利用情况

根据 2014 年 1 月象山港卫星遥感影像，对象山港海岸线向陆 5~8 km 轮廓线内区域开展土地利用分布类型遥感解译，如图 9.1-5 所示。根据各土地覆盖类型占地面积统计（见图 9.1-6），植被占 61.67%，其次为耕地占 22.21%，居民用地为 6.67%，工矿仓储用地为3.58%。根据海岸带土地利用状况来看，其使用类型主要受制于周边的地形和行政区划分布，植被主要分布于周边的山地，征地区域则分布于沿岸的平原区域，居民用地则主要分布于城镇区域，工矿仓储用地则分布于沿岸开发活动较为活跃的区域。从地理区域上看，土地利用情况整体上取决于沿岸汇水区分布（山体、地形）和沿岸行政区划设置的影响，各个区域分布的土地使用类型差异不大，所以基本上可以按照汇水区和行政区划相结合的方式对象山港海岸带状况进行分区。

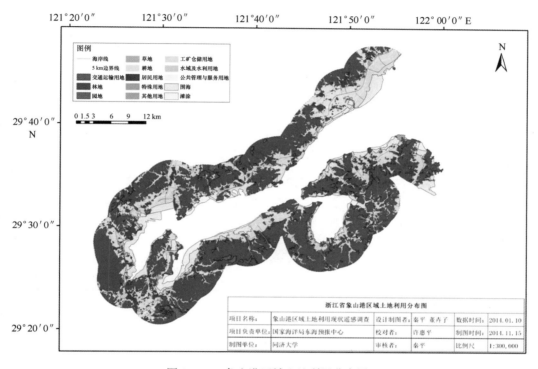

图 9.1-5　象山港区域土地利用分布图

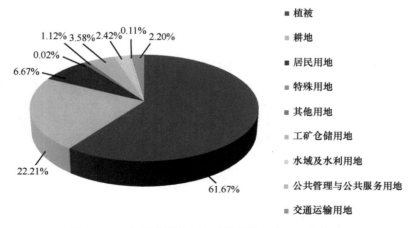

图 9.1-6　象山港周边各土地覆盖类型占地面积统计

（2）海岸带分区结果

结合上述汇水区和海岸带土地利用分布状况，考虑到地形地貌和行政区划的整体性，在汇水区的基础上，进行海岸带分区，具体汇水区与海岸带分区关系见表9.1-2。最终可将象山港海岸带状况分为9个区域，1C区、2C区、3C区、4C区、5C区、6C区、7C区、8C区和9C区（图9.1-7）。

表9.1-2　象山港汇水区与海岸带分区

汇水区	海岸带分区
汇水区1、汇水区2、汇水区20	1C区
汇水区3、汇水区4、汇水区5、汇水区18、汇水区19	2C区
汇水区16、汇水区17	3C区
汇水区5、汇水区6、汇水区15	4C区
汇水区6、汇水区15	5C区
汇水区7、汇水区8	6C区
汇水区12、汇水区21、汇水区14、汇水区8	7C区
汇水区13	8C区
汇水区9、汇水区10、汇水区11	9C区

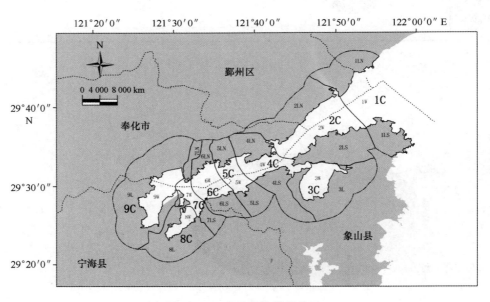

图9.1-7　象山港海岸带分区

9.1.2.2 水文

1) 水交换周期

象山港港湾狭长，水动力交换能力差异很大，水体污染物扩散差异也很大，污染物迁移交换主要受水交换周期控制，因此水交换周期进行可以作为水文分区的重要内容。

根据数值模拟计算结果，象山港水体半交换时间由口门向湾顶逐渐增加，西沪港内水体半交换时间较西沪港口门附近水域长，平均滞留时间的空间分布态势和半交换时间基本相同。西泽附近断面以东的象山港水域，水交换速度快，其半交换时间约为 5 d，平均滞留时间为 10 d 左右。西沪港口门东侧断面水体半交换时间为 20 d，平均滞留时间为 25 d。由于西沪港内滩涂面积较广，水流速度缓慢，潮混合能力较口门外小得多，半交换时间和平均滞留时间明显比口门外长。乌沙山附近断面水体半交换时间为 30 d。湾顶水交换速度缓慢，铁港和黄墩港内水体半交换时间在 35 d 左右，平均滞留时间约为 40 d。

根据象山港水体半交换周期，将整个港区分成水交换强区、较强区、中区、弱区 4 个区（图 9.1-8）。水交换弱区半交换时间为 30~40 d，中区半交换时间为 20~30 d，较强区半交换时间为 10~20 d，强区的时间为 0~10 d。

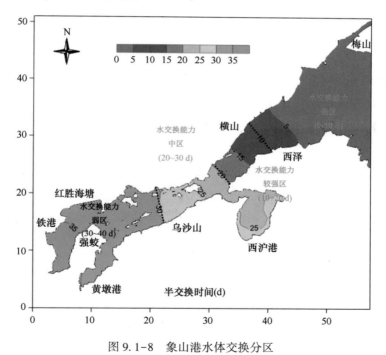

图 9.1-8　象山港水体交换分区

2) 水团分区

近岸港湾海域受河流影响温盐差异大，对生态群落影响明显，因此水团变化研究对了解港湾生态群落分布及变化有着指导意义。根据 2011 年现状调查象山港的冬季和夏季水体中盐度水文分布状况，对象山港海域水团做一个初步的分区。

435

（1）水温、盐度分布特征

① 水温分布

冬季，象山港表层温度范围14.2~15.8℃，底层温度范围14.3~16.4℃，温度自港内至港口、由西向东整体呈递增趋势。

夏季，象山港表层温度范围27.8~31.8℃，底层温度范围27.0~31.1℃，港内西部温度高于东部，且表层高于底层（图9.1-9）。

② 盐度分布

冬季表层盐度范围23.7~26.5，底层盐度范围24.1~26.3，盐度自港内至港口递增。港内区域受沿岸淡水影响较大，港口则相对较小。夏季表层盐度范围22.9~27.8，底层盐度范围24.4~28.0，盐度自港内至港口递增（图9.1-10）。

（2）分区结果

根据象山港水温分布情况，冬季水温在15.5℃以上视为高温区，14.5~15.5℃视为中温区，14.5℃以下视为低温区。夏季水温在29.0℃以上视为高温区，29.0℃以下视为低温区。

根据象山港盐度分布情况，冬季盐度在24.0以下为低盐区，24~25.5为中盐区，25.5以上为高盐区。夏季盐度分布较为明显，26.0以下为低盐区，26.0以上为高盐区。

① 冬季

由于象山港区域冬季水温分布较为复杂，水团的确定，主要以水温分布为基础，结合盐度的分布结果来确定。冬季根据水温分布和盐度分布结果，可分成若干个水团（图9.1-11），由港底至港口分别为低温低盐水团、中温低盐水团、高温中盐水团、低温中盐水团、中温高盐水团。

② 夏季

夏季温度又因港底到港口逐渐减少的趋势明显，盐度则由港底至港口逐渐变大的趋势明显，所以在港中区域形成一个较为明显的盐度、温度的界线，即在白墩港南岸和乌沙山北侧形成较为明显的分界线，水团的分布以此作为分界线。该区域以南以高温低盐水团为主，以北受低温高盐水团控制（见图9.1-12）。

9.1.2.3 环境状况

海洋环境状况的表征一般通过水质、沉积物、生物体质量来体现，本研究也进行了生物体质量方面的监测，但由于生物体质量的取样、代表性存在不足，目前的海洋环境主要通过水质、沉积物质量来表征。水质选取营养盐、有机污染物、重金属来进行综合评价，沉积物选取重金属、持久性有机化合物、石油类来进行分类评价。

1）水质状况

以2011年象山港综合评价方法研究专项调查资料为基础，整合2004—2011年象山港增养殖区监测、赤潮监控区监测资料，以营养指数、有机污染评价指数和重金属综合评价

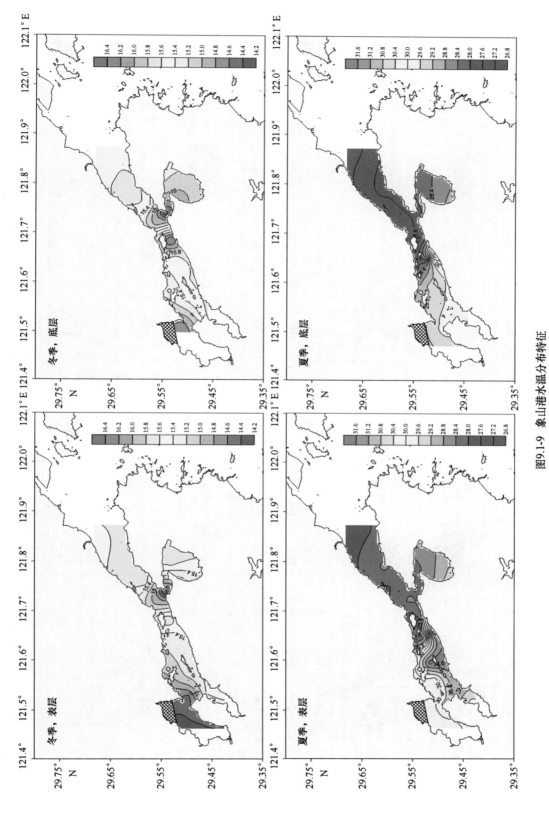

图9.1-9 象山港水温分布特征

437

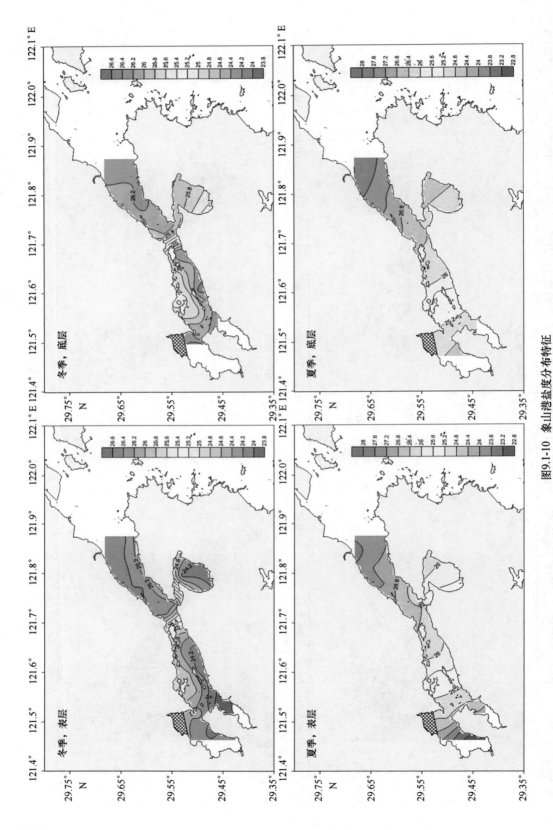

图9.1-10 象山港盐度分布特征

438

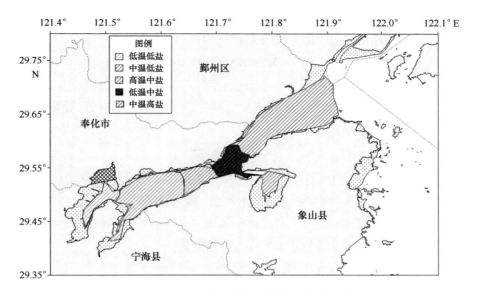

图 9.1-11　象山港水团分布（冬季）

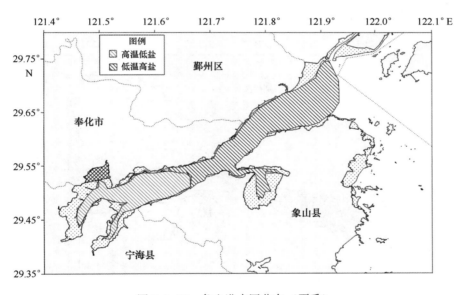

图 9.1-12　象山港水团分布（夏季）

指数为基础，进行象山港污染特征分布分析，以期了解掌握象山港水质指标分布特征。为象山港污染物分布分区作重要依据。营养指数、有机污染评价指数和重金属综合评价指数和石油类污染指数计算方法如下。

（1）营养指数分布

营养指数（E）采用以下公式计算（HY/T 069—2005）：

$$E = （COD×无机氮×无机磷×10^6）/4 500$$

公式中各量单位以 mg/L 表示，如 $E≥1$，则水体呈富营养化。

（2）有机污染评价指数

有机污染评价指数（A）采用以下公式计算（HY/T 069-2005）：

$$A = COD/COD_0 + DIN/DIN_0 + DIP/DIP_0 - DO/DO_0$$

（3）重金属综合污染指数

参考（叶红梅等，2011）对渤海湾水体中重金属的综合污染评价方法，计算公式如下：

$$A_i = \frac{c_i}{c_s^i}; \quad P = \frac{1}{n}\sum_{i=1}^{n} A_i$$

式中，A_i 为第 i 种重金属的相对污染系数；P 为重金属的综合污染系数；C_i 为第 i 种重金属的的实测浓度值；C_s^i 为第 i 种重金属的海水水质二类标准值。

（4）石油类污染指数

石油类采用其浓度，进行整个港湾的分布特征分析。

2）夏季（8月）污染物分布状况

（1）营养指数分布特征

象山港夏季营养指数分布基本呈现由港底到港口逐渐减小的趋势。港底的铁港和黄墩港营养指数最高，港口北部区域最低（图9.1-13）。

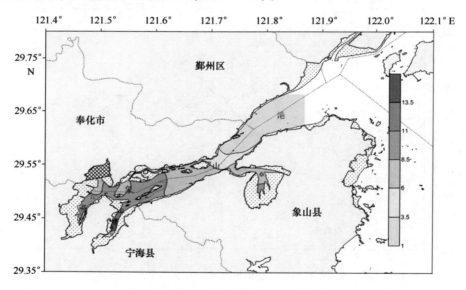

图9.1-13　象山港营养指数分布（夏季）

（2）有机污染评价指数分布特征

有机污染评价指数的最大值分布在港底偏东区域，较影响指数分布偏东。与影响指数相比，铁港区域的有机污染评价指数未处于整个港湾的最高水平。港口区域分布情况与影响指数较为一致（图9.1-14）。

（3）重金属综合污染指数分布

重金属污染最为严重的区域主要分布于港底的铁港和黄墩港区域，以及西沪港港底区

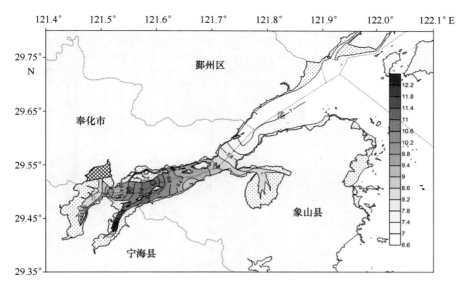

图 9.1-14 象山港有机污染指数分布（夏季）

域，中部区域和港口区域污染程度其次，而港底的偏东区域，港中区域分布污染程度最轻（图 9.1-15）。

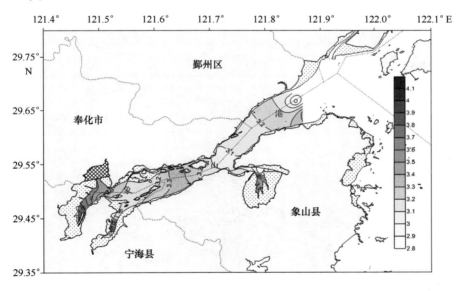

图 9.1-15 象山港重金属综合污染指数分布（夏季）

（4）石油类浓度分布

丰水期石油类浓度分布各区域差异不大，浓度普遍较低。在港中区域和港底黄墩港区域相对较高，其他区域浓度差异不大（图 9.1-16）。

（5）夏季分区结果

根据以上对夏季象山港各主要污染物的分布情况分析，象山港水质污染物分布情况可

441

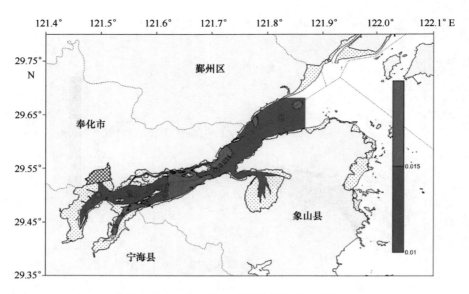

图 9.1-16　象山港石油类浓度分布（夏季）

以根据各区域污染物类型的特征情况，将象山港划分为 4 个区域（图 9.1-17），由港底至港口分别为有机污染—富营养化区，重金属—富营养化区，重金属—石油类污染区，综合污染区。港口区域有机污染、重金属污染、营养化水平均为最低，尚未体现明显的污染物特征，在此将其归为综合污染区。

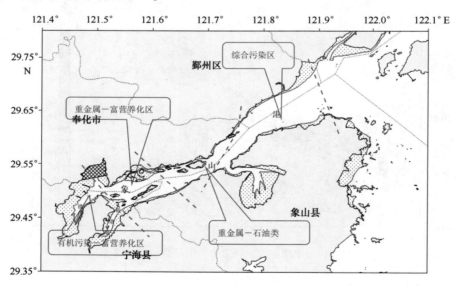

图 9.1-17　象山港石油类浓度分布（夏季）

（6）夏季水质分区特征

根据 2011 年本研究专项监测资料，整合 2001—2010 年的象山港有关历史监测资料（国华电厂和乌沙山电厂跟踪监测、赤潮监控区监测等）对象山港港各特征区域的水质因子浓度分布进行分析，各特征区域水质因子浓度分布情况见表9.1-2。有机污染—富营养化区需关注的水质因子为DO、COD、磷酸盐，重金属—富营养化区需关注的水质因子为磷酸盐、无机氮、镉、铜。重金属—石油类污染区需关注的水质因子为石油类、砷、铬、锌等。

3）冬季污染物分布状况

（1）营养指数分布特征

由图9.1-18可见，象山港冬季营养指数分布在港底的铁港区域、港中部分区域、西沪港形成高值区，整体上呈现港底和港中大于港口的趋势。

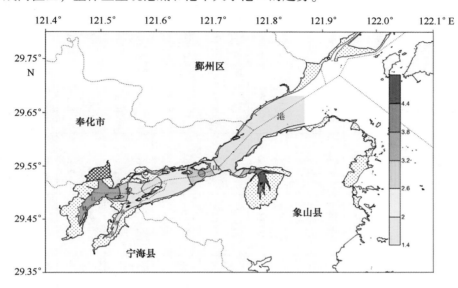

图9.1-18　象山港营养指数分布（冬季）

（2）有机污染评价指数分布特征

有机污染评价指数分布与营养指数保持一致，高值区域分布在港底的铁港区域、港中部分区域、西沪港整体上港底和港中区域指数值要高于港口区域（图9.1-19）。

（3）重金属综合污染指数分布

重金属污染最为严重的区域主要分布于西沪港，其次为港口至西沪港区域，基本呈现由港口至港底重金属综合指数逐渐降低的趋势（图9.1-20）。

（4）石油类浓度分布

冬季石油类浓度分布各区域差异较大。在港底的黄墩港区域至港中一带形成高浓度区，向东和向西浓度逐渐减小。整体上港底、港中浓度要大于港口区域（图9.1-21）。

表 9.1-2　象山港各污染物分布区域水质因子浓度分布情况

分布区域		DO (mg/L)	COD (mg/L)	磷酸盐 (mg/L)	无机氮 (mg/L)	石油类 (mg/L)	汞 (µg/L)	砷 (µg/L)	铅 (µg/L)	镉 (µg/L)	铬 (µg/L)	锌 (µg/L)	铜 (µg/L)
有机污染—富营养化区	范围	6.49~6.90*	1.03~1.43*	0.055 5~0.070 5*	0.488~0.942	0.013~0.019	0.013~0.027	1.55~2.78	0.82~1.39	0.080~0.135	0.060~0.120	20.90~25.90	2.37~3.50
	均值	6.75±0.12	1.20±0.15	0.061 3±0.004 8	0.673±0.16	0.014±0.002	0.019±0.004	2.31±0.45	1.14±0.19	0.099±0.018	0.098±0.017	23.85±1.57	2.90±0.35
重金属—富营养化区	范围	6.91~7.02	0.96~0.99	0.047 9~0.055 9*	0.763~0.854*	0.012~0.015	0.010~0.017	1.78~2.45	0.65~1.04	0.105~0.123*	0.103~0.115	22.48~27.18	2.20~4.10*
	均值	6.95±006	0.97±0.01	0.052 3±0.004 1	0.813±0.046	0.013±0.001	0.014±0.004	2.11±0.34	0.84±0.20	0.115±0.009	0.108±0.006	24.93±1.54	3.40±0.73
重金属—石油类污染区	范围	7.02~7.56	0.88~0.98	0.044 8~0.052 5	0.668~0.723	0.014~0.018*	0.013~0.016	2.38~2.70*	0.72~0.95	0.088~0.125	0.130~0.163*	24.63~26.80*	2.70~3.05
	均值	7.17±0.22	0.94±0.04	0.049 5±0.003 3	0.698±0.024	0.016±0.001	0.015±0.001	2.54±0.13	0.87±0.10	0.108±0.014	0.141±0.013	25.36±0.88	2.86±0.15
综合污染区	范围	6.63~7.88	0.79~1.30	0.013 0~0.045 8	0.062 7~0.746	0.010~0.016	0.013~0.222	1.61~2.83	0.65~1.21	0.055~0.118	0.060~0.148	20.68~27.30	2.30~3.09
	均值	6.99±0.40	0.96±0.17	0.024 6±0.012 3	0.690±0.031	0.014±0.002	0.019±0.002	2.25±0.32	0.89±0.16	0.080±0.015	0.108±0.025	22.78±1.60	2.63±0.24

注：带"*"为该区域关键因子。

444

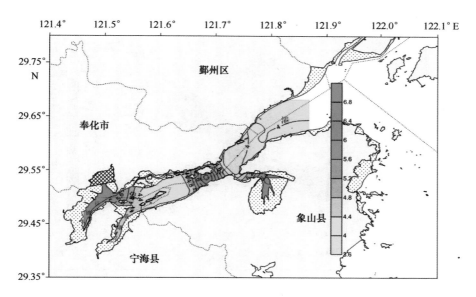

图9.1-19　象山港有机污染指数分布（冬季）

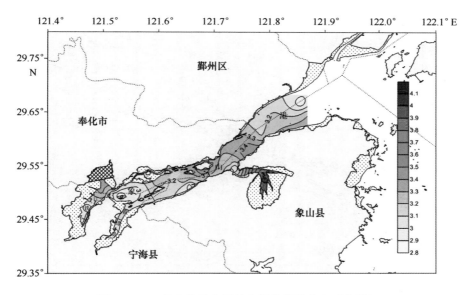

图9.1-20　象山港重金属综合污染指数分布（冬季）

（5）冬季（12月）分区结果

根据以上对冬季象山港各主要污染物的分布情况分析，象山港水质污染物分布情况可以根据各区域相对占优势的污染物类型，将象山港划分为4个区域（图9.1-22），由港底至港口，依次分布为港底铁港区域的富营养化区域，港底的黄墩港区域至港中的石油类污染区，港中区域的有机污染—富营养区，港口区域至西沪港的重金属污染区。

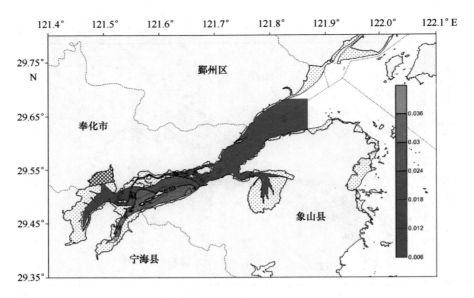

图 9.1-21 象山港石油类浓度分布（冬季）

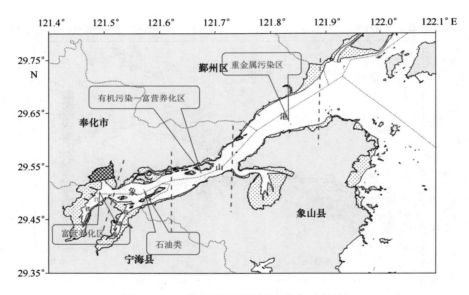

图 9.1-22 象山港石油类浓度分布（冬季）

（6）冬季水质分区特征

根据 2011 年本研究专项监测资料，整合 2001—2010 年的象山港有关历史监测资料（国华电厂和乌沙山电厂跟踪监测、赤潮监控区监测等）对象山港港各特征区域的水质因子浓度分布进行分析，各特征区域水质因子浓度分布情况见表 9.1-3。由表可知，富营养区需要关注的水质因子为磷酸盐、无机氮、砷；石油类污染区需要关注的水质因子为石油类、COD；有机污染—富营养化区需要关注的水质因子为 DO、磷酸盐、无机氮；重金属污染区需要关注的水质因子为镉、铬、铜、锌。

446

表 9.1-3　象山港各污染物分布区域水质因子浓度分布情况

分布区域		DO (mg/L)	COD (mg/L)	磷酸盐 (mg/L)	无机氮 (mg/L)	石油类 (mg/L)	汞 (μg/L)	砷 (μg/L)	镉 (μg/L)	铬 (μg/L)	铜 (μg/L)	铅 (μg/L)	锌 (μg/L)
有机污染-富营养化区	范围	8.72~8.92	0.71~0.77	0.0582~0.0641*	0.328~0.377*	0.012~0.017	0.013~0.023	1.95~2.80*	0.090~0.130	0.115~0.150	2.75~3.90	0.52~0.82	20.90~26.30
	均值	8.79±0.07	0.72±0.02	0.0618±0.020	0.350±0.018	0.017±0.002	0.018±0.004	2.43±0.32	0.108±0.014	0.129±0.014	3.33±0.45	0.38±0.10	23.45±1.89
石油类污染区	范围	8.49~8.82	0.71~0.83*	0.0407~0.0573	0.285~0.325	0.015~0.036*	0.016~0.021	1.40~2.38	0.093~0.145	0.095~0.138	2.50~2.90	0.60~0.86	22.20~25.20
	均值	8.65±0.12	0.77±0.04	0.0445±0.0057	0.308±0.017	0.030±0.007	0.018±0.002	1.89±0.38	0.119±0.019	0.115±0.017	2.69±0.15	0.73±0.10	23.79±1.10
有机污染-富营养化区	范围	8.38~8.63*	0.57~0.84	0.0411~0.0726*	0.290~0.374*	0.013~0.038	0.016~0.027	1.53~2.53	0.098~0.135	0.103~0.175	2.50~4.35	0.68~0.99	21.60~24.83
	均值	8.52±0.11	0.73±0.14	0.0544±0.0162	0.321±0.041	0.023±0.011	0.020±0.005	1.95±0.49	0.117±0.015	0.137±0.036	3.26±0.90	0.80±0.13	23.25±1.20
重金属污染区	范围	8.46~8.83	0.63~0.86	0.0333~0.0729	0.268~0.357	0.008~0.017	0.013~0.025	1.40~2.60	0.100~0.153*	0.098~0.240*	2.55~4.50*	0.42~1.21	21.88~25.50*
	均值	8.61±0.11	0.70±0.07	0.0406±0.0128	0.311±0.022	0.011±0.002	0.018±0.004	1.90±0.33	0.125±0.018	0.139±0.042	3.37±0.54	0.79±0.20	23.47±1.23

注：带"*"为该区域关键因子。

9.1.2.4　生物生态

象山港海域由于其特殊的水文、地理、底质条件，浮游植物和底栖生物分布有较为明显的区域分布特征。基于本研究积累的资料对于浮游动物而言，目前尚难归纳出其区域分布特征，所以本研究仅从浮游植物和底栖生物区域分布特征分析生物生态分区状况。

1）浮游植物

（1）浮游植物种类分布特征

① 近岸温带种

夏季分布量大，全港分布，优势度较高；冬季分布在港中部和底部。代表种：绕孢角毛藻，近岸南温带种，夏季全港分布，以港中和港底优势度较高（图 9.1–23 和图 9.1–24），冬季港中港底少量分布；冕孢角毛藻，近岸北温带至北极种，夏季港中和港底优势度较高（图 9.1–25 和图 9.1–26）。

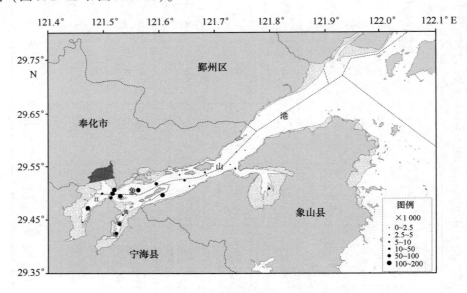

图 9.1–23　象山港夏季涨潮时绕孢角毛藻分布密度（cells/m³）

② 沿岸种

夏季港口和港中优势种群。代表种：卡氏角毛藻，夏季分布于港口和港中，港口优势度较高（图 9.1–27 和图 9.1–28）。

③ 外洋广温种

全港分布，冬季港口优势度较高。代表种：虹彩圆筛藻，冬夏全港分布，冬季港口部以该种密度和优势度最高（图 9.1–29 和图 9.1–30）。

④ 近岸暖海种

全港分布，冬季象山港中部分布优势较高。代表种：琼氏圆筛藻，近岸暖海性，夏季和冬季全港分布，冬季以中部密度较高（图 9.1–31 和图 9.1–32）。

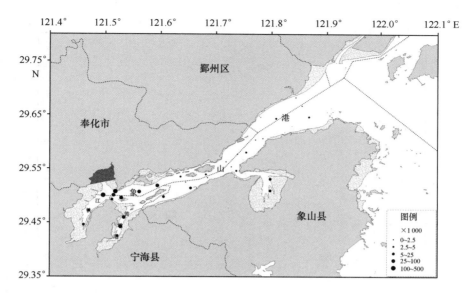

图 9.1-24　象山港夏季落潮时绕孢角毛藻分布密度（cells/m³）

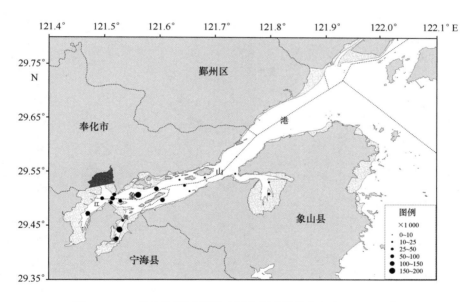

图 9.1-25　象山港夏季涨潮时冕孢角毛藻分布密度（cells/m³）

⑤ 广温广布种

全港分布，种类较多，冬季港底优势度较高。代表种：中肋骨条藻，夏季全港分布，冬季港中和港底大量分布，冬季港底优势度较高（图 9.1-33）。

⑥ 半咸水种

异常角毛藻，半咸水指标种，象山港分布在中部和底部港汊等处有河流汇入的区域（图 9.1-34~图 9.1-36）。

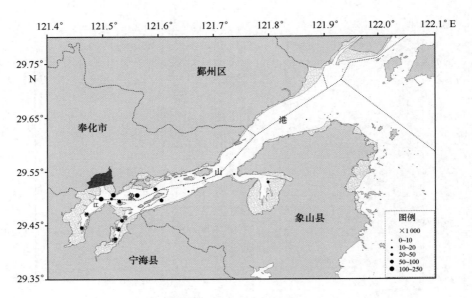

图 9.1-26　象山港夏季落潮时冕孢角毛藻分布密度（cells/m³）

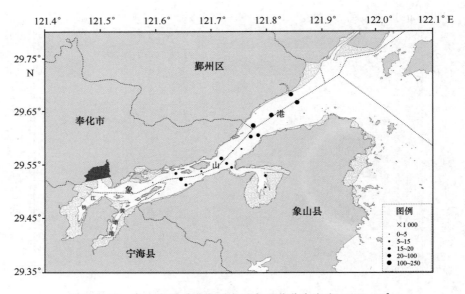

图 9.1-27　象山港夏季涨潮时卡氏角毛藻分布密度（cells/m³）

⑦ 热带种

代表种为铁氏束毛藻，夏季仅分布于港底前沿。

（2）浮游植物分区结果

根据优势种类的生态类型和分布特点，将象山港浮游植物各区域进行生态类型划分。夏季将象山港划分为沿岸种分布区、近岸温带种分布区和半咸水分布区 3 个主分区，在狮子口海域有少量热带种出现（图 9.1-37）。冬季将象山港分为外洋广温种分布区、近岸暖海种分布区、光温广布种分布区和半咸水分布区 4 个区域（图 9.1-38）。

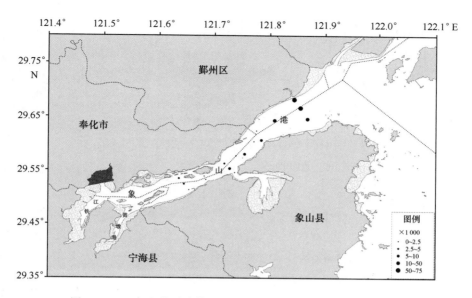

图 9.1-28　象山港夏季落潮时卡氏角毛藻分布密度（cells/m³）

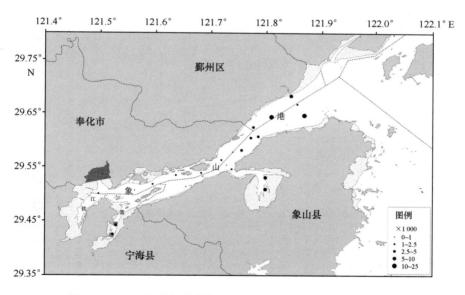

图 9.1-29　象山港冬季涨潮时虹彩圆筛藻分布密度（cells/m³）

（3）分区生物特征描述

① 夏季

A. 沿岸种分布区

夏季浮游植物密度（0.06~2.74）×10⁵ cells/m³，生态类型为沿岸种类型，优势种是卡氏角毛藻，种类多样性指数 1.11~2.71，均匀度 0.30~0.88，丰富度 0.48~0.91。

B. 近岸温带种分布区

夏季浮游植物密度（0.11~10.4）×10⁵ cells/m³，生态类型为近岸温带种类型，优势

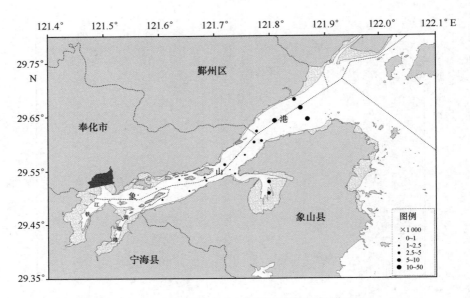

图 9.1-30 象山港冬季落潮时虹彩圆筛藻分布密度（cells/m³）

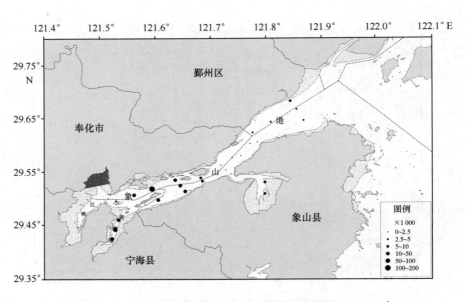

图 9.1-31 象山港冬季涨潮时琼氏圆筛藻分布密度（cells/m³）

种是绕孢角毛藻和冕孢角毛藻，种类多样性指数 0.95~2.99，均匀度 0.30~0.89，丰富度 0.33~0.99。

　　C. 半咸水分布区

　　夏季浮游植物密度（0.25~5.4）×10⁵ cells/m³，生态类型为半咸水种类型，指示种为异常角毛藻，种类多样性指数 1.62~2.40，均匀度 0.49~0.69，丰富度 0.50~0.74。

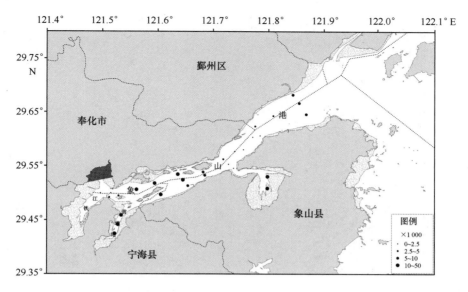

图 9.1-32 象山港冬季落潮时琼氏圆筛藻分布密度（cells/m³）

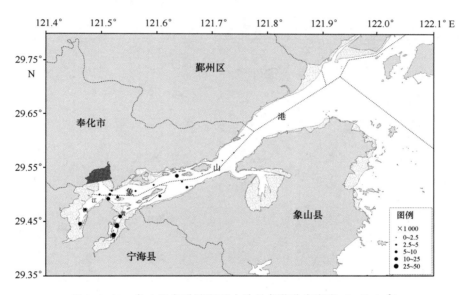

图 9.1-33 象山港冬季涨潮时中肋骨条藻分布密度（cells/m³）

② 夏季

A. 外洋广温种分布区

冬季浮游植物密度（0.82~3.72）×10⁴ cells/m³，生态类型为外洋广温种类型，优势种是虹彩圆筛藻，种类多样性指数 1.18~3.11，均匀度 0.37~0.84，丰富度 0.51~0.93。

B. 近岸暖海种分布区

冬季浮游植物密度（0.05~0.51）×10⁵ cells/m³，生态类型为近岸暖海种类型，优势种是琼氏圆筛藻，种类多样性指数 1.13~3.54，均匀度 0.29~0.94，丰富度 0.43~1.24。

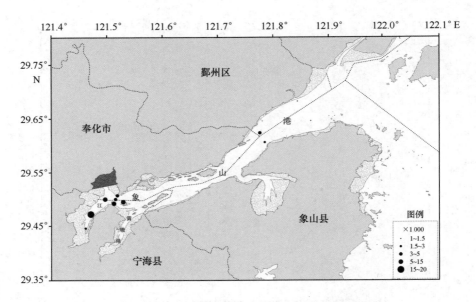

图 9.1-34　象山港夏季涨潮时异常角毛藻分布密度（cells/m³）

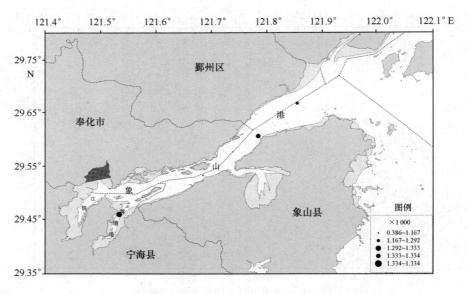

图 9.1-35　象山港冬季涨潮时异常角毛藻分布密度（cells/m³）

C. 广温广布种分布区

冬季浮游植物密度（0.21～0.36）×10⁵ cells/m³，生态类型为广温广布种类型，优势种是中肋骨条藻，种类多样性指数 2.59～2.89，均匀度 0.78～0.83，丰富度 0.59～0.74。

D. 半咸水分布区

在象山港各个区域均有分布，其数量相对较少，在此不做统计。

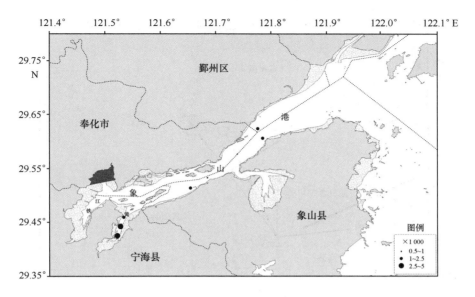

图 9.1-36 象山港冬季落潮时异常角毛藻分布密度（cells/m³）

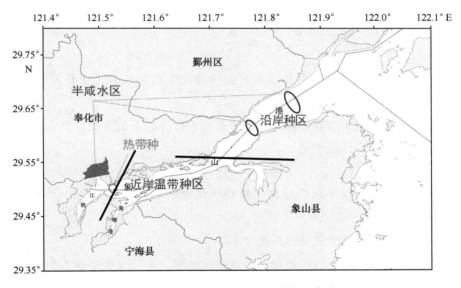

图 9.1-37 象山港夏季按浮游植物生态分区

2）底栖生物

象山港底栖生物主要以多毛类、软体动物为主，还有甲壳动物、棘皮动物及其他种类分布。根据底栖生物分布特征，将港区分成不同区域。

据最近的象山港夏季和冬季底栖生物监测结果表明，夏季监测到 68 种，冬季监测到 30 种。夏季种类数要大大高于冬季。从空间分布看，底栖生物种类数由多到少依次为港底、港中、港底多毛类种类数最高。根据不同水期和不同的区域，象山港底栖生物类群，呈现一定的特征，现将象山港海域港底、港中、港口区域和不同时期（夏季、冬季）的底

455

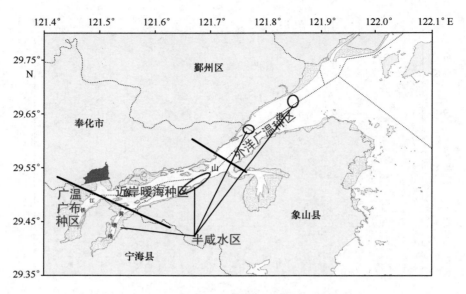

图 9.1-38　象山港冬季按浮游植物生态分区

栖生物优势种及生态类群大致可以归为以下几种。

（1）夏季（8月）

① 港口

港口区夏季优势种包括不倒翁虫、异足索沙蚕和半褶织纹螺，优势度分别为 0.196、0.106 和 0.049。

生态类群：多毛类—织纹螺—蛇尾类。群落代表种类是不倒翁虫、异足索沙蚕、纵肋织纹螺、半褶织纹螺和金氏真蛇尾。

② 港中

港中区夏季优势种包括半褶织纹螺、纵肋织纹螺和不倒翁虫，优势度分别为 0.180、0.069 和 0.046。

生态类群：港中区底栖生物类群分两个小类。

类群一：蛇尾类—多毛类，代表种类是薄倍棘蛇尾、金氏真蛇尾和不倒翁虫，这一类群分布在西沪港数量和生物量占较大比重。

类群二：织纹螺—多毛类。群落代表种类是半褶织纹螺、纵肋织纹螺、不倒翁虫和异足索沙蚕，这一类群在西沪港口至乌沙山电厂前沿海域密度和生物量分布较高。

③ 港底

港底区夏季优势种包括：菲律宾蛤仔、不倒翁虫和毛蚶，优势度分别为 0.242、0.076 和 0.011。

生态类群：港底区底栖生物类群分两个小类。

类群一：双壳类—多毛类—盾形组蛇尾，代表种类有菲律宾蛤仔、毛蚶、锥唇吻沙蚕和盾形组蛇尾。这一类群主要分布于黄墩港。

456

类群二：多毛类—双壳类，代表种类有不倒翁虫、覆瓦哈鳞虫、*Amaeana trilobata* 和菲律宾蛤仔。这一类群在象山港底铁港一侧密度较高，狮子口靠狮子角一侧菲律宾蛤仔密度很高。

（2）枯水期

① 港口

冬季优势种包括不倒翁虫、中华内卷齿蚕和纵肋织纹螺，优势度分别为 0.311、0.149 和 0.074。

生态类群：多毛类—织纹螺—蛇尾类。群落代表种类是不倒翁虫、中华内卷齿蚕、长锥虫、纵肋织纹螺和盾形组蛇尾。

② 港中

港中区冬季优势种包括：不倒翁虫和日本倍棘蛇尾，优势度分别为 0.218 和 0.081。

生态类群：港中区生物类群可分两个小类。

类群一：不倒翁虫—裸裂虫，这一类群种类在西沪港密度分布较高。

类群二：不倒翁虫—日本倍棘蛇尾—盾形组蛇尾，这一类群在西沪港外的象山港中部分布较多。

③ 港底

港底区冬季季优势种包括：菲律宾蛤仔和毛蚶，优势度分别为 0.285 和 0.024。

生态类群：港底区生物类群可分两个小类。

类群一：双壳类—蛇尾类，代表种类有菲律宾蛤仔、毛蚶、盾形组蛇尾和不等盘棘蛇尾。这一类群主要分布于黄墩港。

类群二：毛蚶—棘刺锚参—多毛类，代表种类有毛蚶、棘刺锚参、不倒翁虫和覆瓦哈鳞虫。这一类群在象山港底铁港一侧密度较高。

3）指示生物

（1）研究现状

底栖生物作为海洋生态系统中的重要组成部分，在海洋食物网和沉积物—水层界面的生物地球化学循环过程中起着重要的作用。作为环境指示生物，与其他生物类群相比，底栖动物具有更多的优点，如：不易移动或移动范围有限；具有较长的生命周期；占据了几乎所有的消费者营养级水平，能完成一个完整的生物积累过程，以及易于分类和统计等特点，因此其群落结构特征常被用于监测人类活动或自然因素引起的长周期海洋生态系统变化（REES H L，1991）。目前大型底栖生物作为监测和评价海洋生态环境质量的指示生物已受到越来越多学者的认可（BI Hong-sheng，2001）。底栖生物中的多毛类对环境有着较为明显的响应。如长江口大型底栖动物群落的演变研究表明，底栖群落结构物种组成方面，变化较为明显的为多毛类，从早期的环境稳定期（1990 年以前）占群落比例范围 15.6%~34%，到 2009 年以后的受干扰期和缓慢恢复期的占群落比例的 70%（刘录三，2012）。

通过舟山海域大型底栖生物群落结构研究，发现个体较小、生长周期较短的多毛类正逐步取代个体较大、生长周期较长的棘皮动物，并由此推断底栖群落受到中度程度的污染或扰动（贾海波等，2009）。在深圳河口潮间带泥滩的 4 个季度调查发现，多毛类的数量与有机质含量呈正相关（蔡立哲等，1998）。刘卫霞等发现，底栖多毛类的丰度与沉积物中值粒径和粉砂含量呈显著正相关，与砂含量呈显著负相关，证明其数量与沉积物类型有紧密关系。研究发现，珠江口东南部海域沉积物环境中硫化物含量与大型底栖生物种类数和密度呈负相关（张敬怀等，2009）。

由上述研究可知，多毛类对底栖环境类型、环境扰动、个别指标浓度变化具有具有较好的响应和指示作用。当他的种类数和密度变化时可以从一定程度上指示环境的变化。所以多毛类不失为一种较好的底栖环境乃至整个生态环境的指示生物。

（2）象山港底栖生物指示种

根据 2011 年象山港海域的底栖生物调查结果看，大多数区域和类群中均出现了多毛类，这为采用多毛类指示象山港底栖环境、沉积环境提供了可能和基础。可以在往后的监测过程汇总，通过判断多毛类的优势度的变化以及在整个底栖类群中生物构成的变化，来间接反映和判断沉积环境的变化情况，能较为快捷和全面地响应沉积环境的综合变化趋势。所以将多毛类作为象山港沉积物环境的指示生物具有一定的可操作性、科学性和合理性。所以在此筛选多毛类作为沉积环境指示生物的重要监测和评价指标。

（3）分区结果

象山港底栖生物主要以多毛类、软体动物为主；还有甲壳动物、棘皮动物及其他种类分布。根据底栖生物分布特征和底质类型特征，根据优势种类的生态类型分布特点。冬季将象山港划分为毛蚶类群区、不倒翁虫类群区和多毛类类群区（图 9.1-39）等 3 个区。夏季将象山港双壳类类群区、织纹螺类群区和多毛类类群区 3 个区（图 9.1-40）。

（4）分区生物特征描述

① 冬季

A. 多毛类类群区

夏季底栖生物密度 20～145 ind/m²，生物量 1.8～7.95 g/m²，种类多样性指数 1.37～2.78，均匀度 0.43～0.94，丰富度 0.63～1.00。

B. 不倒翁虫类群区

夏季底栖生物密度 39.9～3 439.9 ind/m²，生物量 2.1～2078.6 g/m²，种类多样性指数 0.91～2.73，均匀度 0.06～0.91，丰富度 0.43～1.49。

C. 毛蚶类群区

夏季底栖生物密度 35～70 ind/m²，生物量 5.1～47.35 g/m²，种类多样性指数 1.95～2.24，均匀度 0.75～0.96，丰富度 0.78～0.82。

② 夏季

A. 多毛类类群区

冬季底栖生物密度 20～90 ind/m²，生物量 0.55～6.90 g/m²，种类多样性指数 1.46～

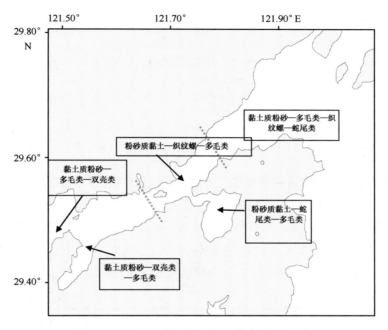

图 9.1-39　象山港底栖生物生态类群（夏季）

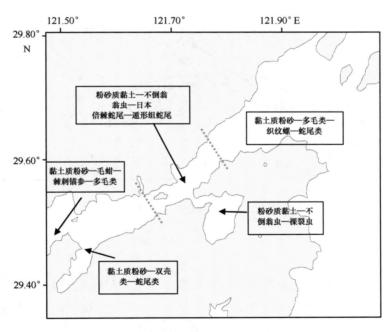

图 9.1-40　象山港底栖生物生态类群（冬季）

2.13，均匀度 0.75~1.00，丰富度 0.41~0.77。

　　B. 织纹螺类群区

　　冬季底栖生物密度 10~425 ind/m²，生物量 0.35~398.15 g/m²，种类多样性指数 0~

2.24，均匀度0.21~1.00，丰富度0~0.78。

C. 双壳类类群

冬季底栖生物密度10~250 ind/m²，生物量28.6~132.4 g/m²，种类多样性指数0.24~1，均匀度0.24~1，丰富度0.13~0.30。

9.1.2.5　综合分区

1）分区分布

同时为考虑海岸带与海域的整体性，将象山港划分为1区、2区、3区、4区、5区、6区、7区、8区和9区9个区（图9.1-1）。但根据象山港海域水文特征、环境质量状况、生物生态类群分布来看，6区、7区、8区、3区、4区、5区各具有较大的相似性，所以，将上述6区、7区、8区、3区、4区、5区各区合并，可得到5个分区，分别为A区、B区、C区、D区、E区（图9.1-41），各分区特征见表9.1-4。

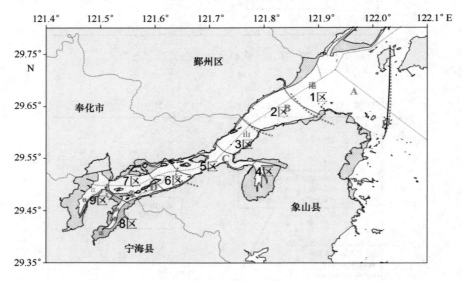

图9.1-41　象山港海洋生态环境综合分区

2）分区特征

A区：处在港口区域；底质类型以黏土质粉砂为主；岸线类型主要为泥滩砂质岸线；水交换能力强；夏季分布低温高盐水团，冬季分布中温高盐水团；水质污染夏季以综合污染，冬季以总金属污染为主；沉积物质量主要为石油类污染；浮游植物夏季分布沿岸种、冬季分布外洋广温种；底栖生物夏季和冬季均分布多毛类为主的类群。

B区：处在港口区域；底质类型以黏土质粉砂为主；岸线类型主要为泥滩岸线；水交换能力较强；夏季分布低温高盐水团，冬季分布中温高盐水团；水质污染夏季以综合污染，冬季以总金属污染为主；沉积物质量主要为石油类污染；浮游植物夏季分布沿岸种、冬季分布外洋广温种；底栖生物夏季和冬季均分布多毛类为主的类群。

表 9.1-4 象山港综合分区结果

一级指标	二级指标	A区	B区	C区	D区	E区	备注
地形地貌	港湾形态	港口	港口	港中、西沪港	港底、黄墩港	港底（铁港）	
	底质类型	黏土质粉砂	黏土质粉砂	粉砂质黏土、西沪港内为黏土质粉砂	粉砂质黏土、部分为黏土质粉砂	粉砂质黏土；砂—粉砂	
	岸线类型	泥滩砂质	泥滩	岩礁	泥滩砂质	泥滩岩礁	
水文特征	水体半交换	强	较强	中	弱	弱	
	水团特征	低温高盐	低温高盐	低温高盐	高温低盐	高温低盐	
	水质特征	中温高盐	中温高盐	低温中盐、高温中盐	中温低盐	低温低盐	夏季
	水质特征	中温高盐	中温高盐	低温中盐、高温中盐	中温低盐	低温低盐	冬季
水环境质量状况	水质	综合污染区	综合污染区	重金属—石油类	重金属—富营养化区	有机污染—富营养化区	夏季
	水质	重金属污染区	重金属污染区	有机污染—富营养化区	石油类	富营养化区	冬季
	沉积物	石油类污染区	石油类污染区	有机污染—有机物污染区	综合污染区	重金属—有机物污染区	
生物生态	浮游植物	沿岸温带种区（部分半咸水区）	外洋广温种区（部分半咸水区）	近岸温带种区	近岸暖海种区（部分半咸水区）	广温广布种区（部分半咸水区）	夏季
	浮游植物	沿岸温带种区（部分半咸水区）	外洋广温种区（部分半咸水区）	近岸温带种区	近岸暖海种区（部分半咸水区）	半咸水区（部分热带种）	冬季
	底栖生物	多毛类群	多毛类群	织纹螺类群	毛蚶类群	毛蚶类群	夏季
	底栖生物	多毛类群区	多毛类群区	不倒翁虫类群区	不倒翁虫类群区	双壳类群区	冬季

461

C 区：处在港中区域，包括西沪港；底质类型为粉砂质黏土和黏土质粉砂（西沪港）；岸线类型主要为岩礁岸线；水交换能力中；夏季分布低温高盐水团，冬季分布低温中盐、高温中盐水团；水质污染夏季以重金属—石油类为主，冬季以有机—富营养化污染为主；沉积物质量主要为重金属—有机污染；浮游植物夏季分布近岸温带种区、冬季分布近岸暖海种区；底栖生物夏季分布织纹螺类群为主的类群，冬季分布不倒翁虫类群为主的类群。

D 区：处在港底区域，包括黄墩港；底质类型为粉砂质黏土为主；岸线类型主要为泥滩砂质岸线；水交换能力弱；夏季分布高温低盐水团，冬季分布中温低盐水团；水质污染夏季以重金属—富营养化为主，冬季以石油类污染为主；沉积物质量主要为综合污染；浮游植物夏季分布近岸温带种、冬季分布近岸暖海种；底栖生物夏季分布织纹螺类群为主的类群，冬季分布不倒翁虫类群为主的类群。

E 区：处在港底区域，及内港铁港；底质类型为粉砂质黏土、黏土质粉砂、砂—粉砂具有分布；岸线类型主要为泥滩岩礁岸线；水交换能力弱；夏季分布高温低盐水团，冬季分布低温低盐水团；水质污染夏季以有机—富营养化污染为主，冬季以富营养化污染为主；沉积物质量主要为重金属—有机污染；浮游植物夏季分布半咸水区种（部分热带种）、冬季分布广温广布种（部分半咸水）；底栖生物夏季分布毛蚶类群为主的类群，冬季分布双壳类类群为主的类群。

9.2 生态环境分区分类评价

9.2.1 指标体系

本研究分区主要采用了 4 个一级指标，9 个二级指标体系，一级指标分别为地形地貌、水文特征、环境质量状况、生物生态。地形地貌中包含港湾形态、底质类型、岸线类型 3 个二级指标，水文特征包括水体半交换、水团特征两个二级指标，环境质量状况包括水质、沉积物两个二级指标，生物生态包括浮游植物、底栖生物两个二级指标。在分区过程中，对水文特征、环境质量状况和生态生态类群等方面均进行了评价，而地形地貌由于受制于评价方法，并未进行评价，鉴于海岸带开发利用与沿岸地形地貌关系紧密，所以地形地貌评价主要通过海岸带生态综合评价来体现。

9.2.2 评价等级划分

生物生态的群落结构的稳定性，与水质、水动力环境及生物生态本身的群落结构密切相关的。根据象山港水质、沉积物质量、水动力状况分布特征，同时根据象山港生物生态群落特征，以各区域的生物生态敏感程度，来确定象山港各区域生态综合评价结果，本研究综合评价各指标采用的是等权。生态评价结果分为好、较好、一般和差 4 种情况三类评价等级。

根据综合评价的要求，选取水文、环境状况、生物生态中的各类指标来确定各分区的等级。分区采用基于海岸带与海域的整体性的分区 9 个区。

9.2.3 港湾环境评价方法和标准

1）评价方法

港湾海洋生态环境状况的优劣采用分区评价方法，获得每个评价单元(分区)的海洋生态环境状况指数，从而根据各区的评价结果判定港湾海洋生态环境质量。具体步骤如下：

（1）分区分类评价

根据港湾自然环境特征划定的区域（即评价基本单元），确定评价指标体系中各分类指标（即准则层）的评价结果。

（2）赋值

对各分类指标（即准则层）的评价结果进行赋值，如水质污染程度最轻赋以 4，污染最严重赋值 1；多样性最好则赋以 4，最差赋值 1；水交换能力最好赋值 4，最差赋值 1 等，依此类推。

（3）各区海洋生态环境质量指数计算

根据水动力、水质、沉积物、生物等各类指标评价结果，同时采用指示生物进行评价结果校正（若该区域出现多毛类，则认为该区域环境质量较差），获得各区海洋生态环境质量指数。

（4）综合指数计算

根据（1）～（3）获得的结果，计算各区评价综合指数，确定港湾海洋生态环境质量。

采用多要素等权平均计算综合指数（E_i），确定港湾海洋生态环境状况。评价公式为：

$$E_i = \frac{V_i + W_i + S_i + B_i}{4}$$

式中，E_i 为第 i 区综合指数；V_i 为第 i 区水动力指数，用"水体半交换时间"表征港湾水动力特征；W_i 为第 i 区水质环境指数，用水体的营养指数（E）、有机污染评价指数（A）、重金属综合污染指数 A_i 及石油类等指标的浓度值来表征；S_i 为第 i 区沉积环境指数，用沉积物的重金属潜在生态风险指数、持久性有机化合物综合污染指数等来表征；B_i 为第 i 区生物指数，用浮游植物、浮游动物、底栖生物的生物多样性指数来表征。

2）评价标准的确定

水文特征方面主要采用水体半交换时间指标，一般认为交换时间越短水文动力越强大，则水文条件越好，反之则越差。据此，本文将半交换时间在 10 d 以下的评价等级为好，半交换时间在 10~19 d 的为较好，半交换时间在 20~30 d 的为一般，半交换时间在 30 d 以上的即为差。

水质方面主要通过本书前面章节中象山港石油类、营养化水平、重金属污染水平、有机污染水平计算结果的总和（水质污染指数）来确定其生态环境状况，其评价标准的确定，主要根据水质污染指数总体波动范围，以最大值~最小值，等差距确定标准，按照25%为好，25%为较好，25%为一般，25%为差。据此水质污染指数小于10.4为好，水质污染指数10.5~12.2为较好，水质污染指数12.3~16.2为一般，水质污染指数大于16.2为差。

沉积物方面主要考虑重金属潜在风险指数、持久性有机污染物指数、油类标准指数（一类标准）的综合（沉积物污染指数）来确定其生态环境状况，重金属潜在风险指数小于60为好，赋值1；指数在60~70的为较好，赋值2；指数在70~80的为一般，赋值3；指数大于80的为差，赋值4。持久性有机化学物物综合污染指数为各持久性有机化学物一类沉积物质量标准评价指数的总和，小于0.15为好，赋值1；0.15~0.20为较好，赋值2；0.20~0.25为一般，赋值3；大于0.25为差，赋值4。油类污染指数是指各区域石油类沉积物一类标准评价指数，小于0.1为好，赋值1；0.10~0.20为较好，赋值2；0.20~0.30为一般，赋值3；大于0.30为差，赋值为4。

沉积物污染指数为上述重金属潜在风险指数、持久性有机污染物指数、油类标准指数（一类标准）赋值的平均值，根据沉积物污染指数总体波动范围，以最大值~最小值的差值，按照相距2.0为标准，确定各沉积物污染指数评价标准。沉积物污染指数小于等于4为好，污染指数大于4且小于等于5为较好，污染指数大于5且小于等于6为一般，污染指数大于6为差。

生物生态方面主要考虑各区的浮游植物、浮游动物、底栖生物多样性指数之和，多样性指数越大则越大，主要根据多样性指数总体波动范围，以最大值~最小值的差值，按照相距0.3为标准，同时考虑污染指示种（底栖生物多毛类），一旦出现多毛类即为差，据此，多样性指数大于7.0为好，多样性指数6.7~7.0为较好，多样性指数6.3~6.6为一般，多样性指数小于6.3为差。在分区中出现污染指示种的为差。

根据评价公式计算获得的综合指数 E_i 在1~4之间，数值越大代表环境越好，一般认为 $E_i \leq 1$，环境差；$1 < E_i \leq 2$，环境一般；$2 < E_i \leq 3$，环境较好；$3 < E_i \leq 4$，环境好。

9.2.4 评价结果

1）象山港港湾环境分区分类评价结果

各分区水文、水质、沉积物、生物生态评价指数和评价结果见表9.2-1。象山港环境综合评价结果看，水质环境1区为好，2区为较好，3区、4区、5区均为一般，6~9区均为差。污染状况由港口到港底逐渐严重。

沉积物综合评价结果看，港口区域的1区为好，2区较好，3~5区均为一般，6~8区均为差，9区则为较好。

水动力评价结果看，1区为好，2区为较好，3~5区均为一般，6~9区均为差。由港口至港底水交换能力逐渐减弱。

表 9.2-1 象山港港湾生态综合评价结果

分区		9区	8区	7区	6区	5区	4区	3区	2区	1区
水质环境（W_i）	营养盐指数	7	7.2	7.2	7.2	5	5	5	3.4	1.9
	有机污染指数	6.2	7.7	7.7	7.7	7.5	7.5	7.5	5.6	5.2
	重金属综合污染指数	3.5	3.1	3.1	3.1	3.7	3.7	3.7	3.2	3.2
	油类指数	0.01	0.016	0.016	0.016	0.014	0.014	0.014	0.01	0.01
	水质污染指数	16.7	18.0	18.0	18.0	16.2	16.2	16.2	12.2	10.3
	评价结果	差	差	差	差	一般	一般	一般	较好	好
	赋值	1	1	1	1	2	2	2	3	4
沉积物环境（S_i）	重金属潜在生态风险指数	75.88（4）	55.40（1）	66.43（2）	73.54（3）	72.33（3）	66.9（3）	65.80（2）	70.25（3）	56.34（1）
	持久性有机化学物污染指数	0.15（1）	0.28（4）	0.17（2）	0.19（2）	0.14（1）	0.18（2）	0.18（2）	0.14（1）	0.15（1）
	油类污染指数	0.13（1）	0.17（2）	0.24（3）	0.15（2）	0.12（2）	0.15（2）	0.12（2）	0.08（1）	0.09（1）
	综合评价指数	6	7	7	7	6	6	6	5	3
	评价结果	较好	差	差	差	一般	一般	一般	较好	好
	赋值	3	1	1	1	2	2	2	3	4
水动力（V_i）	半交换时间：d	>35	30~35	30~35	30~35	20~30	20~30	20~30	10~19	<10
	评价结果	差	差	差	差	一般	一般	一般	较好	好
	赋值	1	1	1	1	2	2	2	3	4
生物生态（B_i）	浮游植物	2.39	2.44	2.44	2.44	2.79	2.79	2.79	2.43	2.02
	浮游动物	2.16	2.25	2.25	2.25	2.65	2.65	2.65	2.99	2.81
	底栖生物	1.59	1.59	1.59	1.59	1.59	1.59	1.59	1.93	1.84
	多样性指数	6.1	6.3	6.3	6.3	7.0	7.0	7.0	7.4	6.7
	多毛类有无	无	无	无	有	无	无	无	无	无
	评价结果	差	一般	一般	差	较好	较好	较好	好	较好
	赋值	1	2	1	1	3	3	3	4	3
综合评价指数（E_i）		1.50	1.25	1.00	1.00	2.25	2.25	2.25	3.25	3.75

注：沉积物环境中重金属潜在生态风险指数、持久性有机化学物综合污染、指数油类污染指数数值，括号内表示所赋值。

生物生态综合评价结果看，1区为较好，2区为好，3~5区均为较好，6区由于出现了污染指数种多毛类为差，7区、8区均为一般，9区则为差。

2）象山港港湾环境综合评价结果

象山港环境综合评价结果表明，1区、2区环境好，3~5区环境为较好，8区、9区环境为一般，而6区、7区环境为差。

9.3 海岸带生态评价

国内外对港湾生态环境综合评价主要基于海域海洋生态环境来开展，但由于港湾的特殊性，环港湾海岸线受海岸带开发影响较大，所以对港湾的综合评价本书拟结合海岸带生态综合评价来进行。目前海岸带生态评价较多采用遥感的手段，本书也基于遥感手段结合相应的海岸带生态综合评价方法来开展评价工作。

9.3.1 评价单元的划分

黄秀清等（2015）在对象山港海洋环境监测站位布设方法研究中，已经得到象山港海域的分区，通过象山港生态自然特性，地形地质特征、生态系统等特点，并通过数值模拟验证，根据象山港生物生态多样性、水质污染浓度分布、水动力交换周期、水团属性等指标的空间分布特征，将象山港港区分为9个区域。

汇水区（collection area），又为集水区，是指地表径流汇聚到一个共同的出水口（流入海洋的区域）的过程中径流所经过的陆地区域，是个封闭的区域。

本文根据象山港港区海域分区，结合象山港海岸带汇水区的分布，将象山港海岸带分为9个区域，C1区包括象山港海岸带的1区的北岸（1LN）、南岸（1LS）和港区的1W区；C2区包括象山港海岸带2区的北岸（2LN）、和南岸（2LS）和港区的2W区；C4区包含4区的北岸（4LN）、南岸（4LS）和港区的4W区；C5区包括象山港海岸带5区的北岸（5LN）、南岸（5LS）和港区的5W区；C6区包括象山港海岸带6区的北岸（6LN）、南岸（6LS）和港区的6W区；C7区包括象山港海岸带7区的北岸（7LN）、南岸（7LS）和港区的7W区；C3区、C8区和C9区分为位于西沪港、黄墩港和铁港，C3区包括象山港海岸带的3L区和港区的3W区，C8区包括象山港海岸带的8L区和港区的8W区，9区包括象山港海岸带的9L区和港的9W区，分区结果如表9.3-1和图9.3-1。

表 9.3-1　象山港海岸带分区

象山港分区	海岸带分区		港区分区
C1	1LN	1LS	1W
C2	2LN	2LS	2W
C3	3L		3W

象山港分区	海岸带分区		港区分区
C4	4LN	4LS	4W
C5	5LN	5LS	5W
C6	6LN	6LS	6W
C7	7LN	7LS	7W
C8	8L		8W
C9	9L		9W

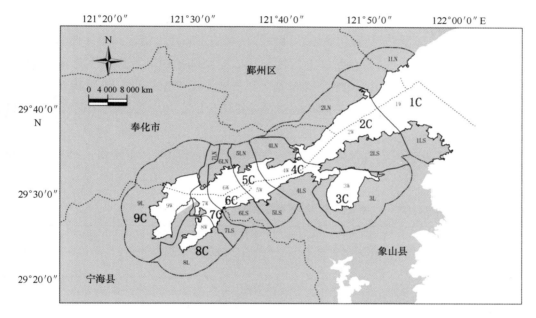

图 9.3-1　象山港海岸带分区

本节的范围主要为象山港港湾海岸带，即 C1～C9 区中除去 W1～W9 的港湾水体部分，本节的研究范围为象山港海带陆域，主要区域范围为 1L～9L。

9.3.2　海岸带评价指标体系

港湾是一个复杂的地理单元，既包括了海岸带，又拥有海洋，是一个海陆结合的复杂的地理单元，其生态既受到陆地的影响，又与海洋环境密切相关。目前国内对港湾的研究与评价，更多的是集中在对港湾水体的评价，对水体的评价参照的标准为《海洋水质评价标准》，评价标准是一致的，但是不同地区的生态影响要素是不一样的，其环境的背景值是不一样的。黄秀清等（2015）在对象山港港湾评价研究中，基于 1988—2014 年的监测数据，探讨了象山港的主要污染物为无机氮、石油类、重金属和活性磷酸盐，无机氮和活性磷酸盐浓度处于上升趋势，并计算了象山港无机氮和活性磷酸盐基准值，选取了水动力、水质、生态 3

个指标，对港湾进行了基于水质基准的港湾海洋生态评价，将象山港港湾海洋生态评价结果分为好、较好、一般和差 4 种情况三类评价等级。评价标准脱离于现行的标准，评价结果是针对象山港港湾水体的现状及过去进行比对，未对港湾遭受的污染压力及海岸带生态环境相结合起来，因此，对港湾生态评价应该考虑海陆结合的原则进行。

9.3.2.1 指标体系

评价指标种类繁多，完善与否直接影响到评价结果的好坏，因子选取要达两个目的：一是能够完整准确地反映海岸带地区生态环境质量状况；二是概念明确，调查方便易得，因子数目尽可能少，使调查度量经济可行。在确定各评价指标之后，还需按照一定的规则进行划分和归类，构成分类系统。

由于海岸带生态环境及地理位置的特殊性，现有的生态评价指标和指标体系不能直接引用到生态评价模型中，需要参照评价指标的选取原则和象山港海岸带生态环境的特殊性，在现有分类系统基础上，进行分析研究，并开展专门专家咨询与研讨建立了由 8 大类、43 个二级类构成的城市生态环境基础质量遥感评价因子与分类系统（巩彩兰，2011；刘芳，2007）。

根据科学性、系统性、代表性、可操作性和海陆统筹等原则（苗丽娟，2006）构建海岸带综合评价指标体系（表 9.3-2）。

表 9.3-2　象山港海岸带生态评价指标

一级指标	二级指标	三级指标
陆域评价指标	农业	园地
		林地
		耕地
		草地
	水域	水体
	居住区	居民地
	公共设施	公共管理与服务用地
	交通运输	道路交通用地
	工业仓储	工业用地
	其他	其他
	污染物排放量	COD 排放量
		TP 排放量
		TN 排放量

（1）林地、草地：两者反映了象山港海岸带陆地的森林植被的覆盖情况，林地草地越多，说明生态破坏越少。

（2）水体：主要包含了象山港陆地河流、水塘和湖泊，是自然环境的一种，对海岸生态评价有积极作用。

（3）园地和耕地是通过人类的活动改造的一种半自然的地貌，虽然对原生生态环境进行了改造，但是从生态角度，对生态的破坏不大。

（4）居民地、公共管理与服务用地、道路交通用地建设对生态造成破坏；工业用地对生态环境的影响是持续性的，不仅在建设对生态造成破坏，而后期运营阶段产生污染物对生态环境持续破坏。

（5）COD、TP、TN排放量：表示一年内对象山港港湾地区污染物排放达标量，超标排放给与权重0，达标排放给与权重1。

（6）COD：是能表示象山港水质有机污染的一个综合因子，是可以用来定量描述海域污染状态的一个重要指标之一，可以将COD作为评价因子，用来描述象山港海域的有机污染的基本情况（翁骏超等，2015）。

9.3.2.2　权重确定

为了反映和评价象山港生态环境各种指标对象山港的生态质量的影响不一致，所以需要对每个评价指标进行分析计算出其权重的分配（表9.3-3）。通过专家对评价指标的重要性排序，结合层次分析法计算象山港海岸带评价指标的权重，并进行一致性检验。

表9.3-3　海岸带陆地生态评价指标及权重

	一级指标	二级指标	三级指标	权重
海岸带	陆地	自然条件	林地	0.259
			水体	0.146
			草地	0.068
			园地	0.054
			耕地	0.036
		人为条件	居民地	0.072
			其他	0.045
			公共管理与服务用地	0.032
			道路交通用地	0.024
			工业用地	0.015
		污染物排放量	COD排放量	0.083
			TP排放量	0.083
			TN排放量	0.083

注：海岸带遥感指标主要是通过对遥感数据的解译获得；污染物指标主要是监测数据获得。

9.3.3 海岸带调查结果

9.3.3.1 象山港入海污染物

计算每个分区的入海排污口的年入海通量，得到象山港 9 个区污染物排放总量。通过对比每个区的污染物排放总量占象山港年排放量的百分比，确定污染物排放量对海岸带生态的压力指标。

象山港 9 个区中，8L 区、9L 区的污染物排放量最多（表 9.3-4），相对比其他 7 个区的排放量大，在化学需氧量、总氮、总磷三类污染物中，化学需氧量的排放量最多，其中 8L 区的化学需氧量排放量大（图 9.3-2），主要来自宁海县的颜公河，宁海县西店镇污水处理厂污水直排入颜公河；TN 的排放量 1L 区最多（图 9.3-3）；TP 的 8L 区的排放量最多（图 9.3-4）；4L 区、5L 区中污染物排放量较多，4L 区、5L 区中污染物主要来自于河流及水闸排放；1L 区的 TN 的排放量最多，占象山港 TN 总排放量的 46.4%；2L、3L 区中分别工业直排口，归属于宁波三友印染有限公司和象山新光针织印染有限公司，污染物排放量占两个区的污染物排放总量比重较大。

表 9.3-4　象山港各区污染物排放量　　　　　　　　　　单位：t

项目	1L 区	2L 区	3L 区	4L 区	5L 区	6L 区	7L 区	8L 区	9L 区
化学需氧量	717.16	111.88	254.04	1 237.47	1 511.97	2.58	0	3 411.8	1 770.06
TN	393.592	9.909	19.08	139.42	51.13	0.154	5.41	135.08	164.282
TP	12.038	1.337	1.48	13.423	9.34	0.055	0.5	35.02	9.665
排放总量	1 122.79	123.126	274.6	1 390.313	1 572.440	2.789	5.9	3 581.	1 944.007

注：数据采用宁波海洋环境监测中心站 2014 年监测数据。

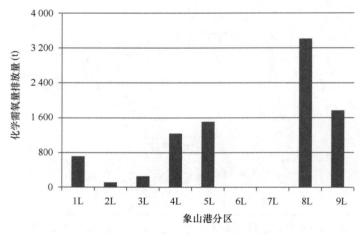

图 9.3-2　象山港化学需氧量污染物排放量

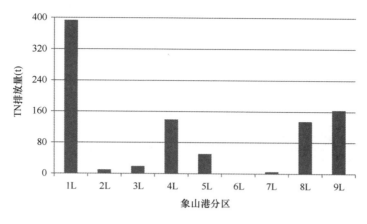

图 9.3-3 象山港 TN 污染物排放量

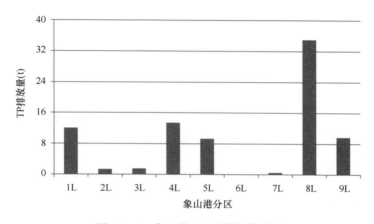

图 9.3-4 象山港 TP 污染物排放量

9.3.3.2 海岸带生态分区调查结果

根据象山港分区及遥感信息统计结果,分别得到不同区域海岸带土地覆盖/利用状况(图9.3-5),居民用地、耕地和水体的土地利用方式的波动性几乎相一致,主要由于人类活动主要分布的水域的周围,以水为依托,人口的相对集中,导致其对粮食的需求量增加,相对应的耕地的数量也会对应地变化;工业用地、道路交通用地和其他用地的波动性一致,工业主要集中的交通便利的区域,同时,交通的发展将带动区域内经济活动的发展,会引来更多的工业集中在同一片区域内。

9L区的人类开发活动强度大,居民地、道路交通用地、耕地明显相比之其他区域多,9L区周边交通的发达,工业的发展迅速;1L区北岸的工业用地为各区最多,港口的工业开发活动较强,主要由于1L区位于象山港口门,与宁波北仑区接壤,道路交通便利,港口条件好,航运发达,导致该地区的工业用地集中。

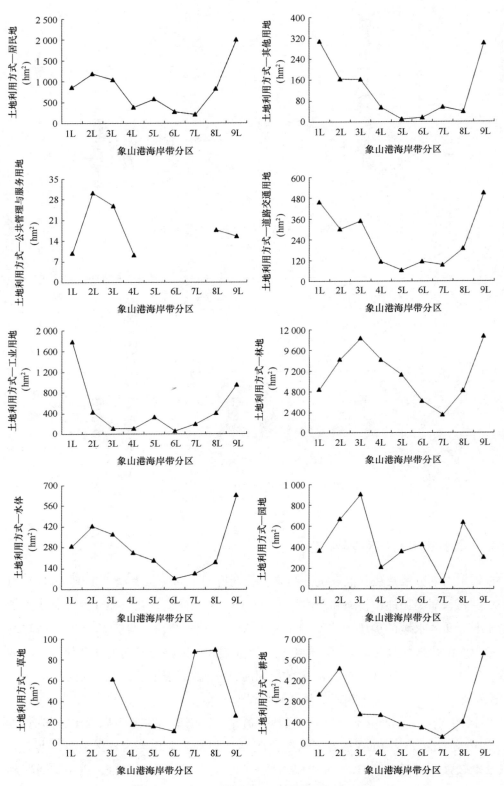

图 9.3-5　象山港各区的土地覆盖/利用类型图

9.3.4 海岸带综合评价

9.3.4.1 海岸带陆地综合评价模型

对象山港海岸带生态环境评价必须明确是生态评价范围。设：有 M 个评价因子 E_i $(i=1, 2, \cdots, M)$。因子分类三级类优先于二级类，二级类优先于一级类。既可以是包含评价因子的全部，也可以是部分。评价单元为 S，此 M 个因子对 S 生态环境基础质量贡献的综合评价值 $V(E_1, E_2, \cdots E_{M,s})$ 为

$$V(E_1, E_2, \cdots E_M, S) = \sum_{i=1}^{M} V(E_i, S) = \sum_{i=1}^{M} R(E_i, S) \times P(E_i) \qquad (9.3-1)$$

其中，$V(E_{i,S})$ 为评价因子 E_i 对评价单元生态环境评价值，$R(E_{i,S})$ 为 E_i 占 S 的面积比例，$P(E_i)$ 为 E_i 的评价权重。

根据每个评价指标对海岸带生态环境综合评价值，评价因子指标值对海岸带生态环境状态的影响程度，将评价结果从高到低分为 3 个等级（表 9.3-5）。综合评价中采用定性分析的方法，采用对各单一指标值加权平均的方法计算综合评价的结果，划分为 3 个等级，取综合评价值的 50% 和 75% 为参照状态。

表 9.3-5 象山港海岸带评价等级及赋值

综合得分	评价等级（赋值）		
	好（3）	一般和较好（2）	差（1）
V	$0.22 \leqslant V$	$0.12 < Vn < 0.22$	$0 \leqslant Vn \leqslant 0.12$

海岸带陆地生态环境质量 3 个等级含义如下。

0.22~0.25：生态环境质量相对好区，海岸带生态环境没有受到破坏，生态好，海岸带生态结构和功能稳定完善，没有受到外力压力，没有生态异常状态出现。

0.18~0.22：生态环境质量相对较好区：海岸带生态环境没有遭受到大的破坏，生态质量好，对海岸带的开发利用合理；海岸带生态结构和功能较稳定完善，受到外力压力较小，没有生态异常状态出现。

0.12~0.18：生态环境质量相对一般区，海岸带生态环境遭受到破坏，生态质量一般，对海岸带的开发利用对该区域的生态环境影响较大；生态系统结构和功能受到影响，受到外力压力较大，已有少量生态异常出现。

0~0.12：生态环境质量相对较差区，海岸带生态环境遭受到严重破坏，生态质量差，对海岸带的开发利用已经破坏了该地区生态环境；生态系统结构和功能受损，外力作用对生态的影响很大，生态异常出现频次变高。

9.3.4.2 海岸带生态评价结果分析

通过上述方法对象山港海岸带各个分区进行生态评价，总的看象山港海岸带生态环境

良好，植被覆盖度高，生物多样性较高，生态系统稳定，生态功能完善，自然性高（表9.3-6和图9.3-6）。

表9.3-6　象山港海岸带生态综合评价值

项目	1L区	2L区	3L区	4L区	5L区	6L区	7L区	8L区	9L区
综合评价值	0.12	0.16	0.20	0.22	0.21	0.18	0.18	0.14	0.14
等级赋值	1	1.5	2	3	2	2	1.5	1.5	1.5
评价等级	差	一般	较好	好	较好	较好	一般	一般	一般

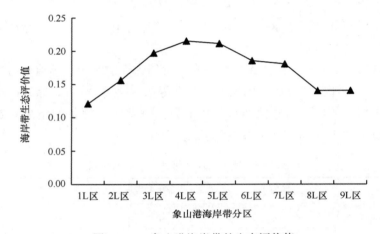

图9.3-6　象山港海岸带的生态评价值

象山港海岸带的9个分区中，生态环境的评价值从港口到港底呈现出逐渐升高再降低的趋势，可以将海岸带生态评价结果分为4个类型：好、较好、一般、差（见图9.3-7）。

位于港口的1L区生态环境比较差，总氮的排放量最多，受到较为严重的污染，生态功能受损。1L区中人类开发活动频繁，土地利用方式中工业用地及道路交通用地多较多，人口较为集中，耕地在其区域内占面广，开发活动对原生生态破坏较大，对生态的造成的不利影响较大；1L区中污染物入海口较多，污染物的排放总量为957.979 t/a，污染物排放量大，会对生态环境产生较大的压力和负面影响。

2L区、7L区、8L区和9L区生态评价结果为一般，环境质量中等，受到一定的污染，生态系统稳定性受到干扰，是因为2L区、8L区、9L区受人类活动影响仅次于1L区，耕地和居民用地居多，工业建设也较为集中在9L区，9L区的污染物排量总量为各区最多，同时大量的公路和铁路的建设及破坏了生态环境；8L区、9L区的有分别有已做污水处理厂，污水通过排入颜公河进入海水中。

3L区、5L区、6L区生态较好，受到轻微污染，生物多样性较高，生态系统稳定性受到一定的干扰，生态功能较为完整，自然性较高；3L区、6L区的污染物排放量少，5L区的林地覆盖率达70.7%，生态破坏小。

474

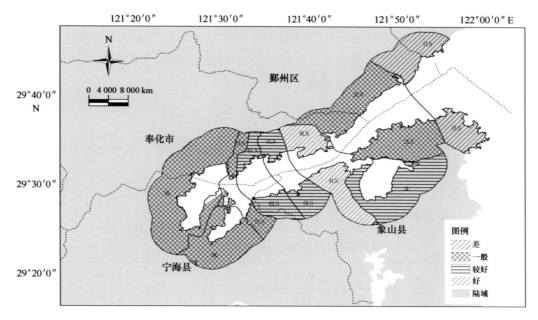

图 9.3-7 象山港海岸带港湾综合评价结果

4L 区生态评价值最高，生态相对最好，对比遥感影像解译数据可知，4L 区主要是土地覆盖主要是林地，覆盖率达 73.7%，其次是耕地和散落的居民地，且耕地主要集中于4L 区南岸的沿海的部分，4L 区的道路网没有其他区域发达，且工业用地较少，对生态的破坏性较小。

9.4 海岸带—港湾生态综合评价

9.4.1 港湾生态综合评价方法

根据 9.3 章节的评价，港湾生态综合评价方法将象山港港湾海洋生态综合评价结果分为好、较好和一般、差四种情况三类评价等级。评价标准脱离于现行的标准，评价结果是是针对象山港港湾海域环境状况进行，没有与港湾遭受的污染压力及海岸带生态环境相结合起来，因此，对港湾生态评价应该考虑海陆结合的原则进行。

9.4.2 海岸带—港湾生态综合评价方法

美国的 EPA（Environmental Protection Agency）分别选择水质指数、沉积物质量指数、底栖生物指数、海岸栖息地指数、鱼类生物体污染指数 5 个指数，采用 2003—2006 年沿海地区和北美五大湖的监测数据来评价其沿海地区的水域环境，采用 5 种因子的加权平均计算综合指数，生态评价结果表明，美国沿海水域的可以分为差、差到一般、一般、一般到好和好5种状态。

考虑到本文评价区域主要针对象山港特殊的地理条件，参考象山港海岸评价的评价指标体系，因此对评价指标适当进行调整，即：

$$Z_i = \frac{V_i + E_i + B_i + C_i}{4} \tag{9.4-1}$$

式中，Z_i、V_i、E_i、B_i 和 C_i 分别为第 i 区综合指数、水动力指数、水质环境指数、生物指数和海岸带指数。

象山港生态综合评价指标分别从水动力、水质、生物和海岸带生态4个方面选取，涉及指标20个（表9.4-1）。

表 9.4-1　象山港海岸带港湾生态评价指标

一级指标	二级指标	三级指标
物理特征	水动力	水体半交换时间
水环境特征	污染综合指数	重金属污染指数
		富营养化指数
		有机污染指数
		石油类标准指数
生物生态特征	浮游植物	生物多样性
	浮游动物	生物多样性
陆地生态特征	遥感生态因子	林地
		水体
		草地
		园地
		耕地
		居民地
		其他
		公共管理与服务用地
		道路交通用地
	污染物排放量	工业用地
		COD 排放量
		TP 排放量
		TN 排放量

水动力指数、水质环境指数、生物指数分别采用本书9.3章节港湾环境综合评价结果，海岸带指数采用本书中9.3章节的研究成果。

根据评价公式计算获得的综合指数 Z_i 在 1~3 之间；Z_i 的得分数值越大表示海岸带生态环境现状越好（表9.4-2）。

表9.4-2　象山港生态评价等级

综合得分	评价等级（赋值）		
	好（3）	一般和较好（2）	差（1）
Z_i	$Z_i \geqslant 2.5$	$1.5 \leqslant Z_i < 2.0$ $2.0 \leqslant Z_i < 2.5$	$Z_i < 1.5$

$Z_i < 1.5$：解释为所对应的生态环境现状差；

$1.5 \leqslant Z_i < 2.0$：解释为所对应的生态环境现状一般，海岸带生态破坏程度较低、环境污染较严重；

$2.0 \leqslant Z_i < 2.5$ 解释为所对应的生态环境现状较好，海岸带生态破坏程度低、环境污染不严重；

$Z_i \geqslant 2.5$：解释为所对应的生态环境现状好，海岸带生态没有遭到破坏、环境没有污染。

9.4.3　海岸带—港湾生态综合评价结果与分析

根据表9.4-3和图9.4-1可知：象山港港湾海岸带生态受到陆域和港湾海洋生态的综合影响，象山港海岸带的生态分布呈现出波动性，象山港口门处及港湾中部的生态环境较好，往港底的生态环境开始逐渐变差。

表9.4-3　象山港海岸带—港湾综合评价结果

	1C区	2C区	3C区	4C区	5C区	6C区	7C区	8C区	9C区
水动力指数（V_i）	3	3	2	2	2	1	1	1	1
水质环境指数（E_i）	2.5	1.5	1.5	1.5	1.5	2	1	1	1
生物指数（B_i）	2	2	2.5	2	2	2	2	2	2
海岸带指数（C_i）	1	1.5	2	3	2	2	1.5	1.5	1.5
生态环境综合指数	2.125	2	2	2.125	1.875	1.75	1.375	1.375	1.375
综合评价结果	较好	较好	较好	较好	一般	一般	差	差	差

象山港整体评价结果主要分为3部分，1C区、2C区、3C区、4C区的生态综合评价分值在2~2.125之间，赋予的评价等级为较好；5C区、6C区生态综合评价分值在1.75~

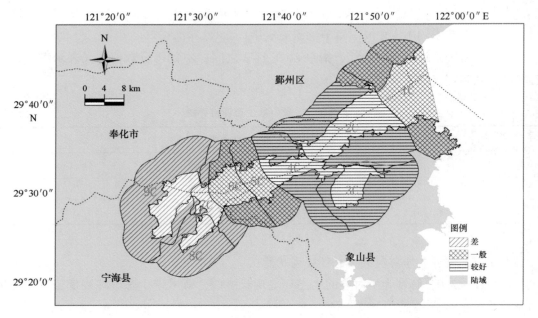

图 9.4-1　象山港海岸带—港湾综合评价结果

1.875 之间，赋予的评价等级为一般；7C 区、8C 区、9C 区的生态综合评价分值为 1.375，赋予的评价等级为差。

1C 区综合评价得分为 2.125，生态环境等级为较好。根据海岸带生态评价结果，1C 区中海岸带的生态环境较差，受到较为严重的污染，这是因为 1C 区为象山港的口门区域，交通便利，人类的各种开发活动都较为频繁，人类聚集度高，对原生环境破坏较大，象山港口门东北方向区域，工业用地占地面积广，主要集中在 1L 区的北岸，居民用地分布和工业紧密相连，对生态环境破坏大，从而导致海岸带的生态环境评分较低；水质评价等级为较好，由于象山港口门的水动力半交换周期短，有利于无机氮等污染物扩散，水环境质量较好，象山港口门为浙江省海洋功能区划中的农渔业区，是重要的海洋渔业的养殖区，水质条件较好，适合渔业的发展；1W 区生物多样性指数为 2，表明该区域生态结构和稳定性较好。综合海岸带陆地、港湾水质、生物多样性评价值，由于陆地的得分较低，导致 1C 区海陆整体的生态环境下降。

2C 区综合评价得分为 2，生态环境等级为较好。2C 区中海岸带的生态环境一般，生态环境遭受到一定的而破坏和污染，该区域的林地的覆盖率高，人类活动主要集中 2L 区的北岸的东北向和 2L 区南岸的东北方向，在沿海岸线零星分布工业用地，这直接影响 2L 区的海岸带的生态环境；水质评价等级为较好，其无机氮含量高，2W 区位于象山港口门内部的水动力交换周期、水动力的平均滞留时间比 1W 区长，无机氮等污染物扩散相对于 1W 区较慢，水环境质量为一般，该区域浙江省海洋功能区划中的农渔业区，是重要的海洋渔业的养殖区，适合渔业养殖的需求，同时该区是蓝点马鲛国家级种质资源保护区的核心区；2W 区生物多样性指数为 2，说明生物的多样性和物种丰富度较高，生态结构比较

478

稳定。综合海岸带陆地、港湾水质、生物多样性评价值，由于陆地的得分较低，导致 2C 区海陆整体的生态环境较好。

3C 区综合评价得分为 2，生态环境等级为较好，3C 区中海岸带的生态环境较好，生态环境为没有遭到太大破坏，沿着海岸周围分布较多的是居民地，耕地、园地环绕着居民地分布，陆地生态环境评价因子林地是 3C 区的其主要作用的因子；水质评价等级为较好，3W 区位于西沪港，水动力交换情况没有 1W 区域 2W 区强，西沪港区分布的工业较少，陆源性的入海污染无较少；3W 区生物多样性指数为 2，该区的生物的多样性和丰富度高，生态结构很稳定；3W 区为浙江省海洋功能区划中的象山港海岸湿地海洋保护区。综合海岸带陆地、港湾水质、生物多样性评价值 3C 区的港湾海岸带生态较好。

4C 区综合评价得分分别为 2.125，位于象山港中部，生态环境等级为较好，4L 区海岸带的生态环境是 9 个区中最好的，生态环境为没有遭到太大破坏，4L 区海岸周围分布较多的是林地、耕地、居民地，工业用地只占面积的 0.9%，海岸带生态环境评价因子林地是 4L 区的其主要作用的因子；4W 区水质评价等级为一般，但其无机氮含量大于 0.8 mg/L，4W 区水动力交换情况一般，该区是蓝点马鲛国家级种质资源保护区的实验区；4W 区生物多样性指数为 2，该区的生物的多样性和丰富度较高，生态结构较稳定。

5C 区综合评价得分为 1.875，位于象山港中部，生态环境等级为一般。5L 区陆地生态评价因子主要作用的因子是林地，其次是耕地和居民地，5L 区的南岸（5LS）沿岸分布工业用地，所以 5L 区的海岸带的生态环境比 4L 区差；水质评价等级为较好，但其无机氮含量大于 0.8 mg/L，5W 区位于西沪港西南侧，水动力交换情况一般，该区是蓝点马鲛国家级种质资源保护区的实验区；5W 区生物多样性指数为 2，该区的生物的多样性和丰富度较高，生态结构较稳定。

6C 区综合评价得分为 1.75，生态环境等级为一般。6C 区海岸带的生态环境较好，生态环境遭到一定的破坏，主要土地利用类型为林地和居民用地及园地，耕地、园地环绕着居民地分布；水质评价等级为较好，6W 区位于象山港港湾的中部的西侧，在此区域的水动力交换差，半交换时间大致需要 30 d 左右，6L 区的沿岸的工业用地分布相对很少，6W 区水质的污染不明显，水质情况较好；6W 区的生物多样性指数为 2，该区的生物的多样性和丰富度较高，生态结构较稳定；6W 区为浙江省海洋功能区划中的象山港农渔业区，是宁海薛岙自然繁育保护区和双礁至至历试山菲律宾蛤苗繁育区，主要种类为菲律宾蛤苗、弹涂鱼、龙头鱼。综合海岸带陆地、港湾水质、生物多样性评价等得出 6 区的海岸带生态为一般，环境质量中等，海岸带受到一定污染，生态系统稳定性受到一定程度的干扰。

7C 区综合评价得分为 1.375 生态环境等级为一差，表明 7C 区海岸带的生态环境一般，生态环境遭到一定的破坏。在 7C 区的工业用地明显比 6C 区多，其中国华温电厂位于此处；水质评价等级为差，7L 区位于铁港和黄墩港交界处，在此区域的水动力交换差，无机氮等污染物的超标，其含量大于 0.8 mg/L，7L 区的沿岸的工业用地分布相对很少，水质的污染主要为无机氮；7W 区的生物多样性指数为 2，该区的生物的多样性和丰富度高，生态结构稳定；7W 区为浙江省海洋功能区划中的象山港农渔业区和旅游休闲娱乐区，也是蓝点马鲛国家级种质资源保护区。

8C 区综合评价得分为 1.375，生态环境等级为一般。8L 区海岸带的生态一般，生态环境遭到一定的破坏，8L 区（8LN）中北岸中居民地、耕地、工业用地相间分布，人类活动强度较大，南岸主要为分布为林地和园地。8W 区为是象山港中的黄墩港，水质评价等级为差，由于 8L 区位于黄墩港内，因此水动力交换差，污染物不易扩散，无机氮的超标，其含量大于 0.8 mg/L，水质的污染主要为无机氮；8W 区的生物多样性指数为 2，该区的生物的多样性和丰富度高，生态结构稳定；8W 区为浙江省海洋功能区划中的象山港农渔业区和旅游休闲娱乐区，也是蓝点马鲛国家级种质资源保护区和宁海薛岙自然繁育保护区。

9C 区综合评价得分为 1.375，生态环境等级为一般。9L 区中海岸带的生态一般，生态环境遭到一定的破坏，9L 区中北岸中分布着居民地、耕地，工业用地主要集中在海岸线周围，人类活动强度大，南岸零星分布为林地和园地，总体上陆地区域以林地为主。9W 区为是象山港中的铁港港区，水体污染严重，是由于 9W 区位于铁港内，三面被陆地环绕，只在东面有狭窄的，口门因此水动力交换差，污染物不易扩散，水质的污染主要为无机氮；9W 区的生物多样性指数为 2，该区的生物的多样性和丰富度高，生态结构稳定；9W 区为浙江省海洋功能区划中的象山港农渔业区和旅游休闲娱乐区，也是蓝点马鲛国家级种质资源保护区和宁海樟树自然繁育保护区。

9.4.4 与港湾生态综合评价结果的比较分析

通过对象山港生态评价结果分析（图 9.4-2），可以看出象山港海岸带生态和海洋生态的影响因子综合影响着象山港港湾生态，有两个区域的生态评价值发生较为明显的变化。

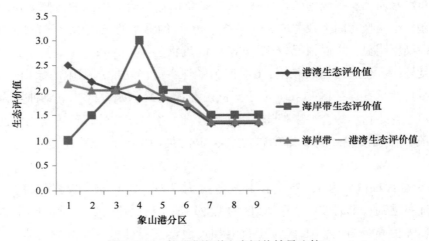

图 9.4-2 象山港海洋生态评价结果比较

1C 区的港湾生态评价等级由好变为较好，区主要是因为象山港海岸带生态改变了其生态的总体评价结果，将 1C 区从生态好变为生态敏感。1W 区港湾生态评价结果为好，水体的主要污染物无机氮和活性磷酸盐的含量低，主要是因为 1W 区位于港口，水动力条件好，水动力交换周期短，加速了污染物的扩散，污染物不容易滞留，从而降低了水体中的污染物的浓度；而由于 1L 区位于港口，人类活动与其他区域相比较频繁，交路便利，使得 1L 区聚集了工矿企业、养殖业，对海岸带的开发和利用强度大，破坏了海岸带的自然生态；1L 区北岸（1LN）排污口较多，其化学需氧量、总氮、总磷等污染物的排放量大，对海岸带生态产生的压力较大，海岸带生态评价结果为差。

在对象山港 1C 区进行评价时不仅需要考虑港湾水体的生态因子，同时需要考虑海岸带生态的对海湾生态的影响。海岸带人类的开发活动对港湾的生态造成不利影响，主要表现在两个方面，一方面是污水的直接排放入海，直接污染水体环境，一方面是破坏了海陆生态系统，对生态系统的结构和稳定性造成威胁。

4C 区港湾生态评价等级由一般变为较好，主要是由象山港海岸带生态评价结果改变而导致 4C 区生态的总体评价结果。4W 区港湾生态评价结果为一般，水体的主要污染物无机氮和活性磷酸盐的含量较低，且 4W 区位于象山港的中部，水动力条件没有 1W 区好，水动力交换周期比港底的时间短，且污染物的扩散速度相对于港底的 7W 区、8W 区、9W 区较快，降低了水体中的污染物的浓度；而由海岸带生态结果可知，4L 区的海岸带生态评价结果为好，根据 4L 区遥感数据解译结果可以看出，4L 区的植被覆盖率高，主要为林地，其次是耕地和散落的居民地，生态破坏程度低；4L 区的入海污染物的排污口较少，只有奉化市横江闸、象山县淡港闸、奉化市裘村溪、象山县淡港河。

9.5 小结

（1）根据象山港港湾的地形地貌特征、水文特征、环境状况、生物生态特征，将象山港分成 9 个评价区域。

（2）象山港生态环境状况综合评价结果表明，由港底至港口生态环境逐渐变好。总体评价结果，基本为靠近港口区域的 1 区和 2 区为好或较好，港中区域的 3~5 区基本为较好，港底区域的 6~8 区基本为一般，处于最港底（铁港区域）则为差。

（3）象山港海岸带 9 个评价单元中生态评价结果分为四类，位于港口的 1L 区的生态评价结果为差，受到较为严重的污染，生态功能受损；2L 区、7L 区、8L 区和 9L 区生态评价结果一般，环境质量中等，受到一定的污染；3L 区、5L 区、6L 区生态质量较好，受到轻微污染；4L 区生态评价结果好。

（4）将象山港海岸带生态因子纳入象山港生态评价中，建立 3 个二级类 18 个三级类象山港评价指标体系，通过等权法对象山港生态进行评价。象山港整体评价结果主要分为三部分，1C 区、2C 区、3C 区、4C 区的生态综合结果较好；5C 区、6C 区生态综合评结果一般；7C 区、8C 区、9C 区的生态综合评价分结果差。

（5）综合考虑海岸带与海洋生态影响因子，象山港 9 个区中 1C 区和 4C 区生态评价结果产生明显变化。1C 区生态评价结果由好变为较好，变为生态较为敏感的区域；4C 区海岸带生态评价结果由一般变为较好区。

参考文献

蔡立哲，林鹏，畲书生，等．1998．深圳河口泥潭多毛类动物的生态研究［J］．海洋环境科学，17（1）：41-46．

巩彩兰，陈强，尹球，等．2011．海岸带生态环境基础质量遥感评价研究—以上海南汇东滩为例［J］．海洋环境科学，（05）：711-714．

黄秀清，陈琴，姚炎明，等．2015．港湾海洋环境监测站位布设方法研究—以象山港为例［J］．海洋学报，（01）：158-170．

黄秀清，齐平，秦渭华，等．2015．象山港海洋生态环境评价方法研究［J］．海洋学报，（08）：63-75．

贾海波，胡颢琰，唐静亮．2012．2009 年春季舟山海域大型底栖生物群落结构的生态特征［J］．海洋学研究，30（1）：27-33．

刘芳．2007．城市生态环境基础状况的遥感质量评价方法及模型研究［D］．山东科技大学地球探测与信息技术．

刘录三，郑丙辉，李宝泉，等．2012．长江口大型底栖动物群落的演变过程及原因探讨［J］．海洋学报，34（3）：134-145．

苗丽娟，王玉广，张永华，等．2006．海洋生态环境承载力评价指标体系研究［J］．海洋环境科学，（03）：75-77．

翁骏超，袁琳，张利权，等．2015．象山港海湾生态系统综合承载力评估［J］．华东师范大学学报（自然科学版），（04）：110-122．

叶红梅，李兆千，易伟，等．2011．渤海湾天津近岸海区重金属生态评价［J］．河北渔业，（12）：29-32．

张敬怀，周俊杰，白洁，等．2009．珠江口东南部海域大型底栖生物群落特征研究［J］．海洋通报，28（6）：26-34．

BI Hong-sheng, SUN Song, SUN Dao-yuan. 2001. Changes of macrobenthic communities in Jiaozhou Bay［J］. Oceanologia et Limnologia Siniaca, 32（2）：131-137.

REES H L, HEIPC, VINCX M, et al. 1991. Benthic communities：use in monitoring point-sourced is charges［C］／Techniques in marine environmental sciences, No. 16, International Council for the Exploration of the Sea. Denmark：Copenhagen, 1-70.

第10章 主要开发活动（功能区）及生态灾害综合评价

象山港海洋资源丰富，经济结构复杂，功能区多样，主要有养殖、排污等典型功能区和滨海电厂、跨海桥梁、大型围填海等大型涉海工程。近年来，随着象山港区域开发热度不断增强、入海污染物持续增加、海洋生态环境压力加大、自然岸线滩涂资源减少、海洋生物资源衰减、渔业事故频发，区域发展与环境保护的矛盾日益突出。为了全面客观评价象山港各典型功能区及开发活动的现状和存在的问题，本文从象山港区域海水养殖、排污口、象山港大桥、滨海电厂、围填海工程、外来物种入侵等方面，分别进行综合评价，以期为科学管理和控制海洋开发活动，保护各典型功能区生态环境提供科学依据。

10.1 海水增养殖区综合评价——以西沪港网箱养殖区为例

海水网箱养殖是一种通过在自然海区中设置网箱，依靠自动流水和人工投饵进行高密度养殖的生产方式（关长涛，2008）。利用网箱可以进行高密度培养鱼种或精养商品鱼，具有机动、灵活、简便、高产、水域适应性广等特点（刘潇波，2004）。但由于网箱主要分布在半封闭的内湾，日趋庞大的数量规模和高度密集的网箱设置，形成了大范围严重超负荷养殖状态，在现有增养殖技术条件下，由于生产操作缺乏严格规范，残饵、排泄物、生物尸体、渔用营养物质和渔用药物，在封闭或半封闭的增养殖生态系统中极易形成污染（蒋增杰，2003）。国内外研究表明，网箱养殖业在为社会带来可观效益的同时，产生了养殖区水体富营养化（Hall P.，1990；Holby O.，1991；Wu R.，1994；舒廷飞，2004；叶勇，2002）、底质老化（Wu R.，1994；Felipe A.，2004；Hisashi Y.，2003；蒋增杰，2003；何国民，1997；甘居利，2001）、病害频发（赵仕，2009）、海洋生态系统结构失衡（计新丽，2000；舒廷飞，2002）等环境问题。全面准确评价网箱养殖区环境质量状况是保护和修复网箱养殖区生态环境的首要条件。但目前国内在网箱养殖区环境质量评价方面还没有公认统一的评价标准和方法，也缺乏从整体上构建评价指标体系并进行综合评价的研究。西沪港位于宁波象山港中部南侧，是象山港三大内港之一，也是宁波市主要的海水网箱养殖区之一。本文以西沪港为例，建立网箱养殖区环境质量综合评价模型，全面客观评价网箱养殖区环境质量现状和存在的问题。

10.1.1 海水增养殖区海洋环境状况

10.1.1.1 海洋环境历史状况

根据宁波海洋环境监测中心站开展的 2002—2011 年象山港海洋环境趋势性监测资料（监测站位见图 10.1-1，监测结果统计见表 10.1-1），2002—2011 年象山港盐度在 23.80~31.99 之间，历年变化不大；无机氮基本超四类海水水质标准；磷酸盐基本超三类标准，其中有半数年份超四类标准；溶解氧、铜、铅基本符合二类标准；石油类基本符合一类、二类标准，个别站位符合三类标准；pH、COD、镉、汞、砷均符合一类标准。

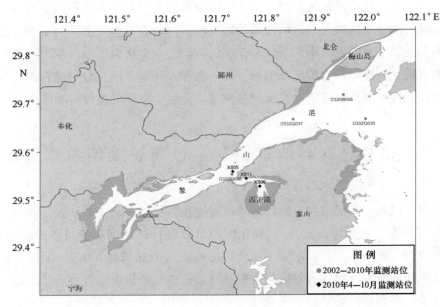

图 10.1-1　2002—2011 年象山港及西沪港监测站位图

根据象山港海洋环境监测站开展的 2010 年 4—10 月象山港月度监测资料，西沪港水质与象山港历年水质差别不大，西沪港海水中无机氮全部超四类海水水质标准；磷酸盐基本超三类标准，其中有两个月超四类标准；溶解氧基本符合二类标准，8 月下旬符合三类标准；pH、COD 基本符合一类标准。分述如下：

（1）pH 在 7.86~8.36 之间波动，符合一类、二类海水水质标准，最高值出现在 5 月上旬，最低值出现在 6 月下旬，站位之间变化不明显［见图 10.1-2（1）］；

（2）水温在 4—8 月逐渐上升，8 月下旬开始逐渐下降，最低值为 12.8℃，最高值为 31.4℃，站位之间变化不明显［见图 10.1-2（2）］；

（3）盐度在 21.80~26.49 之间波动，最低值出现在 5 月上旬，最高值出现在 9 月上旬，站位之间变化不明显［见图 10.1-2（3）］；

表10.1-1 象山港历年水质监测结果统计

监测项目		2002 年	2003 年	2004 年	2005 年	2006 年	2007 年	2008 年	2009 年	2010 年	2011 年
盐度	范围	24.54~26.39	26.15~29.39	27.30~31.99	27.80~30.84	23.80~28.70	27.92~28.97	27.32~28.80	24.70~27.83	24.22~28.28	28.15~29.24
	x±sd	25.82±0.78	27.42±1.15	29.47±1.72	29.70±1.25	26.53±1.74	28.58±0.46	28.16±0.59	26.77±1.10	25.80±1.60	28.74±0.44
pH	范围	7.99~8.13	7.97~8.05	/	7.95~8.02	/	7.96~8.28	7.93~7.96	/	/	/
	x±sd	8.06±0.06	8.02±0.04	/	7.98±0.02	/	8.06±0.10	7.94±0.01	/	/	/
DO (mg/L)	范围	5.90~6.35	5.56~6.44	5.59~6.08	6.17~6.55	5.82~7.27	6.78~8.40	5.95~7.03	4.86~6.16	5.86~9.03	6.04~6.77
	x±sd	6.12±0.20	5.97±0.30	5.90±0.21	6.34±0.14	6.44±0.50	7.26±0.55	6.50±0.41	5.87±0.39	7.35±1.24	6.51±0.22
COD (mg/L)	范围	0.47~0.66	0.66~0.93	0.15~0.68	0.76~1.48	0.78~1.95	0.35~1.54	0.59~1.11	0.50~1.24	1.04~1.72	0.59~0.98
	x±sd	0.55±0.09	0.77±0.11	0.32±0.21	1.12±0.25	1.51±0.44	0.62±0.43	0.87±0.20	0.92±0.21	1.37±0.29	0.69±0.13
Oil (mg/L)	范围	0.030~0.041	0.010~0.016	0.003~0.042	0.013~0.062	0.025~0.063	0.032~0.056	0.021~0.024	0.020~0.071	0.019~0.045	0.010~0.027
	x±sd	0.034±0.005	0.013±0.004	0.030±0.018	0.031±0.022	0.042±0.015	0.043±0.009	0.023±0.001	0.039±0.020	0.036±0.011	0.016±0.007
PO_4-P (mg/L)	范围	0.029 9~0.042 7	0.028 1~0.056 0	0.038 6~0.075 5	0.021 2~0.044 9	0.005 7~0.033 8	0.004 6~0.044 8	0.022 9~0.045 9	0.033 2~0.072 0	0.059 5~0.076 7	0.027 4~0.033 5
	x±sd	0.037 1±0.004 6	0.042 1±0.010 5	0.054 3±0.014 3	0.029 5±0.008 3	0.024 5±0.010 2	0.023 4±0.015 7	0.037 2±0.008 1	0.047 9±0.013 7	0.068 4±0.007 5	0.030 4±0.001 8
无机氮 (mg/L)	范围	0.471~0.596	0.388~0.583	0.494~0.778	0.596~0.803	0.698~1.048	0.501~0.761	0.409~0.621	0.336~0.734	0.525~1.072	0.564~0.899
	x±sd	0.516±0.044	0.527±0.072	0.684±0.094	0.693±0.080	0.842±0.121	0.630±0.105	0.526±0.065	0.511±0.107	0.864±0.198	0.724±0.103
Cu (μg/L)	范围	1.17~2.53	1.71~3.38	/	/	2.29~5.12	/	1.78~3.62	3.02~5.10	4.15~6.81	2.40~3.60
	x±sd	1.86±0.43	2.80±0.66	/	/	3.58±1.02	/	2.55±0.72	4.34±0.66	5.19±1.12	2.86±0.55
Pb (μg/L)	范围	0.96~4.59	0.88~4.18	0.63~4.29	/	1.11~4.86	0.28~1.79	0.41~1.24	0.25~2.01	0.54~2.57	0.68~1.09
	x±sd	2.27±1.14	2.12±1.16	2.82±1.38	/	1.93±1.22	0.66±0.47	0.65±0.29	0.92±0.53	1.40±0.81	0.89±0.18
Cd (μg/L)	范围	0.07~0.16	0.05~0.12	/	/	/	0.08~0.34	0.06~0.07	0.02~0.30	0.06~0.36	0.08~0.11
	x±sd	0.11±0.03	0.10±0.03	/	/	/	0.17±0.09	0.06±0.01	0.18±0.08	0.17±0.11	0.09±0.01
Hg (μg/L)	范围	0.004~0.038	0.008~0.025	/	/	/	0.011~0.020	0.008~0.017	0.009~0.017	0.007~0.032	0.019~0.035
	x±sd	0.014±0.013	0.014±0.007	/	/	/	0.015±0.003	0.013±0.003	0.013±0.003	0.015±0.009	0.026±0.006
As (μg/L)	范围	1.26~2.51	1.01~1.50	/	/	/	1.01~1.58	0.99~1.63	1.01~1.61	1.40~1.93	1.10~1.40
	x±sd	1.72±0.55	1.27±0.18	/	/	/	1.30±0.23	1.29±0.27	1.31±0.25	1.59±0.19	1.28±0.13

注：x±sd 为平均值±标准差，"/"表示无监测数据。

485

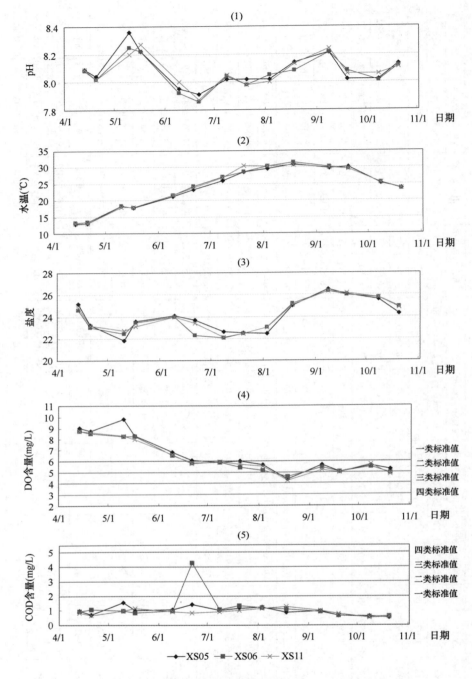

图 10.1-2　西沪港 pH、水温、盐度、DO、COD 月度变化

（4）DO 浓度在 4—10 月呈现逐渐下降趋势，最高值出现在 5 月上旬，为 9.80 mg/L，最低值出现在 8 月下旬，为 4.24 mg/L，4 月上旬—6 月上旬 DO 浓度符合一类海水水质标准，6 月下旬开始，DO 浓度超一类标准，除 8 月下旬外，基本符合二类海水水质标准，而 8 月下旬 DO 浓度最低，符合三类海水水质标准。位于西沪港外的 XS05 站 DO 浓度在多

数时间略高于西沪港内两站的测值，但水质类别基本相同［见图 10.1-2 (4)］；

（5）除 6 月下旬 X06 站外，COD 浓度基本上在 0.54~1.52 mg/L 之间波动，符合一类海水水质标准，且站位之间变化不明显，6 月下旬 X06 站 COD 浓度出现超标，为 4.27 mg/L，符合四类海水水质标准［见图 10.1-2 (5)］；

（6）无机氮浓度在 0.511~1.099 mg/L 之间波动，最高值出现在 7 月下旬，最低值出现在 6 月下旬，全部测值均超四类海水水质标准，站位之间变化不明显［见图 10.1-3 (1)］；

（7）磷酸盐浓度在 0.024 8~0.063 9 mg/L 之间波动，最低值出现在 5 月上旬，最高值出现在 10 月下旬，基本上符合甚至超过四类海水水质标准，站位之间变化不明显［见图 10.1-3 (2)］；

（8）叶绿素 a 浓度 4—8 月除 7 月下旬 XS06 站出现最高值 32.14 μg/L 外，多数在 1~5 mg/L 之间，9—10 月在 0.1~1 mg/L 之间［见图 10.1-3 (3)］。

（9）粪大肠菌群数基本上在 20~500 个/L 之间波动，符合一至三类海水水质标准，仅 6 月下旬 XS06 站出现最高值 2 200 个/L，超一至三类海水水质标准［见图 10.1-3 (4)］。

（10）弧菌除 4—5 月基本未检出外，6—10 月均有检出，以 8 月上旬 XS06 站为最高，为 292 CFU/mL，XS05 站次之，为 180 CFU/mL，10 月 XS011 站检出的弧菌也较高，为 125 CFU/mL，其余在 2~65 CFU/mL 之间［见图 10.1-3 (5)］。

10.1.1.2　海洋环境现状

根据宁波海洋环境监测中心站开展的 2011 年 7 月和 12 月西沪港养殖区监测资料（监测站位见图 10.1-4，监测结果见表 10.1-2~表 10.1-4）。西沪港养殖区海水中主要超标污染物仍为无机氮和活性磷酸，且冬季浓度高于夏季浓度，无机氮全部超四类标准，磷酸盐夏季符合四类标准，冬季超四类标准；铅、锌符合二类标准，其余水质指标符合一类标准；沉积物中铜含量符合二类沉积物质量标准，其余指标符合一类标准；养殖生物大黄鱼体内砷、铬、镉浓度超水产品中有毒有害物质限量。

1）水质

养殖区水体中水温夏季为 28.0~28.3℃，冬季为 15.7~16.0℃，盐度夏季为 27.22~27.90，冬季为 24.23~24.76，表层、底层差别不大；叶绿素 a 夏季为 2.7~6.4 μg/L，冬季为 0.6~1.1 μg/L，表层略高于底层。

石油类、粪大肠菌群数、汞、砷、镉、铬均符合一类海水水质标准，且浓度远小于一类标准值，两季变化不明显。

DO 和 COD 均符合一类海水水质标准，且表层、底层差别不大，DO 浓度夏季低（6.38~7.03 mg/L），冬季高（8.43~8.83 mg/L），COD 浓度则正好相反，夏季高（0.94~1.11 mg/L），冬季低（0.65~0.77 mg/L）。

无机氮浓度夏季为 0.651~0.801 mg/L，冬季为 1.082~1.208 mg/L，表、底层差别不

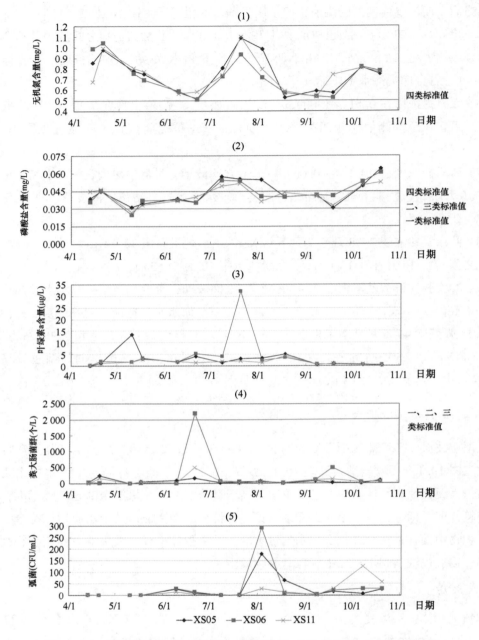

图 10.1-3　西沪港无机氮、磷酸盐、叶绿素 a、粪大肠菌群、弧菌月度变化

大，两季测值均超四类海水水质标准。

磷酸盐浓度夏季为 0.014 9～0.034 1 mg/L，除 4 号站磷酸盐浓度符合二类、三类海水水质标准外，其余站位均符合四类海水水质标准；冬季磷酸盐浓度为 0.072 1～0.083 8 mg/L，全部超四类海水水质标准；两季表层、底层差别都不大。

铜（Cu）浓度夏季为 1.8～4.5 μg/L，冬季为 4.1～4.9 mg/L，符合一类海水水质标准，但接近一类标准值，表层、底层差别不大。

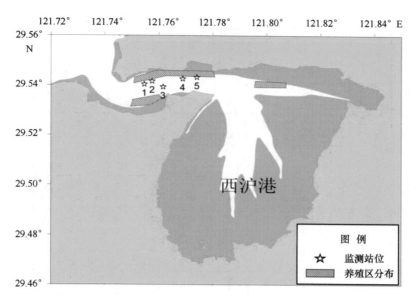

图 10.1-4　2011 年 7 月和 11 月西沪港养殖区监测站位

铅（Pb）浓度夏季为 0.52~1.21 μg/L，除 1 号站表层、底层 Pb 浓度均超一类海水水质标准，符合二类标准外，其余各站均符合一类标准；冬季为 0.60~1.12 mg/L，除 3 号站表层超一类标准，符合二类标准外，其余各站均符合一类标准。

锌（Zn）浓度夏季为 19.6~25.5 μg/L，冬季为 19.8~26.9 mg/L，多数站超一类海水水质标准，符合二类标准。

2）沉积物

夏、冬两季西沪港养殖区沉积物中硫化物、总有机碳、石油类、重金属（铅、锌、镉、铬、汞、砷）及有机氯（六六六、DDT、PCBs）等指标均符合一类沉积物质量标准，但 Cu 含量夏季有 4 个站位，冬季有 1 个站位超一类标准，符合二类标准。铜、锌、镉、DDT、PCBs 平均含量夏季高于冬季。

3）生物质量

大黄鱼体内铜、铅、汞、六六六、DDT 和 PCBs 浓度均低于《无公害食品　水产品中有毒有害物质限量》（NY 5073—2006）规定的限值，而砷、铬、镉浓度超标。大肠菌群数符合《农产品安全质量　无公害水产品安全要求》（GB 18406.4—2001）。

表 10.1-2　2011 年西沪港养殖区水质监测结果

监测日期	监测站位	采样层次	采样深度(m)	水温(℃)	pH	盐度	DO(mg/L)	PO_4-P(mg/L)	NO_2-N(mg/L)	NO_3-N(mg/L)	NH_4-N(mg/L)	无机氮(mg/L)	COD(mg/L)	石油类(mg/L)	叶绿素 a(μg/L)	Hg(μg/L)	As(μg/L)	Cd(μg/L)	Cr(μg/L)	Cu(μg/L)	Pb(μg/L)	Zn(μg/L)	大肠菌群 数个(L)
7-19	1	表	10.0	28.2	8.03	27.34	6.38	0.032 9	0.037	0.664	0.003	0.704	0.94	0.021	5.6	0.011	3.4	0.07	0.06	4.5	1.21	21.1	200
		底		28.1	8.03	27.90	6.57	0.029 6	0.037	0.621	0.002	0.660	0.97		4.3	0.011	2.7	0.11	0.16	3.5	1.10	24.1	200
	2	表	11.0	28.1	8.03	27.77	6.38	0.033 5	0.041	0.757	0.003	0.801	1.11	0.021	6.4	0.008	1.8	0.10	0.13	2.3	0.60	21.0	200
		底		28.1	8.02	27.76	6.68	0.033 2	0.038	0.607	0.006	0.651	1.06		3.4	0.014	2.0	0.08	0.11	2.7	0.62	20.6	<200
	3	表	9.0	28.3	8.03	27.38	6.45	0.033 2	0.038	0.677	0.001	0.716	1.03	0.021	4.0	0.012	2.4	0.05	0.15	1.9	0.52	21.9	200
		底		28.3	8.03	27.40	6.88	0.021 1	0.033	0.724	0.015	0.772	1.06	0.020	5.5	0.017	1.8	0.10	0.06	1.8	0.62	19.6	400
	4	表	20.0	28.0	8.02	27.82	7.03	0.014 9	0.033	0.720	0.009	0.762	1.07		4.5	0.010	1.3	0.14	0.06	2.7	0.59	25.1	<200
		底		28.2	8.03	27.22	6.79	0.030 5	0.036	0.706	0.012	0.754	1.03	0.020	4.4	0.027	2.6	0.11	0.07	2.7	0.92	25.5	200
	5	表	25.0	28.0	8.03	27.90	6.89	0.034 1	0.038	0.727	0.005	0.770	0.98		2.7	0.015	1.8	0.07	0.04	2.9	0.80	20.3	<200
12-9	1	表	8.9	15.7	8.03	24.41	8.61	0.078 6	0.012	1.018	0.052	1.082	0.68	0.019	0.9	0.021	2.3	0.08	0.22	4.7	0.68	24.1	200
	2	表	9.2	15.7	8.03	24.38	8.48	0.082 3	0.013	1.041	0.050	1.104	0.70	0.019	0.6	0.019	1.1	0.11	0.14	4.5	0.60	19.8	200
	3	表	14.0	15.7	8.02	24.40	8.83	0.081 3	0.013	1.146	0.049	1.208	0.66	0.018	1.1	0.024	1.7	0.17	0.13	4.2	0.84	22.5	<200
		底		16.0	8.00	24.66	8.58	0.078 9	0.013	1.102	0.052	1.167	0.69		1.1	0.026	1.9	0.08	0.07	4.2	1.12	25.4	<200
	4	表	15.0	15.7	8.03	24.31	8.55	0.083 8	0.013	1.086	0.050	1.149	0.77	0.016	1.0	0.020	1.6	0.07	0.08	4.2	0.65	24.2	200
		底		16.0	8.01	24.76	8.49	0.079 2	0.014	1.052	0.049	1.115	0.68		0.6	0.026	3.0	0.07	0.11	4.1	0.84	26.9	<200
	5	表	10.1	15.8	8.02	24.23	8.43	0.078 6	0.013	1.047	0.050	1.110	0.74	0.017	1.0	0.025	2.2	0.07	0.27	4.7	0.77	20.1	<200
		底		16.0	8.00	24.57	8.49	0.072 1	0.013	1.071	0.046	1.130	0.65		0.8	0.028	1.4	0.07	0.20	4.9	0.70	19.8	200

表 10.1-3 2011年西沪港养殖区沉积物监测结果

监测日期	站位	含水率 ($\times 10^{-2}$)	硫化物 ($\times 10^{-6}$)	TOC ($\times 10^{-2}$)	石油类 ($\times 10^{-6}$)	总磷 ($\times 10^{-6}$)	总氮 ($\times 10^{-6}$)	铜 ($\times 10^{-6}$)	铅 ($\times 10^{-6}$)	锌 ($\times 10^{-6}$)	镉 ($\times 10^{-6}$)	汞 ($\times 10^{-6}$)	砷 ($\times 10^{-6}$)	铬 ($\times 10^{-6}$)	六六六 ($\times 10^{-9}$)	DDT ($\times 10^{-9}$)	PCBs ($\times 10^{-9}$)
7月19日	1	44.5	20.8	0.55	41.9	352.4	293.8	37.4	19.0	101.9	0.17	0.036	5.49	62.7	ND	2.049	5.517
	2	43.5	10.0	0.51	22.2	361.0	464.1	38.2	17.7	110.4	0.10	0.034	4.36	60.0	ND	6.339	3.532
	3	43.6	34.7	0.58	100.0	365.7	409.9	42.0	18.8	105.5	0.10	0.034	4.27	54.6	ND	2.489	3.348
	4	43.7	37.3	0.51	66.8	388.3	364.3	34.5	14.7	102.5	0.07	0.036	3.64	57.5	ND	5.619	3.567
	5	48.8	35.5	0.57	232.1	386.0	371.1	35.5	31.7	106.9	0.07	0.043	4.16	62.5	ND	6.754	5.778
	最小值	43.5	10.0	0.51	22.2	352.4	293.8	34.5	14.7	101.9	0.07	0.034	3.64	54.6	/	2.049	3.348
	最大值	48.8	37.3	0.58	232.1	388.3	464.1	42.0	31.7	110.4	0.17	0.043	5.49	62.7	/	6.754	5.778
	平均值	44.8	27.7	0.54	92.6	370.7	380.6	37.5	20.4	105.4	0.10	0.037	4.38	59.5	/	4.650	4.348
12月9日	1	43.7	15.3	0.52	115.2	306.7	416.3	19.5	24.9	69.8	0.16	0.044	4.23	41.2	ND	0.072	0.766
	2	43.6	21.0	0.52	58.0	269.6	775.6	24.5	33.1	96.0	0.12	0.041	3.65	41.7	ND	0.091	0.698
	3	43.5	50.1	0.50	63.0	259.9	410.9	33.9	24.1	102.4	0.11	0.047	3.87	51.2	ND	0.027	0.608
	4	45.6	43.4	0.51	130.0	260.3	459.8	37.3	33.3	89.2	0.11	0.049	4.73	51.3	ND	1.186	0.987
	5	47.3	45.6	0.51	87.5	265.7	528.1	20.6	29.0	64.7	0.09	0.050	4.17	35.0	ND	0.586	1.152
	最小值	43.5	15.3	0.50	58.0	259.9	410.9	19.5	24.1	64.7	0.09	0.041	3.65	35.0	/	0.027	0.608
	最大值	47.3	50.1	0.52	130.0	306.7	775.6	37.3	33.3	102.4	0.16	0.050	4.73	51.3	/	1.186	1.152
	平均值	44.7	35.1	0.51	90.7	272.4	518.1	27.2	28.9	84.4	0.12	0.046	4.13	44.1	/	0.392	0.842

表 10.1-4 2011年夏季西沪港养殖区生物质量监测结果（鲜重）

项目	石油类 (mg/kg)	铜 (mg/kg)	铅 (mg/kg)	锌 (mg/kg)	镉 (mg/kg)	汞 (mg/kg)	砷 (mg/kg)	铬 (mg/kg)	六六六 (μg/kg)	DDT (μg/kg)	PCBs (μg/kg)	大肠菌群数 (个/100 g)
大黄鱼	27.0	12.3	0.23	47.0	0.48	0.046	1.45	2.23	0.544	1.427	1.164	20

10.1.2 西沪港海水增养殖区评价指标体系

10.1.2.1 评价方法的选择

当前，国外学者主要从化学和生态学角度出发，通过选择敏感指标建立模型，对海水网箱养殖环境进行分析和评估。如PÉREZ等（2003）选择了水温、浑浊度、污水源强和水深4个参数，用GIS和相关技术建立空间数据库，建立多参数模型，通过计算综合得分来评价特内里费岛周边水质条件适合网箱养殖的程度；日本《可持续水产养殖法》选用了水体中的溶解氧浓度、沉积物中硫化物浓度和大型底栖生物3个指标来评价网箱养殖区环境质量（Hisashi，2003）。ERVIK等（1997）建立了一个MOM（Modelling-Ongrowing fish farms-Monitoring）管理系统，根据养殖区的环境容量，对海水网箱养鱼对环境造成的影响进行监测和评估。

国内学者对网箱养殖区环境的评价主要通过单因子分析和常用的指数计算分析。如黄洪辉等（2005）采用单因子指数法评价了大亚湾大鹏澳海水鱼类网箱养殖海域各环境因子的超标状况。蔡清海等（2007）采用标准指数法、水质综合评价指数法、多样性指数法分析了福建罗源湾网箱养殖海区多年水质、水域的养殖力以及浮游植物多样性的变化，并采用潜在生态危害指数法对其生态危害程度现状进行评价。杜虹等（2010）分析了深澳湾养殖海区 NH_4-N、PO_4-P 等因子的时空分布规律，并利用营养状态质量指数对深澳湾水体进行了水质量评价。李成高等（2006）采用有机污染指数和营养状态指数对唐岛湾网箱养殖区底层营养化状况进行了分析。

采用常规的指数评价方法虽然可以判断网箱养殖区环境究竟受何种污染物污染，但无法反映养殖环境的综合质量，有一定的局限性。网箱养殖环境质量综合评价应将养殖环境体系看成一个整体，以人类健康和污染防治作为最终目标，既要考虑它的功能要求，又要突出其中某一项或某几项主要污染问题，进行总体的质量评价。因此需要一个多因素、多层次的评价体系，并根据现有的有限资料，结合主观因素，对各层次因素的重要性作出评价。因此，本文尝试采用层次分析法构建评价指标体系，确定指标权重，并结合指数评价法建立网箱养殖环境质量综合评价模型。

层次分析法是一种多准则决策方法，其特点是将决策问题的有关元素分解成目标、准则、方案等层次，构建一个层次结构模型，然后利用较少的定量信息，把系统分析归结为最底层相对于最高层的相对重要性权值的确定，为多目标、多准则的复杂决策问题，提供了一种简便科学的数学方法（杜栋等，2008）。目前层次分析法在海洋与渔业方面的决策和评价上有一定的研究应用，如渔业资源可持续利用评价（陈作志等，2010）、海洋环境评价（张光玉等，2010）、海洋生态系统健康综合评价（杨建强等，2003）、围填海生态环境效应评价（刘述锡等，2010）等。

10.1.2.2 评价指标筛选

本文主要从养殖环境适宜性和水产品质量安全性这两个方面构建了包括目标层、准则层、因素层和指标层 4 个层次在内的海水网箱养殖区环境质量综合评价指标体系框架，来评价养殖环境是否适合鱼类的健康生存和生长，以及在该环境条件下养殖的鱼类对人类健康是否有影响，而不考虑养殖对周边环境的影响。

1）评价指标的筛选应遵循的原则

（1）指标应涵盖为达到评价目的所需的基本内容，但宜少不宜多，宜简不宜繁。

（2）各个指标应内涵清晰，相对独立；同一层次的指标间应尽量不相互重叠，不存在因果关系。

（3）代表性和差异性，既能很好地反映研究对象某方面的特性，又具有可比性。

（4）可行性，指标应符合客观实际水平，有稳定的数据来源，易操作，有可测性。

根据以上原则，本文主要从现有的监测资料中筛选存在污染风险的指标，以及从现有文献研究中筛选对养殖鱼类生长和水产品质量影响较大的指标。

2）表征养殖环境适宜性的指标筛选

（1）水质因子

表征养殖环境适宜性的水环境因子可以分为以下几类：

① 养殖水体中的主要污染物

《宁波市海洋功能区划》（2007 年）要求："养殖区水域执行不低于二类的海水水质标准，底质执行一类沉积物质量标准"。根据象山港历年趋势性监测和西沪港养殖区检测结果（表 10.1-1～表 10.1-2），西沪港海水中超出二类海水水质标准的主要污染物为无机氮和磷酸盐，其中无机氮超四类海水水质标准，而磷酸盐基本超三类标准甚至超四类标准。当水体中营养物质过多，特别是氮、磷过多时，即水体富营养化时，将导致水生植物大量繁殖，影响水体与大气正常的氧气交换，加之因藻类的分解而消耗大量的氧气，造成水体溶解氧浓度迅速下降，水质恶化，严重的还将导致赤潮的产生，危及海洋水产养殖（王宪，2006）。而在无机氮 3 种组分（氨氮、硝酸盐氮、亚硝酸盐氮）中，氨氮对养殖鱼类的影响尤为重要，水体氨氮增加会抑制鱼类自身氨的排泄，降低血液载氧能力。因此，为了突出营养盐在指标体系中的重要性，本文将营养盐分离出来作为一个因素，选择非离子氨和磷酸盐作为评价指标。

② 其他水质因子

从养殖技术角度，影响网箱养殖鱼类生长的其他水质因子，包括水温、盐度、pH 和溶解氧等（关长涛、王春生，2008；王宪，2006；雷霁霖，2005；张美昭等，2006）。

海水的温度直接影响养殖鱼类的生长速度和鱼类能否直接越冬，因此，养殖海区的最低水温和最高水温以及水温的季节性变化等，决定了养殖品种和养殖模式的选择（关长涛、王春生，2008）。大多数养殖的温水性鱼类，生存适温范围较大，一般要求养殖区水温变幅在 8~30℃，以 20~28℃ 为最佳。海水盐度变化会改变鱼类与海水的渗透关系，因此养殖海区盐度应相对稳定（雷霁霖，2005）。《浮动式海水网箱养鱼技术规范》（SCT 2013—2003）要求"狭盐性鱼类盐度为 20~30，海水盐度保持稳定（关长涛、王春生，2008）。根据监测结果，养殖区温度和盐度满足网箱养殖的要求，因此不作为评价指标。

海水的养殖对象一般都适宜在弱碱性水体中生长，pH 过低或过高对养殖对象都会产生不良的影响。酸能侵蚀腮组织，使组织产生凝血性坏死；同时，酸的阳离子能与蛋白质结合，使蛋白质变性，成为不溶解的化合物，使鱼的组织、器官失去功能。强碱能使腮的分泌物发生凝结，从而使生物呼吸受阻碍，导致死亡。pH 的改变还将影响一些有毒物质形态的转变，从而改变其毒性，间接对养殖生物造成影响（王宪，2006）。渔业水质标准（GB11607—89）要求海水 pH 值为 7.0~8.5。根据 2010 年 4—10 月的监测结果，西沪港 pH 波动范围较大，在 7.86~8.36 之间，虽然满足渔业水质标准要求，但考虑到 pH 对网箱养殖鱼类的重要影响，将其作为水质因素的评价指标。

溶解氧是养殖鱼类生存和生长所必需的，它对鱼的繁殖、摄食率、饵料利用率和增重率都有很大影响。丰富的溶解氧既可参与有机质的氧化水解反应，促进物质循环和消除有毒的生物代谢产物，又能促进好氧性细菌的大量繁殖，加快有机物的生物降解率，从而起到净化水质的作用。而若长期处于低氧状态时，除将导致鱼类的生长缓慢、增重量低、饵料利用率下降外，还将使鱼类对疾病的抵抗力下降，发病率增高，寄生虫病也容易蔓延（王宪，2006；陈在新、王文一，2009）。根据 2010 年 4—10 月监测结果，西沪港溶解氧 6 月下旬开始超一类海水水质标准，浓度最低时超二类标准。因此，将其选为水质因素的评价指标。

综上所述，本文选择西沪港监测结果中波动范围较大的 pH 和溶解氧作为评价指标。

③ 有毒有害污染物

海水养殖区的有毒有害污染物包括重金属和有机污染物（石油类，六六六、DDT、PCBs）等（王宪，2006）。根据 2002—2011 年对象山港的监测结果（表 10.1-1），以及 2011 年夏、冬两季对西沪港养殖区的监测结果（表 10.1-2），象山港及西沪港海水中重金属（铜、铅、镉、铬、锌、汞、砷）、有机氯（六六六、DDT、PCBs）均符合二类海水水质标准，为避免与生物质量中评价指标的重叠，这些指标在水质因素中均不作为评价指标。

而石油类含量虽然在 2011 年夏、冬两季监测中没有出现超标，但在 2002—2011 年象山港历年监测中有 4 年在个别站位超二类海水水质标准，最高值为 0.062 mg/L。石油类中的水溶性组分会对鱼类有直接毒害作用，油膜附着在鱼鳃上会妨碍鱼类的正常呼吸，石油类还可降低鱼类的繁殖力，使鱼卵难于孵化，鱼苗畸形，此外，油类附在藻类、浮游植物上还会妨碍光合作用（麦贤仕等，2007）。因此本文选择石油类作为水质因素中的评价指标。

（2）沉积物因子

根据 2011 年夏、冬两季对西沪港养殖区的监测资料（表 10.1-3），养殖区沉积物中

TOC、硫化物、石油类、重金属（铅、镉、铬、锌、汞、砷）、有机氯（六六六、DDT、PCBs）等指标均符合一类沉积物标准现象，重金属铜含量超一类标准，符合二类标准。铜是生物体必须的微量元素，生物缺铜将导致贫血疾病（王宪，2006），但铜含量过高将会使鱼类的鳃部受到破坏，出现黏液、肥大和增生，使鱼窒息，还可造成鱼体消化道的损害（麦贤仕等，2007）。因此本文选择铜作为沉积物因素的评价指标。

而在网箱养殖过程中，由于残饵、养殖生物的排泄物、死亡有机体的残骸分解物等不断的向沉积物中沉积，将导致有机物的积累及底质向缺氧状态转变（蒋增杰等，2007），进而加速了厌氧性硫酸盐还原菌的增殖，导致了沉积物中硫化物浓度的升高。沉积物中积累过多的硫化物、有机碳，将成为新的污染源，重新向水体中释放污染，因此，TOC 和硫化物是判断网箱养殖场环境健康状况和老化程度的主要指标（何国民等，1997；甘居利等，2001）。本文选择 TOC 和硫化物作为沉积物因素的评价指标。

（3）微生物因子

粪大肠菌群是海洋环境监测中重要的指示微生物，它是在 44℃生长时能使乳糖发酵，在 24 h 内产气的需氧及兼性厌氧的革兰氏阴性无芽孢杆菌，由于粪大肠菌群来自人和温血动物的粪便，因此，也是卫生学和流行病学上安全度的公认指标和重要监测项目，被广泛用来评价港湾、河口、海水浴场、养殖场等水体受到生活污水的污染程度（林燕顺等，1983；张瑜斌等，2012；蔡雷鸣等，2009；杨东宁等，1999）。根据西沪港 2010 年 4—10 月监测资料，西沪港粪大肠菌群数基本符合一至三类海水水质标准，但在 6 月下旬出现超标，可见西沪港养殖区存在陆源生活污水污染的风险，因此本文选择粪大肠菌群作为微生物因素的评价指标。

3）表征水产品质量安全性的指标筛选

根据文献，对水产品质量安全影响较大的，是那些理化性质稳定，可经由食物链进行传递和浓缩，易于被动物吸收和富集，难以被动物体排除或降解的因子，包括重金属和有机氯等（麦贤仕等，2007；孙维萍等，2012）。

（1）重金属

海洋生物对重金属都具有较大的富集能力。重金属进入生物体内会迅速与酶及生物高分子物质反应，生成不溶的物质，改变和破坏酶系统，产生极大的危害（王宪，2006）。本文选择在鱼类生物质量监测结果（表 10.1-4）中含量较高，超出或接近《无公害食品水产品中有毒有害物质限量》（NY 5073—2006）的镉、铬、铅和总砷作为评价指标。

（2）有机氯

PCBs 和有机氯农药六六六、DDT 等属于持久性有机污染物，由于其降解慢，残留期长，且具有较低的水溶性和高的辛醇—水分配系数，很容易被分配到生物脂肪中，通过食物链富集，富集倍数可达几万倍以上，在肝、肾、和心脏等组织蓄积，危害人类健康（王宪，2006）。根据 2011 年对西沪港网箱养殖区的监测结果（表 10.1-4），六六六、DDT 和 PCBs 在大黄鱼中的含量远远低于《无公害食品水产品中有毒有害物质限量》（NY 5073—

2006）中规定的限值，其在沉积物中的含量也远低于一类沉积物质量标准值，可见有机氯对西沪港网箱养殖生物的影响较小，但由于其污染持久性、生物蓄积性等特点，根据指标精简原则，本文选择含量相对较高的 DDT 和 PCBs 作为评价指标。

10.1.2.3　评价指标体系的建立

根据以上分析，建立网箱养殖区环境质量综合评价指标体系见表 10.1-5。

表 10.1-5　网箱养殖区环境质量综合评价指标体系

目标层 A	准则层 B	因素层 C	指标层 D	指标筛选依据
海水网箱养殖区环境质量综合评价 A	养殖环境适宜性 B1	营养盐 C1	非离子氨 D1	象山港海域历年来的主要污染物，富营养化是象山港主要的环境问题
			磷酸盐 D2	
		其他水质因素 C2	pH　D3	对鱼类生存和生长有重要影响
			溶解氧 D4	
			石油类 D5	水体中存在污染风险的有毒有害物质
		沉积物 C3	总有机碳 D6	判断网箱养殖场环境健康状况和老化程度的主要指标
			硫化物 D7	
			铜 D8	沉积物中存在污染风险的有毒有害物质
		微生物 C4	粪大肠菌群 D9	卫生学和流行病学公认指标，用来评价水体受到生活污水的污染程度
	水产品质量安全 B2	重金属 C5	镉 D10	理化性质稳定，可经由食物链进行传递和浓缩，易于被动物吸收和富集，难以被动物体排除或降解
			铬 D11	
			铅 D12	
			砷 D13	
		有机氯 C6	DDT D14	
			PCB D15	

10.1.2.4　指标权重的确定

采用等权重指数法对评价指标权重赋值，各层次指标权重见表 10.1-6。

表 10.1-6　各层次指标权重

准则层	权重1	因素层	权重2	指标层	权重3	组合权重
B1	0.500 0	C1	0.250 0	D1	0.500 0	0.062 5
				D2	0.500 0	0.062 5
		C2	0.250 0	D3	0.333 3	0.041 7
				D4	0.333 3	0.041 7
				D5	0.333 3	0.041 7
		C3	0.250 0	D6	0.333 3	0.041 7
				D7	0.333 3	0.041 7
				D8	0.333 3	0.041 7
		C4	0.250 0	D9	1.000 0	0.125 0
B2	0.500 0	C5	0.500 0	D10	0.250 0	0.062 5
				D11	0.250 0	0.062 5
				D12	0.250 0	0.062 5
				D13	0.250 0	0.062 5
		C6	0.500 0	D14	0.500 0	0.125 0
				D15	0.500 0	0.125 0

10.1.3　综合评价方法及结果

依据以上评价指标体系及各指标权重，结合综合指数法建立网箱养殖区环境质量综合评价模型。

10.1.3.1　单项指标评价方法

1）单项指标质量指数

（1）对于监测值越大环境质量越差的指标，通过公式（10.1-1）计算其质量指数：

$$E_i = \begin{cases} 100 - \dfrac{C_i}{C_{i0}} \times 20, & C_i \leqslant C_{i0} \\[2mm] \left(1 - \dfrac{C_i - C_{i0}}{C_{imax} - C_{i0}}\right) \times 80, & C_{i0} < C_i < C_{imax} \\[2mm] 0, & C_i \geqslant C_{imax} \end{cases} \qquad (10.1-1)$$

式中，E_i 为 i 指标的质量指数，为 0~100 之间的数据；C_{i0} 为 i 指标的标准值；C_i 为 i 指标的监测值；$C_{i\max}$ 为 i 指标的极限值。

监测值越大质量指数越小，当监测值不大于标准值时，质量指数不小于 80；当监测值大于或等于极限值时，质量指数等于 0。

（2）pH 通过公式（10.1-2）计算其质量指数：

$$E_i = \begin{cases} 100 - \dfrac{|C_i - 8.15|}{0.35} \times 20, & 7.8 \leqslant C_i \leqslant 8.5 \\[2mm] \left(1 - \dfrac{C_i - 8.5}{0.3}\right) \times 80, & 8.5 < C_i \leqslant 8.8 \\[2mm] (C_i - 6.8) \times 80, & 6.8 \leqslant C_i < 7.8 \\[2mm] 0, & C_i < 6.8 \text{ 或 } C_i > 8.8 \end{cases} \quad (10.1 - 2)$$

（3）溶解氧监测值越小，环境质量越差，通过公式（10.1-3）计算其质量指数：

$$E_i = \begin{cases} 100 - \dfrac{C_{i\max} - C_i}{C_{i\max} - C_{i0}} \times 20, & C_i \geqslant C_{i0} \\[2mm] \dfrac{C_i - C_{i\min}}{C_{i0} - C_{i\min}} \times 80, & C_{i\min} < C_i < C_{i0} \\[2mm] 0, & C_i \leqslant C_{i\min} \end{cases} \quad (10.1 - 3)$$

式中，E_i、C_{i0}、C_i 的意义与前面相同；$C_{i\min}$ 为溶解氧的极限值；$C_{i\max}$ 为饱和溶解氧浓度，$C_{i\max} = \dfrac{468}{(31.6 + T)}$，$T$ 为海水温度。

2）单项指标区域质量指数

公式（10.1-1）~公式（10.1-3）计算得到的是各评价指标单个站位的质量指数，为了突出质量较差站位对整个评价区域的影响，利用内梅罗指数法计算各指标区域质量指数，公式如（10.1-4）：

$$E_{i全} = \sqrt{(E_{i\min}^2 + \bar{E}_i^2)/2} \quad (10.1 - 4)$$

式中，$E_{i全}$ 为 i 评价指标区域质量指数；$E_{i\min}$ 为 i 评价指标质量最差站位的质量指数；

$\bar{E}_i$：$\bar{E}_i = \left(\sum\limits_{j=1}^{m} E_{ij}\right)/m$，为 i 评价指标所有站位质量指数的算术平均值，其中 E_{ij} 为 i 评价指标 j 站位的质量指数，m 为总站位数。

3）标准值和极限值

（1）标准值的确定

各指标评价标准的确定直接影响评价结果的真实性，目前国内尚无针对网箱养殖区的统一认可的评价标准，本评价确定各指标的评价标准主要采用国家和行业标准：水质指标评价采用《海水水质标准》（GB 3097—1997），沉积物指标评价采用海洋沉积物质量（GB 18668—2002），由于现行的《海洋生物质量》（GB 18421—2001）只规定了海洋贝类生物中污染物的标准值，无法用来评价鱼类生物质量，因此鱼类生物质量指标的评价标准采用《无公害食品水产品中有毒有害物质限量》（NY 5073—2006）。本评价筛选的水质、沉积物和水产品指标的评价标准见表 10.1-7~表 10.1-9。

表 10.1-7　海水水质标准（GB 3097—1997）

项　目	第一类	第二类	第三类	第四类
pH	7.8~8.5		6.8~8.8	
粪大肠菌群（个/L）≤	2 000			—
DO（mg/L）＞	6	5	4	3
非离子氨（以 N 计）（mg/L）≤	0.20			
磷酸盐（以 P 计）（mg/L）≤	0.015	0.030		0.045
石油类（mg/L）≤	0.05		0.30	0.50

表 10.1-8　海洋沉积物质量（GB 18668—2002）

项　目	第一类	第二类	第三类
硫化物（10⁻⁶）≤	300.0	500.0	600.0
有机碳（10⁻²）≤	2.0	3.0	4.0
铜（10⁻⁶）≤	35.0	100.0	200.0

表 10.1-9　无公害食品水产品中有毒有害物质限量（NY 5073—2006）

项　目	指　标
无机砷（以 As 计）（mg/kg）	≤1.0　（贝类、甲壳类、其他海产品）
	≤0.5　（海水鱼）
铅（以 Pb 计）（mg/kg）	≤1.0　（软体动物）
	≤0.5　（其他水产品）
镉（以 Cd 计）（mg/kg）	≤1.0　（软体动物）
	≤0.5　（甲壳类）
	≤0.1　（鱼类）
铬（以 Cr 计）（mg/kg）	≤2.0　（鱼贝类）
多氯联苯（PCBs）（mg/kg）	≤0.2　（海产品）
滴滴涕（mg/kg）	≤1　（所有水产品）

根据《宁波市海洋功能区区划》（2007 年）的管理要求："养殖区水域执行不低于二

类的海水水质标准，底质执行一类沉积物质量标准"，因此，水质指标标准值原则上采用《海水水质标准》中的二类标准，沉积物指标标准值原则上采用《海洋沉积物质量》中的一类标准，而鱼类生物质量指标标准值原则上采用《无公害食品水产品中有毒有害物质限量》（NY 5073—2006）中的海水鱼限值。

（2）极限值的确定

极限值的确定原则：与现行质量标准相衔接；对生物或人有毒有害的污染物严格，对营养盐类污染物宽松；不偏离养殖区实际情况；利于质量等级划分。

① 非离子氨

《海水水质标准》（GB 3097—1997）中非离子氨第一至第四类标准值均为 0.20 mg/L，本文以该标准值的 2 倍作为极限值。

② 磷酸盐

根据象山港海洋环境监测站对西沪港的监测结果，2010 年 4—10 月西沪港磷酸盐浓度在 0.024 8~0.060 7 mg/L 之间。根据 2011 年西沪港夏、冬两季的监测结果磷酸盐浓度在 0.014 9~0.083 8 mg/L，磷酸盐基本超三类标准甚至超四类标准。且浙江省内海水网箱养殖区磷酸盐普遍超二类海水水质标准（表 10.1-10）。因此，磷酸盐的极限值应适当增大，以切合实际情况，本文磷酸盐的极限值外推到四类标准值的 2 倍（0.09 mg/L）。

表 10.1-10 国内部分网箱养殖区的无机氮和磷酸盐含量

网箱养殖海区	监测时间	磷酸盐浓度（mg/L）	参考文献
福建罗源湾	2004.11	0.022~0.046	蔡清海，2007
山东唐岛湾	2004.8—2005.5	0.002 9~0.021 0	蒋增杰，2007
广东深澳湾	2007.1—2007.12	0~0.051	杜虹，2010
广东省茂名市水东湾	2009.3—2009.8	0.033~0.044	李莉，2011
舟山 5 个养殖海区	2003.5—2006.5	0.019~0.070	周小敏，2008
浙江乐清湾	—	0.067 7~0.093 0	李妙聪，2010
宁波南沙港	2007.1—2007.11	0.05±0.001~0.08±0.011	蒋增杰，2010
宁波象山港	2005.5—2005.9	0.017~0.062	翟滨，2007

注："—"表示无。

③ pH

渔业水质标准（GB 11607—89）要求海水 pH 为 7.0~8.5。美国红鱼 pH 适宜范围是 6~9，最适为 7.5~8.5（雷霁霖，2005）；大黄鱼的 pH 适宜范围为 7.8~8.4，低于 6.5，会出现浮头甚至窒息死亡（齐遵利、张秀文，2006）。因此确定 pH 的极限值为四类海水水质标准限值。

500

④ 溶解氧

渔业水质标准（GB 11607—89）要求连续 24 h 中，16 h 以上溶解氧含量为 5 mg/L，其余任何时候不得低于 3 mg/L（四类海水水质标准限值）。水体中 DO 的浓度大于 3.0 mg/L，对红鱼的生存和生长是必不可少的，室内实验证明，DO 为 2.4 mg/L 时，红鱼的游泳会失去平衡，当小于 2.2 mg/L，便会开始死亡（王波、刘世禄，2005）；DO 在 3 mg/L 以下时，大黄鱼在网箱周边狂游，乱窜，并逐渐出现缺氧、窒息、死亡（齐遵利、张秀文，2006）。因此确定溶解氧的极限值为四类海水水质标准限值。

⑤ 石油类

海水水质标准中石油类的三类标准值（0.30 mg/L）与二类标准值（0.05 mg/L）相差较大，2002—2011 年对象山港的监测中石油类基本符合二类标准，仅有极个别监测值超二类标准，最高的为 0.062 mg/L，远小于三类标准值，因此以三类标准值做极限值。

⑥ 海水中粪大肠菌群

《海水水质标准》规定粪大肠菌群一类至三类的标准值均为 2 000 个/L，没有对四类标准值作出规定，本文以三类标准值的两倍作为极限值。

⑦ 沉积物指标

沉积物第二类标准与第一类标准差值较大，在西沪港的实际检测中也没有出现接近二类标准值的情况，因而沉积物指标的极限值选择二类标准值。

⑧ 水产品质量各指标

《无公害食品　水产品中有毒有害物质限量》（NY 5073—2006）仅规定了各项有毒有害物质的限值，没有做出分类，本文以水产品中有毒有害物质限量的两倍作为极限值。

综上所述，各指标评价标准及极限值见表 10.1-11。

表 10.1-11　各指标评价标准和极限值

准则层 B	因素层 C	指标 D	标准值	极限值
养殖环境适宜性 B1	营养盐 C1	非离子氨 D1（mg/L）	0.20	0.40
		磷酸盐 D2（mg/L）	0.030	0.09
	其他水质因素 C2	pH D3	7.8~8.5	<6.8 或>8.8
		溶解氧 D4（mg/L）	5	3
		石油类 D5（mg/L）	0.05	0.3
	沉积物 C3	总有机碳 D6（$\times 10^{-2}$）	2	3
		硫化物 D7（$\times 10^{-6}$）	300.0	500.0
		铜 D8（$\times 10^{-6}$）	35	100
	微生物 C4	粪大肠菌群 D9（个/L）	2 000	4 000

准则层 B	因素层 C	指标 D	标准值	极限值
水产品安全质量 B2	重金属 C5	镉 D10（×10⁻⁶）	0.1	0.2
		铬 D11（×10⁻⁶）	2	4
		铅 D12（×10⁻⁶）	0.5	1
		砷 D13（×10⁻⁶）	0.5	1
	有机氯 C6	滴滴涕 D14（×10⁻⁶）	1	2
		PCB D15（×10⁻⁶）	0.2	0.4

（4）质量等级划分

将质量指数划分为优良、较好、较差和极差 4 个等级，根据公式（10.1-1）~公式（10.1-3），不同等级的质量指数对应的指标浓度或含量见表 10.1-12。

表 10.1-12　各评价指标的等级划分

准则层 B	因素层 C	指标 D	优良 ≥80	较好 ≥60	较差 ≥40	极差 <40
养殖环境适宜性 B1	营养盐 C1	非离子氨 D1（mg/L）	≤0.20	≤0.25	≤0.30	>0.30
		磷酸盐 D2（mg/L）	≤0.030	≤0.045	≤0.060	>0.060
	其他水质因素 C2	pH D3	7.8~8.5	7.55~8.58	7.30~8.65	<7.30 或>8.65
		溶解氧 D4（mg/L）	>5.0	>4.5	>4.0	≤4.0
		石油类 D5（mg/L）	≤0.05	≤0.11	≤0.18	>0.18
	沉积物 C3	总有机碳 D6（×10⁻²）	≤2.00	≤2.25	≤2.50	>2.50
		硫化物 D7（×10⁻⁶）	≤300.0	≤350.0	≤400.0	>400.00
		铜 D8（×10⁻⁶）	≤35.0	≤51.3	≤67.50	>67.50
	微生物 C4	粪大肠菌群 D9（个/L）	≤2 000	≤2 500	≤3 000	>3 000
水产品安全质量 B2	重金属 C5	镉 D10（×10⁻⁶）	≤0.10	≤0.13	≤0.15	>0.15
		铬 D11（×10⁻⁶）	≤2.00	≤2.50	≤3.00	>3.00
		铅 D12（×10⁻⁶）	≤0.50	≤0.63	≤0.75	>0.75
		砷 D13（×10⁻⁶）	≤0.50	≤0.63	≤0.75	>0.75
	有机氯 C6	DDT D14（×10⁻⁶）	≤1.00	≤1.25	≤1.50	>1.50
		PCBs D15（×10⁻⁶）	≤0.20	≤0.25	≤0.30	>0.30

由表 10.1-12 可见，质量指数不小于 80（评价等级为优良）时，水质因子和粪大肠菌群符合二类海水水质标准，沉积物指标完全符合一类沉积物质量标准，生物质量完全符合水产品中有毒有害物质限量值（NY 5073—2006），质量指数越高，表明质量越好。质量指数在 60~79 之间（评价等级为较好）时，磷酸盐符合四类水质标准，非离子氨、粪大肠菌群和水产品质量超标 25% 以内；质量指数在 40~59 之间（评价等级为较差）时，磷酸盐超四类水质标准 33% 以内，非离子氨、粪大肠菌群和水产品质量超标 50% 以内；质量指数在 0~39 之间（评价等级为极差）时，各指标接近或超过极限值。

10.1.3.2 综合指数评价方法及结果

1）评价方法

网箱养殖区环境质量综合评价指数按公式（10.1-5）计算：

$$E = \sum_{i=1}^{n} W_{iE} E_{i\text{全}} \qquad (10.1-5)$$

式中，E：环境质量综合指数；$E_{i\text{全}}$：i 评价指标的区域质量指数；W_{iE}：i 指标的组合权重值；n：评价指标的数目。

根据环境质量综合评价指数，将网箱养殖区环境质量划分为优良、较好、较差和极差 4 个质量等级（表 10.1-13）。

表 10.1-13　网箱养殖区环境质量综合等级划分

环境质量综合指数	环境质量等级	网箱养殖区评价
80~100	优良	环境质量基本符合养殖功能区划要求，可进行正常养殖活动
60~79	较好	可进行正常养殖活动，但需注意富营养化风险及注意监测生物质量
40~59	较差	应加强监测和监控条件下适当开展养殖活动，需警惕赤潮及养殖病害发生和高度关注养殖生物质量
0~39	极差	环境质量状况已经受到严重损伤，不适宜开展养殖活动

2）评价结果

根据公式（10.1-1）~公式（10.1-5），对宁波海洋环境监测中心站 2011 年夏、冬两季对西沪港网箱养殖区的监测结果进行评价，各指标区域质量指数和综合质量指数见表 10.1-14 和表 10.1-15。

表 10.1-14 西沪港各指标 2011 年区域质量指数

评价指标	非离子氨 D1	磷酸盐 D2	pH D3	溶解氧 D4	石油类 D5	总有机碳 D6	硫化物 D7	铜 D8	粪大肠菌群 D9	镉 D10	铬 D11	铅 D12	砷 D13	DDT D14	PCB D15
$E_{i全}$	99.9	34.9	92.1	91.4	92.0	94.5	97.3	78.8	97.4	0.0	70.8	90.8	0.0	100.0	99.9

表 10.1-15 西沪港目标层、准则层和因素层的综合质量指数

目标层 A	质量指数	评价等级	准则层 B	质量指数	评价等级	因素层 C	质量指数	评价等级
西沪港网箱养殖环境质量综合评价 A	78.4	较好	养殖环境适宜性 B1	86.7	优良	营养盐 C1	67.4	较好
						其他水质因素 C2	91.8	优良
						沉积物 C3	90.2	优良
						微生物 C4	97.4	优良
			水产品质量安全 B2	70.2	较好	重金属 C5	40.4	较差
						有机氯 C6	100.0	优良

由表 10.1-15 可见，在养殖环境适宜性方面，2011 年西沪港网箱养殖区营养盐评价等级为较好，而其他水质因素、沉积物以及微生物指数评价等级为优良，养殖环境适宜性较好，表明养殖区水质条件优良，养殖场底质老化风险较低，且受陆源生活污染影响较小。

在水产质量安全方面，2011 年西沪港网箱养殖生物体中重金属评价等级为较差，有机氯评价等级为优良，水产品质量安全性较好，表明养殖生物受持久性有机污染物污染的风险极低，受重金属污染的风险较高。

综合以上各方面因素，2011 年西沪港网箱养殖环境质量综合评价等级为较好，表明西沪港评价区域环境条件适宜网箱养殖的继续开展，但需注意水产品中的重金属污染风险，加强对水产品质量的监测。

10.2 入海河流污染物监测与环境影响评价

陆地污染源，是指从陆地向海域排放污染物，造成或者可能造成海洋环境污染的场所、设施等。由于其可控性相对较强，并且与人类活动紧密相关，一直以来都是各国防止陆域人类活动污染近岸海洋环境的主要控制对象。20 世纪 90 年代中期，联合国环境规划署发起提议，许多沿海国家签署了有关保护海洋环境避免被陆地活动污染的计划（GPA），签署该计划的成员纷纷制定保护海洋环境的计划（NPA），各成员国一起对陆源污染进行控制和管理，使海洋环境得到了有效保护。入海河流是入海污染源的重要组成部分。2005

年后我国江河入海河流评价参照《陆源入海排污口及邻近海域生态环境评价指南》（HY/T 086—2005），该指南缺少监测方法指南且无法综合评价江河入海情况。2015年国家海洋局发布了《江河入海污染物总量监测与评估技术规程（试行）》。该规程增加了江河监测的方法，但是在监测站位确定、监测指标及频次等方面还不够科学，同时评价也没有在综合入海河流和邻近海域进行。鉴于此本部分对江河入海河流的监测站位、指标、频次及流量等科学确定做了补充，同时以象山港颜公河为例建立一种基于邻近海域水质对入海污染物源强响应的河海一体综合评价体系，并进行评价。为全国河流监督性调查方案确定方法和江河污染物综合评价提供参考和借鉴。

10.2.1　监测内容和方法

对入海河流的监督性监测的主要目的是了解主要污染物的种类和数量，为象山港入海污染物减排等海洋环境保护工作提供技术支撑。象山港沿岸的水文资源丰富，湾内河流交错众多。《江河入海污染物总量监测与评估技术规程（试行）》对的监测站位布设原则中缺少对沿岸排污情况的考虑，缺少监测特征污染物指标的选取原则，并且频次监测也不够完善，本部分对象山港入海河流的站位科学性布设、监测频次和主要（特征）污染物的确定并提出了流量科学确定的新方法，其他采样方法及邻近海域监测等未涉及的部分则参考《江河入海污染物总量监测与评估技术规程（试行）》和《陆源入海排污口及邻近海域环境监测与评价技术规程（试行）》方面的内容，这里不具体展开介绍。

10.2.1.1　入海河流监测站位的科学布设

为能准确采集到合适的代表性样品，入河河流断面布设在入海口处需要避开海水和沿岸排污的影响。

化学需氧量，它是表征有机物污染参数，是国家"十三五"重点减排指标。监测方法采用《水质化学需氧量的测定重铬酸盐法》（GB/T 11914—1989）进行监测，它在测定过程中受盐度的影响非常大，其方法适用范围为氯化物浓度不大于1 000 mg/L，换算成盐度为1.8。因此，站位布设盐度需要小于1.8。为了避免受海水影响，尽量于落潮时段采样，原则与水文监测断面一致。

感潮河段起点难以实施监测，则应从可监测河段的最小盐度处开始设置监测断面，并按照盐度梯度向海一侧布设5个以上监测断面，各监测断面之间的盐度梯度不大于5，并在江河受潮汐影响最小的时段采样。

感潮河段上游若没有明显排污口可以考虑往上布置，若在入海口监测布设的断面刚好有大型的污染口，则应该尽量重新选择断面，避开污染源，而所设置的站位尽量要将入海河流上游的排污点均纳入到监测范围内。

站点的数量设置应根据河流的大小确定：水面宽度不大于50 m的入海河流在中泓线布设1个采样点位；水面宽度50~100 m的入海河流在近左、右岸有明显水流处各布设1个采

505

样点位；水面宽度大于 100 m 的入海河流在左、中、右有明显水流处各布设 1 个采样点位。

10.2.1.2 监测频率的确定

入海河流属于开放式区域，入海河流的浓度及其水量受沿岸各类水的补给影响，象山港的河流主要受雨水补给的影响。因此，象山港入海河流应根据河流的水情特征合理选择监测时间。

对于自然径流的河流监测频率一般根据季节径流的变化考虑每年 4~6 次，且保证每个季度至少监测 1 次。在江河重大雨水情时期、污染事故发生时期应适当增加监测频率。连续监测未超标的入海河流，在下一年度可适当降低监测频率；若再次出现超标，则恢复原有监测频率。

10.2.1.3 主要（特征）污染物的确定

监测内容主要包括河流的流量、水质质量以及生物毒性，同时记录河流的名称、类型、位置、邻近海域功能区类型等。

入海河流水质监测项目一般包括盐度、pH、化学需氧量、悬浮物、氨氮、硝酸盐—氮、亚硝酸盐—氮、生化需氧量、总氮、活性磷酸盐、总磷、石油类、汞、镉、铅、铜、锌、铬、砷、总有机碳。如果河流沿岸有行业特征明显的陆源入海污染物排污还需对行业的特征污染物进行选测。邻近海域的质量监测内容包括对应的江河入海河流监测项目及特征污染物。

如果对于有进行长期监测的河流，可以对其分析，选择超标严重，波动较大，并且毒性较大的指标应该纳入监测项目内，其余指标可以 3 年监测 1 次，一旦超标恢复到原来的监测频率。

主要（特征）污染物指标的确定是目前一项比较重要且难度较大的工作，筛选方法、原则仍需要完善，建议主要依据以下原则进行筛选（吴利桥等，2014）。

① 选择国家有限控制常规水污染物总量控制指标，包括 COD、氨氮、总磷、总氮几种污染物的总量控制指标。

② 难降解、毒性大、危害大的特征污染物指标，近年来由于重金属污染事件频发，国家已经考虑了重金属的排放因素。而对农药类和持久性有机污染物等虽然排放量小，但存在致毒性强、危害大等特征的污染物缺乏排放规定。有机氯农药是一类性质稳定、难以降解的有毒有机物。这些均应根据实际生产及废水所含的成分分析，若有可能含有难降解、毒性大、危害大的重金属和有机污染物时候，均应纳入特征污染物监测范围内。

③ 根据流域和区域优势资源与产业进行筛选，对产业生产工艺及排污工艺等分析主要污染源强，确定其主要污染物。主要行业特征污染物可参照《环境影响评价技术导则》主要行业特征水污染物指标表进行筛选。

④ 对于长期监测的河流，可以对其分析，现状超标严重的指标可定为特征污染物。

⑤ 与排水水质有关的易累积的水污染物指标，可以作为水体特征污染物的备选指标。

⑥ 特征污染物不宜过多，可根据污染源统计的等标污染负荷法进行排序筛选。

10.2.1.4 流量确定

江河入海污染物流量确定是目前入海通量的一个难题，它主要受季节、降水及其他补给水的影响，人工测量频次也有限，无法全覆盖这些特殊径流量。在对于监测要求高、水量较大的重要河流可以设置在线监测系统。

入海河流的径流量随时间的变化幅度较大，且无规律可循，要想获得科学的监测数据需要测定连续流量，流量对时间的积分即为该时段的流量。首先根据地形图及航拍影像图，进行区域上的单元划分，根据各计算单元内以及邻近雨量站坐标和长系列逐日降雨资料，开展长系列逐日降雨的计算；根据参证站的降雨及径流资料，开展长系列径流计算，根据各计算单元的径流计算成果，统计各分区内的水源情况，调查分析各分区的水资源配置方式，计算各计算单元内各分区的水资源供需关系，分区的弃水量即为入海径流量；计算得到各分区的径流量之后，根据各分区内水系的联通情况、水闸的集雨面积，将各分区细分为若干入海片区，根据入海片区面积比例对分区排海径流量进行分配，并根据河宽比例将各入海片区的径流量分配到每个河流水闸，即得到了每个河流的径流量。

10.2.2 入海通量估算

在目前监测业化工作中最普遍的算法就是测定几个频次后的浓度，得到平均值后乘以径流量。入海通量的关键点是流量的准确获取。估算方法见公式（10.2-1）：

$$L = \sum_{i=1}^{m} k_i \times c_i \times Q_i \times 10^6 \qquad (10.2-1)$$

式中，L 为江河入海污染物总量，t；c_i 为第 i 次监测时段内污染物的平均浓度，mg/L；Q_i 为第 i 次监测时段江河的平均入海径流量，m^3/s；K_i 为单次监测所代表的时段长度，s；m 为监测频次。

污染物浓度和入海径流量两个参数的监测时段必须一致；断面污染物的平均浓度取监测断面各个垂线点污染物浓度的平均值，时段内污染物浓度的平均值以时段内同一断面不同监测时间污染物浓度的平均值来进行计算。

10.2.3 入海河流对生态环境的影响及评价

10.2.3.1 入海污染物增量对生态环境的影响

1）直接危害

入海河流污染物排入海洋，假设浓度未超标，但总量却在增加，若一旦超标流入海洋，则对水质直接的影响就是增加污染物的浓度，如果增量使得浓度超标，则严重将影响周边海洋功能区功能的正常发挥。

假设入海污染物中营养盐过量，会导致水体富营养化，出现"赤潮"现象，水面浮游植物密集生长，导致水生物窒息死亡。重金属、有机污染物等有毒有害物质增多，有可能会直接导致水生物中毒死亡。同时，浑浊的水体（或者悬浮物比较高时）使水中光照强度减弱，水生植物光合作用受到影响，鱼类产卵环境被破坏，繁殖能力下降，包括水域中腐解矿化而产生的无机盐时，会直接或间接得导致生物缺氧窒息死亡（薛联芳等，2007；陈若愚等，2012）。重金属汞、镉、银、铜等重金属在水中浓度达到 0.005~0.01 mg/L 时，即能引起某些鱼类发育不良或死亡。我国有关单位毒性试验表明，0.112 mg/L 氯化汞能使草鱼胚胎在 9 h 内死亡率达到 30%，3 mg/L 的醋酸苯汞能使草鱼胚胎全部死亡，铜和银 0.16 mg/L，铅 1 mg/L 及镉 10 mg/L 均能引起草鱼、鲢鱼胚胎发育迟缓与出现怪胎及畸形鱼苗。当水体遭受酚污染后，严重影响水产品的产量和质量，海湾遭到酚污染后，贝类产量下降，海带腐烂，养殖的牡蛎、砂贝逐渐死亡。水体中酚浓度低时，影响鱼类的洄游繁殖。酚浓度为 0.1~0.2 mg/L 时，鱼肉有酚味，浓度高时引起鱼类大量死亡，酚及其衍生物对鱼的毒性如表 10.2-1 所示。有人研究了虹鳟鱼酚中毒的病理学，发现酚浓度为 6.5~9.3 mg/L 时，能迅速破坏鱼的鳃部和咽部，出现体腔出血、脾脏肿大等症状，酚还会抑制水中低等生物（如细菌、藻类、软体动物等）的生长。

表 10.2-1　主要污染物对海洋生物的危害作用

序号	污染物	对海洋生物的危害作用
1	化学需氧量	反映了水体受还原性物质污染的程度，而还原性物质（包括有机物、亚硝酸盐、亚铁盐、硫化物等）可降低水体中溶解氧的含量，导致水生生物缺氧以至死亡，水质腐败变臭，苯、苯酚等有机物还具有较强的毒性，会对水生生物和人体造成直接伤害；化学需氧量是我国实施水污染物排放总量控制的指标之一
2	氨氮	水体氨氮含量增加会导致水体溶氧量大幅减少，从而危害到水中生物；此外，水中的氨氮可转化为亚硝酸盐氮，亚硝酸盐氮与蛋白质结合形成的亚硝胺是一种强致癌物质。鱼类对水体氨氮含量比较敏感，当氨氮含量高时会导致死亡
3	磷	磷是生物成长必需的元素之一，但水体中磷含量较高会造成藻类的过度繁殖，甚至爆发赤潮灾害，水质变坏
4	氰化物	剧毒物质，对人体的毒性主要是与高铁细胞色素氧化酶结合，生成氰化高铁细胞色素氧化酶而失去传递氧的作用，引起组织缺氧窒息。对鱼类的剧毒性，主要是由未离解离子的毒性造成的
5	硫化物	硫化物易释放出硫化氢物质，产生臭味，毒性很大，可影响细胞氧化过程，造成细胞组织缺氧，危及生物生存；还可被微生物氧化成硫酸，改变水体的酸碱状态
6	挥发酚	酚类属原生质毒，属高毒物质。人体摄入一定量时，可出现急性中毒症状；长期饮用被酚污染的水可引起头昏、出疹、瘙痒、贫血及各种神经系统症状；水体含低浓度（0.1~0.2 mg/L）酚类时，可使鱼类有异味，鱼肉中带有煤油味就是受酚污染的结果；高浓度（>5 mg/L）时则造成鱼类中毒死亡

序号	污染物	对生物的危害作用
7	苯胺	可通过皮肤吸收、呼吸道、消化道进入生物体，对人体有一定的毒害作用。高剂量时主要是使氧和血红蛋白变成高铁血红蛋白，影响组织细胞供氧而造成内窒息；慢性中毒表现为神经系统症状和血象的变化；某些苯胺类化合物还具有致癌性
8	多氯联苯	多氯联苯可通过食物链富集而直接危害人类健康，已成为全球性的重要污染物之一和重要的内分泌干扰物，因此各国纷纷禁止多氯联苯生产及使用。由于其难降解，在水和土壤中存在时容易在生物体内蓄积产生慢性中毒，人体摄入 $0.5 \sim 2$ g/kg 时即出现食欲不振、恶心、头晕、肝肿大等中毒现象，并有慢性致癌和致遗传变异等作用；亦可损害生殖系统
9	汞	汞及其化合物属于剧毒物质，可在人体内蓄积；进入水体的无机汞离子可转变为毒性更大的有机汞，经食物链进入人体，引起全身中毒。汞是我国实施排放总量控制的指标之一
10	砷	砷是人体非必需元素，元素砷的毒性较低，砷的化合物均有剧毒，三价砷化合物比五价砷化合物毒性更强。砷通过呼吸道、消化道和皮肤接触进入人体。如摄入量超过排泄量，砷就会在人体的肝、肾、肺、脾、子宫、胎盘、骨骼、肌肉等部位，特别是在毛发、指甲中蓄积，从而引起慢性砷中毒，潜伏期可长达几年甚至几十年。慢性砷中毒有消化系统症状、神经系统症状和皮肤病变等，砷还有致癌作用，能引起皮肤癌。砷是我国实施排放总量控制的指标之一
11	铜	铜对水生生物毒性很大，其毒性与其在水体中的形态有关，游离态离子的毒性比络合态铜大得多
12	铅	铅可在人体和动物组织中蓄积，主要毒性效应是导致贫血症、神经机能失调和肾损伤。铅是我国实施排放总量控制的指标之一
13	锌	水中含锌含量高时对水体的生物氧化过程有轻微的抑制作用
14	镉	镉不是人体的必需元素，毒性很大，可在人体内积蓄，主要积蓄在肾脏，引起泌尿系统的功能变化，日本的痛痛病即镉污染所致。镉是我国实施排放总量控制的指标之一
15	铬	铬的毒性与其在水中的存在价态有关，六价铬的毒性比三价铬高 100 倍，更易为人体吸收而且在体内蓄积，导致肝癌。铬是我国实施排放总量控制的指标之一

　　江河入海污染物长期的排放对邻近海域的沉积物也有一定的影响，水质中高浓度的污染物最后通过转化迁移，最终的归宿在沉积物内，这样会影响生活在底质附近的生物。往往在江河入海口附近或者排污厉害的地方，可能会出现无生物区。

　　2) 间接危害

　　目前入海河流主要污染物是氮和磷，其对水体的最大影响是造成水体的富营养化，这可以促使细菌和病毒的大量繁殖，间接危害水生生物的生长和发育。例如，挪威奥斯罗峡湾由于大量的生活污水和工业废水流入湾内，导致水质过肥而引起微生物大量繁殖，使徊游至湾中产卵的经济鱼类如鲱、鳝及马鲛鱼的孵化率降低，有的卵膜上长有许多细菌或其他有害的微小生物，卵仅能发育到某一阶段即停止（邢奎元，2004；陈若愚等，2012）。

同时，河流沿岸的一些排污带来的重金属、有机物等污染物往往具有使人或哺乳动物致癌、致突变和致畸的作用，统称"三致作用"。"三致作用"的危害，一般需要经过比较长的时间才显露出来，有些危害甚至影响到后代。

（1）致癌作用

致癌作用是指导致人或哺乳动物患癌症的作用。早在1775年，英国医生波特就发现清扫烟囱的工人易患阴囊癌，他认为患阴囊癌与经常接触煤烟灰有关。1915年，日本科学家通过实验证实，煤焦油可以诱发皮肤癌。污染物中能够诱发人或哺乳动物患癌症的物质叫作致癌物。致癌物可以分为化学性致癌物（如亚硝酸盐、石棉和生产蚊香用的双氯甲醚）、物理性致癌物（如镭的核聚变物）和生物性致癌物（如黄曲霉毒素）三类。

（2）致突变作用

致突变作用是指导致人或哺乳动物发生基因突变、染色体结构变异或染色体数目变异的作用。人或哺乳动物的生殖细胞如果发生突变，可以影响妊娠过程，导致不孕或胚胎早期死亡等。人或哺乳动物的体细胞如果发生突变，可以导致癌症的发生。常见的致突变物有亚硝胺类、甲醛、苯和敌敌畏等。

（3）致畸作用

致畸作用是指作用于妊娠母体，干扰胚胎的正常发育，导致新生儿或幼小哺乳动物先天性畸形的作用。20世纪60年代初，西欧和日本出现了一些畸形新生儿。科学家们经过研究发现，原来孕妇在怀孕后的30~50 d内，服用了一种叫作"反应停"的镇静药，这种药具有致畸作用。目前已经确认的致畸物有甲基汞和某些病毒等。

入海河流污染物增量在环境容量范围内，会通过物理、生物和化学等自净能力消化一部分，但若是超出环境承受范围，对海洋环境生态的影响是很大的，且是一个长期的过程。因此，在做好污染物排放总量控制的同时，也要加强低浓度污染物对生态环境影响的分析，计算阈值反过来指导污染物总量排放工作，以更好的保护海洋生态环境。

10.2.3.2 单因子评价

目前对入海河流评价的业务化工作仍采用单因子评价方法，计算方法为监测值除以标准值，若小于等于1则说明未超标，否则为超标。该方法计算简单，但是，评价标准的确定又比较混乱，没有具体的规定，本部分对评价方法选择进行梳理。

入海河流评价标准一般参照《地表水环境质量标准》（GB 3838—2002）进行。但是如果对于超过一半径流量都为沿岸排污的河流，则需要根据沿岸主要的行业废水类型进行选择，凡有行业标准的陆源入海排污口，排污状况评价应选用相应的行业标准，比如印染工业则采用《纺织染整工业水污染物排放标准》（GB 4287—1992），钢铁行业采用钢铁工业水污染物排放标准（GB 13456—2012）；无行业标准的陆源入海排污口，排污状况评价选用《污水综合排放标准》（GB 8978），若不能确定排污企业准确建设时间，评价标准一律执行污水综合排放标准中规定。排入水质要求为三类或劣于三类的海洋功能区的排污口，执行二级标准；排入水质要求为一类或二类的海洋功能区的排污口，执行一级标准；其他情况下评价标准的选择依照"环境保护从严要求"的原则执行。

10.2.3.3 综合评价

目前对入海河流和邻近海域评价均分别进行评价，没有形成整体的河海一体综合评价体系，因此本部分以宁海颜公河为例，筛选指标基础上建立基于邻近海域水质对入海污染物源强响应的河海一体的综合评价体系，并进行综合评价。宁海颜公河，位于象山港底部黄墩港底部，其径流量主要为向海排放工业市政类废水，宁波市海洋与渔业局每年都对其进行监督监测。

本部分在入海河流综合评价法指标选取方面，不仅考虑了河流水质超标情况，而且增加了感官指标和排放方式指标；在考虑邻近海域水质及生物状态时，增加了功能区对污染物入海的敏感响应指标。

1）指标筛选

水质监测指标的波动、污染程度及毒性三方面筛选指标，若指标较多的情况当采用标污染负荷比 K_{ij} 由大到小排序，将位于前几位的污染物纳入评价指标。

（1）排污口水质质量指标及分级标准

① 排污口水质变化趋势分析

根据宁海颜公河 2009 年到 2011 年共 12 次的水质监测数据，监测指标包括了盐度、化学需氧量、氨氮、磷酸盐等 21 项。

宁海颜公河盐度、悬浮物、六价铬、氰化物、镉、pH、硫化物浓度较为稳定，历次监测变化不大，波动相对较小；多氯联苯 2009 年 3 月到 2011 年 3 月相对比较高，2011 年 3 月—2011 年 10 月的 4 次监测数据都为未检出；化学需氧量、氨氮、磷酸盐、五日生化需氧量、石油类、粪大肠菌群、挥发酚、汞、砷、铅、铜、锌、苯胺浓度波动比较大。

因此筛选出宁海颜公河水质指标浓度波动大的指标：化学需氧量、氨氮、磷酸盐、五日生化需氧量、粪大肠菌群、挥发酚、汞、砷、铜、锌、苯胺。

② 水质指标污染程度及毒性分析

宁海颜公河属于向海排放工业市政类废水的河流入海口，其邻近海域主要海洋功能区类型为养殖区，要求水质类别为不劣于第二类，故评价执行《地表水环境质量标准》II 类标准（其中多氯联苯以是否检出作为评价标准，苯胺、磷酸盐和悬浮物的评价标准参照《污水综合评价标准》一级标准）。经过评价 12 次的监测中氨氮均超标，磷酸盐、挥发酚、粪大肠菌群超标 11 次，石油类和化学需氧量超标 10 次，五日生化需氧量超标 8 次，汞超标 5 次，多氯联苯检出过 4 次，悬浮物超标 3 次铅超标 2 次，氰化物和镉超标 1 次。

因此筛选出水质指标污染程度较重的指标：磷酸盐、挥发酚、粪大肠菌群、石油类、化学需氧量、五日生化需氧量。

陆源入海排污口中的污染物质来源于不同场所，不同程度对生态环境和生物活动造成了危害，表10.2-1简要的阐述了主要污染物对生物的危害作用。因此筛选出水质指标毒性强的指标：化学需氧量、氨氮、磷酸盐、氰化物、硫化物、挥发酚、苯胺、多氯联苯、汞、砷、铜、铅、镉。

综合以上三部分的筛选，确定最后的颜公河水质质量评价指标为：化学需氧量、五日生化需氧量、氨氮、磷酸盐、石油类、多氯联苯、苯胺、粪大肠菌群、挥发酚、氰化物、硫化物、砷、镉、汞、铜、锌。

根据颜公河水质污染物的特征，同时参照《地表水环境质量标准》（GB 3838—2002），建立颜公河水质质量污染分级标准（表10.2-2）。

表 10.2-2 颜公河水质质量指标污染分级标准

序号	指标	质量状况分级标准		
		好	差	较差
1	化学需氧量（mg/L）	≤10	10~30	≥30
2	五日生化需氧量（mg/L）	≤2	2~5	≥5
3	氨氮（mg/L）	≤0.03	0.03~0.5	0.5
4	磷酸盐（mg/L）	≤0.3	0.3~1.0	≤1.0
5	石油类（mg/L）	≤0.03	0.03~0.8	0.8
6	多氯联苯（ng/L）	未检出	/	检出
7	苯胺（mg/L）	≤1.0	1.0~3.0	3.0
8	粪大肠菌群（个/L）	≤300	300~3 000	3 000
9	挥发酚（μg/L）	≤1	1~5	5
10	氰化物（mg/L）	≤0.003	0.003~0.03	0.03
11	硫化物（mg/L）	≤0.03	0.03~0.3	0.3
12	砷（μg/L）	≤30	30~300	300
13	镉（μg/L）	≤1.5	1.5~8	8
14	汞（μg/L）	≤0.060	0.060~0.500	0.500
15	铜（μg/L）	≤5	5~800	800
16	锌（μg/L）	≤30	30~800	800

（2）排污口水质感官指标

颜公河入海的污水通常会有臭味和颜色，从2009—2011年宁海颜公河的监测来看宁海颜公河排污河呈现灰褐色，有微臭味，表面有泡沫，因此考虑感官指标非常有必要。

颜公河水质感官评价指标确定：嗅味、颜色，并建立颜公河水质感官指标污染分级标准（表10.2-3）。

表10.2-3　颜公河水质感官指标污染分级标准

序号	嗅味状况	总体污染程度	颜色状况	总体污染程度
1	无臭味	无	透明清澈	无
2	微臭	中	轻微颜色	中
3	非常臭	强	颜色很浓重	强

（3）排污口排污行为指标

排污方式等不同，导致往海域中输入的量也不同，因此，在评价排污口的时候应该考虑排污行为。宁海颜公河主要向海排放工业市政类废水，以河流入海形式向海域连续输入污染物。排污量取决于宁海颜公河径流量和污染物浓度，宁海颜公河平均径流量为200 000 t/d，污染物浓度选用2011年的宁海颜公河监测的污染物平均浓度进行计算。最后计算可知，宁海颜公河日平均入海污染物量为9.207 t（表10.2-4）。颜公河排污行为指标分级标准见表10.2-5。

表10.2-4　颜公河入海污染物源强（日平均入海量）　　　　单位：kg

化学需氧量	氨氮	磷酸盐	五日生化需氧量	石油类	悬浮物	六价铬	氰化物	挥发酚	汞	镉	砷	铅	铜	锌	苯胺
6 880	780.5	110.9	1 380.0	33.45	6 305.0	0.01	0.350	1.185	0.018	0.516	0.495	1.164	3.945	15.360	0.012

共计：9.207 t

表10.2-5　颜公河排污行为指标分级标准

序号	污染源强（t）	总体污染程度
1	≤5	正常
2	5~10	严重污染
3	≥10	重度污染

（4）邻近海域水质对入海污染物源强响应指标

邻近海域水质对入海污染物源强响应指标包括了功能区响应结果和污染面积。通过数学模型，可预测宁海颜公河主要污染物在邻近海域的扩散范围，通过计算主要污染物一类、二类、三类和四类水质包络线范围来判断本排污口对邻近海域海洋功能区的影响程度。本部分选取宁海颜公河主要污染物之一且入海污染物总量占比最大的化学需氧量（COD_{Mn}）来进行模拟。

采用 Mike21 二维模型化学需氧量进行模拟，化学需氧量源强和邻近海域本底采用 2011 年调查的平均值，宁海颜公河平均径流量为 200 000 t/d，宁海颜公河排污口平均 COD_{Cr} 浓度为 34.4 mg/L，邻近海域本底 COD_{Mn} 值为 1.36 mg/L。COD_{Cr} 和 COD_{Mn} 是由不同测定方法求得的化学需氧量数值，在陆上以及污染源排放时化学需氧量以由重铬酸钾法测定的 COD_{Cr} 表达；在海水中化学需氧量以由碱性高锰酸钾法测定的 COD_{Mn} 表达。一般认为水体中 COD_{Cr} 的浓度是 COD_{Mn} 浓度的 2.5 倍。本次研究在采用此换算系数。

根据数值模拟结果，象山港的纳潮量在 $9.14 \times 10^8 \sim 20.1 \times 10^8$ m³ 之间，平均纳潮量约为 13.8×10^8 m³，黄墩港内水体半交换时间在 35 d 左右，平均滞留时间约为 40 d，根据 2003—2011 年的实测潮流资料，强蛟附近测站在丰水期实测最大涨潮流流速在 40~54 cm/s 之间，最大落潮流流速在 53~63 cm/s 之间；枯水期实测最大涨潮流流速在 33~43 cm/s 之间，最大落潮流流速在 44~52 cm/s 之间；涨潮流流向西南，落潮流流向东北。邻近海域化学自净系数取 0.000 01/s，即 0.864/d。

宁海颜公河邻近海域主要海洋功能区为养殖区（表 10.2-6 和图 10.2-1），管理要求执行二类海水水质标准。

表 10.2-6　宁海颜公河入海排污口邻近海洋功能区

序号	邻近海洋功能区	管理要求
1	宁海桥头胡围塘养殖区	禁止在规定的养殖区内进行有碍渔业生产或污染水域环境的活动，条件成熟时经科学论证可以进行工农业开发；养殖区水域执行二类海水水质标准，底质执行一类沉积物质量标准
2	宁海黄墩港滩涂养殖区	逐步控制养殖规模和养殖区域，妥善处理好与海底输水管道之间的关系。禁止在规定的养殖区内进行有碍渔业生产或污染水域环境的活动；养殖区水域执行不低于二类的海水水质标准，底质执行一类沉积物质量标准。在条件成熟时，适度发展大佳何西部滨海游艇基地建设等度假旅游区
3	宁海峡山渔港和渔业设施基地建设区	应合理配置岸线资源，保证渔港及其配套设施基地建设用海需要，严格限制在渔港区域内进行与渔港功能无关的活动，禁止新建和改建商业性港口，严格控制跨海桥梁建设。港区水域执行不低于四类海水水质标准和二类沉积物质量标准
4	宁海薛岙重要渔业品种保护区	加强渔业资源养护，未经批准，任何单位和个人不得在重要渔业品种保护区内从事捕捞活动。加强对重要渔业品种保护区的建设和管理，禁止在鱼类洄游通道建闸、筑坝和有损鱼类洄游的活动。执行一类的海水水质标准和一类沉积物质量标准
5	宁海大佳何围塘养殖区	禁止在规定的养殖区内进行有碍渔业生产或污染水域环境的活动，条件成熟时经科学论证可以进行工农业开发；养殖区水域执行二类海水水质标准，底质执行一类沉积物质量标准

序号	邻近海洋功能区	管理要求
6	宁海强蛟度假旅游区	加强自然景观和旅游景点的保护，严格控制占用海岸线、沙滩和沿海防护林。旅游区的污水和生活垃圾处理，必须实现达标排放和科学处理，禁止直接排海。加强海洋生态环境综合整治，度假旅游区（包括海水浴场、海上娱乐区）执行不低于二类海水水质标准和一类沉积物质量标准。加强宁海强蛟电厂温排水范围控制，在电厂一期温排水区域内执行三类海水水质标准，妥善处理好温排水和度假旅游与海水养殖捕捞之间的关系

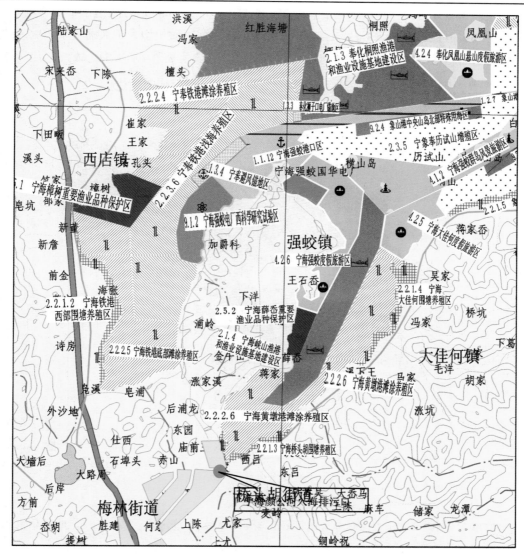

图 10.2-1　宁海颜公河入海排污口邻近海洋功能区

宁海颜公河邻近海域水质参照《海水水质标准》（GB 3097—1997），COD 水质标准见表 10.2-7。

表 10.2-7　海水水质标准　　　　　　　　　　　　　　单位：mg/L

项目	第一类	第二类	第三类	第四类
$COD_{Mn} \leqslant$	2	3	4	5

通过数模模拟可知，大潮期间颜公河化学需氧量大于 2 mg/L 浓度最远扩散到黄墩港口的宁海大佳何度假旅游区（图 10.2-2），大潮期间 COD_{Mn}>2 mg/L 的面积为 11.9 km²；小潮期间化学需氧量大于 2 mg/L 浓度最远宁海大佳何围塘养殖区（图 10.2-3），小潮期间 COD_{Mn}>2 mg/L 的面积为10.5 km²。可知，小潮 COD_{Mn}>2 mg/L 的面积小于于大潮，但是 COD_{Mn}>3 mg/L，COD_{Mn}>4 mg/L，COD_{Mn}>5 mg/L 的污染面积均大于大潮（表 10.2-8）。大、小潮期间，污染物扩散到二类海水水质范围内，共涉及 6 个海洋功能区划。

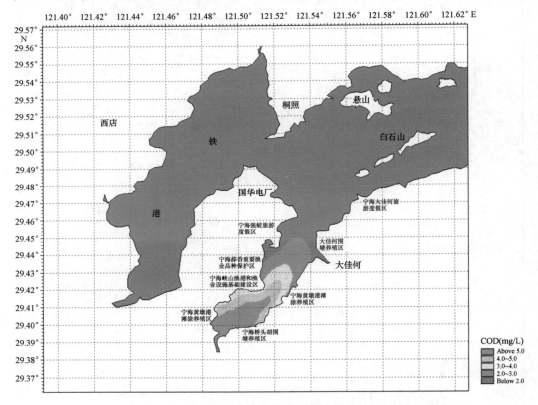

图 10.2-2　宁海颜公河化学需氧量污染扩散图（大潮期）

宁海颜公河排污河邻近海域扩散到超出一类海水水质范围内，共有 6 个海洋功能区，从邻近海域对宁海颜公河排污污染物的响应结果来看，大、小潮共有 4 个（占 66.7%）海洋功能区划受宁海颜公河排污河污染物的影响，不能满足海洋功能区水质管理要求，其中，有两个（占 33.3%）能满足海洋功能区水质管理要求，污染相对严重（表 10.2-9，表 10.2-10）。

表 10.2-8 宁海颜公河大、小潮 COD$_{Mn}$ 包络面积

水质类别	浓度 （mg/L）	面积（km²）	
		大潮	小潮
劣四类	>5	3.3	5.2
四类	>4	5.7	7.7
三类	>3	8.6	9.0
二类	>2	11.9	10.5

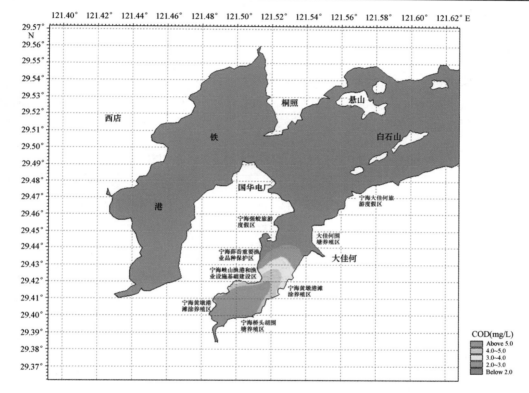

图 10.2-3 宁海颜公河化学需氧量污染扩散图（小潮期）

表 10.2-9 邻近海域对宁海颜公河排污河污染物的响应结果

序号	邻近海洋功能区	水质管理要求	大潮期响应结果	小潮期响应结果
1	宁海桥头胡围塘养殖区	执行二类海水水质标准	不满足	不满足
2	宁海黄墩港滩涂养殖区	执行不低于二类的海水水质标准	不满足	不满足
3	宁海峡山渔港和渔业设施基地建设区	执行不低于四类海水水质	满足	满足
4	宁海薛岙重要渔业品种保护区	执行一类的海水水质标准	不满足	不满足
5	宁海大佳何围塘养殖区	执行二类海水水质标准，底质执行一类沉积物质量标准	不满足	不满足

续表

序号	邻近海洋功能区	水质管理要求	大潮期响应结果	小潮期响应结果
6	宁海强蛟度假旅游区	执行不低于二类海水水质标准，在电厂一期温排水区域内执行三类海水水质标准	满足	满足

根据《污水海洋处置工程污染控制标准》（GB 18486—2001），若污水排往小于 600 km，混合区面积必须小于按以下方法计算所得允许值（A_a）中的小者：

$$A_a = 2\,400(L + 200)(\mathrm{m}^2)$$

式中：L 扩散器长度，m。

象山港长 406 m，通过计算宁海颜公河排污口混合区为 1.45 km²。通过数模可知，大潮时化学需氧量超本底一类的扩散面积有 11.9 km²，已经远远超出了允许混合区面积 1.45 km²，污染相对严重。

表 10.2-10　宁海颜公河排污口污染物源强对邻近海域响应分级

序号	功能区响应结果	污染面积（km²）	污染程度
1	100%满足功能区管理要求	≤1.5	轻微污染
2	50%～99%满足功能区管理要求	1.5～8	严重污染
3	0～50%满足功能区管理要求	>8	重度污染

（5）排污口邻近海域水质质量指标筛选

排污口邻近海域水质质量指标的筛选主要从宁海颜公河入海排污口邻近海域 2009—2011 年 3 年的水质监测指标的波动、污染程度及毒性 3 个方面筛选指标。

① 排污口水质变化趋势分析

根据 2009—2011 年宁海颜公河入海排污口邻近海域共 6 次的水质监测数据，化学需氧量、苯胺、无机氮、磷酸盐、石油类、粪大肠菌群、挥发酚、汞、砷、镉指标波动较大，因此筛选为邻近海域监测指标。

② 排污口邻近海域水质指标污染程度及毒性分析

根据宁海颜公河入海口邻近海域水质评价执行《海水水质标准》（GB 3097—1997）中的第二类标准。pH、化学需氧量、硫化物、汞、砷、铅、镉、铬均符合二类海水标准，无机氮、磷酸盐超标 6 次，多氯联苯共监测 4 次，4 次均超标，苯胺、粪大肠菌群和挥发酚超标 3 次、石油类和锌超标两次，铜超标 1 次。

因此筛选出排污口邻近海域水质指标污染程度的指标：无机氮、磷酸盐、多氯联苯、苯胺、粪大肠菌群、挥发酚、石油类、锌、铜。

根据表 10.2-11 主要污染物对生物的危害作用，筛选出毒性强的指标：化学需氧量、苯胺、无机氮、磷酸盐、硫化物、挥发酚、汞、砷、镉、铜、多氯联苯。

综合以上三部分的筛选，确定最后的邻近海域水质评价指标为：化学需氧量、磷酸盐、无机氮、石油类、粪大肠菌群、挥发酚、硫化物、镉、汞、砷、铜、锌、苯胺、多氯联苯。

表 10.2-11　宁海颜公河排污口邻近海域水质质量指标污染分级

序号	指标	质量状况分级标准		
		好	差	较差
1	化学需氧量（mg/L）	≤2	2~3	≥3
2	磷酸盐（mg/L）	≤0.015	0.015~0.045	≥0.045
3	无机氮（mg/L）	≤0.3	0.3~0.5	0.5
4	石油类（mg/L）	≤0.05	0.05~0.5	0.5
5	粪大肠菌群（个/L）	≤2 000	2 000~5 000	5 000
6	挥发酚（mg/L）	≤5	5~10	10
7	硫化物（mg/L）	≤0.02	0.02~0.1	0.1
8	镉（μg/L）	≤0.5	0.5~5	5
9	汞（μg/L）	≤0.03	0.03~0.5	0.5
10	砷（μg/L）	≤30	30~60	60
11	铜（μg/L）	≤5	5~15	15
12	锌（μg/L）	≤30	30~300	300
13	苯胺（μg/L）	未检出	/	检出
14	多氯联苯（ng/L）	未检出	/	检出

（6）排污口邻近海域生物生态指标筛选

随着污水的长期排放，排污口附近水域生态环境会出现恶化，生物多样性可能逐渐减少，底栖生物种类组成中耐污种的数量将增加，鱼、虾和贝类生物体内污染物质的残留量也会逐渐增加。排污口附近水生生物种群结构可能发生一定变化，如清水种减少，耐污种增加，比如小头虫等。

根据宁海颜公河排污口 2009—2011 年 3 年的底栖生物的调查结果，见表 10.2-12，宁海颜公河入海排污口邻近海域底栖生物群落结构丰度较差，多样性和均匀度一般，每站所调查到的底栖生物也比较少。多毛类种类有所增加，说明宁海颜公河排污河邻近海域环境污染有加重的趋势（表 10.2-13）。因此，将底栖生物的群落结构纳入评价体系，更好地表征宁海颜公河入海排污口邻近海域底质环境质量和发展趋势非常有必要。

确定排污口邻近海域生物生态评价指标：底栖生物的多样性、密度、生物量。

表10.2-12　宁海颜公河入海口邻近海域历年底栖生物鉴定评价结果

日期	站位	生物结构组成	主要种类	总个体数(N)	种类总数(S)	生物量(g/m²)	栖息密度(个/m²)	丰度(d)	多样性指数(H')	均匀度(J)
2009.8	01	共鉴定10种，其中贝类5种，甲壳类1种，多毛类2种，棘皮动物类2种	曲道蒈石海蒈	1	1	61.1	13	0	0	0
	02		毛齿吻沙蚕	1	1	0.40	13	0	0	0
	03		菲律宾蛤仔	7	2	8.00	93	0.36	0.59	0.59
	04		菲律宾蛤仔	103	6	319.1	1373	0.75	0.45	0.17
	05		豆形胡桃蛤	2	2	2.27	27	1.00	1.00	1.00
2010.8	01	共鉴定23种，其中多毛类6种，双壳类6种，腹足类5种，甲壳类5种，棘皮类2种，其他类4种	宁波泥蟹、蛤蜒	15	4	16.10	75	0.77	1.53	0.77
	02		狭颚绒螯蟹	16	9	24.60	80	2.00	2.78	0.88
	03		锯缘青蟹、蛤蜒	33	8	21.10	165	1.39	2.13	0.71
	04		棘刺锚海参	8	4	16.30	40	1.00	1.75	0.88
	05		凸壳肌蛤	21	5	27.40	105	0.91	1.08	0.47
2011.8	01	共鉴定18种，其中多毛类6种，双壳类5种，甲壳类2种，腹足类3种，其他类2种	宁波泥蟹、不倒翁虫	17	6	43.7	170	1.22	2.15	0.83
	02		宁波泥蟹、不倒翁虫	12	5	6.2	120	1.12	2.19	0.94
	03		宁波泥蟹、青蛤	3	3	1.7	30	1.26	1.58	1.00
	04		宁波泥蟹、长物沙蚕	9	5	27.1	90	1.26	2.05	0.88
	05		凸壳肌蛤、宁波泥蟹	123	10	181.8	1230	1.30	1.00	0.30

表 10.2-13　宁海颜公河排污口邻近海域底栖生物质量指标分级

序号	指标	密度范围值	质量状况
1	多样性	≥3	好
		1.5~3	差
		≤1.5	较差
2	密度 （个/m^2）	≥10^4	好
		10^2~10^4	差
		≤10^2	较差

2）排污口及邻近海域评价指标体系建立

根据以上指标筛选，建立综合指标体系（表10.2-14）。

表 10.2-14　宁海颜公河排污口及邻近海域综合评价指标体系

一级类	二级类
入海河流水质感官指标	嗅味、颜色
入海河流及其邻近海域水质质量指标	化学需氧量、磷酸盐、无机氮、石油类、粪大肠菌群、挥发酚、硫化物、镉、汞、砷、铜、锌、苯胺、多氯联苯（排污口增加五日生化需氧量、粪大肠菌群、氰化物、氨氮）
邻近海域水质对入海污染物源强响应指标	功能区响应结果，污染面积
入海河流邻近海域沉积物指标筛选	有机碳、硫化物、石油类、铜、砷、汞、镉、铅、锌、铬
入海河流邻近海域生物生态指标筛选	底栖生物的多样性、密度

3）排污口综合评价方法建立

（1）指标权重的确定

采用层次分析法（Analytical Hierarchy Process，AHP）确定评价指标的权重。根据指标的毒性超标情况等，确定各层指标相对于上层指标的重要程度，按照层次分析法 1 ~ 9 标度（表10.2-15）给出了重要度标度，即为括号内的数值。

表 10.2-15　两两比较量化标度判据

标度	含义
1	两个因素一样重要
3	一个因素比另一个因素稍微重要
5	一个因素比另一个因素明显重要

标度	含义
7	一个因素比另一个因素强烈重要
9	一个因素比另一个因素绝对重要
2，4，6，8	上述判断的中间值
1~9 的倒数	因素 i 与 j 比较得判断 h_{ij}，因素 j 与 i 比较的判断为 $h_{ji} = 1/h_{ij}$

① B 层评价指标：

排污口源强对邻近海域响应指标 B5（8）>排污口水质质量指标 B3（7）= 邻近海域水质质量指标 B4（7）>排污口排污行为 B2（5）>邻近海域生物生态指标 B7（3）>排污口水质感官指标 B1（2）>邻近海域沉积物指标 B6（1）。

② C 层评价指标：

排污口水质感官指标（B1）：嗅味 C1（1）= 颜色 C2（1）；

排污口排污行为（B2）：源强 C3（2）；

排污口海域水质质量指标（B3）：

苯胺 C15（7）= 多氯联苯 C16（7）= 挥发酚 C8（7）= 氰化物 C18（7）>粪大肠菌群 C7（5）>化学需氧量 C4（4）= C10 镉（4）>汞 C11（3）= 砷 C12（3）= 铜 C13（3）= 锌 C14（3）>磷酸盐 C5（2）= 氨–氮 C19（2）= 石油类 C6（2）= 硫化物 C9（2）= 五日生化需氧量 C17（2）；

邻近海域水质质量指标（B4）：苯胺 C32（7）= 多氯联苯 C33（7）= 挥发酚 C25（7）>粪大肠菌群 C24（5）>化学需氧量 C20（4）= 镉 C27（4）>汞 C28（3）= 砷 C29（3）= 铜 C30（3）= 锌 C31（3）>磷酸盐 C21（2）= 无机氮 C22（2）= 石油类 C23（2）= 硫化物 C26（2）；

邻近海域水质对入海污染物源强响应指标（B5）：功能区响应结果 C34（7）>污染面积 C35（7）；

邻近海域沉积物指标（B6）：镉 C42（5）>铜 C39（4）= 砷 C40（4）= 汞 C41（4）= 铅 C43（4）= 锌 C44（4）= 铬 C45（4）>有机碳 C36（3）= 硫化物 C37（3）= 石油类 C38（3）；

邻近海域生物生态指标（B7）：底栖生物的多样性 C46（3）= 密度 C47（3）。

2）综合指数法

采用赋值综合评价法对生态环境效应进行评价。根据实际情况和评价标准确定宁海颜公河排污口生态环境评价标准（表 10.2-16），首先根据指标的毒性、超标情况及重要性等进行赋分（表 10.2-17），然后分别根据公式（10.2-2）计算生态环境效应综合评价指数：

$$E_{pro} = \sum_{i=1}^{n} W_{iE}E_i \qquad\qquad (10.2-2)$$

式中，E_{pro} 为排污口生态环境效应综合评价指数；E_i 为各评价指标的得分值；W_{iE} 为各指标的组合权重值；n 为评价指标的数目。

表 10.2-16　宁海颜公河排污口生态环境评价指标与标准

序号	目标层 A	因素层 B	指标层 C	评价标准及对应得分		
				100 分	50 分	25 分
1		排污口水质感官指标（B1）	嗅味（C1）	无臭味	微臭	非常臭
2			颜色（C2）	透明清澈	轻微颜色	颜色很浓重
3		排污口排污行为（B2）	源强（C3）（t）	≤5	5~10	≥10
4			化学需氧量（C4）（mg/L）	≤10	10~30	≥30
5			磷酸盐（C5）（mg/L）	≤0.3	0.3~1.0	1.0
6			石油类（C6）（mg/L）	≤0.03	0.03~0.08	0.8
7			粪大肠菌群（C7）（个/L）	≤300	300~3 000	3 000
8			挥发酚（C8）（mg/L）	≤0.001	0.001~0.005	5
9	排污口及其邻近海域生态环境效应综合评价		硫化物（C9）（mg/L）	≤0.03	0.03~0.3	0.3
10			镉（C10）（μg/L）	≤1.5	1.5~8	8
11		排污口海域水质质量指标（B3）	汞（C11）（μg/L）	≤0.060	0.060~0.500	0.500
12			砷（C12）（μg/L）	≤30	30~300	300
13			铜（C13）（μg/L）	≤5	5~800	800
14			锌（C14）（μg/L）	≤30	30~800	800
15			苯胺（C15）（mg/L）	≤1.0	1.0~3.0	3.0
16			多氯联苯（C16）（ng/L）	未检出	/	检出
17			五日生化需氧量（C17）（mg/L）	≤2	2~5	≥5
18			氰化物（C18）（mg/L）	≤0.003	0.003~0.03	0.03
19			氨-氮（C19）（mg/L）	≤0.03	0.03~0.5	0.5
20			化学需氧量（C20）（mg/L）	≤2	2~3	≥3
21			磷酸盐（C21）（mg/L）	≤0.015	0.015~0.045	≥0.045
22			无机氮（C22）（mg/L）	≤0.3	0.3~0.5	0.5
23		邻近海域水质质量指标（B4）	石油类（C23）（μg/L）	≤0.05	0.05~0.5	0.5
24			粪大肠菌群（C24）（个/L）	≤2 000	2 000~5 000	5 000
25			挥发酚（C25）（μg/L）	≤5	5~10	10
26			硫化物（C26）（mg/L）	≤0.02	0.02~0.1	0.1
27			镉（C27）（ug/L）	≤0.5	0.5~5	5

序号	目标层 A	因素层 B	指标层 C	评价标准及对应得分		
				100 分	50 分	25 分
28		邻近海域水质质量指标（B4）	汞（C28）（μg/L）	≤0.03	0.03～0.5	0.5
29			砷（C29）（μg/L）	≤30	30～60	60
30			铜（C30）（μg/L）	≤5	5～15	15
31			锌（C31）（μg/L）	≤30	30～300	300
32			苯胺（C32）	未检出	/	检出
33			多氯联苯（C33）	未检出	/	检出
34	排污口及其邻近海域生态环境效应综合评价	邻近海域水质对入海污染物源强响应指标（B5）	功能区响应结果（C34）	100%满足功能区管理要求	50%～99%满足功能区管理要求	0～50%满足功能区管理要求
35			污染面积（C35）	≤1.5	1.5～8	8
36		邻近海域沉积物指标（B6）	有机碳（C36）（%）	≤3	3～5	≥5
37			硫化物（C37）（×10⁻⁶）	≤300	300～800	≥800
38			石油类（C38）（×10⁻⁶）	≤600	600～1 200	1 200
39			铜（C39）（×10⁻⁶）	≤40	40～150	150
40			砷（C40）（×10⁻⁶）	≤30	30～100	100
41			汞（C41）（×10⁻⁶）	≤0.3	0.3～1.2	1.2
42			镉（C42）（×10⁻⁶）	≤0.3	0.3～3.0	3.0
43			铅（C43）（×10⁻⁶）	≤50	50～200	200
44			锌（C44）（×10⁻⁶）	≤120	120～500	500
45			铬（C45）（×10⁻⁶）	≤60	60～200	200
46		邻近海域生物生态指标（B7）	底栖生物的多样性（C46）	≥3	1.5～3	≤1.5
47			密度（C47）（个/m²）	≥10⁴	10²～10⁴	≤10²

其中，E_{pro} 范围为 25～100。当 $E_{pro} \geqslant 80$ 时，表明排污口附近生态环境良好；当 $45 \leqslant E_{pro} < 80$ 时，排污口附近生态环境受排污口影响较大，应该加强排污口管理；当 $25 \leqslant E_{pro} < 45$ 时，表明排污口附近生态环境受排污口影响严重，应当严格控制。

根据宁海县颜公河 2011 年的监测数据计算可得，宁海颜公河排污口及其邻近海域生态环境效应综合评价指数 E_{pro} 为 49.7，评价结果表明，宁海县颜公河排污口附近生态环境受排污口影响较大，建议加强排污口管理。

表 10.2-17 各层次评价指标权重

因素层 B	权重	指标层 C	权重	组合权重
排污口水质感官指标（B1）	0.061	嗅味（C1）	0.500	0.031
		颜色（C2）	0.500	0.031
排污口排污行为（B2）	0.152	源强（C3）	1.000	0.152
排污口海域水质质量指标（B3）	0.212	化学需氧量（C4）	0.063	0.013
		磷酸盐（C5）	0.032	0.007
		石油类（C6）	0.032	0.007
		粪大肠菌群（C7）	0.079	0.017
		挥发酚（C8）	0.111	0.024
		硫化物（C9）	0.032	0.007
		镉（C10）	0.063	0.013
		汞（C11）	0.048	0.010
		砷（C12）	0.048	0.010
		铜（C13）	0.048	0.010
		锌（C14）	0.048	0.010
		苯胺（C15）	0.111	0.024
		多氯联苯（C16）	0.111	0.024
		五日生化需氧量（C17）	0.032	0.007
		氰化物（C18）	0.111	0.024
		氨氮（C19）	0.032	0.007

因素层 B	权重	指标层 C	权重	组合权重
邻近海域水质质量指标（B4）	0.212	化学需氧量（C20）	0.074	0.016
		磷酸盐（C21）	0.037	0.008
		无机氮（C22）	0.037	0.008
		石油类（C23）	0.037	0.008
		粪大肠菌群（C24）	0.093	0.020
		挥发酚（C25）	0.130	0.027
		硫化物（C26）	0.037	0.008
		镉（C27）	0.074	0.016
		汞（C28）	0.056	0.012
		砷（C29）	0.056	0.012
		铜（C30）	0.056	0.012
		锌（C31）	0.056	0.012
		苯胺（C32）	0.130	0.027
		多氯联苯（C33）	0.130	0.027
邻近海域水质对入海污染物源强响应指标（B5）	0.242	功能区响应结果（C34）	0.500	0.121
		污染面积（C35）	0.500	0.121
邻近海域沉积物指标（B6）	0.030	有机碳（C36）	0.079	0.002
		硫化物（C37）	0.079	0.002
		石油类（C38）	0.079	0.002
		铜（C39）	0.105	0.003
		砷（C40）	0.105	0.003
		汞（C41）	0.105	0.003
		镉（C42）	0.132	0.004
		铅（C43）	0.105	0.003
		锌（C44）	0.105	0.003
		铬（C45）	0.105	0.003
邻近海域生物生态指标（B7）	0.091	底栖生物的多样性（C46）	0.500	0.046
		密度（C47）	0.500	0.046

10.3 大桥建设工程综合评价

象山港公路大桥及接线工程位于浙江省宁波市鄞州区、象山县境内，是国家沈海高速公路宁波至温州的起始段，是连接杭州湾、象山湾、三门湾、温州湾四大海湾和舟山港、北仑港、象山港、石浦港、健跳港、海门港、大麦屿港、温州港的交通纽带；是温州、台州地区到长三角地区的新通道，全长 47 km。象山港大桥工程自 2008 年底开工，至 2012年底建成通车。

目前，国内外尚无针对跨海桥梁工程对周围海域综合影响的评价方法。选择合适的指标在综合评价中有着举足轻重的作用，指标体系的建立应遵循科学性、层次性、可比性、可操作性等原则。在分析象山港大桥及接线工程对海洋环境影响的基础上，建立评价指标体系，进而形成综合评价方法。

10.3.1 大桥及接线工程海洋环境影响因子筛选

选择合适的指标在综合评价中有着举足轻重的作用，指标体系的建立应遵循科学性、层次性、可比性、可操作性等原则。在分析象山港大桥及接线工程对海洋环境影响的基础上，综合考虑工程所在海区的功能区划、自然环境、社会经济、开发利用现状、产业发展规划，将影响因素分级分类，建立评价指标体系。

10.3.1.1 水文动力指标

象山港大桥及接线工程的实施对其附近海域水文动力格局产生的影响主要表现在潮流、潮位、纳潮量、含沙量和海域冲淤情况的变化。

1）大桥对潮流的影响

象山港大桥建成后，由于桥墩的存在减小了过水断面的面积和水流绕过桥墩时会受到桥墩的阻力作用，为此就大桥对水动力和海床演变进行数模分析，分别对一般大潮、100年一遇、300 年一遇及设计潮型条件下进行计算。图 10.3-1 为建桥前后涨潮平均流速变化率平面分布，由图可见，涨潮平均流速受影响的范围西界为后华山至小列山一线，距桥位约 4 km，再往西（包括西沪港）涨潮流速不受影响；东界距离比西界长约 3 km。在受影响范围内，涨潮平均流速普遍增加，增幅在 0.4%~3% 之间，流速增加最大的区域为象山港南北两侧沿岸带，为 3% 左右。但在桥位线通航孔北侧，有一流速减小区，减幅在0.2%~0.4% 之间。

图 10.3-2 为建桥前后落潮平均流速变化率平面分布，由图可见，落潮平均流速受影响的范围西界为黄避岙（龙屿）北侧海域，距桥位约 7 km，再往西（包括西沪港）落潮流速不受影响；东界距离与西界基本相同。在受影响范围内，大部分区域落潮平均流速增

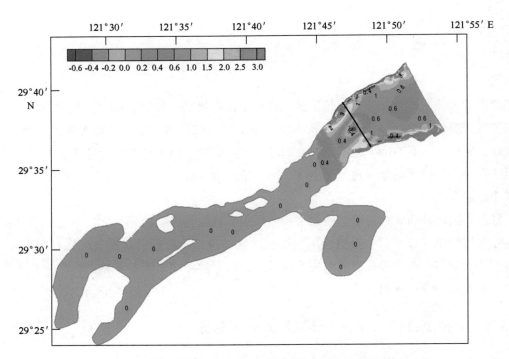

图 10.3-1　小蔚庄双塔斜拉桥建成前后涨潮平均流速变化率（%）

（正值为增加，负值为减小）

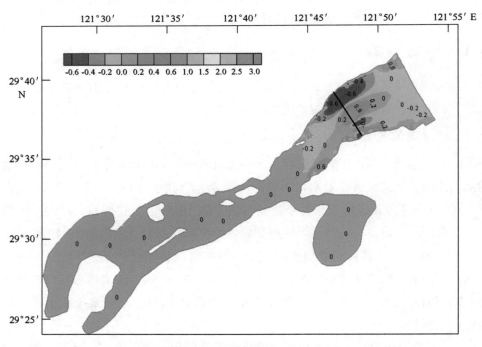

图 10.3-2　小蔚庄双塔斜拉桥建成前后落潮平均流速变化率（%）

（正值为增加，负值为减小）

加，增幅在 0.2%~0.6% 之间，但在象山港南北岸从大、小列山至大嵩江西口落潮流速减小，减幅在 0.2%~0.6% 之间，但在桥位线通航孔东侧，落潮流速亦减小 0.2%~0.4%。

2）大桥对潮位的影响

通过对各种潮型下港湾内各断面建桥前后高、低潮位的比较研究表明，在一般大潮和设计潮型时，建桥后对港湾内潮位影响不大，高、低潮位的变化量一般不足 0.02 m。300 年一遇潮型和 100 年一遇潮型时，建桥后高潮潮位有所降低，低潮潮位稍有升高。沿港湾纵断面，潮位改变量从边界（湾口）向湾顶逐渐变大，这是由于港湾潮汐协振的缘故。在湾顶附近（桥西 40 km 断面），一般大潮时，建桥后高、低潮位分别降低 0.011 0 m 和 0.003 m。300 年一遇潮型时，建桥后高潮位降低 0.012 m，低潮位升高 0.03 m。100 年一遇潮型时，建桥后高潮位降低 0.015 m，低潮位升高 0.019 m；设计潮型时，建桥后高潮位不变，低潮位升高 0.003 m。从总体上看，建桥使得港湾内的潮差有所减小。

3）大桥对纳潮量的影响

各种潮型下建桥前、后桥位断面的纳潮量数学模拟计算结果列于表 10.3-1，从表中可以看出，各种潮型下建桥后港湾内纳潮量均有减小，但减小量都不大。纳潮量减小最多的是一般大潮，其建桥后纳潮量改变量为建桥前纳潮量的 0.219%。300 年一遇潮型下建桥前后的相对变化量为 0.175%。因此，可以认为工程对其所在海域的纳潮量有所影响。

表 10.3-1　建桥前、后桥位断面纳潮量

	一般大潮	300 年一遇	100 年一遇	设计潮型
建桥前纳潮量（×10⁶ m³）	1 313.567	2 465.433	2 225.667	1 3210.700
建桥后纳潮量（×10⁶ m³）	1 310.610 5	2 461.120	2 221.699	13 210.500
绝对变化＊（×10⁶ m³）	−2.101 02	−4.313	−3.961 0	−0.200
相对变化＊（％）	−0.219	−0.175	−0.171 0	−0.015

注：相对变化＊是指 ［（建桥后纳潮量—建桥前纳潮量）/建桥前纳潮量］×100%；绝对变化＊是指建桥后纳潮量与建桥前纳潮量之差。

4）大桥对含沙量和海床冲淤的影响

图 10.3-3 和图 10.3-4 分别为大桥建设前后的涨、落潮平均含沙量变化。由图可知，含沙量受影响的范围西界至西沪港口，离桥位约 10 km，东界在大嵩江口，距桥位约 6 km。在涨、落潮期横山码头至大嵩江口沿岸，西华山至西沪港口的航道浅区含沙量增加，增幅为 1%~4%，而在大、小列岛深槽和西华山至西泽沿岸含沙量减小，减幅 1%~4%。由于象山港海域含沙量不高（全潮平均含沙量为 0.037~0.351 0 kg/m³），所以建桥对含沙量影响很小。

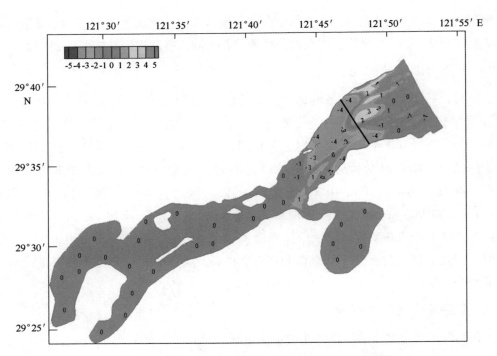

图 10.3-3 小蔚庄双塔斜拉桥建成前后涨潮悬沙浓度变化率（%）

（正值为增加，负值为减小）

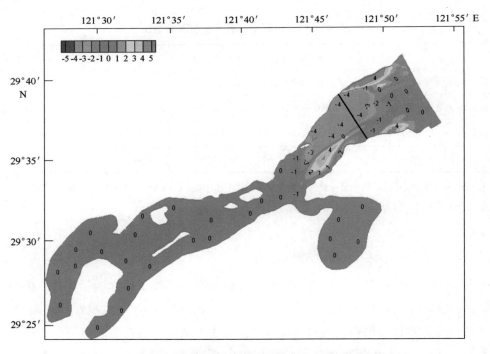

图 10.3-4 小蔚庄双塔斜拉桥建成前后落潮悬沙浓度变化率（%）

（正值为增加，负值为减小）

图 10.3-5 为大桥建设前后海床冲淤变化。由图可见，海床冲淤受影响的范围西界至西沪港口门，离桥位约 10 km，东界外门山—洋嵩涂一线，距桥位约 10 km。在横山码头至大、小列岛沿岸，桥位线的两个相对深槽处及外门岛外深槽海床微淤，幅度为原冲淤幅度的 1%~3%，其余海域则遭受冲刷，幅度亦为原冲淤幅度的 1%~3%。40 年来，象山港桥位附近海域海床平均淤积 2.5 cm/a，局部区域近年冲刷量 12 cm/a，建桥后引起的冲淤量为毫米级，影响有限。

深水区桥桩周围由于水流的涡旋作用，可能会发生局部冲刷，幅度相对会有所增大，但浅水区桥桩周围因潮流强度相对减弱涡旋作用减小，一般不会引起局部冲刷，潮间带桥桩周围因滩面经常出露水面潮流强度相当微弱，不会产生局部冲刷现象。

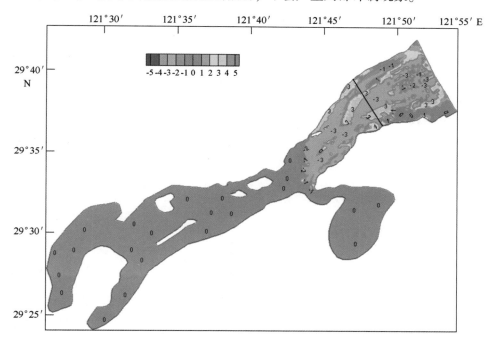

图 10.3-5 小蔚庄双塔斜拉桥建成前后冲淤量变化率（%）

（正值为增加，负值为减小）

通过以上的分析研究，筛选出潮流、潮位和纳潮量，纳入水文动力评价体系之中。

10.3.1.2 水质指标

象山港大桥及接线工程施工期间对其附近海域水质会产生一定的影响。

根据 2010—2011 年象山港大桥及接线工程附近海域 5 个航次监测数据的统计，水质要素变化趋势见表 10.3-2 和图 10.3-6~图 10.3-15。

表 10.3-2　象山港大桥工程附近海域水质要素变化统计

日期	SS（mg/L）	DO（mg/L）	COD（mg/L）	BOD$_5$（mg/L）	DIP（mg/L）	DIN（mg/L）	Oil（mg/L）	Cu（μg/L）	Cd（μg/L）	Pb（μg/L）
2010-08-13	147.10	10.13	1.29	0.99	0.021 05	0.102 10	0.046	4.77	0.143	1.06
2010-11-09	79.6	10.05	1.57	1.310	0.061 0	0.104 10	0.017	4.310	0.104	1.510
2011-02-21	391.3	10.15	0.101	1.14	0.031 00	0.721	0.009	3.79	0.131	1.16
2011-08-30	331.4	4.99	1.010	0.62	0.041 4	0.714	0.014	2.50	0.120	0.510
2011-11-27	397.9	10.43	0.107	0.51	0.041 010	0.105 2	0.011	2.100	0.190	0.101 0
最小值	79.6	4.99	0.101	0.51	0.021 05	0.714	0.009	2.50	0.104	0.510
最大值	397.9	10.15	1.57	1.310	0.061 0	0.105 2	0.046	4.77	0.190	1.510

（1）悬浮物

工程附近海域水体中的悬浮物浓度波动较大，这是由于桥梁基础作业产生的扰动会造成底质的再悬浮，从而导致悬浮物浓度升高，同时，船舶上生活污水的排放也会增加水体中的悬浮物含量。

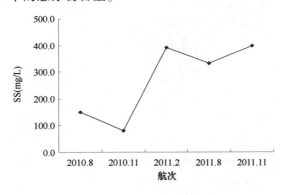

图 10.3-6　SS 历次变化

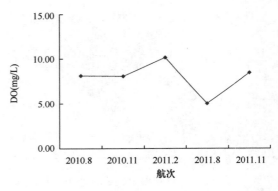

图 10.3-7　DO 历次变化

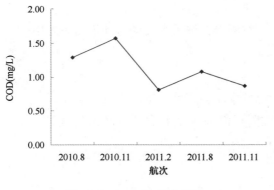

图 10.3-8　COD 历次变化

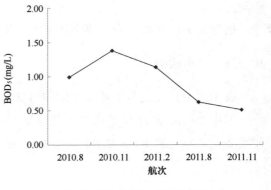

图 10.3-9　BOD$_5$ 历次变化

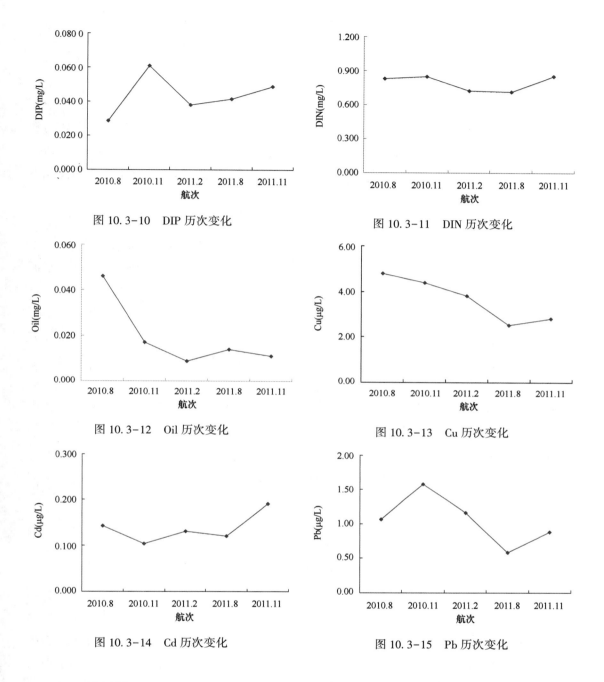

图 10.3-10 DIP 历次变化

图 10.3-11 DIN 历次变化

图 10.3-12 Oil 历次变化

图 10.3-13 Cu 历次变化

图 10.3-14 Cd 历次变化

图 10.3-15 Pb 历次变化

（2）溶解氧

工程附近海域水体中的溶解氧浓度除 2011 年 10 月航次较低外，均符合第一类海水水质标准且历次监测结果变化相对较小。

（3）化学需氧量

工程附近海域水体中的化学需氧量浓度均符合第一类海水水质标准。由于施工人员产生的生活污水，历次化学需氧量浓度整体上呈波动态势。

（4）生化需氧量

工程附近海域水体中的生化需氧量浓度符合第二类海水水质标准，但整体呈下降且稳定的趋势。

（5）活性磷酸盐

工程附近海域水体中的活性磷酸盐浓度除2010年11月航次较高外，整体上较为稳定，历次监测结果变化相对较小。本工程附近海域水体中的活性磷酸盐含量主要受长江、杭州湾及江浙沿岸流的影响，与浙江沿海水质磷酸盐含量普遍超标的基本水质情况相符合，与本工程的施工关系不大。

（6）无机氮

工程附近海域水体中的无机氮浓度整体上较为稳定，历次监测结果变化相对较小。本工程附近海域水体中的无机氮含量主要受长江、杭州湾及江浙沿岸流的影响，与浙江沿海水质无机氮含量普遍超标的基本水质情况相符合，与本工程的施工关系不大。

（7）石油类

工程附近海域水体中的石油类浓度均符合第一类海水水质标准。各航次石油类浓度有所波动，这是由于施工船舶作业期间含有污水的排放会引起水体中石油类含量的增加。

（8）重金属铜

工程附近海域水体中的铜浓度均符合第一类海水水质标准，整体上呈下降趋势，历次监测结果变化相对较小。

（9）重金属镉

工程附近海域水体中的镉浓度均符合第一类海水水质标准，整体上表现为低浓度下的波动。

（10）重金属铅

工程附近海域水体中的铅浓度出现超第一类海水水质标准现象，整体上呈上下波动态势。

根据象山港大桥及接线工程附近海域历次水质指标监测结果来看：溶解氧、化学需氧量、石油类、铜、镉均符合一类海水水质标准；生化需氧量有1个航次超一类海水水质标准，但符合三类海水水质标准，其余均符合一类海水水质标准；活性磷酸盐有2个航次超四类海水水质标准，其余均符合四类海水水质标准；无机氮全部超铅有3个航次超一类海水水质标准，其余均符合二类海水水质标准。

总体来讲，象山港大桥及接线工程附近海域水质状况尚可。

根据象山港大桥及接线工程附近海域历次水质指标的变化情况来看：溶解氧、生化需氧量、无机氮、活性磷酸盐、铜、镉总体上讲含量较为稳定，波动相对较小；悬浮物、化学需氧量、石油类、铅含量呈现波动态势，且幅度较大。

通过对历次监测结果的比较分析，筛选出浓度波动幅度较大及于生态系统密切相关的水质因子（悬浮物、化学需氧量、石油类、铅），纳入水质评价体系之中。

534

10.3.1.3 沉积物指标

象山港大桥及接线工程施工期间对其附近海域沉积物质量会产生一定的影响。

根据 2010—2011 年象山港大桥及接线工程附近海域两个航次的沉积物质量监测数据，同时结合环评在 2005 年调查的施工前数据，沉积物要素变化趋势见表 10.3-3 和图 10.3-16~图 10.3-19。

表 10.3-3　象山港大桥工程附近海域沉积物要素变化统计

时间	Oil ($\times 10^{-6}$)	Cu ($\times 10^{-6}$)	Cd ($\times 10^{-6}$)	Pb ($\times 10^{-6}$)
2005-03（施工前）	53.6	23.6	0.25	13.0
2010-08（施工中）	64.7	23.6	0.10	24.6
2011-08（施工中）	67.2	23.5	0.12	29.6
最小值	53.6	23.5	0.10	13.0
最大值	67.2	23.6	0.25	29.6

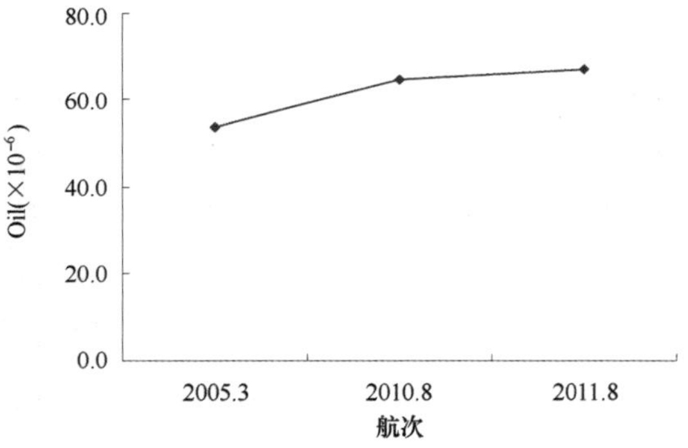

图 10.3-16　Oil 历次变化

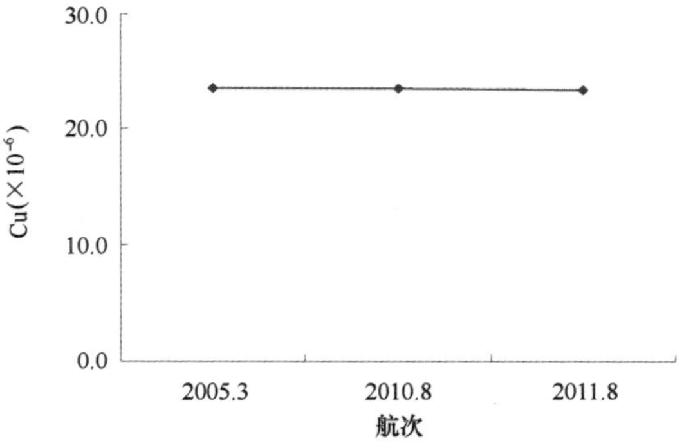

图 10.3-17　Cu 历次变化

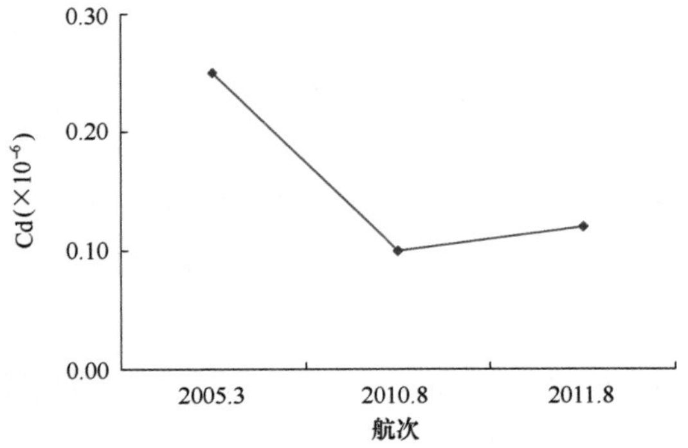

图 10.3-18　Cd 历次变化

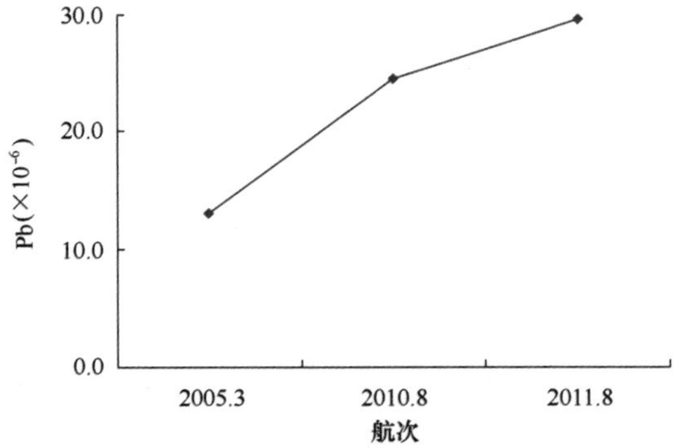

图 10.3-19　Pb 历次变化

（1）石油类

工程附近海域表层沉积物中的石油类含量整体上较为稳定，变化较小。

（2）重金属铜

工程附近海域表层沉积物中的铜含量整体上较为稳定，变化较小。

（3）重金属镉

工程附近海域表层沉积物中的镉含量整体上波动较大。

（4）重金属铅

工程附近海域表层沉积物中的铅含量整体上波动较大。

调查资料显示，象山港海域海洋沉积物质量总体良好，均符合一类海洋沉积物质量标准。

根据历史分析，象山港大桥及接线工程附近海域沉积物中镉、铅含量变化幅度较大，这些指标能较有效地反映出象山港沉积物质量现状和发展趋势，应被纳入沉积物质量评价体系之中。

10.3.1.4　生物生态指标

象山港大桥及接线工程占用海域、滩涂和湿地对海洋生物生境的影响。

1）象山港大桥工程对浮游生物的影响

悬浮泥沙对浮游生物的影响首先主要反映在施工过程中产生的悬浮泥沙将导致水体的混浊度增大，透明度降低，不利于浮游植物的繁殖生长。此外还表现在对浮游动物的生长率、摄食率的影响等。长江口航道疏浚悬浮泥沙对水生生物的毒性效应的试验结果表明：当悬浮泥沙浓度达到 9 mg/L 时，将影响浮游动物的存活率和浮游植物光合作用。嵊泗洋山深水港环评工作中，东海水产所曾做过疏浚泥沙对海洋生态系统的影响实验。实验结果表明虽然疏浚泥沙对海洋生态系统无显著影响，但却会引起浮游动植物生物量有所下降。东海水产所对长江口疏浚泥沙所做的不同暴露时间动态悬沙对微绿球藻（*N. oculata*）和牟氏角毛藻（*C. Muellen*）的生长影响试验结果，进行统计回归分析，结果表明海水中的悬沙强度的增加对浮游植物的生长有明显的抑制作用。施工期间对浮游动物的相对损失率1—3月约5%，在 4 月份浮游动物旺发期可达20%以上，其他月份在 8%～13%之间，各月平均损失率为12%。同时会降低水体的透明度，影响浮游植物的光合作用继而导致初级生产力下降。大量的悬浮物出现在局部水域可能会堵塞仔幼鱼的鳃部造成窒息死亡，在自然环境中，悬沙量的增加会影响以浮游植物为食的浮游动物的丰度，间接影响蚤状幼体和大眼幼体的摄食率，最终影响其正常发育。

该桥梁桥墩桩基础采用钻孔灌注桩工艺，钻孔泥浆经滤出颗粒物后循环使用，因此桥梁基础施工引起悬浮泥沙入海主要发生在承台浇注前的围堰和堰内挖泥阶段，根据基础施工工艺以及工程所处海域自然条件，悬浮泥沙影响范围仅限于工程附近海域。由此可推断施工期对作业点附近海域浮游生物有一定的影响，但局限在桥位两侧近距离范围内；且这种影响是暂时的，随着施工结束而消失。建设单位应将钻孔桩基础施工产生的泥沙和泥浆用船统一收集送上岸处理，不能直接排放入海。只要在施工期间加强监督管理工作，则桥梁工程施工期对浮游生物的影响是非常有限的。

经分析增加悬沙的范围仅限于工程区周围50 m范围内，且这种影响是暂时的，随着施工结束而消失。建设单位将钻孔桩基施工产生的钻渣和泥浆用船统一收集送上岸处理，不能直接排放入海，因此，工程施工期对海域浮游生物的影响是非常有限的。

2) 象山港大桥工程对底栖生物的影响

对底栖生物的影响主要表现在大桥的施工阶段。

桥梁工程的实施将造成海床水流扰动，大桥轴线两旁局部范围内的海床会产生一定幅度的冲淤变化，从而影响冲淤变化区域内底栖生物的生存环境。底质环境的不稳定，尤其是冲淤幅度较大的区域对埋栖生活的生物有一定的影响。

桥梁工程基础的施工方式为钻孔灌注和打预制管桩两种，两种施工方案均会对桩基部位的底栖生物造成直接的损失，由于施工的进行对活动能力（回避作用）较弱的底栖生物会产生不可逆转的负面影响。对底栖生物的影响范围，首先是桥梁基础所在位置，桥梁施工将进行钻孔作业，将造成生活在该位置的潮间带和底栖生物死亡，这是不可逆转的。

根据海洋食物链分析，底栖生物是许多经济价值较高的底层鱼类的饵料。底栖生物不同于浮游生物，它们数量的损失难以从其他海域通过潮流进行补充。由于底栖生物的损失形成对鱼类间接的危害和损失比以上所计算的底栖生物直接经济价值要大许多。

通过调查可知，象山港大桥桥位附近海域的底栖生物优势种均以活动型种类为主，埋栖种类较少，且均为多毛类。底栖生物平均生物量为11.09 g/m²，平均栖息密度在134个/m²。象山港大桥桥墩面积171 010.10 m²，减少的底栖生物量为19.10 kg。西沪港内白墩大桥、桃湾大桥和戴港大桥，穿越西沪港潮滩和港汊，平均生物量和栖息密度高，分别为143.03 g/m²和1 049.35个/m²。三桥桥墩面积为1 062 m²，大桥建设损失的底栖生物量为151.9 kg。可见，本工程桥梁基础施工对底栖生物影响较大，且结果不可逆。

3) 象山港大桥工程对游泳生物的影响

游泳生物主要包括鱼类、虾蟹类、头足类软体生物等。海水中悬浮物在许多方面对游泳生物产生不同的影响。首先是水体中悬浮微粒过多时将导致水的混浊度增大，透明度降低现象，不利于天然饵料的繁殖生长，其次水中大量存在的悬浮物也会使游泳生物特别是鱼类造成呼吸困难和窒息现象，因为悬浮微粒随鱼的呼吸动作进入鳃部，将沉积在鳃瓣鳃丝及鳃小片上，损伤鳃组织或隔断气体交换的进行，严重时甚至导致窒息。

由于本工程施工期间悬浮泥沙影响范围较小和时限较短，工程所在海域鱼类的规避空间大，因此工程施工对游泳生物影响较小；而虾蟹类因其本身的生活习性，大多对悬浮泥沙有较强的适应性，因此施工悬浮泥沙对该海域游泳生物的影响不大。

4) 象山港大桥工程对渔业生产的影响

象山港大桥桥位北侧鄞州山岩岭附近跨越横山塘，塘内为围塘养殖，塘外偶有滩涂养殖。2005年12月，鄞州区海洋与渔业局设置外营村码头外浅海养殖区和咸祥镇水产站横山塘—桃花塘外滩涂养殖区。桥位南侧象山南园山附近，跨越宁波国家海水良种场的室外海水养殖场。大桥东侧紧接良种场的室内养殖场，该良种场总占地面积30~40亩，在养殖场外的潮滩，有部分串网。象山县黄避坳乡有浅海养殖共10 040亩，另外黄避岙乡夹岙村有滩涂养殖2 610.5亩，周家村有滩涂养殖300亩，甲屿村滩涂养殖350亩。

象山港大桥及接线工程施工期可能对宁波鄞州的咸祥镇、象山县贤庠镇、白墩、墙头镇及黄避岙乡等乡镇的渔业生产产生一定的影响。工程附近靠近象山港北岸海域存在不少涨网作业。在南接线工程沿线滩涂存在大量的养殖生产，据调查该区域的养殖生产大部分为当地群众自发的活动，养殖品种主要有梭子蟹、毛蚶、跳跳鱼、蛏子、菲律宾蛤子等。

工程施工对渔业生产不会构成大的经济损失。工程实施基本上不会对浅海网箱养殖区的正常作业产生影响。桥梁基础施工将占用部分涂面，会对潮间带涂面上的养殖产生一定的影响。

5）象山港大桥工程对渔业资源的影响

工程所处的象山港水域辽阔，滩涂遍布，水质肥沃，营养盐丰富，水产资源品种繁多，是多种海洋生物繁殖、索饵、生长栖息的优良场所。港内捕捞和养殖的历史悠久，目前已成为浙江省开发海水增养殖业的重要基地和菲律宾蛤苗种质基地。象山港港内渔业资源丰富，共有330多种，其中鱼类120余种，软体动物90余种，甲壳动物100余种，藻类30余种。工程附近海域没有珍稀濒危海洋生物资源。

桥梁工程施工对沉积物产生扰动造成的海水中悬浮物含量的增加会对周边海域的渔业资源产生一定的影响。同时，施工过程中由于来往于施工现场的作业船只过于频繁，桩基施工的噪声与振动，会直接惊忧或间接影响部分仔幼鱼索饵、栖息活动。桩基施工过程将导致栖息于这一范围内的底栖生物资源和部分仔幼鱼、鱼卵的全部丧失。

通过以上的分析研究，筛选出底栖生物、渔业资源，纳入生物生态评价体系之中。

10.3.2 综合评价方法及结果

10.3.2.1 评价指标体系

象山港大桥影响评价指标见表10.3-4。

表 10.3-4 象山港大桥工程影响评价指标

一级类	二级类
水文动力	潮流、潮位、纳潮量
水环境	悬浮物、化学需氧量、石油类、铅
沉积环境	镉、铅
生物生态	底栖生物、渔业资源

10.3.2.2 指标权重

采用层次分析法（Analytical Hierarchy Process，AHP）确定评价指标的权重。通过专家咨询，确定各层指标相对于上层指标的重要程度，按照层次分析法 1~9 标度给出了重要度标度（表 10.3-5），即为括号内的数值。

表 10.3-5 两两比较量化标度判据

标度	含义
1	两个因素一样重要
3	一个因素比另一个因素稍微重要
5	一个因素比另一个因素明显重要
7	一个因素比另一个因素强烈重要
9	一个因素比另一个因素绝对重要
2，4，6，8	上述判断的中间值
1~9 的倒数	因素 i 与 j 比较得判断 h_{ij}，因素 j 与 i 比较的判断为 $h_{ji} = 1/h'_{ij}$

1）B 层评价指标

水文动力 B1（5）>生物生态 B4（3）>水质 B2（2）>沉积物 B3（1）。

2）C 层评价指标

水文动力：冲淤变化 C2（5）>潮流 C1（3）>纳潮量 C3（1）；

水质：化学需氧量 C6（5）>悬浮物 C5（3）>铅 C10（1）=石油类 C7（1）；

沉积物：铅 C10（1）=镉 C11（1）；

生物生态：底栖生物 C12（1）=渔业资源 C13（1）。

各层次指标权重计算结果见表 10.3-6。

表 10.3-6 各层次评价指标权重

因素层 B	权重 1	指标层 C	权重 2	组合权重
水文动力 B1	0.454 6	潮流 C1	0.333 3	0.151 5
		冲淤变化 C2	0.555 6	0.252 5
		纳潮量 C3	0.111 1	0.050 5
水质 B2	0.181 8	悬浮物 C4	0.500 0	0.090 9
		化学需氧量 C5	0.300 0	0.054 5
		石油类 C6	0.100 0	0.018 2
		铅 C7	0.100 0	0.018 2
沉积物 B3	0.090 9	铅 C8	0.500	0.045 5
		镉 C9	0.500	0.045 5
生物生态 B4	0.272 7	底栖生物 C10	0.500	0.136 4
		渔业资源 C11	0.500	0.136 4

539

10.3.3.3 评价方法及结果

采用赋值综合评价法对生态环境效应进行评价。首先根据实际情况和评价标准，采用专家评判法对每个评价指标进行赋分（表 10.3-7），然后分别根据公式（10.3-1）计算生态环境效应综合评价指数：

表 10.3-7　象山港大桥工程评价指标与标准

目标层 A	因素层 B	指标层 C	标准	评价指数
大桥生态环境效应综合评价	水文动力（B1）	流速平均改变量 C1	≤5%	100
			5%~10%	50
			10%~20%	25
		冲淤 C2	≤5%	100
			5%~10%	50
			10%~20%	25
		纳潮减少量 C3	≤2%	100
			2%~5%	50
			5%~10%	25
	水质（B2）	SS 增量 C5（mg/L）	≤10	100
			10~100	50
			>100	25
		化学需氧量 C6（mg/L）	≤2	100
			2~3	50
			>3	25
		石油类 C7（mg/L）	≤0.05	100
			0.05~0.30	50
			>0.30	25
		铅 C8（μg/L）	≤1	100
			1~5	50
			>5	25
	沉积物（B3）	铅 C10（×10^{-6}）	≤60.0	100
			60.0~130.0	50
			130.0	25
		镉 C11（×10^{-6}）	≤0.50	100
			0.50~1.50	50
			1.50	25
	生物生态（B4）	底栖生物 C12	影响轻微	100
			影响中等	50
			影响较大	25
		渔业资源 C13	影响轻微	100

$$E_{pro} = \sum_{i=1}^{n} W_{iE} E_i \qquad\qquad (10.3-1)$$

式中，E_{pro} 为工程生态环境效应综合评价指数；E_i 为各评价指标的得分值；W_{iE} 为各指标的组合权重值；n 为评价指标的数目。

其中，E_{pro} 范围为 40~100。当 $E_{pro} \geqslant 75$ 时，表明工程对生态环境效应影响轻微；当 $55 \leqslant E_{pro} < 75$ 时，表明工程对生态环境效应影响较大，应当慎重进行；当 $40 \leqslant E_{pro} < 55$ 时，表明工程对生态环境效应影响严重，应当严格控制。

计算可得，生态环境效应综合评价指数 E_{pro} 为 85，评价结果表明，象山港大桥建设工程对其附近海域生态环境影响轻微。

10.4 滨海电厂开发活动综合评价

象山港港底和港中建有两座大型的火力发电厂，分别是国华宁海电厂和大唐乌沙山发电厂。国华宁海电厂位于象山港底部宁海县强蛟镇的月岙村，一期工程由 4×600 MW 燃煤发电机组组成，二期为两台 1 000 MW 超临界燃煤抽凝式汽轮发电机组组成。一期工程一台机组 600 MW 于 2005 年 12 月开始运营；二期工程 2×1 000 MW 机组，于 2009 年年底投产。大唐乌沙山发电厂位于象山县西周莲花乡乌沙村境内，距西周乡 2.5 km。工程建设规模为 4×600 MW 超临界燃煤机组，于 2006 年年底起运行。本文通过象山港电厂海洋环境影响因子筛选，建立评价指标体系，提出可操作的评价等级、评价指标标准和评价方法，进而形成综合评价方法。

10.4.1 电厂海洋环境影响因子筛选

10.4.1.1 温升影响指标

1) 国华宁海电厂历年监测结果的对比分析

（1）夏季航次

由于国华宁海电厂一期工程一台 600 MW 机组于 2005 年年底开始运营，所以 2005 年夏季电厂前沿海表温升 1℃ 以上的面积为 0。2006 年、2007 年、2008 年、2009 年和 2011 年夏季各监测航次厂址前沿最大温升分布情况见图 10.4-1。2006 年夏季则电厂已经有机组开始运营，2006 年夏季，厂址前沿显示出一定的温升，但温升幅度不是很大，电厂刚开始运营（2005 年 12 月底开始运营），且运营的机组也较少，所以对周边海域的影响程度相对较低。2007 年夏季出现了 4℃ 以上的温升，4℃ 温升线影响范围局限于厂址北侧的铁港口门附近内。2008 年夏季厂址前沿也出现了 4℃ 以上的温升，但温升程度则要小于 2007

年。2009 年，出现了 1℃ 以上的温升，1℃ 温升已经影响到了铁港口门北侧。2011 年，4℃以上的高温水舌局限在排水口附近，1℃ 温升已经影响到了铁港口门北侧（表 10.4-1）。

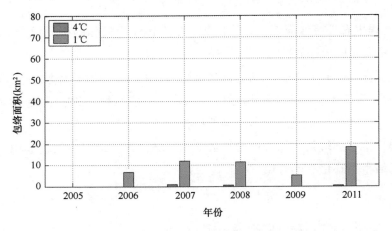

图 10.4-1　国华宁海电厂历年夏季最大海表温升统计图

表 10.4-1　国华宁海电厂历年夏季航次最大海表温升包络线覆盖面积　　　单位：km²

层次	年份	>4.0℃	>1.0℃
表层	2005	0	0
	2006	0	7.1
	2007	0.9	11.9
	2008	0.5	11.5
	2009	0	4.9
	2011	0.7	110.4

（2）冬季航次

由于电厂一期工程 600 MW 机组还没开始运营，2004 年冬季电厂前沿温升较小，海表温升 1℃ 以上的面积为 0。2005 年、2006 年、2007 年、2009 年和 2011 年冬季各监测航次厂址前沿最大温升分布情况见图 10.4-2。2005 年冬季，厂址前沿已经显示出一定的温升，温升幅度也较大，大概在 4℃ 以上，所以对周边海域的影响程度较高。2006 年冬季电厂 4台 600 MW 发电机组已全部投产，温排水的量增加，2006 年、2007 年厂址排水口正前方温升较高，在 4~5℃，无论是 4℃ 还是 1℃ 温升包络线的影响范围都比 2005 年有所增加。2009 年，排水口正前方出现了 4~5℃ 的温升，4℃ 温升包络线的影响范围与 2006 年、2007年相比要小很多，1℃ 温升包络线的影响范围也比 2005—2007 年也要小。2011 年，4℃ 温升包络线的影响范围与 2009 年相比又有所减小。总体来讲，冬季，国华宁海电厂温排水对前沿水域温升影响程度较大（表 10.4-2）。

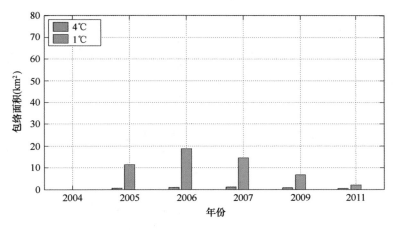

图 10.4-2   国华宁海电厂历年冬季最大海表温升统计图

表 10.4-2   国华宁海电厂历年冬季航次海表温升包络线覆盖面积   单位：km²

层次	年份	>4.0℃	>1.0℃
表层	2004	0	0
	2005	0.7	11.1
	2006	1.1	18.4
	2007	1.3	14.7
	2009	0.6	7.1
	2011	0.2	1.9

（3）温升监测结果历年变化趋势

从夏季、冬季的对比分析来看：总体来讲，夏季，电厂温排水对前沿水域温升影响程度随着机组的增加而增加，近年来4℃温升影响范围有减小的趋势，1℃温升影响范围变化较大。冬季航次温升影响范围2004—2006年逐年增加；2007年以后温升影响范围趋于稳定。

2）大唐乌沙山电厂历年监测结果的对比分析

（1）夏季航次

夏季各监测航次小潮落憩厂址前沿温升线覆盖面积和温升统计图见表10.4-3和图10.4-3，图10.4-6为各监测航次小潮落憩厂址前沿温升分布情况。由图和表可以看出，2006年年底，大唐乌沙山发电厂的四台机组（4×600 MW）已经试运行，2007年夏季监测结果表明，厂址前沿显示出一定的温升，且温升幅度较大，5~6℃。2008年夏季小潮落憩厂址前沿温升程度则要小于2007年的温升程度。2009年夏季小潮落憩厂址前沿温升分布范围基本上与2007年监测结果相当，1℃温升范围相对于2007年有所增

543

加，温排水对厂址前沿的温升影响相对较大。2010年夏季小潮落憩1℃温升范围比2009年有所减少，但4℃温升范围比2009年略有增加，温排水对厂址前沿的温升影响相对较大。2011年夏季小潮落憩厂址前沿温升分布范围基本上与2008年监测结果相当，但与2009年和2010年相比，则有所减小。总体来讲，夏季小潮落憩电厂温排水对前沿水域温升影响程度较大。

表10.4-3　大唐乌沙山电厂历年夏季航次表层温升线覆盖面积　　单位：km²

时段	年份	>4.0℃	>1.0℃
小潮落憩	2007年	7.9	25.6
	2008年	5.10	46.4
	2009年	7.4	60.8
	2010年	9.2	55.0
	2011年	3.2	42.7

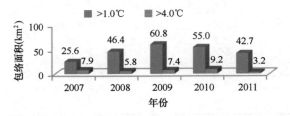

图10.4-3　大唐乌沙山电厂历年夏季小潮落憩表层温升统计图

（2）冬季航次

冬季各监测航次小潮落憩厂址前沿温升线覆盖面积和温升统计图分别见表10.4-4和图10.4-4，为历年各监测航次小潮落憩厂址前沿温升分布情况。由图和表可以看出，2007年冬季电厂一期工程已全部完工，4台600MW发电机组已全部投产，厂址排水口正前方温升较高，在4~5℃。2008年冬季小潮落憩厂址前沿温升程度则要大于2007年的温升程度。2009年冬季小潮落憩厂址前沿温升分布范围比2007年、2008年更大，温排水对厂址前沿的温升影响相对较大。10年冬季小潮落憩1℃温升范围比2009年有所增加，但4℃温升范围比2009年减少。2011年冬季小潮落憩1℃和4℃温升范围与2009年相当，1℃温升范围比2010年略有减小。总体来讲，冬季小潮落憩电厂温排水对前沿水域温升影响程度较大。

表 10.4-4　大唐乌沙山电厂历年冬季航次表层温升线覆盖面积　　　　单位：km²

时段	年份	>4.0℃	>1.0℃
小潮落憩	2007 年	2.5	12.6
	2008 年	4.6	17.9
	2009 年	9.0	35.10
	2010 年	7.7	47.0
	2011 年	8.2	33.3

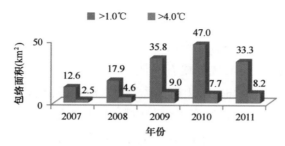

图 10.4-4　大唐乌沙山电厂历年冬季小潮落憩表层温升统计

（3）温升监测结果历年变化趋势

从夏、冬季的对比分析来看：2007—2009 年，大唐乌沙山发电厂厂址前沿温升影响范围逐年加大，而 2009 年后大唐乌沙山电厂厂址前沿温升范围逐渐趋于稳定。

热污染是滨海电厂的主要现象，通过以上的分析，象山港电厂周边海域出现一定范围的温升；筛选出水温、温分布纳入温升评价体系之中。

10.4.1.2　水质指标

水温升高引起水体的多种理化性质的变化，如溶解氧、pH、溶解氧、化学需氧量、石油类、营养盐的改变。本节以国华电厂为例，按电厂附近海域温升分布情况，将电厂附近海域划分为 1℃温升区内、1℃温升区外、对照区，以分析电厂自投产来海域水质变化情况。

1）pH

国华电厂附近海域历年夏季、冬季各航次水质 pH（图 10.4-5）在 7.10～10.5 范围内［一类、类二类海水水质变化范围（GB 3097—1997）］变化，夏季各航次除 2006 年外，呈 1℃线内 pH 低于 1℃线外 pH；冬季各航次除 2005 年和 2006 年外，亦呈 1℃线内 pH 低于 1℃线外 pH 情况。从季节分布上看，基本呈冬季大于夏季，这主要是冬季水温较夏季低有关，与学者（银小兵，2000）以热力学角度推导出中性水体 pH 与水温（K）的倒数成线性关系一致。与建厂前 pH（2004 年冬季）相比，电厂温排水使水质 pH 呈下降趋势。

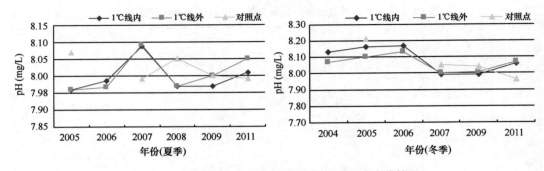

图 10.4-5　国华电厂附近海域历年各航次 pH 变化情况

2）溶解氧

国华电厂附近海域历年夏季各航次水质 DO（图 10.4-6）均在 10.00 mg/L 以下呈波动变化，1℃线内 DO 含量较 1℃线外略有降低，除个别年份外，均低于对照点 DO 含量；冬季各航次 DO 含量在 10.00 mg/L 以上波动，除个别年份个别航次外，基本呈 1℃线内 DO 含量略低于 1℃线外。从季节分布上看，冬季 DO 含量大于夏季，原因为水体溶解氧的大小通常是随氧的分压而增大，随水的温度升高而降低。与建厂前 DO（2004 年冬季）含量相比，电厂温排水使水质 DO 呈下降趋势。

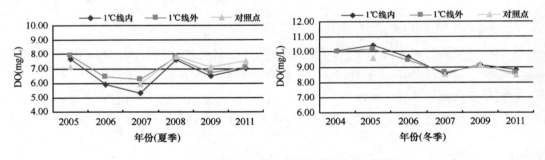

图 10.4-6　国华电厂附近海域历年 DO 变化情况

3）化学需氧量

COD 值是评价水体质量的重要标准，因为它反映了水中受还原物质污染的程度，也就是说反映了水样中可氧化的有机质氧化时所需要的氧量。因此，COD 值可作为有机物相对含量的指标，其测值的高低直接反映了水体质量的好坏，了解水样中可氧化的有机物含量极为重要。

国华电厂附近海域历年夏、冬季水质 COD（图 10.4-7）呈波动变化，历年夏季大潮期呈先下降后上升趋势，小潮期基本呈上升趋势，同时，基本呈 1℃线内 COD 含量高于 1℃线外 COD 含量，1℃线内外 COD 含量均高于对照点含量；历年冬季各航次基本呈先上升后下降趋势，除历年冬季小潮落潮外，基本呈 1℃线内 COD 含量高于 1℃线外 COD 含量，1℃线内外 COD 含量均高于对照点含量（除冬季大潮涨潮期外），电厂温排水使水质

COD 呈升高态势。

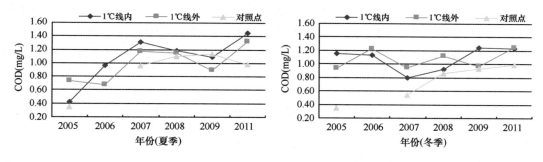

图 10.4-7 国华电厂附近海域历年 COD 变化情况

4）石油

国华电厂附近海域水质中石油类（图 10.4-8）含量属投产前（2004 年冬）最高，投产后（2005—2011 年）比投产前呈较明显下降趋势，分析认为这和当时监测海况有关。历年夏季、冬季各航次 1℃线内、外石油类含量均高于对照点石油类含量，分析认为电厂投入使用加大煤船运输，使电厂附近石油类含量较高。

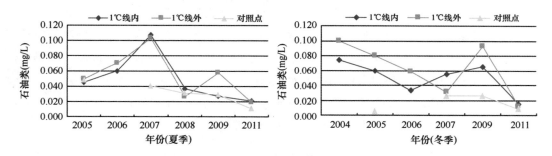

图 10.4-8 国华电厂附近海域历年石油类变化情况

5）活性磷酸盐

磷是所有海洋浮游植物生长与繁殖不可缺少的成分，是海洋水体中浮游生物正常生长所必需的生源要素之一，也是海洋初级生产力和食物链的基础。它的输入、分散和移出是一个物理、化学、生物综合作用的过程，因此，其浓度的变化也主要受水体运动、沿岸径流、生物效应等影响。同时，它是水体氧化还原状态的一种指示，也反映了饵料被利用的程度和生物新陈代谢活动规律。

在海水中，适量的营养盐有利于浮游植物的生长，但过量的营养盐在一定条件下就可能造成该水域富营养化，甚至引发赤潮。海洋磷酸盐的来源是陆地径流和大气沉降，对于陆架海域，河流是磷酸盐入海的主要途径。

国华电厂附近海域水质中活性磷酸盐含量夏季、冬季各航次（图 10.4-9）呈较明显波动变化，历年夏季各航次均值基本在 0.060 0 mg/L 以下，而冬季各航次在

0.045 0 mg/L以上。除个别年份个别航次外，呈1℃线内活性磷酸盐含量低于1℃线外磷酸盐含量。季节上较明显呈冬季大于夏季，与其他学者对于水库中磷的周年变化的研究相符。这可能与夏季气温较高、利于浮游生物生长，营养物质消耗得较快，沿岸径流携带无机磷不能及时补充，而冬季营养盐含量处于饱和状态有关。电厂温排水使水质活性磷酸盐呈下降态势。

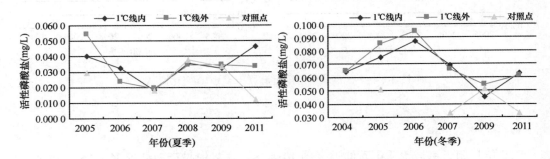

图 10.4-9　国华电厂附近海域历年活性磷酸盐变化情况

6）氨氮

水域营养盐水平对海洋生产力有决定性的影响，无机氮是浮游植物生长的必要元素之一，也是水产养殖生态系统中物质循环的重要环节。而氨氮、硝酸盐氮是无机氮的重要组成部分，硝酸盐氮约占无机氮的10.5%以上，其受陆源排污的影响很大，因此，很难看出温排水对无机氮的影响，故只考虑温排水对氨氮的影响。

国华电厂附近海域历年夏季、冬季各航次水质氨氮（图10.4-10）呈1℃线内、外氨氮含量高于对照点氨氮含量。电厂温排水使水中氨氮升高。

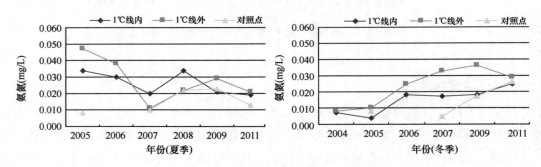

图 10.4-10　国华电厂附近海域历年氨氮变化情况

7）余氯

滨海电厂、海水淡化等企业通常采用海水作为冷却水。作为一种价格低廉、使用简便且非常有效的生物杀灭剂，氯气被广泛用于防止海水冷却系统的海洋生物附着。余氯进入受纳水体后，其存在的化学形态比较复杂。在海洋或者河口水域，Br^-能够迅速与ClO^-反应，产生$HBrO$或者BrO^-，甚至溴胺。

根据宁波中心站在乌沙电厂附近海域的监测（图 10.4-11），调查到水域水体中的余氯含量在 0.00~0.110 mg/L 之间。余氯高浓度中心一般出现在排水口附近海域，随涨落潮有所变动。

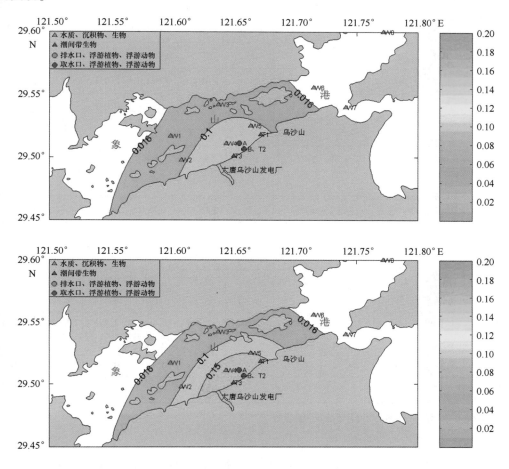

图 10.4-11　乌沙山电厂附近海域表层余氯分布

通过对历年水质监测结果的比较分析，筛选出受温排水影响且浓度波动幅度较大及于生态系统密切相关的水质因子（pH、溶解氧、COD、余氯、氨氮、硝酸盐、亚硝酸盐、活性磷酸盐）纳入水环境评价体系之中。

10.4.1.3　沉积物指标

2005—2010 年从国华宁海电厂建设投产后，共进行 6 个年度的监测，其中 2005 年为本底监测，2006—2010 年为跟踪监测，总共涉及 12 个监测项目。本节以国华宁海电厂为例，选择了石油类、硫化物、有机碳、重金属（汞、砷、铜、铅、镉、锌、铬）等主要监测项目（表 10.4-5），以比较电厂自建设投产来海域沉积物变化趋势。

表 10.4-5　国华宁海电厂附近海洋历年沉积物监测结果

年份	有机碳（$\times 10^{-2}$）		硫化物（$\times 10^{-6}$）		石油类（$\times 10^{-6}$）		汞（$\times 10^{-6}$）		砷（$\times 10^{-6}$）	
	均值	最大值	均值	最大值	均值	最大值	均值	最大值	均值	最大值
2005	0.6	0.7	6.10	15.07	47.10	1 010.2	0.021 0	0.030	2.52	2.102
2006	0.7	0.10	9.05	13.57	100.3	177.5	0.021 0	0.030	2.61	2.69
2007	0.7	0.9	7.50	11.46	79.4	4 310.1	0.021 0	0.031	2.60	2.70
2008	0.6	0.10	6.74	10.97	73.10	136.6	0.03	0.032	2.64	2.70
2009	0.6	0.7	5.52	10.710	57.55	231.7	0.0210	0.029	2.73	2.100
2010	0.6	0.10	23.00	1 107.70	1 010.4	653.0	0.046	0.072	2.102	3.12
一类标准	2		300		500		0.2		20	

年份	锌（$\times 10^{-6}$）		铜（$\times 10^{-6}$）		铬（$\times 10^{-6}$）		镉（$\times 10^{-6}$）		铅（$\times 10^{-6}$）	
	均值	最大值	均值	最大值	均值	最大值	均值	最大值	均值	最大值
2005	104.70	120.101	32.27	47.710	53.61	106.23	0.156	0.234	32.210	41.02
2006	114.100	122.19	310.62	52.110	47.32	70.50	0.2109	0.569	55.96	72.02
2007	99.12	129.510	25.52	310.010	56.71	95.25	0.1510	0.311	37.26	510.610
2008	103.40	130.94	210.610	41.71	51.92	92.010	0.149	0.197	36.22	410.92
2009	67.67	100.77	22.54	32.69	/	/	0.146	0.334	30.34	46.59
2010	113.50	136.106	44.14	52.44	/	/	0.162	0.272	35.12	410.29
一类标准	150		35		100		0.5		60	

注：2006 年引用国华宁海电厂附近海域沉积物数据。

由表 10.4-5 可知，有机碳、硫化物、汞、砷、锌、镉等含量历年差异不大，均符合一类海洋沉积物质量标准；石油类在 2010 年个别站超一类海洋沉积物质量标准；铜在 2005 年、2006 年、2010 年和 2010 年监测中，个别站存在一定的超标情况；铬均值都符合一类海洋沉积物质量标准，但 2005 年、2007 年、2010 年个别站存在一定的超标情况；铅含量除 2006 年较高，个别站超一类海洋沉积物质量标准外，其他年份差异很小，均符合一类海洋沉积物质量标准。

根据对历年沉积物监测结果分析，象山港电厂附近海域沉积物中石油类、铜、铬、铅含量变化幅度较大结合象山港大面趋势分析，这些指标能较有效地反映出象山港电厂附近海域沉积物质量现状和发展趋势，应被纳入沉积物质量评价体系之中。

10.4.1.4　生物生态指标

象山港目前建设有两个电厂，分别为大唐乌沙山电厂和国华宁海电厂。乌沙山电厂处于象山港中部，国华电厂处于象山港底部。由于国华宁海电厂由于处于象山港底部，水体交换能力较弱，监测结果显示电厂温排水对电厂厂址前沿海域海洋生态系统产生了一定的影响，以下就国华宁海电厂，从海洋浮游生物优势种及其演变、海洋浮游密度、底栖生物种类和密度等角度阐述电厂温排水对海洋生态系统的影响。

1）浮游植物对比分析

（1）浮游植物网样优势种变化

冬季，浮游植物第一、第二优势种为近岸低盐暖温性种类琼氏圆筛藻和广温广盐性种类中肋骨条藻，浮游植物第一、第二优势种基本保持稳定（表10.4-6）。夏季，浮游植物第一、第二优势种有近岸低盐暖温性种类布氏双尾藻、广温广盐性种类中肋骨条藻、近岸低盐暖温性种类琼氏圆筛藻、广温广盐性种类冕孢角毛藻和暖水性种类的冕孢角毛藻（表10.4-6）。夏季电厂前沿浮游植物第一、第二优势种存在一定的演变，2005—2007年夏季浮游植物优势种基本保持稳定，从2010年开始，第一优势种变为冕孢角毛藻，优势种之一的紧密角管藻在2009年夏季演变为第一优势种；2010年优势种为紧密角管藻和冕孢角毛藻。

表10.4-6　国华宁海电厂前沿海域浮游植物优势种对比

年份	冬季（1月）	夏季（7月）
2005	琼氏圆筛藻 中肋骨条藻	布氏双尾藻 中肋骨条藻
2006	琼氏圆筛藻 中肋骨条藻	琼氏圆筛藻 中肋骨条藻
2007	中肋骨条藻 丹麦细柱藻	琼氏圆筛藻 布氏双尾藻
2008	中肋骨条藻 琼氏圆筛藻	冕孢角毛藻 琼氏圆筛藻
2009	缺测	紧密角管藻 冕孢角毛藻
2010	琼氏圆筛藻 中肋骨条藻	紧密角管藻 冕孢角毛藻

从监测结果看，国华宁海电厂前沿海域浮游植物优势种在冬季相对保持稳定，而在夏季浮游植物优势种存在一定的演替过程。

（2）浮游植物网样种类数

夏季，浮游植物种类数基本呈现下降趋势，从2005年的71种逐渐下降到2010年的39种，之后2009年43种，2010年42种，浮游植物种类数有趋于稳定的趋势；冬季，浮游植物种类数在2006年最少只有310种，之后逐渐增多，浮游植物种类数无明显趋势

（图 10.4-12）。

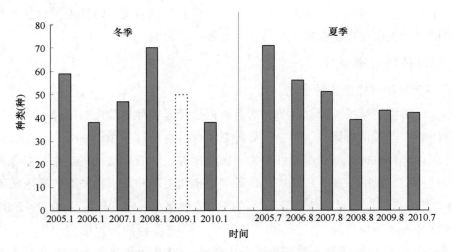

图 10.4-12　国华宁海电厂前沿海域浮游植物种类变化

(2009 年 1 月缺测，以空白表示，后同)

（3）浮游植物网样密度变化

冬季，浮游植物密度变化幅度较大，在 2006 年有较大的上升，之后从近 3 年数据看逐步下降。夏季，浮游植物密度变化幅度较小，浮游植物密度呈下降趋势（图 10.4-13）。

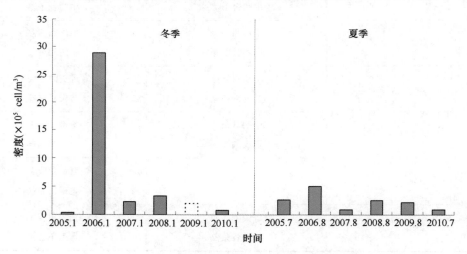

图 10.4-13　国华宁海电厂前沿海域浮游植物密度变化

(2009 年 1 月缺测，以空白表示)

（4）浮游植物多样性指数变化

夏季，浮游植物多样性指数从 2005—2010 年呈下降趋势，2009 年比 2008 年略有上升；冬季，浮游植物多样性指数 2005 年、2006 年和 2007 年基本保持稳定，2010 年有一定幅度上升，2010 年相比 2008 年略有下降（见图 10.4-14）。

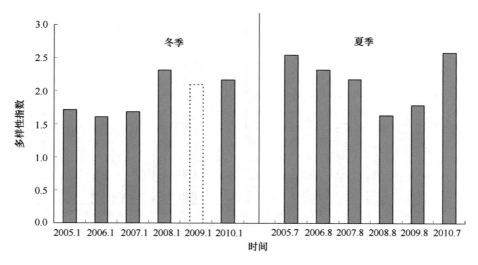

图 10.4-14 国华宁海电厂海域浮游植物多样性指数

（2009 年 1 月缺测，以空白表示）

2）浮游动物监测结果对比分析

（1）浮游动物优势种

从浮游动物优势种看，厂址前沿海域浮游动物第一优势种分别为墨氏胸刺水蚤和太平洋纺锤水蚤。低盐低温近岸种墨氏胸刺水蚤为冬、春两季厂址前沿海域主要种类，冬季（1 月）为墨氏胸刺水蚤爆发期，占到浮游动物总密度的 97% 以上，为象山港"虾子"最主要组成部分。夏季，厂址前沿海域近岸低盐暖水种太平洋纺锤水蚤为第一优势种（表10.4-7）。厂址前沿海域浮游动物优势种保持稳定。

表 10.4-7 国华宁海电厂海域浮游动物优势种对比

年份	冬季（1 月）	夏季（7 月）
2005	墨氏胸刺水蚤	太平洋纺锤水蚤
2006	墨氏胸刺水蚤	太平洋纺锤水蚤
2007	墨氏胸刺水蚤	太平洋纺锤水蚤
2008	墨氏胸刺水蚤	太平洋纺锤水蚤
2009	缺测	太平洋纺锤水蚤
2010	墨氏胸刺水蚤	太平洋纺锤水蚤

（2）浮游动物密度变化

夏季，浮游动物密度从 2005 年开始呈明显的下降趋势，从 2007 年开始基本保持稳定，但 2010 年浮游动物密度突然上升；冬季，浮游动物密度变化幅度较大，趋势性不明显（图 10.4-15）。

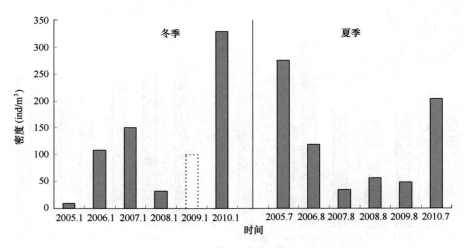

图 10.4-15　国华宁海电厂海域浮游动物密度

（3）浮游动物种类数变化

夏季，2005—2010 年浮游动物种类数整体呈下降趋势；冬季，2005—2010 年浮游动物种类数略微有上升趋势，2010 年种类数少于以往（图 10.4-16）。

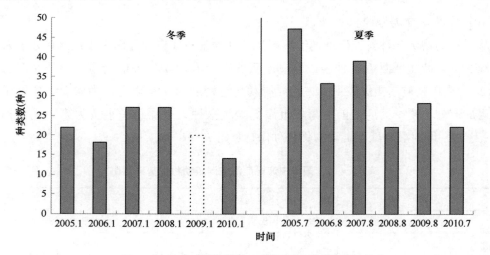

图 10.4-16　国华宁海电厂海域浮游动物种类数

（4）浮游动物多样性指数变化

夏季，浮游动物多样性指数呈现缓慢上升趋势，在 2008 年达到峰值后 2009 年、2010 年持续回落；冬季，浮游动物多样性指数 2005—2010 年则呈现"U"字形走势，2010 年 1 月则明显低于往年（图 10.4-17）。

3）底栖生物监测结果对比分析

（1）底栖生物种类数对比结果

监测结果显示，厂址前沿海域大型底栖生物主要以软体动物和多毛类动物为主，大型

554

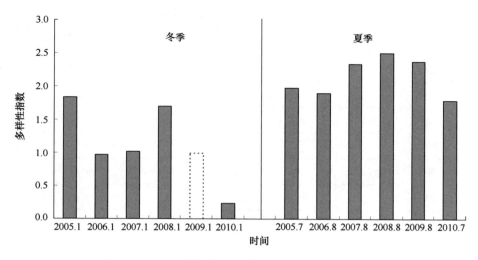

图 10.4-17　国华宁海电厂海域浮游动物多样性指数

底栖生物种类数基本呈现下降趋势，从 29 种下降到 10 种左右，下降幅度较大。其中，冬季大型底栖生物密度从 2005—2008 年稳定逐步下降，夏季大型底栖生物种类数变化幅度较大，2008 年种类数下降到最少，之后逐步回升，但亦明显低于 2005 年（图 10.4-18）。

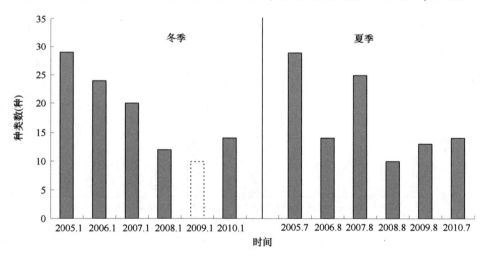

图 10.4-18　国华宁海电厂海域底栖生物种类数

（2）底栖生物优势种对比结果

监测结果显示厂址前沿大型底栖生物第一优势种基本为多毛类和软体类动物，第一优势种演变较快，2005—2010 年第一优势种主要为多毛类，2009 年主要优势种为软体类动物。从第一优势种角度讲，厂址前沿海域大型底栖生物群落尚未稳定（表 10.4-8）。

表 10.4-8 　国华宁海电厂海域底栖生物优势种

年份	冬季（1 月）	夏季（7 月）
2005	日本索沙蚕	双鳃内卷齿蚕
2006	日本刺沙蚕	双齿围沙蚕
2007	寡节甘吻沙蚕	不倒翁虫
2008	全刺沙蚕	不倒翁虫
2009	缺测	薄云母蛤
2010	棘刺锚参	不倒翁虫

（3）底栖生物密度对比结果

监测结果显示，冬季电厂前沿海域底栖生物密度基本呈现下降趋势；2005 年、2006 年间底栖生物密度下降幅度较大，2006—2010 年年底栖生物密度呈缓慢下降趋势；夏季 2005 年、2006 年年底栖生物密度下降幅度较大，2007 年略有上升，之后两年逐步下降，2010 年年底栖生物密度较高，底栖生物密度变化趋势不明显（图 10.4-19）。

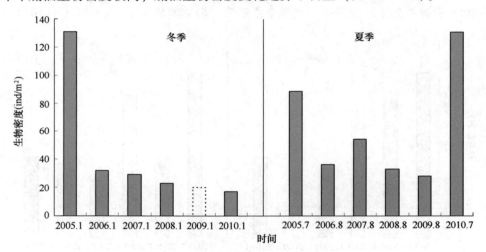

图 10.4-19 　国华宁海电厂海域底栖生物密度趋势

（4）底栖生物生物量对比结果

监测结果显示，厂址前沿海域大型底栖生物生物量振荡区间较大；从底栖生物生物量来看，呈明显下降趋势。大型底栖生物生物量振荡幅度较大除却电厂影响外可能是由于软体动物个体生物量差距较大和采样的偶然性有关。

由于大型底栖生物的附着生长特性及厂址前沿海域处于象山港港底水域，水体交换缓慢，其在受到电厂温排水和渔民底栖拖网作业的影响后底栖生物恢复较慢。从监测结果看，底栖生物种类数和密度呈下降趋势，大型底栖生物优势种变化较大，厂址前沿海域大型底栖生物生物群落结构尚未稳定（见图 10.4-20）。

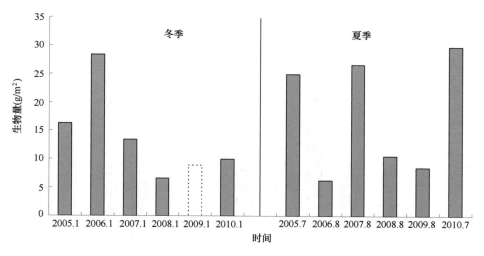

图 10.4-20　国华宁海电厂海域底栖生物生物量

4）潮间带生物监测结果对比分析

（1）潮间带生物优势种

监测结果显示，电厂左侧（CJD1）、电厂右侧（CJD2）这两条潮间带生物主要以软体动物为主，其次为甲壳动物；主要优势种为粗糙拟滨螺、短滨螺、珠带拟蟹守螺、堇拟沼螺、西格织纹螺、西格织纹螺、长足长方蟹和婆罗囊螺等，从 2005—2010 年跨度看，其潮间带大型底栖生物类别基本保持稳定，但优势种不稳定存在一定的变化。

（2）潮间带生物种类数

CJD1：夏季，2007 年潮间带种类数略少于其他年份，但整体振荡趋势不明显；冬季，潮间带生物种类数从 2005—2007 年呈上升趋势，2008 年略低于 2007 年，2010 年又略有上升，变化趋势不明显（图 10.4-21）。

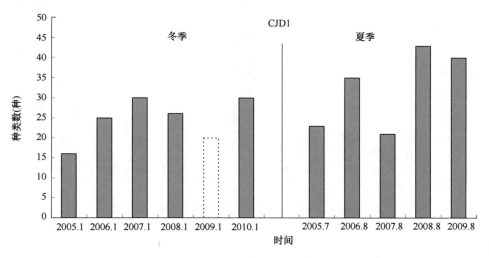

图 10.4-21　国华宁海电厂海域左侧潮间带生物种类数

CJD2：夏季，潮间带种类数从 2005 年到 2006 年呈上升趋势，2007 年种类数明显低于 2006 年，之后种类数逐步上升；冬季，潮间带生物种类数从 2005 年开始呈现上升趋势，趋势性较明显，但在 2010 年又有所回落（图 10.4-22）。

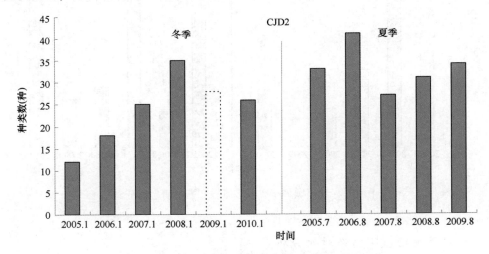

图 10.4-22　国华宁海电厂右侧潮间带生物种类数

（4）潮间带生物密度和生物量

① 潮间带生物密度

CJD1：夏季，潮间带生物栖息密度从 2005—2010 年呈上升趋势，在 2008 年达到峰值后 2009 年回落，潮间带生物生物量在一定范围内振荡；冬季，潮间带生物栖息密度基本保持稳定，但 2010 年有较大幅度上升（图 10.4-23）。

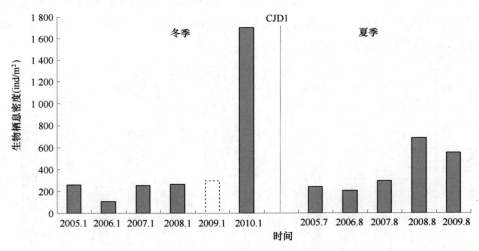

图 10.4-23　国华宁海电厂海域潮间带生物栖息密度

CJD2：夏季，潮间带生物栖息密度变化幅度较大，在 2007 年密度明显高于其余航次；冬季，潮间带生物栖息密度从 2005—2007 年逐步上升，之后 2008 年略有下降，2010 年潮间带生物栖息密度明显高于以往（见图10.4-24）。

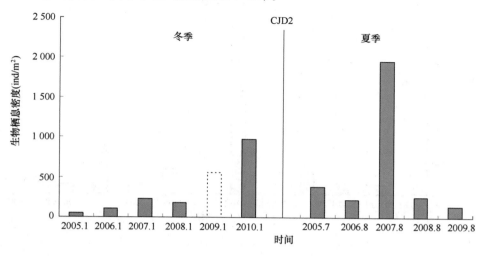

图 10.4-24　国华宁海电厂海域潮间带生物栖息密度

② 潮间带生物生物量

CJD1：夏季，潮间带生物生物量从 2005—2006 年呈下降趋势，2006—2010 年呈上升趋势，2010 年明显高于其余航次，2009 年低于 2008 年，生物量变化物明显规律；冬季，潮间带生物生物量变化幅度较大，2005 年到 2007 年生物量小幅度上升，之后 2008 年下降，但 2010 年潮间带生物量明显高于其余航次，潮间带底栖生物生物量变化规律不明显，生物量不稳定（图 10.4-25）。

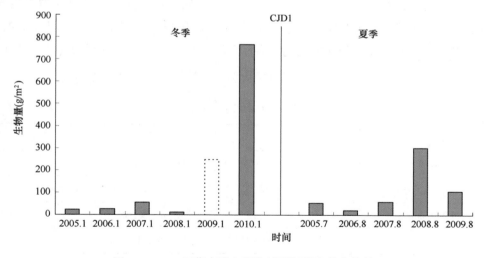

图 10.4-25　国华宁海电厂海域潮间带生物生物量

CJD2：冬季，潮间带生物量从 2005—2008 年基本呈现逐步上升趋势，但 2010 年明显高于其余航次；夏季，潮间带生物量在一定范围内振荡，规律性不明显（图 10.4-26）。

根据象山港电厂历年生物监测结果，电厂温排水对电厂厂址前沿海域海洋生态系统产

559

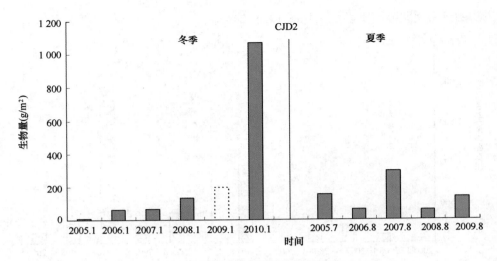

图 10.4-26　国华宁海电厂海域潮间带生物生物量

生了一定的影响，因此筛选出浮游植物、浮游动物、底栖生物和潮间带生物，纳入生物生态评价体系之中。

10.4.2　综合评价方法及结果

10.4.2.1　评价指标体系

选择合适的指标在综合评价中有着举足轻重的作用，指标体系的建立应遵循科学性、层次性、可比性、可操作性等原则。在分析象山港电厂投产以来对海洋环境影响的基础上，综合考虑工程所在海区的功能区划、自然环境、社会经济、开发利用现状、产业发展规划，将影响因素分级分类，建立评价指标体系，具体如下（表 10.4-9）。

表 10.4-9　象山港电厂评价指标

一级类	二级类
温升环境	4℃温升面积、1℃温升面积
水环境	pH、溶解氧、COD、石油类、余氯、无机氮、活性磷酸盐
沉积环境	石油类、铜、铬、铅
生物生态	浮游植物、浮游动物、底栖生物、潮间带生物

10.4.2.2　指标权重

采用层次分析法（Analytical Hierarchy Process，AHP）确定评价指标的权重。通过专家评判法，确定各层指标相对于上层指标的重要程度和指标权重（表 10.4-10）。

（1）B 层评价指标

水温环境 B1（5）>生物生态 B4（3）>水质 B2（2）>沉积物 B3（1）。

（2）C 层评价指标

水温环境：4℃温升面积 C1（5）>1℃温升面积 C2（3）；

水质环境：余氯 C10（5）>无机氮 C3（3）＝活性磷酸盐 C4（3）> pHC9（2）＝CODC5（2）＝溶解氧 C7（2）>石油类 C6（1）；

沉积物环境：石油类 C10（1）＝铜 C11（1）＝铬 C12（1）＝铅 C13（1）；

生物生态环境：浮游植物 C14（3）＝浮游动物 C15（3）>底栖生物 C16（2）>潮间带生物 C17（1）。

表 10.4-10　象山港电厂海域各层次评价指标权重

因素层 B	权重	指标层 C	权重	组合权重
水温环境 B1	0.454 5	4℃温升面积 C1	0.555 6	0.252 5
		1℃温升面积 C2	0.333 3	0.151 5
水质环境 B2	0.110 19	无机氮 C3	0.166 6	0.030 3
		活性磷酸盐 C4	0.166 6	0.030 3
		CODC5	0.111 2	0.020 2
		石油类 C6	0.055 6	0.010 1
		溶解氧 C7	0.111 2	0.020 2
		余氯 C10	0.277 6	0.050 5
		pHC9	0.111 2	0.020 2
沉积物环境 B3	0.090 9	石油类 C10	0.250 0	0.022 7
		铜 C11	0.250 0	0.022 7
		铬 C12	0.250 0	0.022 7
		铅 C13	0.250 0	0.022 7
生物生态环境 B4	0.272 7	浮游植物 C14	0.333 3	0.090 9
		浮游动物 C15	0.333 3	0.090 9
		底栖生物 C16	0.222 2	0.060 6
		潮间带生物 C17	0.111 2	0.030 3

10.4.2.3　评价方法及结果

采用赋值综合评价法对生态环境效应进行评价。首先根据实际情况和评价标准，采用专家评判法对每个评价指标进行赋分（表 10.4-11），然后分别根据公式（10.4-1）计算生态环境效应综合评价指数：

表 10.4-11　象山港电厂海域海洋生态环境评价指标与标准

目标层 A	因素层 B	指标层 C	标准	评价指数
象山港电厂生态环境效应综合评价	水温环境（B1）	4℃温升面积（km^2）C1	<1 倍	100
			1~1.5 倍	50
			≥1.5	25
		1℃温升面积（km^2）C2	<1 倍	100
			1~1.5 倍	50
			≥1.5	25
	水质（B2）	无机氮（mg/L）C3	≤0.20	100
			0.2~0.3	50
			>0.3	25
		无机磷（mg/L）C4	≤0.015	100
			0.015~0.030	50
			>0.030	25
		化学需氧量（mg/L）C5	≤2	100
			2~3	50
			>3	25
		石油类（mg/L）C6	≤0.05	100
			0.05~0.30	50
			>0.30	25
		溶解氧（mg/L）C7	≥6	100
			5~6	50
			<5	25
		余氯（mg/L）C10	ND	100
			>0.02	50
		pH C10	7.10~10.5	100
			<7.10 或>10.5	50
	沉积物（B3）	石油类（$\times10^{-6}$）C10	<500	100
			500~1 000	50
			≥1 000	25
		铜（$\times10^{-6}$）C11	≤35	100
			35~100.0	50
			100.0	25
		铬（$\times10^{-6}$）C12	≤100	100
			100~150	50
			150	25
		铅（$\times10^{-6}$）C13	≤60	100
			60~130	50
			130	25

目标层 A	因素层 B	指标层 C	标准	评价指数
象山港电厂生态环境效应综合评价	生物生态（B4）	浮游植物多样性指数 C14	≤1	25
			1~2	50
			>2	100
		浮游动物多样性指数 C15	≤1	25
			1~2	50
			>2	100
		底栖生物多样性指数 C16	≤1	25
			1~2	50
			>2	100
		潮间带生物多样性指数 C17	≤1	25
			1~2	50
			>2	100

注：4℃、1℃温升面积标准为环境行政主管部门核准的4℃、1℃的用海面积。

$$E_{pro} = \sum_{i=1}^{n} W_{iE} E_i \qquad (10.4-1)$$

式中，E_{pro} 为工程生态环境效应综合评价指数；E_i 为各评价指标的得分值；W_{iE} 为各指标的组合权重值；n 为评价指标的数目。

其中，E_{pro} 范围为 40~100。当 $E_{pro} \geq 75$ 时，表明工程对生态环境效应影响轻微；当 $55 \leq E_{pro} < 75$ 时，表明工程对生态环境效应影响较大；当 $40 \leq E_{pro} < 55$ 时，表明工程对生态环境效应影响严重。

计算可得，2010 年夏季宁海国华电厂生态环境效应综合评价指数 E_{pro} 为 510.065，夏季乌沙山电厂国华电厂生态环境效应综合评价指数 E_{pro} 为 55.792。

评价结果表明，宁海国华电厂和乌沙山电厂建设工程对其附近海域生态环境影响较大。

10.5 围填海开发活动综合评价

围填海开发活动以奉化市象山港区避风锚地建设项目为例。该项目地处象山港北侧，工程建设包括南堤、西堤、东堤等 3 座海堤，总设计为 3 515 m 海堤、两座纳排闸（总净宽 80 m）和一座船闸（净宽 16 m）等组成。于 2010 年开工，建设期限为 3 年。通过研究围填海活动对海洋环境综合影响的评价方法，提出可操作的评价指标体系、评价等级、评价指标标准和评价方法，为围填海工程管理提供科学依据。

10.5.1　围填海开发活动海洋环境影响因子筛选

10.5.1.1　水文动力及环境容量指标

象山港围填海开发活动的实施对其附近海域水文动力格局产生的影响主要表现在潮流、潮位、纳潮量、含沙量和海域冲淤情况的变化。

1）围填海工程对潮流的影响

（1）涨潮流变化

东侧纳潮，西侧排水闸关闭，因此使得西侧的潮流通道流速减弱，而东侧纳潮闸附近局部流速增大 30%～50% 左右，局部浅水区域的相对流速增大可达 70%～80%。南围堤为曲线形态，因此围堤附近涨潮流均有减弱 15%～45% 不等（图 10.5-1）。

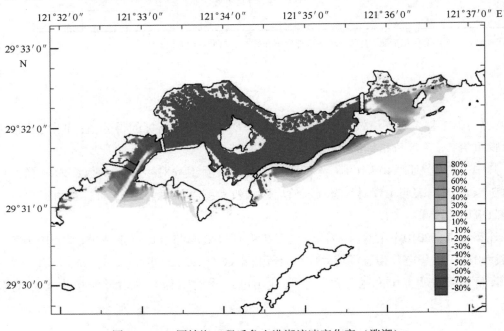

图 10.5-1　围填海工程后象山港潮流速变化率（涨潮）

（2）落潮流变化

落潮时，西侧排水闸开始工作，使西侧潮流通道流速增大明显，而西侧工程前流速就较弱，因此表现为流速增大幅度较大，增大幅度可达 80%～200% 不等，局部弱流区的流速可增大数倍；而东侧纳潮闸闭闸，使得东侧纳潮闸附近流速几乎降为 0，局部流速减小幅度在 80% 以上。

而工程区南侧的潮流主通道上流速变化不大。南围堤前沿的局部区域流速略有增大，增大幅度月 10%～15% 不等，而曲线形围堤的弧形区域内落潮流速减小幅度为 20%～40% 不等（图 10.5-2）。

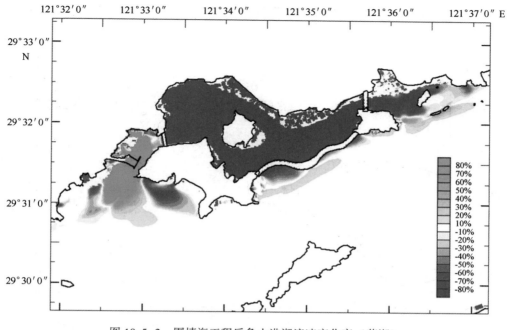

图 10.5-2　围填海工程后象山港潮流速变化率（落潮）

总体来看，工程区内的潮流动力变化很大，呈现东西两侧动力加强，中部腹地潮流动力减弱的趋势。工程南侧的主航道上涨、落潮流速变化不大。

2）围填海工程对含沙量的影响

象山港区避风锚地工程施工期间由于施工的扰动以及流场的变化，必然会引起海域携沙力变化，从而引起含沙量的变化。

根据工程区所在水道的实际情况，模型计算结果如图所示：图 10.5-3 为引航道绞吸式挖泥船疏浚悬沙扩散包络范围示意图；图 10.5-4 为海堤闭气土溢流悬浮物扩散范围。吸式挖泥船施工、海堤闭气土溢流 SS 的各级浓度增量最大包络面积统计见表10.5-1。悬浮物大于 10 mg/L 增量的包络线主要位于工程区附近，对铁港和历试山贝苗不产生直接影响。

表 10.5-1　象山港悬浮物浓度增量的最大包络面积　　　　　　　　　单位：hm^2

悬浮物浓度	>10 mg/L	>150 mg/L
围区内疏浚	648.138 2	—
引航道绞吸式挖泥船最大包络面积	76.2	0.3
海堤闭气土溢流最大包络面积	10.4	1.2
合计	734.738 2	—

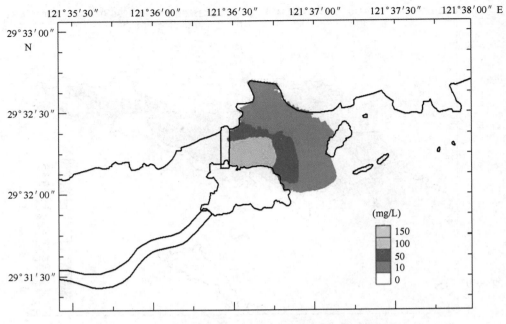

图 10.5-3　象山港引航道绞吸式挖泥船疏浚悬沙扩散面积

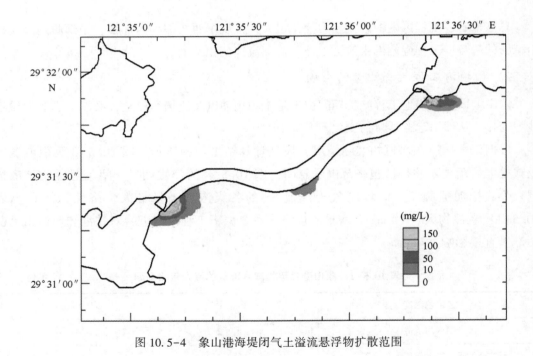

图 10.5-4　象山港海堤闭气土溢流悬浮物扩散范围

3）围填海工程对冲淤变化的影响

根据数学模型预测结果，第一年冲淤变化（图 10.5-5）：工程实施后，象山港西侧排水口附近的水道内产生一定冲刷，南侧曲线形围堤附近有所淤积，而为南围堤前沿 150 m

范围略有冲刷。综合来看以淤积为主，第一年淤积幅度约 0.2~0.4 m/a 左右，以后淤积幅度逐年递减。

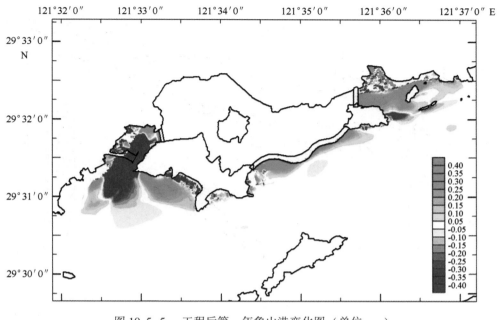

图 10.5-5　工程后第一年象山港变化图（单位：m）

最终冲淤变化（图 10.5-6）：工程实施后，西侧排水口附近的水道冲刷。南侧曲线形围堤附近有所淤积，围堤的弧形区域内最终淤积可达 0.6~1.2 m 不等，局部堤脚位置淤积可达 1.5 m 左右，而为南围堤前沿 150 m 之外的区域均略有冲刷，最终冲刷幅度约 0.15~0.35 m 不等。

通过以上的分析研究，筛选出潮流、含沙量及冲淤变化，纳入水文动力及环境容量评价体系之中。

10.5.1.2　生物生态指标

象山港区避风锚地工程对海洋底栖生物和渔业资源造成一定的影响。

1）底栖生物

冬春两季底栖生物平均生物密度为 62.9 个/m²，平均生物量为 20.64 g/m²。估算工程影响的海洋底栖生物量损失量为 1 685 t。

2）渔业资源

2010 年春季调查海区鱼卵的平均分布密度为 2.57 个/m³，仔鱼的平均分布密度为 5.34 尾/m³。工程施工悬浮物扩散影响扣除海堤围区内的影响面积为 86.6 hm²，以此计算鱼卵、仔鱼损失量。

通过以上的分析研究，筛选出底栖生物、渔业资源，纳入生物生态评价体系之中。

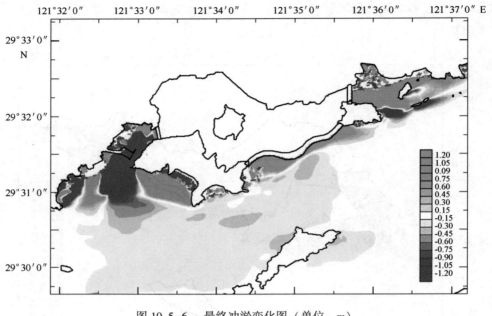

图 10.5-6　最终冲淤变化图（单位：m）

10.5.1.3　严重自然属性改变指标

围填海工程对自然属性的改变主要表现在岸线和栖息地改变等两个方面。

（1）岸线

象山港区避风锚地工程建设南堤、西堤、东堤等 3 座海堤总设计为 3 515 m 海堤，形成锚地水域面积为 5.7 km²，但对自然岸线的改变较少。

（2）栖息地改变

象山港区避风锚地工程对生物栖息地改变（底栖、潮间带、鸟类等）也较少。

10.5.2　评价体系建立

10.5.2.1　评价指标筛选

围填海影响评价指标见表 10.5-2。

表 10.5-2　围填海影响评价指标

一级类	二级类
水文动力	潮流、含沙量、冲淤变化
生物生态	底栖生物、渔业资源
严重自然属性改变	岸线、栖息地改变

10.5.2.2 指标权重

采用层次分析法（Analytical Hierarchy Process，AHP）确定评价指标的权重。通过专家咨询，确定各层指标相对于上层指标的重要程度。

（1）B层评价指标

水文动力 B1（5）>生物生态 B2（1）>严重自然属性改变 B3（1）。

（2）C层评价指标

水文动力：冲淤变化 C3（7）>含沙量 C2（3）>潮流 C1（1）；

生物生态：底栖生物 C4（1）= 渔业资源 C5（1）；

严重自然属性改变：岸线 C6（1）<栖息地改变 C7（3）。

各层次指标权重计算结果见表10.5-3。

表 10.5-3　各层次评价指标权重

因素层 B	权重	指标层 C	权重	组合权重
水文动力 B1	0.714 3	潮流 C1	0.636 4	0.454 6
		含沙量 C2	0.272 7	0.194 8
		冲淤变化 C3	0.090 9	0.064 9
生物生态 B2	0.142 9	底栖生物 C4	0.500 0	0.071 5
		渔业资源 C5	0.500 0	0.071 5
严重自然属性改变 B3	0.142 9	岸线 C6	0.250 0	0.035 7
		栖息地改变 C7	0.750 0	0.107 2

10.5.2.3 评价方法及结果

采用赋值综合评价法对生态环境效应进行评价。首先根据实际情况和评价标准，采用专家评判法对每个评价指标进行赋分，然后分别根据公式（10.5-1）计算生态环境效应综合评价指数：

$$E_{pro} = \sum_{i=1}^{n} W_{iE} E_i \qquad (10.5-1)$$

式中，E_{pro} 为工程生态环境效应综合评价指数；E_i 为各评价指标的得分值；W_{iE} 为各指标的组合权重值；n 为评价指标的数目。

其中，E_{pro} 范围为 40~100。当 $E_{pro} \geqslant 75$ 时，表明工程对生态环境效应影响轻微；当 $55 \leqslant E_{pro} < 75$ 时，表明工程对生态环境效应影响较大，应当慎重进行；当 $40 \leqslant E_{pro} < 55$ 时，表明工程对生态环境效应影响严重，应当严格控制。

奉化市象山港区避风锚地建设项目生态环境效应综合评价如下（表10.5-4）。

水文动力：根据数值模拟结论，流速平均改变量在10%～20%之间，评价指数围25；含沙量增量小于1倍，评价指数为100；冲淤变化幅度在10%～20%之间，评价指数围25。

生物生态：底栖生物损失率为1 685/112 168＝0.015＜2%，评价指数为100；渔业资源的影响面积为86.6 hm²（0.866 km²），在象山港影响轻微，因此评价指数为100。

严重自然属性改变：自然岸线的改变较少，评价指数为100；对生物栖息地改变（底栖、潮间带、鸟类等）也较少，影响轻微，因此评价指数为100。

计算可得，生态环境效应综合评价指数 E_{pro} 为61，评价结果表明，奉化市象山港区避风锚地建设项目建设网对其附近海域生态环境影响较大，应当慎重进行。

表 10.5-4　象山港围填海工程对海洋生态环境的评价指标与标准

目标层 A	因素层 B	指标层 C	标准	评价指数
围填海生态环境效应综合评价	水文动力（B1）	潮流流速平均改变量 C1	≤5%	100
			5%～10%	50
			10%～20%	25
		含沙量增加 C2	1倍	100
			2倍	50
			5倍	25
		冲淤变化 C3	≤5%	100
			5%～10%	50
			10%～20%	25
	生物生态（B2）	底栖生物损失率 C4	≤2%	100
			2%～5%	50
			5%～10%	25
		渔业资源 C5	影响轻微	100
	严重自然属性改变（B3）	岸线（C6）	≤1km	100
			2～5km	50
			>5km	25
		栖息地改变（C7）	影响轻微	100
			影响一般	50
			影响严重	25

10.6　外来物种（大米草）灾害综合评价

大米草（*Spartina anglica*）具有耐盐、耐淹、繁殖力强、根系发达等特点，曾被认为是很好的保护海岸的植物。由于大米草适应性强，繁殖速度快，数量急剧上升，使得本地物种生物多样性丧失，也给当地水产养殖业带来了巨大的经济损失。作为唯一的海岸盐沼植物，大米草已被列入我国首批外来入侵物种，被认为是世界上100种危害最为严重的入侵生物之一。

10.6.1 西沪港大米草分布现状及发展趋势

10.6.1.1 大米草分布现状

象山港海域大米草从20世纪90年代末开始在西沪港的下沙海涂繁殖蔓延，到目前大米草的面积由几年前的一小片区域迅速开始向周围扩散，主要分布在西沪港滩涂区，其他滩涂区则有零星分布（图10.6-1）。

西沪港是象山港海域大米草主要分布区，占到了象山港大米草分布面积的95%以上。大米草在西沪港滩涂区环境适宜、没有天敌，大米草迅速占领滩涂区。根据各年份的遥感影像资料和现场调查分析，2002年西沪港大米草仅限于墙头镇下沙到舫前村外的乱块大涂，2007年大米草在乱块大涂和西沪港北涂迅速蔓延，总面积超过1万亩。根据2011年5月，对整个西沪港海域大米草调研测量显示，西沪港目前大米草占据滩涂总面积约952 hm^2。

由于象山港海域大米草主要分布于西沪港滩涂区，其他滩涂区仅有零星分布，其造成的生态灾害也主要发生于西沪港滩涂，因此本书中大米草生态灾害综合评价即以西沪港为例进行分析。

2009年，西沪港大米草占据滩涂总面积约1.5万亩，主要分布在西沪港下沙—盛王张一带的乱块大涂滩涂区大约1万亩；西沪港北涂包括黄溪涂和洋北涂大约0.25万亩；军事管制区约0.20万亩，其他高滩区约0.05万亩。西沪港大米草的面积大约占整个象山港大米草面积的95%左右。

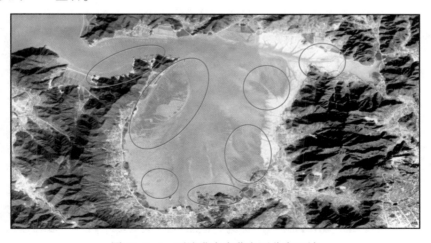

图10.6-1　西沪港大米草主要分布区域

10.6.1.2 西沪港大米草发展趋势

由于西沪港海域受无机氮，磷酸盐的污染，呈严重富营养化状态，其海域环境特征较适合其生长，又因为大米草的生命力和繁殖力极强，港内没有抑制大米草生长的生物物种，对于大米草的利用或治理目前还缺少研究，所以造成西沪港大米草在短时间内疯长蔓延，成为西沪港滩涂上的优势物种。从历年的遥感影像图分析，西沪港大米草集结区下沙、乱块大涂一带滩涂区，2002年前分布范围还比较小，到2007年乱块大涂高滩区全部被大米草占领，但局限于该区域，而目前西沪港内大部分高滩区均有大米草生长（图10.6-2~图10.6-4）。按照有关研究资料，如果条件适宜，大米草可以每年几何级速度增长，从目前西沪港海域大米草分布区域面积和发展速度来看，大米草很快会占领整个西沪港海域滩涂，对西沪港生态环境和滩涂养殖业造成严重影响。

图 10.6-2 2002 年西沪港（乱块大涂高滩区大米草）大米草遥感影像

图 10.6-3 2007 年西沪港（乱块大涂高滩区大米草）大米草遥感影像

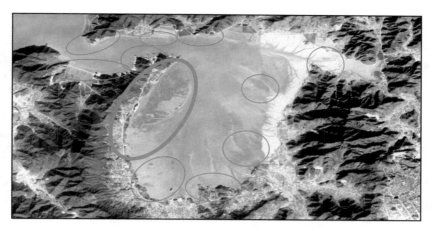

图 10.6-4　目前西沪港大米草分布调查示意图

10.6.1.3　大米草对西沪港生态环境影响分析

1）海域水动力环境改变

由于大米草的快速生长，面积迅速扩展，使得西沪港港内海洋水动力条件和冲淤环境发生根本性的改变，造成进港潮流流速减缓，流量减少，港内纳潮量锐减，港内淤积动力增加、滩涂快速淤涨，海床逐步抬高，海底地形发生变化。

2）海洋生态环境及生态系统破坏

（1）大米草的生长提高了底泥中厌氧微生物的活性，改变了滩涂泥质理化性质等自然条件。快速生长的大米草使泥沙大量积累，导致潮间带高程的抬升，致使盐沼排水不畅。

（2）由于一年一度大量大米草根系生理性枯烂和大量种子枯死海中，致使滩泥受到污染，腐烂残体四处漂流，海水水质变劣，助发赤潮，造成沿海渔民严重的经济损失。

（3）自然水产资源锐减，海洋生物多样性下降。大米草的入侵和建立群落后，1.5万亩滩涂及水面被大米草占据，空间减少、光照降低，对近岸水域浮游生物有明显影响，初级生产率降低，同时致使鱼类、蟹类、贝类、藻类等大量自然生物丧失生长繁殖场所，令多种生物窒息死亡，直接导致沿海水产资源成倍锐减，海洋生物多样性下降。

（4）大米草入侵后占领滩涂，形成密集的单一的大米草群落，从而影响涉禽栖息和觅食，严重时导致涉禽种群数量明显减少，这是大米草入侵所造成的主要生态后果。

（5）大米草占领养殖滩涂和海域，造成水产养殖业的经济损失。滩涂养殖是象山西沪港的重要水产养殖产业，西沪港养殖的贝类具有体大、肉肥、味鲜等特点，大米草占领1.5万亩养殖滩涂，使滩涂养殖功能丧失，损失严重。由于大米草不断扩张，使该水域变得狭窄，海床抬高，使大黄鱼等网箱养殖逐渐面临困难，网箱养殖也在逐步萎缩，渔民收入不断减少。

（6）海洋生态功能发生改变，生态价值损失严重。滩涂作为滨海湿地生态系统具有较大的生态服务功能，而大米草的迅速繁殖，给西沪港滩涂的生态价值带来严重损失。

10.6.2 大米草生态灾害风险评价方法研究

本书主要参考了 Costanza 等（1997）对浅海滩涂湿地服务功能间接使用价值的评估、蒋青等（1994）建立的定量风险性评估指标体系、王君（2010）、刘莉（2007）等资料和文献，结合西沪港大米草的繁殖面积、生态损失等实际情况，提出了西沪港大米草生态灾害评价方法。

10.6.2.1 大米草生态灾害评价的指标体系

参考蒋青等（1994）建立的定量风险性评估指标体系、结合西沪港大米草入侵的具体情况，并参照中国外来入侵生物及安全性考察项目组编制的外来入侵生物风险分析指标体系，确定了大米草生态灾害评价的各项评判指标并加以赋分，评判指标表 10.6-1。

表 10.6-1　大米草生态灾害评价的指标体系

指标项目（P_i）	评判标准	赋分
分布情况（P_1）	分布面积占适生区面积大于 50%	$P_1 = 3.0$
	分布面积占适生区面积 20%~50%	$P_1 = 2.0$
	分布面积占适生区面积 0%~20%	$P_1 = 1.0$
	无分布	$P_1 = 0.0$
经济危害性（P_{21}）	水产品产量损失达 20% 以上，和（或）严重降低产品质量	$P_{21} = 3.0$
	水产品产量损失 20%~5%，和（或）有较大的质量损失	$P_{21} = 2.0$
	水产品产量损失 5%~1%，和（或）有较小的质量损失	$P_{21} = 1.0$
	水产品产量损失小于 1%，且对质量无影响	$P_{21} = 0.0$
社会危害性（P_{22}）	影响很大，严重扰乱人们的正常生活	$P_{22} = 3.0$
	影响大，已经打扰了人们的正常生活	$P_{22} = 2.0$
	影响小，基本上不会打扰人们的正常生活	$P_{22} = 1.0$
	无影响	$P_{22} = 0.0$
大米草扩散速率（P_3）	扩散速率大于 0.3	$P_3 = 3.0$
	扩散速率为 0.1~0.3	$P_3 = 2.0$
	扩散速率 0~0.1	$P_3 = 1.0$
	扩散速率小于 0	$P_3 = 0.0$

指标项目（P_i）	评判标准	赋分
除害处理的难度（P_{41}）	现在除害处理方法几乎完全不能杀死	$P_{41} = 3.0$
	除害率在50%以下	$P_{41} = 2.0$
	除害率在50%~100%之间	$P_{41} = 1.0$
	除害率为100%	$P_{41} = 0.0$
根除难度（P_{42}）	控制效果差，成本高，难度大，根本不能根除	$P_{42} = 3.0$
	控制效果一般，成本较高，难度较大，几乎不能根除	$P_{42} = 2.0$
	控制效果好，成本较低，难度较小，一般可以根除	$P_{42} = 1.0$
	控制效果很好，成本低，难度小，可以根除	$P_{42} = 0.0$

10.6.2.2　西沪港大米草生态灾害评价的指标的含义及赋分

1）分布状况（P_1）

分布状况主要体现在大米草在西沪港内的发生面积占其适生区面积的比例。根据《象山县西沪港大米草治理方案》（国家海洋局第二海洋研究所，2009年）中的数据可知，西沪港滩涂4.5万亩，而2009年西沪港大米草分布总面积近1.5万亩，其分布面积占滩涂面积的33%左右，因此本书中P_1赋值为2.0。

2）危害性（P_2）

（1）经济危害性（P_{21}）

大米草对滩涂养殖业的危害性巨大，由于其繁殖力极强的，生长茂盛，会侵占滩涂养殖地，有的养殖地甚至是埤内都已被互花米草所侵占而无法养殖生产。至2009年，大米草分布面积已占西沪港全部滩涂面积的1/3，造成养殖产量大幅度下降，因此，本书中P_{21}赋值为3.0。

（2）社会危害性（P_{22}）

根据调查发现，大米草在西沪港的蔓延带来的社会危害性较小，主要体现在原来以滩涂水产养殖为谋生手段的小部分劳动力闲置、失业或改行。如墙头镇所属下山、下沙、盛王张、舫前等村的当地渔民，原捕捞小海鲜的经济收入人均每年可达5万~10万元，解决农业劳动力3 000~5 000人，但目前墙头镇万亩的滩涂被大米草的入侵，造成当地渔民部分劳动力闲置或改行。因此，本书中P_{22}赋值为1.0。

（3）大米草扩散速率（P_3）

大米草扩展速度计算公式为：

$$r = \sqrt[n]{\frac{S_f}{S_0}} - 1$$

式中，r 为扩散速率；S_f 为扩算后面积；S_0 为基准面积；n 为大米草的扩算年数（于洋等，2009）。

根据《2007 年象山港海洋环境公报》，可知 2007 年象山港大米草面积约为 1.2 万亩，由于象山港大米草主要分布于西沪港，而至 2009 年，西沪港内大米草面积已扩算至 1.5 万亩。根据上述公式，可估算西沪港大米草的扩算速率约为 0.12。故本书中 P_3 赋值为 2.0。

4）管理的难度（P_4）

（1）除害处理的难度（P_{41}）

通过人工拔除幼苗、覆盖抑制、火烧、刈割，打捞植株残体等物理方法以及喷洒药剂对大米草进行清除，通常在其生长前期有一定效果，对于大面积的成熟米草群落则非常困难，同时，有的时候能够预防种子发生，但不能彻底杀死植株根茎，在来年容易又形成新的大片群落。总之，目前使用的防治方法效率较低，防治成本很高。因此，根据 P_{31} 赋分标准，本书中 P_{41} 赋值为 2.0。

（2）根除难度（P_{42}）

大米草的繁殖相当迅速，对外在环境条件无特殊要求，在短时间内就能够重新侵入防治区域，形成重复入侵，根除难度很大。此外大米草的适生能力和极强抗逆性，使之能在各种不利的环境下生存，一旦入侵新的地区，就难以根除。根据《象山县西沪港大米草治理方案》可知，西沪港大米草完全清除需投入资金约 3 亿元。因此，根据 P_{32} 赋分标准，本书中 P_{42} 赋值为 3.0。

综上所述，大米草生态灾害评价各指标的赋分总结如表 10.6-2。

表 10.6-2　大米草生态灾害评价各指标的赋分

指标项目（P_i）	本项目赋分
分布情况（P_1）	2
经济危害性（P_{21}）	3
社会危害性（P_{22}）	1
大米草扩散速率（P_3）	2
除害处理的难度（P_{41}）	2
根除难度（P_{42}）	3

10.6.2.3　大米草的生态灾害评价等级

参考我国外来物种风险等级划分标准，结合本项目中大米草生态灾害评价结果，确定西沪港大米草的生态灾害评价标准（表 10.6-3）。

表 10.6-3　西沪港大米草生态灾害等级划分标准

灾害等级	综合评价值（P）	灾害水平
一级	2.50~3.00	极度灾害
二级	2.00~2.50	高度灾害
三级	1.50~2.00	中度灾害
四级	1.00~1.50	轻度灾害
五级	0.00~1.00	无灾害或灾害可忽略

10.6.2.4　西沪港大米草的生态灾害评价等级

第一项指标（P_1）和第三项（P_3）指标因为无下属二级指标，所以其评价值中规定的标准来确定。

第二项指标（P_2）和第四项指标（P_4）中，其所属的二级指标之间应为迭加关系，作等权处理，其计算公式为：

$$P_i = (P_{i1} + P_{i2})/2$$

其中，P_2＝（3.0+1.0）/2＝2.0；P_4＝（3.0+2.0）/2＝2.5。

最后一项是大米草生态灾害的综合评价值，由于构成大米草生态灾害的各因素之间是相互依存的，也是必须的，所以一级指标间的关系为相乘关系，其计算公式为：

$$P = \sqrt[4]{P_1 \times P_2 \times P_3 \times P_4}$$

根据 P 值的大小，就可以了解大米草在引入后造成的生态灾害程度。

按照以上计算公式，以及表中分别对各项评判指标的赋值，计算：

$$P = \sqrt[4]{2 \times 2 \times 2 \times 2.5} = 2.11$$

大米草入侵西沪港造成的生态灾害评估值 $P＝2.11$，结合灾害等级划分标准，大米草在西沪港造成的生态灾害等级为二级，灾害水平为高度灾害。

10.7　小结

（1）采用层次分析法和指数评价法相结合的方法初步构建了网箱养殖区环境质量综合评价指标体系和评价方法，并对 2011 年西沪港网箱养殖区环境质量进行了综合评价。评价结果表明：2011 年西沪港网箱养殖区养殖区水质条件优良，养殖场底质老化风险较低，且受陆源生活污染影响较小，养殖环境适宜性综合评价等级为较好；养殖生物受持久性有机污染物污染的风险极低，受重金属污染的风险较高，水产品质量安全性综合评价等级为较好；综合以上各方面因素，2011 年西沪港网箱养殖环境质量综合评价等级为较好，表明西沪港评价区域环境条件适宜网箱养殖的继续开展，但需注意水产品中的重金属污染风险，加强对水产品质量的监测。

（2）目前对入海河流和邻近海域评价均分别进行评价，没有形成整体的河海一体综合评价体系，本章节在指标筛选的基础上，建立了综合评价体系，评价指标增加了入海河流水质的感官指标、排放方式及功能区对污染物入海的敏感响应关系等。通过评价体系及建立的分级标准计算得到宁海颜公河排污口及其邻近海域生态环境效应综合评价指数 E_{pro} 为49.7，评价结果表明，宁海县颜公河排污口附近生态环境受排污口影响较大，建议加强排污口管理。

（3）象山港大桥建设对环境的影响主要表现在水文动力、环境、沉积环境和生物生态变化上。建立一个两层的影响评价指标体系。采用赋值综合评价法对生态环境效应进行评价；评价结果为：象山港大桥及接线工程的生态环境效应综合评价指数 E_{pro} 为86，该项目对其附近海域生态环境影响甚微。

（4）象山港电厂影响评价以位于象山港港底的国华宁海电厂和港中的乌沙山电厂为例进行分析。通过历年的跟踪监测资料比较分析，象山港两电厂的运营对其周边海域影响主要表现为温升环境、水质环境、沉积物环境、生物生态环境。建立了一个两层的影响评价指标体系。采用层次分析法确定各评价指标的权重。通过专家咨询，确定各层次指标相对上层指标的重要程度并确定各指标的权重。采用赋值综合评价法对生态环境效应进行评价。评价结果为：2010年夏季宁海国华电厂生态环境效应综合评价指数 E_{pro} 为58.065，夏季乌沙山电厂，国华电厂生态环境效应综合评价指数 E_{pro} 为55.792。国华宁海电厂和乌沙山电厂建设工程对其附近海域生态环境影响较大，应当慎重进行。

（5）象山港围填海开发活动的实施对其附近海域水文动力格局产生的影响主要表现在潮流、含沙量和海域冲淤情况的变化，对海洋底栖生物和渔业资源造成一定的影响，对自然属性的改变主要表现在岸线和栖息地改变等两个方面。建立一个两层的围填海影响评价指标体系。采用赋值综合评价法对生态环境效应进行评价。评价结果为：奉化市象山港区避风锚地建设项目建设网生态环境效应综合评价指数 E_{pro} 为61，该项目对其附近海域生态环境影响较大，应当慎重进行。

（6）大米草对西沪港影响主要为水动力环境、生态环境和军事设施安全。根据定量风险性评估指标体系结合西沪港大米草入侵的具体情况，并参照中国外来入侵生物及安全性考察项目组编制的外来入侵生物风险分析指标体系，确定了大米草生态灾害评价的各项评判指标并加以赋分。评价结果为：大米草在西沪港造成的生态灾害等级为二级，灾害水平为高度灾害。

参考文献

蔡雷鸣，翁秦洲，吴品煌 . 2009. 罗源湾海水中粪大肠菌群的来源及空间分布 ［J］. 海洋环境科学，28
　（04）：414-420.

蔡清海，杜琦，钱小明，等 .2007. 福建罗源湾网箱养殖区海洋生态环境质量评价［J］. 海洋科学进展，25（01）：101-110.

陈若愚，赖发英，周越 .2012. 浅析环境污染对生物的影响及其保护对策［J］. 生物灾害科学，35（2）：226-229.

陈在新，王文一 .2009. 影响鱼类生长的水质因子机理与控制［J］. 畜牧与饲料科学，30（01）.

陈作志，林昭进，邱永松 .2010. 广东省渔业资源可持续利用评价［J］. 应用生态学报，21（1）：221-226.

杜栋，庞庆华，吴炎 .2008. 现代综合评价方法与案例精选［M］. 北京：清华大学出版社.

杜虹，郑兵，陈伟洲，等 .2010. 深澳湾海水养殖区水化因子的动态变化与水质量评价［J］. 海洋与湖沼，41（06）：816-823.

甘居利，贾晓平，林钦，等 .2001. 海水网箱渔场老化风险初探［J］. 中国水产科学，8（03）：86-89.

关长涛，王春生 .2008. 海水网箱健康养殖技术［M］. 济南：山东科学技术出版社.

何国民，卢婉娴，刘豫广，等 .1997. 海湾网箱渔场老化特征分析［J］. 中国水产科学，4（S1）：77-81.

黄洪辉，林钦，王文质，等 .2005. 大鹏澳海水鱼类网箱养殖对水环境的影响［J］. 南方水产，1（03）：9-17.

计新丽，林小涛，许忠能，等 .2000. 海水养殖自身污染机制及其对环境的影响［J］. 海洋环境科学，（04）：66-71.

蒋青，梁忆冰，王乃杨，等 .1994. 有害生物危险性评价指标体系的初步确定［J］. 植物检疫，8（6）：331.

蒋增杰，崔毅，陈碧鹃 .2007. 唐岛湾网箱养殖对水环境的影响［J］. 农业环境科学学报，26（03）：1190-1194.

蒋增杰，方建光，毛玉泽，等 .2010. 宁波南沙港网箱养殖水域营养状况评价及生物修复策略［J］. 环境科学与管理，35（11）：162-167.

蒋增杰 .2003. 鱼类网箱养殖对水环境的影响［J］. 现代渔业信息，18（07）：3-5.

雷霁霖 .2005. 海水鱼类养殖理论与技术［M］. 北京：中国农业出版社.

李成高，崔毅，陈碧鹃，等 .2006. 唐岛湾网箱养殖区底层水营养盐变化及营养状况分析［J］. 海洋水产研究，27（5）：56-61.

李莉 .2011. 水东湾网箱养殖对水体氮磷含量的影响［J］. 商品与质量，（S7）：245-246.

李妙聪，章人江，余文翎 .2010. 网箱养殖对乐清湾海洋生态环境的影响及防治对策［J］. 绿色科技，（08）：138-141.

林燕顺，周宗澄，叶德赞 .1983. 厦门港近岸水域中粪大肠菌群分布的初步研究［J］. 海洋学报（中文版），5（06）：789-792.

刘莉 .2007. 外来植物入侵的经济与环境影响评价［D］. 南京农业大学硕士学位论文.

刘述锡，马玉艳，卞正和 .2010. 围填海生态环境效应评价方法研究［J］. 海洋通报，29（6）：707-711.

刘潇波，郑志勇，高殿森 .2004. 网箱养鱼对水环境影响研究及展望［J］. 北方环境，29（4）：50-52.

麦贤仕，蔡德华，蔡少炼 .2007. 海洋环境污染对水产品质量的影响［J］. 水产科技，（02）.

齐遵利，张秀文 .2006. 海水鱼［M］. 北京：中国农业大学出版社.

舒廷飞，罗琳，温琰茂 .2002. 海水养殖对近岸生态环境的影响［J］. 海洋环境科学，（02）：74-79.

舒廷飞，温琰茂，陆雍森，等 .2004. 网箱养殖 N、P 物质平衡研究——以广东省哑铃湾网箱养殖研究为例［J］.环境科学学报,24（06）：1046-1052.

孙维萍,刘小涯、潘建明,等.2012.浙江沿海经济鱼类体内重金属的残留水平［J］.浙江大学学报
（理学版）,39（03）：338-344.

王波,刘世禄.2005.美国红鱼养殖实用需新技术［M］.北京：海洋出版社.

王君.2010.互花米草危害福建的风险分析与生态经济损失评估［D］.福建农林大学硕士学位论文.

王宪.2006.海水养殖水化学［M］.厦门：厦门大学出版社.

吴利桥,葛晓霞.2014.河流特征水污染物筛选技术要点［J］.人民珠江,（3）：109-111.

邢奎元.2004.浅谈有机物污染和富营养化对水生生物的危害［J］.当代畜禽养殖业,（11）：48.

薛联芳,顾洪宾.2007.水电建设对生物多样性的影响与保护措施［J］.水电站设计,03：33-36.

杨东宁,袁东星,许鹏翔,等.1999.厦门市海水浴场泳季水质状况分析与污染防治对策［J］.环境科
学,（02）.

杨建强,崔文林,张洪亮,等.2003.莱州湾西部海域海洋生态系统健康评价的结构功能指标法［J］.
海洋通报,22（5）：58-63.

叶勇,徐继林,应巧兰,等.2002.象山港网箱养鱼区海水营养盐变化研究［J］.海洋环境科学,21
（01）：39-41.

于洋,等.2009.黄河三角洲外来入侵物种米草的分布面积与扩展速［J］.海洋环境科学,28（6）,
684-709.

翟滨,曹志敏,蓝东兆,等.2007.象山港养殖海域水体和沉积物中营养元素的分布特征及其控制过程的
初步研究［J］.海洋湖沼通报,（03）：49-56.

张光玉,田晓刚,彭士涛,等.2010.灰色动态层次分析模型在海洋环境评价预测中的开发及应用——以
渤海湾天津段为例［J］.海洋环境科学,29（05）：683-688.

张美昭,杨雨虹,董云伟.2006.海水鱼类健康养殖技术［M］.青岛：中国海洋大学出版社.

张瑜斌,章洁香,肖俊华,等.2012.湛江湾粪大肠菌群的时空分布及其与主要环境因子的关系［J］.
海洋环境科学,31（04）：503-509.

赵仕,徐继荣.2009.海水网箱养殖对沉积环境的影响［J］.黑龙江科技信息,（18）：117-119.

周小敏,赵向炯,吴常文,等.2008.舟山渔场深水网箱养殖环境前期评估［J］.海洋环境科学,27
（04）：323-326.

Costanza R, d'Arge R, de Groot R, et al. 1997. The value of the world's ecosystem services and natural cap-
ital. Nature 387：253-260.

ERVIK A, HANSEN P K, AURE J, et al. 1997. Regulating the local environmental impact of intensive marine
fish farming I. The concept of the MOM system（Modelling-Ongrowing fish farms-Monitoring）［J］. Aquacul-
ture, 158（1-2）：85-94

Felipe A, Benjamin G A A. 2004. Assessment of some chemical parameters in marine sediments exposed to
offshore cage fish farming influence：a pilot study［J］. Aquaculture, 242：283-296.

Hall P, Anderson L, Holby O, et al. 1990. Chemical fluxes and mass balances in a marine fish cage farm. I. Car-
bon［J］. Mar Ecol Prog Ser. 61：61-73.

Hisashi Y. 2003. Environmental quality criteria for fish farms in Japan［J］. Aquaculture. 226：45-56.

Holby O, Hall P. 1991. Chemical fluxes and mass balances in a marine fish cage farm II. Phosphorus［J］. Mar
Ecol Prog Ser. 70：263-272.

PÉREZ O M, ROSS L G, TELFER T C, et al. 2003. Water quality requirements for marine fish cage site selection in Tenerife (Canary Islands): predictive modelling and analysis using GIS [J]. Aquaculture, 224 (1-4): 51-68

Wu R, Mackay D, Lau T, et al. 1994. Impact of marine fish farming on water quality and bottom sediment: a case study in the sub-tropical environment [J]. Marine Environmental Research. 38: 115-145.

第 11 章　海洋生态功能区划研究

生态功能是指生态系统及其生态过程所形成的有利于人类生存与发展的生态环境条件与效用，即自然生态系统支持人类社会和经济发展的功能，国内外学术界将其统称为"生态服务功能"。

在全球生态系统所提供的服务中，有 63.0% 来自海洋（Costanza R R.，1997）。海洋生态系统以其独特的地质地貌构造、理化性质和生物组成特征，发挥着其他自然生态系统不可代替的生态功能及价值。在过去很长一段时间里，人类对海洋生态系统采取了掠夺性和破坏性的利用和经营，使海洋生态系统面临越来越大的压力，特别是沿海过快增长的人口数量、自然资源的消耗和人类对环境的改变（Palmer M.，2004；Costanza R.，1997），使得海洋生态系统的资源支撑能力与环境容量这两大社会发展的支柱逐渐衰退与缩减（张朝晖等，2007），一定程度上威胁了人类自身的健康和安全，并限制了社会经济的进一步提升和发展。

近年来，随着社会的发展和人类海洋意识的提高，人们逐渐认识到海洋生态功能的重要性，以及开展海洋生态功能研究的必要性和迫切性。关于海洋生态功能的研究，已成为当今国内外海洋科学领域的新方向和热点。国外学者中，以 Costanza、Holmlund、Duarte 和 Daily 等人的工作最具代表性，其研究主要集中在区域性或单项海洋生态系统服务功能极其价值的评估研究（Costanza R.，1997；Holmlund C.，1999；Duarte C. M.，2000；Daily G. C.，2000）。我国学者自 21 世纪初开始投身于海洋生态系统的服务功能、价值类型、价值评估技术等方面的研究，并取得了一定的进展，为我国海洋生态系统价值的评估做出了积极的贡献（陈仲新等，2000；徐丛春等，2003；汪永华等，2005）。

生态功能区划的目的是为制定区域生态环境保护与生态建设规划、维护区域生态安全、资源合理利用、工农业生产布局以及保育区域生态环境提供科学依据。2003 年，国家环保总局发布了《生态功能区划暂行规程》，参照此规程，2002—2008 年，各个省、市、自治区相继开展了省级生态功能区划工作。其中，邵秘华等还以此规程为基础开展了辽宁省海洋生态功能区划研究（邵秘华等，2012），其他沿海省、市、自治区的生态功能区划则较少涉及海域。为弥补海洋生态功能区划研究工作的不足，国家海洋局生态环境保护司于 2013 年向宁波海洋环境中心站下达了"海洋生态评价制度研究"任务，同意在象山港试点开展海洋生态功能区划工作。本文本着结合海洋生态系统的特点，建立了海洋生态功能分区技术方法，整理了海洋生态功能分类体系，并在象山港海域开展了海洋生态功能区划示范。

11.1 研究技术方法

海洋生态功能区划的技术路线如下（图 11.1-1）。

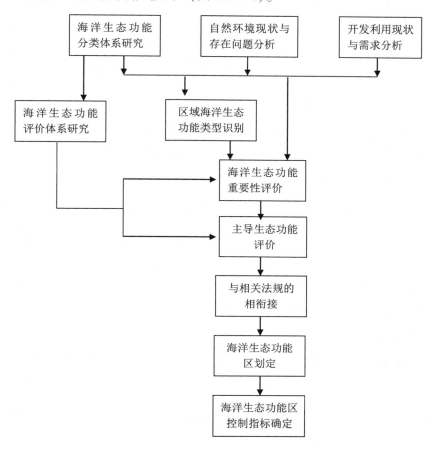

图 11.1-1　海洋生态功能区划技术路线

1）资料收集与生态问题分析

根据相关资料，分析区域的海洋及相邻陆域的自然条件与资源利用状况、海洋生态环境状况及海洋保护与开发利用现状，识别当地亟待解决的生态问题。

（1）自然环境现状与生态问题分析

依据区域的自然条件及海洋环境资料，评价本地区海洋生态环境状况及演变趋势，主要包括气候条件、水文条件、入海污染物种类与数量、海水与沉积物中主要污染物的分布状况、典型海洋生态系统、栖息地及景观变化等，分析本地区亟待解决的主要生态问题，识别主要生态风险，例如水体富营养化、赤潮、外来物种入侵、海岸侵蚀、渔业事故等。

583

（2）开发利用现状和发展需求分析

依据区域的区位条件、海洋功能区划和海域开发利用现状等相关资料，分析本地区的各类型用海分布资料以及海洋功能区的开发利用状况。依据本区域内的国家级战略规划，分析本地区海洋功能开发利用趋势。

2）海洋生态功能类型识别

在广泛调研国内外生态功能分类成果的基础上，结合海洋生态系统特征，对分类体系和分类单元进行取舍，整理一套海洋生态功能分类体系，并研究起评价指标体系。

根据目标区域的生态特征，筛选适合于本区域的海洋生态功能类型。

3）海洋生态功能重要性评价

根据海洋生态功能的评价指标体系，对已识别的海洋生态功能类型，逐类评价生态功能重要性的区域化差异，获得一系列海洋生态功能重要性分区图。

4）主导生态功能评价

根据一定的主导生态功能评价原则，结合区域生态功能重要性评价结果，确定区域的主导生态功能和兼容生态功能。

5）与相关法规的衔接

海洋生态功能主导功能评价结果，与各级政府部门已颁布与该区域相关的政策、法规、区划和规划相衔接，尽可能避免冲突。

6）海洋生态功能区划定

划定海洋生态功能区，制定相关技术要求，制作海洋生态功能区划图。

7）控制指标

根据各个海洋生态功能区划定条件及其发挥作用可能对其他生态功能的影响，制定各个海洋生态功能区的控制指标。

11.2 海洋生态功能分类

对海洋生态系统的服务有许多种不同的分类方式，有的按功能性组群分为调节、搬运者、栖息地、信息服务及生产等服务（Lobo G. , 2001；Degroot R. S. et al. , 2002）。有的按组织性组群分类，例如与某些特定物种有关的服务，它们或者是调节某些外在的输入，或者是与生物实体的组织有关（Norberg J. , 1999）。还有的将服务按描述性组群分为提供可更新的资源产品和不可更新的资源产品、物理结构服务、生物服务、生物地球化学服务、信息服务以及社会与文化服务（Moberg E. & Folke C. , 1999）。根据海洋生态系统提供的服务在内容上的相关性和作用上的相似性，将海洋生态系统服务功能划分为供给功能、调

584

节功能、文化功能和支持功能四大类，这一分类方法为国内外多数学者所支持（张朝晖等，2006；石洪华等，2007；李铁军，2007；陈尚等，2006；宋睿等，2007；王其翔和唐学玺，2010；程娜，2008；Werner S. R. et al.，2014；Hattam C. et al.，2014），并被新千年生态系统评估体系所采纳。也有研究者根据各自研究目的不同将海洋生态系统服务功能分成 3 个一级指标，如刘旭等（2011）在研究海洋环境监测指标体系的建立时，将海洋生态服务功能划分为供给功能、调节功能和支持功能；Cabral P 等（2015）将调节功能和支持功能合并为一类。也有研究者把海洋生态系统服务划分为五大类去研究，日本学者 Wakita K. 等（2014）在上述四类功能之外，还增加了海洋保护的行为意向方面的价值，以强调海洋生态系统服务与人类保护海洋的行为意识之间的关系及其对海洋生态系统服务的影响与效用（表 11.2-1）。

表 11.2-1　海洋生态系统服务功能及价值分类比较

作者	分类				
刘旭等	供给服务	调节服务	支持服务		
Cabral P. et al	供给服务	调节功能			文化服务
Wakita K. et al	供给服务	调节功能	支持服务	Behavioural intentions for marine conservation	文化服务
国内外多数学者	供给功能	调节功能	支持功能		文化功能

综合考虑国内外学者观点，研究者们大都从人类对生态系统的 4 个基本用途：提供物质资源、分解废弃物、满足精神需求和满足生存进行分类，并且根据生态系统服务效用的表现形式，结合研究区基础资料获取的有限性，本书将海洋生态系统的主要服务功能划分为主流的四大类，即供给功能、调节功能、文化功能和支持功能。

11.2.1　供给功能

根据《千年生态系统评估》（MA）定义，供给功能指从生态系统中获得的产品，包括食物和纤维、燃料、基因资源、生化药剂、自然药品、观赏资源和淡水等。Degroot R. S. 等（2002）的生态系统服务分类体系中，生产功能包括食物、原材料、基因资源、医药资源和观赏资源。21 世纪初国内关于海洋生态系统生态服务功能与价值评估的研究日渐兴起。陈尚等（2006）基于联合国千年生态系统评价的框架，结合我国海洋生态系统的特征，建立了海洋生态系统服务功能的基本分类体系，在此体系中供给功能包括食品生产、原料生产、氧气提供和提供基因资源，此后两年的研究成果多与该分类体系吻合（张朝晖等，2007；李铁军，2007；程娜，2008）。也有学者根据 MA 的分类体系，主张将氧气提供功能定位为气体调节功能，与气候调节功能一起归在调节功能（郑伟等，2009；康旭等，2010；刘旭等，2011；黎鹤仙等，2013）。

根据上述国内外研究成果，大多学者将海洋生态系统供给功能多分为三大类，分别为食品供给、原材料供给和基因资源供给。

食品供给主要指人类从海洋生物中获得的各种食物产品，如鱼类、虾类、蟹类、贝类及可食用海藻等。原材料供给包括了海洋生态系统为人类间接提供的食物、日用品、装饰品、燃料、药物等生产性原材料及生物化学物质。基因资源供给服务是指海洋动物、植物、微生物所蕴含的人们已利用的和具有开发利用潜力的遗传基因资源，其价值与区域内的海洋生物物种数量直接相关。氧气提供是海洋植物通过光合过程生产的氧气，进入大气中提供人类享用。

由于海洋生态系统提供的所有服务是相互作用并且互相依赖的。各类服务供给量主要取决于生态系统本身的规模和功能，而且与人类活动也有很大关系。如食品供给经常按照养殖量、捕捞量计算，原材料按照用于人们化工、加工等生产活动的各种原料统计，这些指标具有区域差异性，因此可用于生态分区。而氧气提供、基因资源供给将海域作为整体研究对象，海洋与大气之间氧气、二氧化碳不断进行着交换，海洋生态系统中各类营养物质也不断进行循环，对上述两类服务单独划区研究意义不大。

另外，海洋系统能为人类提供油气、海砂、淡水等服务，本文将海洋蕴含的各类能源、矿产等资源统一作为原材料供给功能。

综合考虑近年大多数学者的观点，结合海洋生态功能分区中评价指标的可操作性和数据的可获取性，本文将海洋生态系统供给功能分两大类，即食品供给和原材料供给。食品供给功能又分水产品提供（人工）类和水产品提供（自然）类。原材料供给功能又分为矿产（海砂、油气）、盐产品和能源（潮汐能、波浪能和风能）3个三级类（表11.2-2）。

表11.2-2　供给功能分类结果

一级类	二级类	三级类	指标
供给服务	食品供给	水产品提供（人工）	水质、饵料生物、底质类型、自然灾害（赤潮、风暴潮等）
		水产品提供（自然）	资源量、种类
	原材料供给	矿产（海砂、油气）	分布位置、面积、储量
		盐产品提供	蒸发量、日照时间、降雨量、产量
		能源（潮汐能、波浪能、风能）	能源种类、风力大小、潮差、波浪

11.2.2 调节功能

11.2.2.1 国内外研究及分类结果

联合国千年生态系统评价（MA）将生态系统中，调节服务是人类从生态系统过程的调节作用当中获得的各种收益，包括维护空气质量、调节气候、调节水分、控制侵蚀、净化水质和处理废弃物、调控人类疾病、生物控制、授粉、避免遭受风暴侵袭的保护等。

Liquete 等（2013）综合了 MA、生态系统和生物多样性经济学（TEEB）、生态系统服务国际通用分类（CICES）、Beaumont 等（2007）的分类方法，提出了海洋生态系统服务的分类方法，将调节服务分为水质净化、空气质量调节、海岸防护、气候调节、天气调节和生物调节 6 类，具体分类如表 11.2-3。Böhnke-Henrichs 等（2013）提出的海洋生态系统服务 4 类 21 项分类体系中，调节服务包括空气净化、气候调节、干扰调节和中和、水流调节、废弃物处理、防止海岸侵蚀、生物控制 7 项，具体如表 11.2-4。

表 11.2-3　Liquete 等的海洋生态系统调节服务分类和描述

海洋生态系统服务		海洋/海岸特有	一般生态系统服务定义
调节服务	水质净化	人类废弃物处理；稀释；沉降，捕获或隔离（例如：农药残留或工业污染物）；生物降解（例如：海洋石油泄漏后的生物强化）；"死区"的氧化作用；过滤和吸收；再矿化作用；分解	水环境中的废弃物和污染物处理的生物化学和物理化学过程
	空气质量调节	植被（例如红树林）、土壤（例如湿地）和水体（例如开放海域），由于其物理结构和微生物组成，吸收悬浮颗粒、臭氧或二氧化硫等空气污染物	低层大气中的空气污染物浓度调节
	海岸防护	自然防护海岸带，抵御由波浪、风暴或海平面上升引起的洪水和侵蚀；形成海岸带生境的生物和地理结构能够消解水体运动，因而稳定沉积物或产生缓冲防护带	抵御洪水、干旱、飓风和其他极端事件，以及防止海岸侵蚀
	气候调节	海洋作为温室气体和气候活跃气体的吸收池。无机碳溶解进入水体中，通过初级生产者生成有机碳，一部分被储存，一部分被隔离	调控温室气体和气候活跃气体。最普遍的是二氧化碳的摄取、储存和隔离
	天气调节	例如海岸带植被和湿地对空气湿度的影响，并最终影响饱和点与云的形成	生态系统和生境对当地天气的影响，例如温度和相对湿度
	生物调节	对鱼类病原体的控制，特别是在水产养殖设施中；珊瑚礁中的清洁鱼的作用；人类疾病传播媒介的生物控制；潜在入侵物种的控制	有害动植物的生物控制，通常指影响商业活动和人类健康的农作物和牲畜的防护

表 11.2-4　Böhnke-Henrichs 等的海洋生态系统调节服务分类和描述

海洋生态系统服务		描述	示例
调节服务	空气净化	海洋生态系统对空气的净化	粉尘、颗粒物、二氧化硫、二氧化碳等空气污染物的去除
	气候调节	海洋生态系统对维持适宜气候的贡献，通过对水循环以及大气中气候影响元素的作用而产生	海洋生物对二氧化碳、水蒸气、氮氧化物、甲烷和二甲基硫等气体的生产、消耗和使用
	干扰调节和中和	海洋生态系统结构对抑制风暴潮、海啸、飓风等环境干扰强度的贡献	盐沼、海草床、红树林等生态系统结构直接导致的环境干扰损失的降低
	水流调节	对维持当地近岸流结构的贡献	大型海藻对当地流强的影响；维持通过近岸流形成的深水航道
	废弃物处理	入海污染物的去除	海洋微生物对化学污染物的降解；贝壳类动物对水体的过滤
	防止海岸侵蚀	海洋生态系统对防止海岸侵蚀的贡献，水流调节服务的内容除外（例如近岸流对沉积物的运输和沉降）	通过海岸带植被维持海岸带沙丘；近岸大型藻类导致的冲刷减少
	生物控制	通过维持食物链结构和流动来维持种群自然健康，保持生态系统的恢复力	通过草食性鱼类控制藻类的数量来维持礁石生态系统；食物链顶端的食肉动物在限制海蜇、乌贼之类机会物种的种群规模上所起的作用

　　国内海洋生态系统服务分类方法普遍都是基于联合国千年生态系统评价（MA）的框架。陈尚等（2006）认为海洋生态系统包括了气候调节、废弃物处理、生物控制、干扰调节等 4 项生态调节服务功能，更多学者在此基础上增加了气体调节功能（张朝晖等，2010；郑伟，2009；王其翔等，2010）（见表 11.2-5）。国内学者在评估区域海洋生态系统服务功能价值时，也基本采用了这 5 项调节服务功能（张华等，2010；李志勇等，2011；李晓等，2010），或者选取了其中的几项功能（秦传新等，2012；吴姗姗等，2008）。

表 11.2-5　国内外海洋生态系统调节服务分类对照

文献来源	气候调节	空气质量调节	水质净化和废弃物处理	自然灾害调节	水调节	侵蚀调节	有害动植物控制	疾病控制
MA	气候调节	空气质量调节	水质净化和废弃物处理		水调节	侵蚀调节		
Beaumont 等	气体和气候调节		废弃物生物降解		干扰预防			无
TEEB	气候调节	空气质量调节	废弃物处理	极端事件节制	水流调节	侵蚀预防		生物控制
CICES v3	大气调节	废弃物的稀释和降解	生物降解和水质调节	气流调节	水流调节	质量流量调节	有害动植物和疾病控制	
Liquete 等	气候调节 / 气象调节	空气质量净化	水质净化		海岸防护			生物控制
Böhnke-Henrichs 等	气候调节	空气质量调节	废弃物处理	干扰调节	水流调节	防止海岸侵蚀		生物控制
陈尚 等	气候调节	无	废弃物处理		干扰调节			生物控制
张朝晖 等	气候调节	空气质量调节	水质净化		干扰调节		有害生物与疾病的生物调节与病控制	
郑伟 等	气候调节	氧气生产	水质净化		干扰调节			生物控制
王其翔 等	气候调节	气体调节	废弃物处理		干扰调节			生物控制

由表 11.2-5 可见，虽然国内外学者提出的海洋生态系统调节服务的分类方法和描述方式有所不同，但内容基本一致，且基本可以相互对应，主要区别在于对干扰调节的认识和分类，有将其分为三类，如 MA 分为自然灾害调节、水调节和侵蚀调节，也有将其统一成一类，如 Liquete 等（2013）将其归结为海岸防护，而国内学者普遍统一为干扰调节。因此将海洋生态系统调节服务归结为五项服务，即气候调节、空气质量调节、水质净化、干扰调节和生物控制，可基本涵盖国内外学者提出的调节服务功能。

11.2.2.2 分类分析及初步结果

1）气候调节

气候调节服务是指海洋生态系统通过一系列生物参与的生态过程来调节全球及地区温度、降水等气候的服务。这一服务主要体现在两个方面：一方面是通过海洋生物泵和初级生产者的光合作用吸收二氧化碳等温室气体；另一方面是海洋浮游植物通过释放二甲硫化物 $[(CH_3)_2S]$ 来触发云的形成，增加太阳辐射的云反射，减少热量吸收（王其翔，2010）。

综合考虑海洋生态功能分区中气候调节功能重要性评价指标的可操作性和数据的可获取性，本文暂不考虑该功能。

2）空气质量调节

空气质量服务是指海洋生态系统维持空气化学组分稳定、维护空气质量的服务。主要包括海洋初级生产者（如各种浮游微藻、大型海藻等）通过光合作用向大气中释放氧气；通过生物泵等作用吸收二氧化碳；维持臭氧层；调节硫氧化物（SO_x）水平等内容（王其翔，2010）。

综合考虑海洋生态功能分区中空气质量调节功能重要性评价指标的可操作性和数据的可获取性，本文暂不考虑该功能。

3）水质净化

水质净化服务主要是通过生物转化和生物转移过程实现的。污染物进入海洋生物体后，在有关酶的催化作用下，由一种存在形态转变为另一种形态的过程称为生物转化。生物转移是指污染物在生物体内的转移，在食物链不同营养级之间的转移及在海洋空间上的转移。通过上述生态过程，污染物从有毒形态转化为无毒形态，从高污染浓度转化为低污染浓度。水质净化服务为人类处理了大量排海的工业和生活废水、废气及固体废弃物，提高了人类健康、安全方面的福利（张朝晖，2007）。

水质净化功能区对应海洋功能区划中的污水排放区。

根据《污水海洋处置工程污染控制标准》（GB 18486—2001），污水海洋处置需满足以下条件：

（1）污水海洋处置的排放点必须选在有利于污染物向外海输移扩散的海域，并避开由岬角等特定地形引起的涡流及波浪破碎带；

590

（2）污水海洋处置排放点的选址不得影响鱼类洄游通道，不得影响混合区外邻近功能区的使用功能；

（3）对实施污染物排放总量控制的重点海域，确定污水海洋处置工程污染物的允许排放量时，应考虑该海域的污染物排放总量控制指标；

（4）污水海洋处置不得导致纳污水域混合区以外生物群落结构退化和改变；

（5）污水海洋处置不得导致有毒有害物质在纳污水域沉积物或生物体中富集到有害的程度。

因此，污水排放区应设置在水动力条件好，环境容量大的海区，并避开海洋生物产卵、繁育、洄游通道等生态敏感区，可选择水动力条件、环境容量和生态敏感性3个指标来进行重要性评价，且前两项为正指标，生态敏感性为负指标。

4）干扰调节

干扰调节主要通过海洋生态系统对各种环境波动的容纳、衰减和综合作用实现，如草滩、红树林和珊瑚礁等生态系统对风暴潮、台风等自然灾害有较强的削弱功能，能有效缓解风暴潮、台风对沿岸的侵蚀和破坏。因此干扰调节可降低自然灾害对人类的威胁，提高人类安全方面的福利。

综合国内外学者对干扰调节的定义和示例，干扰调节可分为泄洪防潮和海岸侵蚀防护两类。

泄洪防潮生态服务功能主要分布于一些重要河口区和集中连片的滩涂区，河口和滩涂是天然形成的泄洪通道和防潮屏障（邵秘华等，2012）。因此在海洋生态服务功能重要性评价上，可考虑入海径流量、临海陆域设施重要性、岸滩形态3个指标，且均为正指标。

河口海岸地区岸滩侵蚀是当今全球海岸带普遍存在的灾害现象。近几十年来，各国的海岸侵蚀出现加剧趋势。因此海岸侵蚀已成为河口海岸学研究的重要内容。我国在50多年前，除了个别废弃河口三角洲被侵蚀后退外，绝大多数海岸呈缓慢淤进或稳定状态，海岸侵蚀尚不突出。自20世纪50年代末期开始，我国海岸线的侵蚀态势出现了逆向变化，海岸侵蚀日益明显，多数砂质、泥质和珊瑚礁海岸由淤进或稳定转为侵蚀，导致岸线后退。在20世纪90年代，当时约有70%的砂质海滩和大部分处于开阔海域的泥质潮滩受到侵蚀。近10多年来，岸滩侵蚀范围在继续扩大，侵蚀强度也在增强。海岸侵蚀已给我国沿海地区经济发展带来严重危害，尤其是岸滩后退造成河口低洼地的淹没，增大洪涝几率和土地盐渍化程度，并干扰生态系统。

海岸侵蚀的原因主要包括河流入海泥沙减少、海岸工程破坏拦沙、采砂和围垦、相对海平面上升、海岸带生态系统破坏、护岸工程弱化等。因此在海洋生态服务功能重要性评价上，海岸侵蚀防护可考虑岸滩稳定性、冲淤状况、海岸带植被3个指标。

5）生物控制

生物控制服务是指通过生物种群的营养动力学机制，海洋生态系统所提供的控制有害生物，降低相关灾害损失的服务。孙军等的研究发现在自然海区中，浮游动物的摄食不但控制或延缓了浮游植物水华或赤潮的发生，而且可以控制浮游植物群落的演替方向，从而控制赤潮的类型，进而影响整个赤潮的消长过程。

综合考虑海洋生态功能分区中生物控制功能重要性评价指标的可操作性和数据的可获取性，本文暂不考虑该功能。

综上所述，海洋生态功能分区中的调节服务初步分类结果见表11.2-6。

表 11.2-6 海洋生态系统调节服务初步分类结果

一级类	二级类	三级类	评价指标
调节服务	水质净化	水质净化（河口、排污口）	水动力条件、环境容量、生态敏感性
	干扰调节	海岸侵蚀防护	岸滩类型、冲淤状况、海岸带植被
		泄洪	径流量、潮差
		防潮	岸滩形态、岸段灾害风险等级

11.2.3 文化功能

11.2.3.1 文化服务功能的分类研究现状

目前，国内外对海洋生态系统服务中的文化功能有许多种不同的分类方式。

王伟等（2005）将 Costanza 等（1997）提出的 17 类生态系统服务功能价值归为人文价值的包括科研、教育、文化、旅游等。一部分学者将科研和教育并为一类，如中国工程院院士唐启升在《加强多重压力胁迫下近海生态适应性对策研究》一文中将文化型服务分为休闲娱乐，精神文化，教育科研。这种分法有较高认可度，部分学者将 3 种文化功能描述为精神文化服务、知识扩展服务和旅游娱乐服务（张朝晖等，2010；黎鹤仙等，2013；郑伟等，2009；康旭等，2010）。也有人在进行海洋生态系统功能价值评估时，选取以上 3 种文化功能中的两种，以选取休闲娱乐和科研文化两类者居多（石洪华等，2008；李志勇等，2011；张华等，2010）（表 11.2-7）。

表 11.2-7 文化功能分类结果统计

研究者	文化功能分类			
王伟等	科研	教育	文化	旅游
唐启升等	教育科研		精神文化	休闲娱乐
张朝晖等	知识扩展		精神文化	旅游娱乐
王其翔等	教育科研		精神文化	休闲娱乐
郑伟等	知识扩展		文化用途	旅游娱乐

研究者	文化功能分类		
康旭等	知识扩展	精神文化	旅游娱乐
陈尚等	科研价值	文化用途	休闲娱乐
黎鹤仙等	知识扩展	精神文化	旅游娱乐
石洪华等	/	精神文化	休闲娱乐
李志勇等	科研文化		旅游娱乐
张华等	科研文化		旅游娱乐

11.2.3.2 初步分类分析及结果

参考上述研究者的研究成果，研究者们大多把文化服务功能分为教育科研、精神文化、休闲娱乐三类，有些划分为科研、教育、文化、旅游四类或科研文化、旅游娱乐两类的，但这些实际上是进行了一些功能的拆分和合并，本质上没有区别。但由于精神文化服务是海洋生态系统满足人类精神需求、艺术创作和教育等的非商业性贡献，在海洋生态系统服务功能区划分中无法从空间角度进行，所以精神文化服务暂不考虑。

综上分析，在参考前人研究成果的基础上，综合考虑海洋生态系统的实际现状，将海洋生态系统服务中的文化服务分为休闲娱乐、科研教育两大类（表11.2-8）。

1）休闲娱乐

休闲娱乐服务是指海洋生态系统向人类提供旅游休闲资源的服务。海洋生态系统及其景观以其独有的特点向人类展示了大自然的另一种美，并向人类提供了旅游休闲和其他户外活动的另一种选择机会。已经被人类开发利用的服务包括各种海边（上）垂钓、观光、潜水、渔家乐及其他海洋生态旅游。

2）科研教育

教育科研服务是指海洋生态系统为人类科学研究和教育提供素材、场所及其他资源的服务。人类通过对海洋生态系统及其过程、组分等的调查、研究、预测等，能够丰富自身的知识，为教育提供资源，更好的谋求自身福利。

表 11.2-8 海洋文化服务功能初步分类结果

一级类	二级类	三级类	指标
文化服务	休闲娱乐	自然景观	特征景观（典型地貌、水色、水质）
		人文景观	历史典故、遗迹
	科研教育	科普基地	
		实验基地	

11.2.4　支持功能

11.2.4.1　分类研究现状

支持服务是指对于其他生态系统服务的产生所必需的基础服务，是供给服务、调节服务及文化服务的基础。纵观国内外学者研究成果，初期学者将海洋生态系统的支持服务分为初级生产、物质循环、生物多样性三项（郑伟等，2007；石洪华等，2008；陈尚等，2006），后来，有人将提供生境增添为支持功能的第四项（张朝晖等，2010；李志勇等，2011；康旭等，2010；王其翔，2010）。

但国内外仍有不同观点，如 Wakita K. 等（2014）把支持服务功能分为初级生产、营养物质循环、提供生境三项；刘旭等（2011）建立的监测海洋生态服务功能的指标体系将支持功能分为初级生产力和生境两项。

在进行海域生态系统功能服务价值评估时，操作者也会根据可操作性和数据可获取性等因素，选用其中部分指标进行评估，如索安宁等（2011）和刘亮（2012）在对渤海、辽东湾、莱州湾等海域生态系统功能服务进行价值评估时，均选取了初级生产和生物多样性维持两项评估支持功能的价值。

支持功能分类结果比较具体见表 11.2-9。

表 11.2-9　海洋支持功能分类结果比较

研究人	支持功能分类			
张朝晖等	初级生产	物质循环	生物多样性	提供生境
李志勇等	初级生产	营养元素循环	物种多样性维持	提供生境
王其翔等	初级生产	营养元素循环	物种多样性维持	提供生境
康旭等	初级生产	物质循环	生物多样性	提供生境
石洪华等	初级生产	营养元素循环	物种多样性维持	—
郑伟等	初级生产	物质循环	生物多样性维持	
陈尚等	初级生产	营养元素循环	物种多样性维持	
Wakita K. 等	初级生产	营养物质循环	—	生境
索安宁等	初级生产	—	生物多样性维持	—
刘旭等	初级生产力	—	—	生境
刘亮等	初级生产	—	物种多样性维持	—

11.2.4.2　初步分类分析及结果

参考上述研究者的研究成果，针对支持功能有的研究者将其分为四类，有的将其分为三类或两类。分为三类的大都是因为物种多样性与维持提供生境意义相近，故有的研究者将其归为一类进行研究；分为两类的则没有将营养元素循环考虑进去，可能是因为营养元素循环功能与调节功能大类所包含的功能作用有些相似。本研究则没有考虑初级生产和营养物质循环这两类，因为初级生产主要是通过浮游植物、其他海洋植物和细菌生产固定有机碳，为海洋生态系统提供物质和能量来源，结合本研究区域基础资料获取的有限性，故没有划分进去；而营养物质循环与本研究中调节功能的划分有较多相似之处，故没有再次提及；本研究结合区域特点，新增加一类其他支持功能项，具体划分为土地储备功能、港航交通功能和国家权益保障功能。

综上所述，根据本研究区域生态系统服务特点及其效用的表现形式，本研究将支持功能划分为物种多样性维持、提供生境与其他支持功能三类。初步分类结果具体见表 11.2-10。

表 11.2-10 海洋支持功能初步分类结果

一级类	二级类	三级类	指标
支持服务	物种多样性维持	生物物种多样性	物种数、丰度、生物量、多样性指数
		珍稀濒危生物	物种、丰度
	生境提供	典型生境（如湿地、珊瑚礁、红树林、海草床等）	类型、面积
		生物繁育场	三场一通
	其他支持功能	土地储备功能	冲淤状况、岸滩类型、面积、高程
		港航交通功能	岸线类型、水深
		国家权益保障功能	领海基点、军事基地

1）物种多样性维持

物种多样性维持服务是指海洋生态系统通过其组分与生态过程维持物种多样性水平的服务。这一服务主要包括海洋生态系统维持自身物种组成、数量的稳定，为系统内物质循环和能量流动提供生物载体，并对其他服务的供给提供支撑。它们既是生态系统的一部分，也是产生其他生态服务的基础。生物多样性对于维持生态系统的结构稳定与服务可持续供应具有重要意义，可以通过生物多样性指数来衡量此项服务。

2）提供生境

提供生境服务主要由海洋大型底栖植物所形成的海藻森林、盐沼群落、红树林以及底栖动物形成的珊瑚礁等，对其他生物所提供的生存生活空间和庇护场所。生境的大小及质量决定了该生境内生物多样性的多少，并由此决定了所产生的服务。可以通过各种

595

索饵场、栖息地、产卵场和生物避难所等生境的面积大小和环境质量好坏来衡量此项服务。

3) 其他支持功能

(1) 土地储备功能

根据 2007 年国土资源部颁布的 277 号文件《土地储备管理办法》，全面统一了土地储备的涵义，即土地储备是指市、县人民政府国土资源管理部门为实现调控土地市场、促进土地资源合理利用目标，依法取得土地，进行前期开发、储存以备供应土地的行为（赵小风等，2008）。而海洋土地储备功能则是避开自然保护区、重要经济（或科学、人文）价值的生物的集中分布区、产卵区、育幼区和其他重要生态敏感区及为人类提供适宜的栖息空间。

(2) 港航交通功能

港航交通功能就是为物质生产提供基本的商品水陆转运服务和交易场所（杨建勇，2008）。水深满足通航、锚泊需求。海底地形、底质稳定。

(3) 国家权益保障功能

主要是领海基点、领海基线、军事用途等涉及国家海洋权益和国防安全的区域。根据《联合国海洋法公约》，海岛是划分我国内水、领海和 200 海里专属经济区等管辖海域的重要标志，一个岛屿或者岩礁就可以确定一大片管辖海域，海洋权益价值极高。领海基点是计算沿海国领海、毗连区和专属经济区和大陆架的起始点，在我国已公布的领海基点中，有 50% 以上位于无居民海岛上。相邻基点之间的连线构成领海基线，是测算沿海国上述国家管辖海域的起算线（高战朝，2005；江淮，2009）。

11.2.5　海洋生态功能分类研究结果

综合分析了国内外有关海洋功能的研究成果后，我们将海洋生态系统服务功能归纳为供给服务、调节服务、文化服务和支持服务四大服务功能类型，在此基础上，本着生态分区的目的和操作性强的原则，进一步筛选 4 个一级类、9 个二级类和 20 个三级类（表11.2-11）。对应每一个三级海洋生态功能类型，初步筛选了评价指标。

表 11.2-11　海洋生态功能分类总结

一级类	二级类	三级类	评价指标
供给服务	食品供给	水产品提供（人工）	水质、饵料生物、底质类型、自然灾害（赤潮、风暴潮等）
		水产品提供（自然）	资源量、种类
	原材料供给	矿产（海砂、油气）	分布位置、面积、储量
		盐产品提供	蒸发量、日照时间、降雨量、产量
		能源（潮汐能、波浪能、风能）	能源种类、风力大小、潮差、波浪

一级类	二级类	三级类	评价指标
调节服务	水质净化	水质净化（河口、排污口）	水动力条件、环境容量、生态敏感性
	干扰调节	海岸侵蚀防护	岸滩类型、冲淤状况、海岸带植被
		泄洪	径流量、潮差
		防潮	岸滩形态、岸段灾害风险等级
文化服务	休闲娱乐	自然景观	特征景观（典型地貌、水色、水质）
		人文景观	历史典故、遗迹
	科研教育	科普基地	
		实验基地	
支持服务	物种多样性维持	生物物种多样性	物种数、丰度、生物量、多样性指数
		珍稀濒危生物	物种、稀有程度
	生境提供	典型生境（如湿地、珊瑚礁、红树林、海草床等）	类型、面积
		生物繁育场	三场一通
	其他支持功能	土地储备	冲淤状况、岸滩类型、面积、高程
		港航交通	岸线类型、水深
		国家权益保障	领海基点、军事基地

11.2.6 象山港海洋生态功能类型

对照前文总结的海洋生态功能分类体系，结合象山港生态特征，对象山港海洋生态功能类型进行甄别和筛选。4个一级类在象山港均有相应生态功能；9个二级类中原材料提供和科研教育两项功能较弱，均没有突出功能区域，因此本文暂不考虑。

象山港由于其港湾狭长等特点，海域受台风等自然灾害的影响较小，为海水养殖提供了天然优良条件，水产养殖规模也较大，水产品提供（人工）功能显著。虽然海域有一定的渔业捕捞活动，但资源量有限，因此本文对象山港水产品提供（自然）功能不作评价和分区。同样由于港湾狭长及其港湾走向等原因，象山港内潮流相对平缓，因此在干扰调节功能中，防潮功能并不强大。休闲娱乐功能中，象山港没有特别突出的人文景观，因此，仅以自然景观作评价。以项目组已掌握的材料，尚不足以对象山港的珍稀濒危生物物种多样性维持功能和生境提供中的典型生境功能作出评价，因此也暂不评价。对于国家权益保障功能，也因信息不足，不作评价和分区。

经筛选，象山港海洋生态功能类型主要有：生物繁育场、生物物种多样性维护、泄洪、海岸侵蚀防护、水产品提供（人工）、水质净化、自然景观、土地储备功能和港航交通等9种类型。针对各种海洋生态功能类型，综合考虑水动力条件、水环境状况、生物多样性分布特征、历史文化价值以及发挥不同生态功能的环境需求等关键因素，研究其功能重要性，并分析各海域的海洋生态各种生态功能的重要性，确定其主导生态功能。

11.3 海洋生态功能重要性评价

评价等级：生态功能重要性分为重要、较重要、中度重要和一般重要四个等级。为便于综合多方面因素进行评价，对重要、较重要、中度重要和一般重要四个等级分别赋值4、3、2、1，多因素评价时对区域各项赋值结果计算平均值，作为区域该项生态功能重要性总赋值，功能重要性赋值结果大于3.5的评价为重要，功能重要性赋值结果介于2.5~3.5间的评价为较重要，功能重要性赋值结果介于1.5~2.5间的评价为中度重要，功能重要性赋值结果小于1.5的评价为一般重要。

11.3.1 水产品提供（人工）

象山港海域规模以上捕捞区较少，海域水产品提供主要以养殖水产品为主，即水产品提供（人工）功能为主。拟从养殖区规模，养殖海域的水质、沉积物质量等对养殖适宜性，来确定养殖区的水产品提供的重要性，养殖规模越大，重要性越高，水质、沉积物污染状况越轻的养殖区其对水产品提供的重要性最大。

（1）先以规模来确定养殖区的重要性（表11.3-1），滩涂养殖结合养殖区的沉积物质量状况，浅海与围塘养殖则结合水质来对养殖水产品提供重要性进行综合考虑和调整。

表11.3-1　象山港水产品提供生态功能重要性评价养殖区规模标准　　　　单位：hm²

养殖类型	重要（4）	较重要（3）	中度重要（2）	一般重要（1）
浅海养殖	>3 000	1 500~3 000	500~1 500	<500
围塘养殖	>1 000	200~1 000	100~200	<100
滩涂养殖	>3 000	2 000~3 000	1 000~2 000	<1 000

（2）水质污染状况综合了有机物污染指数、重金属污染指数、石油类指数等各类污染指数，能较为全面反映象山港水质污染状况。各浅海和围塘养殖区所处区域的水质污染状况重要性分布见图11.3-1。图中数值越高的区域表示水质重要性越高（水质污染程度相对较低的区域），由图11.3-1可见水质重要性区域位于西沪港口东北侧约1/4象山港水

域。港底处水质污染程度相对较高。

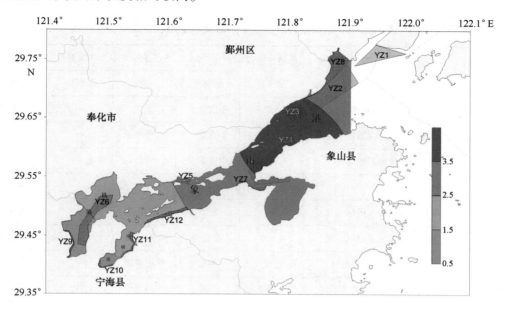

图 11.3-1　象山港围塘和浅海养殖区及所在海域水质状况

（3）沉积物综合质量状况见图 11.3-2，沉积物综合质量状况综合重金属风险指数、有机污染指数、石油类指数等，能较为全面地反映了象山港沉积物污染状况。各滩涂养殖区所处区域的沉积物污染状况重要性分布见图 11.3-2。

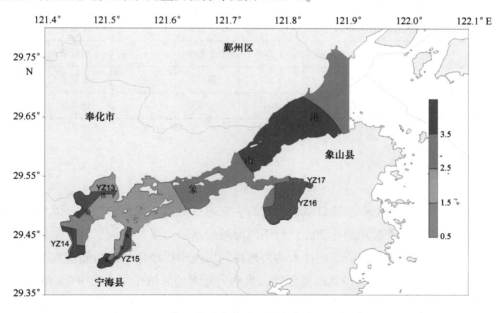

图 11.3-2　象山港滩涂养殖区所在海域沉积物质量状况

（4）重要性调整原则，根据养殖规模和环境质量各自确定的重要性综合考虑，确定总体水产品提供生态功能重要性（表11.3-2）。

表11.3-2　象山港各养殖区水产品提供生态功能重要性

编号	养殖区名称	养殖区面积（hm²）	水产品提供生态功能重要性			
			据规模	水质	沉积物	调整后
YZ1	北仑梅山西浅海养殖区	592	中度重要	重要	—	较重要
YZ2	鄞州北仑浅海养殖区	3 582	重要	重要	—	重要
YZ3	鄞州横码浅海养殖区	757	中度重要	重要	—	较重要
YZ4	象山黄避岙浅海养殖区	1 608	较重要	中度重要	—	中度重要
YZ5	奉化裘村浅海养殖区	388	一般重要	一般重要	—	一般重要
YZ6	宁奉铁港浅海养殖区	1 635	较重要	一般重要	—	中度重要
YZ7	象山西沪港口南浅海养殖区	255	一般重要	中度重要	—	一般重要
YZ8	鄞州瞻岐北仑洋沙山围塘养殖区	1 154	重要	重要	—	重要
YZ9	宁海铁港西部围塘养殖区	206	较重要	中度重要	—	中度重要
YZ10	宁海桥头胡围塘养殖区	74	一般重要	一般重要	—	一般重要
YZ11	宁海大佳何围塘养殖区	172	中度重要	一般重要	—	一般重要
YZ12	象山西周围塘养殖区	214	较重要	一般重要	—	中度重要
YZ13	宁奉铁港滩涂养殖区	1 049	中度重要	—	一般重要	一般重要
YZ14	宁海铁港底部滩涂养殖区	1 044	中度重要	—	中度重要	中度重要
YZ15	宁海黄墩港滩涂养殖区	1 243	中度重要	—	一般重要	一般重要
YZ16	象山西沪港滩涂养殖区	3 317	重要	—	一般重要	中度重要
YZ17	象山白墩港滩涂养殖区	204	一般重要	—	一般重要	一般重要

11.3.2　水质净化

海洋对水质净化的生态功能是众所周知的，它通过扩散、稀释，消解、水解、生物吸收与转化等功能对水质起到净化功能，但不同海域的水动力条件不同，其扩散性不同，海域水质净化功能总要性也有所不同，水动力越强的区域水质净化生态功能重要性越大。

（1）考虑水动力对水质净化的重要性，水动力强大的区域作为水质净化功能重要性越大。各排污口所处海域水动力条件见图11.3-3。半交换时间越长，其水动力越弱，由图可见，水动力在象山港口一直向港内减弱，根据水动力强度，将其分为4个区域，由港口到港底水动力对水质净化功能区的重要行依次为重要（<20 d）、较重要（20~30 d）、中度重要（30~35 d）、一般重要（>35 d）。

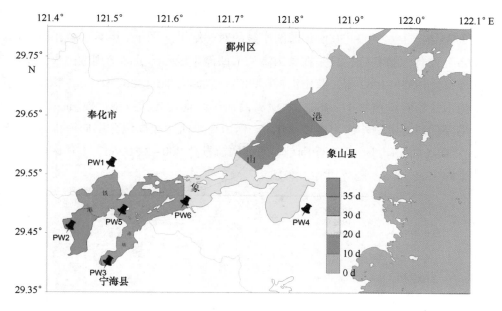

图 11.3-3　象山港水体半交换时间及排污口分布

（2）由于水质净化区生态功能区首先考虑所有规模以上排污口海域，水质净化区生态功能重要通过排污口重要性来确定。根据排污口级别来确定排污口区域水质净化区的重要性，重点排污口海域水质净化功能为重要，一般排污口则为较重要，其次将大型电厂（国华宁海电厂、大唐乌沙山电厂）的温排水口海域也纳入水质净化区，并将其生态功能定为较重要。

（3）重要性调整原则，根据排污口重要性及所处海域的水动力条件各自确定的重要性程度进行综合考虑，确定总体水质净化区的重要性。

象山港排污口及大型电厂的温排水口海域见表 11.3-3。

表 11.3-3　象山港陆源排污口及温排水口海域

编号	地址	需求评价	条件评价	综合评价
PW1	奉化莼湖镇	中度重要	一般重要	中度重要
PW2	宁海西店崔家	中度重要	一般重要	中度重要
PW3	宁海颜公河入海口	重要	一般重要	较重要
PW4	象山墙头	中度重要	较重要	中度重要
PW5	国华宁海电厂（强蛟）	较重要	中度重要	较重要
PW6	大唐乌沙山电厂（象山西周）	较重要	中度重要	较重要

11.3.3　海岸侵蚀防护

海岸侵蚀防护功能重要性，主要从岸线本身的稳定性，岸线对保持海域水动力条件、冲淤环境平衡，以及岸线周边是否有重要物种栖息地，岸线本身保持原貌的完整性等等方面来考虑。河口两岸的岸线对保持河口生态的重要性，在主要河口两侧 1 km 的岸线保持是非常重要的。

根据 1935 年、1962 年和 2005 年海图岸线的对比结果（图 11.3-4），象山港海岸线在1935—2005 年总体保持稳定，只是在象山港局部凹湾岸段和部分岛屿周围因人工围涂筑堤有明显的外移。1935—1962 年，象山港局部凹湾岸段向海推进 300～580 m，梅山岛南面岸线因建设梅山盐场向海推移 1.3 km，六横岛西面岸线向海推进 470～850 m；1962—2005 年，象山港局部凹湾岸段外移 350～2 000 m，梅山岛东西两面岸线分别向海推进约 550 和2 000 m，六横岛西面岸线由于高涂围垦养殖而向海推移 800～2 300 m。上述区域的岸线平均推进速率约 13.8 m/a（陈尊庚等，2015）。

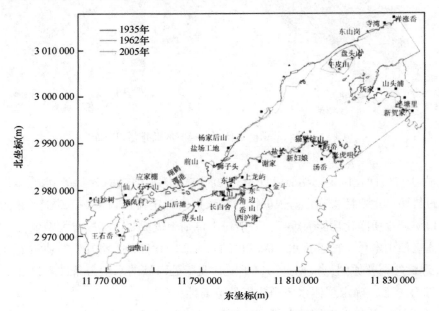

图 11.3-4 1935—2005 年象山港岸线变化

（陈尊庚等，2015）

根据上述各方面条件综合考虑，根据象山港的岸线类型（图 11.3-5）和岸线稳定性，象山港海域岸线保持区域见表 11.3-4，其分布见图 11.3-6。

表 11.3-4 象山港海岸侵蚀防护功能重要性

编号	岸线位置	岸线概况	重要性
AX1	大嵩江河口岸线	两侧为沙滩	较重要
AX2	颜公河河口岸线	两侧为泥滩	
AX3	鬼溪河河口岸线	两侧为泥滩	
AX4	纯湖岩礁岸线	以岩礁、砾石滩为主，无人工坝体，原貌完整性保持良好	中度重要
AX5	西沪港口岸线	位于西沪港口南北相对的两侧岸线，为岩礁岸滩，岸线保持对西沪港内的水动力条件保持十分关键	较重要

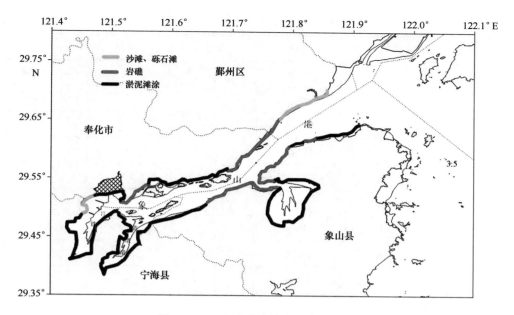

图 11.3-5　象山港岸线类型分布状况

图 11.3-6　象山港海岸侵蚀防护功能区分布

11.3.4　泄洪

以环象山港汇水区的面积（见表 11.3-5）和径流深数据为依据，来确定象山沿岸各岸段对泄洪的重要性，汇水区相应岸段径流量越大，则认为泄洪防潮的重要性越高。同时将象山港沿岸较大河流作为泄洪防潮区。

表 11.3-5　象山港周边海区和汇水区划分　　　　　　　单位：km²

海区	汇水区	面积	海区	汇水区	面积
I	1	75.8	V	7	16.28
	2	94		21	6.66
	3	64.54	VI	8	93.88
	4	117.88		9	136.89
	19	71.4		10	209.26
	20	30.57		11	11.44
II	5	51.1	VII	12	15.52
	18	24.32		13	113.98
III	16	92.74		14	75.62
	17	56.63			
IV	6	89.53			
	15	145.26			

（1）根据象山港周边地形和入海河流分布，汇入象山港径流区域如图 11.3-7。根据行政区划分成 21 个汇水区，同时，各汇水区贡献海域也大致如图中相应海域。如 1、2、

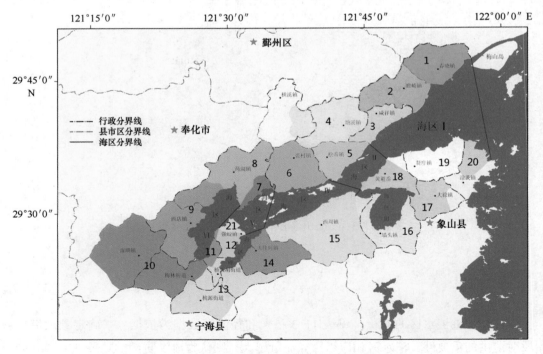

图 11.3-7　象山港海区及周边陆域汇水区的划分图

3、4汇水区和19、20汇水区的贡献海域为海区Ⅰ。

（2）通过计算，各海域岸段径流量见表11.3-6，径流量400×10⁶ m³以上的为重要，（200~400）×10⁶ m³为较重要，（100~200）×10⁶ m³为中度重要，100×10⁶ m³以下为一般重要，将各海区岸段泄洪防潮生态功能的重要性见图11.3-8。由图11.3-8可见，港口北岸和港底铁港岸段泄洪防潮生态功能重要性最高为重要，港中南岸其次，为较重要，港口南岸为中度重要，强蛟半岛等其他区域为一般重要。

表11.3-6 象山港各海域岸段径流量计算结果

海区岸段	径流深（m）	汇水区面积（km²）	径流量（×10⁶ m³）	重要性
Ⅴ南	1.3	6	7.8	一般重要
Ⅴ北	1.3	16	20.8	
Ⅱ南	1.4	24	33.6	
Ⅱ北	1.4	51	71.4	
Ⅰ南	1.3	102	132.6	中度重要
Ⅳ北	1.5	89	133.5	
Ⅲ	1.5	149	223.5	较重要
Ⅳ南	1.6	145	232	
Ⅶ	1.5	205	307.5	
Ⅰ北	1.3	352	457.6	重要
Ⅵ	1.4	451	631.4	

图11.3-8 象山港泄洪功能重要性分布

11.3.5 自然景观

自然景观功能只考虑海洋功能区划中划为休闲娱乐区的区域,其他区域本文不作自然景观功能评价。对海洋功能区划中划为休闲娱乐区的区域,根据景观提供性质、风景区级别、特征景观(如典型地貌、水色、水质、绿化等)可观赏性和舒适性等方面评价其重要性。象山港海域的自然生态风景区、度假旅游区概况和重要性见表 11.3-7。象山港海域自然生态风景区和度假旅游区分布见图 11.3-9。

表 11.3-7 象山港自然景观功能区

编号	名称	位置	现状	重要性评价
LV1-LV5-LV6	宁海强蛟群岛	位于横山岛、铁沙岛、中央山岛和白石山岛范围内的海域	该区域海岛绿化率高,交通方便,海况较好,素有海上千岛湖之称,且横山岛上建有寺庙,有较好的自然和人文环境	重要
LV2	北仑洋沙山度假旅游区	北仑洋沙山以东至拟建梅山跨海大桥	该区域已建人造沙滩等项目,交通方便,适宜进行亲水活动	中度重要
LV3	奉化松岙度假旅游区	奉化小狮子口至浙江船厂海域	主要是增殖捕捞区(休闲渔业活动)	中度重要
LV4	奉化凤凰山悬山度假旅游区	奉化凤凰山和悬山附近海域	凤凰山岛绿化率高,交通方便,海况较好,且有明朝大将张苍水屯兵遗址	较重要

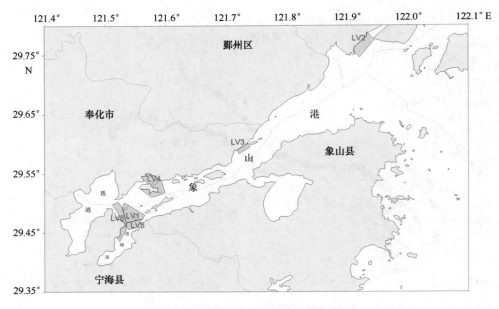

图 11.3-9 象山港自然景观功能区评价

606

11.3.6　生物物种多样性

（1）已设立的生物多样性保护区直接作为生物多样性保护生态功能区。该功能区为象山西沪港湿地和沼泽生态系统自然保护区，该区域目前现状为未开垦、未围垦的原始区域，密布海生植物。

（2）根据象山港海域的各区域的底栖生物、鱼类等海洋生物的多样性维护重要性值分布，来确定象山港海域生物多样性保护的重要性，重要性值越高被认为是保护重要性越高。

象山港海域生物多样性综合指数分布情况见图11.3-10。由图11.3-10可见，重要性值较高的区域位于西沪港口东北侧，该区域生物多样性维护重要，象山港口、中部及西沪港重要性值其次，该区域生物多样性维护较重要，黄墩港和象山港底生物多样性维护中度重要，铁港区域则重要性值最小，则生物多样性维护一般重要。

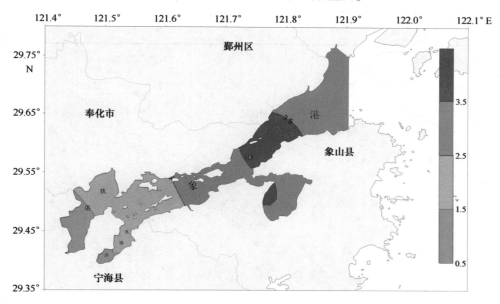

图 11.3-10　象山港海域生物多样性维护重要性值分布

11.3.7　生物繁育场

生物繁育场功能的重要性程度，根据渔业资源保护区的有无，保护区级别，以及习惯性繁育场的繁育种类和繁育场的实际作用来确定。根据象山港目前的渔业资源繁育区情况看，主要有蓝点马鲛国家级种质资源保护区，菲律宾蛤仔、弹涂鱼、龙头鱼繁殖场等，具体见表11.3-8。象山港各繁育区编号见图11.3-11。

表 11.3-8　象山港渔业资源繁育区概况

编号	繁育场	区域	保护等级	种类	重要性
FY1	蓝点马鲛国家级种质资源保护区	核心区	国家级	蓝点马鲛	重要
FY2	蓝点马鲛国家级种质资源保护区	实验区	国家级	蓝点马鲛、银鲳、黑鲷、锯缘青蟹、黑斑口虾蛄、菲律宾蛤、毛蚶等	较重要
FY3	宁海樟树自然繁育保护区	宁海樟树附近海域	地市级	菲律宾蛤苗、弹涂鱼、龙头鱼	较重要
FY4	宁海薛岙自然繁育保护区	宁海薛岙附近海域	地市级	菲律宾蛤苗、弹涂鱼、龙头鱼	较重要
FY5	双礁至至历试山菲律宾蛤苗繁育区	双礁至至历试山附近海域	地市级	菲律宾蛤苗	中度重要

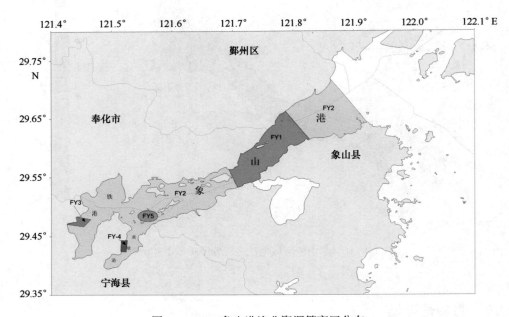

图 11.3-11　象山港渔业资源繁育区分布

11.3.8　土地储备

一般而言，淤涨型滩涂、高涂，生物多样性较差的区域，且围填后对海区水动力影响甚微，从生态功能的角度将，较适合作为土地储备区。

但象山港为封闭性港湾，海域面积较小，岸线曲折，淤涨型滩涂，土地储备区主要根据象山港目前使用状况，对规划围海造地区进行土地储备的生态功能定为确定。目前规划为围填海的区域有红胜海塘围填海区，大嵩围填海区。

土地储备区为排他性且为改变自然属性的用海，其主导功能为土地储备，所以土地储备区的功能仅为土地储备，不再兼容其他生态功能。

11.3.9 港航交通

本文仅以海洋功能区划中的港口航运区和实际投入使用的航道进行评价。港航交通生态服务区主要考虑海域水深、地质、地形、岸滩、岸线等环境条件对建设港口、航道、锚地建设的适宜性，同时港航设施的建设不应影响海洋生态环境。由于象山港目前开发活动较为活跃，适建海域也已基本开发。本文仅以目前象山港现有的港航设施建设状况，根据其港口、航道级别、锚地所泊船只吨位，所处海域自然环境条件等来确定各港航设施作为港航交通生态功能服务区的重要性。

象山港各港航交通生态功能重要性见表 11.3-9，其分布状况见图 11.3-12。

表 11.3-9　象山港各港航交通生态区重要性

编号	名称	位置	面积（hm²）	使用现状	重要性
HD1	象山港内航道区	位于象山港大桥西侧，至宁海强蛟电厂码头和乌沙山电厂码头，航道宽度为300 m	1 855	C 级航道，已经进行 3.5 万吨级通航建设	较重要
HD2	象山港西泽横码航道区	位于鄞州横山港口区和象山西泽港口区之间	922	D 级航道。目前随着象山港大桥的开通，该航道繁忙有所下降	中度重要
MD1	宁奉避风锚地区	位于宁海强蛟狮子口深槽西侧海域	113	尚在建设中，属于避风锚地	中度重要
MD2	奉化双德山电厂锚地区	奉化双德山南侧	57	现主要是捕捞增殖区	一般重要
MD3	奉化狮子口电厂锚地区	奉化市狮子口西侧	12	现主要是渔船航道区和捕捞增殖区	一般重要
GK1	象山外干门港口区	位于象山港口部南岸青莱至外干门	3 094	区域西部建有合诚制管码头，区域东部建有新乐造船项目，其余区域为内塘养殖和滩涂养殖	中度重要
GK2	鄞州横山港口区	位于横山码头至球山海底管线区	349	区域西部现有横山码头，其余岸线现有一定的内塘养殖和浅海滩涂养殖	中度重要

编号	名称	位置	面积（hm²）	使用现状	重要性
GK3	象山贤庠港口区	位于西泽码头至青莱炮台山海底管线区	285	区域西部现有西泽轮渡码头，其余区域现有一定的内塘养殖和浅海滩涂养殖	中度重要
GK4	鄞奉港口区	位于鄞州鹰龙山以西至奉化市湖头渡大小列山	511.5	建有鄞州东方船厂和浙江造船厂，少量的海水育苗基地和海水养殖	中度重要
GK5	宁海强蛟港口区	位于宁海强蛟狮子口深槽近岸海域	435	现有宁海强蛟电厂配套码头，规划建设宁海海螺水泥项目配套码头	中度重要
GK6	象山乌沙山港口区	位于象山乌沙山电厂码头区域	336	现有象山乌沙山电厂配套码头	较重要

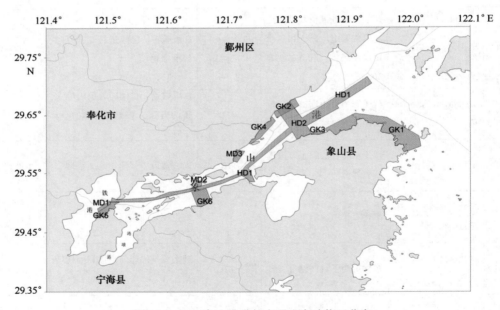

图 11.3-12　象山港港航交通生态功能区分布

11.4　主导生态功能评价

同一海域可能同时适宜多种生态功能，为保障生态系统健康，避免出现功能冲突，根据生态功能重要性评价结果，确定海域的主导生态功能。主导生态功能的确立原则如下：

① 一般而言，多个类型功能区重叠的区域，主导生态功能以生态功能服务重要性最高者来确定，其他可兼容生态功能类型作为辅助生态功能；

② 生物多样性维护、渔业资源繁育等生态功能直接划定为优先生态功能类型，在生态功能重要性评价相当时，具备优先划为主导生态功能的地位；

③ 排他性、改变自然属性的生态功能服务，如已建设土地储备区、已改变自然属性的用海，不再兼容其他生态功能，且该生态功能区仅定位为土地储备区；

④ 同一区域，如果同时具备两种或多种重要性相当的生态服务类型，则选取用海面积较大、社会关联面较广的生态功能类型作为其主导生态功能类型。

按上述原则，对象山港各个区（图 11.4-1）的生态功能进行比较评价后，评价出各区的主导生态功能和兼容功能，结果可见表 11.4-1 所示。

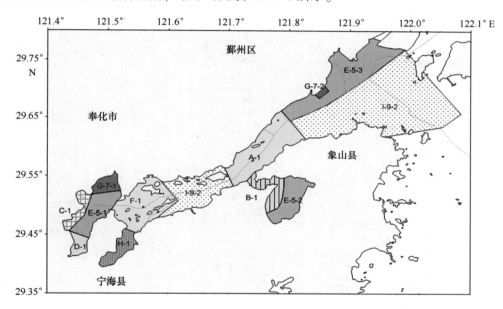

图 11.4-1　象山港各区域海洋生态功能评价

（1）A-1 区

位置：西沪港口象山港中部区域，与蓝点马鲛国家级种质资源保护区核心区范围基本一致。

主导功能：生物繁育场。

兼容功能：港航交通、水产品提供（人工）。

命名：湾中部生物繁育场生态功能区。

611

表 11.4-1　象山港各区的主导生态功能评价

区域	水产品提供（人工）生态功能	水质净化生态功能	海岸侵蚀防护生态功能	泄洪生态功能	自然景观生态功能	生物物种多样性生态功能	生物繁育场生态功能	土地储备生态功能	港航交通生态功能
A-1	不重要	不重要	不重要	不重要	中度重要	重要	重要	不重要	较重要
B-1	不重要	不重要	不重要	较重要	不重要	重要	不重要	不重要	不重要
C-1	中度重要	中度重要	较重要	重要	不重要	不重要	较重要	不重要	不重要
D-1	不重要	不重要	较重要	不重要	不重要	不重要	不重要	不重要	不重要
E-5-1	中度重要	不重要	不重要	不重要	不重要	不重要	不重要	不重要	不重要
E-5-2	较重要	中度重要	不重要	较重要	不重要	较重要	较重要	不重要	中度重要
E-5-3	重要	不重要	不重要	不重要	较重要	不重要	不重要	不重要	不重要
F-1	不重要	不重要	不重要	不重要	较重要	不重要	不重要	不重要	不重要
G-7-1	不重要	不重要	不重要	不重要	不重要	不重要	不重要	重要	不重要
G-7-2	不重要	不重要	不重要	不重要	不重要	不重要	不重要	重要	不重要
H-1	不重要	较重要	不重要	较重要	不重要	不重要	不重要	不重要	不重要
I-9-2	不重要	不重要	不重要	不重要	不重要	不重要	不重要	不重要	较重要

（2）B-1区

位置：西沪港西北部。

主导功能：生物物种多样性。

兼容功能：港航交通、海岸侵蚀防护和水产品提供（人工）。

命名：西沪港生物物种多样性生态功能区。

（3）C-1区

位置：铁港西部。

主导功能：泄洪。

兼容功能：生物繁育场和水产品提供（人工）。

命名：象山港底泄洪生态功能区。

（4）D-1区

位置：铁港南部凫溪河河口。

主导功能：海岸侵蚀防护。

兼容功能：水质净化和水产品提供（人工）。

命名：凫溪河河口海岸侵蚀防护生态功能区。

（5）E-5-1区

位置：铁港中部。

主导功能：水产品提供（人工）。

兼容功能：港航交通。

命名：铁港水产品提供（人工）生态功能区。

（6）E-5-2区

位置：西沪港东部。

主导功能：水产品提供（人工）。

兼容功能：水质净化。

命名：西沪港水产品提供（人工）生态功能区。

（7）E-5-3区

位置：象山港外湾鄞州区一侧。

主导功能：水产品提供（人工）。

兼容功能：自然景观和泄洪。

命名：象山港口水产品提供（人工）生态功能区。

（8）F-1区

位置：强蛟—悬山海域。

主导功能：自然景观。

兼容功能：生物繁育场、水质净化、水产品提供（人工）和港航交通。

命名：强蛟—悬山自然景观生态功能区。

（9）G-7-1 区

位置：红胜海塘区域。

主导功能：土地储备。

兼容功能：无兼容功能。

命名：红胜海塘土地储备生态功能区。

（10）G-7-2 区

位置：大嵩江口东侧区域。

主导功能：土地储备。

兼容功能：无兼容功能。

命名：大嵩土地储备生态功能区。

（11）H-1 区

位置：黄墩港。

主导功能：水质净化。

兼容功能：生物繁育场、水产品提供（人工）和泄洪。

命名：黄墩港水质净化生态功能区。

（12）I-9-2 象山港口港航交通功能区

位置：象山港外湾象山县一侧。

主导功能：港航交通。

兼容功能：生物繁育场等。

命名：象山港口港航交通生态功能区。

（13）I-9-1 区

位置：乌沙山前沿的象山港中部海域。

主导功能：港航交通。

兼容功能：水质净化、水产品提供（人工）和生物繁育场等。

命名：乌沙山港航交通生态功能区。

11.5　与相关法规的衔接

11.5.1　与海洋功能区划的衔接

在象山港海洋生态功能区划结果中，大部分海洋生态功能区与海洋功能区划相对应。水产品提供生态功能区、港航交通生态功能区、土地储备生态功能区、景观提供生态功能区、水质净化生态功能区分别对应海洋功能区划中的农渔业区、港口航运区、工业与城镇用海区、旅游休闲娱乐区和特殊利用区，渔业资源繁育生态功能区、生物多样性维持生态功能区和珍稀物种保护生态功能区与海洋功能区划中的海洋保护区相对应。由于海洋生态功能区划与海洋功能区划出发点的差异，在海洋生态功能区划中未设矿产与能源区。

11.5.2　与其他规划的衔接

港中渔业资源繁育区与象山港蓝点马鲛国家级种质资源保护区核心区范围一致。

11.6　海洋生态功能区划定

结合象山港海域自然环境、周边陆域自然环境、区域社会经济、生态环境质量和生态问题等现状，经过上述海洋生态功能类型筛选、海洋生态功能重要性评价、主导生态功能评价和与其他相关法规的衔接等程序后，最终将象山港海域划分为9类13个海洋生态功能区（图11.6-1）。

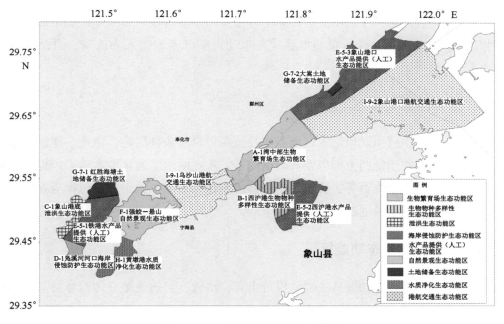

图 11.6-1　象山港海洋生态功能区

11.7　海洋生态功能区控制指标

11.7.1　水产品提供（人工）生态功能区

浅海海域的水产品提供功能区（人工）控制指标为：区域规模 1 500 hm² 以上，海水

615

重金属类染物浓度不超一类海水水质标准，石油类污染物不高于 0.015 mg/L。

围塘养殖类水产品提供功能区（人工）控制指标为：区域总规模 200 hm² 以上，附近海水重金属类染物浓度不超一类海水水质标准，石油类污染物不高于 0.015 mg/L。

滩涂养殖类水产品提供功能区（人工）控制指标为：区域总规模 1 000 hm² 以上，滩涂及附近海域沉积物质量不超过一类海洋沉积物质量标准。

11.7.2　水质净化生态功能区

象山港水质净化生态功能区执行以下水质标准：重金属类染物执行一类海水水质标准，营养盐类水质指标不高于现状浓度（磷酸盐<0.071 5 mg/L，无机氮<1.205 mg/L），石油类污染物不高于现状浓度（<0.075 mg/L），水温符合一类、二类海水水质标准。表层沉积物执行一类海洋沉积物质量标准。

11.7.3　海岸侵蚀防护生态功能区

象山港海岸侵蚀防护生态功能区控制指标主要为岸滩属性和影响岸滩稳定的条件，即岸滩性质不发生改变，岸线位置基本稳定，水动力条件未发生人为改变，自然岸线保护完整。

11.7.4　泄洪生态功能区

泄洪生态功能主要由陆域汇水区面积和径流深等自然条件决定，因此，泄洪生态功能区的控制指标主要在于此两方面以及其影响因子。重点泄洪功能区汇水区必须保持山林植被的完整性，禁止开山炸石等，防止发生山体滑坡和泥石流。人工加固海岸应根据区域泄洪需要，预留足够的泄洪通道。

11.7.5　自然景观生态功能区

象山港自然景观生态功能区主要从保持山青、水秀、交通便捷、体验舒适等方面设置控制指标。海岛类景区陆域绿化率应在 75% 以上，有交通码头，卫生状况良好；沙滩类旅游景区，应保持沙滩卫生干净，无树枝、乱石和玻璃等，海水微生物和水质等符合国家或行业相应标准。

11.7.6　生物物种多样性生态功能区

生物物种多样性生态功能区的控制指标为：物种种类数不减少（浮游植物种类数大于 40 种，浮游动物种类数大于 25 种，底栖生物种类数大于 10 种，渔业资源种类数大于 10 种），种类多样性指数不降低（浮游动物、浮游植物物种多样性指数 $H'>3.0$，底栖生物多样性指数 $H'>2.0$）。

616

11.7.7 生物繁育场生态功能区

在象山港生物繁育生态功能区，主要从为生物繁育提供适宜的海水和沉积物环境方面设置控制因子。

1）水质

该区域水质存在的主要问题是，重金属和有机污染相对严重。根据繁育场生态功能需求，象山港渔业资源繁育功能区执行以下水质标准：重金属类染物执行一类海水水质标准，石油类污染物不高于 0.015 mg/L，水体中不得检出神经毒素类物质（包括但不限于有机锡）。

2）沉积物

沉积物存在的主要问题在于蓝点马鲛国家级种质资源保护区核心区沉积物重金属铜含量值偏高。根据不同类型生物繁育场功能需求，沉积物质量执行以下标准。湾中部生物繁育场生态功能区执行一类海洋沉积物质量标准，沉积物中重金属铜要求低于 45×10^{-6}。象山港内其他生物繁育场执行一类海洋沉积物质量标准。

11.7.8 土地储备生态功能区

由于土地储备生态功能区有强烈的排他性，其控制指标主要包括划区条件和影响评估论证。首先土地储备生态功能区只能划在自然淤涨型滩涂。影响评估方面，应严格评估论证围填海活动可能造成的影响，避开自然保护区、重要经济（或科学、人文）价值的生物的集中分布区、产卵区、育幼区和其他重要生态敏感区，不明显改变海域水动力条件。

11.7.9 港航交通生态功能区

港航交通生态功能区控制指标同样从划区条件和环境影响两方面设置。划区条件方面，水深应满足相应等级航道要求或锚泊需求。环境影响方面，应避免与其他海洋生态功能冲突，不严重影响物种多样性维持、生境提供、干扰调节等生态功能的正常发挥。

11.8 小结

参考陆域生态功能区划工作经验，制定了由区域生态特征分析、区域海洋生态功能类型识别、海洋生态功能重要性评价、主导生态功能评价、与相关法规的衔接、海洋生态功能区划定和控制指标等步骤组成的技术方法体系。在进行海洋生态功能类型识别工作之前，本文在广泛调研国内外海洋生态服务功能研究成果的基础上，筛选并建立了一套由 4

个一级类、9个二级类、20个三级类组成的三级分类体系。

在上述工作的基础上，结合象山港海域及附近陆域生态特点，识别了象山港水产品提供（人工）、水质净化、海岸侵蚀防护、泄洪、自然景观、生物物种多样性维护、生物繁育场、土地储备功能和港航交通等9种海洋生态功能类型。经海洋生态功能重要性评价、主导生态功能评价、与相关法规的衔接等一系列研究工作后，将象山港海域划分为铁港水产品提供（人工）生态功能区、西沪港水产品提供（人工）生态功能区、象山港口水产品提供（人工）生态功能区、黄墩港水质净化生态功能区、凫溪河河口海岸侵蚀防护生态功能区、象山港底泄洪生态功能区、强蛟—悬山自然景观生态功能区、西沪港生物物种多样性生态功能区、湾中部生物繁育场生态功能区、红胜海塘土地储备生态功能区、大嵩土地储备生态功能区、象山港口港航交通生态功能区和乌沙山港航交通生态功能区13个海洋生态功能区，制作了象山港海洋生态功能区划图，并制定了各海洋生态功能区的控制指标。

参考文献

陈尚，等.2006.海洋生态系统服务功能分类体系探讨［R］.

陈尚，张朝晖，马艳.2006.我国海洋生态系统服务功能及其价值评估研究计划［J］.地球科学进展，21（11）：1127-1133.

陈仲新，张新时.2000.中国生态系统效益的价值［J］.科学通报，45（1）：17-22.

陈尊庚，董文强，倪云林，等.2015.象山港岸滩演变和海床冲淤变化分析［J］.水利水运工程学报，（5）：82-88.

程娜.2008.海洋生态系统的服务功能及其价值评估研究［D］.大连：辽宁师范大学.

董全.1999.生态公益：自然生态过程对人类的贡献［J］.应用生态学报，10（2）：233-240.

高战朝.2005.领海基点岛屿管理概况［J］.海洋信息，（2）：26-28.

国家海洋局第一海洋研究所.2006.科技部公益项目典型海洋生态系统服务价值研究及应用示范研究报告［R］.

江淮.2009.领海基点——沿海国海上权利的起点［J］.世界知识，（5）：65.

康旭，张华.2010.近海海洋生态系统服务功能及其价值评价研究进展［J］.海洋环境科学，27（5）：60-64.

黎鹤仙，谭春兰.2013.浙江省海洋生态系统服务功能及价值评估海洋生态系统［J］.江苏农业科学，41（4）：307-310

李铁军.2007.海洋生态系统服务功能价值评估研究［D］.青岛：中国海洋大学.

李晓，张锦玲，林忠.2010.罗源湾生态系统服务功能价值评估研究［J］.海洋环境科学，（03）：401-405.

李志勇，徐颂军，徐红宇，等.2011.广东近海海洋生态系统服务功能价值评估［J］.广东农业科学，23：136-140.

刘亮.2012.辽东湾、渤海湾、莱州湾三湾生态系统服务价值评估［J］.生态经济，（6）：155-160.

刘旭，邓永智.2011.近岸海域生态系统服务功能监测的指标体系研究［J］.海洋环境科学，30（5）：

618

60-64.

秦传新，陈丕茂，贾晓平，等．2012. 深圳市周边海域海洋生态系统服务功能及价值的变迁 ［J］．武汉大学学报（理学版），58（1）：54-60.

邵秘华，陶平，孟德新，等．2012. 辽宁省海洋生态功能区划研究 ［M］．北京：海洋出版社．

石洪华，郑伟，丁德文，等．2008. 典型海洋生态系统服务功能及其价值评估——以桑沟湾为例 ［J］．海洋环境科学，27（2）：101-104.

石洪华，郑伟，陈尚，等．2007. 海洋生态系统服务功能及其价值评估研究 ［J］．生态环境，（3）：138-142.

宋睿，郑洪波，张树深．2007. 海洋生态系统服务功能及其价值评估的研究 ［J］．环境保护与循环经济，（6）：47-50.

索安宁，于永海，苗丽娟．2011. 渤海海域生态系统功能服务价值评估 ［J］．海洋经济，1（4）：42-47.

唐启升．加强多重压力胁迫下近海生态适应性对策研究．http：//www．cas．cn/xw/zjsd/201102/t20110215_3071324．shtml．

汪永华，胡玉佳．2005. 海南新村海湾生态系统服务恢复的条件价值评估 ［J］．长江大学学报（自然科学版），2（2）：83-88.

王竑，王俊英．2006. 关于海洋生态系统服务的经济属性研究 ［J］．海岸工程，25（4）：77-82.

王其翔，唐学玺．2010. 海洋生态系统服务的内涵与分类 ［J］．海洋环境科学，29（1）：131-138.

吴姗姗，刘容子，齐连明，等．2008. 渤海海域生态系统服务功能价值评估 ［J］．中国人口．资源与环境，（02）：65-69.

徐丛春，韩增林．2003. 海洋生态系统服务价值的估算框架构筑 ［J］．生态经济，（10）：201-204.

杨建勇．2008. 现代港口发展的理论与实践研究 ［D］．上海：上海海事大学．

曾江宁，陈全震，高爱根．2005. 海洋生态系统服务功能与价值评估研究进展 ［J］．海洋开发与管理，（4）：12-16.

张朝晖，吕吉斌，丁德文．2007. 海洋生态系统服务的分类与计量 ［J］．海岸工程，2007，26（1）：57-63.

张朝晖，石洪华，姜振波，等．2006. 海洋生态系统服务的来源与实现 ［J］．生态学杂志，25（12）：1574-1 579.

张朝晖，周骏，吕吉斌，等．2010. 海洋生态系统服务的内涵与特点 ［J］．海洋环境科学，27（5）：60-64.

张华，康旭，王利．2010. 辽宁近海海洋生态系统服务及其价值测评 ［J］．资源科学，32（1）：719-723.

赵小风，黄贤金，肖飞．2008. 中国城市土地储备研究进展及展望 ［J］．资源科学，30（11）：1715-1722.

郑伟，石洪华．2007. 海洋生态系统服务的形成及其对人类福利的贡献 ［J］．生态环境，（8）：178-180.

郑伟，石洪华．2009. 海洋生态系统服务的形成及其对人类福利的贡献 ［J］．生态经济，（08）：178-180.

Beaumont N J, Austen M C, Atkins J P, et al. 2007. Identification, definition and quantification of goods and services provided by marine biodiversity: implications for the ecosystem approach ［J］. Mar Pollut Bull. 54 (3): 253-265.

Cabral P, Levrel H, Schoenn J, et al. 2015. Marine habitats ecosystem service potential: A vulnerability approach in the Normand-Breton (Saint Malo) Gulf, France [J]. Ecosystem Services, 16: 306-318.

Cairns J. 1997. Defining goals and conditions for a sustainable world [J]. Environmental Health Perspectives, 105: 1164-1170.

Common International Classification of Ecosystem Services (CICES) [M]. Nottingham: Report to the European Environmental Agency. 2010.

Costanza R, Darge R, Grootr D, et al. 1997. The value of the worlds'ecosystem services and natural capital [J]. Nature, 387: 253-260.

Costanza R. 1999. The ecological, economic, and social importance of the oceans [J]. Ecological Economics, 31 (2): 199-213.

Daily G C, Soderqvist T, Aniyar S, et al. 2000. The value or nature and the nature of value [J]. Science, 289: 395-396.

Daily G C. 1997. Nature's services: societal dependence on natural ecosystems [C]. Washington DC: Island Press.

Degroot R S, Wilson M, Boumans R. 2002. A typology for the description, classification, and Valuation of ecosystemfunctions, goods and services [J]. EcologicalEeonomics, 41 (3): 393-408.

Duarte C M. 2000. Marine biodiversity and ecosystem services: An elusive link [J]. Journal of Experimental Marine Biology and Ecology, 250: 11-131.

Hattam C, Atkins J P, Beaumont N, et al. 2014. Marine ecosystem services: Linking indicators to their classification [J]. Ecological Indicators, 49: 61-75.

Holmiund C, Hauuuer M. 1999. Ecosystem Services generated by fish polulations [J]. Ecological Economics, 29: 253-268.

Levin S A. 2013. Encyclopedia of Biodiversity [M]. Pittsburgh: Academic Press.

Liquete C, Piroddi C, Drakou E G, et al. 2013. Current status and future prospects for the assessment of marine and coastal ecosystem services: a systematic review [J]. PLoS One. 8 (7): e67737.

Lobo G. 2001. Ecosystem functions classification. Available at http://gasa3. deca. fct. unl. pt/ecoman/delphi/.

Millenniumecosystemassessment. Ecosystems and Human Well Being. 2005. A Framework for Assessment. [M]. Washington: Island Press.

Moberg E, Folke C. 1999. Ecological goods and services of coral reef ecosystems [J]. Ecological Economics, 29 (2): 215-233.

Norberg J. 1999. Linking nature's services to ecosystems: some general ecological concepts [J]. Ecological Eeonomies, 29 (2): 183-202.

Palmer M, Bernbardt E, Chornesky E, et al. 2004. Ecology for a crowded planet [J]. Science, (304): 1251-1252.

Reid W V, Mooney H A, CROPPER A, et al. 2005. Millennium Ecosystem Assessment (MA). Ecosystems and Human Well-being: Synthesis [M]. Washington DC: Island Press.

The Economics of Ecosystems and Biodiversity. 2010. Ecological and Economic Foundations [M]. London and Washington: Earthscan, 456.

Wakita K, Shen Z H, Oishi T, et al. 2014. Human utility of marine ecosystem services and behavioural intentions for marine conservation in Japan ［J］. Marine Policy, 46: 53-60.

Werner S R, Spurgeon J P G, Isaksen G H, et al. 2014. Rapid prioritization of marine ecosystem services and ecosystem indicators ［J］. Marine Policy, 50: 178-189.

World Resources Institute , Ecosestems and Human Well-being. 2003. A Framework for assessment ［M］. Island Press.

第12章 海洋生态红线区划定研究

近年来，随着沿海地区社会经济的飞速发展，各类开发活动对海洋生态系统的破坏愈加严重，如潮滩湿地面积锐减、自然岸线减少、港口航道淤积、海洋渔业资源受损、生物多样性下降，海洋开发与保护的矛盾日益增加，在一定程度上已经影响和制约了海洋经济的可持续发展。如何根据生态系统完整性和连通性的保护需求，划定需要实施特殊保护的区域变得更加重要。生态红线制度在此背景下应运而生，这是我国生态环境保护的制度创新，依据"保底线、顾发展"的基本原则，辨识生态价值较高、生态系统较敏感及具有关键生态功能的区域，实施分类管理和控制，避免人为活动干扰。目前，全国生态红线区划定的工作正在紧锣密鼓地进行中，部分省、市、自治区已经出台一些生态红线规划，如2013年6月，江苏省发布了《江苏省生态红线区域保护规划》。另外，部分学者们也针对生态保护区域划定开展相关的研究。左志莉等（2010）在生态红线区理论研究的基础上以广西壮族自治区贵港市为例进行实证研究；陈明剑等（2003）用GIS技术使空间关系模型的应用提供了计算机辅助海洋功能区划的新能力，海洋功能区划支持系统的设计与实现使区划人员针对不同的应用目的组织区划方案，快速区划和区划方案的优化与比较成为可能。应该说各地区各学者在生态红线划分过程中还未形成一套统一完整可循的技术方法，特别是生态红线指标体系与判别方法还有待于进一步完善。本文选取象山港为典型区域，对海洋生态红线划定的技术指标体系与技术方法进行研究，为象山港海域海开发和保护提供参考，为其他区域生态红线区的划定提供借鉴。

12.1 海洋生态红线研究进展

12.1.1 生态红线内涵

12.1.1.1 红线的概念

红线的含义是不可逾越的边界，或者禁止进入的范围。红线的概念起源于城市规划，规划部门批准建设单位的地块，一般用红笔圈在图纸上，因此被称为"红线"，红线具有法律强制效力。

首次提出生态红线并得到实际应用是2005年由广东省颁布实施的《珠江三角洲环境

保护规划纲要（2004—2020年）》。该规划提出了"红线调控、绿线提升、蓝线建设"的三线调控的总体战略。随着生态红线在珠江三角洲的实践获得成功，生态红线的概念逐步在城市规划、区域规划、土地利用总体规划及相关学术研究中得到应用。

12.1.1.2 生态红线内涵及特征

生态红线区，是指对于区域生态系统比较脆弱或具有重要的生态功能，必须实施全面保护的区域，红线区的构建是为了保护具有最关键生态功能的区域，区内必须严格禁止各类建设与开发活动（符娜，2007）。生态红线区包括三个子类，即具有重要生态服务功能价值和生态敏感性较强的区域，以及对城市人居环境具有重要意义需要加以重点管理和维护的区域。其中前两个子类区域中实行最严格的保护政策，禁止有损生态系统的一切开发活动。对第三个子类的区域，其生态安全水平已降低到临界水平，必须严格控制该类区域的开发强度，并加强生态环境的恢复和重建工作（冯文利，2007）。

从生态红线的内涵看，生态红线具有客观性、尺度性、强制性和长期性特征。

首先是客观性。生态红线是依据生态系统结构、过程、功能的相互联系和相互作用，在充分分析生态系统特征和遵循客观自然规律的基础上科学划分的，其维护生态安全的作用具有不可替代性，属于区域的自然属性和客观存在，与区域生态系统密不可分。区域生态系统遭到破坏，生态系统功能一旦丧失，将对国家生态安全产生重大影响。因此，对生态红线必须实施严格保护。这也决定了生态红线不能与耕地红线政策类似，实施占补平衡。

其次是尺度性。生态学强调尺度概念，格局、功能与过程研究都必须考虑尺度效应。基于生态系统特征的生态红线，也具有明显的尺度特征。在国家尺度，更关注宏观生态安全，更关注经济社会与资源开发的大格局对区域的影响，如碳循环过程和生物多样性保护的需求。在地方层面，更需关注水源保护、水土流失、本地物种保护、城市生态稳定性等具体生态环境问题。但是，不同尺度的生态红线是紧密相关的，国家层面的生态红线应是地方层面生态红线的主要部分，国家生态红线的管理需求应严格于地方层面的生态红线。

三是强制性。生态红线一旦划定，要根据其特点，通过严格的生态保护措施，维持自然状况，禁止在生态红线范围内进行城镇化和工业化建设。生态红线的生态环境管理措施和政策应通过法律法规赋予其强制性，其相关的政策管理要达到刚性约束的条件，具有可实施和可操作性。

四是长期性。生态红线的划分、范围和管理政策需要在我国生态环境保护领域长期执行，因此，空间红线的划定、面积红线的确定和管理红线的制定，需要充分考虑我国经济社会中长期发展需求。另一方面，随着我国经济社会发展水平的提高，对生态系统服务的需求不断提升，我国生态环境保护工作的要求也将不断变化，也需建立生态红线的定期修编制度，以保证生态红线实施和管理的可行性和可操作性。

12.1.1.3　生态红线、海洋生态红线、海洋生态红线区

1）生态红线

依据我国生态环境特征和保护需求，生态红线可以定义为：为维护国家或区域生态安全和可持续发展，根据生态系统完整性和连通性的保护需求，划定的需实施特殊保护的区域。生态红线是我国生态环境保护的制度创新，是个综合管理体系，可以由空间红线、面积红线和管理红线3条红线共同构成，这3条红线反映出生态系统从格局到结构再到功能保护的全过程管理。空间红线是指生态红线的范围应包括保证生态系统完整性和连通性的关键区域，保证生态系统物质、信息的传输，以及过程和功能的连续性。面积红线属于结构指标，类似于土地红线和水资源红线的数量界限，面积红线一方面需要考虑生态系统完整性和连通性的面积需求，另一方面，也需考虑经济社会发展的需要，面积红线需与经济社会发展总体水平相适应。管理红线是基于生态系统功能保护需求和生态系统综合管理方式的政策红线，生态红线一旦划定，需要建立健全相应的配套政策，对于人为活动的强度、产业发展的环境准入以及生态系统状况等方面要有严格且定量的标准。

2）海洋生态红线

指为维护海洋生态健康和生态安全而划定的海洋生态红线区的边界线及其管理指标控制线，用以在实施分类指导、分区管理、分级保护具有重要保护价值和生态价值的海域。

3）海洋生态红线区

指为维护海洋生态健康与生态安全，以重要生态功能区、生态敏感区和生态脆弱区为保护重点而划定的实施严格管控、强制性保护的区域，包括重要河口、重要滨海湿地、海岛、海洋保护区、自然文化遗迹、砂质岸线和沙源保护海域、地质水文灾害高发区、重要渔业海域。海洋生态红线区分为禁止开发区和限制开发区。禁止开发区：指海洋生态红线区内禁止一切开发活动的区域，主要包括海洋自然保护区的核心区和缓冲区、海洋特别保护区的重点保护区和预留区；限制开发：指海洋生态红线区内除禁止开发区以外的其他区域，主要包括海洋自然保护区的实验区，海洋特别保护区的适度利用区和生态与资源恢复区及除上述之外的重要海洋生态功能区、生态敏感区和生态脆弱区。

而生态功能区划是生态红线划分的基础，生态功能区划开展的生态系统综合评估、生态敏感性和生态功能重要性评估是认识生态系统结构—过程—功能的基础工作。在这个意义上，生态红线的划分是生态功能区划工作的深化和拓展，要求生态功能区划进一步提高评估技术方法的科学性，评估结果的准确性，以及空间尺度的精确性。

12.1.2　生态红线相关领域研究进展

随着沿海城市经济发展，频繁的人类开发活动对海洋生态系统的破坏愈加剧烈，海洋生态系统功能退化，海域污染及富营养化日趋严重，生物多样性逐渐减少，海洋开发与可

持续发展的矛盾日益尖锐，已在一定程度上影响和制约了海洋经济的可持续发展。如何根据生态系统完整性和连通性的保护需求，划定需要实施特殊保护的区域变得更加重要（饶胜等，2012）。同时，合理配置人类空间开发活动，需要协调好海洋开发之间，海洋开发与海洋环境保护之间的关系。满足海洋生态系统健康发展，成为关系到海洋科学管理和持续发展的关键问题。生态红线区是为保障区域生态安全必须加以严格管理和维护的区域（刘雪华等，2010），尤其是一些区域生态系统比较脆弱或具有重要的生态功能，必须实施全面保护（符娜等，2008）。

因此，加快海洋生态红线划定，严格生态准入，强化生态监管对于维护国家或区域生态安全和可持续发展具有重要意义。2004年，由环境保护部环境规划院完成的《珠江三角洲环境保护规划纲要（2004—2020年）》，首次提出"红线调控、绿线提升、蓝线建设"的概念，将珠江三角洲划分为严格保护区、控制性保护利用区、引导性开发建设区。随着经济发展的高速发展，生态环境问题也日益突显，国家有关部门以及各省市都对利用区域生态敏感性与重要性评估结果来划定主体功能区划的需求与愿望也越来越迫切。在2012年9月，国家环境保护部印发了《关于开展城市环境总体规划编制试点工作的通知》（环办函〔2012〕1088号），提出根据景观生态学原理，结合自然保护区、水源保护区、风景名胜区、国家森林公园等法定保护区以及城市建设、土地利用、主体功能，构建生态格局，划定城市生态红线，明确需要重点保护的敏感区域、带、点以及保护要点，促进提高生物多样性保护水平；同时，在2012年10月，国家海洋局提出海洋生态红线区，包括重要旅游区、文化历史遗迹与自然景观、重要河口、重要渔业海域、重要砂质岸线、沙源保护海域、特殊保护海岛、重要滨海湿地、渤海海洋保护区等，并依据生态特点和管理需求，进一步细分为禁止开发区和限制开发区，分类制定红线管控措施；2013年6月，江苏省发布了《江苏省生态红线区域保护规划》。这些红线的实践经验对制定国家主功能区规划产生了积极的影响。

目前，全国主体功能区划工作正在紧锣密鼓地进行中，部分省份的主体功能区划已经编制完成，然而，主体功能区划的指标体系与判别方法还有待于进一步完善。不少学者结合实际工作，拓展了陆域主体功能区划的研究思路，形成了一些创新性的研究成果。（朱传耿等，2007）认为在地域主体功能区划中要正确处理主导功能与非主导功能之间的关系，在区域政策制定上，特别是人口政策、产业政策、财政政策、土地政策等的制定上既要立足于区域主导功能，也应给非主导功能留下弹性空间。石刚（2010）和舒克盛（2010）都从资源承载力与主体功能区的内在联系，构建承压度指标作为主体功能区的划分指数以及相对资源承载力的主体功能区划分模型，舒克盛更将主体功能区划模型运用于长江流域。

此外，国内部分学者们也针对生态保护区域划定开展相关的研究。

在国内，在生态红线区理论研究的基础上，以广西贵港市为例进行实证研究（左志莉等，2010）；部分学者利用GIS技术在国内典型的海河流域进行了生态区域划分的重要研究。陈明剑等（2003）用GIS技术使空间关系模型的应用提供了计算机辅助海洋功能区划的新能力，海洋功能区划支持系统的设计与实现使区划人员针对不同的应用目的组织区划方案，快速区划和区划方案的优化与比较成为可能。王耕等（2007）认为生态安全是地域性的，针对生态安全的特点在莱州湾应用 GIS 网格技术实现生态安全"可视"评价。生态安全不但关注区域总体安全，更应当关注区域内部安全的差异以及不同安全属性单元的相互作用，所以需要引入 GIS 技术。针对不同的安全影响要素空间递变特点以及数据的来源途径，探讨了"行政单元—动态格网"交互赋值技术，应用 MaPbasi，编写了不同空间图层之间交互赋值程序，并在 MaPInfo、Vm26 环境下实现。与此同时，孟伟等（2007）和宋晓龙等（2009）分别在辽河流域水生态分区和黄河三角洲国家级自然保护区运用 GIS 技术，将辽河流域和三角洲国家级自然保护区根据生态敏感性划分成不同的级区和等级，对不同级区面临的生态环境问题进行了归纳总结，在三角洲国家级自然保护区生态敏感性研究中还发现研究区生态敏感性整体上较高，总的分布规律是靠近沿海的区域敏感性较高，内陆区域的敏感性较低。许妍等（2013）在渤海地区运用 ArcGIS 创建了渤海网格空间属性数据库，采用层次分析法确定指标权重，运用叠加分析、空间分析等技术方法最终完成渤海生态红线划定，将渤海划分为红线区、黄线区和绿线区，并进一步明确红线区内的生态保护重点与方向。

还有一部分学者利用网格单元进行单纯技术性研究，左伟等（2003）在中尺度生态评价研究中格网空间尺度的选择与确定中运用中尺度区域生态环境系统安全评价的区域尺度、制图尺度、成图视觉效果、数据精度、数据量负荷之间的辩证关系进行了系统的研究，建立了中尺度区域生态安全评价的基本格网分析评价单元。范一大等（2004）则在行政单元数据向网格单元转化的技术方法的研究中，以人口数据为例，实现了这一方法。结果表明：利用网格单元表达社会、经济数据的空间分布，比用行政单元本身更接近于实际。而且这种方法也可以用于其他统计单元数据（包括遥感数据）向网格单元的转化。

在国外，自 2006 年以来，联合国教科文组织一直在以生态系统为基础的海洋空间规划（MSP）方面进行研究；欧洲和北美洲的部分国家陆续开展了以生态系统为基础的海洋空间规划的要素方法，地理信息系统（GIS）在海洋空间规划中的应用等为研究内容。Paul M. Gilliland 等（2008）确立了以生态系统为基础的海洋空间规划的关键因子以及实施的步骤，认为海洋空间规划应当以可持续发展为目的，以一系列明确的原则为基础，采取相互嵌套的方式在不同空间尺度上开展相应的规划活动，特别强调确定海洋空间规划的具体目标、空间数据、规划重点，并认为利益相关者应参与等。同时 Fanny Douvere（2008）认为海洋空间规划在推进以生态系统为基础的海域利用管理中的有重要的作用，而且海洋空间规划是把以生态系统为基础的海域利用管理转化为现实的手段。Larry Crowder 等（2008）研究了以海洋生态系统为基础的管理活动以及管理者与海洋空间规划的内在关键联系，认为海洋空间规划者和管理者必须了解生物群落及其关键成分的多相性，利益相关者的参与是海洋环境管理制度获得成功的关键因素之一，维持生物群落的关键过程与人类利用的多相性等。Robert Pomeroy 等（2008）提出达到这个目的的综合方法之一就是利益相关者分析并制图；Kevin St. Matin 等（2008）研究了地利信息技术以及基

626

于其形成的各种新兴地理技术在以生态系统为基础的海洋空间规划中的意义。

12.1.3　生态红线划定方法研究

12.1.3.1　生态红线指标体系

在对渤海进行生态红线划分研究时，许妍等（2013）从生态功能重要性、生态环境敏感性和环境灾害危险性3个方面构建生态红线划定指标体系。生态功能重要性是通过湿地面积以及生物资源量来评价；生态环境敏感性主要选取历史遗迹与自然景观区、自然岸线类型、生物多样性等指标；环境灾害危险性评价是选取海岸侵蚀程度和海水入侵面积为评价指标。

刘雪华等（2010）同样对渤海生态红线的划分进行了研究，以生态保护重要性等级作为划分依据，指标包括生态系统敏感性等级、生态系统服务功能等级和生态风险等级。生态系统敏感性等级首先考虑国家自然保护区和重要湿地的重要性，在此基础上综合考虑景观类型、重要水源地、自然保护区、坡度等生态因子；生态系统服务功能等级划定过程综合考虑了区域的土地覆被、NDVI和水源地等因子；生态风险等级划分依据主要是依据渤海近20年历史资料中记录的生态风险强度、频率以及破坏性。

土地利用规划的生态红线区划定在国内也有部分研究，符娜等（2008）以生态脆弱性和生态系统服务功能作为依据，构建了生态红线指标体系，对云南省土地利用规划划定生态红线区。昆明市在最新的土地利用总体规划修编中，综合考虑了土壤侵蚀敏感性、石漠化敏感性、生境敏感性以及生物多样性保护、水源涵养、营养物质保持等因素，把生态系统比较敏感或具有最关键生态功能的区域，划为生态红线区（范学忠，2008）。

12.1.3.2　生态红线划定方法

吕红迪等（2014）进行城市生态红线体系构建及其与管理制度衔接的研究时，以生态、水、大气、海洋等环境要素以及陆域、海洋、风险等各个领域系统结构解析为基础，基于各要素（领域）污染源头排放的敏感性、过程的脆弱性、功能的重要性，确定各要素以及领域环境保护强度等级，从而划定红线区、黄线区、蓝线区以及绿线区。

在对渤海进行生态红线划定方法研究时，许妍等在划定红线指标体系的基础上，确定单个指标的生态功能重要程度、环境敏感程度以及环境灾害危险程度，然后对单项指标进行标准化并采用逐级分层归并方法将平行独立的各项指标加权求和，最终计算得到各单元内重要性、敏感性、危险性指数及综合指数，根据ArcGIS的Natural Break法将计算出的综合指数划分为"高、中、低"3个级别，依次命名为红线区、黄线区和绿线区。

刘雪华等（2010）在进行渤海生态红线划分时，将生态系统敏感性等级、生态系统服务功能等级和生态风险等级赋以 1~5 之间的自然数，这些自然数是依据各评价因子进行的再分类，红线的划分是以生态保护重要性等级为依据，而生态保护重要性等级是生态系统敏感性等级、生态系统服务功能等级和生态风险等级的最大值，生态保护重要性等级为 5 的区域划定为生态红线区，重要性等级为 4 的划定为黄线区，低于 4 的为可开发利用区。

在对贵港市进行土地规划生态红线划分研究中，左志莉（2010）在分析贵港市生态环境现状特征的基础上，进行贵港市生态环境的敏感性评价和生态系统服务功能的重要性评价，把生态服务功能极重要的地区和生态环境极敏感的地区划分为生态红线区。

12.1.4 生态红线管控措施

划定与严守生态保护红线是一项综合性很强的系统工程，目的在于从国家层面统筹考虑生态环境保护工作，将资源开发利用、环境管理、生态保护等众多领域进行有机整合，协调各主管部门职责与利益，实行严格的生态保护制度，从而改革当前的生态环境保护管理体制，建立起分工明确协调统一的严格化生态保护机制（杨邦杰，2014）。

12.1.4.1 红线分区的管控

在进行城市生态红线管理体系研究时，吕红迪等提出了生态红线实施综合管理与分领域、分要素管理相结合的管理方式。红线区域分要素叠加形成综合生态红线，红线区域内部分地块逐一实施综合管理，综合区域实施差异化管理，对与红线区域的每个地块，逐一明确划定红线的原因，首先明确该地块属于哪一种生态红线类型，然后明确属于该红线类型中的哪一种敏感性，最后根据划定红线的敏感性原因匹配相应的管控要求。分领域、分要素管理相结合是针对各领域、要素红线体系而言，由于各要素和领域在结构、过程和功能、传输影响机理等的不同，同时考虑到目前环境管理领域分要素管理各自为政的现状，各要素（领域）在对红线区域综合管理的基础上，实施分领域分要素管理（吕红迪，2014）。

江苏省镇江市对生态红线区实行分级管理，划分一级管控区和二级管控区。一级管控区实行强制性保护和最严格管控措施措施，严禁一切与保护主导生态功能无关的开发建设活动，引导人口逐步有序转移，实现污染物零排放，二级管控区以生态保护为重点，实现差别化的管控措施，严禁有损主导生态功能的开发建设活动，对生态红线区域进行分级管理的基础上按不同类型实施分类管理。若同一生态红线区域兼具两种以上类别，按最严格的要求落实监管措施（章洁和赵硕伟，2014）。

在划定渤海生态红线区、黄线区和绿线区的基础上，许妍等（2013）制定了各分区的管控措施。红线区是必须严格管理和保护的区域，需要按照法律法规和相关规定实施强制性保护，严禁不符合生态环境功能定位的开发建设活动；黄线区应控制开发规模和功能，有目的性地限制对于环境影响较大的开发活动进入，或者在能够补偿产业所造成的生态环境影响的前提下有条件地批准开发建设活动；绿线区适宜进行适度规模的开发建设活动，但仍需根据内部海洋环境功能和质量要求的细微差异，合理确定发展方向和管制规则。

12.1.4.2　红线指标的管控

在对渤海进行生态红线划分研究中，国家海洋局给出了生态红线区总体管控指标，控制渤海海洋生态红线区面积占渤海近岸海域面积的比例不低于1/3，生态红线区总面积占渤海面积的比例不低于1/5；自然岸线保有率不低于渤海总岸线的30%；至2020年渤海总体水质达标率不低于80%，禁止开发的海洋生态红线区内的水质达标率不低于90%；控制渤海海洋生态红线区实现陆源入海直排口达标率100%。

12.1.5　生态红线管理机制

生态红线一旦确定，需要制定和实施配套的管理措施，实现生态红线的管理目标，其管理需要特别强调以下几个方面。

（1）生态红线的管理应坚持自然优先

生态红线的生态功能极重要、生态环境极敏感，是我国生态保护的关键区域，也是我国需要首先坚持自然优先发展战略的区域。对于生态系统状况良好的区域，要严格保护，继续维持区域的自然状况，防止人为活动对自然本底的干扰；对于红线区域内存在的破坏生态系统的人为活动，应采取措施严格清理，消除生态风险。在绩效考核、产业发展和生态补偿政策中应充分反映自然优先的原则。

（2）生态红线的管理应坚持生态保护与生态建设并重

生态红线的管理应遵循自然规律，充分发挥生态系统自然恢复能力。对于生态系统状况良好的区域，应继续加强保护措施，防止人为干扰产生新的破坏；对于自然条件好、生态系统恢复力强的区域，应采取严格的封禁保护措施，以自然恢复为主；对于生态系统遭到严重破坏的区域，应采取人工辅助自然恢复的方式，依据生态系统演替规律，逐步恢复自然状况。

（3）生态红线的管理应坚持部门协调和公众参与

生态红线的管理涉及农林水土等生态系统管理部门、经济社会发展部门等多个部门的职责，要逐步健全生态红线的部门协作和区域协调的管理机制，以维护生态系统完整性和保护生态系统服务功能为主导，打破生态系统部门分割式管理、分块式管理的方式，形成不同部门、不同行政区共同开展生态红线管理的良好局面。同时，通过机制体制创新，引导社会公众主动参与生态红线的保护和管理。

（4）同步做好生态红线管理平台建设

在生态红线划分的同时，要建立结构完整、功能齐全、技术先进、天地一体的生态红线管理平台，建设国家和地方生态红线多层级管理信息系统，加强生态红线的统一监管和动态调整。建立健全生态红线生态状况监控，制定生态红线监测评估的技术标准体系。加强生态红线信息系统与政府电子信息平台相联结，促进生态行政管理和社会服务信息化，提高各级生态管理部门和其他相关部门的综合决策能力和办事效率。及时发布生态红线分布、状况和调整信息。

12.2 海洋生态红线区指标体系研究

12.2.1 海洋生态敏感性研究指标体系

海洋生态环境敏感性指生态系统对人类活动反应的敏感程度，用来反映产生生态失衡与生态环境的可能性大小（宋晓龙等，2009）。生态敏感性程度分为极敏感、高度敏感、中度敏感、一般敏感。

根据海洋生态环境问题的特点及产生的潜在因子，确定陆源—养殖污染敏感性、生物多样性降低敏感性、滩涂湿地衰退敏感性、生态系统完整性破坏敏感性 4 项指标进行研究。

12.2.1.1 陆源—养殖污染指标

根据海域的生态环境压力，陆源排污以及海域自身的养殖污染都是造成海域环境压力的重要指标。对于港湾型海域，由于水交换能力弱，污染物的净化能力相对于开阔海域差异显著。因象山港特殊的地理位置以及重要的渔业养殖基地，其来自陆域的排污及养殖自身污染对海洋生态的敏感问题显的尤为突出。

陆源—养殖污染主要指陆源泄洪、排污及养殖自身的污染导致的海洋生态变异的敏感程度，主要表现为水体的富营养化及重金属污染等。

陆源—养殖污染敏感性指标，综合考虑河口、排污口、港口、养殖区等污染的大小程度，河口、排污口、城镇为极敏感；无污染来源区为不敏感；两者之间根据污染源的大小分为高度敏感（重要养殖区等）和中度敏感（港口区等）（表 12.2-1）。

表 12.2-1 陆源—养殖污染敏感性指标

污染源有无及大小	敏感性程度
重要河口、排污口	极敏感
重要养殖区	高度敏感
一般排污口、港口、养殖区	中度敏感
无污染来源区	一般敏感

象山港是浙江省、宁波市传统的海洋增养殖区，象山港陆源—养殖污染分区主要为港顶部的一般敏感；港中部的中度敏感；西沪港高度敏感及港底部的极度敏感。结合象山港现状开发利用情况，象山港北部的穿山半岛及梅山岛区为中度敏感区（主要为港口作业区）；春晓镇、瞻岐镇为一般敏感区（主要为春晓滨海新城及鄞州创投中心）；咸祥镇和松岙镇浙江造船厂和东方船厂为中度敏感区（港口作业区）；莼湖镇的桐照渔港及新连船厂为中度敏感区；红胜海塘高新技术产业园区为一般敏感区；莼湖镇缢蛏养殖区为中度敏感区；西店双山渔港、滩涂养殖、宁海湾旅游度假区为中度敏感区；强蛟镇滩涂养殖、国华电厂为中度敏感区；大佳河镇滩涂养殖为中度敏感区；西周镇胜利船厂、滩涂养殖、乌沙山电厂为中度敏感区；鄞州北仑浅海养殖区及鄞州瞻岐北仑洋沙山围塘养殖区为高度敏感区；鄞州横码浅海养殖区和北仑梅山西浅海养殖区为中度敏感指标；贤庠镇蒲门渔港作业区及新东船厂均为中度敏感区（图12.2-1）。

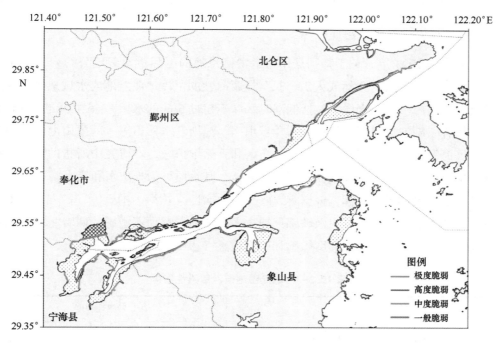

图 12.2-1　象山港陆源—养殖污染敏感性指标分布图

12.2.1.2　生物多样性降低敏感性指标

生物多样性降低敏感性指标，根据有无可能污染和改变自然属性（填海、围垦等）的人为活动来予以评价，可能严重污染和改变自然属性的区域为极敏感；缺少人类活动区为不敏感；两者之间又根据污染和改变自然属性的可能性大小分为高度敏感（可能严重捕捞的区域）和中度敏感（高密度海水增养殖区）（表12.2-2）。

表 12.2-2　生物多样性降低敏感性指标

人类活动类型	敏感性程度
可能严重污染和改变自然属性的区域	极度敏感
可能严重过度捕捞的区域	高度敏感
可能高密度海水增养殖的区域	中度敏感
缺少人类活动的区域	一般敏感

结合象山港开发利用状况，莼湖镇红胜填海区、涂茨镇围垦区域为极度敏感；西沪港为中度敏感区；象山港中岛群、象山港南岛群、象山港北岛群南部亚群、西部亚群、北部亚群均为一般敏感区域。

12.2.1.3　滩涂湿地衰退敏感性指标

按照联合国 1993 年《关于特别是作为水禽栖息地的国际重要湿地公约》中的湿地定义，湿地系指"不问其为天然或人工、长久或暂时性的沼泽地泥滩地或水域地带、静止或流动、淡水、半咸水、咸水体，包括低潮时水深不超过 6 m 的水域"。湿地可包括珊瑚礁、滩涂、红树林、湖泊、河流、河口、沼泽、水库、池塘、水稻田等。就象山港海洋生态状况而言，滨海湿地是生物多样性的重要分布区和天然维护区。本研究中所指的湿地仅指滩涂湿地，即连接或毗邻潮间带滩涂的潮上带湿地，其水质可为半咸水和淡水。

滩涂湿地衰退敏感性指标，根据有无改变自然属性（填海、围垦等）的人为活动来予以评价，改变自然属性的区域为极敏感；缺少人类活动影响为不敏感；两者之间又根据改变自然属性的可能性大小分为高度敏感和中度敏感（表 12.2-3）。

表 12.2-3　滩涂湿地衰退敏感性指标

人类活动类型	敏感性程度
可能严重污染和改变自然属性的区域	极度敏感
外来物种入侵区域	高度敏感
可能高密度海水增养殖的区域	中度敏感
缺少人类活动的区域	一般敏感

象山港中西沪港湿地保护区为极度敏感区；西沪港大米草整治工程区为高度敏感区；西沪港养殖区为中度敏感区。

12.2.1.4　生态系统完整性破坏敏感性指标

生态系统完整性破坏敏感性，主要通过开发活动进行划分，特别是一些大型开发利用活动。根据是否有大规模填海和围垦活动的区域等予以分级，可能有大规模填海和围垦活动的区域为极敏感；无任何活动区为不敏感；介于两者之间又根据填海和围垦等活动的可能性大小分为高度敏感（可能有修路的河口、湿地区域）和中度敏感（可能有大规模围海养殖活动的区域）（表12.2-4）。

表 12.2-4　生态系统完整性破坏敏感性指标

海洋和海岸工程类型	敏感性程度
可能有大规模填海和围垦活动的区域	极敏感
可能有修坝、修路的河口、湿地区域	高度敏感
可能有大规模围海养殖活动的区域	中度敏感
无工程活动区域	一般敏感

根据象山港开发利用状况，莼湖镇红胜填海区、涂茨镇围垦区域为极度敏感；横山码头和西泽码头附近为高度敏感区。

12.2.2　海洋生态脆弱性研究指标体系

生态脆弱性是指生态系统在特定时空尺度中相对于外界干扰所具有的敏感反应和恢复能力，是生态系统的固有属性在干扰作用下的表现，是自然属性和人类活动行为共同作用的结果。生态脆弱性程度分为最脆弱、中度脆弱、一般脆弱和不脆弱。

根据海洋生态环境问题的特点及产生的潜在因子，确定自然岸线类型、海水入侵程度、海岸带开发现状三项指标进行研究。

12.2.2.1　自然岸线类型指标

根据自然岸线的属性及重要程度，将岸线划分为极度弱岸线（砂质岸线）；一般脆弱岸线（岩礁岸线）及介于两者间的中度脆弱岸线（泥质岸线）和高度脆弱岸线（泥—砂质岸线）（表12.2-5）。

表 12.2-5　自然岸线类型指标

自然岸线类型指标	脆弱性程度
砂质岸线	极度脆弱
泥-砂质岸线	高度脆弱
泥质岸线	中度脆弱
岩礁岸线	一般脆弱

根据象山港岸线开发利用情况，西店镇外围岸线为沙滩和砾石滩、春晓镇外面的洋

沙山为砂质岸线，均为最脆弱岸线区；崎头角附近的未开发岸线、松岙镇的未开发岸线、西周镇的未开发岸线、墙头镇的未开发岸线、黄避岙的未开发岸线及涂茨镇的未开发岸线均为岩礁岸线，属不脆弱岸线区；北仑区的生态与旅游岸线、松岙镇、裘村镇、莼湖镇、大佳河镇的生态与旅游岸线均为泥质岸线，属一般脆弱岸线区；咸祥镇、松岙镇、裘村镇、莼湖镇、西店镇、强蛟镇、大佳河镇、西周镇、墙头镇、黄避岙、贤庠镇等养殖岸线，为泥—砂质岸线，为中度脆弱岸线；而部分地区的生活岸线，属人工岸线，在此不作讨论（图 12.2-2）。

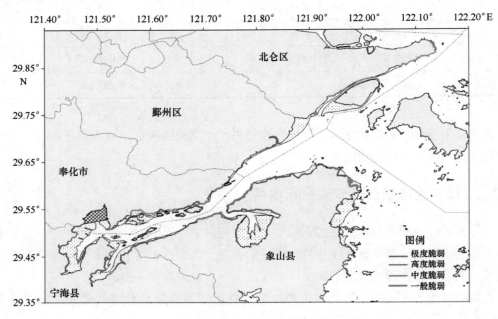

图 12.2-2　象山港自然岸线类型分布图

12.2.2.2　海水入侵程度指标

海水入侵的敏感性，可根据滨海土地的氯度和矿化度来予以分级，氯度大于 1 000 mg/L，矿化度大于 3.0 g/L 为极度脆弱，氯度不大于 250 mg/L，矿化度不大于 1.0 g/L 为一般脆弱，250 mg/L<氯度≤500 mg/L，1.0 g/L<矿化度≤2.0 g/L 为中度脆弱感，500 mg/L<氯度≤1 000 mg/L，2.0 g/L<矿化度≤3.0 g/L 为高度度脆弱（表 12.2-6）。

表 12.2-6　海水入侵程度指标

氯度和矿化度	脆弱性程度
氯度>1 000 mg/L，矿化度>3.0 g/L	极度脆弱
500 mg/L<氯度≤1 000 mg/L，2.0 g/L<矿化度≤3.0 g/L	高度脆弱
250 mg/L<氯度≤500 mg/L，1.0 g/L<矿化度≤2.0 g/L	中度脆弱
矿化度≤1.0 g/L 为一般脆弱，250 g/L<氯度≤500 mg/L	一般脆弱

根据宁波市海洋环境公报，历年象山港海水入侵状况为轻度入侵，贤庠镇滨海地区为一般脆弱区。

12.2.2.3　海岸带开发现状指标

海岸带的脆弱性指标可根据沿海岸线的产业开发情况来分级，工业为一般脆弱，旅游业为中度脆弱、养殖业为高度脆弱以及未开发利用为极度脆弱（表12.2-7）。

表 12.2-7　海岸带开发现状指标

海岸带开发现状	脆弱性程度
未开发利用	极度脆弱
养殖业	高度脆弱
旅游业	中度脆弱
工业	一般脆弱

东方船厂、浙江造船厂、新连船厂、西店滨海工业园、海螺水泥厂、国华电厂、乌沙山电厂、新东船厂等为一般脆弱指标；洋沙山滨海旅游区、松岙镇风景湾度假区、裘村的黄贤森林公园、凤凰山、悬山度假旅游区、莼湖阳光海湾、宁海强蛟群岛风景旅游区（横山岛、中央山岛等）、宁海湾旅游度假区等为中度脆弱指标；鄞州北仑浅海养殖区、鄞州瞻岐北仑洋沙山围塘养殖区、鄞州横码浅海养殖区、北仑梅山西浅海养殖区、象山黄碧岙浅海养殖区、铁港、黄墩港浅海及滩涂养殖区、西沪港养殖区、奉化裘村浅海养殖区、宁海桥头胡和大佳河围塘养殖区、象山白墩港滩涂养殖区为高度脆弱指标；崎头角附近的未开发岸线区、松岙镇的未开发岸线区、西周镇的未开发岸线区、墙头镇的未开发岸线区、黄避岙的未开发岸线区及涂茨镇的未开发岸线区为极度脆弱性指标（图12.2-3）。

12.2.3　海洋生态重要性指标研究

生态功能重要性指生态系统在维护生态平衡、发挥生态系统服务功能等方面具有的重要生态价值，主要是对区域生态系统典型服务功能的能力和价值进行评估，明确生态功能对区域可持续发展的作用与重要性。根据《全国生态功能区划》中，将生态服务功能分为三大类型，即调节功能、供给功能和人居保障功能。参照此分类方法，结合象山港海岸带及海域生态系统特点和海洋开发利用现状，象山港重要海洋生态功能区可筛选见表12.2-8。

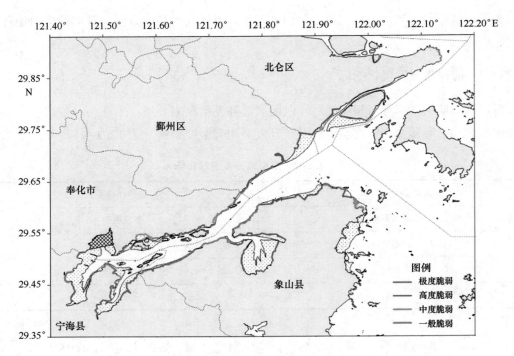

图 12.2-3　象山港海岸带开发利用状况分布

表 12.2-8　象山港重要海洋生态功能区

功能大类	海洋生态功能类型	主要生态功能
生态调节	海洋生物产卵场	为众多海洋生物的集中发生地和繁育区，起着补充生物资源数量、维护正常群落结构和区域生态平衡作用
	生物多样性和珍稀物种保护区	作为珍惜濒危物种的重要驿站或洄游通道，起着重要物种天然庇护场所作用
	重要滨海湿地	起到湿地生物物种、遗传基因、次级生态系统多样性的天然聚集区和维护区作用
	泄洪防潮、重要河口	具有泄洪防涝，消能防潮，保护一方平安功能
产品提供	水产品提供生态功能（人工增养殖）	可持续的间接提供鱼虾蟹类等水产品
	景观提供功能（典型、重要）	为人类提供非消耗性的海洋自然景观、底质遗迹景观、森林景观等，满足人类文化、娱乐、休闲
人居保障	城市建设、城镇带建设	为人类提供适宜栖息空间的用地用海
	港航交通功能	为物质生产提供基本的商品水陆转运服务和交易场所
	领海基点、军事用途等涉及国家海洋权益和国防安全的区域	维护国家安全，确保国家领土、领海完整

636

12.2.3.1 海洋生物繁育场（产卵场）

河口和海湾常常是众多海洋生物的优良繁育场或产卵场，繁育场或产卵场是海洋生态功能区划中的一个重要调节生态功能区。这是因为：首先，它是许多海洋生物的发生地和繁育区，其在调节区域生物的种类数量、维护正常群落结构和生态平衡中起着极为重要的作用；其次，海洋中游泳能力较强的鱼、虾、蟹类与候鸟类一样在其生命周期中必须进行周期性的迁徙活动。新生鱼、虾、蟹类集群性的越冬洄游活动，不仅使其可以有效的利用沿途和越冬场的环境资源和食物资源，而且在促进产卵场和其他海域之间的物质和能量流动起着重要作用。产卵场的形成是生物长期进化和适应环境的结果。它需要适应的温度、盐度和比较丰富的营养盐类以生产足够的饵料生物。除此之外，繁育场或产卵场还需要隐蔽平静的环境和适宜的底质条件等。传统产卵场一旦遭到破坏，将危及区域生态安全，并在短期内不易恢复。据此，将产卵场功能确定为一些重要河口和海湾的主导生态服务功能。

海洋生物繁育场重要性，可根据已知有关产卵场的分布指标予以分级，重要河口三角洲海域为极重要；相对平直海岸区为不重要；两者间按照重要程度又分为中等重要和比较重要（表12.2-9）。

表12.2-9　海洋生物繁育场重要性指标

海域类型	重要性指标
重要河口三角洲	极重要
重要的海湾	中等重要
一般河口湿地近岸海域	比较重要
相对平直岸线海域	不重要

根据象山港现状，分布的繁育区主要有菲律宾蛤仔的繁育区（保护区）、中央山、白石山岛的象山港海洋牧场实验区、象山港中部的马鲛鱼种质资源繁育区（保护区），均属于中等重要区（表12.2-10和图10.2-4）。

表12.2-10　象山港渔业资源繁育区概况

编号	繁育场	区域	种类	重要性
FY1	蓝点马鲛国家级种质资源保护区	核心区	蓝点马鲛	重要

编号	繁育场	区域	种类	重要性
FY2	蓝点马鲛国家级种质资源保护区	实验区	蓝点马鲛、银鲳、黑鲷、锯缘青蟹、黑斑口虾蛄、菲律宾蛤、毛蚶等	较重要
FY3	宁海樟树自然繁育保护区	宁海樟树附近海域	菲律宾蛤苗、弹涂鱼、龙头鱼	较重要
FY4	宁海薛岙自然繁育保护区	宁海薛岙附近海域	菲律宾蛤苗、弹涂鱼、龙头鱼	较重要
FY5	双礁至至历试山菲律宾蛤苗繁育区	双礁至至历试山附近海域	菲律宾蛤苗	中度重要

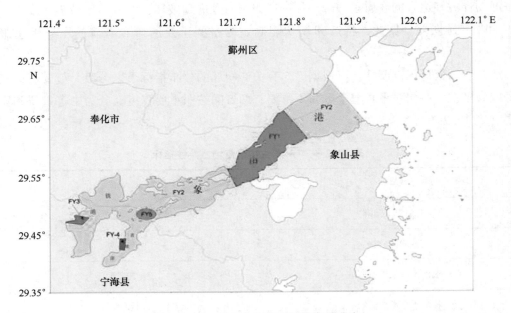

图 12.2-4　象山港渔业资源繁育区分布

12.2.3.2　生态多样性和珍稀物种保护区

　　某些海域或岛屿，可能为某一种或几种珍稀濒危物种提供迁徙驿站、或洄游通道、或重要栖息场所，起着珍惜物种天然保护区的作用。此类地区有的已经建立了珍稀物种或生态系统类型的自然保护区。规模较大的，且级别重要，以某些国家级或世界级珍稀或濒危物种为保护对象的自然保护区，即是珍惜物种保护生态功能区。

　　生物多样性和珍稀物种保护的重要性，可根据已建立的保护区级别等指标予以分级，即国家级为极重要；无自然保护区或生态景观区（森林公园和风景旅游区等）为不重要；两者之间，按照重要程度次序分为中等重要和比较重要（表12.2-11）。

表 12.2-11　生态多样性和珍稀物种保护重要性指标

自然保护区有无级别	重要性指标
已建的国家级保护区或生态景观区	极重要
已建的省级保护区或生态景观区	中等重要
已建的市县级保护区或生态景观区	比较重要
无保护区或生态景观区	不重要

在象山港中部海域设有马鲛鱼种质资源保护区，在象山港港底铁港和黄墩港设有菲律宾蛤仔保护区，南沙山岛鸟类保护区，咸祥镇滨海鸟类保护区等，以上均为已建的市级自然保护区，属于比较重要区域，对此需要进行严格的保护，但考虑到象山港整体规划（象山港港底定位为旅游休闲区域），建议对菲律宾蛤仔保护区进行调整。在缸爿山设有滨海木槿红树林保护区比较重要区。

12.2.3.3　泄洪防潮区

泄洪防潮生态功能主要分布于一些重要河口和集中连片的滩涂区，河口和滩涂是天然形成的泄洪通道和防潮屏障。因此，维持河流入海口河道的畅通时汛季泄洪畅通，保护河流下游甚至中游地区免遭洪涝灾害的重要保障；发挥滩涂的缓冲和消能功能对于确保沿岸居民点和人工设施的安全均十分重要。

泄洪防潮功能的重要性，可根据已知的河流（入海口）大小、滩涂类型和毗邻居民点的重要性等综合指标予以分级，即大河口入海口为极重要；无入海口和滩涂区为不重要；两者之间，按照重要程度次序又分为中等重要和比较重要（表 12.2-12）。

表 12.2-12　泄洪防潮区重要性指标

河流（入海口）大小和滩涂类型	重要性指标
大河流入海口和连片的滩涂区	极重要
乡镇带毗邻的河流入海口和连片的滩涂区	中等重要
一般河流的入海口和滩涂区	比较重要
无河流入海口和滩涂区	不重要

象山港沿岸泄洪防潮指标主要有各镇毗邻的河流入海口，宁海颜公河入海排污口、象山墙头综合排污口等入海口属比较重要泄洪防潮区；奉化下陈、宁海西店崔家综合排污口以及各镇区排水闸的入海口属一般重要泄洪防潮区。

12.2.3.4　养殖水产品提供区重要性指标

海洋的重要特点之一，便是为人类提供大量可再生的水产品，提供的方式分为捕捞水产品提供区和养殖水产品提供区。养殖水产品提供区是指将海域作为农牧场，采用增养殖方式使苗种生长为成体后再收获和利用，其生态功能区即为海水增养殖区。

养殖水产品提供功能的重要性，根据已知增养殖区的规模等指标，即象山港的重要增养殖区为极重要；其他零星增养殖海域为不重要；两则之间，按重要程度次序分为中等重要和一般重要（表12.2-13）。

表 12.2-13　养殖水产品提供区重要性指标

养殖水产品提供区	重要性指标
重要海水增养殖区	极重要
比较重要的增养殖区	中等重要
一般海水增养殖区	一般重要
其他零星海域	不重要

根据象山港养殖情况，主要类型有滩涂、浅海、网箱等养殖方式，分布在象山港底部的铁港、黄墩港、西沪港及港中的零星分布。鄞州北仑浅海养殖区及鄞州瞻岐北仑洋沙山围塘养殖区，为极重要指标；鄞州横码浅海养殖区和北仑梅山西浅海养殖区为中等重要性指标；而象山黄碧岙浅海养殖区、铁港、黄墩港浅海及滩涂养殖区、西沪港养殖区为一般重要指标；奉化裘村浅海养殖区、宁海桥头胡和大佳河围塘养殖区、象山白墩港滩涂养殖区为不重要指标。

12.2.3.5　景观区

海洋自然景观包括滨海湿地景观、河口景观、岛礁景观、沙滩沙坝景观、海蚀景观、底质遗迹景观等，它们也属于海洋生态系统为人类提供的一种自然产品。由于分布区位不同、规模大小差异、奇特程度高低等因素，其利用价值也大相径庭。许多海洋自然景观与人类历史文化遗迹连接成网，并且位于城市毗邻，便成为城市旅游景点的组成部分，因而在开发利用程度、知名度和经济价值等方面均明显提高。随着社会经济的发展和人们生活水品的提高，自然景观作为一种观赏、文化、娱乐等重要自然资源，总体价值正在不断提升。有些特色海洋景观一旦遭到破坏便不可再生，但它也不是消耗品，只要不被破坏，则可持续利用。

景观提供功能的重要性，根据已知的生态景观和风景旅游区的级别或知名度等指标，即国家级生态景观和风景旅游区为极重要；不知名的生态景观区和风景旅游区为不重要；介于两者之间，按重要程度次序又分为中等重要和比较重要（表12.2-14）。

表 12.2-14 景观区提供重要性指标

景观和风景旅游级别	重要性指标
国家级生态景观或风景旅游区	极重要
省级生态景观或风景旅游区	中等重要
市县级生态景观或风景旅游区	比较重要
不知名的生态景观或风景旅游区	不重要

象山港景观风景区主要有洋沙山滨海旅游区、松岙镇风景湾、裘村的黄贤森林公园、凤凰山、悬山度假旅游区、莼湖阳光海湾、桐照海岸整治区（风景旅游）、宁海强蛟群岛风景旅游区（横山岛、中央山岛等）、宁海湾旅游度假区等，其中宁海强蛟群岛风景旅游区（横山岛、中央山岛等）为中等重要性指标；其余均属市县级生态景观或风景旅游区，为比较重要性指标（图 12.2-5）。

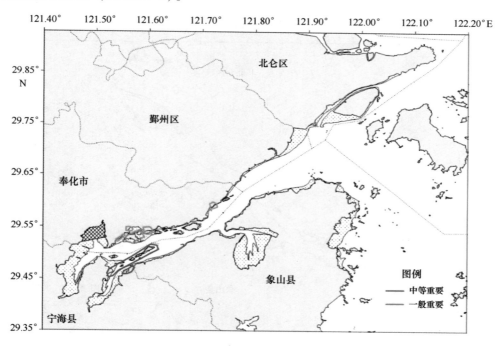

图 12.2-5　象山港景观提供重要性指标分布

12.2.3.6　港航交通

港航交通功能就是为物质生产提供基本的商品水陆转运服务和交易场所。水深满足通航、锚泊需求。海底地形、底质稳定。

港行交通重要性，根据港口、航道的水深条件、地形平坦程度、海域开阔的区域等指标予以分级，即港口、航道水深条件优良的区域为极重要、不能满足港口、航道水深条件的为不重要；两者之间，按照重要程度次序分为中等重要和比较重要（表12.2-15）。

表12.2-15　港航交通重要性指标

港航交通重要性	重要性指标
港口条件优良的区域	极重要
港口条件中等的区域	中等重要
港口条件一般的区域	比较重要
港口条件差的区域	不重要

象山港内航道区、梅山港口区及乌沙山港口区为中等重要性指标；象山港西泽横码航道区、宁奉避风锚地、象山外干门港口区、鄞州横山港口区、象山贤庠港口区、鄞奉港口区、宁海强蛟港口区为较重要功能性指标区；奉化双德山、狮子口电厂锚地区为不重要功能性指标区（图12.2-6）。

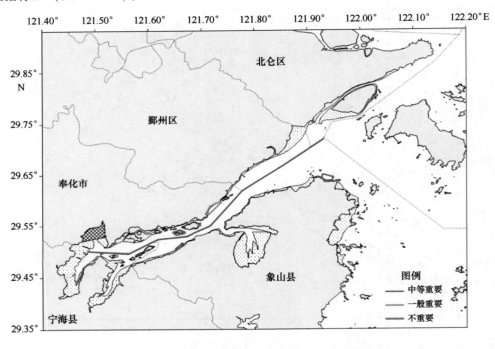

图12.2-6　象山港港航交通重要性指标分布

12.2.3.7　人居保障

人居保障功能的重要性，根据已知临海城市（及港口）的级别等指标，即临海地级市及国家级港口所在地为极重要，一般居民点为不重要；两者之间，按照重要程度次序分为中等重要和比较重要（表12.2-16）。

表 12.2-16 人居保障功能性指标

临海城市及港口级别	重要性指标
人口稠密的临海地级市市区及国家级港口所在地	极重要
人口较多的临海县（市）及地方级港口所在地	中等重要
人口较少的临海乡镇所在地及小型港口所在地	比较重要
临海村庄及一般居民点	不重要

象山港港口及产业区分布有梅山保税港区、春晓滨海新城、鄞州滨海创投中心、红胜海塘高新技术产业园区、西店滨海工业园区、象山产业集聚区等，其中梅山保税港区为中等重要性指标区；其他为比较重要性指标区。

12.2.3.8 国家权益保障

主要是领海基点、领海基线、军事用途等涉及国家海洋权益和国防安全的区域。根据《联合国海洋法公约》，海岛是划分我国内水、领海和 200 海里专属经济区等管辖海域的重要标志，一个岛屿或者岩礁就可以确定一大片管辖海域，海洋权益价值极高。领海基点是计算沿海国领海、毗连区和专属经济区和大陆架的起始点，在我国已公布的领海基点中，有 50% 以上位于无居民海岛上。相邻基点之间的连线构成领海基线，是测算沿海国上述国家管辖海域的起算线。

国家权益保障功能性，根据有无涉及国家海洋权益和国防安全等指标，即领海基点、军事用途等涉及国家海洋权益和国防安全的区域为极重要；无涉及国家权益和国防安全的区域为不重要（表 12.2-17）。

表 12.2-17 国家权益保障功能性重要性指标

涉及国家海洋权益和国防安全级别	重要性指标
领海基点、军事用途等涉及国家海洋权益和国防安全的区域	极重要
无涉及国家权益和国防安全的区域为不重要	不重要

根据象山港沿岸国家权益建设情况，裘村镇石沿码头军事管理区为极重要功能性指标。

12.2.4 海洋生态红线划定指标体系

借鉴生态服务价值理论、生态功能区划研究、海洋功能区划和《海洋环境保护法》，结合象山港自然地理条件和生态环境特征及象山港海洋环境保护条例、象山港区域保护和利用规划纲要、各类规划，从生态红线的定义生态环境敏感性、生态环境脆弱性和生态功能重要性三大方面构建生态红线划定指标体系，具体见表 12.2-18。

表 12.2-18　象山港海洋生态红线划定指标体系

目标层	因素层	指标层
生态红线划定	生态环境敏感性	陆源—养殖污染敏感性
		生物多样性下降敏感性
		滩涂湿地衰退敏感性
		生态系统完整性破坏敏感性
	生态环境脆弱感性	自然岸线类型
		海水入侵程度
		海岸带开发现状
	生态功能重要性	海洋生物繁育场
		生态多样性和珍稀物种保护区
		泄洪防潮生态功能区
		养殖水产品提供
		景观提供重要性指标
		港航交通重要性指标
		人居保障功能性指标
		国家权益保障功能性重要性指标

12.3　海洋生态红线区划定方法研究

12.3.1　划定方法

海洋生态红线区是全面了解海洋生态环境的基础上进行客观、公正、合理的全面评定，可抽象地表述为确认哪个区域生态功能状况好、哪个区域生态功能状况差；哪个区域需要禁止性保护、哪个区域需要选择性保护（限制性开发）、哪个区域可以引导性保护。这是一类常见的所谓综合判断问题，即多属性（或多指标）综合评价问题（the comprehensive evaluation problem）。该类问题就是借助科学方法和手段，对海洋生态系统进行综合评价，为决策提供科学依据。对于有限个方案问题来说，综合评价室决策的前提，而正确的决策源于科学的综合评价。

海洋生态红线区的划定过程要有坚实的客观基础，最终结果在某种程度上又取决于评价主体及决策者多方面的主观感受，这是由价值的特点所决定的。系统综合评价方法有着内容丰富的理论基础。常见的研究方法包括专家评分法、层次分析法、主成分分析法、数据包络分析法、模糊评价方法、人工神经网络法和集对分析法灯。这些方法各有其特点和使用范围。

12.3.1.1　层次分析法

层次分析法是一种定性分析与定量分析相结合的多目标决策分析方法。这种分析方法的特点是：将分析人员的经验判断给予量化，该方法更加适用于对目标（因素）结构复杂且缺乏必要数据的情况更为实用，是目前处理定性与定量相结合问题的比较简单易行且又行之有效的一种系统分析方法。本研究结合层次分析法确定权重的优势，并采用逐渐分层归并方法，将平行独立的各项指标加权求和，确定综合指数。

层次分析法正是适合定性和定量分析相结合的多准则决策方法。层次分析法（Analytic Hierarchy Process，AHP）是美国运筹科学家 Saaty 教授提出的一种实用的多方案或多目标的决策方法。此种方法能把复杂关系的决策思维进行层次化，把复杂的系统的决策思维进行层次化，把决策过程中定性和定量的因素有机地结合起来。通过判断矩阵的建立、排序计算和一致性检验得到的最后结果具有说服力，具有明显的优越性，比较适合应用于污水排污指标评价指标权重的确定。该方法自 1982 年被介绍到我国以来，以其定性与定量相结合地处理各种决策因素的特点以及灵活简洁的优点，迅速地在各个领域如能源系统分析、城市规划、经济管理、科研评价以及水利工程建设的风险评价管理得到了广泛的应用。

层次分析法把相互关联的要素安隶属关系分为若干层次，请有经验的专家队各层次各因素的相对重要性给出定量指标，利用数学方法综合专家意见给出各层次、各要素的对重要性权值，作为综合分析的基础。分析方法包括递阶层次权重的确定、比较判断矩阵的构造、层次排序和一致性检验几个过程。具体运用步骤如下：

（1）确定递阶层次的权重。将问题分解为若干元素，按照属性把这些元素分成若干层次，层次之间互不相交，形成了自上而下的逐层支配关系的递阶层次结构形式。利用数学方法及专家咨询给出各个层次目标的相对权重系数，从而求出各指标变量综合评价体系的权重系数。

（2）构造比较判断矩阵 A，通过对单层次下各元素两两比较确定其判断矩阵。

$$A = \begin{Bmatrix} a_{11} & a_{12} & \cdots & a_{1n} \\ a_{21} & a_{22} & \cdots & a_{2n} \\ \cdots & \cdots & \cdots & \cdots \\ a_{n1} & a_{n2} & & a_{nn} \end{Bmatrix}$$

式中，$a_{ij} > 0$；$a_{ij} = 1/a_{ji}$；$a_{ii} = 1$。a_{ij} 的确定采用 5 标度法。a_{ij} 表示的是第 i 个因素重要性与第 j 个因素的重要性之比。

（3）层次排序及其一致性检验。由于各专家对问题的认识存在一定的片面性，获得的判断矩阵未必具有一致性。但是，只有当判断矩阵具有完全一致性和满意一致性时，用层次法才有效。

每一层此对上一层次中某因子的判断矩阵的最大特征值 λ_{max}。对应的归一化特征向量 $W = (W_1, W_2, \cdots, W_n)$ 的各个分量 W_i，就是本层次相应因子对上层次某因子的相对重要性的排序权重值，这一过程叫层次单排序。首先，算出 λ_{max} 和对应的归一划特征向量 W。

12.3.1.2 综合指数法

根据象山港生态环境分区结合现状，应用 ArcGIS 技术对象山港区域进行空间网格化，将象山港区域划分为若干评价小单元，根据象山港生态红线指标的敏感性程度、脆弱性程度、重要性程度进行级别状态赋值，并采用逐渐分层归并方法确定象山港生态红线指标权重，最终将平行独立的各项指标加权求和，计算得到象山港综合指数（S）。

$$S = \sum_{M=1}^{i} W_i Y_i$$

式中，S 为象山港生态红线综合指数；W_i 为各指标的组合权重值，Y_i 为各评价单元的级别状态赋值；M 为评价指标的数目。

12.3.2 方法与过程

12.3.2.1 指标权重

指标权重系数的计算采用层次分析法，把互相关联的要素按隶属关系分为若干层次，用专家评判法对各层次、各要素的相对重要性给出定量指标，利用数学方法综合专家意见给出各层次、各要素的相对重要性权限。采用 5 标度法（表 12.3-1）进行两两指标间的相对比较形成矩阵。

表 12.3-1　5 标度法定义及描述

序号	重要性等级	赋值（x_i/x_j）	内容描述
1	同等重要	1	两个指标 i 和 j 对某一属性有相同贡献
2	稍微重要	2	i 指标对某一属性较之 j 指标贡献稍大
3	明显重要	3	i 指标对某一属性较之 j 指标贡献明显得多
4	强烈重要	4	i 指标对某一属性较之 j 指标的主导地位已在实践中显示
5	极端重要	5	i 指标对某一属性较之 j 指标的主导地位是绝对的
6	稍不重要	1/2	j 指标对某一属性较之 i 指标贡献稍大
7	明显不重要	1/3	j 指标对某一属性较之 i 指标贡献明显得多
8	强烈不重要	1/4	j 指标对某一属性较之 i 指标的主导地位已在实践中显示
9	极端不重要	1/5	j 指标对某一属性较之 i 指标的主导地位是绝对的

1) 因素层指标权重

根据前文所述，象山港生态红线指标确定为：生态环境敏感性（$H1$）、生态环境脆弱性（$H2$）、生态功能重要性（$H3$），采用 5 标度法进行两两比较指标间的相对比较形成矩阵（表 12.3-2）。据层次分析法计算步骤，得到各评价指标的权重系数为（表 12.3-3）。

表 12.3-2　海洋生态红线因素层指标判断矩阵

标度值	$H1$	$H2$	$H3$
$H1$	1	1	2
$H2$	1	1	2
$H3$	1/2	1/2	1

表 12.3-3　海洋生态环境敏感性指标权重系数表

指标	生态环境敏感性（$H1$）	生态环境脆弱性（$H2$）	生态功能重要性（$H3$）
权重	0.493 4	0.310 8	0.195 8

2) 生态环境敏感性指标权重

生态环境敏感性指标为陆源—养殖污染敏感性（$M1$）、生物多样性下降敏感性（$M2$）、滩涂湿地衰退敏感性（$M3$）、生态系统完整性破坏敏感性（$M4$），采用 5 标度法进行两两比较指标间的相对比较形成矩阵（表 12.3-4）。据层次分析法计算步骤，得到各评价指标的权重系数为（表 12.3-5）。

表 12.3-4　生态环境敏感性指标指标判断矩阵

标度值	$M1$	$M2$	$M3$	$M4$
$M1$	1	2	2	3
$M2$	1/2	1	1	3
$M3$	1/2	1	1	3
$M4$	1/3	1/3	1/3	1

表 12.3-5　海洋生态环境敏感性指标权重系数表

指标	陆源—养殖污染敏感性（$M1$）	生物多样性下降敏感性（$M2$）	滩涂湿地衰退敏感性（$M3$）	态系统完整性破坏敏感性（$M4$）
权重	0.414 6	0.243 6	0.243 6	0.098 2

3）生态环境脆弱性权重

生态环境敏脆弱性指标为自然岸线类型（$C1$）、海水入侵程度（$C2$）、海岸带开发现状（$C3$），采用 5 标度法进行两两比较指标间的相对比较形成矩阵（表 12.3-6）。据层次分析法计算步骤，得到各评价指标的权重系数为（表 12.3-7）。

表 12.3-6　生态环境脆弱性指标指标判断矩阵

标度值	$C1$	$C2$	$C3$
$C1$	1	3	2
$C2$	1/3	1	2
$C3$	1/2	1/2	1

表 12.3-7　海洋生态环境脆弱性指标权重系数表

指标	自然岸线类型（$C1$）	海水入侵程度（$C2$）	海岸带开发现状（$C3$）
权重	0.547 2	0.263 1	0.189 7

4）生态环境重要性权重

生态环境敏重要性指标为海洋生物繁育场（$Z1$）、生态多样性和珍稀物种保护区（$Z2$）、泄洪防潮重要性指标（$Z3$）养殖水产品提供重要性指标（$Z4$）景观提供重要性指标（$Z5$）港航交通重要性指标（$Z6$）人居保障功能性指标（$Z7$）国家权益保障功能性指标（$Z8$），采用 5 标度法进行两两比较指标间的相对比较形成矩阵（表 12.3-8）。据层次分析法计算步骤，得到各评价指标的权重系数为（表 12.3-9）。

表 12.3-8　生态环境重要性指标指标判断矩阵

标度值	$Z1$	$Z2$	$Z3$	$Z4$	$Z5$	$Z6$	$Z7$	$Z8$
$Z1$	1	1	1/3	1/3	1/3	1/3	1/3	4
$Z2$	1	1	1/2	1/2	1/2	1/2	1/2	4
$Z3$	3	2	1	2	2	1	1	4
$Z4$	3	2	1/2	1	1/2	1/2	1/2	4
$Z5$	3	2	1/2	2	1	1/2	1	4
$Z6$	3	2	1	2	2	1	1	4
$Z7$	3	2	1	2	1	1	1	4
$Z8$	1/4	1/4	1/4	1/4	1/4	1/4	1/4	1

648

表 12.3-9　海洋生态环境重要性指标权重系数表

指标	权重	指标	权重
海洋生物繁育场	0.066 6	景观提供重要性指标	0.149 2
生态多样性和珍稀物种保护区	0.083 0	港航交通重要性指标	0.190 0
泄洪防潮重要性指标	0.190 0	人居保障功能性指标	0.172 1
养殖水产品提供重要性指标	0.116 0	国家权益保障功能性指标	0.033 0

5）象山港生态红线指标体系权重系数

根据上述分析，象山港生态红线指标体系权重系数见表 12.3-10。

表 12.3-10　象山港生态红线指标权重系数表

目标层	因素层	权重	指标层	权重	组合权重
生态红线划定	生态环境敏感性	0.493 4	陆源—养殖污染敏感性（$M1$）	0.414 6	0.204 6
			生物多样性下降敏感性（$M2$）	0.243 6	0.120 2
			滩涂湿地衰退敏感性（$M3$）	0.243 6	0.120 2
			生态系统完整性破坏敏感性（$M4$）	0.098 2	0.048 5
	生态环境脆弱性	0.310 8	自然岸线类型（$C1$）	0.547 2	0.170 1
			海水入侵程度（$C2$）	0.263 1	0.081 8
			海岸带开发现状（$C3$）	0.189 7	0.059 0
	生态功能重要性	0.195 8	海洋生物繁育场（$Z1$）	0.066 6	0.013 0
			生态多样性和珍稀物种保护区（$Z2$）	0.083 0	0.016 3
			泄洪防潮生态功能区（$Z3$）	0.190 0	0.037 2
			养殖水产品提供（$Z4$）	0.116 0	0.022 7
			景观提供重要性指标（$Z5$）	0.149 2	0.029 2
			港航交通重要性指标（$Z6$）	0.190 0	0.037 2
			人居保障功能性指标（$Z7$）	0.172 1	0.033 7
			国家权益保障功能性重要性指标（$Z8$）	0.033 0	0.006 5

12.3.2.2　空间网格化

根据象山港的水文、底质、生物生态等方面的自然现状特征和水环境、底质环境化学因子的分布特征，将象山港海域划分为 7 个大区块，各区块具备相似的自然条件和环境现状。并结合象山港开发利用现状、综合规划将象山港进行空间网格化，以 3 km×3 km 的网格为基本评价单元，应用 ArcGIS 技术对象山港区域进行空间网格化，并进行图像数字化、误差修正，建立象山港生态红线划定的空间属性数据库，总共划分为 70 个评价单元（图12.3-1）。

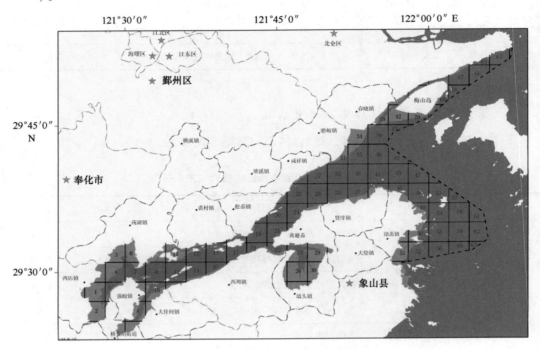

图 12.3-1　象山港区域空间网格化

12.3.2.3　生态红线区划定

根据生态红线指标的特点，将每项指标的最敏感（脆弱、重要）等级值构成理想方案，即假设一个各项指标敏感（脆弱、重要）性都最强的区域（P0）。根据集对分析的原理，将理想指标值和评价指标值按照一定的标准转化成级别状态，象山港各评价单元的转化结果见表 12.3-11。

表 12.3-11　象山港各评价单元生态红线级别状态划分

评价单元	M1	M2	M3	M4	C1	C2	C3	Z1	Z2	Z3	Z4	Z5	Z6	Z7	Z8
P0	4	4	1	4	4	4	4	4	4	4	4	4	4	4	4
1	1	1	2	2	1	1	1	1	1	1	3	2	1	1	1
2	1	1	2	2	1	1	1	1	1	1	3	2	1	1	1
3	1	1	2	2	1	1	1	1	1	1	3	1	1	4	1
4	1	1	1	1	1	1	1	4	4	1	4	1	1	1	1

650

评价单元	M1	M2	M3	M4	C1	C2	C3	Z1	Z2	Z3	Z4	Z5	Z6	Z7	Z8
5	1	1	1	1	1	1	1	4	4	1	4	1	1	1	1
6	1	1	1	1	1	1	1	4	4	1	4	1	1	4	1
7	1	1	1	1	1	1	1	1	1	1	3	1	3	1	1
8	1	1	1	1	1	1	1	1	4	1	3	1	1	1	1
9	1	1	1	1	1	1	1	1	2	1	3	4	1	1	1
10	1	1	1	1	1	1	1	4	4	1	4	3	1	1	1
11	1	1	1	1	1	1	1	1	1	1	3	4	1	1	1
12	1	1	1	1	1	1	1	3	4	1	4	1	1	1	1
13	1	1	1	1	1	1	1	3	4	1	3	2	1	1	1
14	1	1	1	1	1	1	1	3	3	1	3	1	1	1	1
15	1	1	1	1	1	1	1	3	4	1	3	2	1	1	1
16	1	1	1	1	1	1	3	2	2	1	3	1	3	1	1
17	1	1	1	1	1	1	3	2	4	1	3	1	1	1	4
18	1	1	1	1	1	1	2	4	3	1	3	1	1	1	1
19	1	1	1	1	1	1	3	4	3	1	3	1	1	1	4
20	1	1	1	1	1	1	3	4	3	1	3	1	1	1	1
21	1	1	1	1	1	1	3	4	4	1	3	1	1	1	1
22	1	1	1	1	1	1	3	2	3	1	3	1	1	1	1
23	1	1	1	1	3	2	1	3	3	1	3	1	1	1	1
24	1	1	1	1	3	1	1	3	3	1	3	1	1	1	1
25	1	1	4	1	1	1	1	2	2	1	3	1	1	1	1
26	1	1	4	1	1	1	1	2	2	1	3	1	1	1	1
27	1	1	1	1	1	1	1	2	2	1	3	1	1	1	1
28	1	1	1	1	2	1	1	2	2	1	3	1	1	1	1
29	1	1	2	1	1	1	1	2	3	1	3	1	1	1	1
30	1	1	2	1	3	1	2	2	3	1	3	1	1	1	1
31	1	1	1	1	1	1	1	2	3	1	3	1	1	1	1
32	1	1	1	1	1	1	1	1	1	1	3	1	1	1	1
33	1	1	1	1	1	1	1	1	1	1	3	1	1	1	1

评价单元	M1	M2	M3	M4	C1	C2	C3	Z1	Z2	Z3	Z4	Z5	Z6	Z7	Z8
34	1	1	1	1	1	1	1	1	1	1	3	1	1	1	1
35	1	1	1	1	1	1	1	1	1	1	3	1	1	1	1
36	1	1	1	1	1	1	1	1	1	1	3	1	1	1	1
37	1	1	1	1	1	1	1	1	1	1	3	1	1	1	1
38	1	1	1	1	1	1	1	1	1	1	3	1	1	1	1
39	1	1	1	1	1	1	1	1	1	1	3	1	1	1	1
40	1	1	1	1	1	1	1	1	1	1	3	1	1	1	1
41	1	1	1	1	1	1	1	1	1	1	3	1	1	1	1
42	1	1	1	1	1	1	1	1	1	1	3	1	1	1	1
43	1	1	1	1	1	1	1	1	1	1	3	1	1	1	1
44	1	1	1	1	1	1	1	1	1	1	3	1	1	1	1
45	1	1	1	1	1	1	1	1	1	1	3	1	1	1	1
46	1	1	1	1	1	1	3	1	1	1	3	1	1	1	1
47	1	1	1	1	1	1	1	1	1	1	3	1	1	1	1
48	1	1	1	1	1	1	2	1	1	1	3	1	1	1	1
49	1	1	1	1	1	1	3	1	1	1	3	1	1	1	1
50	1	1	1	1	1	1	3	1	1	1	3	1	1	1	1
51	1	1	1	1	1	1	1	1	1	1	3	1	1	1	1
52	1	1	1	1	1	1	1	1	1	1	3	1	1	1	1
53	1	1	1	1	1	1	1	1	1	1	3	1	1	1	1
54	1	1	1	1	1	1	1	1	1	1	3	1	1	1	1
55	1	1	1	1	1	1	1	1	1	1	3	1	1	1	1
56	1	1	1	1	1	1	1	1	1	1	3	1	1	1	1
57	1	1	1	1	1	1	1	1	1	1	3	1	1	1	1
58	1	1	1	1	1	1	1	1	1	1	3	1	1	1	1
59	1	1	1	1	1	1	1	1	1	1	3	1	1	1	1
60	1	1	1	1	1	1	1	1	1	1	3	1	1	1	1
61	1	1	1	1	1	1	1	1	1	1	3	1	1	1	1
62	1	1	1	1	1	1	1	1	1	1	3	1	1	1	1

评价单元	M1	M2	M3	M4	C1	C2	C3	Z1	Z2	Z3	Z4	Z5	Z6	Z7	Z8
63	1	1	1	1	1	1	1	1	1	1	3	1	1	1	1
64	1	1	1	1	1	1	1	1	1	1	3	1	1	1	1
65	1	1	1	1	1	1	1	1	1	1	3	1	1	1	1
66	1	1	1	1	1	1	1	1	1	1	3	1	1	1	1
67	1	1	1	1	1	1	1	1	1	1	3	1	1	1	1
68	1	1	1	1	1	1	1	1	1	1	3	1	1	1	1
69	1	1	1	1	1	1	1	1	1	1	3	1	1	1	1
70	1	1	1	1	1	1	1	1	1	1	3	1	1	1	1

　　根据综合指数计算（S）结果（表 12.3-12），运用 ArcGIS 在象山港空间上划出生态红线综合评价系数分布图（图 12.3-2），综合评价系数越高说明该区域海洋生态环境越敏感（脆弱、重要）。从图 12.3-2 上可见，象山港中段及底部综合系数相对较高，中段为象山港蓝点马鲛鱼种质资源保护区核心区、底部为贝类苗种保护区，生态环境相对比较重要；象山港口门部综合系数相对较低，生态环境相对比较一般。在现场实地勘查、资料综合分析、专题研究及红线区初步认定的基础上，结合区域实际情况，对象山港海洋生态红

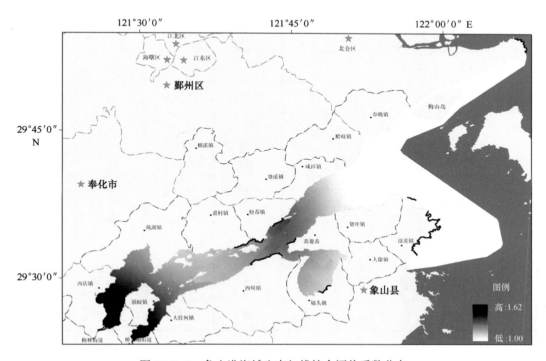

图 12.3-2　象山港海域生态红线综合评价系数分布

653

线区进行初步识别，确定红线区性质。象山港红线区分为禁止开发区和限制开发区，禁止开发区指海洋生态红线区内禁止实施各种与保护无关的工程建设活动的区域，部分需要严格保护的大陆自然岸线被纳入禁止开发区；限制开发区指海洋生态红线区内除禁止开发区以外的其他区域，主要包括除禁止开发区外的大陆自然岸线、生态与资源恢复区、重要滩涂湿地、重要滨海旅游区、重要海岛等重要海洋生态功能区、生态敏感区和生态脆弱区。生态红线区初步识别结果见图12.3-3。

表 12.3-12 象山港评价各单元生态红线综合指数

评价单元	综合指数	评价单元	综合指数	评价单元	综合指数	评价单元	综合指数
1	1.243	19	1.254	37	1.045	55	1.045
2	1.243	20	1.235	38	1.045	56	1.045
3	1.315	21	1.251	39	1.045	57	1.045
4	1.156	22	1.209	40	1.045	58	1.045
5	1.156	23	1.526	41	1.045	59	1.045
6	1.257	24	1.444	42	1.045	60	1.045
7	1.120	25	1.435	43	1.045	61	1.045
8	1.094	26	1.435	44	1.045	62	1.045
9	1.149	27	1.075	45	1.045	63	1.045
10	1.214	28	1.245	46	1.163	64	1.045
11	1.133	29	1.211	47	1.045	65	1.045
12	1.143	30	1.610	48	1.104	66	1.045
13	1.149	31	1.091	49	1.163	67	1.045
14	1.104	32	1.045	50	1.163	68	1.045
15	1.149	33	1.045	51	1.045	69	1.045
16	1.267	34	1.045	52	1.045	70	1.045
17	1.245	35	1.045	53	1.045		
18	1.176	36	1.045	54	1.045		

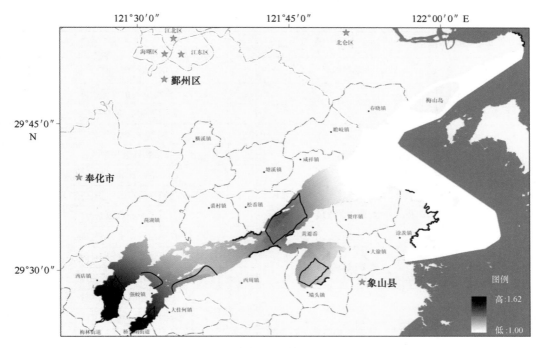

图 12.3-3　象山港海域生态红线区初步识别结果

12.3.2.4　生态红线区确定

1）海洋生态区的基本概念

海洋生态红线：指为维护海洋生态健康和生态安全而划定的海洋生态红线区的边界线及其管理指标控制线。

海洋生态红线区：指为维护海洋生态健康和生态安全，以重要生态功能区、海洋生态敏感区和脆弱区为保护重点而划定的实施严格管控、强制性保护的区域。

禁止开发区：具有重要或者特殊生态服务功能的区域、生态环境敏感性极高区域及生态环境脆弱性极高的区域，禁止一切开发活动。

限制开发区：资源环境承载力较弱并关系到较大范围内生态安全或环境污染、损害较严重亟需修复的区域，有条件地限制部分开发活动。

2）象山港生态红线区识别

参考《全国海洋生态红线划定技术指南》，结合区域实际情况，对象山港海洋生态红线区进行识别，确定红线区性质。海洋生态红线区的识别按照"自然岸线→贝类苗种保护区→特殊岸线→重要渔业水域（水产种质资源保护区、重要渔业资源繁育区）→重要滩涂湿地保护区→重要海岛保护区→重要滨海旅游区"顺序进行，别除各类海洋生态红线区相互叠压部分（表 12.3-13）。

表 12.3-13　象山港海洋生态红线区

一级类	二级类	三级类
禁止性开发区	大陆岸线区	象山港自然岸线区
限制性开发区	贝类苗种保护区	铁港贝类苗种保护区
		黄墩港贝类苗种保护区
	大陆岸线区	象山港自然岸线区
		石沿特殊利用岸线区
		西沪港特殊利用岸线区
	重要渔业水域	蓝点马鲛种质资源保护区核心区
		白石山渔业资源繁育区
		双德山渔业资源繁育区
	重要滩涂湿地	西沪港重要滩涂湿地保护区
		奉化市象山港沿岸湿地保护区
	重要海岛	缸爿山海岛保护区
		南沙山海岛保护区
	重要滨海旅游区	凤凰山滨海旅游区
		宁海强蛟滨海旅游区
		北仑梅山滨海旅游区

3）象山港生态红线区边界（界址点）确定

根据象山港岸线开发利用现状、苗种保护区、水产种质资源保护区的范围以及卫星遥感、地形图、海图、海岸线测量图等图件资料，确定海洋生态红线区边界。海洋生态红线区边界的确定以保持生态完整性、维持自然属性为原则，以保护生态环境、防止污染和控制建设活动为目的。同时与《浙江省海洋功能区划（2011—2020 年）》《象山港区域保护和利用规划纲要（2012—2030 年）》《象山港区域空间保护和利用规划（2015—2030年）》《象山港海洋环境保护规划（2014—2030 年）》等相衔接，红线区边界的确定根据《海洋生态红线划定技术指南》（2016）以及海洋功能区及相关规划范围的边界综合确定。象山港各类红线区具体按如下方法确定边界，划定结果见表 12.3-14 和图 12.3-4。

各类红线区具体按如下方法确定边界：

（1）禁止开发区

将禁止实施各种与保护无关的工程建设活动的大陆自然岸线，划定为禁止开发区。

（2）限制开发区

① 部分大陆自然岸线：除划入禁止开发区外的大陆自然岸线划定为大陆自然岸线限制开发区。

② 特殊岸线：将具有军事用途的岸线划定为特殊岸线限制开发区。

③ 贝类苗种保护区：将重要经济贝类的苗种资源分布区划定为贝类苗种保护区限制

开发区。

表 12.3-14　象山港各生态红线区类型和面积

海洋生态红线区类型			面积/长度	
禁止开发区	大陆自然岸线	望台山附近岸段	0.33 km	27.02 km
		西吕村至东吕村部分岸段	3.55 km	
		柴溪港至下沈港附近岸段	8.13 km	
		下沙村至墙头村岸段	5.84 km	
		猫头嘴附近岸段	0.60 km	
		山夹岙附近岸段	0.65 km	
		棉花山附近岸段	6.19 km	
		猫头咀附近岸段	1.73 km	
限制开发区	大陆自然岸线	峙头角附近岸段	11.39 km	39.17 km
		湖头渡至下地前岸段	1.48 km	
		黄岩头山以西岸段	1.35 km	
		年家岙附近岸段	1.24 km	
		淡港至长礁度岸段	13.62 km	
		横里山附近岸段	0.64 km	
		碶门头山附近岸段	1.46 km	
		大石门村圆山至长山岸段	1.99 km	
		庙山附近岸段	6.00 km	
	特殊岸线	石沿特殊利用岸线	9.22 km	14.14 km
		西沪港特殊利用岸线	4.92 km	
	贝类苗种保护区	铁港贝类苗种保护区	12.34 km²	17.25 km²
		黄墩港贝类苗种保护区	4.91 km²	
	重要渔业水域	蓝点马鲛种质资源保护区核心区	152.62 km²	164.50 km²
		白石山渔业资源繁育区	4.10 km²	
		双德山渔业资源繁育区	7.78 km²	
	重要滨海湿地	西沪港湿地保护区	40.23 km²	63.23km²
		奉化市象山港沿岸湿地保护区	23 km²	
	特殊保护海岛	缸爿山海岛保护区	5.48 km²	6.69 km²
		南沙山海岛保护区	1.21 km²	
	重要滨海旅游区	凤凰山滨海旅游区	17.11 km²	58.11 km²
		宁海强蛟滨海旅游区	26.50 km²	
		北仑梅山滨海旅游区	14.50 km²	

注：缸爿山海岛保护区位于蓝点马鲛种质资源保护区核心区内。

④ 重要渔业水域：将已审批的省级及以上种质资源保护区的核心区、重要渔业资源的产卵场、育幼场、索饵场划定为重要渔业水域限制开发区，依据相关技术资料确定其

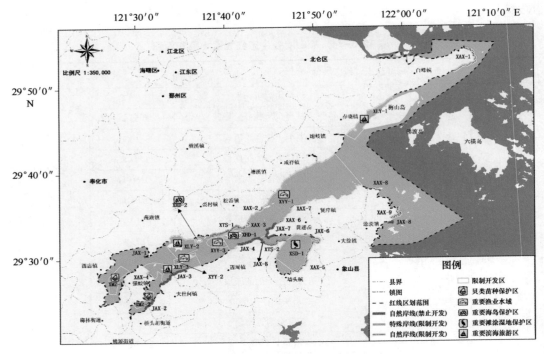

图 12.3-4　象山港海洋生态红线区划定图

范围。

　　⑤ 重要滨海湿地：将具有典型生态系统、典型植被、珍稀鸟类栖息的滨海滩涂湿地划为重要滩涂湿地保护区限制开发区，依据相关技术资料确定其范围。

　　⑥ 特殊保护海岛：将分布有重要的国家级保护物种或具有重要生态价值的海岛划为重要海岛保护区限制开发区。生态红线区范围为海岛海岸线至 6 m 等深线围成的区域和海岛。

　　⑦ 重要滨海旅游区：将具有重要的自然景观和人文景观而需要保护的区域划为重要滨海旅游区限制开发区，依据相关技术资料确定其范围。

　　4）象山港生态红线区划定结果

　　象山港海域共划为 8 个禁止开发区和 23 个限制开发区（表 12.3-14 和图 12.3-4）。

　　（1）禁止开发区

　　禁止开发区为具有重要或者特殊生态服务功能的区域、生态环境敏感性极高区域及生态环境脆弱性极高的区域，禁止实施各种与保护无关的工程建设活动的区域。本次划入象山港禁止开发区的均为大陆自然岸线，共 8 个，总长 27.02 km，占象山港大陆岸线总长的 7.51%；其中天然形成的砂质岸线、岩礁质岸线总长 9.17 km，占象山港大陆岸线总长 2.55%，包括猫头嘴附近岸段、山夹岙附近岸段、棉花山附近岸段、猫头咀附近岸段；整治修复后具有自然海岸生态功能的岸线总长 17.85 km，占象山港大陆岸线总长 4.96%，包括望台山附近岸段、西吕村至东吕村部分岸段、柴溪港至下沈港附近岸、下沙村至墙头村岸段。

（2）限制开发区

限制开发区是指生态红线区内除禁止开发区外的其他红线区，主要包括除划入禁止开发区外的大陆自然岸线、特殊岸线、贝类苗种保护区、重要渔业水域、重要滩涂湿地保护区、重要海岛保护区、重要滨海旅游区。共划定限制开发区 23 个。

① 大陆自然岸线限制开发区

大陆自然岸线限制开发区指除划入禁止开发区外的大陆自然岸线区。共划定大陆自然岸线限制开发区 9 个，总长 39.17 km，占象山港大陆岸线总长的 10.88%。其中禁止从事围填海开发建设活动的岸线共 3 个，总长 27 km，包括峙头角附近岸段、淡港至长礁度岸段、大石门村圆山至长山岸段；禁止构筑永久性建筑、围填海、挖沙采石等改变或影响岸线自然属性的开发建设活动的岸线共 6 个，总长 12.17 km，包括湖头渡至下地前岸段、黄岩头山以西岸段、年家峧附近岸段、横里山附近岸段、碶门头山附近岸段、庙山附近岸段。

② 特殊岸线限制开发区

特殊岸线限制开发区是指具有军事用途的岸线。共划定特殊岸线限制开发区 2 个，总长度为 14.14 km，占象山港大陆岸线总长的 3.93%。包括石沿特殊岸线区（9.22 km）和西沪港特殊岸线区（4.92 km）。

③ 贝类苗种保护区限制开发区

贝类苗种保护区限制开发区是指重要经济贝类的苗种资源 5.57%。包括铁港贝类苗种保护区（保护对象为菲律宾蛤仔，面积 12.34 km²）和黄墩港贝类苗种保护区（保护对象为菲律宾蛤仔、毛蚶等，面积 4.91 km²）。

④ 重要渔业水域限制开发区

重要渔业水域限制开发区是指已审批的省级及以上种质资源保护区的核心区和重要渔业资源的产卵场、育幼场、索饵场。共划定重要渔业水域限制开发区 3 个，面积 164.50 km²，占红线区总面积的 53.10%。包括蓝点马鲛种质资源保护区核心区（面积 152.62 km²）、白石山渔业资源繁育区（面积 4.10 km²）和双德山渔业资源繁育区（面积 7.78 km²）。

⑤ 重要滨海湿地限制开发区

重要滨海湿地限制开发区是指具有典型生态系统、典型植被、珍稀鸟类栖息的滨海滩涂湿地。共划定重要滨海湿地限制开发区 2 个，面积 63.23 km²，占红线区总面积的 20.41%。包括西沪港湿地保护区（保护对象为象山港典型湿地生态系统，面积 40.23 km²），奉化市象山港沿岸湿地保护区（保护对象为沿岸湿地生态系统，面积 23 km²）。

⑥ 特殊保护海岛限制开发区

特殊保护海岛限制开发区是指具有国家级保护物种或具有重要生态价值的海岛。共划定特殊保护海岛限制开发区 2 个，面积 6.69 km²，占红线区总面积的 2.16%。包括缸爿山海岛保护区（保护对象为海滨木槿，面积 5.48 km²）和南沙山海岛保护区（保护对象为牛背鹭等鸟类，面积 1.21 km²）。

⑦ 重要滨海旅游区限制开发区

重要滨海旅游区限制开发区是指具有重要的自然景观和人文景观而需要保护的区域。共划定重要滨海旅游区限制开发区 3 个，面积 58.11 km²，占红线区总面积的 18.76%。包括凤凰山滨海旅游区（面积 17.11 km²）、宁海强蛟滨海旅游区（面积 26.50 km²）、北仑梅山滨海旅游区（面积 14.50 km²）。

6）相关规划协调

象山港区域自然资源得天独厚，生态环境良好，是宁波市重要的生态涵养区。省、市两级政府对象山港区域的功能定位和发展方向非常重视，出台了一系列的规划，通过对相关规划的梳理，各规划对象山港区域发展的总体思路为：象山港区域的自然地理条件特殊，作为宁波市生态功能区，对象山港生态环境修复与治理、严格的生态环境管制、保持象山港区域的优质生态环境是区域发展的前提条件。另外象山港作为宁波市海洋经济示范区的重要空间载体之一，以直接或间接开发海洋资源和依赖海洋空间而进行的生产活动和服务性产业活动，如海洋渔业、海洋高新技术产业、海洋交通运输业、海洋船舶工业、滨海旅游业等，成为象山港区域产业发展的重要方向。

象山港海洋生态红线区的划定是以"保住生态底线，兼顾发展需求"为原则，分区域划定需要严格保护的海洋生态红线区，对各类海洋生态红线区分别制定相应的环境标准和环境政策，以加强象山港海洋生态环境保护工作，并与浙江省海洋功能区划（2011—2020）、浙江省滩涂围垦总体规划（2005—2020）、浙江海洋经济发展示范区规划（2011—2020）、宁波市水产养殖规划中（2015—2020）、宁波市海岛保护规划（2014—2025）、宁波市国民经济和社会发展第十二个五年规划纲要、宁波市海洋经济发展规划（2011—2020）、宁波市"十二五"海洋环境保护规划（2011—2015）等涉海规划，等涉海规划以及象山港地域性规划宁波梅山国际物流产业集聚区发展规划（2011—2020）、象山港区域保护和利用规划纲（2012—2030）、象山港区域旅游发展规划（2014—2020）、象山港海洋环境保护规划（2014—2030）、象山港蓝点马鲛国家级水产种质资源保护区管理与建设规划（2011—2020 年）等进行有效衔接，重点突出海洋生态保护。

12.4 海洋生态红线区划管控措施

在分析象山港海域生态环境特征及开发利用现状的举措上，依据生态红线的主要定义，从"生态环境敏感性、脆弱性、环境灾害危险性"三方面对象山港生态红线区进行了划分，并注重与海洋功能区划、海洋环境保护规划及有关区域发展规划、等涉海区划、规划有效衔接，最终形成象山港生态红线区。以保障象山港海域生态安全、促进象山港区域科学发展为导向，以科学分区为基础，以区域管理、分类管控为保障，建立象山港海域生态红线区划制度。

12.4.1 禁止开发区

象山港大陆自然岸线禁止开发区管控措施：禁止实施除海域海岸带整治修复工程外的开发活动。整治修复具有自然海岸生态功能的岸线，清理不合理岸线占用项目，恢复岸线自然属性和景观。

控制要求：不少于现有的禁止开发的大陆自然岸线长度。

12.4.2 限制开发区

1) 象山港大陆自然岸线限制开发区

管控措施：严格保护岸线的自然属性和生态功能，禁止在海堤退缩线（高潮线向陆一侧 500 m 或至第一个永久性构筑物或者防护林）内和潮间带从事围填海构筑永久性建筑、挖沙、采石等改变或影响岸线自然属性的开发建设活动。确需利用岸线，必须同步通过整治修复等方式确保具有自然海岸生态功能的岸线不减少。禁止新设陆源排污口，严格控制陆源污染物排放。整治修复具有自然海岸生态功能的岸线，清理不合理岸线占用项目，恢复岸线自然属性和景观。

控制要求：不少于现有的限制开发区的大陆自然岸线长度。

2) 象山港特殊岸线限制开发区

管控措施：禁止其他开发活动，该类区域按军事用海管理办法管理。
控制要求：特殊岸线区域范围维持现状。

3) 象山港贝类苗种保护区限制开发区

管控措施：禁止改变海域自然属性、破坏栖息环境的开发活动，保护滩涂湿地，维持底质条件稳定；禁止新设排污口，严格监管周边各类重污染企业的排污；规范苗种采捕行为，实施轮换养护和分区管理，禁止在 3 月前采捕苗种。

控制要求：保护区区域范围和面积维持现状；海水质量维持现状，海洋沉积物质量执行第一类标准，海洋生物质量执行第一类标准。

4) 象山港重要渔业水域限制开发区

（1）蓝点马鲛种质资源保护区核心区

管控措施：严格保护蓝点马鲛产卵、索饵、越冬、洄游的场所；禁止截断、堵塞水生生物洄游通道；合理控制该区域养殖规模，开展生态养殖；规范捕捞行为，执行禁渔期制度（在产卵高峰期 4—5 月中选择 1 个时间段执行保护区内禁渔期；保护区外的东屿山—南韭山之间的中心洄游通道实行 3—7 月中选择 1 个时间段执行禁渔期）；按照《水产种质资源保护区管理暂行办法》（2011）严格控制保护区或者保护区外的工程建设活动。控制好电厂温排水，严格保护象山港生态系统，防止典型生态系统的消失、破坏和退化。

环境控制要求：海水质量维持现状，海洋沉积物质量执行第一类标准，海洋生物质量执行第一类标准。

（2）白石山、双德山渔业资源繁育区

管控措施：严格保护主要鱼类的产卵、索饵、越冬、洄游的场所；维持、恢复、改善海洋生态环境和生物多样性；合理控制养殖密度和捕捞规模，严格控制外来物种入侵，防止养殖污染，维持海洋生物资源可持续利用，实行禁渔期和最低可捕标准。控制好电厂温排水，严格保护象山港生态系统，防止典型生态系统的消失、破坏和退化。

环境控制要求：海水质量维持现状，海洋沉积物质量执行第一类标准，海洋生物质量执行第一类标准。

5）象山港重要滨海湿地限制开发区

管控措施：除海域海岸带整治和湿地规划外，禁止实施改变海域自然属性的用海行为，严格保护西沪港滩涂湿地水域生态系统和湿地资源；严格控制养殖规模，规范养殖行为；加强近岸工业污水、生活污水和垃圾的管理，集中处理，达标排放；组织实施保护区湿地生物资源的调查、掌握资源种类分布，维持、恢复、改善海洋生态环境和生物多样性，保护自然景观。

控制要求：湿地面积不低于现有面积 63 km^2；该区域海水质量维持现状，海洋沉积物质量执行第一类标准，海洋生物质量执行第一类标准。

6）象山港重要海岛保护区限制开发区

（1）缸爿山海岛保护区

管理措施：除生态保护基础设施建设外，禁止炸岩、炸礁、围填海等改变海岛自然属性的开发活动，保护海岛生态系统。保护海滨木槿等重要海岛植物及其生存环境，建立资源档案。禁止占用林地、采伐林木、狩猎、野外用火等活动，严禁破坏保护设施。

环境控制要求：海岛周边海域海水质量维持现状，海洋沉积物质量执行第一类标准，海洋生物质量执行第一类标准。

（2）南沙山海岛保护区

管控措施：除生态保护基础设施建设外，禁止炸岩、炸礁、围填海等改变海岛自然属性的开发活动，保护海岛生态系统。保护国家珍稀鸟类，建立海岛鸟类资源档案，开展鸟类招引和繁殖；禁止捕猎行为，不得擅自采集鸟类标本、捡拾鸟蛋、毁坏鸟巢以及其他干扰鸟类栖息生存环境的行为，严禁破坏保护设施。

环境控制要求：海岛周边海域海水质量维持现状，海洋沉积物质量执行第一类标准，海洋生物质量执行第一类标准。

7）象山港重要滨海旅游区限制开发区

管控措施：禁止实施与旅游无关的开发建设活动，保持重要自然景观和人文景观的完

662

整性和原生性。在不损害象山港生态环境与渔业资源的前提下，合理控制旅游开发强度，科学规划旅游区建设，使旅游设施建设与生态环境的承载能力相适应；保护旅游区生态环境，妥善处理生活垃圾、生活污水。

环境控制要求：海水质量执行第三类，海洋沉积物质量执行第二类，海洋生物质量执行第二类。

12.5 小结

（1）本文借鉴生态服务价值理论、生态功能区划研究，结合象山港自然属性和社会属性，从生态红线的定义生态环境敏感性、生态环境脆弱性和生态功能重要性三个方面构建生态红线划定指标体系。生态环境敏感性指标为陆源—养殖污染敏感性、生物多样性下降敏感性、滩涂湿地衰退敏感性、生态系统完整性破坏敏感性；生态环境脆弱感性指标为自然岸线类型、海水入侵程度、海岸带开发现状；生态功能重要性指标为海洋生物繁育场、生态多样性和珍稀物种保护区、泄洪防潮生态功能区、养殖水产品提供、景观提供重要性指标、港航交通重要性指标、人居保障功能性指标、国家权益保障功能性重要性指标。

（2）在指标体系构建的基础上采用层次分析法确定权重的优势，并用逐渐分层归并方法，将平行独立的各项指标加权求和，确定综合指数。通过空间网格化，用综合指数法计算各评价单元的综合系数，应用 ArcGIS 空间分析模块，进行象山港生态红线区初步划定。再结合区域实际情况，对象山港海洋生态红线区进行识别，确定红线区性质，最终将象山港划为 8 个禁止开发区和 23 个限制开发区。

（3）在分析象山港海域生态环境特征及开发利用现状的基础上，依据生态红线的主要定义，从生态红线"生态环境敏感性、脆弱性、环境灾害危险性"三方面对提出不同管控措施和管控要求，实现象山港区域管理、分类管控，全面保障象山港海域生态安全。

参考文献

陈明剑 . 2003. 海洋功能区划中的空间关系模型及其 GIS 实现（以莱州湾为例）.

范学忠，李玉辉，角媛梅 . 2008. 昆明市生态红线区非生态用地转变前后生态效益分析 [J] . 水土保持研究，15（4）：179-188.

范一大，史培军，辜智慧，李晓兵 . 2004. 行政单元数据向网格单元转化的技术方法 [J] . 地理科学，（01）.

冯文利 . 2007. 生态安全条件下的土地利用规划研究——区域生态红线区的引入与土地资源管理 [C] . 年中国土地学会学术年会.

符娜，李晓兵 . 2007. 土地利用规划的生态红线区划分方法研究初探 [J] . 中国地理学会，2007 年学术年会论文摘要集 [C] .

符娜.2008.土地利用规划的生态红线区划分方法研究——以云南省为例［P］.北京：北京师范大学.

刘雪华，程迁，刘琳，等.2010.区域产业布局的生态红线区划定方法研究——以环渤海地区重点重点产业发展生态评价为例［J］.中国环境科学学会学术年会论文集，711-716.

刘雪华，程迁，刘琳，等.2010.区域产业布局的生态红线区划定方法研究——以环渤海地区重点产业发展生态评价为例.中国环境科学学会学术年会论文集.

吕红迪，万军，王成新.2014.城市生态红线体系构建及其与管理制度衔接的研究［J］.环境科学与管理，39（1）：5-11.

孟伟，张远，郑丙辉.2007.辽河流域水生态分区研究［J］.环境科学学报，（06）.

饶胜，张强，牟雪洁.2012.划定生态红线创新生态系统管理［J］环境经济，（06）.

石刚.2010.我国主体功能区的划分与评价——基于承载力视角.城市发展研究.

舒克盛.2010.基于相对资源承载力信息的主体功能区划分研究——以长江流域为例.地域研究与开发，29（1）：34-37.

宋晓龙，李晓文，白军红，等.2009.黄河三角洲国家级自然保护区生态敏感性评价［J］.生态学报，（09）.

王耕.2007.基于隐患因素的生态安全机理与评价方法研究—以辽河流域为例.

许妍，梁斌，鲍晨光，等.2003.渤海生态红线划定的指标体系与技术方法研究［J］.海洋通报，32（4）：361-367.

杨邦杰，高吉喜，邹长新.2014.划定生态保护红线的战略意义［J］.中国发展，14（1）：1-3.

章洁，赵硕伟.2014.筑牢生态防线 实现可持续发展［J］.科技信息，（11）：269.

朱传耿，马晓东.2007.关于主体功能区建设的若干理论问题.现代经济探讨.

左伟，张桂兰，万必文，等.2003.中尺度生态评价研究中格网空间尺度的选择与确定［J］.测绘学报，（03）.

左志莉.2010.基于生态红线区划分的土地利用布局研究——以广西贵港市为例［D］.广西师范学院，6-16.

Fanny Douvere. 2008. The importance of marine spatial planning in advancing ecosystem-based sea use management, Marine Policy, 32（5）：816-822.

Kevin St. Matin, Madeleine Hall-Arber. 2008. The missing layer：Geo-techonologier, communities, and implications for marine satial planning, Marine Policy, 32（5）：816-82.

Larry Crowder, Elliott Norse. 2008. Essential ecological insights for marine ecosystem-based management and marine spatial planning. Marine Policy, 32（5）772-778.

Paul M. Gilliland, Dan Laffoley. 2008. Key elements and steps in the process of developing ecosystem-based marine spatial planning. Marine Policy, 32（5）：787-796.

Robert Pomeroy, Fanny Douvere. 2008. The engagement of stakeholders in the marine spatial planning process. Marine Policy, 32：816-822.

第 13 章　结论与展望

13.1　结论

海洋环境质量评价是海洋环境保护的一项基础性工作。本文以象山港为例，借鉴国内外的研究成果，结合象山港区域自身特点，多层次、多角度，采用分区分类理念，探索性地开展了象山港港湾型生态系统的海洋环境的综合评价方法研究，以及污染物总量控制及减排技术、海海洋生态功能区划、海洋生态红线划定以及监测方案优化等研究，具有较强的科学性与创新性，可为象山港海域的海洋管理和生态建设提供服务，也可为我国其他港湾的生态环境综合评价提供借鉴。

（1）象山港位于宁波市东南部，港湾跨越奉化、宁海、象山、鄞州、北仑 5 个县（市、区），包括了 23 个乡镇，常住人口约 90 万人，其中养殖从业人员约 2.5 万人。象山港是一个 NE—SW 走向的狭长型半封闭港湾，湾内风平浪静、环境优美、资源丰富。沿岸岸线开发利用强度较大，已使用岸线占 80% 以上。陆域周边的开发活动主要有农田、林业种植、畜牧业、池塘养殖、围填海以及桥梁工程等，周边的工业企业主要有印染、五金、医药、食品、火力发电厂和修造船厂等；海域主要以海洋渔业和港口航运为主，据统计海水养殖面积约 15.5 万亩、码头 7 个，渔港 11 个。象山港周边陆域河流众多，但多以水闸方式排放入海，约 97% 陆源污染物是通过河流、水闸等方式进入港湾，工业企业直排的入海总量较小。沿岸河流、水闸及工业企业直排等入海口，其所携带的高浓度的氮、磷、COD 以及毒害作用大的苯胺、重金属等污染物，给象山港海域的生态环境带来巨大压力，海域生态灾害主要有赤潮和大米草。

（2）象山港海域的潮汐属于不规则半日浅海潮，潮差较大，平均涨潮历时也大于落潮历时。潮流性质应属于不规则半日浅海潮流，以往复流为主，2005—2011 年，实测最大涨、落潮流流速和实测垂向平均最大流速变化不大。越靠近外海，余流越大。象山港牛鼻水道中余流最大，西泽水域余流次之，湾顶附近水域余流较小。2005—2011 年余流变化不大。港域中部与顶部水域一般天气下港域风平浪静，即使受到气旋影响，局地风浪波高小、周期短，不会构成破坏性威胁。口门段的南北两岸会受到季风的影响，波浪稍大。外海浪对港内的影响很小，港内的波浪主要是由局地风产生。象山港纳潮量较大，经过一个全潮，纳潮量在 $9.14 \times 10^8 \sim 20.1 \times 10^8$ m^3 之间，平均纳潮量约为 13.8×10^8 m^3。

（3）象山港各污染物的入海量中，COD$_{Cr}$、总氮、总磷分别为 26 971.66 t/a、

3 511.72 t/a、417. 69 t/a，其中 COD_{Cr} 主要来源于海水养殖（约占总量的 77.10%），总氮、总磷主要来源于陆源污染，分别占入海总量的 76.65%、70.76%。陆源污染源强中，COD_{Cr} 主要来自水土流失和生活污染，两者约占总量的 84.86%；总氮、总氮则主要来自农业化肥和水土流失，两者分别约占总量的 86.85%、80.51%。海水养殖污染源强中，以鱼类养殖的污染源强最大，3 种污染因子（COD_{Cr}、总氮、总磷）源强各约占总量的 68%。在空间分布上（7 个海区），以六海区所接纳的污染物为最多，一海区次之，两者共占象山港接纳的总污染物的 50% 以上。五海区所接纳的各种陆源污染物最少，占象山港总陆源污染物的 2%~3%。

(4) 象山港为半封闭狭长型海湾，海域自净能力较弱，港湾水体常年呈富营养化状态。象山港主要污染物为无机氮和磷酸盐，基本超四类海水水质标准；各类污染物分布趋势表现为由港底部至港口部逐渐降低，这也与区域水交换能力相符合；长时间变化趋势来看，无机氮、磷酸盐和 COD 浓度呈现波动趋势；无机氮、总氮以及部分重金属污染物周日变化幅度相对较大。相较于其他海域，象山港沉积物质量和生物质量总体良好。通过分析象山港主要污染物及污染程度、分区分布、长时间浓度变化趋势，以及水质的周日连续变化趋势，为海域监测方案优化提供数据支持。

(5) 象山港海域受长江、钱塘江等陆地径流和江浙沿岸流的共同影响，海洋生物主要为近岸低盐生态类群。象山港海域叶绿素 a 含量平均为 2.8 μg/L，港口海域较低；象山港浮游植物以硅藻为主，平均细胞密度为 1.4×10^5 cells/m^3，港底较高，港口、港中部次之；浮游动物主要以甲壳动物门桡足亚纲种类为主，浮游动物密度平均为 102.5 ind/m^3，湿重生物量平均为 110.4 mg/m^3，密度分布受潮汐影响明显；大型底栖生物主要以环节动物门多毛纲为主，憩息密度平均为 156.8 ind/m^3，港底密度大于港口和港中部；潮间带大型底栖生物主要以软体动物为主，岩相潮间带密度和生物量高于泥相潮间带。

(6) 根据计算和研究，象山港 COD_{Cr} 还有一定的环境容量（34.33 t/d），建议 COD_{Cr} 排放量维持现状，以调整产业结构、优化源强的空间布局为主；总氮、总磷已严重超标，需要减排以改善象山港海域水质。根据环境、资源、经济、社会和污染物排放浓度响应程度等考虑考虑，最终确定总氮、总磷减排分配的最优方案，得出减排目标为 COD 保持不变，总氮、总磷近期（5 年内）总量削减 10%。为了有效落实污染物总量控制及减排目标，在减排技术上，采用入海口控制区域的方法，对象山港区域 5 个县（市、区）共 28 个代表性入海口（减排考核对象）的减排指标进行逐个核定和分配，确定减排量，从而为象山港海域污染物总量减排考核提供技术依据。从区域总体情况看，2014 年象山港沿岸 5 个县（市）区化学需氧量排污通量 9 394.52 t/a（2013 年排放量 9 583.42 t/a），达到减排目标；总氮排污通量 858.596 t/a（2013 年排放量 1 343.087 t/a），达到减排目标；总磷排污通量 84.991 t/a（2013 年排放量 139.772 t/a），达到减排目标。而从各入海口的减排结果来看，28 个代表性入海口仅 3 个入海口达到减排目标要求，其他海口均有不同减排指标未达到减排目标要求；从 5 个县（市、区）的减排结果来看，北仑区总氮未完成减排目标、鄞州区化学需氧量和总磷未完成减排目标和奉化市化学需氧量和总氮未完成减排目标，其他各个县（市）区的各个减排指标均完成减排目标。

（7）如何科学设计一套海洋生态环境监测方案是开展海洋环境监测评价工作最重要的基础环节。本文分别从趋势监测和监督性监测两个层次对象山港生态环境监测方法进行了探索与研究。从趋势角度，主要对监测站位、监测指标、监测时间频率等方面开展了监测站网优化研究，从而制定了能更为科学反映象山港海洋环境状况的港湾生态监测方案。同时，通过监测数据同步化的研究表明，时差控制在 3 h 以内完成可有效提高象山港调查结果的准确性，这为今后象山港的海洋环境监测工作提供了科学指导。

（8）针对象山港开发活动和主要环境问题，从监督角度，本文开展了象山港主要海洋开发活动及生态灾害综合评价研究，主要包括海水养殖、排污口、象山港大桥、滨海电厂、围填海工程、外来物种入侵等方面的综合评价研究，以期为科学管理和控制海洋开发活动，保护各典型功能区生态环境提供科学依据。研究结果表明：① 2011 年西沪港网箱养殖环境质量综合评价等级为较好，需注意水产品中的重金属污染风险，加强对水产品质量的监测。② 宁海县颜公河排污口附近生态环境受排污口影响较大，建议加强排污口管理。③ 象山港大桥对其附近海域生态环境影响甚微。④ 国华宁海电厂和乌沙山电厂建设工程对其附近海域生态环境影响较大，应当慎重进行，加强对海洋环境跟踪监测。⑤ 奉化市象山港区避风锚地建设对其附近海域生态环境影响较大，应当慎重进行。⑥ 大米草在西沪港造成的生态灾害等级为二级，灾害水平为高度灾害。

（9）基于环境基准的港湾水质评价方法是一种基于环境本底状况而非水质标准值的环境质量评价方法。本文通过研究海域多年的环境现状数据资料，采用数理统计方法确定了象山港环境基准值，并对象山港环境质量开展了分区分类分级综合评价。象山港海域环境基准值分别为 PO_4-P 取 0.023 mg/L、无机氮取 0.50 mg/L。象山港环境质量分区（1~9区）、分类（水质、生态、水动力）、分级（好、较好、一般、差）的综合评价结果表明，2011 年 1~2 区综合环境好，3~5 区综合环境较好，6~9 区综合环境一般；2014 年 1 区（港口部）综合环境好，2~3 区（西沪港以东）综合环境较好，4~6 区（西沪港及港中）综合环境一般，7~9 区（港底，包括铁港、黄墩港）综合环境差。与 2011 年相比，2014 年象山港环境质量有所下降。在基于海域环境本底值的基础上，建立象山港环境质量评价等级，区域分区进行综合评价，相对客观的描述了象山港海域水质环境状况。象山港海洋环境状况综合评价结果为 3~4 类。与 2011 年相比，2014 年象山港 2 区、4 区、5 区、7区、8 区、9 区的综合环境质量状况有所下降。与现行的单因子评价相比，基于环境基准的象山港水质综合评价方法则更较为客观综合的评价了象山港海域的环境质量状况，真正从生态学角度让海域功能得以科学合理的发挥，为政府管理部门提供科学的技术支撑。

（10）本文构建了象山港海岸带—港湾生态评价指标体系，采用综合评价模型对象山港生态环境进行综合评价。将象山港海岸带生态因子纳入象山港生态评价中，建立 3 个二级类 18 个三级类象山港评价指标体系，通过等权法对象山港生态进行综合评价。象山港整体评价结果主要分为三部分，处于港口区域的 1C 区、2C 区、3C 区、4C 区的生态综合结果较好；处于港中区域的 5C 区、6C 区生态综合评结果一般；处于港底区域的 7C 区、

8C 区、9C 区的生态综合评价结果为差。

（11）在调研国内外文献和先进经验的基础上，建立了一套由 4 个一级类，9 个二级类，20 个三级类组成的三级分类体系，制定了海洋生态功能区划研究方法体系。结合象山港区域特征，识别了水产品提供（人工）、水质净化、海岸侵蚀防护、泄洪、自然景观、生物物种多样性维护、生物繁育场、土地储备功能和港航交通 9 种海洋生态功能类型，将象山港海域划分为 13 个海洋生态功能区，初步制作了海洋生态功能区划图，并制定了相应的控制指标。

（12）本文以象山港为例，结合象山港自然属性及象山港社会属性，从生态红线的定义生态环境敏感性、生态环境脆弱性和生态功能重要性三大方面构建生态红线划定指标体系，并利用层次分析法确定个指标权重；通过空间网格化，用综合指数法计算各评价单元的综合系数，应用 ArcGIS 空间分析模块，进行象山港生态红线划定研究，为维护区域海洋生态环境安全提供科学依据，对于促进海洋开发利用和保护具有一定指导意义。

13.2 展望

（1）鉴于港湾自然地理的相对独立性和生态环境的特殊性，以及周边海岸带开发与海域生态环境的紧密性，开展港湾生态环境综合评价是将来港湾评价的一个重要方向。在综合评价中仅仅基于海域评价是不能对港湾完整的生态系统给予全面综合的评价。因此，在港湾生态环境综合评价中，引入海岸生态评价，形成海陆一体的综合评价体系，从而更为客观、科学、全面的评价港湾生态环境质量状况。当然，本研究基于遥感的海带—港湾生态评价仅仅是一个较为初步的探索，在评价指标、评价标准、评价方法上还有许多不足之处，需在往后的研究中进一步完善。

（2）基于环境基准的港湾水质评价方法是一种基于环境本底状况确定环境基准值，在采用建立分区分类分级原理对研究海域环境质量进行综合评价的研究，较以某一水质标准、采用单因子评价方法则更能客观科学的评价海域环境质量状况。在环境基准值方面，本文仅考虑了主要水质的富营养化指标，缺少污染物毒性及生物敏感度等指标，因此今后可就污染物毒性及生物敏感度等方面加强进一步的研究。

（3）海洋生态功能分类体系研究是在调研陆域生态功能类型和海洋生态服务功能研究成果的基础上建立起来的，虽然总体路线大体一致，但在一些三级功能类型的取舍或大类归属关系上，并非意见完全统一。本文在总结前人成果的基础上，意在建立海洋生态功能分类体系，但由于视野和认知水平所限，取舍之间难免存在许多不足之处，仍需待在今后的研究过程中不断改进和完善。同时，在海洋生态功能重要性评价过程中，部分评价指标存在量化困难等情况，随着科学技术的进步和学术思维的提升，问题有望一步步得到解决，或能够探寻到合理的替代方案，使海洋生态功能重要性评价更加科学合理。

（4）海洋生态红线划定是一项综合性很强的科学研究，需要兼顾海域的自然属性和社